"十二五"普通高等教育本科国家级规划教材
国家林业和草原局普通高等教育"十三五"规划教材
高等院校园林与风景园林专业规划教材

城市园林绿地规划（第5版）

Urban Green Space System Planning

（附数字资源）

杨赉丽 ◎ 主编

中国林业出版社
China Forestry Publishing House

内 容 简 介

本教材结合城市规划相关知识阐述了城市园林绿地规划的基本知识和基本理论，以及规划设计的基本方法、技术和经济问题。包括"城市绿地系统规划"和"城市绿地详细规划"上下两篇。上篇在简要介绍城市绿地概念、城市绿地功能及城市绿地发展历程的基础上，着重阐述了城市绿地系统规划的基本原理、规划内容和规划程序等。下篇主要围绕城市中的各类绿地（公园绿地、居住绿地、单位附属绿地、道路绿地、城市广场、风景游憩绿地等），阐述其在城市建设中的意义、功能、类型，以及其详细规划的原理、原则、方法和相关技术措施等。

本教材适用于高等院校风景园林专业、园林专业、城乡规划专业、森林旅游专业方向本科生等，也可供从事风景园林规划设计的工作人员参考。

图书在版编目（CIP）数据

城市园林绿地规划/杨赉丽主编. —5版. —北京：中国林业出版社，2019.8（2024.8重印）
"十二五"普通高等教育本科国家级规划教材　国家林业和草原局普通高等教育"十三五"规划教材　高等院校园林与风景园林专业规划教材
ISBN 978-7-5219-0172-6

Ⅰ.①城…　Ⅱ.①杨…　Ⅲ.①城市规划–绿化规划–高等学校–教材　Ⅳ.①TU985

中国版本图书馆CIP数据核字（2019）第145782号

策划编辑：康红梅	责任编辑：康红梅　田　苗	责任校对：苏　梅
电话：83143551	传真：83143516	

出版发行	中国林业出版社（100009　北京市西城区德内大街刘海胡同7号）
	E-mail：jiaocaipublic@163.com　电话：（010）83143500
	https://www.cfph.net
经　销	新华书店
印　刷	中农印务有限公司
版　次	1995年12月第1版（共印刷11次）
	2006年6月第2版（共印刷9次）
	2012年11月第3版（共印刷7次）
	2016年5月第4版（共印刷5次）
	2019年8月第5版
印　次	2024年8月第9次印刷
开　本	889mm×1194mm　1/16
印　张	24.25　彩　插　8
字　数	682千字　**数字资源**　约360千字
定　价	65.00元

数字资源

未经许可，不得以任何方式复制或抄袭本书之部分或全部内容。

版权所有　侵权必究

《城市园林绿地规划》（第 5 版）编写人员

主　　编　杨赉丽（北京林业大学）

副 主 编　雷　芸

编写人员　雷　芸（北京林业大学）

　　　　　张晓佳（北京林业大学）

　　　　　张　媛（北京林业大学）

　　　　　张天麟（北京林业大学）

主　　审　贾建中（中国城市规划设计研究院）

第5版前言

自"美丽中国"的生态文明建设目标写进党的十八大工作报告以来,经过多年的实践,我国已迈入中国特色社会主义的新时代,生态文明建设在理论思考和实践举措上均获得重大创新。十九大工作报告又明确提出了"坚持人与自然和谐共生""像对待生命一样对待生态环境""实行最严格的生态环境保护制度"等论断,并认为我国社会主要矛盾已经转化为人民日益增长的美好生活需要和不平衡不充分的发展之间的矛盾,进一步明晰了生态文明建设中存在的问题和解决思路。与此同时,国家进行机构改革组建了自然资源部,以应对新时代生态文明建设的新要求。在此战略及城乡统筹的大背景下,城市规划与建设也面临空间结构复杂化、用地节约集约化、绿地功能多元化等诸多新趋势、新问题和新挑战,为此,住房和城乡建设部结合现实问题对该领域的各类标准规范进行了研究和修订,在2018年相继推出了新版《城市绿地分类标准》(CJJ/T 85—2017)和新版《城市居住区规划设计标准》(GB 50180—2018)。因此,在教学和实践中必须结合新标准开展教学活动,这也使得本教材的修订迫在眉睫。

本版教材在基于原有内容的基础上,结合上述社会和行业动态进行了较为全面的修订。修订内容主要体现在以下三方面:一是根据《城市绿地分类标准》(CJJ/T 85—2017)调整和修改了城市绿地分类以及与此相关联的各章节内容;二是根据《城市居住区规划设计标准》(GB 50180—2018)修改了居住区绿地分类及相关规划内容;三是根据前期教学效果整合和删减了部分章节,使得教材的整体逻辑更为清晰和明确。修订后的教材将进一步突出社会发展的时效性和教学使用的实用性,满足教师、学生和规划设计人员在不同领域的多元需求。

本教材由杨赉丽担任主编,负责编写大纲的制订与统稿。全书共13章,各章分工执笔如下:

上篇 城市绿地系统规划

第1章,张媛;第2章,雷芸;第3章,张媛;第4章,雷芸;第5章,张晓佳、张天麟；第6章，张晓佳。

下篇 城市绿地详细规划

第7章，雷芸；第8、9章，张晓佳；第10章，雷芸；第11~13章，张媛。

本教材修编过程中，得到兄弟院校、科研单位、城建及园林部门的大力支持，在此一并致谢。

由于编写人员水平有限，书中尚存在问题，请读者批评指正。

编 者

2019年2月

第4版前言

本教材第3版于2012年出版,是在原有内容基础上,结合社会发展和行业发展的新趋势新动态,进行了全面的修订。修订后的教材符合现时课程教学大纲要求,系统、全面地阐述了本课程要求掌握的基本理论和基本知识,注重理论联系实际,突出知识的先进性及相关性,体系结构合理,论述正确,取材合适,深度适宜。在教学使用过程中,得到了学生广泛认可。学生们认为该教材反映课程教学进度,理论性强,内容丰富,历史发展脉络清晰,指导实践,是园林与风景园林专业的经典教材。同时,由于内容丰富、实用性强的特点而受到城乡规划设计院等业务单位的好评。此外,本教材还作为地方有关建设部门的参考学习资料,尤其在"十二五"期间中央提出生态园林城市的建设与评比过程中,本教材再次因其理论与实践的充分结合,作为重要资料应用于城乡规划与绿地系统规划,并且在二、三线城市应用的状况尤为突出。因而,本教材被列为"十二五"普通高等教育本科国家级规划教材,并荣获"第三届全国林(农)类优秀教材评奖"一等奖。

本次教材的修订,主要针对教学使用过程中出现的一些表述欠准确、欠规范的细节进行了调整和完善,整体框架和内容保持不变。

本教材由杨赉丽担任主编,负责编写大纲的制定与统稿。各章分工执笔如下:
第1章,张媛;第2章,雷芸;第3章,张媛;第4章,雷芸;第5章,张晓佳、张天麟;第6章,张晓佳;第7章,雷芸;第8、9章,张晓佳;第10、11章,雷芸;第12~14章,张媛。

本教材修编过程中,得到兄弟院校、科研单位、城建及园林部门的大力支持;封面图片引自王劲韬的作品,在此一并致谢。

由于编写人员水平有限,时间仓促,书中存在问题在所难免,请读者批评指正。

编　者
2016年3月

第3版前言

20世纪50年代中期，教育部高教司下发前苏联"列宁格勒林学院"当时采用的"城市及居住区绿化"专业的教学计划、教学大纲的一些资料，主要包括专业教学计划和专业课程的教学大纲。其中，"城市及居民区绿化""公园花园设计"两门课程的教学大纲，对我们办学起到了很重要的指导作用，其内容包括课堂教授理论、实习、实验、课程设计练习等多个重要的教学环节，在学时的分配、实习内容及要求等方面都有详细阐明。在该教学大纲的指导下，主要参考"苏联城市绿化"（ОЗЕЛЕНЕИИЕ СОВЕТСКИХ ГОРОДОВ）、"绿化建设（上、下册）"（ЗЕЛЕНОЕ СТРОИТЕЛЬСТВО）、"苏联公共卫生学"等资料，以及在北京市都市规划委员会等处收集到的有关资料，由汪菊渊教授主笔完成了首部讲义的编写工作。在教材的编写过程中，从概念上分清规划和设计的区别——规划是全局的安排和控制，设计是具体的落实和实施。

城市园林绿地规划是城市规划不可缺少的一个组成部分，也是其中的重要内容。城市园林绿地规划理论伴随着城市规划理论的发展而发展，城市园林绿地规划逐步从城市规划中分支出来而成为专项规划。在大规模城镇化发展过程中，城市绿地的生态功能在今后将会是将自然破坏降低到最低程度的保障，从而维护区域的生态平衡。园林城市、生态城市、山水城市的共同本质是创造人与自然、人与社会和谐的人居环境。因此，建立在更多科学研究的基础上，从多方面综合地探究城市园林绿地系统的作用，如确保城市绿地数量和质量、维持社会公平等，是本课程研究的重要方面。

本次教材的修订增添了"城市总体规划""城市绿地系统树种规划""古树名木的保育"及"城市绿化树种应用名录"等内容，同时其余各章节也都按照新时期的时代要求进行了不同程度的调整及补充，增加了各章参考文献、思考题、拓展阅读等内容，并对案例进行了更新。本教材由杨赉丽担任主编，负责编写大纲的制定与统稿。修订工作中增加了新的编写人员，各章分工执笔如下：

上篇 城市绿地系统规划

第 1 章，张媛；第 2 章，雷芸；第 3 章，张媛；第 4 章，雷芸；第 5 章，张晓佳、张天麟；第 6 章，张晓佳。

下篇　城市绿地详细规划

第 7 章，雷芸；第 8 章，张晓佳；第 9 章，张晓佳；第 10 章，雷芸；第 11 章，雷芸；第 12 章，张媛；第 13 章，张媛；第 14 章，张媛。

本教材修编过程中，得到兄弟院校、科研单位、城建及园林部门的大力支持；封面图片引自王劲韬的作品，在此一并致谢。

由于编写人员水平有限，时间仓促，书中存在问题在所难免，请读者批评指正。

编　者
2012 年 9 月

第2版前言

　　随着我国改革开放的深入,城市规划及风景园林规划设计得到空前发展,党和国家就城市规划及绿化建设问题作出一系列重大决策。中共中央、国务院先后颁布了《城市规划法》《城市绿化条例》,并制定了《城市公园设计规范》《城市绿地分类标准》《城市绿线管理办法》《城市绿地设计准则》(送审稿)等相关法规。通过一系列政策及主法的颁布与实施,城市绿化规划设计工作,有法可依,为编写教材提供了有力的依据。

　　本教材是在1992年版本的基础上修订的。十几年来我国飞速发展的城市经济影响到城市无序发展、城乡生态环境急剧恶化;城市园林绿化建设的重要性已逐渐被人们认识,作为专门学科的风景园林规划设计也受到普遍关注,相关的大专院校已先后成立相关专业,因此,无论从事业发展还是从培养专门人才出发,都急需具有一定科学理论水平的教材,作为城市规划及风景园林规划工作的理论依据。按照课程设置的教学计划要求,本课程是主要的专业课程之一,与其他专业课,如"园林艺术原理""花园公园设计""园林建筑设计""园林工程"等有密切联系。为了避免在教学过程中相同内容的重复出现,本教材的编写主观上是努力结合我国当前城市园林建设实践,总结一些理念,从目前看来,其学术框架体系非常合理,内容丰富,实用性强。

　　本教材包括上下两篇。上篇主要内容是城市总体规划。首先,城市规划学科是一门综合性极强的学科,面对纷繁复杂的城乡规划问题和城市问题,在总结了过去理论及经验的基础上,城市规划的法制体系也日益完善,城市规划已逐步向多学科方向发展。其次,对于从事绿地规划设计的专业人员,必须掌握城市规划理论,以便在进行城市总体规划阶段,引入国内外先进的城市规划理论,创造新的城市环境设计理念。因此,上篇的内容,如城市论章中补充了城市化和我国城市化的发展历程;城市规划论章中补充了前沿的规划理论、更新了城市规划工作阶段的内容;城市总体规划(总论)章中更新了城市总体规划的内容、方法、基础资料收集等内容,更新了城市性质、城市人口规模的计算等内容,更新了城市用地分类、规划建设用地标准,增加了技术经济指标;城市总体规划(各论)章中结合目前城市总体规划的成功实例,增加了总结形成的工业用地、居住用地、城市公共中心、城市道路系统、公路的规划结构和布局形态的内容，使教材与实践结合得更为紧密；同时也补充了城市道路横断面的内容，补充了城市对外交通规划和工程规划，结合目前新时期下的城市发展形势，更新了不同类型市(镇)的规划特点。

下篇的内容，如园林绿地功能作用章中，不仅资料涉及面翔实，而且引用较多的国内外近期的科研成果，反映了本学科科研的前沿水平；城市园林绿地系统规划章中，重点是重构园林绿地系统以城市生态学为主线的体系，落实科学发展观，补充生物多样性保护规划、城市防灾避险安全体系规划、城市绿线管理规划，以及编制绿地系统的方法。其他如城市公园、居住区、工矿企业、街道广场等，为适应时代发展，教材在结合我国城市园林绿地规划实践的基础上，补充国内外成功的实例，探索富有新意的理念，充实教材的时代感。在风景名胜区及其他游憩地规划章中，主要阐述在市域范围内绿色空间的保护及利用的成功经验，农业生产结构调整为生态环境绿地及观光农业等作了新的补充。

《城市园林绿地规划》是一门实践性很强的专业课程，教材中不仅介绍风景园林专业的专门知识，通过课程主要教学环节讲课(录像、幻灯)、教学实习、课程作业，使教学内容更加形象及生动，以期提高初步解决实际问题的能力及方法。

本教材由北京林业大学杨赉丽教授担任主编。清华大学建筑学院朱自煊教授与中国城市规划设计研究院刘家麒教授级高级工程师为主审，两位教授在百忙中对本书提出了许多宝贵的意见和建议。

本教材编写分工如下：

绪论：徐大陆

上篇：第1章　李　飞

　　　第2、3章　徐　波

　　　第4、5章　李　飞

下篇：第6章　徐大陆

　　　第7章　杨赉丽

　　　第8章　雷　芸

　　　第9～11章　张晓佳

　　　第12章　雷　芸

　　　第13章　张　媛

最后，我们在编写教材过程中，始终得到中国林业出版社教材建设与出版管理中心诸位编辑的悉心指导及相助，及北京林业大学园林学院王欣、薛晓飞、傅凡等博士及浙江林学院方薇老师等的支持与关心，在此一并表示感谢。同时，对贵州省城乡规划设计研究院提供资料，以及本教材引用大量相关研究成果和资料，在此向作者们表示真诚谢意。

由于编写人员水平有限，时间仓促，书中缺点错误难免，望读者批评指正，以便今后进一步修改补充。

杨赉丽

2006年3月

第1版前言

《城市园林绿地规划》是风景园林、园林两专业教学的一本主要教材。城市园林绿地规划设计涉及政治、经济、工程技术、艺术、植物、环保、生态等多方面的内容。是一门发展中的学科。我国城市园林绿地规划设计工作目前正处在积极调整发展的阶段。本书是为了适应当前高等院校、城市园林绿地规划设计教学的急迫需要而编写的一本教材。

本教材是在1986年以前北京林学院编写的《城市及居民区绿化》《城市园林绿地规划》等教材的基础上,结合我国实际情况,补充了一些内容。为了贯彻少而精原则,以及教学大纲的要求,本书突出城市总体规划、城市园林绿地各组成部分规划。教材中涉及的中西方园林发展史、园林艺术设计原理、花园公园设计、园林建筑设计、园林工程等方面详细内容,另有单独教材。

本书由北京林业大学、南京林业大学、中南林学院三院校组成教材编写组,北京林业大学杨赉丽担任主编,北京园林局汪菊渊教授为主审。参加编写分工如下:

绪论　北京林业大学　杨赉丽

上篇　第一至六章　北京林业大学　徐　波

下篇　第七章　城市园林绿地的防护功能

　　　　　　中南林学院　沙钱荪

　　　　　　南京林业大学　徐大陆

　　　第八章　城市园林绿地系统规划

　　　　　　北京林业大学　杨赉丽

　　　第九章　工业企业的园林绿地规划设计

　　　　　　南京林业大学　徐大陆

　　　第十章　城市、街道、广场的绿化设计

　　　　　　北京林业大学　杨乃琴

　　　第十一章　居住区绿化规划设计

南京林业大学　徐大陆
第十二章　城市公园规划设计
　　　　北京林业大学　杨乃琴
第十三章　风景名胜区与森林公园规划
　　　　中南林学院　沙钱荪
　　　　北京林业大学　杨赉丽
附录一、各地常用园林植物参考表
　　北京林业大学　杨乃琴
附录二、城市园林绿地规划制图标准
　　北京林业大学　杨乃琴
附录三、城市园林绿地规划设计参考图
　　北京林业大学园林规划设计专业88届研究生　罗　华

由于编写人员水平有限，书中缺点、错误在所难免，望读者批评指正，以便今后再版时进一步修改补充。

《城市园林绿地规划》教材编写小组

1994年12月

目录

第5版前言
第4版前言
第3版前言
第2版前言
第1版前言

上篇　城市绿地系统规划

第1章　城市规划基本知识 … 2
1.1　城市与城市环境 … 2
1.1.1　城市的产生 … 2
1.1.2　城市的概念 … 2
1.1.3　城市的功能 … 3
1.1.4　城市化与城市问题 … 3
1.2　城市规划基本理论 … 7
1.2.1　城乡规划编制体系 … 7
1.2.2　城市规划 … 8
1.2.3　城市总体规划 … 9
1.2.4　控制性详细规划 … 15
1.2.5　城市用地分类与规划建设用地标准 … 21
1.3　城市绿地基本概念 … 29
1.3.1　绿地 … 29
1.3.2　城市绿地 … 29

第2章　城市绿地发展历程 … 30
2.1　古代城市公共空间 … 30
2.1.1　中国古代城市公共空间 … 30
2.1.2　西方古代城市公共空间 … 32
2.2　国外近现代城市绿地发展演进 … 33
2.2.1　形成期 … 33
2.2.2　发展期 … 39
2.2.3　成熟期 … 46
2.2.4　反思期 … 51
2.3　中国近现代城市绿地发展演进 … 55
2.3.1　1949年前中国城市绿地状况 … 55
2.3.2　1949年后中国城市绿地发展 … 56
2.3.3　中国大城市绿地建设状况 … 59
2.3.4　中国城市绿地发展趋势 … 72

第3章　城市绿地功能 … 74
3.1　生态防护功能 … 74

3.1.1 维持碳氧平衡 …………… 74
3.1.2 净化环境 ………………… 75
3.1.3 改善城市小气候 ………… 84
3.1.4 降低城市噪声 …………… 87
3.1.5 防灾减灾 ………………… 89
3.1.6 保护生物多样性 ………… 91
3.2 游憩娱乐功能 …………………… 92
3.2.1 提供休闲游憩场所 ……… 92
3.2.2 促进公众心理健康 ……… 92
3.3 文化教育功能 …………………… 93
3.3.1 历史文化教育的场所 …… 94
3.3.2 爱国主义教育的阵地 …… 95
3.3.3 生态环境教育的课堂 …… 95
3.4 环境美化功能 …………………… 96
3.4.1 体现植物自然之美 ……… 96
3.4.2 营造城市景观风貌 ……… 97
3.5 避险救灾功能 …………………… 98
3.5.1 避险功能 ………………… 98
3.5.2 救灾功能 ………………… 99

第4章 城市绿地系统规划原理 ……… 100
4.1 城市绿地系统规划定位 ……… 100
4.1.1 城市绿地系统规划任务和目标 ……………………… 100
4.1.2 城市绿地系统规划层次 … 101
4.1.3 与相关规划的关系 ……… 101
4.2 城市绿地系统规划理论基础 …… 102
4.2.1 城市规划学 ……………… 102
4.2.2 生态学 …………………… 103
4.2.3 植物学与动物学 ………… 103
4.2.4 城市美学与园林美学 …… 103
4.2.5 社会心理学 ……………… 104
4.2.6 城市灾害学 ……………… 104
4.2.7 城市地理学 ……………… 104
4.3 城市绿地分类 …………………… 104
4.3.1 中国绿地分类发展历程 … 105
4.3.2 中国城市绿地分类标准 … 106
4.4 城市绿地系统结构布局 ………… 113
4.4.1 城市绿地系统 …………… 113
4.4.2 城市绿地系统结构影响因素 ……………………… 114

4.4.3 城市绿地系统结构布局要求 ……………………… 115
4.4.4 城市绿地系统结构基本形式 ……………………… 116
4.5 城市绿地指标 …………………… 120
4.5.1 城市绿地指标的作用 …… 120
4.5.2 影响城市绿地指标的因素 ……………………… 120
4.5.3 城市绿地指标的确定 …… 122
4.5.4 城市绿地相关指标及计算 ……………………… 128

第5章 城市绿地系统规划内容 ……… 136
5.1 规划前期调研工作 ……………… 136
5.1.1 基础资料收集 …………… 136
5.1.2 现状调查 ………………… 137
5.1.3 相关规划解读 …………… 139
5.1.4 综合分析 ………………… 140
5.2 规划总则 ………………………… 140
5.2.1 规划依据 ………………… 140
5.2.2 规划原则 ………………… 141
5.3 规划目标及规划指标 …………… 142
5.3.1 规划目标 ………………… 142
5.3.2 规划指标 ………………… 142
5.4 市域绿地系统规划 ……………… 143
5.4.1 规划原则 ………………… 143
5.4.2 规划内容 ………………… 144
5.5 城市绿地系统规划结构布局 …… 145
5.5.1 布局原则 ………………… 145
5.5.2 布局目的和要求 ………… 145
5.5.3 城市绿地系统布局 ……… 146
5.6 绿地分类规划 …………………… 146
5.6.1 公园绿地规划 …………… 146
5.6.2 防护绿地规划 …………… 152
5.6.3 广场用地规划 …………… 154
5.6.4 附属绿地规划 …………… 155
5.6.5 区域绿地规划 …………… 156
5.7 城市绿地植物规划 ……………… 157
5.7.1 城市绿地植物规划的基本要求 ……………………… 157
5.7.2 生物多样性保护规划 …… 158

5.7.3 树种规划 …… 158
5.7.4 古树名木保护规划 …… 160
5.8 城市绿地防灾避灾规划 …… 160
　5.8.1 城市绿地防灾规划意义 …… 160
　5.8.2 绿地防灾避灾规划原则 …… 160
　5.8.3 我国城市避灾场所与避灾绿地人均指标 …… 161
　5.8.4 城市绿地避灾功能规划 …… 162
5.9 分期建设规划 …… 164
　5.9.1 期限的界定 …… 164
　5.9.2 项目时序安排原则 …… 164
　5.9.3 规划内容 …… 164
5.10 实施措施与绿线管理规划 …… 165
　5.10.1 城市绿地实施措施规划 …… 165
　5.10.2 城市绿线管理规划 …… 165

第6章 城市绿地系统规划编制 …… 167
6.1 城市绿地系统规划的编制与成果审批 …… 167
　6.1.1 编制要求 …… 167
　6.1.2 编制阶段 …… 168
　6.1.3 编制成果 …… 168
　6.1.4 成果审批 …… 169
6.2 规划编制与绿地管理的技术方法 …… 169
　6.2.1 规划编制的技术和方法 …… 169
　6.2.2 绿地调查的技术和方法 …… 171
　6.2.3 绿地量化分析的技术和方法 …… 171
　6.2.4 城市绿地管理的信息化技术 …… 173

下篇　城市绿地详细规划

第7章 公园绿地规划设计 …… 176
7.1 公园规划设计的程序和内容 …… 176
　7.1.1 公园规划设计的程序 …… 176
　7.1.2 公园规划设计的内容 …… 178
7.2 综合公园 …… 184
　7.2.1 综合公园的功能 …… 184
　7.2.2 综合公园的类型 …… 185
　7.2.3 综合公园的活动内容与设施 …… 187
　7.2.4 综合公园规划设计 …… 188
7.3 社区公园 …… 190
　7.3.1 社区公园的功能 …… 190
　7.3.2 社区公园的级别 …… 191
　7.3.3 社区公园的活动内容与设施 …… 191
　7.3.4 社区公园规划设计 …… 192
7.4 专类公园 …… 194
　7.4.1 植物园 …… 194
　7.4.2 动物园 …… 201
　7.4.3 儿童公园 …… 206
　7.4.4 体育公园 …… 208
　7.4.5 遗址公园 …… 211
　7.4.6 历史名园 …… 212
7.5 游园 …… 213
　7.5.1 游园的功能 …… 213
　7.5.2 游园的类型 …… 214
　7.5.3 游园规划设计 …… 214

第8章 防护绿地规划设计 …… 220
8.1 防护绿地的作用及类型 …… 220
8.2 防护绿地的规划设计要求 …… 221
　8.2.1 不同防护功能的绿地林带结构 …… 221
　8.2.2 各类防护绿地建设要求 …… 222

第9章 城市居住区绿地规划设计 …… 228
9.1 城市居住区相关术语 …… 228
9.2 居住区绿地作用 …… 228
9.3 居住区绿地分类及定额指标 …… 229
　9.3.1 居住区公共绿地的分类及定额指标 …… 229
　9.3.2 居住街坊内绿地的分类及定额指标 …… 230
9.4 各类居住区绿地规划布局 …… 232

9.4.1　规划原则 ……………… 232
　　9.4.2　布局要求 ……………… 232
9.5　居住区绿地规划设计 ……………… 232
　　9.5.1　居住区公园 ……………… 232
　　9.5.2　居住街坊内集中绿地 ……… 232
　　9.5.3　宅旁绿地 ……………… 236
9.6　居住区绿地植物配置与选择 …… 239
　　9.6.1　植物配置原则 …………… 239
　　9.6.2　植物选择 ……………… 239

第10章　单位附属绿地规划设计 …… 242
10.1　中央商务区绿地 ……………… 242
　　10.1.1　中央商务区概述 ………… 242
　　10.1.2　中央商务区绿地的意义 … 243
　　10.1.3　中央商务区绿地的特征 … 243
　　10.1.4　中央商务区绿地规划 …… 243
10.2　校园绿地 ……………………… 245
　　10.2.1　校园绿地的意义 ………… 245
　　10.2.2　大学校园绿地 …………… 246
　　10.2.3　中小学校园绿地 ………… 248
10.3　医疗机构绿地 ………………… 248
　　10.3.1　医疗机构绿地的意义 …… 248
　　10.3.2　医疗机构绿地特征 ……… 249
　　10.3.3　综合医院绿地 …………… 249
　　10.3.4　专类医院绿地 …………… 251
10.4　工业绿地 ……………………… 252
　　10.4.1　工业绿地的意义 ………… 252
　　10.4.2　工厂企业绿地 …………… 253
　　10.4.3　高新科技园区绿地 ……… 263

第11章　道路绿地规划设计 ………… 271
11.1　道路绿地的作用 ……………… 271
11.2　道路绿地的概念及规划指标 … 271
　　11.2.1　道路绿地的概念 ………… 271
　　11.2.2　道路绿地的规划指标 …… 272
11.3　道路绿地断面的布置形式 …… 273
　　11.3.1　中国城市道路的功能等级
　　　　　　 …………………………… 273
　　11.3.2　道路绿地断面形式 ……… 273
11.4　道路绿地规划设计 …………… 275
　　11.4.1　道路绿地规划设计原则 … 275
　　11.4.2　道路绿地规划设计要求 … 275

11.5　城市林荫路的建设与推广 …… 281

第12章　城市广场规划设计 ………… 285
12.1　城市广场概述 ………………… 285
　　12.1.1　城市广场的概念 ………… 285
　　12.1.2　城市广场的作用 ………… 285
　　12.1.3　城市广场的类型 ………… 285
12.2　城市广场规划设计 …………… 286
　　12.2.1　城市广场的规划设计原则
　　　　　　 …………………………… 286
　　12.2.2　城市广场的规划设计要求
　　　　　　 …………………………… 287
　　12.2.3　城市广场绿地的设计要点
　　　　　　 …………………………… 289

第13章　风景游憩绿地规划 ………… 290
13.1　风景游憩绿地概念与分类 …… 290
13.2　风景名胜区 …………………… 291
　　13.2.1　风景名胜区概述 ………… 291
　　13.2.2　风景名胜区总体规划 …… 294
13.3　森林公园 ……………………… 305
　　13.3.1　森林公园概述 …………… 306
　　13.3.2　森林公园规划设计 ……… 308
13.4　湿地公园 ……………………… 315
　　13.4.1　湿地保护与发展概述 …… 315
　　13.4.2　湿地公园概述 …………… 317
　　13.4.3　湿地公园规划设计 ……… 319
　　13.4.4　湿地的生态恢复 ………… 321
13.5　郊野公园 ……………………… 323
　　13.5.1　郊野公园概述 …………… 324
　　13.5.2　郊野公园规划 …………… 330

附　录 ……………………………… 334
附录一　城市绿化规划建设指标的规定
　　　　（城建［1993］784号） …… 334
附录二　城市绿线管理办法（2002）…… 336
附录三　中华人民共和国国家标准城市
　　　　绿线划定技术规范 ………… 337
附录四　国家园林城市系列标准 …… 343

参考文献 …………………………… 367
彩　图 ……………………………… 369

上篇 城市绿地系统规划

第1章 城市规划基本知识

学习重点

1. 明确城市化的概念，了解因城市化引起的城市问题；
2. 了解城市规划的编制程序与工作内容；
3. 掌握中国现行的城市用地分类标准；
4. 掌握城市绿地的定义，明确城市绿地系统规划工作的范畴。

1.1 城市与城市环境

1.1.1 城市的产生

城市是生产力发展、社会劳动分工加深和生产关系改变的结果。在原始社会，人类过着完全依附于自然的采集经济生活，采取穴居、树居等群居形式，没有形成固定的居民点。人类社会出现了农业与畜牧业的第一次劳动大分工后，农业逐渐成为主要的生产方式，产生了固定的居民点。商业、手工业与农业的第二次劳动大分工后，居民点进一步分化，形成了以农业为主的乡村和以商业、手工业为主的城市。所以，也可以说城市是生产发展和人类的第二次劳动大分工的产物。

世界各地由于生产力水平发展的差异，城市出现的时期，城市的分布、规模、类型均不相同。城市的产生和发展受到社会生产力、生产关系及社会经济基础的制约，同时也受到建立在这种社会经济基础之上的上层建筑的影响。这一规律贯穿于城市的产生和发展的整个过程。

1.1.2 城市的概念

"城"和"市"起初是两个不同的概念。"城"是防御功能的概念；"市"是贸易、交换功能的概念。但是有防御墙垣的居民点并不都是城市，有的村寨也有防御的墙垣。城市是有着商业交换职能的居民点。

随着历史的发展，城市自古存续至今，从古代城市到现代城市，其内容、功能、结构、形态不断演化，从某一方面某一角度给城市下定义，都不可能概括城市这一包罗万象的事物的本质。但随着对城市研究的逐渐深入，人们对城市本质的认识也在不断加深。关于城市的定义，不同学科的学者从不同角度进行了总结，如法国城市地理学家潘什海尔将城市定义为"既是一个景观、一片经济空间、一种人口密度，也是一个生活中心和劳动中心，更具体地说，也可能是一种气象、一种特征或一个灵魂"；英国城市经济学家巴顿则指出"城市是各种经济市场——住房、劳动力、土地、运输等，相互交织在一起的网状系统"；美国城市社会学家沃尔思把人口数量、人口密度和人口异质化当做城市的3个主要标志；城市生态学的角度认为城市是一个"社会、经济、文化、环境等系统交互发展的综合产物，是个多层次、多因素、多功能的随机动态的人工生态系统"。总之，城市是以人为主体，以空间和环境为基础，以聚集经济效益为特征的空间地域体系。

城市主要包括以下3个方面的因素。

人口数量 城市作为人类社会定居的形态之一，是具有一定人口规模的、以非农业活动为主的、区别于乡村的社会组织形式和居住空间单位。

产业构成 城市是一定区域中在政治、经济、文化等方面具有不同职能的中心，其产业构成中以第二产业或第三产业为主。

行政管辖 城市作为一种具有行政管辖意义的现象，1984年10月，国务院发文指出："①凡县级国家机关所在地，均应设置镇的建制；②总人口2万人以上的乡、乡政府驻地，非农业人口占全乡人口10%以上的，也可设置镇的建制；③少数民族地区、人口稀少的边远地区、山区和小型工矿区、小港口、风景旅游区、边境口岸等，非农业人口虽不足2000人，如有必要，也可设镇的建制。"中国的建制城镇包括县城镇（城关镇）、中心镇、一般镇。从广义上说，城市包括了直辖市、市、镇等内容。

1.1.3 城市的功能

在20世纪上半叶，现代城市规划基本上是在建筑学的领域内得到发展的，甚至可以说现代城市规划的发展是随着现代建筑运动而展开的。1928年国际现代建筑协会（CIAM）在瑞士成立，1933年在雅典召开了第四次会议，会议的主题是"功能城市"。在会上现代建筑运动的主要建筑师发表了《雅典宪章》，对城市中普遍存在的问题进行了全面分析，指出城市规划应当处理好居住、工作、游憩和交通的功能关系，并提出了以下改善建议与方法。

居住 要建设在城市最好的地段，接近一些空旷地，有良好的景观和空气，城市中不同地段采用不同的人口密度，并严禁沿交通干道建设住宅。

工作 应按照性质和需要进行安排，使工作接近居住，并与其他地区之间有绿带隔离。

交通 应按照道路的功能进行分类，建立一个新的道路系统，强调交通干道和建筑物之间以绿带隔离。

游憩 许多大城市都缺少供游憩的绿化场地，新建住宅区要留出足够的空地建设公园、运动场和游戏场，旧区已坏的建筑物拆除后应辟为绿地。

《雅典宪章》提出了功能分区的思想，在当时有着重要的意义，很好地缓解和改善了工业化发展带来的各种问题，被称为现代城市规划的大纲。

1.1.4 城市化与城市问题

城市的历史与人类的文明史同样古老而悠久。但是，在200年前，城市还是极少数人居住与活动的场所，多数人还在从事农耕畜牧，生活在乡村中。18世纪，英国进行的工业革命使这种状况发生了转变，工业化和资本主义经济在世界范围内取得迅速的发展。在工业文明的普及过程中，人口向城市集中，城市扩大、城市数量增多，使得原有的城市结构发生了变化，城市地域扩大，形成了城镇密集区及大城市地域。

1.1.4.1 城市化的含义

城市化指人类生产和生活方式由乡村型向城市型转化的历史过程，表现为乡村人口向城市人口转化及城市不断发展和完善的过程。又称城镇化、都市化。具体包括以下几个方面：

人口职业的转变 即由农业转变为非农业的第二、第三产业，表现为农业人口不断减少，非农业人口不断增加。

产业结构的转变 工业革命后，工业不断发展，第二、第三产业的比重不断提高，第一产业的比重相对下降，工业化的发展也带来农业生产的现代化，农村多余人口转向城市的第二、第三产业。

土地及地域空间的变化 农业用地转化为非农业用地，由比较分散、低密度的居住形式转变为较集中成片的、密度较高的居住形式，从与自然环境接近的空间转变为以人工环境为主的空间形态。城市拥有比较集中的用地和较高的人口密度，便于建设较完备的基础设施，包括铺装的路面、上下水道及其他公用设施，可以有较多的文化设施，这与农村的生活质量相比有很大的提高。

城市化水平又可称为城镇化水平，是指城镇人口占总人口的比重。

城市化水平 = 城镇人口/总人口 × 100%

人口按其从事的职业一般可分为农业人口与非农业人口（第二、第三产业人口）。按目前的户籍管理办法又可分为城镇人口与农村人口。

1.1.4.2 城市化的发展阶段及规律

1800年之后，工业革命使城市化的风潮席卷全球。城市化的发展历程可以用"S"形曲线表示。1979年，美国城市地理学家诺瑟姆（Ray Northam）发现并提出了该曲线，因此又称为"诺瑟姆曲线"。诺瑟姆在总结欧美城市化发展历程的基础上，将城市化的轨迹概括为起步、加速、稳定3个阶段（图1-1）。

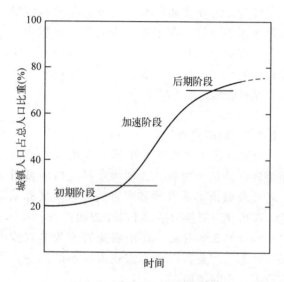

图1-1 诺瑟姆的"S"形曲线

起步阶段 特征是城市化发展速度缓慢，需要较长时间才能达到城市人口占总人口的30%左右。至1800年，经过了上千年的时间，全世界城市化水平仅为3%。1801—1900年，美国的城市化水平从6.1%增至35.1%，说明美国的城市化水平增至30%以上用了100年。

加速阶段 特征是由于生产力水平提高极快，进入城市化发展加速增长阶段，较短的时间内，城市化水平由30%左右上升至60%或以上。城市化发展的加速阶段历时相对较短，日本在第二次世界大战后，尚处于工业化推动阶段，但在1950—1970年经济高速增长时期，仅用了20年时间，其城市化水平就从50.3%提高到71.2%；而韩国在1960—1980年经济起飞期间，城市化水平从27.7%上升到58.9%，仅用了20年就增长了近1倍。

稳定阶段 城市化的增长速度趋向缓慢或停滞，由于农业现代化的过程基本完成，农村的剩余劳动力已基本上转化为城市人口。随着城市中工业的发展和技术的进步，一部分工业人口又转向第三产业。城市化发展的稳定阶段历时相对较长，英国作为工业革命的发源地，在19世纪末就已进入稳定阶段；美国在20世纪城市化进程最快，现已进入稳定阶段。

统计数据表明，在1800年，当时全世界的城市化水平仅有3%，到1850年达到7%，1900年为15%。工业化促进了近、现代的城市化，据联合国人类聚落研究中心的有关报告，21世纪全球城市化进程将加快，1990年，45%的世界人口（约24亿）居住在城市地区，据预测，2025年全世界城市化水平将达到65%左右，发展中国家和地区将增至61%，发达国家和地区将增至83%（表1-1）。可以说，世界已经进入了城市时代，城市已成为国民生活和开展经济文化等各项活动的主要舞台。

表1-1 1990，2000，2025年世界城市化水平及城市人口数

年份	项目名称	世界总数	发展中国家和地区	发达国家和地区
1990	城市人口占总人口百分比（%）	45	32	75
	城市人口数（亿人）	24	15	9
2000	城市人口占总人口百分比（%）	51	45	75
	城市人口数（亿人）	32	23	9
2025	城市人口占总人口百分比（%）	65	61	83
	城市人口数（亿人）	55	44	11

1.1.4.3 中国的城市化道路

中国的城市化总体来说起步晚、速度慢。中国城市化进程大致可分为以下4个阶段：①1949—1957年为正常发展阶段，城市化水平从10.6%上升至15.4%；②1958—1965年为大起大落阶段，1959年城市化水平猛升到19.7%，之后由于调整而迅速下降；③1966—1978年为停滞发展阶段，城市化水平在17%左右徘徊；④1979年至今，为

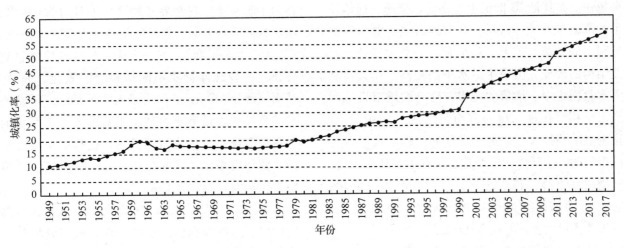

图1-2 1949—2017年中国城市化水平变化

加速发展阶段，至1986年，随着改革开放的发展，城市化进程大大提高，中国城市化水平达到26%，2010年第六次人口普查中国城市化水平为49.68%，2017年达到58.52%（图1-2）。1978—2016年期间，中国实际国民总收入年均增长9.6%，是同期世界上最快、持续时间最长的增长速度。这个时期，中国的城市化速度也是世界上最快的，城市化率从17.9%提高到56.8%，每年以3.08%的速度提高，不仅远快于高收入国家平均水平(0.33%)和低收入国家平均水平(1.39%)，也明显快于处于类似人口转变阶段国家的平均水平(1.75%)，以及处于相同经济发展阶段的中等偏上收入国家平均水平(1.65%)。这个时期中国对世界城市人口增量的贡献为25.6%。

中国城市化发展存在地区差异。由于自然环境和区位条件的不同，社会经济发展不平衡，城市化水平在东、中、西部地区存在着较大差异。东部沿海地区各种规模的城市分布十分密集，并且多数大城市、特大城市分布在东部地区，而西部地区城市分布十分稀疏。城市化水平的差异在相当长时间内将长期存在。

中国的城市化已经步入城市化加速阶段，现阶段正在经历的是人类历史上规模最大、速度最快的一次城市化浪潮。20世纪的城市化发展实践已经证明，城市虽然在诸多方面推动了人类文明和进步的整体发展，但也产生了众多的问题，城市与城乡区域之间的和谐关系不断被打破，已经威胁到了地球的整体环境安全。中国正在经历的大规模快速城市化之路如何去走无疑也将对国家整体的永续发展产生重要的影响，未来的城市化过程必须走向理性、健康和永续。中国幅员辽阔，地区之间的社会经济发展条件和环境条件存在着巨大差异，如果试图用一项统一的标准来衡量中国城市化和城市发展，并以此来制定城市化政策无疑满足不了不同地区的发展需要。

城市化作为一种现象并不是人类社会发展的目标，只有实现城市及其区域的永续与和谐发展，人们才能够充分享受人居环境发展和社会进步所带来的积极成果。

未来的中国城市化模式应该是一种多元化的模式。在一些地区，由大城市来带动整个区域的发展，形成强有力的区域核心参与全球的竞争；而在另外一些地区，则由中小城市和城镇的开发来带动当地的发展。总之，将来的城市和区域发展应当超越单个城市的传统思维，从更大的区域范围来思索可持续的城市化发展道路，走向和谐的城市区域，这也是中国未来城市化发展的必由之路。

1.1.4.4 城市问题

随着社会生产的不断发展，城市化的进程越

来越快。尤其是20世纪中叶之后，交通、通信技术的革新与普及，从煤、蒸汽到石油、电力等能源利用的变革，带来了各个领域的重大变化。产业结构的改变，国民生活水平的提高，在人口和资本急剧集中、增值的城市，已有的城市设施和城市结构，在量和质的方面都无法与之相适应。过密混乱的扩大带来的不平衡和失调形成了种种城市问题：①环境污染严重，原有生态环境改变，环境质量下降，趋于恶化；②中心区人口密集；③交通拥挤；④地价房租昂贵，居住条件差；⑤失业人口增多；⑥社会秩序混乱。

这些问题复杂地相互交织在一起，不只是局限在某一地区、牵涉某些人，而是全域性的、全面的产生和发展，只采取单独的、个别的对策，反而有可能促使另一个问题恶化。这些问题的解决，受到空间的、时间的、技术的、经济财政的、制度的和社会的制约。

1.1.4.5 城市的环境问题

城市环境是人类利用和改造自然环境而创造出来的高度人工化的生存环境。从狭义上讲，城市环境主要是指物理环境，包括地形、地质、土壤、水文、气候、植被、动物、微生物等自然环境，包括房屋、道路、各种管线、基础设施、废气、废水、废渣、噪声等人工环境。可以说，城市环境是城市居民赖以生存的基本条件，是城市经济持续、稳定、健康发展的客观基础。但是由于城市环境受到人类活动的影响很强，在经济社会实践中，城市人口的规模，废弃物的排放，自然资源的利用以及文化状态的改变，甚至自然灾害等，都会对一个城市的环境质量产生影响，所以城市环境的自然调节能力相当脆弱。

人类生存于自然环境之中，即大气圈、水圈、生物圈、土圈和岩石圈5个自然圈。一切生物都受自然条件各因素的影响，在一定的空间里生物与生物之间，生物与环境之间密切联系，彼此影响，相互适应，相互制约，并主要通过食物链进行物质和能量的交换。这个生物与环境的结合体，称为生态系统。自然界各种物质循环过程（如水、碳、氮的循环），一方面使生态系统保持相对稳定，即"生态平衡"；另一方面可使这些物质得到更新，一些有毒物质不断被稀释、氧化、分解，从而使环境"净化"。但由于人类的活动，不断向自然界排放大量有害物质，当其进入生态系统的数量超出该系统的降解能力时，便打破了生态平衡，使环境恶化，这就是对环境的"污染"。环境污染包括大气污染、土壤污染等。

进入20世纪，城市化进程加速，城市人口急剧增加，工业以空前的速度发展，城市环境日趋恶化，人类赖以生存的生态系统遭到严重破坏，使人类面临严峻挑战。从20世纪初到70年代，伦敦、纽约等地发生12起烟雾事件，1952年2月5~8日，伦敦烟雾弥漫，4天内夺去4000多人的生命，这就是震惊世界的伦敦烟雾事件；洛杉矶、纽约、东京、大阪等城市发生过11起光化学烟雾事件；大阪、川崎、横滨、纽约等城市发生过13起石油化工废气和粉尘污染大气事件。此外，由于水体污染等造成的危害也十分严重。

环境成为世界关注的问题。1972年召开的第一次"联合国人类环境会议"，发表了《联合国人类环境宣言》和《人类环境行动计划》，阐明了人类与环境的关系，保护和改善环境是关系到全世界人民幸福和经济发展的重要问题。同年，27届联合国大会决定成立"联合国环境规划署"（简称UNEP），接着各国政府纷纷设立环境保护机构，承担环保使命，并相继制定了行之有效的法令。1977年国际建筑师协会在秘鲁利马集会，并在马丘比丘山的古文化遗址签署了《马丘比丘宪章》，指出无计划的爆炸性的城市化和对自然资源的过度开发，使环境污染达到了空前的灾难性的程度；提出城市规划建设的重要目标是要争取获得生活的基本质量以及同自然环境的协调，防止环境继续恶化，恢复环境正常状态。1981年国际建筑师协会以"人类的城市与环境"为主题，在波兰华沙发表宣言，强调人民的基本需要和权利。2005年2月16日旨在限制温室气体排放量的《京都议定书》

正式生效，世界100余个签约国共同承诺，采取有效措施，控制温室效应，进而抑制全球变暖的发展趋势。

中国政府极为重视环境保护，宪法中规定了"国家保护环境和自然资源，防止公害和其他公害病"。第一次环境保护会议于1973年召开，会议制定了环境保护工作的方针和政策，安排了近期的环境保护工作。1979年颁布了《中华人民共和国环境保护法（试行）》，经过10年的执行，于1989年正式颁布了《中华人民共和国环境保护法》，标志着中国环境保护工作进入了法治阶段，中国环境法体系初步形成。以政策法规的形式，由国家强制执行，保护和改善生活环境和生态环境，防止污染和其他公害，以保障人民身体健康，促进社会主义现代化建设的发展。1992年中国政府参加了在里约热内卢召开的联合国环境与发展大会，提出"保护生态环境，实现持续发展已成为全世界紧迫而艰巨的任务"，并签署了《气候变化框架公约》和《生物多样性公约》。1994年3月，中国政府批准发布了《中国21世纪议程——中国21世纪人口、环境与发展白皮书》，从人口、环境与发展的具体国情出发，提出了中国可持续发展的总体战略、对策以及行动方案。2008年国家环保总局升格为环境保护部。

但是，全球环境问题仍然十分紧迫。1999年联合国环境规划署发表了《2000年全球环境展望》的报告，又一次向全世界发出了对环境问题的紧急警告。报告指出：地球的"健康"状况正在走向"毁灭"，防止环境灾难的任务"正变得越来越紧迫"。可以说，环境保护这一工作任重而道远，需要人们付出更多的努力。

当前环境污染的来源，主要有自然和人为两大类。前者是由于自然原因，如火山爆发、森林火灾所引起，后者则是人们的生产和生活活动引起的。且人为污染源普遍而经常存在，更为人们所关注。

在当前环境污染严重的情况下，各国主要通过以下途径改善和保护生态环境：采取措施控制污染源，以减少、免除污染的发生；合理的规划布局；采取生物措施，普遍绿化，大力植树造林，栽花种草。三者缺一不可，不能偏废。

1.2 城市规划基本理论

1.2.1 城乡规划编制体系

《中华人民共和国城乡规划法》（以下简称《城乡规划法》）第二条规定："本法所称城乡规划，包括城镇体系规划、城市规划、镇规划、乡规划和村庄规划。城市规划、镇规划分为总体规划和详细规划。详细规划分为控制性详细规划和修建性详细规划。"

① 城镇体系规划　主要包括全国城镇体系规划、省域城镇体系规划。此外，根据实际情况还可编制跨行政区域的城镇体系规划。全国城镇体系规划由国务院城乡规划主管部门会同国务院有关部门组织编制，报国务院审批；省域城镇体系规划由省、自治区人民政府组织编制，报国务院审批。省域城镇体系规划的主要内容包括：城镇空间布局和规模控制，重大基础设施的布局，为保护生态环境、资源等需要严格控制的区域。

② 总体规划　直辖市的城市总体规划由直辖市的人民政府报国务院审批；省、自治区人民政府所在地的城市以及国务院确定的城市的总体规划，由省、自治区人民政府审查同意后，报国务院审批；其他城市的总体规划，由城市人民政府报省、自治区人民政府审批。

县人民政府所在地镇的总体规划由县人民政府组织编制，报上一级人民政府审批；其他镇的总体规划由镇人民政府组织编制，报上一级人民政府审批。

③ 控制性详细规划　城市的控制性详细规划是由城市人民政府城乡主管部门组织编制，经本级人民政府批准后，报本级人民代表大会常务委员会和上一级人民政府备案；镇的控制性详细规划由镇人民政府组织编制，报上一级人民政府审批，县人民政府所在地镇的控制性详细规划，由县人民政府城乡规划主管部门组织编制，经县人民政府批准后，报本级人民代表大会常务委员会和上一级人民政府备案。

城市和镇可以由城市、县人民政府城乡规划主管部门和镇人民政府组织编制重要地块的修建性详细规划，其他的详细规划可以结合建设项目的开展由建设单位组织编制。

④ 乡、村规划　乡、镇人民政府组织编制乡规划、村庄规划，报上一级人民政府审批。村庄规划在报送审批前，应当经村民会议或者村民代表会议讨论同意。

1.2.2　城市规划

1.2.2.1　城市规划的任务

城市规划是人类为了在城市的发展中维持公共生活的空间秩序而做的未来空间安排。在更大的范围内，可以扩大到区域规划和国土规划；而在更小的空间范围内，可以延伸到建筑群体之间的空间设计。因此，从更本质的意义上讲，城市规划是人居环境各层面上的以城市层次为工作对象的空间规划。中国在2007年颁布的《中华人民共和国城乡规划法》（以下简称《城乡规划法》）中正式将"城市规划"的提法改为"城乡规划"，将镇规划、乡规划和村庄规划纳入中国规划体系中，而所有这些对未来空间发展进行的不同层面上的规划统称为"空间规划体系"。

中国对城市规划的界定是人类为了在城市的发展中维持公共生活的空间秩序而做的未来空间安排的意志，其根本社会作用是作为建设城市和管理城市的基本依据，是保证城市合理地进行建设和城市土地合理开发利用及正常经营活动的前提和基础，是实现城市社会经济发展目标的综合性手段。

中国现阶段城市规划的基本任务是保护、创造和修复人居环境，保障和创造城市居民安全、健康、舒适的空间环境和公正的社会环境，达到城乡经济、文化和社会协调、稳定地永续、和谐发展。

1.2.2.2　城市规划工作的基本内容

在充分研究城市的自然、经济、社会和技术发展条件的基础上，城市规划要做好以下工作：制定城市发展战略；预测城市发展规模；按照工程技术和环境的要求，选择城市用地的布局和发展方向；综合安排城市各项工程设施；提出近期控制引导措施。

城市规划工作的基本内容有以下几个方面：

① 调查、搜集和研究城市规划工作所必需的基础资料；

② 根据国民经济计划或长远发展设想以及区域规划提出的要求，并根据城市规划任务书，确定城市性质和发展规模，拟定城市发展的各项技术经济指标；

③ 合理选择城市各项建设用地，确定城市规划结构、城市长远的发展方向；

④ 提出市域城镇体系规划，确定区域性基础设施的规划原则；

⑤ 拟定新区开发和原有市区的利用、改造的原则、步骤和办法；

⑥ 拟定城市建筑艺术布局的原则和设计方案；

⑦ 确定城市各项市政设施和工程措施的原则和技术方案；

⑧ 根据城市基本建设计划，安排城市各项近期建设项目，为各项工程设计提供依据；

⑨ 根据建设的需要和可能，提出实施规划的措施和步骤。

性质不同的城市，其规划的内容有各自的特点和重点。如工业城市的规划中，要注重原材料、劳动力的来源，能源、交通运输、水文地质和工程地质情况，以及工业与生活之间矛盾的分析研究。而在具有风景旅游职能的城市中，风景区和风景点的布局和设计，风景的保护和建设，旅游设施的布置和旅游路线的组织等都是规划工作要特别注意的。社会因素也是城市规划应当考虑的重要问题。少数民族地区的城市要充分考虑并体现少数民族的风俗习惯。就业岗位的安排、老年人问题的解决以及城市中不同职业、不同收入水平、不同文化背景的社会团体之间的协调等社会发展条件也应在城市规划中予以高度重视。

总之，城市规划工作必须从实际出发，既要满足城市发展普遍规律的要求，又要针对各种城市的不同性质、特点和问题，确定规划的主要内容和处理方法。

1.2.2.3　城市规划的工作层面

城市规划是城市政府为达到城市发展目标而对城市建设进行的安排。一般城市规划分为城市发展战略和建设控制引导两个层面。城市发展战略层面的规划主要是研究确定城市发展目标、原则、战略部署等重大问题，表达的是城市政府对城市空间发展战略方向的意志，中国的城市总体规划以及土地利用总体规划都属于这一层面。建设控制引导层面的规划是对具体每一地块的未来开发利用做出法律规定。由于直接涉及土地的所有权和使用权，所以这一层面的规划必须通过立法机关以法律的形式确定下来，但这一层面的规划也可以依法对上一层面的规划进行调整。中国的详细规划属于这一层面的工作。

在实际工作中，为了便于工作的开展，在正式编制城市总体规划前，可以由城市人民政府组织制定城市总体规划纲要，对确定城市发展的主要目标、方向和内容提出原则性意见，作为规划编制的依据。根据城市的实际情况和工作需要，大城市和中等城市可以在城市总体规划基础上编制分区规划，进一步控制和确定不同地段的土地的用途、范围和容量，协调各项基础设施和公共设施的建设，并为下一层面的规划提供依据。建设控制引导性的规划根据不同的需要、任务、目标和深度要求，可分为控制性详细规划和修建性详细规划两种类型。详细规划的主要任务是以总体规划或者分区规划为依据，详细规定建设用地的各项控制指标和其他规划管理要求，或者直接对建设做出具体的安排和规划设计。

1.2.3 城市总体规划

城市总体规划是对一定时期内城市性质、发展目标、发展规模、土地利用、空间布局以及各项建设的综合部署和实施措施。

1.2.3.1 城市总体规划与相关规划
(1) 城市总体规划与区域规划

区域规划和城市总体规划的关系十分密切，两者都是在明确长远发展方向和目标的基础上，对特定地域的发展进行的综合部署，但在地域范围、规划内容的重点与深度方面有所不同。

区域规划是城市总体规划的重要依据。一个城市总是和它对应的一定区域范围相联系。反之，一定的区域范围内必然有其相应的地域中心城市。城市规划必须从区域性的经济建设发展总体规划着眼，否则，就城市论城市，就难以把握城市基本的发展方向、性质和规模以及布局结构形态。实际上，中国各级城市建成区的迅猛发展，不仅已超越了空间形态上一个个孤立的"点"，而且是拥有了一定地域广度的"面"，其功能要素的布局向周围区域呈跳跃性发展，促使城市总体规划和区域规划之间形成一种更为密切的关系。因此，在尚未编制区域规划的地区编制城市总体规划时，首先必须进行城市发展的区域分析，为城市性质、规模以及布局结构的确定提供科学的基本依据。

区域规划应与总体规划相互配合协同进行。从区域的角度，确定产业布局、基础设施和人口布局等总体框架。总体规划中的交通、动力、供排水等基础设施的布局应与区域规划的布局骨架相互衔接协调。区域规划分析和预测城镇人口增长趋势，规划人口的合理分布，并根据区域内各城镇的不同条件，大致确定各城镇的性质、规模、用地发展方向和城镇之间的合理分工与联系，并通过总体规划使其进一步具体化。在总体规划具体落实过程中有可能需对区域规划做某些必要的修订和补充。

(2) 城市总体规划与国民经济和社会发展规划

中国国民经济和社会发展规划包括短期的年度计划、中期的5～10年规划和10年以上的长期规划，主要由国家发展与改革委员会负责组织编制，是国家和地方从宏观层面指导和调控社会经济发展的综合性规划。

国民经济和社会发展规划源于计划经济时期的"发展计划"，自"十一五"开始，首次将"计划"改为"规划"，使之从具体、微观、指标性的产业发展计划向宏观、综合的规划转变。内容包括从生产、流通、消费到积累，从发展指标到基本建设投资，从部门到地区发展，从资源开发利用到生产力布局等。

国民经济和社会发展规划是制定城市总体规划的依据，是编制和调整总体规划的指导性文件。国民经济和社会发展规划注重城市近期、中长期宏观目标和政策的研究与制定，总体规划强调规划期内的空间部署，两者相辅相成，共同指导城市发展。尤其是近期建设规划，原则上应当与城市国民经济和社会发展规划的期限一致。在合理确定城市发展的规模、速度和重大发展项目等方面，应在国民经济和社会发展规划做出轮廓性安排的基础上，落实到城市近期的土地资源配置和空间布局中。

（3）城市总体规划与土地利用总体规划

土地利用总体规划是在一定区域内，根据国家社会经济可持续发展的要求和当地自然、经济和社会条件，对土地的开发、利用、治理和保护，在空间上、时间上所做的总体安排和布局，是国家实行土地用途管制的基础。

土地利用总体规划属于宏观土地利用规划，是各级人民政府依法组织对辖区内全部土地的利用以及土地开发、整治和保护所作的综合部署和统筹安排，是在《中华人民共和国土地管理法》颁布以后，由原国土资源部主持的由上而下逐级开展的一项规划工作，正逐渐走向规范化。根据中国行政区划，土地利用总体规划分为全国、省（自治区、直辖市）、市（地）、县（市）和乡（镇）5个层次。上下级规划必须紧密衔接，上级规划是下级规划的依据，并指导下级规划，下级规划是上级规划的基础和落实。

《中华人民共和国土地管理法》规定土地利用总体规划编制的原则为：严格保护基本农田，控制非农业建设占用农用地；提高土地利用率；统筹安排各类各区域用地；保护和改善生态环境，保障土地的可持续利用；保证占用耕地与开发复垦耕地相平衡。

城市总体规划和土地利用总体规划有着共同的规划对象，都是针对一定时期一定行政区范围内的土地使用或利用进行的规划，但在内容和作用上是不同的。土地利用总体规划是从土地开发、利用和保护方面制定的土地用途的规划和部署，其中保护耕地是一项重要任务。而城市总体规划则是从城市功能与结构完善的角度对土地使用做出的安排。因此在规划目标、内容、方法以及土地使用类型的划分等方面存在差异。

城市总体规划应与土地利用总体规划相协调。城市总体规划为土地利用总体规划确定区域土地利用结构提供宏观依据，土地利用总体规划通过对土地用途的控制保证城市的发展空间。城市总体规划中的建设用地规模不得超过土地利用总体规划确定的建设用地规模，规划应建立耕地保护的观念，尤其是保护基本农田。

1.2.3.2 城市总体规划编制的技术要求

（1）城市总体规划编制内容的要求

城市总体规划包括市域城镇体系规划和中心城区规划。编制城市总体规划，应先组织编制总体规划纲要，研究确定总体规划中的重大问题，作为编制规划成果的依据。大、中城市根据需要，可以在总体规划的基础上组织编制分区规划。每个城市还应当在总体规划的基础上，单独编制近期建设规划。

城市总体规划的期限一般为20年，同时应对城市远景发展的空间布局提出设想。确定城市总体规划具体期限，应当符合国家有关政策的要求。

总体规划编制应体现城市规划的基本原则，妥善处理城乡关系，引导城镇化健康发展，体现布局合理、资源节约、环境友好的原则，保护自然与文化资源，体现城市特色，考虑城市安全和国防建设需要。

《城乡规划法》规定：规划区范围、规划区内建设用地规模、基础设施和公共服务设施用地、水源地和水系、基本农田和绿化用地、环境保护、自然与历史文化遗产保护以及防灾减灾等内容，应作为城市总体规划的强制性内容。

城市总体规划的成果应包括规划文本、图纸及附件（规划说明、研究报告和基础资料等）。在规划文本中应明确表述规划的强制性内容。

（2）城市总体规划编制的依据

编制城市总体规划，要遵循党和国家政策的要求，遵循《城乡规划法》《中华人民共和国土地管理法》《中华人民共和国环境保护法》等相关法规，充分考虑上位规划的要求，特别是全国城镇体系规划、省域城镇体系规划的要求，与省市国民经济和社会发展规划、土地利用总体规划、环境保护规划等其他相关规划协调。从区域经济社会发展的角度研究城市定位和发展战略，按照人口与产业、就业岗位的协调发展要求，控制人口规模、提高人口素质，按照有效配置公共资源、改善人居环境的要求，充分发挥中心城市的区域辐射和带动作用，合理确定城乡空间布局，促进区域经济社会全面、协调和永续发展。

全国城镇体系规划是全国城镇发展的综合规划，涵盖城镇化政策、全国城镇空间结构、交通等重大基础设施布局、生态与环境保护等重要内容，对由国务院审批城市总体规划的城市和国家发展需要重点关注的城市均有指导性的意见。

省域城镇体系规划是省域范围内城镇发展的纲领性文件，对省域范围内城镇化政策、城镇空间结构、省域范围内各类城市的规模、不同类别资源的保护、基础设施建设等方面均有明确的要求。

城市总体规划是对上一层次城镇体系规划的具体落实和深化，要充分考虑城镇体系规划的指导性要求，合理控制城市的规模、资源保护、区域基础设施建设等。

同时，城市总体规划的编制也应与其他专业规划相协调，如交通、防灾、基础设施等专业规划。总体规划需要一个综合的视角，对这些专业规划已经确定的内容或即将实施的项目，总体规划的相关内容应与之保持一致。而总体规划也是指导这些规划编制的依据，如交通规划中的交通需求分析、给排水工程主要设施的位置等，需建立在总体规划提出的未来土地使用模式的基础上。

（3）城市总体规划涉及的规划范围

城市总体规划涉及多个层次的规划范围，包括市域、市区、规划区、中心城区和建成区。其中市域、市区是从行政管辖范围划分的，而规划区、中心城区、建成区是从规划建设层面划分的。

市域是城市行政区划范围，包括市区及外围市（县）城市行政管辖的全部地域。市区则是城市政府直接管辖的范围，不包括外围市（县）。

规划区是指城市、镇和村庄的建成区及因城乡建设和发展需要，必须实行规划控制的区域。一般要求城市规划应在市区范围内，即城市政府直接管辖的范围。城市规划区的具体范围，由城市人民政府在编制的城市总体规划中划定。城市规划区也是实施规划管理，即发放"两证一书"（建设用地规划许可证、建设工程规划许可证、建设项目选址意见书）的范围界线。

中心城区是城市发展的核心地区，包括规划城市建设用地和近郊地区，中心城区是城市总体规划的重点范围。

城市建成区是城市行政区内实际已成片开发建设、市政公用设施和公共设施基本具备的地区。包括市区集中连片以及分散在郊区、与城市有着密切联系的城市建设用地（如机场、铁路编组站、污水处理厂等）。

1.2.3.3 城市总体规划的编制程序

（1）城市总体规划编制的组织程序

城市人民政府负责组织编制城市总体规划和城市分区规划。具体工作由城市人民政府城乡规划主管部门承担。城市总体规划的编制要贯彻"政府组织、专家领衔、部门合作、公众参与、科学决策"的原则。

（2）城市总体规划编制的工作程序

① 组织前期研究，按规定提出开展编制工作的报告，经上级规划行政主管部门同意后方可组织编制。其中，组织编制直辖市、省会城市、国务院指定市的城市总体规划的，应向国务院建设主管部门提出报告；组织编制其他市的城市总体规划的，应向省、自治区建设主管部门提出报告。

② 组织编制城市总体规划纲要，按规定提请审查。其中，组织编制直辖市、省会城市、国务院指定市的城市总体规划，应报请国务院建设主管部门组织审查；组织编制其他市的城市总体规划，应报请省、自治区建设主管部门组织审查。

③ 依据国务院建设主管部门或者省、自治区建设主管部门提出的审查意见，组织编制城市总体规划成果，按法定程序报请审查和批准。

在城市总体规划的编制中，对于涉及资源与环境保护、区域统筹与城乡统筹、城市发展目标与空间布局、城市历史文化遗产保护等的重大专题，应在城市人民政府组织下，由相关领域的专家领衔进行研究。

编制城市总体规划，应在城市人民政府的组织下，充分吸取政府有关部门和军事机关的意见，对于所提出意见的采纳结果，应作为城市总体规划报送审批材料的专题组成部分。《城乡规划法》特别强调了城乡规划报送审批前必须开展意见征询的要求：城乡规划报送审批前，组织编制机关应当依法将城乡规划草案予以公告，并采取论证会、听证会或者其他方式征求专家和公众的意见。公告的时间不得少于30日。组织编制机关应当充分考虑专家和公众的意见，并在报送审批的材料中附意见采纳情况及理由。

同时，《城乡规划法》严格规定了总体规划修改的法定程序，有下列情形之一的，组织编制机关方可按照规定的权限和程序修改：

① 上级人民政府制定的城乡规划发生变更，提出修改规划要求的；

② 行政区划调整确需修改规划的；

③ 因国务院批准重大建设工程确需修改规划的；

④ 经评估确需修改规划的；

⑤ 城乡规划的审批机关认为应当修改规划的其他情形。

城市总体规划修编前，组织编制部门应当对原规划的实施情况进行总结，并向原审批部门报告；修改涉及城市总体规划强制性内容的，应当先向原审批机关提出专题报告，经同意后，方可编制修改方案。修改后的城市总体规划按照法定审批程序报批。

(3) 城市总体规划的审批程序

依据《城乡规划法》，总体规划实行分级审批制度，执行严格的分级审批过程和要求。

1.2.3.4 城市总体规划的编制内容

城市总体规划编制从工作阶段上可以分为总体规划编制的前期工作、总体规划纲要的编制和总体规划技术成果的编制3个阶段。从总体规划内容上可以分为市域城镇体系规划、中心城区规划、近期建设规划及专项规划4个组成部分。

1) 城市总体规划编制的前期工作

(1) 基础资料的收集与调研

对城市现状基础资料的收集与调研是整个总体规划编制的基础工作。需要通过文献、访谈、现场踏勘等多种方法，对城市的区域、社会、经济、自然、历史环境展开全面和细致的调研。

城市的基础资料包括以下部分：

城市勘察资料（指与城市规划和建设有关的地质资料） 包括工程地质，即城市所在地区的地质构造，地面土层物理状况，城市规划区不同地段的地基承载力以及滑坡、崩塌等基础资料；地震地质，即城市所在地区断裂带的分布及活动情况，城市规划区内地震烈度区划等基础资料；水文地质，即城市所在地区地下水的存在形式、储量、水质、开采及补给条件等基础资料。

城市测量资料 主要包括城市平面控制网和高程控制网、城市地下工程及地下管网等专业测量图以及编制城市规划必备的各种比例尺的地形图等。

气象资料 主要包括温度、湿度、降水、蒸发、风向、风速、日照、冰冻等基础资料。

水文资料 主要包括江河湖海水位、流量、流速、水量、洪水淹没界线等。大河两岸城市应收集流域情况、流域规划、河道整治规划、现有防洪设施等基础资料。山区城市应收集山洪、泥石流等基础资料。

城市历史资料 主要包括城市的历史沿革、城址变迁、市区扩展以及城市规划历史等基础资料。

经济与社会发展资料 主要包括城市国民经济和社会发展现状及长远规划、国土规划、区域规划等有关资料。

城市人口资料 主要包括现状及历年城乡常住人口、暂住人口、人口的年龄构成、劳动力构成、自然增长、机械增长、职工带眷系数等。

市域自然资源资料 主要包括矿产资源、水资源、燃料动力资源、副产品资源的分布、数量、开采利用价值等。

城市土地利用资料 主要包括现状及历年城市土地利用分类统计、城市用地增长状况、规划区内各类用地分布状况等。

工矿企事业单位的现状及规划资料 主要包括用地面积、建筑面积、产品产量、产值、职工人数、用水量、用电量、运输量及污染情况等。

交通运输资料　主要包括对外交通运输和市内交通的现状和发展预测，如用地、职工人数、客货运量、流向、对周围地区环境的影响以及城市道路交通设施等。

各类仓储资料　主要包括用地、货物状况及使用要求的现状和发展预测。

城市行政、经济、社会、科技、文教、卫生、商业、金融、涉外等机构以及人民团体的现状和规划资料　主要包括发展规划、用地面积和职工人数等。

建筑物现状资料　主要包括现有主要公共建筑的分布状况、用地面积、建筑面积、建筑质量等，现有居住区的情况以及住房建筑面积、居住面积、建筑层数、建筑密度、建筑质量等。

工程设施资料（市政工程、公用设施的现状资料）　主要包括场站及其设施的位置与规模、管网系统及其容量、防洪工程等。

城市园林、绿地、风景区、文物古迹、有价值的近代建筑分布等资料

城市人防设施及其他地下建筑物、构筑物等资料

城市环境资料　主要包括环境监测成果，各厂矿、单位排放污染物的数量及危害情况，城市垃圾的数量及分布，其他影响城市环境质量的危害因素的分布状况及危害情况，地方病及其他有害居民健康的环境资料。

在收集与调研过程中，对城市建设用地的调查是一项重要内容。要对城市存量建设用地的数量和用地性质进行核查和分析，切实掌握土地使用的真实状况、效益，分析人均用地水平、用地结构和区域建设用地分配等资料。全面、细致掌握建设用地现状，为提出合理、高效的土地使用策略提供依据。

调查研究的成果形成城市基础资料汇编，包括城市现状图和一套完整的现状基础资料报告。

（2）城市总体规划编制的前期研究

按照《城市规划编制办法》要求，城市人民政府提出编制城市总体规划前，应当对现行城市总体规划以及各专项规划的实施情况进行总结，对基础设施的支撑能力和建设条件做出评价；针对存在问题和出现的新情况，从土地、水、能源和环境等城市长期发展保障出发，依据全国城镇体系规划和省域城镇体系规划，着眼区域统筹和城乡统筹，对城市的定位、发展目标、城市功能和空间布局等战略问题进行前瞻性研究，作为城市总体规划编制的工作基础。

因此，在前期研究中，现行城市总体规划评价和战略问题的前瞻性研究是两项重要的工作内容。

① 现行城市总体规划评价　首先要系统地回顾以往各版城市总体规划的编制背景和技术内容，研究城市发展的阶段特征，把握好城市发展的自身规律。特别是对现行城市总体规划以及各专项规划的实施情况和遗留问题要进行认真的总结，对基础设施的支撑能力和建设条件做出评价，在此前提下，对总体规划编制（修编）的必要性进行分析。

② 战略问题的前瞻性研究　深入分析和总结城市面临的主要问题，针对城市现状问题和新的发展趋势，从落实土地、水、能源和环境等影响城市长期发展保障要素、区域协调和城乡统筹发展、节约和集约使用土地等前提出发，依据全国城镇体系规划和省域城镇体系规划，前瞻性地研究城市的发展条件和动力机制，科学合理地研究城市的定位、发展目标、城市功能和空间布局等战略问题，为总体规划的修编提供依据。

2）城市总体规划纲要的编制

城市总体规划纲要，是确定城市总体规划的重大原则的纲领性文件，是编制城市总体规划的依据。总体规划纲要是对城市进行全面深入认识，对规划中的重大问题进行研究，为规划编制确定重大原则、方向和框架的重要阶段，防止和避免规划编制出现重大的方向性、原则性的失误和偏差。规划纲要经审批后，作为编制城市总体规划的依据。

城市总体规划纲要成果包括纲要文本、说明、相应的图纸和研究报告。城市规划成果的表达应当清晰、规范，成果文件、图件与附件中说明、专题研究、分析图纸等表达应有区分。

3) 市域城镇体系规划的编制

市域城镇体系规划的主要内容包括：

① 提出市域城乡统筹的发展战略。其中位于人口、经济、建设高度聚集的城镇密集地区的中心城市，应当根据需要，提出与相邻行政区域在空间发展布局、重大基础设施和公共服务设施建设、生态环境保护、城乡统筹发展等方面进行协调的建议。

② 确定生态环境、土地和水资源、能源、自然和历史文化遗产等方面的保护与利用的综合目标和要求，提出空间管制原则和措施。

③ 预测市域总人口及城镇化水平，确定各城镇人口规模、职能分工、空间布局和建设标准。

④ 提出重点城镇的发展定位、用地规模和建设用地控制范围。

⑤ 确定市域交通发展策略；原则上确定市域交通、通信、能源、供水、排水、防洪、垃圾处理等重大基础设施、重要社会服务设施、危险品生产储存设施的布局。

⑥ 根据城市建设、发展和资源管理的需要划定城市规划区。城市规划区的范围应当位于城市的行政管辖范围内。

⑦ 提出实施规划的措施和有关建议。

4) 中心城区规划的编制

中心城区是城市发展的核心地域，包括规划城市建设用地和近郊地区。中心城区规划的编制要从城市整体发展的角度，在综合确定城市发展目标和发展战略的基础上，统筹安排城市各项建设。

中心城区规划的主要内容包括：

① 分析确定城市性质、职能和发展目标。

② 预测城市人口规模。

③ 划定禁建区、限建区、适建区和已建区，并制定空间管制措施。

④ 确定村镇发展与控制的原则和措施；确定需要发展、限制发展和不再保留的村庄，提出村镇建设控制标准。

⑤ 安排建设用地、农业用地、生态用地和其他用地。

⑥ 研究中心城区空间增长边界，确定建设用地规模，划定建设用地范围。

⑦ 确定建设用地的空间布局，提出土地使用强度管制区划和相应的控制指标（建筑密度、建筑高度、容积率、人口容量等）。

⑧ 确定市级和区级中心的位置和规模，提出主要的公共服务设施的布局。

⑨ 确定交通发展战略和城市公共交通的总体布局，落实公交优先政策，确定主要对外交通设施和主要道路交通设施布局。

⑩ 确定绿地系统的发展目标及总体布局，划定各种功能绿地的保护范围（绿线），划定河湖水面的保护范围（蓝线），确定岸线使用原则。

⑪ 确定历史文化保护及地方传统特色保护的内容和要求，划定历史文化街区、历史建筑保护范围（紫线），确定各级文物保护单位的范围；研究确定特色风貌保护重点区域及保护措施。

⑫ 研究住房需求，确定住房政策、建设标准和居住用地布局；重点确定经济适用房、普通商品房等满足中低收入人群住房需求的居住用地布局及标准。

⑬ 确定电信、供水、排水、供电、燃气、供热、环卫发展目标及重大设施总体布局。

⑭ 确定生态环境保护与建设目标，提出污染控制与治理措施。

⑮ 确定综合防灾与公共安全保障体系，提出防洪、消防、人防、抗震、地质灾害防护等规划原则和建设方针。

⑯ 划定旧区范围，确定旧区有机更新的原则和方法，提出改善旧区生产、生活环境的标准和要求。

⑰ 提出地下空间开发利用的原则和建设方针。

⑱ 确定空间发展时序，提出规划实施步骤、措施和政策建议。

此外，在城市总体规划阶段，涉及的专项规划包括综合交通、环境保护、商业网点、医疗卫生、绿地系统、河湖水系、历史文化名城保护、地下空间、基础设施、综合防灾等。在总体规划阶段应当明确这些专项规划的原则。

5) 近期建设规划的编制

近期建设规划主要依据城市总体规划要求，

确定近期建设目标、内容和实施部署，并对城市近期内的发展布局和主要建设项目做出安排。近期建设规划的规划期限为5年，原则上应与国民经济和社会发展规划的年限一致，并不得违背城市总体规划的强制性内容。

近期建设规划的内容应当包括：

① 确定近期人口和建设用地规模，确定近期建设用地范围和布局。

② 确定近期交通发展策略，确定主要对外交通设施和主要道路交通设施布局。

③ 确定各项基础设施、公共服务和公益设施的建设规模和选址。

④ 确定近期居住用地安排和布局。

⑤ 确定历史文化名城、历史文化街区、风景名胜区等的保护措施，确定城市河湖水系、园林绿化、环境等的保护、整治和建设措施。

⑥ 确定控制和引导城市近期发展的原则和措施。

近期建设规划的成果应当包括规划文本、图纸以及包括相应说明的附件。在规划文本中应当明确表达规划的强制性内容。

近期建设规划是实施城市总体规划的第一阶段工作。城市规划工作要贯彻城市建设远景与近期相结合，以近期为主的方针，因此，城市近期建设规划对安排城市各项近期建设项目、解决近期建设的实际问题、指导当前各项建设，具有很大的现实和经济意义。

6）分区规划的编制

编制分区规划的主要任务是：在总体规划的基础上，对城市土地利用、人口分布和公共设施、城市基础设施的配置做出进一步的安排，以便与详细规划更好地衔接。分区规划应当包括下列内容：

① 确定分区的空间布局、功能分区、土地使用性质和居住人口分布。

② 确定绿地系统、河湖水面、供电高压线走廊、对外交通设施用地界线和风景名胜区、文物古迹、历史文化街区的保护范围，提出空间形态的保护要求。

③ 确定市、区、居住区级公共服务设施的分布、用地范围和控制原则。

④ 确定主要市政公用设施的位置、控制范围和工程干管的线路位置、管径，进行管线综合。

⑤ 确定城市干道的红线位置、断面、控制点坐标和标高，确定支路的走向、宽度，确定主要交叉口、广场、公交站场、交通枢纽等交通设施的位置和规模，确定轨道交通线路的走向及控制范围，确定主要停车场的规模与布局。

1.2.4 控制性详细规划

控制性详细规划主要以对地块的用地使用控制和环境容量控制、建筑建造控制和城市设计引导、市政工程设施和公共服务设施的配套，以及交通活动控制和环境保护规定为主要内容，并针对不同地块、不同建设项目和不同开发过程，应用指标量化、条文规定、图则标定等方式对各控制要素进行定性、定量、定位和定界的控制和引导。

控制性详细规划编制的目标是指在城市总体规划的指导下，制定所涉及的城市局部地区、地块的具体目标，并提出各项规划管理控制指标，直接指导各项建设活动。具体表现在：①明确所涉及地区的发展定位，与上位的城市总体规划、分区规划中的相应内容相衔接，使之能够进一步分解和落实，确定该地区在城市中的分工；②依据上述发展定位，综合考虑现状问题、已有规划、周边关系、未来挑战等因素，制定所涉及地区的城市建设各项开发控制体系的总体指标，并将用地和公共服务设施、市政公用设施、环境质量等方面的配置落实到各地块，为实现所涉及地区的发展定位提供保障；③为各地块制定相关的规划指标，作为法定的技术管理工具，直接引导和控制地块内的各类开发建设活动。

1.2.4.1 控制性详细规划的编制内容与方法

1）任务书的编制

任务书一般包括以下部分：①受托编制方的技术力量要求，资格审查要求；②规划项目相关背景情况，项目的规划依据、规划意图要求、规划时限要求；③评审方式及参与规划设计项目单位所获设计费用等事项。

2) 编制过程与工作要点

编制过程一般分为以下5个阶段：

(1) 项目准备阶段

① 熟悉合同文本，了解项目委托方的情况，明确合同中双方各自的权利与义务；

② 了解进行项目所具备的条件；

③ 编制项目工作计划和技术工作方案；

④ 安排项目所需专业技术人员；

⑤ 确定与委托方的协作关系。

(2) 现场踏勘与资料收集阶段

现场踏勘的内容包括：

① 实地考察规划地区的自然条件，土地的使用情况现状，土地权属占有情况，绘制现状图，现状图纸绘制应按相应要求进行；

② 实地考察现状基础设施状况、建筑状况；

③ 实地考察规划地区的周围环境；

④ 实地考察规划地区内文物保护单位和拟保留的重点地区、地段与构筑物的现状及周围情况；

⑤ 走访有关部门；

⑥ 实地考察规划地区所在城市概貌。

现场踏勘调查应收集以下基础资料：

① 已经依法批准的城市总体规划或分区规划对本规划地段的发展目标定位，相关专项规划对本规划地段的控制要求，相邻地段已批准的规划资料；

② 土地利用现状、使用权属及边界，用地地质、水文、地貌、气象等资料，用地性质应分至小类统计；

③ 人口分布现状规模、分布、年龄、职业构成等；

④ 建筑物现状，包括房屋用途、产权、布局、建筑面积、层数、建筑质量、保留价值等；

⑤ 公共设施种类、规模、分布状态、类型；

⑥ 工程设施及管网现状，老城区应着重调查现有工程管网建设年代、技术类型、走向、规格、使用情况及旧损程度等情况；

⑦ 土地经济分析资料，包括地价等级类型、土地级差效益、有偿使用状况、地价变化、开发方式等；

⑧ 所在城市及地区历史文化传统、建筑特色、环境风貌特征等资料。

(3) 方案设计阶段

① 方案比较　方案编制初期要有至少两个以上方案进行比较和技术经济论证。

② 方案交流　方案提出后要与委托方进行交流，向委托方汇报规划构思，听取有关专业技术人员、建设单位和规划管理部门的意见，并就一些规划原则问题做深入沟通；在此过程中同时应当采取公示、征询等方式，充分听取规划设计单位、公众的意见。

③ 方案修改　根据多方达成的意见进行方案修改，必要时作补充调研。

④ 意见反馈　修改后的方案提交委托方再次听取意见，对方案进行修改，直至双方达成共识，转入成果编制阶段，对公众参与的有关意见采纳结果予以公布。

(4) 成果编制阶段

控制性详细规划应以用地的控制和管理为重点，因地制宜，以实施总体规划、分区规划为目的，成果的内容重点在于规划控制指标的体现。

控制性详细规划应当包括下列内容：

① 确定规划范围内不同性质用地的界线，确定各类用地内适建、不适建或者有条件地允许建设的建筑类型。

② 确定各地块建筑高度、建筑密度、容积率、绿地率等控制指标；确定公共设施配套要求、交通出入口方位、停车泊位、建筑后退红线距离等要求。

③ 提出各地块的建筑体量、体形、色彩等城市设计指导原则。

④ 根据交通需求分析，确定地块出入口位置、停车泊位、公共交通场站用地范围和站点位置、步行交通以及其他交通设施。规定各级道路的红线、断面、交叉口形式及渠化措施、控制点坐标和标高。

⑤ 根据规划建设容量，确定市政工程管线位置、管径和工程设施的用地界线，进行管线综合；

确定地下空间开发利用具体要求。

⑥ 制定相应的土地使用与建筑管理规定。

控制性详细规划确定的各地块的主要用途、建筑密度、建筑高度、容积率、绿地率、基础设施和公共服务设施配套规定应当作为强制性内容。

成果应当包括规划文本、图件和附件。图件由图纸和图则两部分组成，规划说明、基础资料和研究报告收入附件。

(5) 规划审批阶段

城市控制性详细规划由城市人民政府审批，一般分3步：

① 成果审查 控制性详细规划项目在提交成果时一般要先开成果汇报会，然后再上报审批，重要的控制性详细规划项目要经过专家评审会审查和城市规划委员会审议再上报审批。

② 上报审批 已编制并批准分区规划的城市控制性详细规划，除重要的控制性详细规划由城市人民政府审批外，可由城市人民政府授权城市规划管理部门审批。

③ 成果修改 已批准的城市控制性详细规划需要进行修改，组织编制机关应对修改的必要性进行论证，征求规划地段内利害关系人的意见，严格执行《城乡规划法》，方可编制修改方案。修改后的控制性详细规划，应当依照原审批程序报批。修改控制性详细规划和涉及城市总体规划、镇总体规划的强制性内容，应当先修改总体规划。

1.2.4.2 控制性详细规划的编制成果

1) 图纸成果及深度要求

① 规划用地位置图（区位图）（比例不限） 标明规划用地在城市中的地理位置，与周边主要功能区的关系，以及规划用地周边重要的道路交通设施、线路及地区可达性情况。

② 规划用地现状图（1:1000~1:2000） 标明土地利用现状、建筑物现状、人口分布现状、公共服务设施现状、市政公用设施现状。

③ 土地使用规划图（1:1000~1:2000） 规划各类用地的界线，规划用地的分类和性质、道路网络布局，公共设施位置；须在现状地形图上标明各类用地的性质、界线和地块编号，道路用地的规划布局结构，标明市政设施、公用设施的位置、等级、规模，以及主要规划控制指标。

④ 道路交通及竖向规划图（1:1000~1:2000） 确定道路走向、线型、横断面、各支路交叉口坐标、标高、停车场和其他交通设施位置及用地界线，各地块室外地坪规划标高。

⑤ 公共服务设施规划图（1:1000~1:2000） 标明公共服务设施位置、类别、等级、规模、分布、服务半径，以及相应建设要求。

⑥ 工程管线规划图（1:1000~1:2000） 各类工程管网平面位置、管径、控制点坐标和标高，具体分为给排水、电力电线、热力燃气、管网综合等。必要时，可分别绘制。

⑦ 环卫、环保规划图（1:1000~1:2000） 标明各种卫生设施的位置、服务半径、用地、防护隔离设施等。

⑧ 地下空间利用规划图（1:1000~1:2000） 规划各类地下空间在规划用地范围内的平面位置与界线（特殊情况下还应划定地下空间的竖向位置与界线），标明地下空间用地的分类和性质，标明市政设施、公用设施的位置、等级、规模，以及主要规划控制指标。

⑨ 五线规划图（1:1000~1:2000） 标明城市五线，即市政设施用地及点位控制线（黄线）、绿化控制线（绿线）、水域用地控制线（蓝线）、文物用地控制线（紫线）、城市道路用地控制线（红线）的具体位置和控制范围。

⑩ 空间形态示意图（比例不限，平面图比例一般为1:1000~1:2000） 表达城市设计构思与设想，包括规划区整体空间鸟瞰图，重点地段、主要节点立面图和空间效果透视图，以及其他用以表达城市设计构思的示意图纸等。

⑪ 城市设计概念图（空间景观规划、特色与保护规划）（1:1000~1:2000） 表达城市设计构思、控制建筑、环境与空间形态、检验与调整地块规划指标、落实重要公共设施布局。

⑫ 地块划分编号图(1:2000~1:5000) 标明地块划分具体界线和地块编号,作为分地块图则索引。

⑬ 地块控制图则(1:1000~1:2000) 表示规划道路的红线位置、地块划分界线、地块面积、用地性质、建筑密度、建筑高度、容积率等控制指标,并标明地块编号。一般分为总图图则和分图图则两种。地块图则应在现状图上绘制,便于规划内容与现状进行对比。

2)文本基本内容要求

(1)总则

说明编制规划的目的、依据、原则及适用范围,主管部门和管理权限。

① 规划背景、目标　一般是就规划区与周边环境的目前经济发展情况与未来变动态势,以及由此带来的相应社会结构变化和城市土地资源、空间环境面临重大调整,对城市开发需求与规划管理应对等情况予以说明,突出在新形势下进行规划编制的必要性,明确规划的经济、社会、环境目标。

② 规划依据、原则　简要说明与规划区相关联并编制生效使用的上级规划、各级法律法规行政规章及政府文件和技术规定。规划原则是对规划内容编制具体行为在规划指导思想和重大问题价值取向上的明确和限定。

③ 规划范围、概况　简要说明规划区自然地理边界,说明规划区区位条件,现状用地的地形地貌、工程地质、水文水系等对规划产生重大影响的情况。

④ 文本、图则之间的关系、各自作用、适用范围、强制性内容的规定　文本与图则是相辅相成的关系,一般应当将两者结合使用。规划文本、图则的法律地位、强制性条款指标内容设置也要明确说明。

⑤ 主管部门、解释权　规划文本的技术性和概括性较强,所以需要明确规划实施过程中,由谁来对各种问题的协调进行处理和解释,明确规划实施主管单位和规划解释主体及权限。

(2)规划目标、功能定位、规划结构

确定规划期内的人口控制规模和建设用地控制规模,提出规划发展目标,确定本规划区用地结构与功能布局,明确主要用地的分布、规模。

(3)土地使用

对土地使用的规划要点进行说明。特别要对用地性质细分和土地使用兼容性控制的原则及措施加以说明,确定各地块的规划控制指标。同时,需要附加如《用地分类一览表》《规划用地平衡表》等土地使用与强度控制技术表格。

(4)道路交通

明确对规划道路及交通组织方式、道路性质、红线宽度、断面形式的规定,对交叉口形式、路网密度、道路坡度限制、规划停车场、出入口、桥梁形式等及其他各类交通设置的控制规定。

(5)绿化与水系

表明规划区绿地系统的布局结构、分类及公园绿地的位置,确定各级绿地的范围、界线、规模和建设要求;表明规划区内河流水域的来源,河流水域的系统分布状况和用地比重,提出城市河道"蓝线"的控制原则和具体要求。

(6)公共服务设施规划

明确各类配套公共服务设施的等级结构、布局、用地规模、服务半径,对配套设施的建设方式规定进行说明。

(7)五线规划

对城市五线,即市政设施用地及点位控制线(黄线)、绿化控制线(绿线)、水域用地控制线(蓝线)、文物用地控制线(紫线)、城市道路用地控制线(红线)提出控制原则和具体要求。

(8)市政工程管线

市政工程管线主要包括给水规划、排水规划、供电规划、电信规划、燃气规划及供热规划等内容。

(9)环卫、环保、防灾等控制要求

环境卫生规划主要提出环境控制的基本要求,安排相关设施。防灾规划主要制定各种防灾规划,确定防灾设施的安排,划定防灾通道。

(10)地下空间利用规划

地下空间利用规划主要明确地下空间的使用,包括地下空间的使用性质、地下通道的布置。

(11)城市设计导引

在上一层次规划提出的城市设计要求基础上,

提出城市设计总体构思和整体结构框架，补充、完善和深化上一层次城市设计要求。

根据规划区环境特征、历史文化背景和空间景观特点，对城市广场、绿地、水体、商业、办公和居住等功能空间，城市轮廓线、标志性建筑、街道、夜间景观及无障碍系统等环境要素方面，重点地段建筑物高度、体量、风格、色彩、建筑群体组合空间关系及历史文化遗产保护，提出控制、引导的原则和措施。

(12) 土地使用、建筑建造通则

一般包括土地使用规划、建筑容量规划、建筑建造规划3个方面控制内容。

(13) 其他

包括公众参与意见采纳情况及理由、说明规划成果的组成、附图、附表与附录等。

3) 说明书的基本内容

规划说明书是编制规划文本的技术支撑，主要内容是分析现状、论证规划意图、解释规划文本等，为修建性详细规划的编制以及规划审批和管理实施，提供全面的技术依据。规划说明书的基本内容可分为以下部分。

阐明规划编制的背景及主要过程。

(1) 前言

阐明规划编制的背景及主要过程。

(2) 概况

通过分析论证，阐明规划区区位环境状况的优劣和建设规模的大小，对规划区建设条件进行分析。

(3) 背景、依据

阐明规划编制的社会、经济、环境等背景条件，阐明规划编制的主要法律、法规依据和技术依据。

(4) 目标、指导思想、功能定位、规划结构

对规划区发展前景作出分析、预测，在此基础上提出近、中期发展目标；阐明规划的指导思想与原则；阐明规划区在区域环境中的功能定位与发展方向，深化落实总体规划和分区规划的规定；阐明规划区用地结构与功能布局，明确主要用地的分布、规模。

(5) 土地使用规划

在分析论证的基础上，对土地分类和土地使用兼容性控制的原则和措施进行说明，合理确定各地块的规划控制指标。

(6) 公共服务设施规划

阐明各类配套公共服务设施的等级、布局、用地规模、服务半径，对配套设施的建设方式规定进行说明。

(7) 道路交通规划

对外交通　说明铁路、公路、航空、港口与城市道路的关系及保护控制要求。

城市交通　阐明现状道路、准现状道路红线、坐标、标高、断面及交通设施的分布与用地面积等；在城市专项交通规划指导下对新区交通流进行预测；规定规划道路功能构成及等级划分，明确道路技术标准、红线位置、断面、控制点坐标与标高等；道路竖向及重要交叉口意向性规划及渠化设计；布置公共停车场(库)、公共站场；明确规划管理中道路的调整原则。

(8) 绿地、水系规划

详细说明规划区绿地系统布局结构和公园绿地的位置规划，说明各级绿地的范围、界线、规模和建设要求；分析规划区内河流水域基本条件，结合相关工程规划要求，确定河流水域的系统分布，说明城市河道"蓝线"控制原则和具体要求。

(9) 市政工程规划

说明各项市政工程设施的问题；提出各项市政设施的定量要求，如供水量、供电量、燃气量等；明确各项市政设施安排的各项要求，如各项市政设施用地规模、市政管网的布置标准。

(10) 环保、环卫、防灾等

环境卫生规划　选择适当预测方法，估算污染量；确定处理方式，提出环境卫生控制要求。

防灾规划　分析该地区灾害的类型，提出城市防灾对策和标准，确定各种防灾通道，提出布局要求等。

(11) 地下空间规划

分析地下空间使用要求，明确地下空间的使用方式，提出地下空间的使用范围，划定地下通道的路线和界线。

(12) 城市五线控制规划

明确对城市五线的控制规定。

(13) 地块开发

对开发地区（规划区）资金投入与产出进行客观分析评价，目的是为确定规划区科学合理的开发模式提供依据，同时验证控制性详细规划方案建筑总量、各类建筑量分配的合理性。

在控规说明书内容中应附上规划区各地块土地使用强度控制表及用地兼容性和替代性一览表，方便查阅。

1.2.4.3 规定性控制要素

从城市规划管理的角度来看，任何城市建设活动，不管是综合开发还是个体建设，其内在构成都包括以下6个方面：土地使用、环境容量、建筑建造、城市设计引导、配套设施和行为活动。因此，城市规划管理对建设项目的控制一般也是通过这6个方面进行。

图1-4归纳出以上6个方面的控制内容，它们共同形成控制性详细规划控制体系的内在构成。由于控制内容的选取受多种因素的影响，因此对

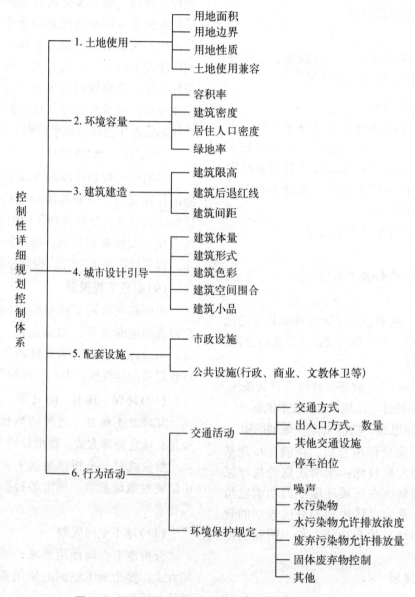

图1-4 控制性详细规划控制体系（夏南凯等，2005）

每一规划用地不一定都需要从这6个方面来控制，而应视用地的具体情况，选取其中部分或全部内容来进行控制。

上述6个方面的内容，可以用相应的控制指标加以落实。这6个方面可派生出12个主要控制指标，这12个控制指标又分为规定性指标和指导性指标两类。

(1) 规定性指标

规定性指标（指令性指标）指该指标必须遵照执行，不能更改。包括：用地性质、用地面积、建筑密度、建筑限高（上限）、建筑后退红线、容积率（单一或区间）、绿地率（下限）、交通出入口方位（机动车、人流、禁止开口路段）、停车泊位及其他公共设施（中小学、幼托、环卫、电力、电信、燃气设施等）。

其中，绿地率是城市绿地系统规划工作中一项非常重要的指标。绿地率指规划地块内各类绿化用地总和占该用地面积的比例，是衡量地块环境质量的重要指标。

绿地率指标以控制其下限为准。通过绿地率的控制可以保证城市的绿化和开放空间，为人们提供休憩和交流的场所。

(2) 指导性指标

指导性指标（引导性指标）是指该指标是参照执行的，并不具有强制约束力，包括：人口容量（居住人口密度）；建筑形式、风格、体量、色彩要求；其他环境要求（关于环境保护、污染控制、景观要求等的指导性指标，可根据现状条件、规划要求、各地情况因地制宜地设置）。

1.2.5 城市用地分类与规划建设用地标准

1.2.5.1 基本概念

(1) 城乡用地

城乡用地指市（县、镇）域范围内所有土地，包括建设用地（development land）与非建设用地（no-development land）。

(2) 城市建设用地

城市建设用地是城市（镇）内①居住用地、②公共管理与公共服务设施用地、③商业服务业设施用地、④工业用地、⑤物流仓储用地、⑥道路与交通设施用地、⑦公用设施用地、⑧绿地与广场用地的统称。

1.2.5.2 城市用地分类

依据《城市用地分类与规划建设用地标准》（GB 50137—2011），按土地使用的主要性质进行划分，用地分类包括城乡用地分类、城市建设用地分类两部分。

(1) 城乡用地分类

城乡用地分为2大类9中类14小类（表1-2）。

(2) 城市建设用地

城市建设用地分为8大类35中类42小类（表1-3）。

表1-2 城乡用地分类和代码

类别代码			类别名称	内　容
大类	中类	小类		
H			建设用地	包括城乡居民点建设用地、区域交通设施用地、区域公用设施用地、特殊用地、采矿用地及其他建设用地等
	H1		城乡居民点建设用地	城市、镇、乡、村庄建设用地
		H11	城市建设用地	城市内的居住用地、公共管理与公共服务设施用地、商业服务业设施用地、工业用地、物流仓储用地、道路与交通设施用地、公用设施用地、绿地与广场用地
		H12	镇建设用地	镇人民政府驻地的建设用地
		H13	乡建设用地	乡人民政府驻地的建设用地
		H14	村庄建设用地	农村居民点的建设用地

(续)

类别代码			类别名称	内　　容
大类	中类	小类		
	H2		区域交通设施用地	铁路、公路、港口、机场和管道运输等区域交通运输及其附属设施用地，不包括城市建设用地范围内的铁路客货运站、公路长途客货运站以及港口客运码头
		H21	铁路用地	铁路编组站、线路等用地
		H22	公路用地	国道、省道、县道和乡道用地及附属设施用地
		H23	港口用地	海港和河港的陆域部分，包括码头作业区、辅助生产区等用地
		H24	机场用地	民用及军民合用的机场用地，包括飞行区、航站区等用地，不包括净空控制范围用地
		H25	管道运输用地	运输煤炭、石油和天然气等地面管道运输用地，地下管道运输规定的地面控制范围内的用地应按其地面实际用途归类
	H3		区域公用设施用地	为区域服务的公用设施用地，包括区域性能源设施、水工设施、通信设施、广播电视设施、殡葬设施、环卫设施、排水设施等用地
	H4		特殊用地	特殊性质的用地
		H41	军事用地	专门用于军事目的的设施用地，不包括部队家属生活区和军民共用设施等用地
		H42	安保用地	监狱、拘留所、劳改场所和安全保卫设施等用地，不包括公安局用地
	H5		采矿用地	采矿、采石、采沙、盐田、砖瓦窑等地面生产用地及尾矿堆放地
	H9		其他建设用地	除以上之外的建设用地，包括边境口岸和风景名胜区、森林公园等的管理及服务设施等用地
E			非建设用地	水域、农林用地及其他非建设用地等
	E1		水域	河流、湖泊、水库、坑塘、沟渠、滩涂、冰川及永久积雪
		E11	自然水域	河流、湖泊、滩涂、冰川及永久积雪
		E12	水库	人工拦截汇集而成的总库容不小于 10 万 m^3 的水库正常蓄水位岸线所围成的水面
		E13	坑塘沟渠	蓄水量小于 10 万 m^3 的坑塘水面和人工修建用于引、排、灌的渠道
	E2		农林用地	耕地、园地、林地、牧草地、设施农用地、田坎、农村道路等用地
	E9		其他非建设用地	空闲地、盐碱地、沼泽地、沙地、裸地、不用于畜牧业的草地等用地

表 1-3　城市建设用地分类和代码

类别代码			类别名称	内　　容
大类	中类	小类		
R			居住用地	住宅和相应服务设施的用地
	R1		一类居住用地	设施齐全、环境良好，以低层住宅为主的用地
		R11	住宅用地	住宅建筑用地及其附属道路、停车场、小游园等用地
		R12	服务设施用地	居住小区及小区级以下的幼托、文化、体育、商业、卫生服务、养老助残、公用设施等用地，不包括中小学用地
	R2		二类居住用地	设施较齐全、环境良好，以多、中、高层住宅为主的用地
		R21	住宅用地	住宅建筑用地（含保障性住宅用地）及其附属道路、停车场、小游园等用地
		R22	服务设施用地	居住小区及小区级以下的幼托、文化、体育、商业、卫生服务、养老助残、公用设施等用地，不包括中小学用地

(续)

类别代码			类别名称	内容
大类	中类	小类		
	R3		三类居住用地	设施较欠缺、环境较差，以需要加以改造的简陋住宅为主的用地，包括危房、棚户区、临时住宅等用地
		R31	住宅用地	住宅建筑用地及其附属道路、停车场、小游园等用地
		R32	服务设施用地	居住小区及小区级以下的幼托、文化、体育、商业、卫生服务、养老助残、公用设施等用地，不包括中小学用地
A			公共管理与公共服务设施	行政、文化、教育、体育、卫生等机构和设施的用地，不包括居住用地中的服务设施用地
	A1		行政办公用地	党政机关、社会团体、事业单位等办公机构及其相关设施用地
	A2		文化设施用地	图书、展览等公共文化活动设施用地
		A21	图书展览用地	公共图书馆、博物馆、档案馆、科技馆、纪念馆、美术馆和展览馆、会展中心等设施用地
		A22	文化活动用地	综合文化活动中心、文化馆、青少年宫、儿童活动中心、老年活动中心等设施用地
	A3		教育科研用地	高等院校、中等专业学校、中学、小学、科研事业单位及其附属设施用地，包括为学校配建的独立地段的学生生活用地
		A31	高等院校用地	大学、学院、专科学校、研究生院、电视大学、党校、干部学校及其附属设施用地，包括军事院校用地
		A32	中等专业学校用地	中等专业学校、技工学校、职业学校等用地，不包括附属于普通中学内的职业高中用地
		A33	中小学用地	中学、小学用地
		A34	特殊教育用地	聋、哑、盲人学校及工读学校等用地
		A35	科研用地	科研事业单位用地
	A4		体育用地	体育场馆和体育训练基地等用地，不包括学校等机构专用的体育设施用地
		A41	体育场馆用地	室内外体育运动用地，包括体育场馆、游泳场馆、各类球场及其附属的业余体校等用地
		A42	体育训练用地	为体育运动专设的训练基地用地
	A5		医疗卫生用地	医疗、保健、卫生、防疫、康复和急救设施等用地
		A51	医院用地	综合医院、专科医院、社区卫生服务中心等用地
		A52	卫生防疫用地	卫生防疫站、专科防治所、检验中心和动物检疫站等用地
		A53	特殊医疗用地	对环境有特殊要求的传染病、精神病等专科医院用地
		A59	其他医疗卫生用地	急救中心、血库等用地
	A6		社会福利用地	为社会提供福利和慈善服务的设施及其附属设施用地，包括福利院、养老院、孤儿院等用地
	A7		文物古迹用地	具有保护价值的古遗址、古墓葬、古建筑、石窟寺、近代代表性建筑、革命纪念建筑等用地。不包括已作其他用途的文物古迹用地
	A8		外事用地	外国驻华使馆、领事馆、国际机构及其生活设施等用地
	A9		宗教用地	宗教活动场所用地

(续)

类别代码			类别名称	内容
大类	中类	小类		
B			商业服务业设施用地	商业、商务、娱乐康体等设施用地，不包括居住用地中的服务设施用地
	B1		商业用地	商业及餐饮、旅馆等服务业用地
		B11	零售商业用地	以零售功能为主的商铺、商场、超市、市场等用地
		B12	批发市场用地	以批发功能为主的市场用地
		B13	餐饮用地	饭店、餐厅、酒吧等用地
		B14	旅馆用地	宾馆、旅馆、招待所、服务型公寓、度假村等用地
	B2		商务用地	金融保险、艺术传媒、技术服务等综合性办公用地
		B21	金融保险用地	银行、证券期货交易所、保险公司等用地
		B22	艺术传媒用地	文艺团体、影视制作、广告传媒等用地
		B29	其他商务用地	贸易、设计、咨询等技术服务办公用地
	B3		娱乐康体用地	娱乐、康体等设施用地
		B31	娱乐用地	剧院、音乐厅、电影院、歌舞厅、网吧以及绿地率小于65%的大型游乐等设施用地
		B32	康体用地	赛马场、高尔夫、溜冰场、跳伞场、摩托车场、射击场，以及通用航空、水上运动的陆域部分等用地
	B4		公共设施营业网点用地	零售加油、加气、电信、邮政等公用设施营业网点用地
		B41	加油加气站用地	零售加油、加气、充电站等用地
		B49	其他公用设施营业网点用地	独立地段的电信、邮政、供水、燃气、供电、供热等其他公用设施营业网点用地
	B9		其他服务设施用地	业余学校、民营培训机构、私人诊所、殡葬、宠物医院、汽车维修站等其他服务设施用地
M			工业用地	工矿企业的生产车间、库房及其附属设施用地，包括专用铁路、码头和附属道路、停车场等用地，不包括露天矿用地
	M1		一类工业用地	对居住和公共环境基本无干扰、污染和安全隐患的工业用地
	M2		二类工业用地	对居住和公共环境有一定干扰、污染和安全隐患的工业用地
	M3		三类工业用地	对居住和公共环境有严重干扰、污染和安全隐患的工业用地
W			物流仓储用地	物资储备、中转、配送等用地，包括附属道路、停车场以及货运公司车队的站场等用地
	W1		一类物流仓储用地	对居住和公共环境基本无干扰、污染和安全隐患的物流仓储用地
	W2		二类物流仓储用地	对居住和公共环境有一定干扰、污染和安全隐患的物流仓储用地
	W3		三类物流仓储用地	易燃、易爆和剧毒等危险品的专用物流仓储用地
S			道路与交通设施用地	城市道路、交通设施等用地，不包括居住用地、工业用地等内部的道路、停车场等用地
	S1		城市道路用地	快速路、主干路、次干路和支路等用地，包括其交叉口用地
	S2		城市轨道交通用地	独立地段的城市轨道交通地面以上部分的线路、站点用地
	S3		交通枢纽用地	铁路客货运站、公路长途客运站、港口客运码头、公交枢纽及其附属设施用地

(续)

类别代码			类别名称	内　容
大类	中类	小类		
	S4		交通场站用地	交通服务设施用地，不包括交通指挥中心、交通队用地
		S41	公共交通场站用地	城市轨道交通车辆基地及附属设施，公共汽(电)车首末站、停车场(库)、保养场，出租汽车场站设施等用地，以及轮渡、缆车、索道等的地面部分及其附属设施用地
		S42	社会停车场用地	独立地段的公共停车场和停车库用地，不包括其他各类用地配建的停车场和停车库用地
	S9		其他交通设施用地	除以上之外的交通设施用地，包括教练场等用地
U			公用设施用地	供应、环境、安全等设施用地
	U1		供应设施用地	供水、供电、供燃气和供热等设施用地
		U11	供水用地	城市取水设施、自来水厂、再生水厂、加压泵站、高位水池等设施用地
		U12	供电用地	变电站、开闭所、变配电所等设施用地，不包括电厂用地。高压走廊下规定的控制范围内的用地应按其地面实际用途归类
		U13	供燃气用地	分输站、门站、储气站、加气母站、液化石油气储配站、灌瓶站和地面输气管廊等设施用地，不包括制气厂用地
		U14	供热用地	集中供热锅炉房、热力站、换热站和地面输热管廊等设施用地
		U15	通信用地	邮政中心局、邮政支局、邮件处理中心、电信局、移动基站、微波站等设施用地
		U16	广播电视用地	广播电视的发射、传输和监测设施用地，包括无线电收信区、发信区以及广播电视发射台、转播台、差转台、监测站等设施用地
	U2		环境设施用地	雨水、污水、固体废物处理等环境保护设施及其附属设施用地
		U21	排水用地	雨水泵站、污水泵站、污水处理、污泥处理厂等设施及其附属的构筑物用地，不包括排水河渠用地
		U22	环卫用地	生活垃圾、医疗垃圾、危险废物处理(置)，以及垃圾转运、公厕、车辆清洗、环卫车辆停放修理等设施用地
	U3		安全设施用地	消防、防洪等保卫城市安全的公用设施及其附属设施用地
		U31	消防用地	消防站、消防通信及指挥训练中心等设施用地
		U32	防洪用地	防洪堤、防洪枢纽、排洪沟渠等设施用地
	U9		其他公用设施用地	除以上之外的公用设施用地，包括施工、养护、维护等设施用地
G			绿地与广场用地	公园绿地、防护绿地、广场等公共开放空间用地
	G1		公园绿地	向公众开放，以游憩为主要功能，兼具生态、美化、防灾等作用的绿地
	G2		防护绿地	具有卫生、隔离和安全防护功能的绿地
	G3		广场用地	以游憩、纪念、集会和避险等功能为主的城市公共活动场地

1.2.5.3 城市用地的构成

(1) 城市用地的功能构成

城市用地的构成，是基于城市用地的自然与经济区位，以及由城市职能所形成的城市功能组合与布局结构而呈现的不同的构成形态。

城市用地构成，按照行政隶属的等次，宏观上可分为市区、地区、郊区等。按照功能用途的组合，可分为工业区、居住区、市中心区、开发区等。

城市用地构成为了某种功能需要，可以由用途相容的多种用地，构成混合用途的地域。不同规模的城市和不同的城市区域，因各种功能内容不同，其构成形态也不一样。如大城市和特大城市，由于城市功能多样而较为复杂，在行政区划上，常有多重层次的隶属关系,如市辖县、建制镇、一般镇等;在地理上有中心城区、近郊区、远郊区等。

图 1-4 为大、中、小 3 类城市用地的构成示意。在现实的城市发展中,不同城市的功能构成受到外界环境的影响,可能具有自身独有的特征,在规划实践中应认真分析,因地制宜。

(2)规划建设用地标准

规划建设用地标准是城市总体规划远期用地的控制指标,也是城市确定详细规划定额指标的依据。《城市用地分类与规划建设用地标准》(GB 50137—2001)中规定,规划建设用地标准由下列 3 种标准组成。

① 规划人均城市建设用地面积标准　规划人均城市建设用地面积指标应根据现状人均城市建设用地面积指标、城市(镇)所在的气候区以及规划人口规模,按表 1-4 的规定综合确定,并应同时符合表中允许采用的规划人均城市建设用地面积指标和允许调整幅度双因子的限制要求。

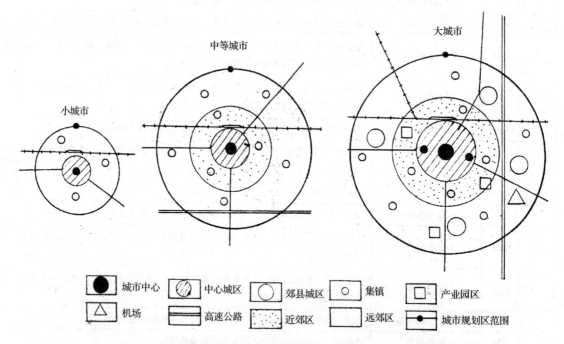

图 1-4　大城市、中等城市、小城市的市区、近郊区、远郊区示意图

表 1-4　规划人均城市建设用地面积指标　　　　　　　　　　　　m²/人

气候区	现状人均城市建设用地面积指标	允许采用的规划人均城市建设用地面积指标	允许调整幅度		
			规划人口规模 ≤20.0万人	规划人口规模 20.1万~50.0万人	规划人口规模 >50.0万人
I II VI VII	≤65.0	65.0~85.0	>0.0	>0.0	>0.0
	65.1~75.0	65.0~95.0	0.1~20.0	0.1~20.0	0.1~20.0
	75.1~85.0	75.0~105.0	0.1~20.0	0.1~20.0	0.1~15.0
	85.1~95.0	80.0~110.0	0.1~20.0	-5.0~20.0	-5.0~15.0
	95.1~105.0	90.0~110.0	-5.0~15.0	-10.0~15.0	-10.0~10.0
	105.1~115.0	95.0~115.0	-10.0~-0.1	-15.0~-0.1	-20.0~-0.1
	>115.0	≤115.0	<0.0	<0.0	<0.0

(续)

气候区	现状人均城市建设用地面积指标	允许采用的规划人均城市建设用地面积指标	允许调整幅度		
			规划人口规模 ≤20.0万人	规划人口规模 20.1万~50.0万人	规划人口规模 >50.0万人
Ⅲ Ⅳ Ⅴ	≤65.0	65.0~85.0	>0.0	>0.0	>0.0
	65.1~75.0	65.0~95.0	0.1~20.0	0.1~20.0	0.1~20.0
	75.1~85.0	75.0~100.0	-5.0~20.0	-5.0~20.0	-5.0~15.0
	85.1~95.0	80.0~105.0	-10.0~15.0	-10.0~15.0	-10.0~10.0
	95.1~105.0	85.0~105.0	-15.0~10.0	-15.0~10.0	-15.0~5.0
	105.1~115.0	90.0~110.0	-20.0~-0.1	-20.0~-0.1	-25.0~-5.0
	>115.0	≤110.0	<0.0	<0.0	<0.0

注：1. 气候区应符合《建筑气候区划标准》(GB 50178—1993) 的规定，具体应按本标准附录 B 执行。
2. 新建城市(镇)、首都的规划人均城市建设用地面积指标不适用本表。

新建城市(镇)的规划人均城市建设用地面积指标宜在 85.1~105.0m²/人内确定。

首都的规划人均城市建设用地面积指标应在 105.1~115.0m²/人内确定。

边远地区、少数民族地区城市(镇)以及部分山地城市(镇)、人口较少的工矿业城市(镇)、风景旅游城市(镇)等，不符合表 1-4 规定时，应专门论证确定规划人均城市建设用地面积指标，且上限不得大于 150.0m²/人。

② 规划人均单项城市建设用地面积标准

——规划人均居住用地面积指标应符合表 1-5 的规定。

——规划人均公共管理与公共服务设施用地面积不应小于 5.5m²/人。

——规划人均道路与交通设施用地面积不应小于 12.0m²/人。

——规划人均绿地与广场用地面积不应小于 10.0m²/人，其中人均公园绿地面积不应小于 8.0m²/人。

③ 规划城市建设用地结构　居住用地、公共管理与公共服务设施用地、工业用地、道路与交通设施用地和绿地与广场用地五大类主要用地规划占城市建设用地的比例宜符合表 1-6 的规定。

工矿城市(镇)、风景旅游城市(镇)以及其他具有特殊情况的城市(镇)，其规划城市建设用地结构可根据实际情况具体确定。

表 1-5　人均居住用地面积指标　　m²/人

建筑气候区划	Ⅰ、Ⅱ、Ⅵ、Ⅶ 气候区	Ⅲ、Ⅳ、Ⅴ 气候区
人均居住用地面积	28.0~38.0	23.0~36.0

表 1-6　规划城市建设用地结构　　%

用地名称	占城市建设用地比例
居住用地	25.0~40.0
公共管理与公共服务设施用地	5.0~8.0
工业用地	15.0~30.0
道路与交通设施用地	10.0~25.0
绿地与广场用地	10.0~15.0

城市总体规划的总体布局是否合理，需通过城乡用地汇总表(表 1-7)、城市建设用地平衡表(表 1-8)来进行判断，看以上 3 项指标是否符合《城市用地分类与规划建设用地标准》中的相应规定。

表1-7 城乡用地汇总表

用地代码		用地名称	用地面积(hm²)		占城乡用地比例(%)	
			现状	规划	现状	规划
		建设用地				
H	其中	城乡居民点建设用地				
		区域交通设施用地				
		区域公用设施用地				
		特殊用地				
		采矿用地				
		其他建设用地				
		非建设用地				
E	其中	水 域				
		农林用地				
		其他非建设用地				
		城乡用地				

表1-8 城市建设用地平衡表

用地代码		用地名称	用地面积(hm²)		占城市建设用地比例(%)		人均城市建设用地面积(m²/人)	
			现状	规划	现状	规划	现状	规划
R		居住用地						
		公共管理与公共服务设施用地						
A	其中	行政办公用地						
		文化设施用地						
		教育科研用地						
		体育用地						
		医疗卫生用地						
		社会福利用地						
		……						
B		商业服务业设施用地						
M		工业用地						
W		物流仓储用地						
S		道路与交通设施用地						
		其中：城市道路用地						
U		公用设施用地						
G		绿地与广场用地						
		其中：公园绿地						
H_{11}		城市建设用地						

注：_____年现状常住人口_____万人。
_____年规划常住人口_____万人。

表1-2至表1-8引自《城市用地分类与规划建设用地标准》(GB 50137—2011)。

1.3 城市绿地基本概念

1.3.1 绿地

关于绿地,《辞海》的解释为:"配合环境,创造自然条件,使之适合于种植乔木、灌木和草本植物而形成的一定范围的绿化地面或区域,供公共使用的有公园、街道绿地、林荫道等公共绿地;供集体使用的有附设于工厂、学校、医院、幼儿园等内部的专用绿地和住宅绿地。"此概念受时代的限制,是对绿地狭义的理解。从广义上讲,我们今天对绿地的理解更倾向于"凡是生长着植物的土地,不论是自然植被或是人工栽植的,包括农林牧生产用地及园林用地,均可称为绿地"。

1.3.2 城市绿地

"绿地"作为城市规划的专门术语,在《城市规划基本术语标准》(GB/T 50280—1998)中指"城市中专门用以改善生态,保护环境,为居民提供游憩场地和美化景观的绿化用地"。在国家现行标准《城市用地分类与规划建设用地标准》(GB 50137—2011)中与广场用地共同构成城市建设用地的一个大类,其中,绿地包括公园绿地、防护绿地2个中类。

《园林基本术语》(CJJ/T 91—2017)中对城市绿地的定义为:"城市中以植被为主要形态且具有一定功能和用途的一类用地。"广义上讲,城市绿地指城市规划区范围内的各种绿地,但不包括屋顶绿化、垂直绿化、阳台绿化和室内绿化;以物质生产为主的林地、耕地、牧草地、果园和竹园等地;城市规划中不列入"绿地"的水域。狭义的城市绿地指面积较小、设施较少的绿化地段,区别于面积较大、设施较为完善的"公园"。

《城市绿地分类标准》(CJJ/T 85—2017)中对城市绿地的定义为:"指在城市行政区域内以自然植被和人工植被为主要存在形态的用地。它包含两个层次的内容:一是城市建设用地范围内用于绿化的土地;二是城市建设用地之外,对生态、景观和居民休闲生活具有积极作用、绿化环境较好的区域。"同时指出:"在城乡统筹的规划建设工作中,城市建设用地之外的绿地对改善城乡生态环境、缓减城市病、约束城市无序增长、满足市民多样化的休闲需求等方面发挥着越来越重要的作用。因此,从城市发展与环境建设互动关系的角度,对绿地的广义理解,有利于建立科学的城乡统筹绿地系统。"城市绿地包括公园绿地、防护绿地、广场用地、附属绿地、区域绿地5个类型。

本书中对城市绿地的定义及包含内容,以《城市绿地分类标准》(CJJ/T 85—2017)为准。

小 结

本章介绍了与城市绿地系统规划相关的一部分城市规划的知识。重点阐述了城市的概念、功能、城市化及其带来的城市问题,特别是城市的环境问题。城市规划相关内容主要从城市用地的分类,城市规划的任务、规划程序和规划内容几个方面做了简单介绍,重点介绍了城市总体规划和控制性详细规划的编制要求、程序、内容等基本知识。对城市绿地的概念进行了定义。

思考题

1. 城市的定义是什么?
2. 城市化的定义是什么?
3. 城市化会带来哪些城市问题?
4. 城市规划的任务是什么?
5. 城市总体规划编制的内容有哪些?
6. 城市用地分为哪些类型?
7. 城市绿地的定义是什么?包括哪些内容?

推荐阅读书目

城市规划原理(第四版). 吴志强,李德华. 中国建筑工业出版社,2010.

第2章 城市绿地发展历程

学习重点
1. 了解近现代国外城市绿地发展的整体过程,并把握各历史时期绿地演进的重要特征;
2. 了解中华人民共和国成立后城市绿化的建设过程和建设成就;
3. 掌握英国田园城市、伦敦环状绿带、美国公园系统等重要理论思想。

2.1 古代城市公共空间

2.1.1 中国古代城市公共空间

2.1.1.1 古代城市绿化

中国大约在5000年以前就已出现了城市,当时的城市都选择在水草丰美、森林葱郁之处营建。随着城市的逐步成型,伐木建屋使得当地的森林不断减少,但由于人口稀少,城市内保留的天然林仍足以庇护当地居民。也就是说有可能当时城市绿化的主要成因是"留树"而不是"植树"。

除了天然林外,城市居民的房前屋后也有一些种植场地,其主要目的是提供果品药蔬,客观上则成了城市中最接近人的居民区绿化,其部分后来演变成园林。

早在夏、商、西周三代(前2070—前771年)就有社前植树的活动,不同时期种类有所不同,"夏后氏以松,殷人以柏,周人以栗"。古人通过社稷植树作为标记,而且社木神圣不可侵犯,兵书有"社丛勿伐"之说。《诗经·郑风·将仲子》提到"无逾我园"《毛传》:"园,所以树木也",可见当时的园中已栽有树木了。另外,从古代的象形文字中也可以看出古人早期的植树活动,如古代"艺"字象形为人跪地双手捧树苗进行种植,表明古人不满足于自然的恩赐,要以人工植树补充大自然的不足,以令人满足。

从西周(前1046—前771年)开始形成栽植行道树的传统。《周礼·秋官·野庐氏》记载:"掌达国道路,至于四畿,比国郊及野之道路宿息井树。"《国语·周语》称:"列树以表道"。春秋战国时期(前770—前221年)沿袭周代的传统,不仅栽植行道树,而且对它严格管理。如据《吕氏春秋》记载,子产在郑国任宰相期间,"桃李之垂于行者,莫之援也"。公元前221年《汉书贾山传》:"秦为驰道于天下,东穷燕齐,南极吴楚,江湖之上,滨海之观毕至。道广五十步,三丈而树,厚筑其外,隐以金椎,树以青松",等等。可见中国行道树的种植历史是相当早的。另据史书记载,秦代甘泉苑周围500多里(1里=500m),广种各类奇树花草。前秦皇帝符坚曾在都城长安大种槐树,有歌为证:"长安大街,两边树槐。"西汉上林苑内有大量人工栽植树木,见于记载的有松、柏、桐、梓等乔木和桃、李、杏、枣等花木，据说树木种类逾3000。

魏晋南北朝时期的园林植树已成了必需内容。《洛阳伽蓝记》载："帝族王侯、外戚公主，争修园宅，……花林曲池，园园而有，莫不桃李夏绿，竹柏冬青。"并载某住宅绿化："树响飞嘤，阶丛花药"，可见当时绿化已很普遍且构思奇妙。晋代文学家左思《吴都赋》载："驰道如砥，树以青槐，亘以渌水。"可见晋代不仅在道旁植槐，还附以水渠供灌溉，这比秦汉又进了一步。南朝建康（今南京）还"积石种树为山"，即已开始堆土山种树，这就使城市园林景观更加丰富多彩。据《开河记》所述，公元605年隋炀帝（杨广）下令在大运河两岸植柳，并赐柳姓杨，以提倡种树。可以想见当时城市滨河区绿荫遍地的迷人景象。

唐代经济繁荣，国家昌盛，极重视都城绿化工作。唐代长安大街两侧和排水沟边都栽榆、槐等树木，长安城东南的曲江池，林木茂盛、烟水明媚，风景独好。长安的水道边遍植柳树，真有"宫松叶叶墙头出，渠柳条条水面齐"的景致。

宋代对城市绿化也相当重视。北宋东京市中心天街中为御道，侧为行道，之间有御沟分隔，沟内"尽植莲荷，近岸植桃、李、梨、杏，杂花相间"，一般街道则柳、槐、榆、椿行列路侧。苏东坡曾"少年颇知种树，手植数万株"。1089—1091年他任职杭州时曾动员民众筑堤植树，为之纪念，今杭州有"苏堤春晓"一景（图2-1）。

明太祖朱元璋曾在南京设漆园、桐园，以示提倡植树。清代不仅在城内植树，还要求两城之间注意绿化带连接，其园林花木更是布局合理，意趣无穷。

图2-1 杭州西湖十景之一的"苏堤春晓"（施奠东，1995）

2.1.1.2 古代公共游憩地

中国古代的公共游憩地，是伴随着社会生活的变化和民风民俗的约定而天长日久逐步形成的。先秦时习俗约定，在上巳节（即三月上旬的巳日，魏以后定为三月初三）到水边用洗涤的方式洗去病气，以求得子。久而久之相沿成俗，男女到水边相会、洗澡、求子，水边就成了特殊节日（三月上巳节）里人们的行乐之地。到后代，这种上巳祓禊、洗涤行浴的礼俗，又增加了曲水浮卵、曲水浮枣、曲水流觞之戏。《诗经·国风》中就有许多讲到男女在水边相会和游乐的诗歌，如《郑风·溱洧》节云："溱与洧，方涣涣兮。士与女，方秉蕳兮。女曰观乎？士曰既且，且往观乎？洧之外，洵訏且乐。维士与女，伊其相谑，赠之以芍药。"总之，三月上巳祭祀高禖求子、祓禊、男女相会邀游、戏谑、唱歌等，都是古人生活的礼俗和游乐。

魏晋南北朝产生的玄学，重新唤醒了哲学上的理性思辨，成为大多数士族们的世界观和人生观。随着佛教的流传和道教的发展，宗教建筑盛兴，贵族中"舍宅为寺"也成为一时风尚。于是，城市里佛寺道观层出不穷，有的寺庙附属花园，有的直接将寺庙营建于风景优美之地。它们不仅是信徒们朝拜供奉的圣土，也是平民百姓借以游览山水和社交玩乐的胜地。"天下山僧占多"的传统，就此开始形成。东晋以后，或为了发展庄园经济而经营山川，或为了隐居讲学而探胜寻幽，士族阶层里游历山水成风。南朝时，一些名山胜地不仅多寺庙，而且还有书院、学馆、精舍以及山居、别业等，其中多为平民可达的公共园林。隋唐到宋的都城，在近郊区均有行乐之地，如隋唐长安城东南隅的曲江池，青林重叠，碧水澄清，有内苑与外苑之分，是万民游览的乐园，是都城长安皇族、高官、士人、僧侣、平民汇聚胜游之区。唐代大诗人白居易在杭州任刺史期间，曾发动市民疏浚了钱塘湖（今西湖），修筑白堤，使杭州城西山水成为优美的公共游憩胜地。

北宋都城东京（今开封）城的公共游憩地主要集中于寺庙。金灭北宋，南宋君主苟安偷生，迁都临安(今杭州),在西湖边开发建设了许多公共游憩地。南宋吴自牧撰《梦巢录》云:"初八日,西湖画舫尽开,苏堤游人来往如蚁。……临安风俗,四时奢侈,赏玩殆无虚日。西有湖光可爱,东有江潮堪观,皆绝景也。"当时的平江(今苏州)虎丘、石湖、桃花坞和太原晋祠等,也都是有名的公共游憩地。

元明清朝的城市基本沿袭了这一传统,在城内外辟有公共游憩地。例如,杰出的科学家郭守敬规划建设了元大都的水系,从玉泉山引水贯都,使城中积水潭一带既为商旅繁华之地,也是园林荟萃之乡,植有大片的绿地供市民游乐。《燕都丛考》中记载该地区"堤通南岸,沿堤植柳高入云霄。自夏至迄中秋堤上设茶肆及诸摊戏。……昔亦诗酒流连之地。"明都南京,在玄武湖、雨花台、栖霞山和秦淮河等地,建有许多精美的园林和寺庙,成为市民们乐于前往的游憩胜地。

综上所述,古代城市里的园林主要以皇家宫苑和贵族宅园为主,而平民百姓能够进入的公共园林,多以寺庙附属庭园的面貌出现。在城郊自然风景胜地由于习俗和社会生活需要而自发形成的公共游憩地,一般也只在一年中的民间节日里才会有大量游人聚集。这些寺庙园林和公共游憩地所起的作用,基本上相当于后来出现的城市公园,它们是古代城市居民游憩活动的主要场所之一。

2.1.2 西方古代城市公共空间

2.1.2.1 古代公共园林

今天我们通称"公园"(public park)的这种园林形式,是从古代的城市公共园林逐步演变而来的。从历史上看,在17世纪英国资产阶级革命之前的西方城市,都存在着一些城市公共园林,它们是公园赖以产生的基础。

在古希腊,不仅统治者、贵族有庭园,由于民主思想发达,公共集会及各种集体活动频繁,为此建造了众多的公共建筑物,同时,也出现了民众均可享用的公共园林。其中首屈一指的是圣林。圣林是早在埃及就已流行的一种依附于神庙的树林,即在神庙四周植树造林形成的神苑,旨在使神庙具有神圣与神秘之感。同时,它还表现了古希腊人对树木的敬畏观念。与神庙中举行的祭祀活动相比,圣林更受重视,后来甚至被当作宗教礼拜的主要对象。这一传统延续到荷马时期以后很久,继而被罗马人继承。

古希腊人重视体育运动,在城市内外修建了大量的体育场,最早的体育场只是用以进行体育训练的一片空地,其中连一棵树也没有。后来在体育场内种上了梧桐来遮阴,从此人们便来此散步、集会,直至发展成公园或公共庭园。与圣林一样,体育场原也与祭祀英雄的神庙有关。雅典近郊塞拉米科斯著名的阿卡德弥体育场虽为柏拉图所创,但它却是从举行比赛以祭祀英雄阿卡德摩斯的圣地变化而来的,体育场也因此而得名。场内有洋梧桐林荫树以及夹在灌木之间、名为"哲学家之路"的小径,殿堂、祭坛、柱廊、凉亭、凳子等遍布场内各处,还有用大理石嵌边的长椭圆形跑道(图2-2)。

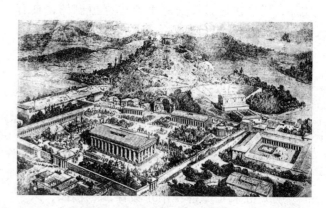

图2-2 奥林匹亚祭祀场的复原图(郦芷若、朱建宁,2001)

罗马不同于希腊,因其不热衷于体育竞赛,所以没有造运动场和体育场,取而代之的是在城市规划方面创造了前所未有的业绩。关于这点,无论在庞贝城的街区构成,还是在奥古斯都大帝的罗马城市规划中均可见一斑。被视为后世广场的前身的古罗马公共集会广场(forum)也是城市规划的产物。此外还有市场,它与广场是迥然相异之物。据亚里士多德说,广场是公共集会场所及美术品陈列所,不许奴隶、工匠、工人进入其间,而市场则是交易场所,一般的人都可以自由出入。所以罗马市自共和时代以来就在各地兴造广场,并使它明显地发展成为市民进行社交和娱乐活动的场所。

2.1.2.2 文艺复兴时期城市公共空间

从公元395年罗马帝国的崩溃到15世纪初叶资本主义萌芽之前，整个欧洲处于封建领主割据的混乱之中。在这长达逾1000年的中世纪里，宗教世界观统治着一切，压制科学和理性思维以及人类正常的心理欲望。所以，中世纪的欧洲城市里只有一些封建领主城堡式的庄园和教会僧侣的寺院庭园，几无公共园林。到了12～13世纪，城镇里才开始设有公共场地供市民们闲暇时社交和娱乐。

14～15世纪，意大利的佛罗伦萨、威尼斯、热那亚等城市里已有资本主义生产的最初萌芽，城市中新兴资产阶级为维护和发展其政治、经济利益，要求在意识形态领域里反对教会精神统治，即反对封建文化的斗争，以新的世界观推翻神学、经院哲学以及僧侣主义的世界观，形成了文艺复兴运动。

该时期的城市建设方面，向往古代文化的意大利文艺复兴建筑师阿尔伯蒂、费拉锐特、斯卡莫齐等人师承罗马维特鲁威，发展了"理想城市"理论。阿尔伯蒂1452年完成的《论建筑》一书，从城镇环境、地形地貌、水源、气候和土壤着手，对合理选择城址和城市及其街道在军事上的最佳形式进行了探讨。而费拉锐特则著有《理想的城市》一书(1464年)，他做了一个理想城市方案。其后欧洲各国设计的许多几何形城堡方案中，有不少都受到了他的影响，其城市形态集中反映了当时社会的战术、占星术、宗教观和自然观(图2-3)。如意大利学者斯卡莫齐设计的帕尔曼—诺伐城(图2-4)，该城市是为防御而设的边境城市，其中心为六角形广场，辐射道路用3组环路连接。在城市中心点设棱堡状的防御性构筑物。

文艺复兴时期，城市的改建追求庄严宏伟的效果，显示资产阶级的权势。城市建设的主要力量，集中在市中心与广场的建设。早期广场继承中世纪传统，广场周围建筑布置比较自由，空间多封闭，雕像多在广场的一侧，如佛罗伦萨的西

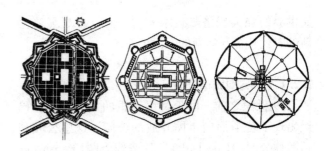

图2-3 文艺复兴时期的理想城市(张京祥，2005)

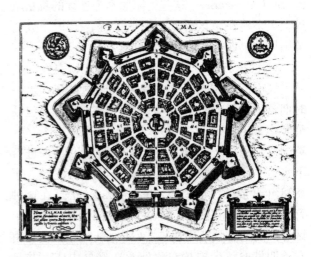

图2-4 斯卡莫齐的帕尔曼-诺伐城(斯波罗科·斯托夫，2005)

格诺利亚广场。而到了文艺复兴的盛期与后期，广场就变得比较严整了，并经常采用柱廊形式，空间较开敞，雕像往往放在广场中央。比较有代表性的有罗马市政广场与威尼斯的圣马可广场。这类广场应该说是城市早期的公共活动空间。

2.2 国外近现代城市绿地发展演进

2.2.1 形成期

到了19世纪下半叶，西欧各国和大洋彼岸的美国都已进入了资本主义经济高速发展的阶段。工业大生产所带来或引发的新型生产要素、社会结构、生活形态和社会需求等，都是人类历史上从未经历过的。工业革命导致新型的工业城市在广大的区域内像雨后春笋一样迅速生长起来。这个时候，西欧的城市面貌、市政设施、生态环境等无一不染上了大工业时代的特点，大量出现的新兴工业、商业与交通建筑不仅体现的是资本主

义世界的强大经济与技术实力，而且也彰显着全新的时代特征与崭新的生活形态。

2.2.1.1 英国城市公园

19世纪之前，由于民主思想的发展，英国已经出现了若干面向市民开放的公园。这些公园包括海德公园(Hyde Park)、肯辛顿公园(Kensington Garden)、绿色公园(Green Park)、圣·詹姆斯公园(St. James Park)。这些公园原本为连续的狩猎场地，大多建在市区外围，形成了绿色空地，成为英国城市早期开放空间系统的雏形。

19世纪英国的城市工业快速发展，引发的一系列城市问题引起了资本家和政府的重视。这一时期英国的社会改革运动风起云涌，推动了包括公园运动在内的各种改革运动。1833—1843年，英国议会通过了多项法案，准许动用税收来进行下水道、环卫、城市绿地等基础设施的建设。于1838年开放的摄政公园(Regent Park)正是在这种背景下建设的。摄政公园(图2-5)位于当时伦敦市区外围的避暑胜地玛利尔本(Marylebone)。最初由乔治四世向议会提议在此处营造避暑山庄，并且由马车道将其与市内王宫连接，另外，通过加宽现有的道路、整治环境、振兴周围商业所得收入作为建设预算。摄政公园由建筑师纳什(John Nash)监督建造。公园设计体现了英国公园常用手法，配置了大面积水面、林荫道、开阔草地。纳什在公园周围建造了住宅区，并尽量做到从整栋建筑物均可以看到公园。摄政公园的建设首次考虑了周边和伦敦市区环境的改造，它的成功使人们认识到将公园与居住区联合开发不仅可以提高环境质量与居住品质，还能够取得经济效益。这为英国城市公园的规划与建设带来了新的视点，并影响了其他国家，导致了新一轮建造城市公园广场的热潮。

伦敦以外，很多自治体城市开始建设公园，其中开发较为成功的是伯肯海德公园(Birkenhead Park)(图2-6)。伯肯海德公园位于新兴城市伯肯海德市内，该市的城市改良协会出资购买了公园用地，其中一部分作为住宅建设用地进行开发，并将通过住宅的买卖所获得的资金用于公园建设。这种开发手法与摄政公园的开发一样，均是通过连带的住宅开发取得公园建设资金，保证了财政来源，改变了人们原来一直认为公园绿地建设只有资金投入没有经济效益的观念，因而成为英国早期城市公园开发的典范。伯肯海德公园于1847年投入使用，面向社会各个阶层开放。在一定程度上体现了资本主义人权平等的民主思想。该公园由后来水晶宫的设计者帕克斯顿爵士设计，采取了当时罕见的马车道与人行道分离——人车分离的手法，这种手法对来英国参观的美国景观设计师——奥姆斯特德影响很大。

19世纪英国的城市公园是城市化与工业化浪潮的必然结果。这些公园的开发主体、方法和功能与欧洲传统的园林有很大不同，主要表现在以下方面：①传统园林由皇室与贵族所建，而城市公园的开发主体虽然也有英国皇室，但是大部分是由各个自治体自主开发。②传统园林仅仅供皇室与贵族使用，而城市公园面向社会全体大众开放，即相对于传统园林，城市公园具有现实意义上的公共性。③传统园林的功能在于提供贵族阶级娱乐

图2-5 英国摄政公园平面图(石川幹子，2000)

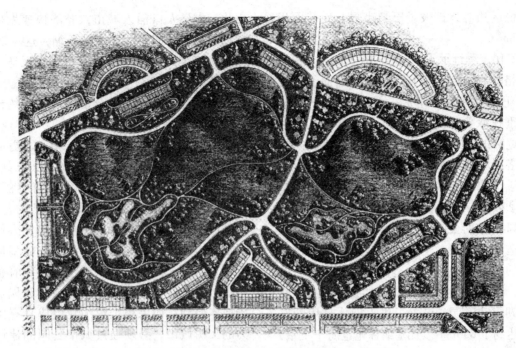

图 2-6 英国伯肯海德公园平面图(石川幹子, 2000)

的场所,公园则是顺应社会上改善城市卫生环境的要求而建造的,因此,城市公园具有生态、休闲娱乐、创造良好居住与工作环境的功能,并且通过对工人居住环境的改善,在一定程度上缓和了城市社会矛盾。④由于公园内交通量的增加,部分公园在设计上采取的人车分离手法,较好地解决了交通矛盾,成为后来城市规划与设计中普遍采用的方法。

2.2.1.2 法国巴黎规划

1853—1870 年间,拿破仑三世执政时,由赛纳区行政长官奥思曼主持,进行了大规模的改建工作(图 2-7)。城市的改建既有功能要求,又有改造市容、装点首都的艺术要求。巴黎改造把市中心分散成几个区中心,这在当时是独一无二的,它适应了因城市结构变化而产生的分区要求,促进了城市的近代化。巴黎改造未能彻底解决城市工业化提出的新要求,未能解决城市贫民窟问题,但即使如此,奥思曼对巴黎改建所采取的种种大胆改革措施和城市美化运动仍具有重要历史意义,巴黎被誉为世界上最美丽、最近代化的城市。可以说,奥斯曼的巴黎建造改变了巴黎原来作为一座封建城市的结构,为近代城市的形成奠定了基础。巴黎改造虽然最后由于财政问题没有完全完成,但它的影响在一定程度上推动了欧洲其他城市新一轮建设运动的发展。巴黎改造的主要内容包括:①新建 100km 左右的街道,改造原来的 50km 道路,形成近代化的城市道路网;②改建、新建城市基础设施,包括上下水道,煤气照明等;③新建公园、学校、医院等非生产性建筑;④采用新的行政管理方式与结构,取消了 18 世纪开始

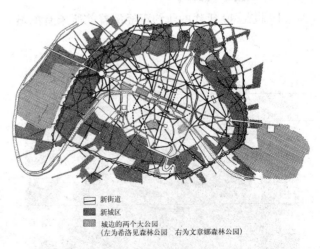

图 2-7 奥思曼的巴黎改造规划(谭纵波, 2005)

形成的关税区边界,扩大了巴黎市界,使其面积达到 $8750hm^2$。

这项宏伟工程继承了 19 世纪初拿破仑大帝的帝国式风格,将道路、广场、绿地、水面、林荫带和大型纪念性建筑物组成一个完整的统一体。这次改建重视绿化建设,全市各区都修筑了大面积公园。宽阔的香榭丽舍大道向东、西延伸,把西郊的布洛尼林苑与东郊的凡塞纳林苑的巨大绿化面积引进市中心。这两处森林公园原本是王室的财产,拿破仑三世认为应该将布洛尼林苑建造成为自然风景式的公园,并且通过引塞纳河水在公园里建造出人工湖。建造师阿勒芳基本按照拿破仑三世的规划思想进行改造,种植了大量新的乔木灌木,原来呈直线型的园路改成曲线型,修建了人工湖、动物园,设置了供人们休息用的座椅,面积达到了 $850hm^2$。凡塞纳林苑也属于王室,原本为王室狩猎场,19 世纪初期成为军事训练场,后来逐渐荒芜,拿破仑三世于 1860 年将其委托给巴黎当局,改造成了自然风景式森林公园。

此外,巴黎改造中还产生了两类新的绿地,一类是塞纳河沿岸的滨河绿地,另一类是宽阔的花园式林荫大道,其中连接布洛尼林苑与市区之间的福煦大街于 1856 年形成林荫大道,并作为巴黎改造的重要一环(图2-8)。

2.2.1.3 美国公园系统
(1)纽约中央公园

19 世纪 40 年代的纽约正经历着前所未有的城市化,大量人口涌入城市,经济快速发展,公园绿地等公共开放空间不断被压缩,这一切使得 19 世纪初确定的城市格局的弊端暴露无遗,产生了包括传染病流行在内的一系列城市问题。

1844 年 7 月,知识分子团体在纽约论坛中发表文章,宣扬公园对于城市的意义。他们认为:纽约不应该仅仅作为一个经济中心,更应该成为新文化中心,纽约如果想成为可以与英国伦敦、法国巴黎相媲美的城市,必须拥有美丽的公园。这时候的纽约虽然在尽力发展自己的艺术文化,但是城市内部开放空间的严重不足使人们无法获得室外休闲娱乐所必需的空地。公园墓地运动提升了人们对公园的兴趣。而纽约的政府领导人在参观了英法等国家面向公众开放的公园后,也深刻地体会到:如果想把纽约建设成具有国际影响力的文明城市,必须通过城市公园的建设来推动这一目标的实现。这个公园既是纽约市民休闲娱乐的场所,同时作为面向社会公众开放的场所,应能够体现和代表美国所宣扬的民权平等的思想。在这一背景下,纽约州议会在 1851 年通过了《公园法》,并经过反复论证,为公园建设选定了地块,开始兴建纽约中央公园,并通过对中央公园的建设,带动了公园系统的逐步形成。

1857 年 4 月,公园建设委员会成立,该委员会通过竞赛的方式向社会公开召集设计方案,最后,奥姆斯特德与沃克斯的"绿色草原"方案被审查委员会选中。该方案中包括了一个大草坪,草坪上有一些缓坡,四周种植了树木,另外通过对森林、散步路、人工湖的配置,构成了以田园风光为特色的公园,该方案还引入了人车分离、立体交叉的道路处理方法,有效解决了公园内由于有市内交通要道穿越而造成不便的问题。该公园于 1873 年建成,占地面积 $320hm^2$,南北长 4km,东西宽 800m,园内拥有大面积草地,树木郁郁的小森林、庭院、滑冰场、露天剧场、小动物园、网球场、运动场、美术馆等,为市民提供休闲的活动场所(图2-9)。作为美国第一个城市公园,它的建设具有以下特点:①使美国公园绿地的建设走上了法律的轨道;②通过政府发行"公园债券"筹集建设资金,为公园建设提供新模式;③公园建

图2-8 法国巴黎的福煦大街(亚历山大·加文,2012)

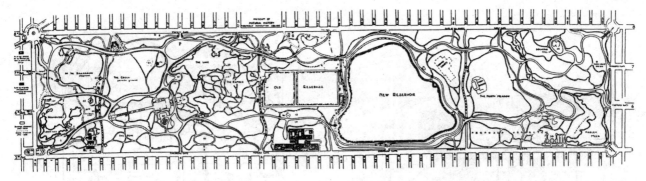

图2-9 美国纽约中央公园平面图(内山正雄,1987)

设与城市化同步,说明只有公园与城市平衡发展,才能促使城市面貌改观。

纽约中央公园的成功,极大地推动全美各地的公园建设,如布鲁克林的希望公园(Prospect Park)、波士顿的富兰克林公园、芝加哥的杰克逊公园等,成为大公园建设的开端,同时也证明了公园建设所具有的连锁效应。

(2)公园系统的诞生

美国的公园系统(park system)是指公园(包括公园以外的开放绿地)和公园路(parkway)所组成的系统。通过将公园绿地与公园路的系统连接,达到保护城市生态系统,诱导城市开发向良性发展,增强城市舒适性的目的。

当时的美国城市规划建设是以无视地形变化的格子状街区为主流。这种快速成型的规划方式比较简单易行,适应了美国在发展初期对城市建设速度的客观要求。但是,格子状街区所组成的城市景观单调,缺少树木的街道隔断了城市,破坏了城市的整体性,城市因而变得没有个性和舒适性。作为美国第一代城市风景园林师,奥姆斯特德与沃克斯已经认识到了美国城市发展的弊端,希望通过城市的公园化运动来解决上述城市问题。在继纽约中央公园与布鲁克林的希望公园建成后,他们进而推动城市公园向公园系统的方向发展。

1868年,奥姆斯特德继布鲁克林市伊斯顿公园路(Eastern Parkway)(图2-10)建设之后,提出了公园路的概念,并在布法罗(Buffalo)道路形态的基础上,规划了公园路连接3个功能与面积不一样的公园,建成了一个具有真正意义的较完整的公园系统(图2-11)。在此之后,公园系统的建设波及芝加哥、波士顿、肯萨斯、明尼阿波尼斯等多个城市。其中,肯萨斯城通过格子状的林荫道形成公园系统,使其从无名城一跃成为全美的知名城市(图2-12);明尼阿波尼斯城是全美景色最为优美的小镇之一,其建设基础就是以自然水系为基调的公园系统(图2-13);芝加哥通过公园系统的建设和城市美化运动的开展,逐步建立起其独自的城市规划体系,而波士顿则通过奥姆斯特德公园系统的构建,形成了跨区域范围的广域公园系统(图2-14)。

(3)波士顿"翡翠项链"

波士顿位于美国东部马萨诸塞州的半岛上,是美国独立运动的发祥地之一。该地区的冰河地貌特征明显,丘陵众多,地形富于起伏。

波士顿的公园系统从1878年开始建设,历经17年,于1895年基本形成了现在的绿地格局。该系

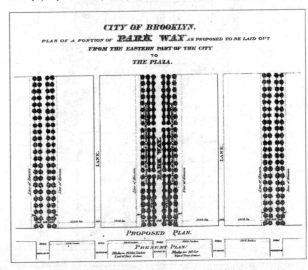

图2-10 美国布鲁克林市伊斯顿公园路(许浩,2001)

图 2-11 美国布法罗公园系统（许浩，2001）

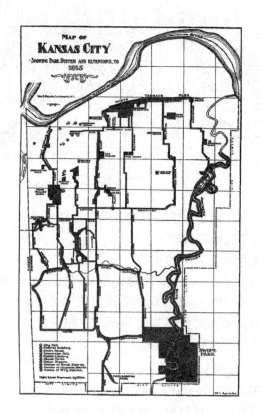

图 2-12 美国肯萨斯公园系统（亚历山大·加文，2010）

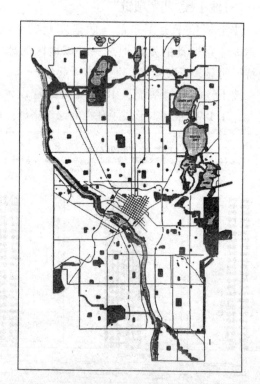

图 2-13 美国明尼阿波尼斯公园系统（亚历山大·加文，2010）

图 2-14 美国波士顿广域公园系统（杜安伊，2008）

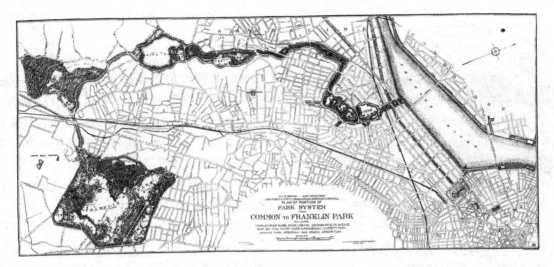
图2-15 美国波士顿的"翡翠项链"（亚历山大·加文，2010）

统从波士顿公园出发，通过联邦大道、河道连接沼泽地公园、动物园、阿诺德植物园、石溪国家保留地和富兰克林公园，总长16km，面积达800hm²（图2-15）。

波士顿公园系统是在城市扩张过程中建立起来的，它的特色在于公园的选址和建设与水系保护相联系，形成了一个以自然水体保护为核心，将河边湿地、综合公园、植物园、公共绿地、公园路等多种功能的绿地连接起来的网络系统。各类公园绿地的设计充分考虑了土地特性，功能分离的规划思想与手法使其成为美国历史上第一个比较完整的城市绿地系统。波士顿公园系统后来被称作"翡翠项链"，是奥姆斯特德最具代表性的作品之一，奥姆斯特德曾在《公园和城市扩张》中宣扬把公园、林荫道和社区联系起来，认为城市公园为城市发展提供中心，相信城市发展的积极意义。"我们已进入一个发展的时代，生活取决于方便、安全、秩序和经济。但这些要素不可能独立发展，只有同步发展才会获得有价值、明智和舒适的城市生活。"显然，奥姆斯特德规划设计的绿地系统不只是为了改变波士顿由于殖民城市格子状街区格局所造成的缺少变化的景观与城市结构，而更多集中体现了社会伦理和意识形态，绿地系统是与城市生活有机结合的。

2.2.2 发展期

20世纪初新技术的问世，对城市的规划与建设起了一定的推进作用。交通工具的进步对城市规划产生了最有力的影响。同时，这个时期产生新建筑运动高潮，各国为严重的住房短缺问题做出了一些努力，城市中高层摩天楼接踵出现，欧洲主要工业国进入了建设的繁荣时期。

2.2.2.1 田园城市

19世纪中叶，随着城市物质资源的不断积累，西方进入了城市化的轨道，大量人口涌向城市。但当时的城市建设是有限的，于是出现了一系列的城市化问题，导致城市环境不断恶化，社会矛盾不断尖锐。此时，一些理论家开始探讨城市规划与改造的方向。

英国社会活动家霍华德（Ebenezer Howard）提出了"田园城市"的概念，20世纪初以来对世界许多国家的城市规划有很大影响。1898年10月他出版了《明日：一条通向真正改革的和平之路》（1902年第二版更名为《明日的田园城市》），阐述了田园城市理论。霍华德清楚地看到当时英国大城市的种种弊端，他认为城市与乡村的二元对立是造成城市畸形发展和乡村衰落的根本原因，提出应该建设一种兼有城市和乡村优点的理想城市，即城乡一体化的"田园城市"来解决城市问题。霍华德

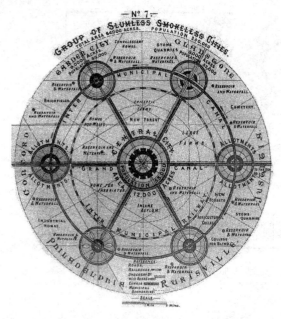

图2-16　田园城市群示意图(金纪元，2000)

对他的理想城市做了具体的规划，从以下3个层面阐述了"田园城市"理论：

(1)以区域的层面上看，田园城市是一系列围绕着中心城市的小城市(图2-16)。中心城市发展到一定规模(58 000人，12 000hm²)就不再发展，而是向田园城市发展，每个田园城市有32 000人，占地2400hm²。这种多中心的组合被霍华德称为"社会城市"。

(2)从市域的层面上看，田园城市是一个城乡结合、共同发展的城市(图2-17)，中心城区为400hm²，容纳30 000人，被容纳2000人的外围郊区的2000hm²永久性农业用地所环绕，如耕地、牧场、菜园、森林等。此外，在农业用地中还布置了农业学院、疗养院等福利机构。

(3)从市区的层面上看，田园城市由一系列的同心圆组成，中央是一个占地58hm²的公园，其中包括中心广场和位于其周边的市政厅、音乐演讲厅、剧院等，有6条主干道由中心向外辐射，把城市分为6个区(图2-18)，5条环路的中间一条是宽130m的林荫大道，学校、教堂等为居住区服务的公共设施都建在林荫大道的绿化中。城市的最外圈地区建设各类工厂、仓库、市场，一面对着最外层的环形道路，另一面是环状的铁路支线，交通运输十分方便。当城市人口超过规定数量，便可在它的不远处另建一个相同的城市。城市之间保留永久性的农业地带是霍华德强调的原则之一，其主要功能是防止城市规模的进一步扩大。他认为，城市必须与田舍结合，从这种结合中能够产生新的希望、新的生活、新的文明。"田园城

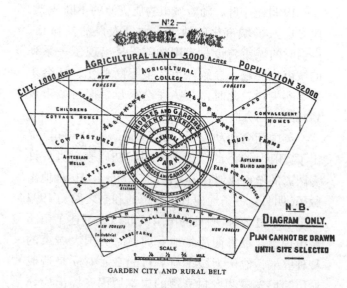

图2-17　田园城市郊区示意图(金纪元，2000)

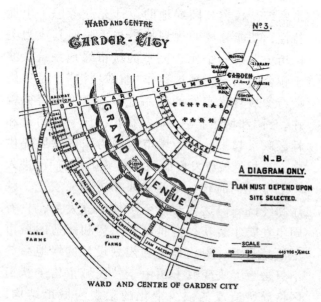

图2-18　1/6片断的田园城市市区示意图(金纪元，2000)

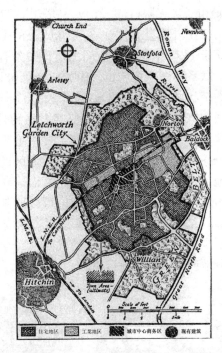

图 2-19　第一座田园城市莱奇沃思(内山正雄，1987)

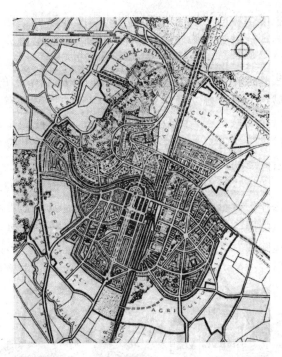

图 2-20　第二座田园城市韦林(内山正雄，1987)

市"的本质特征就在于：①其土地不被个人所有所分割，是公有的、低密度的；②有控制地发展；③"田园城市"是田园和田园城市内部的家庭、工业、市场以及行政、社会福利设施等各种功能结合的组合概念。

"田园城市"的理论受到广泛关注，并被付诸实践。1902年在位于伦敦东北 64km 处建立了第一座田园城市——莱奇沃思(Letchworth)(图 2-19)，1920年在位于伦敦北面 36km 处建立了第二座田园城市韦林(Welwyn)(图 2-20)。虽然这些实践在很长时间内没有达到规划的目标，但霍华德一直被当之无愧地视为西方近代规划史上的"第一人"，英国的"城乡规划协会"就是在霍华德"田园城市"思想的影响下成立的。美国著名的城市史学家刘易斯·芒福德曾高度评价霍华德的"田园城市"为20世纪我们见到的人类社会的两大成就之一。霍华德的"田园城市"对近现代城市规划发展的重大贡献在于：①城市规划思想立足点的根本转移，即在城市规划指导思想上，提出了关心人民利益的宗旨；②针对工业社会中城市出现的严峻、复杂的社会与环境问题，摆脱了就城市论城市的狭隘观念，从城乡结合的角度将其作为一个体系来解决；③设想了一种先驱性的模式，一种比较完整的规划思想与实践体系，对现代城市规划思想及其实践的发展都起到了重要的启蒙作用；④首开在城市规划中进行社会研究的先河，以改良社会为城市规划的目标导向，将物质规划与社会规划紧密地结合在一起。

霍华德针对现代社会出现的城市问题，提出了带有先驱性的规划思想，在城市规模、布局结构、人口密度、绿带等城市规划问题上，提出一系列独创性的见解，形成一个比较完整的城市规划思想体系。田园城市理论对现代城市规划思想起了重要的启蒙作用，对后来出现的一些城市规划理论，如"有机疏散"论、卫星城镇的理论颇有影响。20世纪40年代以后，在一些重要的城市规划方案和城市规划法规中也反映了霍华德的思想，他的"田园城市"理论是现代城市规划学科的里程碑。

2.2.2.2　带状城市

1882年西班牙工程师索里亚·伊·马塔(Arturo Soria Y Mata)在马德里出版的《进步》杂志上，发表了他的带状城市(linear city)设想，使城市沿一条高速度、高运量的轴线向前发展。他认为那种传统的从核心向外一圈圈扩展的城市形态已经过时,它会使城市拥挤、卫生恶化,在新的集约运输形式的影响下,城市将发展成带形的。城市发展依赖交通运输线呈带状延伸,可将原有城镇联系起来,组成城市的网络,不仅使城市居民容易接近自然、亲近自然,又能将文明的设施带到乡间。

带状城市的理论是:城市应有一道宽阔的道路作为脊椎,城市宽度应有限制,但城市长度可以无限。沿道路脊椎可布置一条或多条电气铁路运输线,可铺设供水、供电等各种地下工程管线。最理想的方案是沿道路两边进行建设,城市宽度500m,城市长度无限(图2-21)。马塔于1882年在西班牙马德里外围建设了一个4.8km长的带状城市,后又于1892年在马德里周围设计一条有轨交通线路,联系两个原有城镇,构成一个长58km的马蹄状的带状城市(图2-22)。

苏联在20世纪20年代建设斯大林格勒时,采用了带状城市规划方案。城市的主要用地布置于铁路两侧,靠近铁路的是工业区。工业区的另一侧是绿地,然后是生活居住用地,生活居住用地外侧则为农业地带。带状城市理论可以同其他布局结构形式结合应用,取长补短。几十年来,世界各国不少城市汲取带状城市的优点,在城市规划中部分地或加以修正地运用。

图2-21 马塔的带状城市断面(杜安伊,2008)

2.2.2.3 光明城和广亩城市

(1)光明城

柯布西耶早期提出的"光明城"(radiant city)概念和战后由他主持设计的昌迪加尔(Chandigarh),在形态上具有根本的差别,显然我们不能简单地从形态特征上去理解柯布西耶深邃的城市规划思想,事实上深入剖析一下就可以发现,所有这些都不折不扣地体现了柯布西耶的"功能主义"与"理性主义"城市规划思想的精髓。

柯布西耶于1922年发表了《明日城市》(The City of Tomorrow)一书,较全面地阐述了他对未来城市的设想:在一个人口为300万人的城市里,中央是商业区,有24座60层的摩天楼提供商业商务空间,并容纳40万人居住,60万人居住在外围的多层连续板式住宅中,最外围是供200万人居住的花园住宅。整个城市尺度巨大,高层建筑之间留有大面积的绿地,城市外围还设有大面积的公园,采用高容积率、低建筑密度来达到疏散城市中心、改

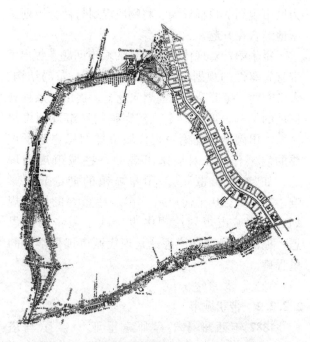

图2-22 马德里带状城市方案(杜安伊,2008)

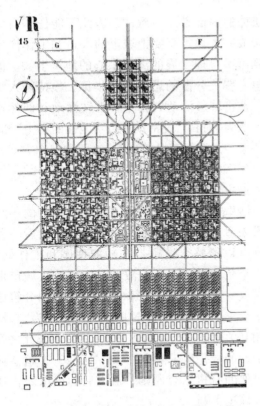

图 2-23　柯布西耶"光明城"平面图（柯布西耶，2011）

善交通、为市民提供绿化活动场地的目的。整个城市平面呈现出严格的几何形构图特征并交织在一起，犹如机器部件一样规整而有序（图 2-23）。这个规划模式的核心思想，是通过全面改造城市地区尤其是提高市中心区的密度来改善交通，提供充足的绿地、空间和阳光，以形成新的城市发展概念。

（2）广亩城市

城市分散主义最早源自乌托邦空想社会主义者的思想和霍华德的田园城市思想。他们都反对现代大城市，主张取消大城市。1932 年美国建筑师赖特的著作《正在消灭中的城市》（The Disappearing City）以及随后发表的《宽阔的田地》（Frank Lloyd Wright）中的"广亩城市"（broadacre city）（图 2-24），是他的城市分散主义思想的总结，突出地反映了 20 世纪初建筑师们对于现代城镇环境的不满以及对工业化时代以前人与环境相对和谐的状态的怀念。他的广亩城，实质上是对城市的否定。用他的话说，是个没有城市的城市。他认为大城市应让其自行消灭。现有城市不能应付现代生活的需要，也不能代表和象征现代人类的愿望，建议取消城市而建立一种新的、半农田式组团——广亩城市。

赖特的理想是建立一种"社会"，这种社会保持着他自己所熟悉的、19 世纪 90 年代左右威斯康星州那种拥有自己宅地的居民们过着的独立的农村生活方式。20 世纪 30 年代北美的农户们已开始广泛使用汽车，使城市有可能向广阔的农村地带扩展。赖特论证，随着汽车和廉价的电力遍布各处，那种把一切活动集中于城市的需要已经终结，分散住所和分散就业岗位将成为未来的趋势。他建议发展一种完全分散的、低密度的城市来促进这种趋势。这就是他规划设想的"广亩城市"。每户周围都有一英亩（4047m²）土地，足够生产粮食蔬菜。居住区之间以超级公路相连，提供便捷的汽车交通。沿着这些公路，他建议规划路旁的公共设施、加油站，并将其自然地分布在为整个地区服务的商业中心之内。

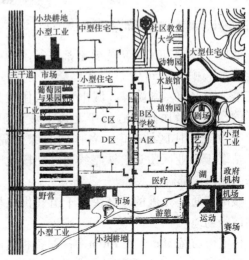

图 2-24　赖特"广亩城市"平面图（张京祥，2005）

2.2.2.4　工业城市和沙里宁

（1）工业城市

19 世纪，蒸汽机、铁路等的发明把产业革命推向新的阶段。大机器生产发展，劳动场所逐渐扩大，工厂的重要性也日益增加，劳动与居住的地方逐渐分离，城市中各种活动的分布也日趋复杂，破坏了原来脱胎于封建社会的那种以家庭经济为中心的城市结构。19 世纪末，出现了"工业城市"理论。

法国青年建筑师戛涅（Tony Garnier）从大工业的发展需要出发，对"工业城市"规划结构进行了研究。他设想的"工业城市"人口为 35 000 人，规划方案于 1901 年展出（图 2-25）。他对大工业发展所引起的功能分区，城市组群等都做了精辟的分析。

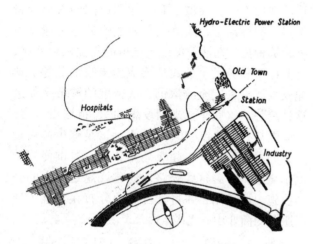

图 2-25　戛涅"工业城市"平面图（张京祥，2005）

他把"工业城市"各功能要素都进行了明确的功能划分。中央为市中心，有集会厅、博物馆、展览馆、图书馆、剧院等。城市生活居住区是长条形的，疗养及医疗中心位于北边上坡向阳面，工业区位于居住区的东南，各区间有绿带隔离，火车站设于工业区附近，铁路线通过一段地下铁道深入城市内部。

城市交通是先进的，设快速干道和供飞机发动的试验场地。

住宅街坊宽 30m，长 150m，各配备相应的绿化，组成各种设有小学和服务设施的邻里单位。而且，戛涅十分重视规划的灵活性，给城市各功能要素留有发展余地，并运用 1900 年左右世界上最先进的钢筋混凝土结构来完成市政和交通工程的设计。

（2）沙里宁与有机疏散理论

为了缓解城市机能过于集中所产生的弊病，为西方近代衰退的城市找出一种改造办法，使城市逐步恢复合理的秩序，建筑师沙里宁提出了有机疏散理论。

沙里宁认为：城市是一个有机体，是和生命有机体的内部秩序一致的，因此不能任其自然地凝聚成一大块，而要把城市的人口和工作岗位分散到可供合理发展的离开中心的地域上去。但是沙里宁有关分散的思想与霍华德、赖特等人都不同，他将城市活动划分为日常性活动和偶然性活动，认为"对日常性活动进行功能性的集中"和"对这些集中点进行有机的分散"这两种组织方式，是使原先密集城市得以实现有机疏散所必须采用的两种最主要的方法。

沙里宁指出，前一种方法能给城市的各个部分带来适于生活和安静的居住条件，而后一种方法则可以给整个城市带来功能秩序和工作效率。换一个角度讲，有机疏散就是把传统大城市那种拥挤成一整块的形态在合适的区域范围分解成为若干个集中单元，并把这些单元组织成为"在活动上相互关联的有功能的集中点"，它们彼此之间用保护性的绿化地带隔离开来（图 2-26）。这些城市与自然的有机结合原则，对以后的城市绿化建设具有深远影响。

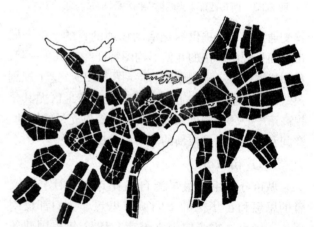

图 2-26　沙里宁的有机分散模式（杜安伊，2008）

2.2.2.5　苏联绿化建设

今天，提起苏联模式的城市规划，很多人想到的是 20 世纪 50 年代第二次世界大战胜利后的"形式主义"或是"新古典主义"的只言片语，以此与传统西方"理性"的城市规划思想相对立，然而历史远非如此简单。社会主义国家的城市规划，并非是自成一体、封闭发展的独立王国，尤其在冷战前，它不仅反映的是世界现代城市规划理论与实践的发展大趋势，而且与工业革命后世界先进的城市规划理念相一致并相互借鉴，有时还走在世界的试验前沿。

有关苏联的社会主义城市规划讨论开始于1922—1923年莫斯科的"绿色城市"竞赛。从题目就可以看出，这一轮讨论也许受到霍华德"田园城市"的影响，提倡在城市中引进绿色，保留大面积的自然绿地，公共交通优先，发展小规模城市等，是当时也是今天人们耳熟能详的主题。因此，在苏联社会主义城市建设中，绿地占有非常重要的地位，与其他住宅、公共建筑、工厂、街道、广场、交通建设、自来水等一样，同是城市中不可缺少的组成部分，并将整个城市贯连在一起。

城市绿化是苏联城市建设的重要特点之一，当时的城市改建规划是在深入研究了城市绿地的均匀分布、绿地建设数量、绿地间相互关联等重要问题的基础上进行的。特别值得指出的是，苏联的城市建设不是认为绿化工作是一种设施或装饰的外部因素，而是认为绿化是城市最大的有机组成部分，是创造健康而美丽城市的方法之一。因此，城镇绿地系统的建立，是一个重要的规划任务。苏联在城市绿地分类方面，根据使用特性，将绿地分为公共绿地、专用的绿地、特殊用途的绿地3类，其中公共绿地包括文化休息公园、体育公园、植物公园和植物园、动物公园和动物园、散步和休息公园、儿童公园、花园、小游园、林荫大道、街道上的绿地、行政和公共机关的绿地、森林公园、禁猎禁伐区、街坊内绿地；专用的绿地包括学校、技术学校和高等学校的绿地，幼儿园和托儿所的绿地，俱乐部、文化宫及少年之家的绿地，科学研究机构的绿地，医院及其他医疗防疫机构的绿地，工厂企业的绿地，农场居住区的绿地，疗养院、休养所及少先队夏令营的公园和花园；特殊用途的绿地包括工厂企业的防护地带、防止不良自然影响的林带、防水林带、防火绿地，保护土地和改良土壤的栽植、墓地上的栽植、苗圃和花场。在城市绿地建设标准方面，苏联的各高等院校和科研机构进行了大量的实地调研和分析工作，通过相关的试验数据，测算出每个居民所占公共绿地的面积、各类城市绿地所占的比重、道路绿化种植的宽度等一系列绿地建设指标，为其后的城市绿化建设提供了依据，也为中国建国后的绿化建设提供了经验。在城市绿地布局方面，苏联借鉴了国际相关的规划理念，特别是作为核心区域的莫斯科，在1935年编制的城市总体规划中，采用了一种称之为"人口分布轴线"的放射状的城市形态，轴线之间则是连接市中心与郊区森林的绿化带，共8条，森林环带与楔形绿带相结合的城市绿地系统成为莫斯科最具特色的城市形态，并且一直保持至今（图2-27）。

在城市绿化过程中，苏联产生了许多新的不同用途的绿地，其中最有其社会特色的是文化休息公园，第一个文化休息公园位于莫斯科，被命名为高尔基文化休息公园，是最新的社会主义类型的城市公园。儿童公园也是苏联城市绿化系统的一个组成部分，第一个儿童公园1936年建于莫斯科规模不大（$1\sim3hm^2$）的绿地上，建有儿童游戏、运动及学习的各种广场和建筑物，为儿童游戏与娱乐提供了很好的场所。在工厂区的绿化方面，苏联也做了很多的工作，强调保持人们的健康并符合一切卫生和美学的要求是劳动的组成条件，这些条件促进了劳动，提高了生产率。工厂区的公用设备区域中，绿化工作占据了重要的地位，种植了大量的乔木、灌木，铺设了草坪，布置了花坛，建造了喷泉、亭子和雕塑，就像一个特别的公园。在城郊森林建设方面，城市周边布局了大面积的森林，并延伸到城市内部，这些近郊森林都由地下铁道连通，城市任何方向的居民都能方便到达。

战后，苏联的绿化工作不仅集中在开辟城市的新建绿地，同时还进行了旧有绿地的改造，恢复了一系列被毁坏的绿地。除此之外，绿化工作广泛进行，不仅在城市和乡镇，而且也在乡村的居住区。在集体农庄和国营农场中，建造了公园、小游园，绿化了学校地区和街道，为防护林带和果园打下了基础。

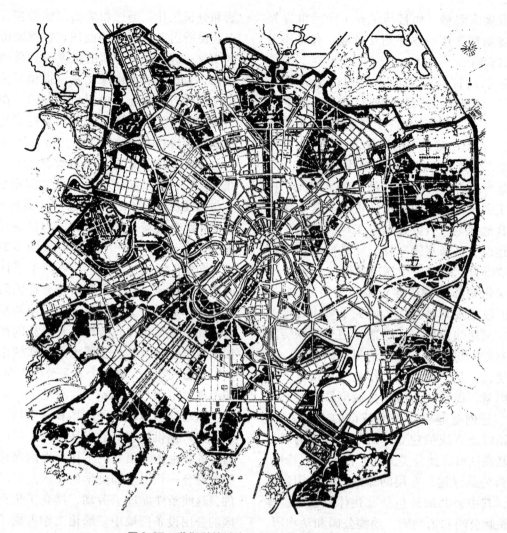

图 2-27　莫斯科的城市空间格局（杜安伊，2008）

2.2.3　成熟期

欧洲各国战后恢复工作以异常飞跃的速度进行着，但在迅速恢复的过程中，许多国家出现了应急重建工作与城市长远规划的矛盾。在这方面，英国做得较好，早在20世纪30年代就看到必须控制大城市人口的无限膨胀，从1941年起便已开始着手对一些被破坏的城市，如伦敦和考文垂进行规划。战争结束后，这些城市的修复和重建有计划有条理地按规划方案进行。

2.2.3.1　伦敦环状绿带

英国是较早建设环城绿带的国家，英国学者对环城绿带理论有着较早的探索。19世纪中期，霍华德在其名著《明日的田园城市》中指出："在城市外围应建设有永久性绿地，供农业生产使用，并以此来抑止城市的蔓延扩张"。霍华德的追随者恩温（Raymond Unwin）发展了霍华德田园城市的思想，在曼彻斯特南部进行了以城郊居住为主要功能的新城建设实践，并总结归纳为"卫星城"理论，于1922年正式出版了《卫星城镇的建设》（*The Building of Satellite Towns*）。1924年，在阿姆斯特丹召开的国际城市会议指出建设卫星城和以绿带环绕已有建成区是防止大城市规模过大和不断蔓延的一个重要方法。1927年，恩温在编制大伦敦区域规划时建议用一圈绿带把现有的城市地区围合起来，不让其向外扩张，而把多余的人口疏散到伦敦周围的卫星城镇中去，卫星城镇与"母城"

之间保持一定的距离，其间通常设农田和绿带隔离，但有便捷的交通联系。恩温认为，环城绿带不仅是城区的隔离带和休闲地，还应该是实现城市空间结构合理化的基本要素之一。1933年，恩温提出了"绿色环带"（green circle）的规划方案，绿带宽3～4km，呈环状围绕于伦敦城区外围，其用地包括林地、牧场、乡村、公园、果园农田、室外娱乐用地、教育科研用地等。它既可以作为伦敦的农业与休憩用地，保持其原有的乡土特色，又可以抑制城市的过度扩张（图2-28）。1938年，英国议会通过了伦敦及其附近各郡的《绿带法》（Green Belt Act），并通过国家购买城市边缘地区农业用地来保护农村和城市环境免受城市过度扩张的侵害。

20世纪30年代是伦敦城市发展矛盾空前激化的时期，伦敦市区不断向外蔓延，外围的小城镇和村庄不断被其吞并，特别是1939年大伦敦人口已达860万，英政府为解决伦敦人口过度密集问题，成立了"巴罗委员会"。该委员会于1940年提出的巴罗报告中指出：伦敦地区工业与人口的不断聚集，是由于工业所引起的吸引作用。1942年由艾伯克隆比（Patrick Abercrombie）主持编制大伦敦规划，于1944年完成轮廓性的大伦敦规划和报告。大伦敦区域规划以分散伦敦城区过密人口和产业为目的，在伦敦行政区周围划分了4个环形地带，从内到外分别为内城环（inner urban ring）、近郊环（suburban ring）、绿带环（green belt ring）、农业环（outer country ring）。每个环形地带的规划目标各有不同，其中：内城环紧贴伦敦行政区，目标是迁移工厂、降低人口数量；近郊环为郊区地带，重点在于保持现状，抑制人口和产业增加的趋势；绿带环是宽为11～16km的绿带，它是伦敦的农业和休憩地区，通过实行严格的开发控制，保持绿带的完整性，阻止城市的过度蔓延；农业环基本属于未开发区域，是建设新城和卫星城镇的备用地（图2-29）。大伦敦规划成为日后伦敦及周边地区制定相关绿带规划的根本依据。

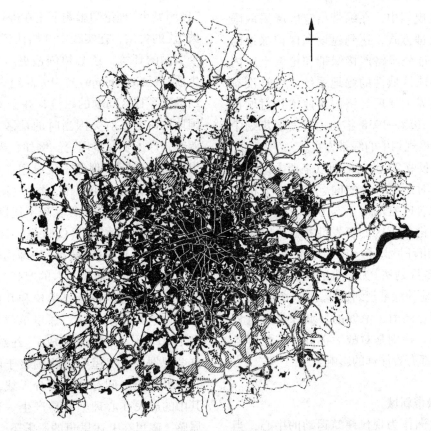

图2-28　1933年的伦敦绿带规划（石川幹子，2000）

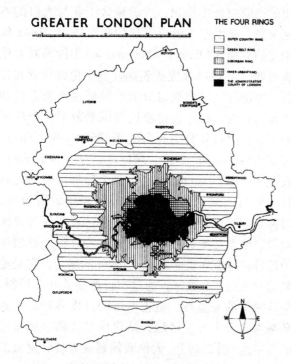

图2-29 艾伯克隆比的大伦敦规划（石川幹子，2000）

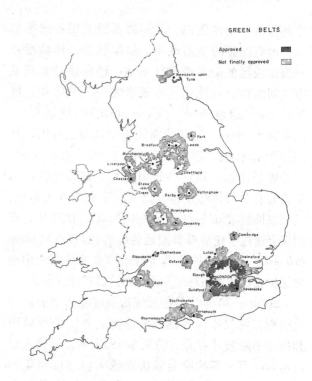

图2-30 战后英国各地的绿带规划（杜安伊，2008）

大伦敦区域规划中，在绿带指定区域采取限制开发行为的处理方式，达到建设和保护绿地的目的，同时，通过公园路连接绿带和伦敦市区内的公园绿地，形成区域性的绿地系统。尽管没有预见到第二次世界大战后经济的快速增长对城市的影响，但是在1954—1958年的伦敦发展规划中还是正式采用了该规划中的绿带方案。

大伦敦规划吸取20世纪初期以来西方国家规划思想的精髓，对所要解决的问题在调查分析的基础上提出了切合时宜的对策与方案，这一规划方案对当时控制伦敦市区的自发性蔓延，以及改善已很混乱的城市环境起了一定的作用。1947年，英国颁布的《城乡规划法》为绿带的实施奠定了法律基础，英国各地的绿带规划逐步完成（图2-30），并进入了稳定期。同时，伦敦的环城绿带对世界各地的城市建设，特别是对战后苏联、波兰等各国的大城市规划都有着深远的影响。

2.2.3.2 美国绿带新城

20世纪初欧洲作为现代建筑运动的中心，当现代建筑运动的高潮还在盛行的时候，美国人在"田园城市"理论的影响下正在进行建设"郊区花园城市"的尝试，在实践中开始认识到不仅要设计一个美丽的环境，还必须创造更适合于人们居住的生活社区（community）。19世纪20年代初，在纽约进行了社区问题的讨论，并于1923年成立了美国地区协会，对美国当时的社区实际情况进行了调查，产生了许多理论。例如，当时L.芒福德提出的"地区城市"理论，就设想在一个大城市地区范围内设置许多小城市，再用各种交通工具把这些小城市连接起来，以实现上述目的。

美国建筑师佩里（C. Perry，1872—1944年）早在霍华德关于"田园城市"的理论性图解中，就把城市划分为五千居民左右的"区"（wards），每个区包括了地方性的商店、学校和其他服务设施，可以认为这是产生社区、邻里单位思想的萌芽。20世纪20年代纽约编制完成了"纽约区域规划"。在这个规划中，房屋和道路围聚于服务中心，而且与外界环境之间有明显的分界线，因此使居住在其中的居民在心理上容易产生一种明确的地域归属感。佩里在上述思想的影响下，于1929年明确提出了"邻里单位"（neighborhood unit）的概念，使

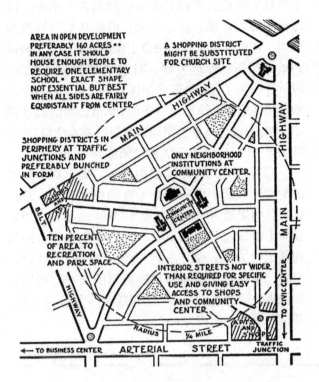

图2-31 佩里的"邻里单位"（杜安伊，2008）

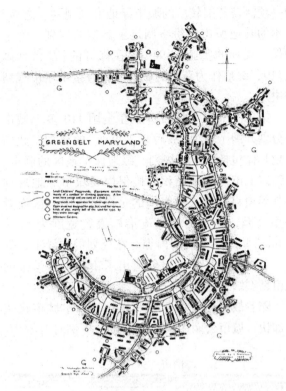

图2-32 美国马里兰州的绿带新城（杜安伊，2008）

得它不仅是一种实用的规划设计概念，而且成为一种经过深思熟虑的"社会工程"（social engineering）。

佩里将邻里单位作为构成居住区乃至整个城市的细胞（图2-31）。这种邻里单位以一个不被城市道路分割的小学服务范围作为邻里单位的基本空间尺度，讲求空间宜人景观的营建，强调内聚的居住情感，强调作为居住社区的整体文化认同和归属感。佩里认为它将帮助居民对所在的社区和地方产生一种乡土观念，从而产生一种新的文化、新的希望。以这一思想规划的新城有1929年在美国新泽西州规划的雷德朋（Radburn）新城，以及20世纪30年代位于美国马里兰州、俄亥俄州、威斯康星州和新泽西州的4个绿带城（图2-32）。其主要的规划特点有：人车分离，住宅组团布置，支路形成尽端式，绿地和开放空间相互贯通，成为完整的体系。

2.2.3.3 日本公园绿地

明治时期以后，日本对城市绿地的保护首先体现在城市中的绿地上，其中包括一些城墙遗址、名胜古迹、举办博览会和庆典的纪念公园，以及市区中遗留的少数欧式公园和林荫大道。但是关于城市公园绿地的规划，最初出现在明治中期的城市规划即"东京市区改正设计"中，不过这个规划除了东京的日比谷公园之外，其他公园都没有得到真正的实施。

随后，1923年的关东大地震使得日本全社会开始真正意识到城市绿地的重要性，在作为城市复兴规划的"帝都复兴计划"中，首次提出了公园绿地配置的规划方案，并得到了全面的实施，很快在东京、横滨等地先后诞生了6个大公园和52个小公园，行道树、滨河绿地和花园林荫道也不同程度地进行了建设。虽然当时财政紧张，但是关东大地震的发生及其所带来的教训，促进了城市规划的编制，并在名古屋、大阪等城市的城市规划中增加了公园绿地规划的内容。

在欧美的绿地规划和广域城市规划思想的影响下，1932—1939年间，首次编制了"东京绿地规划"，这项规划除了公园绿地之外，还包括了环状绿带、自然公园等其他绿地的内容，是日本最初的一项涵盖范围较广的城市绿地专项规划。之后，日本的其他城市也纷纷制定了类似的规划。为了确保该规划的实施，1940年在修订的《都市计画法》中，绿地作为新增的城市设施直接由城市规划来决定。

第二次世界大战后日本在全国110多个城市中分别开展了名为"战后复兴事业"的计划，此项计划具体包括了土地规划、绿地保护地区的确定、10%以上市区绿地面积的确保以及城市绿地规划编制等项目。其中最突出的是在城市中心区设置大型公园，在道路和河流沿岸设置宽度为50～100m带状绿地的规划内容。在规划的指导下，仙台、名古屋等许多城市创造出了市民引以为荣的城市新型绿地空间。

随着战后经济的复苏和发展，日本城市化速度加快，城市公园用地受到侵占的事例时有发生。

虽然日本在战后重建工作中已经出台了不少公园绿地的规划标准、设施标准，但是从全国范围内来说，还没有国家性的法律来保障和明确城市公园用地的性质、管理方法、财政预算和设计配置。1956年，为了完善公园法律体系，公布了以城市规划范围内的公园绿地为对象的《都市公园法》。《都市公园法》成为日本公园绿地建设的基本法律之一，基于该法律而设置和运营的公园称为"都市公园"。

《都市公园法》的主要内容为：确定都市公园的配置、规模、设施等技术性的标准（图2-33）；确定公园用地内的建筑密度为2%，运动设施用地面积不得超过公园面积的50%；制定都市公园管理和运营方法；赋予公园管理者以制定、收集、更新、保存关于公园的各种资料的义务；明确国家提供公园的建设资金（全部或者一部分）；确定都市公园人均面积为6m²等。

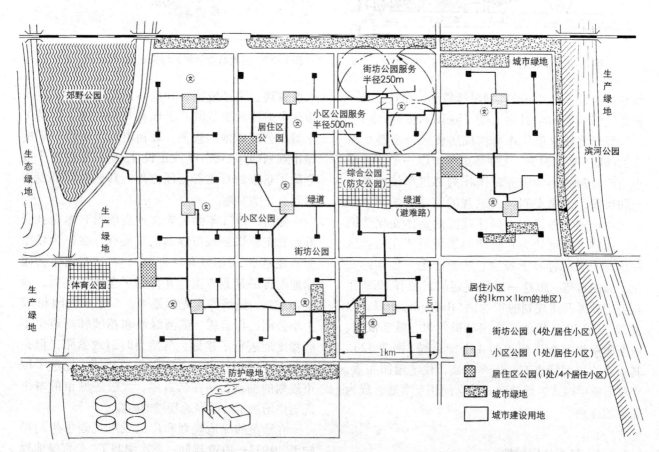

图2-33　日本都市公园建设标准图（谭纵波，2005）

《都市公园法》将都市公园分为基干公园、特殊公园、大规模公园、国营公园、缓冲绿地、都市绿地、都市林、绿道、广场公园九大类。其中基干公园包括住区基干公园和都市基干公园,大规模公园包括广域公园、休闲都市。另外,《都市公园法》通过详细分析确定了公园设施的种类。该法将公园设施根据功能划分为九大类:观赏和防灾类设施;修景设施;休息设施;游戏设施;运动设施;教育设施;便民设施;管理设施;其他。

《都市公园法》确定的公园绿地范围仅仅为地方政府设置的公园绿地,所有权和经营权属于各级政府,因此不包括其他的民间所有绿地和开放空间。而1960年以后,日本各大城市都出现了急剧的城市化现象,建设用地的大面积开发和无秩序延伸,导致农田、林地、绿地不断减少,带来了大量的环境问题。面对这一环境恶化的事实,日本政府意识到绿地建设的范围必须扩大到都市公园体系以外的绿地,并对城市范围内的各类绿地进行整体保护。因此,1966年和1968年针对东京都市圈和大阪都市圈的绿地保护,出台了《古都保护法》《首都圈近郊绿地保护法》和《都市计画法》(新法)等一系列限制开发的法律制度。虽然这些制度在一定程度上防止了乱开发和城市的"摊大饼"现象,并在开发区域内建设了一定数量的公园,但在整体上,全国范围内未能形成有效的绿色网络和具有一定水准的公园。在这种形势之下,为了更好地保护和创造城市绿地,1973年,日本国会通过了《都市绿地保全法》,同时在建设省设置了"都市绿地对策室",专门负责绿地的保护和规划行政。《都市绿地保全法》规定了绿地保护地区制度,确定在以下地区设置绿地保护区:①对防止无秩序的城市化、公害和灾害方面具有重要作用的隔离地带、缓冲地带、防灾地带;②神社、寺院和其他历史文化遗址的周边地区,或者能够反映风俗习惯和传统文化的地区;③自然风景优美,在确保居民生活环境方面具有重要作用的地区。并且该区域内的一些行为将受到控制,如建筑物的新建与改造、土地性质的变更、树木的砍伐、人为性的水体抽干和填埋等。

由此可见,日本在城市公园绿地的保护与建设中,建立了法令法规制度,形成了一套完整的法规体系,从根本上确保了城市绿地保护与建设。

2.2.4 反思期

第二次世界大战后,人类经济和社会规模进入了快速的膨胀期。由于各国在发展经济时没有重视环境问题,因而付出了惨重的代价。保护自然生态环境成为国际社会的共识,并且逐渐成为城市规划和管理、经济发展、社会综合发展的基本要求和目标之一。

2.2.4.1 生态规划思想

这一时期,随着生态学的提出与该学科的建立,规划思想中也逐步引入了生态学的观点。较早提出系统地运用生态手法进行规划的是美国宾夕法尼亚大学的麦克哈格(Mc Harg),他在1969年出版的著作《设计结合自然》中,提出了在对区域环境综合评价的基础上进行城市和区域开发。在自然环境的评价中,他提出了自然价值的概念和运用叠加法分析评价环境状况。叠加法是指将现状绿地、排水系统、水文、表层土壤分布、野生动植物分布等自然条件和状况制作成图纸,通过将这些图纸重合叠加,达到综合把握图纸所表现的各类相关环境条件之间关系的目的。这种手法的特征在于从区域的角度分析和划分自然条件,提供用来判断土地开发适宜性的资料(图2-34)。

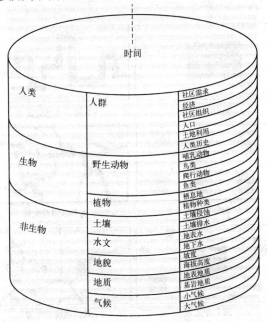

图2-34 麦克哈格的叠加法

麦克哈格的方法是生态的规划分析法，即指规划应该在充分掌握各种自然条件和相关关系的基础上制定，规划的结果和产生的开发活动不应当对环境和生态系统产生严重破坏。之后拉尔鲁（Lyle）和特纳（Tuener）继承了麦克哈格的生态方法思想，将绿地规划和自然生态系统保护相结合。其中，拉尔鲁在1985年出版的《设计人类的生态系统》一书中，提出了以生态保护为目的的绿地空间系统的4种配置模式（图2-35），而特纳则在1987年提出了6种绿地配置模式（图2-36），David Nicholson-Lord在1987年出版的专著〈The Greening of the Cities〉中，也详细地论述了将维持生态系统的绿地空间网络化的重要性。

2.2.4.2 生态城市

生态城市这一概念是在20世纪70年代联合国教育科学及文化组织发起的"人与生物圈（MAB）"计划研究过程中提出的，一经出现，立刻就受到全球的广泛关注。关于生态城市概念众说纷纭，至今还没有公认的确切的定义。苏联生态学家杨尼斯基认为生态城市是一种理想城模式，其中技术与自然充分融合，人的创造力和生产力得到最大限度的发挥，而居民的身心健康和环境质量得到最大限度的保护（图2-37）。

从生态学的观点讲，城市是以人为主体的生态系统，是一个由社会、经济和自然3个子系统构成的复合生态系统。因此，生态城市的创建标准，要从社会生态、经济生态、自然生态3个方面来确定。社会生态的原则是以人为本，满足人的各种物质和精神方面的需求，创造自由、平等、公正、稳定的社会环境；经济生态原则保护和合理利用一切自然资源和能源，提高资源的再生和利用，实现资源的高效利用，采用可持续生产、消费、交通、居住区发展模式；自然生态原则是给自然生态以优先考虑，最大限度地予以保护，使开发建设活动一方面保持在自然环境所允许的承载能力内，另一方面减少对自然环境的消极影响，增强其健康性。

生态城市应满足以下8项标准：①广泛应用生态学原理规划建设城市，城市结构合理、功能协调；②保护并高效利用一切自然资源与能源，产业结构合理，实现清洁生产；③采用可持续的消费发展模式，物质、能量循环利用率高；④有完善的社会设施和基础设施，生活质量高；⑤人工环境与自然环境有机结合，环境质量高；⑥保护和继承文化遗产，尊重居民的各种文化和生活特性；⑦居民的身心健康，有自觉的生态意识和环境道德观念；⑧建立完善的、动态的生态调控管理与决策系统。

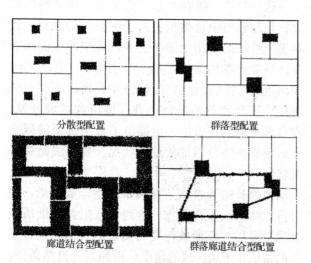

图2-35 拉尔鲁的4种绿地配置模式（许浩，2001）

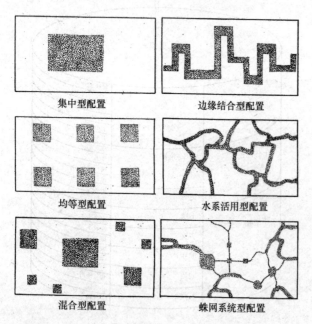

图2-36 特纳的6种绿地配置模式（许浩，2001）

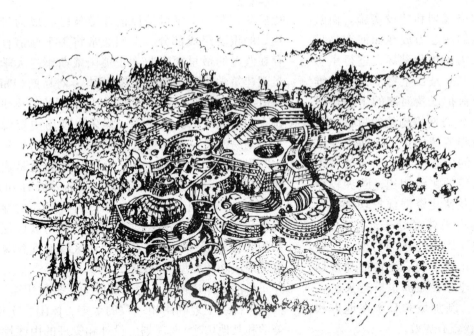

图 2-37　生态城市意象
（瑞杰斯特，2005）

2.2.4.3　生态网络和绿道

从生态学意义上来说，隔离是欧洲西北部农业景观的一个重要特征。自然生长的古老森林在森林种植区常常留下斑块，林区内部的管理会造成这些斑块的隔离。大部分自然和半自然的栖息地都是原始自然地区的残留斑块，其内部的物种往往得以幸存。现存的景观被人造的动态栖息地所支配，而其他一些栖息地以及其中的种群往往缺乏动态性，规模小，且被孤立出来。栖息地被隔离且逐渐减少，这就降低了自然物种存活的可能，即使是那些幸存下来的种群也很难保持均衡的状态。森林廊道和自然河流廊道渐渐消失，而人类基础设施则与日俱增，在这种情况下，自然关系已经逐渐衰退。解决这一问题的方法就是通过生态网络来重新建立生态一致性。

生态网络可定义为由自然保护区及其之间的连线所组成的系统，这些连接系统将破碎的自然系统连贯起来。相对于非连接状态下的生态系统来说，生态网络能够支持更加多样的生物。生态网络由核心区域(core area)、缓冲带(buffer zones)和生态廊道(ecological corridors)组成。大部分核心区域都是由传统的自然保护政策来确定。人们从当代地理和生态概念中得到启示，将传统的保护战略与其他的土地利用方式联系起来，并将自然保护整合到土地利用政策和空间规划中去。从这一角度来说，生态廊道和缓冲带已逐渐成为自然保护战略的关键要素。

在生态网络战略框架中，缓冲带的定义应该综合景观和功能特性。缓冲带的目标就是要通过提升和健全管理，控制核心保护区附近土地内的人类活动，从而降低对核心区域的潜在不良影响以及隔离的可能性。缓冲带内允许当地居民的存在(否则缓冲带就成为被保护地区了)。而生态廊道概念具有连接度和连通性双重特征。从功能来说，生态廊道具有连接度的特性，而从自然结构来说，则具有连通性的特征。作为可在生态网络中被识别出来的自然结构，大部分的生态廊道都是多功能的景观结构。在欧洲，生态廊道通常是人类干预自然的结果，如田篱、石头墙、小片森林景观、运河和河流。其他的生态廊道，如海岸线和河道，主要都是天然廊道。

对于生态网络的规划实践在北美和欧洲不完全相同。北美的生态网络规划实践主要关注乡野土地、未开垦土地、开放空间、自然保护区、历史文化遗产以及国家公园的生态网络建设，其中许多是以游憩和风景观赏为主要目的。目前美国的生态网络建设已经进入注重综合功能发挥、建设综合性生态网络的阶段，已有一半以上的州进行了不同尺度的生态网络规划和建设实施。而欧洲的规划实践则把更多的注意力放在如何在高强度开发的土地上减轻人为干扰和破坏,进行生态系统和自然环境保护,尤其是在生物多样性的维持、野生生物栖息地的保护以及河流的生态环境恢复上(图2-38)。欧洲生态网络构建的目标主要为生物栖息、生态平衡和流域保护,当前正在实施中的区域、国家尺度的生态网络几乎全部基于景观生态学原则。与北美的实践相比,欧洲较少考虑到生态网络的历史及文化资源保护功能。在亚洲,生态网络规划建设总体尚处于起步阶段,大部分实践仍然处于建立廊道连接的初期。但是随着生态网络规划思想在欧美的广泛传播和规划实践的开展,生态网络理念在亚洲也被越来越多的人认可和接受,其中,新加坡和日本在地方和场所尺度方面的规划实践较有成效。

在建设生态网络基础上,人们开始广泛关注绿道,将其作为保护生态结构和功能不可或缺的部分,并作为开放空间规划的中心。绿道发展历史悠久,在一个多世纪以前绿道就已经成为景观规划的重要组成部分。人们通常将关于绿道普遍存在假说的最早探索归功于美国威斯康星大学的景观建筑学教授和实践者菲利浦·刘易斯(Philip Lewis)。他在威斯康星州户外休闲计划的经典研究调查中绘制了220个生态、娱乐以及历史资源位置。刘易斯研究发现超过90%的资源均沿着称之为"环境廊道"的廊道集中分布。这些廊道是建立在"威斯康星州遗产游径计划"(Wiscosin Heritage Trail Plan)基础上的。之后,1993年纽约市的绿道规划和1999年由马萨诸塞州大学景观与区域规划系的3位教授领衔的新英格兰地区绿道远景规划也可谓成功的典型案例(图2-39)。

目前,绿道被定义为由那些为了多种用途(包括与可持续土地利用相一致的生态、休闲、文化、美学和其他用途)而规划、设计和管理的由线性要素组成的土地网络。该定义强调了5点:①绿道的空间结构是线性的;②连接是绿道的最主要特征;③绿道是多功能的,包括生态、文化、社会

图2-38 意大利博洛尼亚省的生态网络
(容曼·蓬杰蒂,2009)

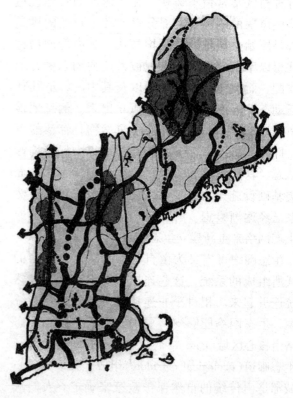

图2-39 美国新英格兰绿道远景规划
(刘颂,2011)

和审美功能；④绿道是可持续的，是自然保护和经济发展的平衡；⑤绿道是一个完整线性系统的特定空间战略。

绿道是城市绿地的一种重要的表现形态，它兼顾保护与利用，将各类城市绿地连成一片，从城市延伸到乡村，一直到旷野，而一旦形成网络，则又具有巨大的生态效益和提供游憩活动的潜力。绿道虽然可以出现在城市内部，表现为各种线形的绿色空间，但其真正的意义在于打破城乡界线，将城市融入乡村，让乡村渗透城市，既是自然要素的链接，更是生活方式的融合，以绿道为载体，城市绿地超越了物质形态，成为社会与文化的代言，城市绿地系统规划也从物质的规划走向物质与精神兼顾的规划。

2.3 中国近现代城市绿地发展演进

2.3.1 1949年前中国城市绿地状况

中国城市公共绿地建设起步较晚，首先出现在外国租界内，是外国人建造，供外国人游览的。1840年鸦片战争之后，中国沦为半殖民地半封建社会。在中国的土地上，先后出现了一批帝国主义国家的租界和殖民地城市。随着资本主义经济的发展，封建的社会经济逐渐解体，城市生活的内容与城市结构的形式也发生了相应的变化。于是，清朝末年在一些沿海城市里开始出现正式营建的公园。

中国的第一个城市公园是1868年在上海建成开放的外滩公园（后改名为黄浦公园），公园基址是黄浦江与苏州河交接处的一片滩地，原非租界地，但外国商人组织的"上海娱乐事业基金会"于1862年擅自宣布在此建造公园。1866年3月开工，1868年8月8日宣布开放。全园面积2.03 hm^2，两面临水，视野开阔，以其得天独厚的地理位置和优美的园景，成为上海最享盛名的游览地之一。

此后，类似兴建的租界公园还有：上海的虹口公园（1902）、法国公园（1908）和天津的法国公园（今中心公园，1917）等。尽管这些公园主要是为适应殖民者的生活需要而设立的，但其内容与形式也在客观上促进了中国近代城市公园的发展，因为它们在为众多游人提供社交、娱乐、运动、休息等功能方面和平面设计、空间处理等艺术方面，都展示了与中国封建社会的古典园林迥然不同的面貌，成为后来国人营造公园的一种借鉴。

除租界公园和殖民地城市公园（如哈尔滨董事会花园，今兆麟公园，1906）外，随着资产阶级民主思想在中国的传播，清朝末年也出现了一批中国人自建的公园。如齐齐哈尔的仓西公园（今龙沙公园，1897）、无锡的城中公园（1906）、北京的农事试验场附设公园（1906，现归入北京动物园）、成都的少城公园（1911）等。这些公园多为地方当局所辟，少数为乡绅集资筹建。

20世纪二三十年代间，中国的民族资产阶级有较大的发展，以江浙地区最为显著。工业经济的扩大带来了城市的繁荣，公园建设也有进展。据当时各地报纸杂志、市政公报和学者论著中记载，到抗日战争前夕，中国一些主要城市陆续开放和兴建了一批城市公园，如北京的先农坛公园、中央公园（今中山公园）、颐和园、北海公园和中南海公园；南京的秦淮公园、白鹭洲公园、莫愁湖公园、五洲公园（今玄武湖公园）、鼓楼公园和秀山公园；上海的梵黄航渡公园（19.3 hm^2，今中山公园）、虹口公园（17.7 hm^2）等；广州的中央公园（今人民公园，6.2 hm^2）、黄花岗公园、越秀公园（10 hm^2）、东山公园（0.2 hm^2）、河南公园（1.3 hm^2）等。

从抗日战争至1949年期间，由于民族灾难深重，战火纷飞，国民党政府反动腐败，人民生活在水深火热之中，所以，城市建设每况愈下，毁多建少，公园建设基本停顿。到中华人民共和国成立前夕，从炮火中幸存的少数城市公园，也大都草木荒芜，残破不堪了。这一时期城市绿地的发展极其缓慢。以上海为例，1949年以前，全市各种公园11个，面积76.1 hm^2，仅占建成区面积的0.9%，而且分布极不均匀，主要集中在租界内，普通市民无法享用；北京市有中山公园、北海公园等4个公园，面积437 hm^2，主要集中在城区中心和西近郊，而劳动人民集中聚居的地区却没有公园；天津市当时有6个公园，面积49.87 hm^2；广州市，1949年仅存4处公园基本完整，面积25 hm^2；一度曾作为国民党政府陪都的重庆市，1949年也只有6处公园，面积34hm²。

由上所述可知中国近代公园发展的状况。究其原因，城市的扩大、人口的增加、城市环境的恶化和中上阶层游憩生活的需要，是促使城市公园发展的社会基础；民族工商业的迅速发展，新兴资产阶级因追求附庸风雅的生活方式而乐于向公园建设投资，是其发展的经济基础；资产阶级所标榜的民主思想和博爱精神，是其发展的政治基础。同时，欧美各国广泛兴起的"公园运动"，对中国近代公园的兴起，也有一定的影响。

2.3.2　1949年后中国城市绿地发展

1949年中华人民共和国成立后，中国社会进入了社会主义建设时期，开始现代城市绿地建设与发展的新阶段。根据对中华人民共和国成立以来社会发展和城市绿化建设的实际状况，可以将中国城市绿地的建设发展大致划分为7个阶段：

(1) 1949—1952年

城市绿化工作开始列入国家城建计划项目，积极开辟苗圃，大量育苗，为整治、绿化城区空地和近郊荒山及以后公园建设做准备。

1950年，北京市市政府成立公园管理委员会，明确提出"目前各园经营方针，应该是在自给自足的原则下进行重点恢复和建设"。1951年，中山、北海两公园着手修缮，颐和园开始抢修古建。1952年，西郊公园3次派人外出搜集动物，并与苏联和东欧国家开展动物交换。上海市，除整顿旧有公园外，1951年将租界跑马场改建为人民公园，形成第一个真正意义的城市公园。南京市恢复了中山陵园、和平公园，修复整理了玄武湖公园、莫愁湖公园、白鹭洲公园、鸡鸣寺公园等，同时新建雨花台烈士陵园和浦口公园，使之成为普通百姓休息娱乐的场所。

同时，园林高等教育也开始创办。1951年，在著名学者梁思成、汪菊渊、吴良镛等先生的努力下，由北京农业大学园艺系和清华大学营建系合作，兴办了造园专业(1956年后并入北京林学院成立园林系)。这是中国历史上第一个园林高等教育机构，为以后各地城市的现代公园建设事业培养了大批专门人才。

(2) 1953—1957年

全国各城市结合旧城改造、新城开发和市政卫生工程，进行居住区街坊绿化，新建大量公园，对原有公园也进行了充实提高。

北京市，此期内公共绿地面积增加了416hm²，新建了陶然亭公园、东单公园、什刹海公园、官园公园、宣武公园等公园，并利用名胜古迹改建开辟了日坛公园、月坛公园、善果寺和万寿西宫等公园，其中，陶然亭公园和东单公园，是完全按照苏联文化休息公园模式规划建设的。上海市，此期内主要利用1949年前的高尔夫球场、废弃荒芜的垃圾堆地、破旧房屋拆迁地、水洼和沼泽地等改造建设了一系列公园，如西郊公园、海伦公园、杨浦公园等，到1957年底，全市共有公园41处，面积182.1hm²。广州市，在充实整理原有公园的基础上，新辟了动物园、红花岗烈士陵园和二沙头体育公园等。南京市，新建了绣球公园、太平、午朝门公园、九华山(复舟山)公园、栖霞山公园、燕子矶公园、头台洞公园、二台洞公园、三台洞公园等区级公园。哈尔滨市，新建了哈尔滨公园(今动物园)、斯大林公园、儿童公园、道外公园、香坊公园、水上体育公园和太阳岛公园，到1957年，公园面积达到了147hm²，是1949年的13.3倍。

(3) 1958—1965年

受三年自然灾害以及工作中"左"的指导思想等影响，提出园林化和生产相结合的方针，工作重心转向强调普遍绿化和园林结合生产。

北京市，1958—1960年间，先后新开辟了礼士路公园、南菜园公园、大郊亭、三里河三角地、安乐林公园、老君地公园、西颐公园、人定湖公园、青年湖公园、北太平湖公园、久大湖公园等21处公园绿地，为了园林结合生产，在北京市水产局等单位的大力支持下，于紫竹院公园内挖湖8.7hm²，出土约$11 \times 10^4 m^3$，用以发展养鱼生产，中山公园也圈地建起果园，减少了实际游览面积。上海市，1958—1959年间发动市民义务劳动，在一片低洼菜田上挖湖堆山，新建了长风公园，面积37.4hm²。取毛泽东主席当年所作《送瘟神》诗篇中"天连五岭银锄落，地动三河铁臂摇"诗句之意，命名了园内的"铁臂山"和"银锄湖"。在湖畔草坪上，建起一座高大的钢铁工人雕像，宣传"大跃进"时期"以钢为纲"的建国方针。

(4) 1966—1976 年

"文化大革命"使全国各地的园林绿化遭受毁灭性的破坏。"园林是资产阶级乐园""绿化即封、资、修"等歪风吹遍全国，一些城市的主要公园被诬蔑为是"封、资、修的大染缸"而被彻底砸烂，公园被非法侵占，园林部门机构撤并，专业学校停办，干部职工下放，城市各类绿地面积迅速减少。

北京市，公园里到处树立巨幅的毛主席语录牌和宣传标语牌。颐和园中的佛香阁改为"向阳阁"，谐趣园改为"毛主席诗词展览馆"，南湖岛龙王庙改为"不管风吹浪打展览馆"，长廊上的彩画全部涂去，重新画"红军爬雪山""白毛女""南泥湾"等"革命彩画"。同期内，香山公园被改名为"红山公园"，天坛公园里倾泻了数百万吨的人防工事土石方，堆土高达 32m，使祈年殿相形见绌，如此等等，不胜枚举。城市中的太平湖公园被全部占用为工厂和仓库，全市公园绿地被非法侵占达 63 处。上海市，长风公园在"深挖洞，广积粮"的政治口号下，三号门附近耗巨资大挖防空洞，使公园被毁。其他许多绿地因深处有水泥工事、表土层太薄而无法种植花木。

(5) 1977—1991 年

1978 年中国共产党第十一届三中全会以后，作为城市基础设施之一的园林绿化重新纳入城市建设规划。1978 年 12 月第三次城市绿化和园林工作会议，明确提出城市园林绿化工作的方针、任务和加速实现城市园林化的要求。1982 年城乡建设环境保护部*颁发了《城市园林绿化管理暂行条例》后，使城市园林绿化工作有章可循、有法可依。1986 年城乡建设环境保护部又召开了中华人民共和国成立以来全国第一次城市公园会议，强调公园建设不再"以园养园"和"园林结合生产"，要注重园林基本功能的发挥。

北京市，新建和改、扩建了古城公园、团结湖公园、北滨河公园、莲花池公园、青年湖公园、玉渊潭公园、双秀公园等公园，并开始修建圆明园遗址公园。上海市，新建了共青森林公园、淀山湖大观园和雕塑公园等公园。广州市，重点恢复充实了市区主要公园的景点和景区，如文化公园的"园中院"、越秀公园的"金印游乐场"、流花湖公园的"浮丘"等，扩建了动物园、麓湖公园和流花西苑。

(6) 1992—2000 年

1992 年的《全球 21 世纪议程》的提出广泛影响了人们对世界、城市、生活的重新认识，"生态城市""生态脚印""紧凑城市"等都是以生态问题为出发点而提出来的发展模式再思考。在这样的国际环境下，进入 90 年代以后，中国政府公开宣布：经济建设、城乡建设和环境建设同步规划、同步实施、同步发展的方针。而园林绿化是向城市输入自然因素的重要途径，是治理和建设城市环境的有效手段。于是，1992 年国家建设部决定在全国范围内倡导评选"园林城市"活动。同年，又颁布了《城市绿化条例》，作为一部直接对城市绿化事业进行全面规定和管理的行政法规，次年，建设部又推出了《城市绿化规划建设指标的规定》，进一步明确了城市绿地的分类体系，并根据城市规模，对城市绿地规划指标提出了相应的具体要求。园林城市评选的首要标准，是必须具备完整的绿地系统，强调布局的合理性和系统的完整性，让有限的绿地发挥更高的生态效益和环境效益，因此城市绿地系统规划的编制工作逐渐从城市总体规划中分离出来，成为城市规划的一门专项规划，使城市绿地的建设更具有科学性。通过园林城市评选活动的开展，城市园林绿地建设得到全方位的推进，与 90 年代初期相比，园林绿地面积、公共绿地面积等绿化指标呈大幅上涨趋势。

(7) 2001—2010 年

21 世纪的城市需要可持续发展，需要向生态型格局演化，不仅需要成为"山水城市""园林城市"，更需要向"生态城市"的宏伟目标迈进。2001 年秋温家宝总理在全国城市绿化工作会议上作了

---

* 现住房和城乡建设部。

重要讲话，国务院发布了《关于加强城市绿化建设的通知》，在此之后各级领导高度重视城市绿化工作，确定了本地区城市绿化发展目标和任务，制定了促进城市绿化工作的政策措施。浙江、河北、山东等省委、省政府提出了建设"绿色浙江""绿色河北""生态山东"的目标，在全国范围内掀起了城市绿化和生态环境建设的热潮。为保证城市绿化建设的科学性和规范化，2002年建设部先后制定了《城市绿地系统规划编制技术纲要（试行）》《关于加强城市生物多样性保护工作的通知》《城市绿地分类标准》等一系列的法规和配套性文件及标准规范，城市绿地系统也从城市规划的专项规划转向相对独立的城市绿地系统总体规划。至2005年全国60%的城市完成了城市绿地系统规划，其中江苏、浙江、广东、山东、河南、吉林等省的城市已全部编制完成城市绿地系统规划，江苏省还根据区域协调发展的需要，组织编制了《苏锡常都市圈绿地系统规划》。与此同时，为了保护城市中现有绿地和规划绿地不受侵犯，建设部颁布了《城市绿线管理办法》，逐步建立了城市绿线管理制度，使得城市绿地系统规划的实施有法可依。园林城市的创建活动使全国的城市绿化建设取得了阶段性成果，为了进一步提高各级领导政府的积极性，深入持续地开展城市绿化工作，建设部在2004年提出把创建"生态园林城市"作为建设生态城市的阶段性目标，印发了《创建"生态园林城市"实施意见》的通知，并进行了试点活动。

党的十六届五中全会之后，加快建设资源节约型、环境友好型社会，促进经济发展与人口、资源、环境相协调，成为今后社会可持续发展的重要方向。2006年，建设部召开了全国节约型园林绿化现场会，向全国提出城市园林绿化工作要遵循资源节约型、环境友好型的道路，要以最少的用地、最少的用水、最少的财政拨款、选择对周围生态环境最少干扰的绿化模式，为城市人民提供最高效的生态保障系统。之后，全国范围内正大张旗鼓、深入持久地开展节约型园林绿化的各项活动。

2008年，住房和城乡建设部组织各方力量编制了中国园林绿化行业的第一个国家工程建设标准规范《城市园林绿化评价标准》，并于2010年颁布执行。该"评价标准"包括了城市园林绿化以及城市环境和基础设施建设的多个领域，涵盖了管理、规划、建设等多个层面，总结了中国城市园林绿化多年来的研究成果和实践经验，体现了现代城市园林绿化的发展方向，同时，也标志着中国的城市园林绿化评价正式走上了标准化之路，是中国城市园林绿化发展的一个里程碑。

2010年以来，山水城市概念在风景园林行业中再次得到认识和思考。

山水城市这一概念是植根于中国古典传统文化和历史，反思当代城市建设实践，并且面向城市未来发展需要提出来的跨学科、跨文化的概念。它蕴涵着中国古典园林艺术精华、"天人合一"的哲学思想，充分体现了中国传统文化，融合了今日的"可持续发展观、生态学、理想主义"，并且迎合了人们回归自然的思潮。

山水城市不应简单地理解为有山有水的城市，它是具有山水物质环境和精神内涵的理想城市。其内涵概括地说包含3层意思：第一层含义是，钱学森先生认为园林只是山水中的一部分，山水含有更高的境界，那就是历代中国山水诗人和山水画家的精湛艺术所凝练成的人与自然统一的、天人合一的境界。第二层含义是，强调自然环境与人工环境的协调发展，最终目的是为了人。他强调城市是人的居住点，"所谓城市，也就是人民的居住点或区域，也就是大大小小的人民聚集点形成的结构，这种结构是由人的社会活动需要形成的"。第三层含义是，城市的建设必须将中国古典文化传统与外国先进的文化和建筑技术结合起来，将传统与未来结合起来。他强调在山水城市中，文物必须保护，并加以科学的维修，而不仅是粉饰一新。山水城市的核心内容是：尊重自然生态，尊重历史文化；重视现代科技，重视环境艺术；面向人民大众，面向未来发展。

2013年底，习近平总书记在《中央城镇化工作会议》中强调："提升城市排水系统时要优先考虑把有限的雨水留下来，优先考虑更多利用自然力量排水，建设自然存积、自然渗透、自然净化的海绵城市。"根据此精神，2014年2月住房和城乡建设部进一步明确："督促各地加快雨污分流改造；提高城市排水防涝水平，大力推行低影响开发建设模式，加快研究建设海绵型城市的政策措施。"随后，同年住房和城乡建设部颁布了《海绵城市建设技术指南》，并在全国试点了第一批16座城市。

海绵城市，是新一代城市雨洪管理概念，也可称为"水弹性城市"。国际通用术语为"低影响开发雨水系统构建"。其明确的定义即城市能够像海绵一样，在适应环境变化和应对自然灾害等方面具有良好的"弹性"，下雨时吸水、蓄水、渗水、净水，需要时将蓄存的水"释放"并加以利用，以提升城市生态系统功能和减少城市洪涝灾害的发生。从具体的建设方法上说，就是采用渗、滞、蓄、净、用、排等措施，将70%的降雨就地消纳和利用。

目前从试点情况来看，不少城市内涝情况减弱、河湖环境质量得到改善、市民生活品质得到提升、老百姓获得感增强。武汉市成为首批国家海绵城市试点之一，经过3年的海绵城市建设，完成了288项海绵城市建设项目试点的改造，建设面积达38.5km^2，改善了居民的生活环境，取得了很大的成效。以青山区为例，作为武汉市的老城区，存在排水管道老旧，渍水区低洼，局部地区雨水收集系统不完善等现象，导致了城市内涝、水体黑臭等结果；海绵城市建设的过程中，通过下沉式绿地、植草沟、"吸水"路面、地下蓄水木块等的建设，形成了海绵体，基本消除内涝点。2017年8月24日武汉突降暴雨，降雨量达113.5mm，经过拉网式排查，已经完工试点项目未出现长时间渍水；水质量得到改善消除黑臭水体。青山改造了117个校区、公建以及29所学校，受益师生近3万人，还增加了3737个车位、1276个座位、33 100m^{2}的活动场所。海绵城市的改造成果有目共睹。

党的十八大以来，中国城市进入转型发展阶段。在中央城市工作会议上，习近平总书记又一次指出"要加强城市设计，提倡城市修补"和"要大力开展生态修复，让城市再现绿水青山"。李克强总理也做出了"要通过实施城市修补，解决老城区环境品质下降，空间秩序混乱等问题，恢复老城区的功能和活力"和"大力推进城市生态修复。按照自然规律，改变过分追求高强度开发、高密度建设、大面积硬化的状况，逐步恢复城市自然生态"的指示。由此确立了新时期城市发展的指导思想，核心就是

要贯彻落实创新、协调、绿色、开放、共享发展理念，大力开展城市修补、生态修复工作。为此，按照中央决策部署和有关要求，住房和城乡建设部将"城市双修"作为治理城市病、转变城市发展方式的重要抓手。2015年6月，住房和城乡建设部将海南三亚列为"城市双修"的首个试点城市，同年12月在三亚市召开了全国生态修复城市修补工作现场会，总结了全面开展"城市双修"的工作重点。随后于2017年3月，将福州等19个城市列为第二批生态修复城市修补试点城市，全面开展"城市双修"，推动城市转型发展。

"城市双修"的工作内涵就是在生态建设方面，要大力开展生态修复，让城市再现绿水青山，把好山好水好风光融入城市；在城市环境建设方面，要控制城市开发强度，划定水体保护线、绿地控制线、基础设施建设控制线、历史文化保护线、永久基本农田和生态保护红线，防止"摊大饼"式扩张，推动形成绿色低碳的生产生活方式和城市建设运营模式，推动城市发展由外延扩张式向内涵提升式转变。

2018年初，习近平总书记在视察成都天府新区时指出，天府新区一定要规划好建设好，特别是要突出公园城市特点，把生态价值考虑进去。同时还提出，"一个城市的预期就是整个城市就是一个大公园，老百姓走出来就像在自己家里的花园一样。"这是"公园城市"作为一种城市发展模式第一次被正式提出。公园城市理念体现出的"公园即城市、城市即公园"、公园与城市的融合发展思路，将是当前及未来"公园"与"城市"关系发展演变的必然趋势。建设公园城市，主要着力点在于通过对城乡绿地系统和公园体系的布局优化、扩容和升级，改善其作为公共服务产品的品质，建设全面公园化的城市景观风貌，优化城乡关系，提升城市品位和竞争力、推动城市发展转型。

2.3.3 中国大城市绿地建设状况

2.3.3.1 北京市绿地建设状况

近十年来，随着北京市城市绿化建设的全面推进，特别是隔离地区绿化、万米大绿地建设、城市道路绿化、郊野公园、滨河水系绿化等多项工程的实施，北京市区绿化有了很大发展。2000

年城市绿化普查的数据显示,城市建设区绿地达到 21 152hm²。其中公共绿地 5512hm²,分别比 1995 年增加了 4575hm² 和 1446hm²,人均绿地面积为 33.32m²,人均公共绿地面积为 8.68m²,绿地率为 37.2%,绿化覆盖率为 36.3%。2010 年第七次园林绿化资源普查的数据显示,林木绿化率为 52.6%,森林覆盖率为 36.7%,全市城镇绿地率为 42.63%,城镇绿化覆盖率为 44.40%。2017 年城市绿化资源情况调查显示,绿化覆盖面积为 88 843.78hm²,绿地面积为 83 501.34hm²,绿地率为 46.65%,公园绿地 500m 服务半径覆盖率 77.0%,人均绿地面积为 41.0m²/人。

北京市自从 2001 年申奥成功以来,根据"绿色奥运"的要求,对城市绿地建设提出了更高的要求。2002 年起,北京市以城乡一体化的大地景观建设为主旋律,在发展城市建设区内绿地的同时,把城市绿化建设的重心移向建设区以外的对城市生态环境起控制作用的建设上。在市域层面,确定了"青山环抱,三环环绕,十字绿轴,七条楔形绿地"的生态绿化格局,山地绿化占到了市域的 62%。从生态功能考虑建立了屏障系统、廊道系统、风沙治理区系统、北京周边绿色空间系统;从生物多样性、人居生态环境、水资源保护考虑,建立了自然保护区、湿地系统;从以人为本、为居民提供环境优美的游览休闲空间考虑,建立了风景名胜区、森林公园、郊野公园系统;为保护土地资源,保持城市的可持续发展,建立了农田系统;为弘扬民族文化、保持古都风貌、传承历史文化信息,将绿地系统与历史名园及文物保护系统有机结合;为创建"宜居城市",构筑了生态良好、功能齐全、服务半径合理、达到"生态园林城市"指标要求的城市绿地系统(吴淑琴,2006)(图 2-40)。

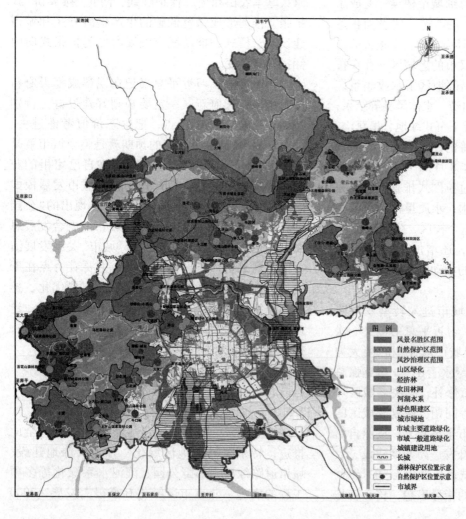

图 2-40 北京市域绿地系统规划
(吴淑琴,2006)

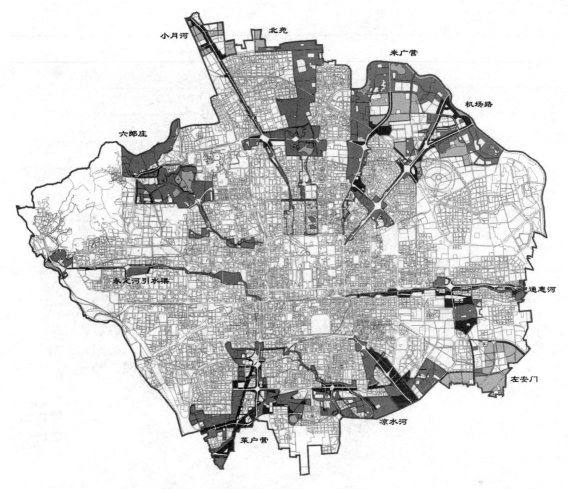

图2-41 北京市楔形绿地规划（吴淑琴，2006）

2006年版的北京市城市绿地系统规划，针对城市热岛效应明显，城、郊温差高达5~6℃的现象，在城市边缘集团之间划定了10条从城市郊区伸向城市中心地区的楔形绿地，为城市中心区输送凉爽空气，以缓解热岛效应（图2-41）。

2007年开始，北京市按照北京城市总体规划，启动了绿化隔离地区"郊野公园环"建设。环市区外缘郊野公园环，是由沿规划市区边缘的一系列郊野公园、楔形绿地、滨河绿带、隔离绿地等组成，是市区外围绿色生态环的重要组成部分（图2-42）。郊野公园是对北京市第一道绿化隔离带绿地进行的近自然化、公园化改造，有别于一般城市公园，以"林"为主体，突出"野"字，以满足散步休闲为主，不刻意追求特色和主题，尽量减少人工雕饰。郊野公园环的建设不仅在于拓展城市绿化隔离带功能，更主要的是为市民提供更多休闲娱乐空间。

围绕建设一流生态园林城市的目标，北京市园林部门不断提出新的建设要求，在城市近郊区建设万平方米以上的大型公共绿地，推进500m服务半径建公园绿地工程，并在绿地中强化防灾避险功能，道路绿化开展行道树复壮和景观工程以及绿地树木补植工程，此外，新建、改建100条特色园林大街，在植物品种选择上突出北京特色，配置上突出恢弘大气。为了让更多的北京市民体验到生活在绿色社区的惬意，结合新建小区配套绿地建设和老小区绿化改造提高，全市创建了100个绿色社区，将拆墙透绿、垂直绿化、屋顶绿化、阳台美化等立体绿化工作推上新台阶。与此同时，全市开展了创园林"精品"工程的评选活动，以推动园林绿化质量的提高。连续5年来，已有一大批园林作品荣获精品工程称号，特别是以奥林匹

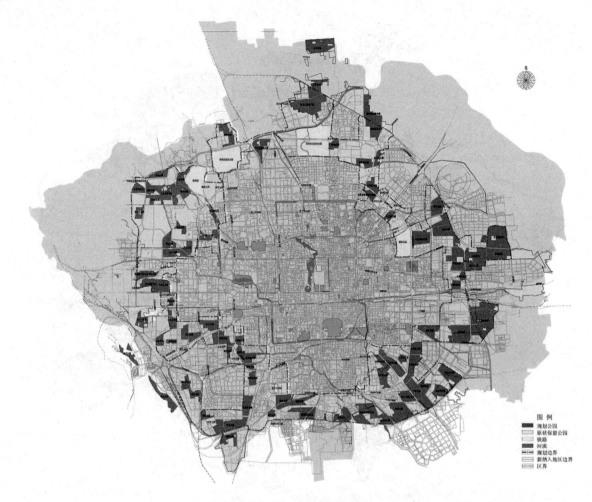

图 2-42　北京市郊野公园规划（徐波，2007）

克森林公园为代表的一大批精品绿化工程，成为新时期园林绿化的重要典范，如民族大道、奥林匹克森林公园、北苑北辰居住区，大大提升了北京市园林绿化的建设水平。

在"绿色奥运"方针的指引下，为落实科学发展观，北京市园林绿化工作始终坚持贯彻"科技兴绿"的宗旨，优化绿化资源的配置，推广和应用新优植物品种及新优技术，节水型、集水型绿地研究在科研人员的努力下已取得成果，结合科学合理的灌溉制度，规范了植物养护技术，逐步缓解了缺水与绿化之间的矛盾。

2017年9月，北京市人民政府发布并实施了新的城市总体规划，即《北京城市总体规划（2016—2035）》。该总体规划针对绿地、水系、湿地等自然资源和生态空间开展了环境评估，针对问题区域开展生态修复，建设两道一网，提高生态空间品质。"两道一网"即规划的绿道系统、通风廊道系统和水系蓝网系统。关于绿道建设，规划目标为到2020年，中心城区建成市、区、社区三级绿道总长度由现状约311km增加到约400km，到2035年增加约750km（图2-43）；关于通风廊道建设，规划目标为到2035年形成5条宽度500m以上的一级通风廊道，多条宽度80m以上的二级通风廊道，远期形成通风廊道网络系统，而划入通风廊道的区域严格控制建设规模，逐步打通阻碍廊道连通的关键节点（图2-44）。关于水系蓝网建设，规划目标为到2020年中心城区景观水系岸线长度由现状约180km增加到约300km，到2035年增加约500km（图2-45）。

为健全北京市域绿色空间体系，该版城市总

第 2 章 城市绿地发展历程

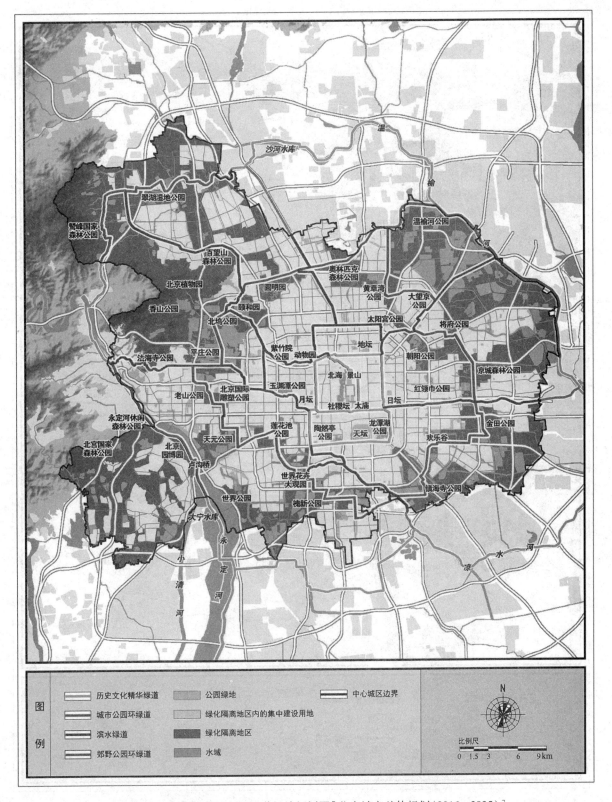

图 2-43 北京中心城区市级绿道系统规划图[北京城市总体规划(2016—2035)]

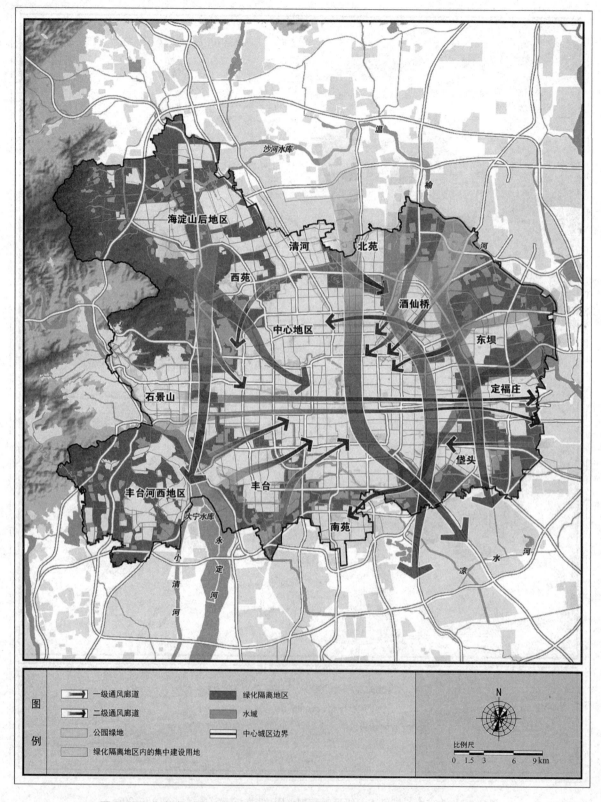

图 2-44　北京中心城区通风廊道系统规划图[北京城市总体规划(2016—2035)]

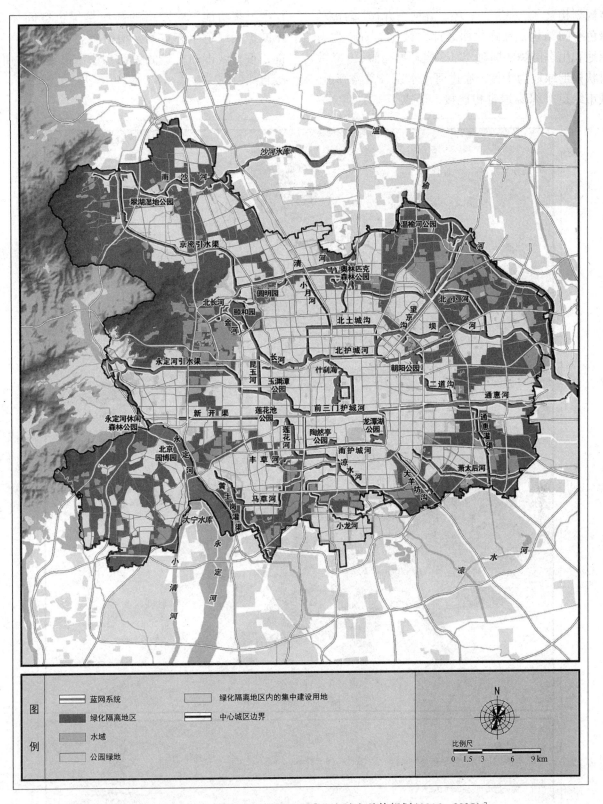

图 2-45　北京中心城区蓝网系统规划图［北京城市总体规划（2016—2035）］

体规划构建了"一屏、三环、五河、九楔"的市域绿色空间结构,在强化西北部山区作为重要生态源地和生态屏障的同时,以3类环型公园、9条放射状楔形绿地为主体,通过河流水系、道路廊道、城市绿道等绿廊绿带相连接,形成了多类型、多层次、多功能、成网络的高质量绿色空间体系,不断扩大绿色生态空间,增强游憩及生态服务功能,重塑城市和自然的关系,让市民更加方便亲近自然(图2-46)。

图2-46 北京市域绿色空间结构规划图[北京城市总体规划(2016—2035)]

2.3.3.2 上海市绿地建设状况

上海市是全国人口密度最高的地区之一，土地资源尤为紧缺，20世纪90年代以前上海市的城市绿化建设一直以"见缝插绿"的方式缓慢发展，城市绿化长期处于很低的水平。自改革开放特别是近20年以来，上海绿化建设开始从"见缝插绿"逐步过渡到"规划建绿"，1994年编制完成《上海市绿地系统规划（1994—2010）》，2001年编制完成《上海市绿化系统规划（2002—2020）》和《上海市中心城公共绿地规划》，并经上海市人民政府批准实施，2003年编制了《上海城市森林规划（2003—2020）》，随后各区县绿地系统规划编制工作也渐次展开。城市绿化呈现出超常规、跨越式的发展态势，城市绿化的量与质均不断得到大幅提升，并于2003年跨入国家园林城市的行列。

特别是1997年后，随着上海社会、经济快速发展和经济结构的调整，在市委、市政府的高度重视下，上海市绿化建设进入了快速发展时期。经过"高起点规划、高强度投入、高质量施工"的建设，1998年起，实施每个街道至少建设一块500m²以上的公共绿地，两年间，全市共建140块公共绿地；1999年起，实施每个街道至少建设一块3000m²以上的公共绿地，建成120块；2000年起，实施中心城区每个区至少建设一块4hm²以上的大型公共绿地，已建成约20块；至2004年，上海市城区绿化覆盖率已达到36.03%，人均公共绿地面积10.11m²，绿化植物品种也增加到800多种，丰富了上海城市绿化景观，提升了城市生态环境质量，缓解了城市热岛效应，大大改善了人民生活质量。

《上海市绿化系统规划（2002—2020）》覆盖了整个市域范围63.40×10⁴hm²，根据绿化生态效应最优以及与城市主导风向频率的关系，结合农业产业结构调整，规划对集中城市化地区以各级公共绿地为核心，郊区以大型生态林地为主题，以沿"江、河、湖、海、路、岛、城"地区的绿化为网络和连接，形成"主题"通过"网络"与"核心"相互作用的市域绿化大循环，提出了由"环、楔、廊、园、林"构成的市域绿化系统总体布局方式（图2-47）。规划对集中城市化地区（包括中心城和

图2-47　上海市绿化系统规划（2002—2020）
（张浪，2010）

郊区城镇），设置了人均公共绿地、人均绿地、绿地率、绿化覆盖率4个指标；对整个市域范围，设置了森林覆盖率和新增林地2个指标。

随着中国经济的快速发展，各种大型的国际活动陆续在上海举行，尤其是2010年上海"世界博览会"的来临，建设良好的生态环境，已经超越了单纯的美化和装饰的意义，成为城市吸引力和综合竞争力的重要标志。上海市要在城市的新一轮发展中继续保持优势，生态环境的建设尤为重要，2008年上海市重点规划了十大绿化工程：外环生态专项建设工程（"一环"）；世博园区、临港新城配套绿化工程（"二区"）（图2-48）；崇明、长兴、横沙生态岛建设工程（"三岛"）；新建辰山植物园、崇明东滩国家湿地公园、完善海湾国家森林公园的建设（"三园"）；中心城区绿地建设，完善推进"一纵两横"绿廊景观骨架；迎"世博"城市绿化配套工程，包括老公园改造工程、现有林地改造工程、"春景秋色"工程、街头绿地美化工程；新郊区新农村绿化与造林工程；管理基础建设工程；群众绿化工程；野生动植物及湿地生态系统保护工程。

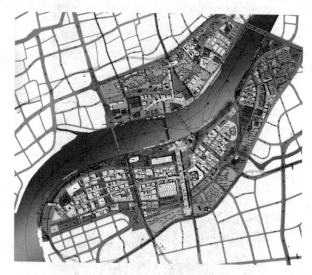

图2-48　中国2010年上海世界博览会园区绿地系统规划
（戴军，2010）

2012年12月，上海市响应党的十八大提出的文明建设放到更加突出的位置的号召，决定将"绿地、林地、湿地"三地融合，构筑基础生态空间。2012年全市建成区绿地约 $3.4 \times 10^4 hm^2$，城区绿化覆盖率达38.22%，林地资源面积约 $10 \times 10^4 hm^2$，森林覆盖率达12.58%，湿地约 $32 \times 10^4 hm^2$，自然湿地生态系统得到较好保护管理。以中心城区绿化为主体，郊区新城绿化为补充，生态林地和防护林地为外围支撑的"环、楔、廊、园、林"绿化格局初步形成，全市生态安全不断巩固，生态功能明显提升，生态文明建设取得长足进步。

2018年，《上海市生态空间专项规划（2018—2035）》颁布并实施，其规划理念就是让全年龄段的居民都能够享受生活在上海，并拥有健康的生活方式。在生态环境建设方面，扩大市域生态空间，优化生态格局，完善市域生态环廊，建设城乡公园体系，中心城织密绿地网络对接区域生态系统，构建"双环、九廊、十区"多层次、成网络、功能复合的市域生态空间体系。规划至2035年，全市森林覆盖率达25%以上，人均公共绿地面积达 $15m^2$，河湖水面率不低于10.5%（图2-49）。

2.3.3.3　广州市绿地建设状况

从1985年开始，广州市分三步走实现了"森林围城、森林进城"，目前广州已呈现由内圈、中圈和外圈3圈构成的城乡一体化绿化大系统，实现了创建"国家森林城市"的目标。2008年后，广州市还将以发达国家和先进城市为标杆，以"绿色亚运"建设为动力，进一步实施"森林城市可持续发展规划""宜居城市增绿行动计划"和"花园城市建设行动纲要"，力争用3年左右时间，把广州市的城市绿化覆盖率提高到55%，全面提升城市环境的绿化、美化、生态化和艺术化水平，为建设"首善之区"奠定更加坚实的基础。

经过几年的城市森林建设，广州市树立了"林带—林区—园林"的森林城市规划理念，实施了"项目林业—大工程带动"的森林建设举措。广州市先后编制了《广州市城市绿化系统规划》《广州市林业中长期发展规划》《广州市林业"十一五"发展规划》等15个规划，提出了具有鲜明广州市特色的城市森林建设新模式，形成"一城、三地、五极、七带、多点"的森林总体布局，重点构建"三林、三园、三网、三绿"的城市森林生态系统。

2009年广东省提出全面建设"宜居城乡"，根据广东地区的发展状况，适应世界绿道运动的潮流，提出珠三角绿道网"一年基本建成，两年全部到位、三年成熟完善"。在此背景下，广州市绿道建设结合了广州"山、水、城、田、海"的自然格局和人文历史资源，利用原有的森林、田园、水体等生态资源，建成了流溪河、芙蓉嶂、增江、天麓湖、莲花山、滨海6条主干绿道，总长1060km（图2-50），将10区和2个县级市的98个镇街贯通成网，串联234个城市景观节点和42个亚运场馆，几乎连通了广州所有历史人文底蕴最足和自然景观最美的地段，总覆盖面积达 $1800hm^2$。

2011年，广州市紧紧围绕"花园城市"建设目标，大力实施"森林围城"战略，积极推进"两湖"建设、花景计划、千里绿道等重点工程，强化林业和园林精细化管理，全市绿化建设水平得到进一步巩固和发展。全市森林覆盖率41.66%，建成区绿地率35.6%、绿化覆盖率40.3%、人均公园绿地面积 $15.05m^2$，基本形成了城外森林葱郁、城郊林带连接、城内花团锦簇的森林绿地体系。

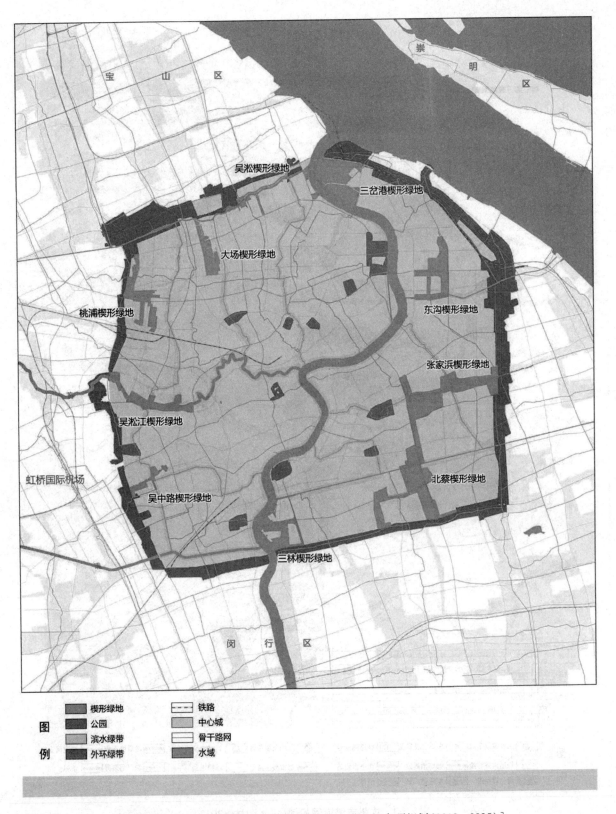

图 2-49　上海中心城绿地网络规划[上海市生态空间专项规划(2018—2035)]

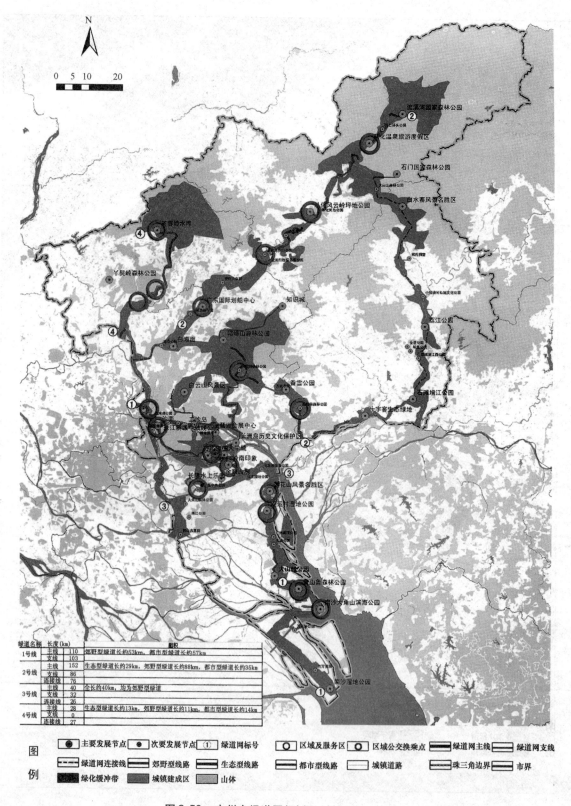

图 2-50 广州市绿道网规划(风景园林,2012)

2017年广州市林业及园林系统全面学习贯彻习近平新时代中国特色社会主义思想和党的十九大精神,扎实开展新一轮绿化广东大行动和城市景观品质提升,基本形成"森林围城、绿道穿城、绿意满城、四季花城"的城市景观及多层次、多功能、立体化、网络化的绿色生态格局。截至2017年底,全市建成区绿地率37.45%,绿化覆盖率42.54%,人均公园绿地面积17.06m^2。美丽广州赢得中外嘉宾的广泛赞誉,增强了市民群众的自豪感、幸福感、获得感,提升了广州在国际上的知名度、美誉度。

2.3.3.4 深圳市绿地建设状况

改革开放以来,深圳市经济发展到了一个较高的平台,但也面临土地、资源、环境等难以为继的制约。因此,深圳市一直坚持生态环境优先的理念,大力转变经济增长方式,建设资源节约型社会,以实现经济发展和生态环境保护的共赢。

按照生态环境优先的理念,深圳市精心构建绿色景观,打造"公园之城"。在建设过程中,深圳市贯彻以人为本思想,把公园建设作为对城市生态进行有效控制管理的手段,从生态空间资源保护、居民长假期出行的游憩康乐活动需要出发,将背景山林、近郊山体建成郊野公园;从居民日常游憩康乐活动的需求出发,广泛建设社区公园;加大对综合城市公园的建设力度,形成了"郊野(森林)公园—综合性公园—社区公园"三级公园建设体系。在公园分布上,以满足和方便市民生活为原则,保证市民居住地500m半径范围有园林小游园或社区公园,5km半径范围内有休闲游览的大型综合性公园,10km半径范围内有供市民回归自然和登山锻炼的郊野公园,30~50km半径范围内有供市民度假休闲的大型风景区。截至2007年,深圳市已建成各种公园575个,总面积达15 873×10^4m^2。

在道路绿化上,深圳市引入绿色道路的概念,利用垂直式、立体式的现代园林绿化手法,使城市大道成为变化丰富、花园式的"绿色长廊",实现主要交通空间园林化的目标。同时,围绕提高城市绿化覆盖率,采取拆迁增绿、见缝插绿、垂直挂绿、拆墙透绿等方式,全方位推进立体绿化,探索出一条解决人口增长、建设扩大与公共绿地保护间矛盾的办法。比如,加强对城市立交桥侧面、干道边坡和挡土墙等进行垂直绿化,鼓励修建屋顶花园等,从而大大提高城市的绿视率。

为实现城市可持续发展的目标,2005年深圳市在全国率先划定基本生态控制线(图2-51),将近半土地(974km^2)划入基本"生态控制线"范围,

图2-51 深圳市域范围内的生态控制线

除市政公用和旅游设施外，禁止任何开发行为。近几年，深圳市依靠科技进步，在调整现有绿地植物群落结构、节约型园林建设等方面有了进一步拓展，形成了新亮点。

2014 年，全市域绿化覆盖总面积 98 805hm²，建成区绿化覆盖面积 40 123hm²，全市域园林绿地面积 97 442hm²，建成区绿地面积 34 881hm²，建成区绿化覆盖率达到 45.08%，建成区绿地率达到 39.19%，绿地指标都达到了国家"生态园林城市"标准，在国内主要大中城市中名列前茅。

2015 年，深圳市继续开展"美丽深圳"绿化提升行动，实施绿道网建设、生态景观林带、生态复绿、立体绿化、特色公园建设等行动计划，推进园林绿化生态化、精细化、人文化、均衡化发展，深圳市园林绿化水平再上新台阶，各项园林绿化指标继续保持国内领先地位。

2017 年，园林绿化部门与规划部门联合编制发布了《深圳市城市绿地系统规划修编（2014—2030）》，提出了"三带、八片、多廊、多核"的市域绿地系统结构，确立了未来全市城市绿化建设的空间基础，构建"山、海、田、园、城"一体的生态宜居型绿地生态网络。与此同时，深圳市还制定《深圳市特色公园建设专项规划指引》，编制了《打造"世界著名花城"策略研究》《深圳市打造"世界著名花城"三年行动计划（2017—2019）》，通过营造花景观、提升花产业、培育花市场、传播花文化等一系列工作，打造世界级的花城景观。在此基础上，还不断完善园林标准体系，陆续编制了园林绿化"深圳标准"系列，为全市绿化品质建设提供技术支撑。

2.3.4 中国城市绿地发展趋势

中国的快速城市化进程已进行了 40 年，城市作为经济载体的空间布局已经完成。今后中国的城市将要进入转型期，朝着服务功能的优化、生活素质的提高、城市的节能减排，包括应对气候变化等"一揽子"的新方向发展，因此，在城市园林绿化方面，生态园林城市的创建将是未来的重要发展方向。生态园林城市是园林城市的更高层次，是从工业文明走向生态文明的一个最重要着力点和落脚点。生态园林城市的建设主要注重以下 4 个方面：①从原来以城市园林绿化为主体过渡到低碳交通、市政基础设施、住房保障、绿色出行、绿色建筑、循环经济、建筑节能等全方位的发展和提升；②从追求外在的形象整洁美观等，转向城市生态功能提升、生物物种多样性保护、自然资源的保护、城市生态安全保障及城市可持续发展能力提升等；③从以园林绿化为城市必要的公共服务，转向作为改善人居环境、解决民生问题、提升老百姓生活品质、提升地区吸引力和竞争力；④从关注一般的城市节能减排，转向对减少城市温室气体排放、应对气候变化、减缓城市对周边环境的影响等综合效应的关注。

为此，城市绿地系统规划应适应新的城市发展需求，融合生态学及相应交叉学科的研究成果，满足管理者、决策者及公众的不同需求，提出具有一定时代特征的规划内容。基于上述对生态园林城市的认识，今后城市绿地系统规划发展的趋势将有以下 5 个方面：

(1) 规划理性化

规划理性化指现代的城市绿地系统规划有了很强的理论基础，越来越重视根据各城市特有的地理环境、地形、地貌、水文地质、城市风貌、工业用地、居民用地、道路系统，做出各具特色、与河湖山川自然环境相结合、体现地区特点的城市绿地系统，充分体现了规划工作的科学性和理性化。

(2) 布局多元化

各城市自然环境、城市风貌各不相同，决定了每个城市绿地系统布局的多元化。在城市绿地系统的布局中要充分考虑到城市工业用地、居民区用地、道路系统用地等多方面的因素，尽可能地利用原有的水文地质条件、名川大山、名胜古迹等来突出城市特点，形成相宜的城市绿地系统布局。

(3) 结构系统化

现代城市绿地系统规划都具有一定完整的结构体系，从大到小细致划分，可分为区域景观生态规划，包括区域旅游规划，即以自然生态系统的保护和改善为基础，充分利用农田、山体、水体及河岸线绿化，结合区域旅游业发展规划，全面协调绿地建设与旅游资源保护的关系；城市绿地系统分类规划，即各类绿地规划与指标、空间布局及文物古迹、古树名木的保护规划等；城市小环境绿化系统，包括庭院、阳台、屋顶小环境绿化及藤本植物的垂直绿化与合理运用等。

（4）空间开放化

现代城市绿地系统规划不仅要重视城市建成区范围内的人工生态系统建设，更应重视整个市域范围内的自然生态系统的保护和完善，规划既要加强区域景观生态规划，又要解决好城市边缘地区绿地建设与城市扩展之间的关系。城市绿色空间所具备的包容性、开放性、连贯性更有利于发挥园林绿化的生态功能、景观功能、游憩功能，更好地为人们提供服务。

（5）景观人文化

园林景观的形成深受当时的社会背景、技术水平、文化基础的影响，并以一定的外在形式表现在景观内，而随着时间的推移，每一个时期不断赋予原有景观一些新的文化内涵。因此，在城市绿地系统规划中应尊重文化，把握园林绿地的性质、风格和主题，尽量挖掘当地历史文化底蕴，充分体现地方特色及历史文脉，使园林绿地蕴涵丰富的文化内涵。

小　结

城市绿地经历了一个漫长的发展历程，本章按时间顺序以不同地域产生的重要事件为主要内容，整体展示近现代国内外绿地发展变迁的全过程。首先简要介绍中西方古代园林公共空间的建设状况；其次根据城市发展过程将城市绿地演进划分为形成、发展、成熟和反思4个不同的历史时期，并介绍不同时期城市绿地发展的重要理论与思想，其中重点介绍了美国公园系统、英国田园城市、伦敦环状绿带以及近年全球新兴的生态网络和绿道建设等内容；在此背景下介绍了中国建国后城市绿地发展历程，并以北京、上海等大城市的绿地建设为例，着重阐述了中国近10年城市园林绿化的建设成就；最后对中国城市绿地的发展趋势进行了展望。通过本章的学习，将会对人类城市绿地的发展过程有系统而清晰的认识。

思考题

1. 近现代国外城市绿地发展的历史时期及其特征是什么？
2. 19世纪英国城市公园的建设特征主要表现在哪些方面？
3. 美国公园系统的产生背景、基本形态及其发展与实践是什么？
4. 田园城市理论的核心思想、空间模式及其发展与影响是什么？
5. 伦敦环状绿带的产生背景、空间形态及其发展与影响是什么？
6. 《设计结合自然》的背景、作者、核心内容是什么？
7. 生态城市的八大基本标准是什么？
8. 简述建国后中国城市绿化建设的发展过程？

推荐阅读书目

1. 国外城市绿地系统规划. 许浩. 中国建筑工业出版社，2003.
2. 设计结合自然. 麦克哈格. 中国建筑工业出版社，2006.
3. 西方城市规划思想史纲. 张京祥. 东南大学出版社，2005.

第 3 章 城市绿地功能

学习重点
1. 掌握城市绿地的五大功能；
2. 从绿地功能出发，思考城市绿地的布局要求。

中国的古代园林和国外的早期庭园，主要是供少数人享用的游憩设施。随着社会的进步和科学技术的发展，城市成为人口高密区，它对城市绿地提出了更高的要求。城市绿地的功能，已由单一游乐功能发展成为现在的多种综合功能，绿地具有城市其他用地不可替代的特殊作用，不仅要给市民提供游憩空间、休闲场所，更重要的是要能够改善城市生态、抵御自然灾害、美化城市景观，为市民提供生活、生产、工作和学习、活动的良好环境，具有突出的生态效益、社会效益和经济效益，有效地促进和维护城市发展的良性循环。下面就城市绿地的几项主要功能分别进行介绍。

3.1 生态防护功能

绿色植物是园林绿地的主体，是城市的重要组成部分，是不可或缺的因素，与周围环境不断地进行物质和能量的交换，通过同化作用从环境中吸收物质和能量，又通过异化作用，把一些物质和能量释放到环境中去，这种"双向"的动态过程，对改善和维护生态平衡，起到积极而不可替代的作用。

3.1.1 维持碳氧平衡

空气是人类生存和生活不可缺少的物质，是重要的外环境因素之一。自然状态的空气，是一种无臭、无色、无味的气体，其组成成分的含量是恒定的，主要成分有氮气78%，氧气21%，二氧化碳0.033%，还有稀有气体、其他气体、杂质和水汽等。二氧化碳是无色、无味的气体，本身是无毒的，单纯的二氧化碳中毒是比较少见的，但空气中二氧化碳增多，常伴随氧气浓度降低。实验证明氧气充足的空气中二氧化碳浓度为5%时对人尚无害；但是，氧气浓度为17%以下的空气中含4%二氧化碳，即可使人中毒。缺氧可造成肺水肿、脑水肿、代谢性酸中毒、电解质紊乱、休克、缺氧性脑病等。而且二氧化碳具有保温作用，由于人类活动的影响，近年来二氧化碳含量猛增，导致温室效应、全球气候变暖、冰川融化、海平面升高等，危害十分巨大。

城市环境空气中的碳氧平衡，是在绿地与城市之间不断调整制氧与耗氧的基础上实现的。随着城市人口的集中，工业生产所放出的废水、废气、燃烧烟尘和噪声也越来越多，相应氧气含量减少，二氧化碳增多。1949年用放射性同位素碳14

进行试验，发现植物在阳光下的光合作用要比呼吸作用大 20 倍左右。所以，绿色植物是地球上天然的吸碳制氧厂，森林和公园被人们称为"绿肺""氧吧"。如果城市有足够的绿地进行光合作用，吸收大量的二氧化碳，放出大量氧气，就会改善环境，促进城市生态良性循环。

生长良好的草坪，在进行光合作用时，每 $1m^2$ 面积可吸收二氧化碳约 $1.5g/h$，每人呼吸排出二氧化碳约 $38g/h$，所以在白天有 $25m^2$ 的草坪就可以把一个人呼出的二氧化碳吸收掉。

树林吸收二氧化碳的能力比草坪强得多，每年地球上通过光合作用可吸收 $2300 \times 10^8 t$ 二氧化碳，其中森林占 70%，空气中 60% 的氧气来自森林。据日本资料表明，$1hm^2$ 阔叶林，1 天可消耗 $1t$ 二氧化碳，释放 $0.23t$ 氧气；而一个体重 $75kg$ 的成年人，每天呼出二氧化碳 $0.9kg$，消耗的氧气为 $0.75kg$，则 $10m^2$ 的林地即可将一个成年人每天呼出的二氧化碳吸收。事实上城市还有燃料的燃烧等排出二氧化碳，因此，一些专家提出城市居民每人应有 $30\sim40m^2$ 园林绿地面积，而联合国生物圈组织提出达到 $60m^2/$ 人的园林绿地才是最佳人居环境。可见世界各国都在研究植物光合作用，并以此作为城市绿地规划的理论依据。

植物吸收二氧化碳，释放氧气的生理功能是有差异的，据北京园林科学工作者于 20 世纪 90 年代对 65 种植物进行的测定结果，不同植物吸收二氧化碳、放出氧气的量可分为 3 类：

第一类植物单位叶面积年吸收二氧化碳高于 $2000g$，其主要植物种类如下：

落叶乔木　柿树、刺槐、合欢、泡桐、栾树、紫叶李、山桃、西府海棠。

落叶灌木　紫薇、丰花月季、碧桃、紫荆。

藤本植物　凌霄、山荞麦。

草本植物　白三叶。

第二类植物单位叶面积年吸收二氧化碳在 $1000\sim2000g$，其主要植物种类如下：

落叶乔木　桑树、臭椿、槐树、火炬树、垂柳、构树、黄栌、白蜡树、毛白杨、元宝枫、核桃、山楂。

常绿乔木　白皮松。

落叶灌木　木槿、小叶女贞、羽叶丁香、金叶女贞、黄刺玫、金银花、连翘、金银木、迎春、卫矛、榆叶梅、太平花、珍珠梅、石榴、猬实、海州常山、丁香、天目琼花。

常绿灌木　大叶黄杨、小叶黄杨。

藤本植物　蔷薇、金银花、紫藤、五叶地锦。

草本植物　马蔺、鸢尾、崂峪薹草、萱草。

第三类植物单位叶面积年吸收二氧化碳低于 $1000g$，其主要植物种类如下：

落叶乔木　悬铃木、银杏、玉兰、杂交马褂木、樱花。

落叶灌木　锦带花、玫瑰、棣棠、蜡梅、鸡麻。

人们正是利用绿色植物消耗二氧化碳、制造氧气的生理功能，大量植树种草，以改善空气中二氧化碳和氧气的平衡状态，保持空气新鲜，适合人居。

3.1.2 净化环境

城市绿地对环境的净化作用，主要从净化空气、净化水体和净化土壤 3 个方面来体现。

3.1.2.1 净化空气

城市大气中含有 1000 种以上的污染物，不仅影响日照等气象因素，形成酸雨和影响植物生长，而且直接危害人体健康。城市空气中的有害物质主要有粉尘、二氧化硫、氟化氢、氯气、臭氧等，而几乎所有植物都能吸收一定量的有害物质而不受害。绿色植物对有害气体、烟尘和粉尘具有明显的阻挡、吸附和过滤作用，特别是叶面粗糙或带有分泌物的叶片和枝条，很容易吸附空气中的尘埃，经过冲刷又能恢复吸滞能力，乔、灌木枝繁叶茂，总叶面积大而且粗糙，滞尘能力最强。草地也能吸附、固定尘埃。草木覆盖的地面大大减少了粉尘污染，是天然的除尘器。

城市空气中散布着各种细菌微生物，其中不少是对人体有害的病菌。城市绿地可以减少细菌载体，从而使大气中细菌数量减少。由于城市绿地上有树木、草、花等植物覆盖，其上空的灰尘相应减少，因而也减少了黏附其上的病原菌。另外，许多植物的芽、叶和花所分泌的挥发性物质，能杀死细菌、真菌及原生动物，具有杀菌作用。

（1）吸收有害气体

工业生产过程中，污染环境的有害气体甚多，最大量的是二氧化硫，有大气污染的"元凶"之称。其他的主要有氟化物、氮氧化物、氯气、氯化氢、一氧化氮、臭氧以及汞、铅、铬等重金属气体，还有有机类的醛、苯、酚及安息香吡啉等，这些气体污染了环境，对人体有害，可产生各种不适症状及疾病；同样对植物也有害，造成黄叶、斑叶甚至植株死亡。然而许多科学研究证明，在一定浓度范围内，植物能有效吸收有害气体，起到一定的净化空气的作用。

① 吸收二氧化硫　二氧化硫是一种具有剧烈窒息性臭味的气体，在含硫原料和燃料（如硫黄、含硫矿石、石油、煤炭等）的燃烧和冶炼过程中产生，是大气中主要污染物之一，是衡量大气是否遭到污染的重要标志，硫酸厂、化肥厂、钢铁厂、热电厂、焦化厂以及各种锅炉都会散放出大量的二氧化硫。

在大气中，二氧化硫会氧化而成硫酸雾或硫酸盐气溶胶，是环境酸化的主要前驱物。大气中二氧化硫浓度在 0.5mg/L 以上对人体已有潜在影响；在 1~3mg/L 时多数人开始感到刺激；在 400~500mg/L 时人会出现溃疡和肺水肿直至窒息死亡。二氧化硫与大气中的烟尘有协同作用。当大气中二氧化硫浓度为 0.21mg/L，烟尘浓度大于 0.3mg/L，可使呼吸道疾病发病率增高，慢性病患者的病情迅速恶化。如伦敦烟雾事件、马斯河谷事件和多诺拉等烟雾事件，都是这种协同作用造成的危害。

硫是植物体中氨基酸的组成部分，是植物所需的营养元素之一。植物在二氧化硫污染的环境中吸收二氧化硫之后，形成亚硫酸及亚硫酸盐，然后以一定的速度将亚硫酸盐氧化成硫酸盐。只要大气中二氧化硫的浓度不超过一定的限度（植物吸收二氧化硫的速度不超过将亚硫酸盐转化为硫酸盐的速度），植物叶子不会受害，并能不断吸收大气中的二氧化硫。随着叶片的衰老凋落，它所吸收的硫也一同落到地上。植物叶片的生长、凋落年复一年，净化的作用一直具备，是大气天然的"净化器"。

城市中绿地的面积越大，吸收二氧化硫的量也越大。北京园林科学研究所测定的结果表明，随着绿化覆盖率的提高，减少空气中二氧化硫的量也提高，且非采暖期明显高于采暖期（表3-1）。

表3-1　绿化覆盖率与吸收二氧化硫的关系　　%

绿化覆盖率	减少空气中二氧化硫的百分比	
	采暖期	非采暖期
10	20	31.5
20	40	63.0
30	60	94.0

各种植物吸收二氧化硫的能力是不同的，如 1hm² 柳杉林每年可吸收 720kg 二氧化硫，1hm² 柳树在生长季每月可吸收 10kg 二氧化硫，1hm² 加杨林平均每年可吸收 46kg 二氧化硫，1hm² 核桃林平均每年可吸收 34kg 二氧化硫。表 3-2 是沈阳市园林科学研究所在 1983 年对不同树种吸收二氧化硫能力的测定，也明显说明了这一点。

据《中国生物多样性经济价值评估》中的数据，森林对二氧化硫的吸收能力为：针叶林、柏类、松类为 215.6kg/hm²，阔叶树为 88.65kg/hm²。

山东建筑工程学院（现山东建筑大学）通过熏气试验，对部分绿化树种吸收二氧化硫能力测定表明：对二氧化硫的吸收量高的树种有加杨、花曲柳、臭椿、刺槐、卫矛、丁香、旱柳、枣树、玫瑰、水曲柳、新疆杨、水榆；吸硫量中等的树种有沙松、赤杨、白桦、枫杨、暴马丁香、连翘；吸硫量低的树种有白皮松、银杏、樟子松。

江苏植物研究所在污染地区测定了几种树木叶片含硫量（表3-3）。其中除悬铃木已表现了受害症状外，其他树种都没有表现出受害症状，说明它们既有吸收二氧化硫的能力，也有抵抗的能力，是很好的净化空气的树种。

植物对二氧化硫的抗性可归纳为：

抗性较强的植物　构树、白蜡树、泡桐、柿子、黄杨、圆柏、侧柏、金银木、丁香、云杉、连翘、垂柳、槐树、榆树、山楂、紫穗槐、珊瑚树、女贞、广玉兰、夹竹桃、罗汉松、龙柏、桑树、梧桐、泡桐、喜树等。

表 3-2　各种树木每公顷净吸收二氧化硫的能力(1983)

树　种	树木叶片对二氧化硫的净吸收量(mg/g)	栽树株数(株/hm²)	叶干重(kg/hm²)	树叶净吸硫量(kg/hm²)	树枝、干吸硫量(kg/hm²)	吸硫量[kg/(hm²·a)]	对二氧化硫的抗性
加　杨	11.74	500	6812.07	79.97	26.66	106.63	较强
青　杨	8.87	500	3582.2	31.77	10.59	42.36	较强
榆　树	7.90	500	7477.5	59.07	19.69	78.76	强
桑　树	8.54	500	4712.46	40.24	13.41	53.65	强
旱　柳	10.25	500	6846.48	70.18	23.39	93.57	强
皂　荚	9.61	500	4948.6	47.56	15.85	63.41	强
刺　槐	7.44	500	6340.3	47.17	15.72	62.89	较强
丁　香	10.76	1000	1302.4	14.01	4.67	18.68	较强
山　桃	10.06	500	4924.7	49.54	16.51	66.05	较强
水曲柳	11.63	500	5823.9	67.73	22.58	90.31	强

注：表中数据净吸硫量，即污染区树叶含硫量减去对照区含硫量。

表 3-3　一些树木叶的含硫量

树　种	含硫量(占叶片干重,%)
悬铃木	0.83
梧　桐	0.73
女　贞	0.48
大叶黄杨	0.39
泡　桐	0.34
构　树	0.32

注：对照植物含硫量都在0.1左右。

抗性中等的植物　云杉、华山松、白皮松、臭椿、毛白杨、加杨、板栗、核桃、银杏、合欢、馒头柳、元宝枫、羊胡子草等。

抗性较弱的植物　油松、海棠、木槿、桃、白玉棠、枫杨等。

② 吸收氟化氢　氟化氢是一种极强的腐蚀剂，为无色气体，在炼铝厂、炼钢厂、玻璃厂、磷肥厂等企业的生产过程中排出，在空气中只要超过3mg/L就会产生刺激的气味。氟化氢对植物的危害比二氧化硫要大，有十亿分之几的氟化氢就会使植物受害，对人体的毒害作用几乎比二氧化硫大20倍。

植物在正常情况下叶片也含一定量的氟化物，一般量在0~25mg/kg(干重)，在大气中有氟污染的情况下，植物会吸收氟化氢而使叶片中氟化物的含量大大提高。如果植物吸收氟化氢超过了叶片所能忍受的限度，则叶片会受到损害而出现症状。

研究表明，植物从大气吸收氟化氢，几乎完全由叶子吸收，然后运输到叶子的尖端和边缘，很少向下运转到根部。上海园林科学工作者分析了生长在氟污染区的重阳木，叶中含氟量为1.92mg/g，而茎中只含氟0.5mg/g，根中只含氟0.02mg/g。同一片叶子不同部位含氟量也不同，如柳叶尖部含氟量为4.03mg/g，叶片中部含氟3.53mg/g，叶基部含氟1.82mg/g。

云南林学院(现西南林业大学)在位于氟污染地区的林地进行了试验，分别同时测定了林内、林外、林冠下1.5m及林冠上1.5m处氟化氢的浓度。第一块林地(油松、栎树混交)林冠上的氟化氢浓度要比林冠下高1倍，林外较林内高2.7倍。第二块林地(麻栎林)林冠上氟化氢浓度比林冠下高1.6倍。第三块林地(油松林)林冠下氟化氢浓度比林冠上低1/3。说明树林具有减轻大气氟污染的作用。

据上海宝山钢铁总厂的测定，氟化氢通过40m宽的刺槐林带后，与通过同距离的空旷地相比，浓度降低50%左右，这同样说明林带具有明显的吸氟作用。

植物的吸氟作用也存在差异。研究表明，女贞、泡桐、刺槐、大叶黄杨等有很强的吸氟能力。另外，山东建筑工程学院通过熏气试验，对部分绿化树种吸收氟化氢能力测定表明：吸氟量高的树种有枣树、榆树、桑树、山杏；吸氟量中等的树种有臭椿、旱柳、茶条槭、圆柏、侧柏、紫丁香、卫矛、京桃、加杨、皂角、紫椴、雪柳、云杉、白皮松、沙松、毛樱桃、落叶松；吸氟量低的树种有银杏、刺槐、稠李、樟子松、油松。

需要注意的是，氟化氢对人畜有毒害，在氟

污染的工厂附近不宜种植食用植物，以免人畜食用了过多含氟量高的作物而中毒生病。曾有资料表明，蚕因食用氟污染的桑叶而影响蚕的生长及蚕丝质量。

植物除了对氟化氢具有一定吸收能力，有些还表现出很强的抗性。如在某磷肥厂，距氟污染50m处，车间的玻璃由于常年氟污染而腐蚀变毛，但种植在附近的大叶黄杨却没有出现因氟污染而受害的症状，采其叶片测定，叶片的含氟量已达100mg/kg，可见其抗氟能力是很强的。

对氟化氢抗性强的树种有大叶黄杨、蚊母树、海桐、樟树、山茶、凤尾兰、棕榈、石榴、皂荚、紫薇、丝棉木、梓树等。

③ 吸收氯气　氯气在常温常压下是一种有强烈刺激性气味的黄绿色气体，主要在化工厂、电化厂、制药厂、农药厂的生产过程中逸出，污染周围环境，对人畜及植物的毒害性很大。

通过观测调查化工厂附近栽植的树木生长发育及叶部受污染物伤害的反应判断，大气氯气为主污染对植物造成的危害明显，不同的植物及在污染区所处的位置反映出不同的伤害症状，从而表现出了不同的抗性程度。一般来说，距离污染源越近，树木受到的伤害程度也越重；常绿针叶树比阔叶树抗性弱或敏感。

有测定表明，在氯污染区生长的植物，叶中含氯量往往比非污染区高几倍到几十倍。不同植物对氯气的吸收量也有差异。表3-4为北京园林科学研究所对不同植物净化氯气进行的测定，通过比较更能看出其差异性。从表中可以看出，山桃、皂荚、青杨等吸氯能力强，抗性也强；水曲柳、旱柳、紫丁香吸氯量中等，抗性较强；而榆叶梅吸氯量中等，抗性弱。

山东建筑工程学院通过熏气试验，对部分绿化树种吸收氯气能力测定表明：吸氯量高的树种有京桃、山杏、糖槭、家榆、紫椴、暴马丁香、山梨、水榆、山楂、白桦；吸氯量中等的树种有花曲柳、糖椴、桂香柳、皂角、枣树、枫杨、文冠果、连翘、落叶松（针叶树中落叶松为吸氯高的树种）；吸氯量低的树种有圆柏、茶条槭、稠李、银杏、沙松、旱柳、云杉、辽东栎、麻栎、黄檗、丁香、赤杨、油松。

对氯气抗性强的树种有黄杨、油茶、山茶、柳杉、日本女贞、枸骨、锦熟黄杨、五角枫、臭椿、高山榕、散尾葵、樟树、北京丁香、柽柳、接骨木等。

④ 吸收其他有害气体　许多植物具有吸收和抵抗光化学烟雾污染物的能力，如臭氧、氧化氮和过氧化氢等，有的植物还能吸收大气中的汞、铅、镉等重金属气体。

上海市园林局对13种植物的测定说明在汞污染的环境下植物都能吸收一定量的汞，生长不受影响。这些植物的吸汞量（mg/kg）为：夹竹桃96，棕榈84，樱花60，桑树60，大叶黄杨52，八仙花22，美人蕉19.2，紫荆7.4，广玉兰6.8，月季6.8，桂花5.1，珊瑚树2.2，蜡梅1.4。在非污染区的对照植物叶片中含汞量均为0。

日本曾通过对130多种树叶吸收和分解氮氧化物的能力进行分析，表明多数落叶树要比常绿树的能力强，落叶树的吸收量是常绿树的2～3倍。大多数植物能吸收臭氧，其中银杏、柳杉、日本扁

表3-4　各种园林植物对氯气的净化能力

树　种	干叶净吸氯量 （g/kg）	干叶量 （kg/hm²）	叶片净吸氯量 （kg/hm²）	枝干净吸氯量 （kg/hm²）	树木总吸氯量 （kg/hm²）	对氯气危害的抗性
山　桃	14.66	4924.7	72.20	24.07	96.27	较强
皂　荚	13.85	4948.6	68.54	22.85	91.39	强
水曲柳	4.44	5828.9	25.86	8.62	34.48	强
旱　柳	2.31	6846.48	15.82	5.27	21.09	强
紫丁香	15.09	1302.4	19.65	6.55	26.2	较强
银　杏	4.97	1051.35	5.23	1.74	6.97	较强
榆叶梅	11.36	2234.8	25.38	8.46	33.84	弱
青　杨	12.60	3582.2	45.14	15.05	60.19	较强
红瑞木	1.24	1302.4	1.61	0.54	2.15	中等

柏、樟树、海桐、青冈栎、日本女贞、夹竹桃、栎树、刺槐、悬铃木、连翘、冬青等净化臭氧的作用强。

植物叶片通过气孔呼吸可将铅等大气污染物吸滞降解，从而起到对大气污染的净化作用。上海测定了悬铃木等植物叶中的含铅量，其含铅量分别是非污染区的50~107倍。吸铅量高的树种有桑树、黄金树、榆树、旱柳、梓树。

国外资料表明：栓皮栎、桂香柳、加杨等树种能吸收空气中的醛、酮、醇、醚和致癌物质安息香吡啉等毒气。

吊兰、芦荟、虎尾兰能够吸收甲醛等有害物质，消除并防止室内空气污染。

(2) 吸滞粉尘

粉尘是常见的一种颗粒状污染物，其来源一种是天然污染源，如火山爆发、尘暴、森林火灾等；另一种是人为污染源，如工业生产过程燃料燃烧，建设施工场地等。粉尘按颗粒大小可分为降尘和飘尘。

粉尘污染是很有害的，一方面粉尘是各种有机物、无机物、微生物和病原菌的载体，通过呼吸和皮肤，使人体产生各种疾病，如鼻炎、气管炎、肺炎、哮喘等；另一方面粉尘可降低阳光照明度和辐射强度，特别是减少紫外线辐射，对人体健康有不良影响，也对植物的生长发育不利。空气中粉尘落在植物叶表面，影响光合作用，堵塞气孔，影响其生理活动。地球上每年降尘量是惊人的，达 $1 \times 10^8 \sim 3.7 \times 10^8 t$，许多工业城市降尘量平均约为 $500t/(km^2 \cdot a)$，某些工业十分集中的城市甚至高达 1000t 以上。中国是以煤为主要燃料的国家，大气受粉尘和二氧化硫的污染较为严重。近几年来，因采取消烟除尘等环境保护措施而有所改善，但粉尘污染仍是影响人们生活的一个严重问题。

绿色植物，特别是树木，对粉尘有明显的阻滞、过滤和吸附作用，可以减少空气中含尘量而净化空气。树木之所以能减尘，一方面由于树冠茂密，具有降低风速的作用，随着风速降低，空气中大颗粒灰尘便下降；另一方面由于叶子表面不平，多绒毛，粗糙，有的还能分泌黏性油脂或汁液，空气中的粉尘经过树林便附着于枝干及叶面，起过滤作用。蒙尘的植物经雨水冲洗，又能恢复其吸尘能力。由于树木叶子总面积很大，$1hm^2$ 高大的森林其叶面积的总和可比其占地面积大75倍，因此树木吸滞粉尘的能力是很强的，是空气的"天然滤尘器"。

国外的研究报道，公园能过滤掉大气中80%的污染物，林荫道的树木能过滤掉70%的污染物。据广州测定，在居住墙面种有五爪金龙的地方，与没有绿化的地方比较，室内空气含尘量减少22%；在用大叶榕绿化地段含尘量相对减少18.8%。南京一水泥厂测定，绿化片林比无绿化空旷地空气粉尘含量减少37.1%~60%。据天津市园林局统计，天津市区2002年以树木为主的绿地为 $3500hm^2$，年吸附或阻挡沙尘 $4.2 \times 10^4 t$ 以上。

中国自20世纪70年代以来，对植物和绿地的滞尘作用进行了测定。北京某粉尘污染单位体积蒙尘量，圆柏为20g，刺槐为9g。北京地区总悬浮颗粒物浓度普遍超标（$0.3mg/m^3$），采暖期间更为严重。当绿地覆盖率为10%时，采暖期总悬浮颗粒下降15.7%，非采暖期下降20%；当绿化覆盖率为40%时，采暖期总悬浮颗粒下降了62.9%，非采暖期下降了80%。

对不同绿化结构的道路进行空气含尘量分布测定，确定街道绿地是利于防尘的绿化结构形式。据北京市园林科学研究所测定，北京正义路是一条花园林荫路，为两板三带式，中心绿带9m宽，主要树种为槐树、元宝枫、圆柏、黄刺玫、丁香等，在4.5m处减尘率为44.5%，经9m宽绿带后减尘率为83%，滞尘减尘的作用随绿带宽度增加而明显。

树木对粉尘的阻滞作用在不同季节是有差异的，与叶量的多少成正比。据测定，即使在树叶凋落期间，其枝干、树皮也有阻滞粉尘的作用，能减少空气含尘量的18%~20%。

草坪生长茂盛时，其叶面积比其占地面积大22~28倍，因此减尘作用也是明显的，一方面植株吸滞粉尘；另一方面以草（或其他地被植物）覆盖地面，大大减少扬尘的二次污染。据日本测定，有草坪足球场近地层空气含尘量比无草坪足球场少2/3~5/6。近几年来城市受沙尘暴的影响比较严重,沙尘的危害既有城市自身的原因,也受城市外围的影响。城市的裸露地面积大,道路、建筑等施工过程的沙土扬尘,都是造成沙尘的内在原因。以北京为例,其沙尘来源于本地的占85%,来源于西北、华北沙漠和黄土高原的仅占15%,所以做到黄土不露天,运用草坪、地被植物覆盖地面,将极大地改善城市受沙尘危害。

研究表明,不同类型城市绿地的滞尘效果不同,乔灌草型减尘率最高,灌草型次之,草坪较差。绿地的降尘效果随郁闭度和绿化覆盖率的增高而增强。在城市绿地不足的情况下,以藤本植物为主的垂直绿地也有很好的降尘效果,应是城市绿化发展的新方向。

不同园林植物滞尘吸附能力是不同的,这与叶片形态结构、叶面粗糙程度、叶片着生角度以及树冠大小、枝叶疏密度等因素有关。北京市在1994年选择有代表性的21种园林植物测定其滞尘能力,丁香($5.75g/m^2$)是紫叶小檗($0.93g/m^2$)的6倍多,毛白杨($3.822g/m^2$)为垂柳($1.048g/m^2$)的3倍多。按滞尘能力大小归类,乔木中较强的有圆柏、毛白杨、元宝枫、银杏、槐树;一般的有臭椿、栾树;较弱的为白蜡树、油松、垂柳。花灌木中较强的有丁香、紫薇、锦带花、天目琼花;一般的有榆叶梅、棣棠、月季、金银木、紫荆;较弱的为小叶黄杨、紫叶小檗。

此外,吸滞粉尘强的树种还有沙枣、榆树、朴树、梧桐、泡桐、龙柏、侧柏、圆柏、构树、核桃、板栗、桑树、楸树、女贞、云杉、丝棉木、夹竹桃、广玉兰、木槿、榆叶梅、卫矛等。

(3)树木的杀菌作用

空气中散布着各种细菌和病原菌等微生物,不少是对人体有害的病菌,时常侵袭着人体。花草遍地的园林绿地中,细菌明显减少,一般情况下每立方米空气中细菌数要减少85%以上。

据北京市测定(表3-5),王府井大街空气中细菌含量为$3.6×10^4$个/m^3,而香山公园中细菌含量为3853个/m^3。以南京市为例,某公共场所火车站空气含菌量高达$49.7×10^4$个/m^3,街道为$4.4×10^4$个/m^3,而公园为1372个/m^3,郊区植物园仅为1046个/m^3,最高与最低相差几十倍。

园林绿地空气含菌量少的原因概括起来有以下几个方面:①尘埃是细菌的载体,绿色植物吸滞尘埃,空气中含尘量减少,使含菌量亦减少;②许多植物能分泌杀死、抑制细菌的物质,称为植物杀菌素,常见的杀菌素主要是挥发油类物质,如丁香酚、肉桂油、柠檬油、天竺葵油以及一些含萜烯类、有机酸、酮、醇等的化合物。

园林绿地中有很多花草树木,它们在不断地"生产"着植物杀菌素,有利于预防和辅助治疗一些疾病,是人们自我保健、治疗疾病的"诊所";园林绿地是生产植物杀菌素的工厂;树木花草是对人类健康有益的"义务卫生防疫员"。

表3-5 北京市各类地区空气含菌量比较(周晓峰,1999)

类型	地点	基本情况			平均平板含菌数(个/m^3)	单位体积空气含菌量(个/m^3)	各地区平均含菌量(个/m^3)
		人流量(人次/min)	机动车流量(辆次/min)	树木绿化状况			
公共场所	王府井	172.2	5.3	单行行道树	232.8	36 612	25 226
	海淀镇	45.0	0.5	零星栽植的行道树	203.1	31 941	
	香山公园停车场	17.8	1.0	零星栽植的树木	45.3	7124	
公园	中山公园	126.3	0	小片树林	32.2	5064	3616
	海淀区小公园	22.3	0.5	小片树林	12.1	1930	
	香山公园	11.5	0	成片树林	24.5	3853	
道路	东郊机场路			双行行道树	115.0	18 086	18 244
	东郊机场路			单行行道树	117.0	18 401	
机关	中国林业科学研究院	2.8	0.07	有小片树林	52.0	8178	8178

研究证明：黑胡桃 5~15s 就能杀死原生动物；悬铃木将其叶揉碎后，能在 3min 内杀死原生动物；松树能挥发萜烯，松林中多臭氧以抑制和杀灭结核菌，对治疗结核病有良好作用。1hm² 圆柏林，一昼夜能分泌 30kg 杀菌素，可杀死白喉、伤寒、痢疾等病原菌；桦树、栎树、椴树、松柏、冷杉等分泌的杀菌素能杀死白喉、结核、霍乱和痢疾等病原菌；桉树、樟树的挥发物能杀死蚊虫、驱走苍蝇、杀死病菌；茉莉、丁香、金银花、牵牛花等花卉分泌出来的杀菌素也能够杀死空气中的细菌，抑制结核、痢疾病原体和伤寒病菌的生长，使家庭室内空气清洁卫生，预防疾病传染。

多年来，科学工作者对植物杀菌作用做了很多研究，北京的园林科学工作者于 1994 年选取 66 种园林植物针对两种最常见的病原菌，即金色葡萄球菌和铜绿假单胞杆菌的杀菌力进行了测定分析，发现不同植物对同一种细菌的杀灭作用不同，同一植物对不同细菌的杀灭作用也有差异。

许多草坪植物也具有杀菌素，如紫羊茅杀菌能力最强，同时也可降低空气含尘量。研究表明，城市行人稠密地区的公共场所，其空气中的细菌含量可以达到草坪空间细菌含量的 3 万倍。由此可见草坪的杀菌效力之大，所以也有人把草坪誉为"空气的净化器"。

绿地的灭菌效应和树种及绿地结构密切相关，树种的选择要同时考虑能够较多地吸滞过滤尘埃，同时能分泌较强的抑菌、杀菌物质，如梧桐、柏树、悬铃木、雪松、毛白杨、臭椿、白蜡树、女贞等；应合理安排物种结构，保持一定通风条件，避免产生有利细菌滋生的阴湿小环境，混合型立体结构绿地的灭菌效应要强于单一结构绿地，各结构绿地灭菌效应依次为乔+灌+草>乔+草>乔木>灌+草>灌木>草坪。

城市园林绿化植物中，有很多产生杀菌素较多的树种，对健康有益。杀菌力较强的树种有黑胡桃、柠檬桉、樟树、桦树、楝树、栎树、核桃、臭椿、悬铃木、黑松、马尾松、白皮松、雪松、油松、樟子松、柳杉、云杉、紫杉、冷杉、杉木、圆柏、黄连木、紫薇、茉莉花、薜荔等。

（4）增加空气负离子

空气中游弋着正离子和负离子，而森林和园林绿地的空气中富含负离子，一是由于植物叶片表面在短波紫外线的作用下发生光电效应，使空气中电荷增加，导致负离子量增多；再有就是天然的瀑布、潺潺溪水，以及人工瀑布、喷泉，与空气激烈地相碰、摩擦，形成喷筒电效应，而产生负离子。

空气负离子具有抑制细菌生长、清洁空气的作用，如果达到一定的量，则对身体有保健作用，如能调节人体的生理机能、消除疲劳、改善睡眠，还能预防感冒和呼吸道疾病、改善心脑血管疾病症状等，可以说它对人体起到的保健作用是全方位的，被誉为"人类生命的维生素"。因此，在绿地环境，人们会感觉头脑清醒，呼吸舒畅。空气负离子指标也成为评价某地空气质量的重要指标。

近年来人们越来越关注空气负离子的功效，并开展这方面的研究。

据中南林学院（现中南林业科技大学）在湖南省炎陵县境内的桃源洞国家森林公园（总面积 8288hm²，森林覆盖率 91.5%）进行的测定，空气中负离子的含量比城市郊区房屋内和闹市区室内高 80~1600 倍，空气清新宜人。在珠帘瀑布附近空气负离子含量高达 $2.34 \times 10^4 \sim 6.46 \times 10^4$ 个/cm³，牛角垅溪流穿过，负离子达 1.3×10^4 个/cm³，而市区的室内负离子含量仅 40 个/cm³。

北京林业大学在 1999—2002 年在北京地区通过大量观测表明，北京地区空气负离子浓度从市中心向近郊、远郊逐渐增大，市区平均为 200~400 个/cm³，近郊区平均为 700~1000 个/cm³，远郊区平均为 1200~1500 个/cm³；有林地区空气负离子浓度明显高于无林地区，有林地区空气负离子浓度平均为 700~1200 个/cm³，是市区的 2~5 倍，多层林比单层林空气负离子浓度大，针叶林和阔叶林在不同季节各有优势，春夏季阔叶林高于针叶林，秋冬季针叶林高于阔叶林；有溪流和瀑布的地方空气负离子增加比较明显；空气负离子浓度有明显的日、年变化特征，一天中白天空气负离子浓度的平均值大于夜间，日变化曲线为双波形，两个峰值分别出现在凌晨和上午，一年中以夏季空气负离子浓度最大，冬季最小。

据测定，不同植被环境空气中负离子浓度大小顺序为：阔叶林＞针叶林＞灌木林＞草地。

3.1.2.2 净化水体

据监测，随着城市化进程的快速发展，中国90%以上的城市水系严重污染，50%的重点城镇水源地不符合饮用水标准。2007年，太湖水质富营养化与蓝藻水华引起的饮用水危机，使200多万人口的无锡市无水可饮。

城市和郊区的水体，由于工矿废水和居民生活污水的污染而影响环境卫生和人们身体健康。工业废水和生活废水在城市中多通过管道排除，容易集中处理和净化，而大气中的有害物质微粒在降水和重力作用下降至地面，经雨水冲刷形成径流，其成分和流向均难以控制，许多流进地下或渗入土壤，继续污染地下水，造成潜在危害。

绿地可以滞留大量有害重金属物质，植物的根系也能吸收地表污物和水中溶解质，减少水中细菌的含量，在一定程度上起到净化水体的作用。污水排入自然水体，虽可通过水的自净作用得到净化，但水的自净作用是有限度的。因此，对废水污水在排放前必须进行净化处理以达到排放标准，同时重视利用植物吸收污染物的能力，以净化水体。利用植物的自净能力净化水质是大自然赋予的一项重要的绿色技术。

许多水生植物和沼生植物对净化城市污水有明显作用，但由于具有不同的吸附、吸收、降解、固定能力，因此净化水体的能力也有差异。

据报道，芦苇能吸收酚及其他20多种化合物，$1m^2$芦苇1年可积聚9kg的污染物质。在种有芦苇的水池中，其水的悬浮物减少30%，氯化物减少90%，有机氮减少60%，磷酸盐减少20%，氨减少66%，总硬度减少33%。所以，有些国家把芦苇作为污水处理的重要手段。

据测定，1kg凤眼莲24h可以从污水中吸附34g钠、27g钙、17g磷、4g锰、2.1g酚、89g汞、104g铝，还有较强的吸收和积累锌、银、金等金属的能力，能将酚、镉等有毒物质分解为无毒物质。目前，国内外研究比较多的净水植物还有浮萍、水花生、芦苇、宽叶香蒲、水葱、菖蒲等。

清华大学对部分大型水生植物进行观测，给出了一些典型大型水生植物的生长特点及污染物去除潜力的结果（表3-6），也说明不同植物净水作用的不同。

水中金属元素具有危害性大、不可降解等特点，利用水生高等植物所具有的富集能力，从废水中吸收重金属离子，不仅能够净化水质，还能够对一些贵重金属进行回收利用。水生植物对重金属的忍受能力因植物的生活类型不同而异，一般为挺水植物＞漂浮、浮叶植物＞沉水植物；而吸收积累能力是沉水植物＞漂浮、浮叶植物＞挺水植物，根系发达的水生植物＞根系不发达的水生植物。

表3-6 典型大型水生植物的生长特点及污染物去除潜力（种云霄等，2003）

植物种类	生长特点	污染物去除功能
凤眼莲	根系发达，生长速度快，分泌克藻物质	富集镉、铬、铅、汞、砷、硒、铜、镍等；吸收降解酚、氰；抑制藻类生长
大藻	根系发达	富集汞、铜
浮萍	生长速度快，分泌克藻物质	富集镉、铬、铜、硒；抑制藻类生长
紫萍、槐叶萍	生长速度快，分泌克藻物质	富集铬、镍、硒；抑制藻类生长
满江红	生长速度快，分泌克藻物质	富集铅、汞、铜
芦苇、香蒲	根系非常发达，生长速度快	去除BOD，氮
石菖蒲	根系发达，分泌克藻物质	抑制藻类生长
狐尾藻	生长速度快	吸收TNT、DNT等结构相近化合物

有的水生植物如水葱、田蓟、水生薄荷等能够杀死水中的细菌，据国外试验，将这3种植物放置在每毫升含细菌 600×10^4 个的活水中，2d后大肠杆菌消失。此外，芦苇、泽泻、小糠草等也有一定的杀菌能力，将它们放在每毫升含细菌 600×10^4 个的活水中，12d后，放芦苇的水中尚有细菌 10×10^4 个，放小糠草的尚有 12×10^4 个，放泽泻的有 10×10^4 个。

利用水生植物净化水质，还应加强对植物的管理和水生植物的综合利用，如凤眼莲、水花生等生长力极强，蔓延扩展速度快，必须加强管理，并使其成为肥料、能源，否则会适得其反，甚至造成再次污染，有些地方已有惨痛的教训。另外，一些水生植物如菖蒲，净水能力较强，但其凋落物的降解会造成地表水的次生污染，因此，还要加强对水生植物凋落物的及时清理，避免对水体造成二次污染。

此外，草地可以大量滞留许多有害的金属，吸收地表污物。在草坪特有的草皮层中，生活着大量絮结的草坪草须状根系，能吸收和降解溶于雨水中的酚、氰、铬、锌等有机化合物，使得含有毒有害物质的雨水得到过滤和净化，减少了有害有毒物质对城市居民生活用水和水产养殖业的危害。

树木的根系可以吸收水中的溶解质，减少水中细菌含量，如在通过 $30 \sim 40m$ 宽的林带后，由于树木根系和土壤的作用，每升水中所含的细菌数量比不经过林带的减少 $1/2$。从空旷的山坡上流下的水中，污染物的含量为 $169g/m^3$，而从林中流下来的水中污染物的含量只有 $64g/m^3$。一些耐水性强的树种对水中有害物质有很强的吸收作用，如柳树对水中的镉具有很强的吸收作用，对水溶液中的氰化物去除率为 $94\% \sim 97.8\%$。

3.1.2.3　净化土壤

随着工业的发展和农业生产的现代化，大量的污染物进入土壤环境，土壤污染日益严重。其中重金属污染尤其明显，不仅面积大，而且持续时间长。土壤中有害重金属含量积累到一定程度，会对土壤—植物系统产生毒害作用，导致土壤退化、农作物的产量和品质下降，此外，重金属可以通过径流和淋洗等作用污染地表水和地下水，并且通过接触和食物链等途径危及人类的生命健康。

有植物根系分布的土壤，好气细菌比无根系分布的土壤多几百倍至几千倍，这些细菌促使土壤中的有机物迅速无机化，既净化了土壤，又增加了肥力。

树木通过固定、挥发和吸收等方式对土壤重金属、有机物等污染起净化作用。树木的根系及特殊微生物，能使环境中的重金属等污染物固定，流动性降低，生物可利用性下降，减少其对生物的毒性；吸收是植物修复污染土壤最有效的一种方法，具有超同化能力的树木将有害的重金属等污染物通过根系吸收后，输送并储存在植物体的地上部分，经过转化、隔离或螯合作用减轻对植物体的毒害，富集重金属离子，并通过采伐、收获等手段达到清除土壤中重金属的目的。目前，国内外已发现能富集各类重金属的超积累植物400种以上，柞木属、叶下珠属等多种植物对重金属有很强的超富集能力。羊齿植物可以直接将吸收的砷贮藏在它的叶和茎，这样只需修剪枝叶就可以清除，不必拔除整棵植物。

草坪是净化城市土壤的重要地被植物，城市中裸露的土地种植草坪后，不仅可以改善地表的环境卫生，还可以改善地下的土壤卫生条件。

对于土壤污染，植物修复技术尚有很多问题需要研究，但无疑是一项非常有效的措施。中国生物种类繁多，合理运用超积累植物来减少土壤重金属污染压力，具有广阔的研究前景。

3.1.2.4　环境监测

不少植物对环境污染的反应比人和动物要敏感得多。如人在二氧化硫浓度 $1 \sim 5\mu L/L$ 时才能闻到气味，$10 \sim 20\mu L/L$ 时才会感受刺激而引起咳嗽流泪，而一些敏感的植物在 $0.3\mu L/L$ 时就会出现症状。植物的这种症状，就是环境污染的"信号"。人们利用对大气污染反应灵敏的植物来反映空气中有害气体的种类和含量或大气污染程度，以了解大气环境质量状况，被称为"植物监测"。这类对污染敏感而能发出"信号"的植物被称为"环境污

表 3-7 对有害气体反应敏感的植物种类

污染物质	植物名称
二氧化硫	雪松、落叶松、马尾松、油松、黑松、柠檬桉、苹果、杏、桃、榆叶梅、水曲柳、白桦、核桃楸、枫杨、大红花、一品红、月季、绣线菊、杜鹃花、连翘、小蜡、白丁香、紫丁香、锦带花、福建茶、假连翘、凤仙花、大马蓼、紫花苜蓿、短毛金钱草、波斯菊、万寿菊、百日草
氯 气	雪松、马尾松、油松、黑松、落羽杉、柠檬桉、木棉、杏、桃、榆叶梅、水曲柳、白桦、枫杨、扶桑、一品红、绣线菊、连翘、小蜡、白丁香、紫丁香、锦带花、福建茶、假连翘、鸡冠花、大马蓼、短毛金钱草、波斯菊、万寿菊、百日草、葡萄
氟化氢	雪松、落叶松、马尾松、油松、落羽杉、杏、李、榆叶梅、紫荆、核桃楸、月季、连翘、小蜡、紫丁香、锦带花、假连翘、凤仙花、金荞麦、四季海棠、紫花苜蓿、短毛金钱草、萱草、玉簪、唐菖蒲、葡萄

染指示植物"或"监测植物"。目前,保护环境、防治污染、拯救地球已成为全人类的共识。利用敏感植物进行环境监测是一种经济、实用和灵敏的监测方法,越来越受到人们的重视。

自 20 世纪 50 年代以来,人们开展了大量大气污染指示植物的研究,这些研究包括用植物典型症状、树皮、草本植物、附生植物等指示气体污染、粉尘以及大气重金属污染。

植物的敏感程度,因污染物不同而各不相同,所以选择理想的指示植物是监测的关键环节(表 3-7)。

苔藓植物是非常敏感的污染指示植物类群之一,已经广泛用于大气污染尤其是重金属污染、水体污染等的监测。藓类植物监测分析大气中的重金属污染并评价大气质量已成为环境科学的一个重要分支。在欧洲,苔藓监测大气中的重金属污染的技术体系比较完善,这种技术在欧洲常被用于长时间、大规模的监测。1988 年,Rasmussen 等利用塔藓(*Hylocomium splendens*)和赤茎藓(*Pleurozium schreberi*)监测了北欧包括丹麦、芬兰、挪威和瑞典等多个国家的大气重金属污染状况,分析了大气中铝、砷、镉和钒的分布,发现这些重金属含量由南向北芬诺斯坎底亚(芬兰、挪威、瑞典、丹麦的总称)呈现出台阶式趋势,南部最高,向北逐渐降低,而镍、铬、铜和锌的含量较低,由此推断出了污染源。

此外,利用敏感植物监测土壤和水体的研究也已取得一定成效。

3.1.3 改善城市小气候

小气候是指由于下垫面性质以及人类和生物活动的影响而形成的近地层大气的小范围气候。其影响因素除太阳辐射、温度、湿度、气流外,直接受作用层的狭隘地方属性的影响,如小地形、植被、水面、地面、墙面等,其中植被对地表的温度和离地 2m 左右的气温影响尤大,人类大部分活动也正是在这一范围内进行。人类对气候的改造,实质上目前还限于对小气候条件进行改造。改变下垫面的热状况,是改善小气候的重要方法。

3.1.3.1 绿地的降温增湿效应

城市热岛效应是指城市中的气温明显高于外围郊区的现象。在近地面温度图上,郊区气温变化很小,而城区则是一个高温区,就像突出海面的岛屿,由于这种岛屿代表高温的城市区域,所以就被形象地称为城市热岛。城市热岛效应使城市年平均气温比郊区高出 1℃,甚至更多。夏季,城市局部地区的气温有时甚至比郊区高出 6℃以上。

城市热岛形成的原因主要有以下几点:①受城市下垫面特性的影响。城市内大量的人工构筑物,如混凝土、沥青路面、各种建筑墙面等,改变了下垫面的热力属性,人工构筑物吸热快而热容量小,在相同的太阳辐射条件下,它们比自然下垫面(绿地、水面等)升温快,因而表面温度明显高于自然下垫面。②人工热源的影响。工厂生产、交通运输以及居民生活燃烧各种燃料,每天都在排放大量的热量。③建筑林立城市通风不良,不利于热扩散。④城市中绿地、林木和水体的减少,削弱了缓解热岛效应的能力。⑤城市中的大气污染严重，大量的氮氧化物、二氧化碳和粉尘等排放物吸收下垫面热辐射，产生温室效应，从而引起大气进一步升温。改善下垫面的状况，增加城市通风道，增加绿色植物的覆盖面积，是改善城市热岛效应的重要途径。

一般人体感觉最舒适的气温为18~20℃，相对湿度以30%~60%为宜。夏季在南方城市气温高达35~40℃，空气湿度又很高，人们就会感到闷热难忍。

城市绿地通过调节气温和增加空气湿度，可以明显改善城市热岛效应。数据表明，当一个地区绿化覆盖率超过30%时，绿地对热岛效应有明显的削弱作用；当绿化覆盖率大于50%时，绿地对热岛效应的削弱作用极其明显。

植物因其生理特性，与水泥、沥青等建筑材料的反照率完全不同（表3-8）。建筑材料的反照率比植物叶表反照率低得多，吸收大量热量，因此，即使在同样日晒条件下，其热状况亦迥然不同。北京夏季测定不同表面在日晒条件下的热状况（图3-1）表明，水泥、沥青、裸土表面与叶表面温度相比：①地表面温度最高时比叶表面高6~20℃；②温度急速上升，裸土、水泥和沥青表面温度分别上升39%，43%，48%，而叶表面温度上升28%；③太阳照射停止后，地表面温度变凉的时间比叶表面推迟；④裸土、水泥、沥青表面的气温高得多，使空气温度上升，而叶表温度只略高（略低）于气温。可以看出，叶反射的热能比硬质物质表面反射的热能要大很多，同时树叶吸收部分热能又反射出很少的热量。

蒸腾是植物有机体维持生命活动的正常生理现象，植物在蒸腾过程中要消耗掉大量潜热，而这部分热量取自周围空气。落叶松每年蒸腾水分437mm，黑松林282mm，1hm²阔叶林一个夏季能蒸腾2500t水分，相当于同面积水库蒸发量，比同面积的土地蒸发量高20倍。这些水有99.8%以上蒸腾到空气中，约0.2%被用来合成有机物。大量的水蒸腾到空气中，有助于降低空气温度、增加空气湿度。另外，由于树冠可以阻挡太阳辐射，也可使林下温度降低。因此，绿地是大自然中理想的"空调机"（图3-2）。

表3-8 不同物体表面的反照率　　　　%

物理表面	反照率	物理表面	反照率
红　砖	10.0	杨树叶	61.5
水　泥	8.5	桦树叶	38.0
沥　青	4.0	丁香叶	32.0

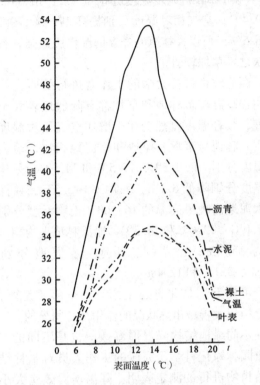

图3-1　气温与日晒条件下不同表面温度

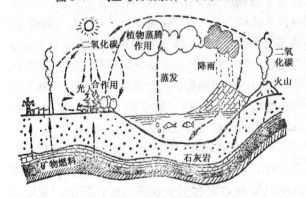

图3-2　生态系统物质循环示意图

南京林业大学的科研人员研究南京市区林地、有行道树的道路、草坪地、水泥地面、篮球场4种城市土地利用类型，结果表明在南京炎热的夏季，马褂木林和行道树能有效阻止阳光直接照射到地面，使太阳辐射强度明显低于篮球场和草坪空旷地，有树木的情况下，太阳辐射强度可以降低

80%以上。地表温度以及气温从高到低依次为篮球场、草坪、行道树、马褂木林；而空气相对湿度呈现出相反的趋势。马褂木林内、行道树下以及草坪的白天平均气温分别比篮球场低5.0℃，2.8℃和1.2℃；地表温度分别低17.1℃，11.5℃和9.4℃；空气相对湿度分别提高17.5%，9.5%和6.5%。所以，林地的降温增湿作用最强，行道树次之，草坪较弱。

西北农林科技大学的工作者进行的研究结果表明：高温季节林地和草坪都有降低地表和土壤温度，减轻温度剧烈变化，增加空气相对湿度的作用。林地与草坪、裸地和水泥地相比，地表最高温度分别降低9.5℃，17.5℃和24.5℃；平均地表温度分别降低6.1℃，9.7℃和15.5℃；在裸地和水泥地出现最高温的16：00，土壤温度分别降低7.0℃，13.0℃和14.5℃，晴天林地平均相对湿度为55.7%，比草坪、裸地、水泥地分别高5.0%，9.1%和12.4%。

可见无论是北方还是南方，东部还是西部，绿化植树改善城市热状况的作用都是明显的。

不同绿地结构降温增湿效应也是不同的。重庆市园林绿化科学研究所的工作人员对8种结构群落植物进行的测定表明：降温增湿效应大小大致为常绿阔叶林＞落叶阔叶林、混交林、针叶林、纯林＞疏林、灌丛＞草坪或草丛。有乔木层的群落，其郁闭度越大，增湿降温效果越好，反映出生态效益越好；灌丛和草丛由于缺乏高层乔木的遮阴效果，整体来说不能起到很好的增湿降温效果；纯林虽然物种组成单一，一般不被重视，但研究结果表明，郁闭度大的纯林其增湿降温效果仍然显著。

上海植物园的研究人员选取了14个典型群落进行降温增湿效果的测定。结果表明，不同群落的降温增湿效果有很大差异：柳杉群落、香榧群落、东方杉群落和广玉兰群落的降温增湿效果较好，桂花灌丛和雪松群落的降温增湿效果较差，而高羊茅草坪的降温增湿效果最差。对测试结果进行分析可知，结构复杂、郁闭度高、叶面积指数大、植株高的群落比结构简单、郁闭度低、叶面积指数小、植株矮的群落降温增湿作用明显。

绿地的降温增湿效应与绿化覆盖率有关。北京师范大学的工作者在北京进行的测定表明，绿地的温度随覆盖率的增加而降低，当覆盖率达到或高于60%时，其绿地才具有明显的降温增湿效果；乔—灌—草复合型绿地的降温增湿效应好于草坪。

绿地面积对降温增湿效应也有影响。中国农业大学的科研人员在北京进行的研究表明，当城市绿地面积为$1\sim2hm^2$时，具有一定的增湿效应，但降温效果不明显；当绿地面积为$3hm^2$时，其降温增湿效果较明显；当绿地面积为$5hm^2$时，其降温增湿效果极其明显；当绿地面积大于$5hm^2$时，其降温增湿效果极其明显且恒定。因此可以认为，城市园林绿地可以明显发挥温湿效益的最小面积为$3hm^2$（绿化覆盖率80%左右），最佳面积为$5hm^2$（绿化覆盖率80%左右）。

中国农业大学的科研人员对北京6块不同宽度带状绿地进行测定，结果表明城市园林绿地可以明显发挥温湿效益的关键宽度为34m左右（绿化覆盖率约80%），此时绿地已经表现出较佳的温湿效益；可以显著发挥温湿效益的关键宽度为42m左右（绿化覆盖率约80%）。

不同树种降温增湿效果是不同的。上海植物园对上海138种园林植物进行了蒸腾速率的测定，结果表明气孔导度、叶片温度和空气相对湿度为影响蒸腾速率的主要因子；垂柳、悬铃木和泡桐等大乔木由于有较大的总叶面积，因而调节小气候的能力较强。

此外，垂直绿化和屋顶绿化可以改善室内热状况，一般要比无绿化的室内气温降低$2\sim4℃$。有藤本植物垂直绿化的红砖表面温度，比没有绿化的红砖表面温度低$5.5\sim14℃$。

湖南农业大学在对用地锦攀爬覆盖的普通砖混结构楼房的降温效果进行调查中发现（二楼西墙外侧地锦叶层厚$8\sim19$cm，三楼西外墙未绿化），夏季高温期间墙内外的温度变化为：二楼外墙最低温度为28.7℃，最高温度为36.3℃，而三楼外墙最低温度为27.4℃，最高温度为45.9℃。由此可见垂直绿化的降温效果非常明显。被地锦覆盖的外墙由于温度低，减少了热能向内墙的传递，二楼内墙温度比三楼低$0.9\sim1.9℃$，室内温度二楼也比三楼低$1.0\sim1.4℃$（图3-3）。

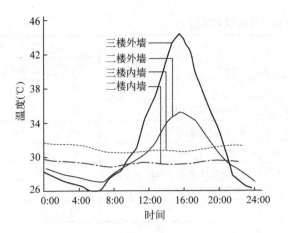

图3-3 绿化外墙与未绿化外墙墙面温度对比(崔江涛,2009)

3.1.3.2 绿地对气流的影响

绿地对减低风速的作用是明显的,而且其效应随着风速的增大而更加明显。当气流穿过绿地时,树木的阻截、摩擦和过筛作用将气流分成许多小涡流,这些小涡流方向不一,彼此摩擦,消耗了气流的能量。因此,绿地中的树木能使强风变为中等风速,中等风速减弱为微风。据资料表明,夏秋季节能减低风速50%~80%,而且绿地里平静无风的时间比无绿化地区要长2.5~5倍;冬季绿地能降低风速20%,减少了暴风的吹袭。

绿化地带减低风速的作用,还表现在它所影响的范围可为其高度的10~20倍。在林带高度1倍处,可减低风速60%,10倍处减低20%~30%,20倍处降低10%。国外有资料表明,在园林绿地的背风面可降低风速75%~80%,影响到其树高的25~30倍的范围。

绿地降低风速的作用同树种、结构、树龄、枝干树叶的疏密程度有密切关系。

在寒冷的冬季,布置在城市上风位置垂直于主导风向的绿地,可以降低风速,减少风沙,改善城市冬季寒风凛冽的气候条件。

绿地还可以形成城市通风道。在炎热的夏季,与城市主导风向一致,沿道路、河流等布置的带状绿地,还有由郊外插入市内的楔形绿地,是城市的"绿色通风渠道",也被称为"引风林",可以使空气的流速加快,将城市郊区的空气引入市中心,为炎夏的城市创造良好通风条件,对改善城市生态平衡具有重要意义。

城市中的大片绿地还可形成局部微风。大片的林地和绿化地区能降低气温,而城市中建筑和铺装道路及广场在吸收太阳辐射后表面增温,使绿化地与无绿化地产生大的温差,气温较低的密度大的空气向密度小的热空气流动,密度小的热空气上升,形成环流,也就是园林绿地的凉爽空气流向"热岛"的中心区。据苏联科学工作者测定,园林绿地可以产生1m/s的风速,使在无风时的天气形成微风、凉风,由郊外向市中心区输送新鲜空气,也使城市污染气体得以上升、扩散。

3.1.4 降低城市噪声

物理上噪声是声源做无规则振动时发出的声音。在环保的角度上,凡是影响人们正常的学习、生活、休息等的一切声音,都称之为噪声。噪声污染是环境污染的一种,已经成为对人类的一大危害。噪声污染与水污染、大气污染、固体废弃物污染被视为世界范围内4个主要环境问题。

噪声不仅会影响听力,而且还对人的心血管系统、神经系统、内分泌系统产生不利影响,所以有人称噪声为"致人死命的慢性毒药"。

声音的分贝是声压级单位,记为dB,用于表示声音的大小。噪声级为30~40dB是比较安静的正常环境;超过50dB就会影响睡眠和休息;70dB以上干扰谈话;长期工作或生活在90dB以上的噪声环境会严重影响听力和导致其他疾病的发生。《声环境质量标准》(GB 3096—2008)(表3-9)中明确规定了城市5类声环境功能区环境噪声限值。

对城市噪声污染的防治一方面要控制噪声源,阻断噪声传播;另一方面还要进行合理的城市规划布局,妥善安排居住、工业、交通运输用地的相对位置,将一些噪声大而目前无法减低噪声的机场、火车站、铁路干线等布置在郊外,减少对城市的影响;此外,还应大力发展城市绿化。

研究表明,绿色植物,特别是林带具有消声降噪的作用,可以有效减弱噪声强度,被称为"绿色消声器"。噪声是一种声波,它通过树林时由于受到枝叶的阻挡,使噪声向各个方向不规则地反射。树木的叶片有许多气孔和绒毛,它们对噪声具有

表 3-9　城市 5 类声环境功能区环境噪声限值　　　　　　　　　　　　　　　　　dB(A)

声环境功能区类别		时段	
		昼间	夜间
0 类：指康复疗养区等特别需要安静的区域		50	40
1 类：指以居民住宅、医疗卫生、文化教育、科研设计、行政办公为主要功能，需要保持安静的区域		55	45
2 类：指以商业金融、集市贸易为主要功能，或者居住、商业、工业混杂，需要维护住宅安静的区域		60	50
3 类：指以工业生产、仓储物流为主要功能，需要防止工业噪声对周围环境产生严重影响的区域		65	55
4 类：指交通干线两侧一定距离之内，需要防止交通噪声对周围环境产生严重影响的区域	4a 类：高速公路、一级公路、二级公路、城市快速路、城市主干路、城市次干路、城市轨道交通（地面段）、内河航道两侧区域	70	55
	4b 类：铁路干线两侧区域	70	60

一定的吸收能力，从而可降低噪声的强度。噪声在传播过程中由于引起树叶的微振，消耗了声能，导致噪声减弱甚至消失。这就是利用绿化降低噪声的原理。因此，树木的减噪效果与绿化结构，树叶的大小、形状、疏密、厚薄、软硬度、光滑度，以及林缘、树冠的凸凹程度有关。

有研究表明：阔叶乔木树冠，约能吸收到达树叶上噪声声能的 26%，其余 74% 被反射和扩散。没有树木的高层建筑街道，要比有树木的人行道噪声高 5 倍。这是因声波从车行道至建筑墙面，再由墙面反射而加倍的缘故。

南京市环保局对该市道路绿化的减噪效果进行了调查，当噪声通过由两行圆柏及一行雪松构成的 18m 宽的林带后，噪声减少了 16dB，通过 36m 宽的林带，减少了 30dB，比空地上同距离的自然衰减量多减少 10~15dB。对由一行楝木和一行海桐组成的宽 4m，高 2.7m 生长良好的绿篱进行测定，通过绿篱后的噪声减少 8.5dB，比通过同距离的空旷草地的噪声多减少 6dB。据上海石化总厂测定，40m 宽的珊瑚树林可减弱白天噪声 28dB，而同样宽度的悬铃木减噪效果小，水杉、雪松等分枝低，叶细密的树种减噪效果好。

从科学试验中得知：公园成片林木可降低噪声 5~40dB，比离声源同距离的空旷地自然衰减量要多降低 5~25dB；汽车高音喇叭在穿过 40m 宽的草坪、灌木、乔木组成的多层次林带，噪声可以消减 10~15dB，比空旷地自然衰减要多消减 4dB 以上。

江苏省植物研究所对林带结构与减噪效果进行了研究，认为林带宽度市内以 6~15m，市郊以 15~30m 为好；林带高度 10m 以上；林带与声源距离应尽量靠近声源而不是受声区；林带结构以乔、灌、草结合的紧密林带为好，阔叶树比针叶树有更好的减噪效果，特别是高绿篱的减噪效果最佳。

国外的一些测定也证明树木在减噪方面的功能因品种和种植方式不同而存在差异。

草坪靠近地表的植被层、根系与地表组成的疏松土壤能吸收主要声流，草坪草的直立茎与叶片也具有良好的吸音效果，能在一定程度上吸收和减弱 125~800Hz 的噪声。杭州植物园测定，草坪与石板路面相比声衰减量为 10dB。另据北京市园林科学研究所测定，声源距草坪边缘 6m，噪声越过草坪不同距离的减噪效果也不一样，距声源 14m 时净减噪量平均值为 1.7dB，距 34m 时为 2dB，44m 时为 2.3dB。

一般认为，阔叶树的吸音能力比针叶树要好；树木枝叶茂密、层叠错落的树冠减噪效果好；乔木、灌木、草本和地被植物构成的复层结构减噪效果明显；树木分枝低的比分枝高的减噪效果好；林带在靠近音源处减噪效果好。在城市中用地紧张，绿带不宜太宽，因此，应对植物的高度、种类、种植位置、配置方式进行合理的选择和安排，以获得最佳的减噪效果。

需要注意的是，绿化植物只可在一定程度上减弱噪声的影响，想要消除和减弱噪声，根本办法还是要在噪声源上采取措施。

3.1.5 防灾减灾

城市寓于自然之中,各类灾害的发生都对城市产生作用。国家认可的城市灾害主要有地震、水灾、风灾、火灾、地质灾害等几大类。

城市是一个不完整的生态系统,其不完整性之一表现为对自然及人为灾害的防御能力及恢复能力下降。城市作为巨大的承载体,日益成为国际社会及各国防灾减灾的中心和重点。联合国1999年7月通过的日内瓦战略,进一步明确21世纪全球减灾的重点是城市、社区及建筑安全本身。21世纪的城市发展,绝不仅仅是经济实力、科学与信息之争,还必然包括生态环境及减灾防灾在内的城市安全度之争。可以说21世纪城市综合防灾减灾能力的高低,将成为全面衡量城市整体功能及其安全防卫能力的标志。

3.1.5.1 水土保持,防风固沙

树木和草地对保持水土有非常显著的功能。树木的枝叶茂密地覆盖着地面,当雨水下落时首先冲击树冠,不会直接冲击土壤表面,可以减少表土的流失。树冠本身还积蓄一定数量的雨水,不直接降落地面。同时,树木和草本植物网状密集的根系紧固表土,减少表土被带走的可能性。加上树林下往往有大量落叶、枯枝、苔藓等覆盖物,能吸收数倍于本身的水分,有防止水土流失的作用,这样便能减少地表径流,降低流速,增加渗入地下的水量。

在坡度为30°的坡地上,年降水量为2000mm时,20 cm表土被冲刷干净所需时间,裸地为18年,而草地为3.2万年。树木每年可蓄水 $1500\ t/hm^2$。

对有林区和无林区的洪灾观测表明,农区森林可将产流时间推迟1h,径流时间延长7h,阔叶林地最早产流时间比针叶林地晚 4.4~9.0h,土壤径流过程比针叶林地的长 9.42~82.5h。经观测,多林期地表、土壤中和地下径流量分别为 1.8、32.1 和 677.6mm,分别占总径流量的 0.3%、4.5%和95.2%;少林期的地表、土壤中和地下径流量分别为 2.0、81.8 和 576.6mm,分别占总径流量的 0.3%、12.3%和87.4%。

城市周围的山体、林地,是城市地表水源和地下水源补充的汇水地。由于人为活动的超强干预,城市周围的原生植被多破坏殆尽。当山区森林覆盖率达到30%以上时,可以增加数以亿立方计的降水量。目前,由于山区植被稀疏,地表蓄水保水力差,径流严重,每年大量地表水在汛期白白流失。如果这些水的50%补给地下水和地表水库,足以满足城市每天供水的一定要求。如奥地利的维也纳市附近,约有 $10 \times 10^4 hm^2$ 森林,保证了全市150余万居民92%的生活用水,日可供优质泉水 $37 \times 10^4 m^3$。

对现有荒山进行大规模的造林,加强流域治理,封山育林,营造水源涵养林、水土保持林、经济林、风景林等,形成乔、灌、草相结合的复式立体植物群落植被结构,将会极大提高城市附近山区的水源涵养能力和对地下水的持续补给。

如果无计划地毁林开荒,森林植被遭到破坏,则会造成水土流失、山洪暴发,使河道淤浅、水库阻塞、洪水猛涨等,带来一系列生态因素的连续反应,加剧生态环境的恶化,受到大自然严酷的惩罚。有些石灰岩山地,暴雨时冲带大量泥沙石块而下,便形成"泥石流",破坏公路、农田、村庄,对人们生活和生产造成严重危害。

为此,中国政府实行天然林保护工程和退耕还林工程,制定相应政策,采取相应的措施,使毁林得以遏止,森林面积增加,生态安全得以保证,取得明显效果。

城市中心的绿地也和森林一样,常具有类似的功能作用。在台风经常侵袭的沿海城市,多植树和沿海岸线设立防风林带,可减轻台风的破坏。在地形起伏的山地城市,或是河流交汇的三角地带城市,也可有效地防止洪水和塌方,这些地带利用树木来保水固土、防洪是十分重要的。

随着土地沙漠化问题日益严重,城市沙尘暴已成为影响城市环境,制约城市发展的一个重要因素。截至1996年,全球荒漠化的土地已达到 $3600 \times 10^4 km^2$,占到整个地球陆地面积的1/4,尽管各国人民都在进行着同荒漠化的抗争,但荒漠化仍以每年 $5 \times 10^4 \sim 7 \times 10^4 km^2$ 的速度扩大,到20世纪末,全球将损失约1/3的耕地。沙尘天气

往往给人类社会的生产、生活和自然环境带来危害。沙尘暴夹杂着远方的沙土和尾矿粉尘遮天蔽日，对空气、水源造成严重的污染，对动物及植物造成危害，引发疾病。据有关资料显示，中国沙尘暴发生的频率和范围都有增大的趋势，已由20世纪50年代的5次、80年代14次增加到90年代的23次，而2000年仅一年就发生12次。到2000年，全国已有20个省、自治区、直辖市受到了缘起西北地区的沙尘污染。

保护与增加林草植被是防止风沙污染城市的一项有效措施。一方面，植物的根系及匍匐于土地上的草及植物的茎叶具有固定沙土、防止沙尘随风飞扬的作用；另一方面，由多排树林形成的城市防风林带可以降低风速，从而滞留沙尘。当风遇到树林时，在树林的迎风面和背风面均可降低风速，中国在三北建立防护林，起到了很好的防风固沙的作用。

为消除首都的风沙灾害，在"十五"期间，除北京市兴建环市绿化隔离带和防沙治沙等十大林业工程，使全市林木覆盖率达48%，国家还将"环北京地区防沙治沙工程"列为全国林业六大工程之一。该工程于2000年6月紧急启动，由国家林业局会同有关部门共同组织编制了《2001—2010年环北京地区防沙治沙工程规划》，工程范围包括北京、天津、河北、内蒙古、山西5个省（自治区、直辖市）的11个县（旗），土地总面积近 $46.4 \times 10^4 km^2$，工程治理沙化土地面积 9400×10^4 亩*。

绿地结构越复杂，面积越大，防风固沙保持水土的能力也越强。据资料表明，园林植物覆盖的面积大小同减少二次扬尘进而减少总降尘量的作用成正相关。城市绿化结构越复杂如复层林、混交林、阔叶林越密集（郁闭度大、根系发达、叶面积大），土壤越疏松、孔隙大、涵养水量越大。因此，在有条件的情况下，城市应该尽可能增加绿地面积，并尽量选用复杂的结构形式，以起到防风固沙、保持水土的作用。

3.1.5.2　防火防震

实践证明，城市绿地具有防火及阻挡火灾蔓延的作用。

树木含有大量的水分，使空气湿度增大，特别是有些树木有防火功能。这些树木枝叶含水分多，含树脂少，不易燃烧，阻燃性强，树皮厚、坚硬、抗火性强，着火时不会产生火焰，能有效地阻挡火势蔓延。不同树种具有不同的耐火性，针叶树种比阔叶树种耐火性要弱。阔叶树的树叶自然临界温度可达到455℃，有着较强的耐火能力。比较好的防火树种有银杏、珊瑚树、交让木、厚皮香、山茶、油茶、罗汉松、落叶松、蚊母树、八角金盘、夹竹桃、石栎、海桐、女贞、冬青、枸骨、苦槠、栲、青冈栎、大叶黄杨、棕榈、槲栎、栓皮栎、麻栎、苦木、臭椿、槐树等。

一般来说，大规模火灾发生时，由热辐射引起的蔓延成为火势扩大的最主要原因，而树木、树林的枝叶可以遮断热辐射，并形成有利于消防灭火的小气候，减小风速，抑制风的湍流，降低火焰的高度、宽度和蔓延速度，起到减弱火势，甚至于灭火的功效。此外，火灾发生时，周边气温升高，树木通过放出内部的水分，阻止树木自身与周围气温的上升。在风势弱的情况下，水分变成水蒸气，可以抑制可燃气体与空气混合，从而达到抑制燃烧的作用。

在城市中合理布局城市绿地，可以有效地控制和阻止地震后火灾的蔓延，是城市的隔火带，并且绿地还可以成为震后的避难场所。这方面日本有深刻的体会。日本许多城市位于地震带上，常发生周期性的地震，地震以及震后产生的火灾，对人们生命财产造成直接威胁。1923年9月1日，日本关东发生大地震，震中8.3级，震后有136处起火，大火烧了3天3夜，东京市中心3个区几乎全部烧光，40%建筑物被夷为平地，死亡和失踪人数14万余人。但位于火灾中心的上野公园、小石川后乐园、皇宫、日比谷公园等树木多的公园绿地，均没有受到火灾的威胁，当时东京的公园绿地，成了城市居民的避险场所，70%即157万居民躲到这些绿地中，保住了生命和财产安全，更避免了余震所造成的危害。公园绿地在地震时的

---

* 1亩 = $667m^2$。

避险机能，是过去历史上没有认识到的，这一事实给城市规划工作者提供了重要启示。

事实证明，一些面积很小的绿地仍然可以起到隔火作用。在阪神大地震中，广泛分布于市区的"街区公园"和"近邻公园"虽然仅有 0.25km² 和 2.0 km²，但由于当天风速较低，不足 2m/s，小公园也起到了隔火作用。因此，在城市中增加小公园数量同样可以起到很好的隔火作用。

防灾绿地避免了余震所带来的二次灾害，人们由"防灾公园"开始关注防火林带的建设。在防灾绿地与周边环境之间、各避难场所之间设防火林带，不但可以防止火势的蔓延，还可以保证避难人员安全进入防灾绿地。防火林带必须形成一定的规模才能充分发挥防火功能，就是说要有足够的长度、宽度和高度，并且采用合理的栽植方式，提高林带遮蔽效果。

3.1.5.3 吸收放射性物质，备战防空

绿地植物可以过滤、吸收和阻隔放射性物质，降低光辐射的传播和冲击波的杀伤力。

据美国试验，用不同剂量的中子—伽玛混合辐射照射 5 块栎树林，发现剂量在 15Gy 以下时，树木可以吸收而不影响枝叶生长；剂量为 40Gy 时，对枝叶有一定影响；当剂量超过 150Gy 时，枝叶才大量减少。因此在有辐射性污染的厂矿周围，设置一定结构的绿化林带，在一定程度内可以防御和减少放射性污染的危害。在建造这种防护林时，要选择抗辐射树种，针叶林净化放射性污染的能力比常绿阔叶林低得多。

城市绿地还有利于战备，对重要的建筑物、军事设施、保密设施等可以起隐蔽作用。起隐蔽作用的树种应以常绿树为主，一年四季都有效果。高大的落叶乔木，如杨树、悬铃木、枫杨、槐树等在春、夏、秋能起到明显的作用，也应该适当地配置一些。同时，它们对红外光侦察设备都有良好的防护作用。因此，对于现代化战争，具有防护和伪装的作用。

一旦发生战争，植物可以减轻因爆炸引起的震动而减少损失，对辐射伤害也有一定的防御作用。例如，在第二次世界大战中，欧洲某些城市遭受轰炸时，凡绿化树木比较茂密的地区受到的损失要轻得多。

3.1.6 保护生物多样性

多种多样的生物是地球经过 40 多亿年的生物进化所留下的最宝贵的财富，是人类赖以生存和发展的物质基础。它既是农林牧副渔经营的对象，也为工业提供了大量的原料，并对维持生态平衡、保护生态环境有着不可替代的作用，生物多样性与人类的生存和发展休戚相关。

生物多样性是指一定范围内多种多样活的有机体（动物、植物、微生物）有规律地结合所构成稳定的生态综合体。它既能表现出生物之间以及生物生存之间的复杂关系，也是生物资源丰富多彩的重要标志。对生物多样化的影响程度，是衡量人类活动是否符合自然规律的主要尺度之一。保护生物多样性，是人类对物种资源和生态系统的科学管理，不仅要获得它们在当前提供的直接和间接利益，而且要保持其潜在利益，以满足子孙后代对它们的需求。正因为如此，生物多样性保护引起世界各国普遍关注和高度重视。到目前为止，世界范围内保护生物多样性的国际公约多达 40 余个。

生物多样性包括生态系统的多样性、物种的多样性和遗传的多样性。物种多样性是生物多样性的核心，是衡量一定地区生物资源丰富程度的一个客观指标。在阐述一个国家或地区生物多样性丰富程度时，最常用的指标就是区域物种多样性。

在城市绿地系统中，城郊风景区与自然保护区等自然环境以及由人工创造的近似于自然环境的城市绿地可为植物、动物和微生物提供合适的栖息地，是生物多样性的载体；与城市道路、河流等人工元素结合的带状绿地形成绿色"廊道"，可以减少城市生物生存、迁移和分布的阻力面，以形成城市大绿化的有机网络，使城市绿地系统成为开放系统，给生物提供更多的栖息地和更大的生境空间，使城外自然环境中的动、植物能经过"廊道"向城区迁移，增加各生境斑块的连接度和连通性，维持生物群体自身的生态习性和遗传交换能力。因此，城市绿地系统的建设对于保护

和丰富城市生物多样性具有重要作用。生物多样性可以改善人与自然、植物与动物、生物与无机环境之间的相互关系，从而达到整个城市生态系统稳定及平衡的效果。

发达国家许多城市，如伦敦、巴黎、华盛顿、堪培拉、悉尼等绿化水平都很高，各种鸟类、昆虫、小动物等有了栖息场所，数量越来越多，增加了城市的生机，减少了病虫害，促进了旅游产业的发展。

在城市绿化过程中，应广集优选地方特色乡土树种和灌草，大力引种驯化适合于本地区绿化的外来树种和灌草，绿化本身就是保护生物多样化的过程。如今作为城市植被组成之一的植物园，一般地处城郊之间，承担着植物多样性的保护、通过遗传研究引种驯化试验、开发野外观赏植物资源、驯化和培养城市特殊生态条件下植被建设的植物材料等任务。因此，建设城市植物园也是保护生物多样性的重要措施。

近1个世纪以来，随着全球环境问题的产生，创造健康、安全、舒适和优美的生态城市已成为人类的共识。城市生态系统中，具有自净能力和自动调控还原能力的绿地（城市植被），在维护城市生态平衡和改善城市生态环境方面，起着其他基础设施不可替代的重要作用，城市绿地被视为维护城市可持续发展的主要因素之一。人类越来越认识到绿地在城市生态环境建设中的重要作用，并将其提高到作为城市现代化水平和文明程度的衡量标准，城市绿地建设已成为城市生态环境建设的主要内容。

3.2 游憩娱乐功能

城市是人类社会发展的产物，是为人服务的。《雅典宪章》指出，城市具有生活、工作、交通、娱乐四大功能。这四大功能中最根本的是满足城市人健康生活和正常娱乐的需要，其次才是工业的进步和经济的发展。

3.2.1 提供休闲游憩场所

现阶段，随着中国综合国力的提高，先进科技的运用为人们提高劳动效率和生活质量提供了更多的方法和手段。中国政府也开始注重"人的发展"，提出"以人为本"的科学发展观，在各个方面提高人们的生活质量和精神文化生活，促进人们的休闲生活。在这样的大前提下，城市绿地越来越成为人们重要的户外休闲游憩场所。

人们在紧张繁忙的劳动后，需要休闲游憩，这是生理的需要。这些游憩活动可以包括安静休息、文化娱乐、体育锻炼、郊野度假等。这些活动，对于体力劳动者可消除疲劳，恢复体力；对于脑力劳动者可以调剂生活、振奋精神、提高效率；对于儿童，可以培养勇敢、活泼的综合素质，有利于健康成长；对于老年人，则可享受阳光空气、增进生机、延年益寿；对于残疾人，兴建专门的设施可以使他们更好地享受生活、热爱生活。

随着"双休日""十一长假"等休假制度的实行，中国市民的闲暇时间逐渐增多，出行距离也不断增长，对休闲游憩活动提出了更高的要求。人们不再满足于市区内的绿地，郊区的森林公园、度假村，甚至更远一些的风景名胜区等都成为受市民欢迎的旅游度假场所。

中国园林绿地不论自然景观或人文景观均非常丰富，艺术价值和艺术水平都很高，被誉称为"世界园林之母"。桂林山水、黄山奇峰、泰山日出、峨眉秀色、庐山避暑、青岛海滨、西湖胜境、太湖风光、苏州园林、北京宫殿、长安古都等均是历史上形成的旅游胜地，也是国内外游客十分向往的地方。

城市绿地环境良好，类型多样，方便可达，为人们提供了绿色、丰富、便利的户外休闲活动场所，使更多的自发性和社会性活动的发生成为可能，从而促进人与人的交流，人与自然的交流，进一步改善了城市居民的生活品质。

3.2.2 促进公众心理健康

一个环境优美富有活力的绿地空间不但能促进人与人之间的接触、交流，还能陶冶人们的审美情趣，给人以心理与情感上的享受，有效地缓解现代城市紧张、单调的生活给人们带来的精神压力，使人们尽情感受回归大自然的闲适与悠然，有效促进人们身心健康的形成。

绿色视觉环境,会对人的心理产生多种效应,带来许多积极的影响。"绿视率"理论认为,在人的视野中绿色达到25%时,就能消除眼睛和心理的疲劳,使人的精神和心理最舒适。

研究证实,绿色植物对人的心理有镇静作用,使中枢神经系统轻松,调节和改善机体的机能,给人以宁静、舒适、生机勃勃、精神振奋的感觉而增进心理健康。另外有研究表明,绿色能在一定程度上减少人体肾上腺素的分泌,降低人体交感神经的兴奋性,从而减少人们的精神压力。城市绿地中植物所释放出的某些化合物能增强神经系统的敏锐性和兴奋性,这也是人们在大森林中倍感舒适、浑身充满活力、生命力处于最佳状态的原因。植物所释放出的化合物对心理的影响主要表现在:①消除疲劳,解除紧张状态,促进安眠等,使人体处于放松状态;②醒脑提神,集中注意力,使人处于适度的紧张清醒状态,提高工作效率。

瑞典的科学家对该国九大城市就开放绿地与人体心理健康的关系进行了研究,通过问卷调查和统计分析得出:城市绿地能对人的心理健康产生积极的影响,并且这种影响不受居民的年龄、性别、身份等因素的限制。人们居住地距离附近开放绿地的远近、人们去附近绿地的次数、是否拥有私家花园等对其心理健康有着明显的影响。去开放绿地的次数较多、绿地离家较近或拥有私家花园的人压力明显要小。

此外,城市绿地还能使人减少暴力情绪,降低攻击性。有研究对不同环境中生存的145个城市居民的调查中发现,生活在相对裸露环境中的居民比生活在周围有绿化的环境(树木、草坪)中的居民更加易怒。国外学者对AD(Alzheimer disease,阿尔茨海默病)患者做了一项长期的对照试验,发现有花园设施的患者的暴力攻击性逐年下降,精神状况显著好转;而另一组生活在没有花园环境中的患者则变得更加易怒,暴力攻击性显著增加;第三组在原环境中的患者病情基本没有变化,而当花园被设置后则有轻微的好转。还有研究表明,监狱中的犯人在经常参加园艺工作后敌意减少,暴力易怒性减轻。

近年来,越来越多的国家开展了对园艺疗法的研究,希望通过植物栽培与园艺操作活动,对有必要在身体以及精神方面进行改善的人们,从社会、教育、心理以及身体诸方面进行调整更新。园艺疗法的治疗对象包括残疾人、高龄老人、精神病患者、智力低能者、乱用药物者、犯罪者以及社会的弱者等。很多国家开设了园艺疗法课程,进行康复园的建设,都取得了比较明显的治疗效果。

另一方面,城市绿地也为人们提供了一个非常重要的社会交往的平台,在城市绿地中开展的有组织的社会性或社区性活动,对促进社会交往和社区健康发展发挥了重要的作用,是和谐社会的重要支持因素。城市绿地为家庭或社团在一起休憩、散步、活动等提供了可能性,可以消除代沟、增进理解和沟通;为人们提供聚会、约会的场所,增进人与人之间的交往和沟通;为儿童和青少年提供活动场所,为青少年旺盛的精力提供发泄的机会,减少步入歧途的危险。

3.3 文化教育功能

城市绿地是城市的绿色基础设施,它作为城市主要的公共开放空间,不仅是城市居民的休闲游憩活动场地,更是市民感受社会教育的重要场所。随着社会经济、文化的进步和全民健身、休闲活动的开展,城市绿地日益成为弘扬民族传统文化、展示先进科学文化知识的重要窗口,是进行精神文明建设、加强爱国主义教育的阵地。

城市绿地的设计常常将民族传统、地域文化、时代精神、科普知识等融于造景的手法之中,使人们在休息、游玩的同时,还能获取知识、陶冶情操、提高文化艺术修养,同时也塑造了不同城市的文化特征。有些城市绿地围绕某一主题介绍相关知识,如生态、科学、历史文化等,让人们能够直观系统地了解与该主题相关的知识,这样不仅可以丰富人们的知识面,还可使人亲身体验,丰富人的生活经历。

此外,在城市绿地中举办书画、花卉、雕塑、文物古迹等展览,举行演出、演讲等形式多样、生动活泼的宣传教育活动,开展健身、唱歌、交谊等多彩的社会文化活动,丰富了大众的精神文化,提升了整体素质,推动了大众文化的形成。如在北京常年举办的北京植物园桃花节、玉渊潭公园樱花节、圆明园荷花节、北海公园菊花节、紫竹院公园竹荷文化节等,公园在此期间举办花展、盆景展、影展、工艺品展、诗画展、插花表演、征文等多项丰富多彩的文化活动,提高了人们的文化和艺术修养水平,展现了北京作为文化古都,其深厚的文化内涵、高雅的艺术气质。

3.3.1 历史文化教育的场所

中国拥有五千年灿烂的文化,其间人类与自然的各种发展关系已经熔铸在这片土地上,历史文化是城市发展、积累、沉淀、更新的表现,同时,也是人类居住活动不断适应和改造自然特征的反映,包括名胜古迹、文物与艺术品、民间习俗与节庆活动、地方特产与技艺等内容。

历史文化是人们感受城市特定价值的重要内容,城市绿地是历史文化的载体,也是保护历史文化的基础。城市绿地规划设计中融入历史和文化,能增加绿地的历史感和文化内涵;城市历史的唯一性和历史文化的地域性也使城市绿地更富有灵魂和寓意;同时,历史文化的完整性也可以通过绿地得以保留和再现。虽然绿地景观可以复制,但绿地内所包含的文化内涵却不能移植,它是在特定历史条件下的产物,只有生长在养育它的环境空间里才能发挥作用,只有具有地方特色文化内涵的绿地才拥有真正的生命力,它是对城市文脉的继承和体现,极大地促进了文化传承与文明进步。因此,城市绿地建设无法摆脱历史文化的影响而独立存在。

历史文化是中国园林中最具特色的要素,而且丰富多彩,艺术价值、审美价值极高,是中华民族文化的瑰丽珍宝。中国传统园林不仅是传统文化的重要组成部分,而且它本身也具有深厚的文化底蕴,是对传统文化最好的阐释和宣扬,体现在"天人合一"的设计理念和诗情画意的意境追求上,园内的书法、雕刻、楹联、额题等都具有极高的艺术价值。很多现代园林也体现了对传统文化的借鉴和继承。一些城市绿地中开辟有宣传栏、开办展览,让游客了解中国古典园林艺术、园林史,弘扬民族传统文化,帮助游客了解古典园林中蕴含的深厚的历史、文学、美学等思想。

重视文化传统,保护历史遗迹,给具有历史意义的地点注入多种新的用途,并协调与周围环境的关系,是当今世界城市建设的潮流。在历史建筑周围开辟广场、绿地等吸引公众活动的公共空间,被认为是提高历史地点利用率、有效展示历史文化的重要手段。绿地与历史文物结合在一起,相得益彰,不仅成为构筑城市历史文化氛围的桥梁,而且有效地保护了历史文物景点。如南京市汉中门广场就是一个典型的例子。广场内有全国重点文物保护单位——石城门,该城门始建于南唐,为南京现存历史最为悠久的城门。这里历史文化氛围浓重,是六朝古都南京悠久丰富的历史文化积淀的一个缩影。该广场建设,既满足了市民休闲等活动的需要,更重要的是有效地保护和展示了城市的历史文化。

在江阴中山公园(江苏省江阴市)的设计中,设计师在原有学政衙署古建筑十三进格局中仅留存下的仪门遗址基础上,恢复遗址空间,再现了学政衙署的完整格局,以作为对场地历史文脉的尊重。游客漫步其中,可以通过解说文字了解明代学政衙署的建筑风格、历史作用等内容,比单纯的教科书更具有教育意义。

北京元大都城垣遗址公园,以元代城墙遗址为依托,全园以展示元代的历史、文化为主要线索,景区的设计、景观小品的形式均围绕这一主题展开。园中的"大都鼎盛"群雕,共有19个主要人物,包括忽必烈、元妃、马可波罗、郭守敬、黄道婆等,人物栩栩如生,是名副其实的大型"露天博物馆"。通过对城墙遗址的保护和恢复,配合特色景点、展示牌等,向游客展示了元代的历史、文化、民族特征。

此外,一些具有民族特色的主题公园,如深圳的中国民俗文化村、云南民族园等,集民居建筑、民族艺术和民俗风情为一体,展现了丰富多彩的民风民情和民俗文化,让游客充分感受中华民族的灵魂和魅力。很多城市绿地中将具有地方特色的民间传统工艺如剪纸、面具、图案纹样等带入园林铺地、雕塑小品，将景观塑造与民间传说、民歌民谣相结合，也是对历史文化的保留和继承。

3.3.2 爱国主义教育的阵地

许多城市绿地共生着悠久的文化遗存，或地址，或建筑、物件，或树木，或碑刻等，同著名的历史事件、历史人物相连，或展示祖国的大好河山，或纪念为国家建立和建设牺牲的烈士，或还原国防历史中的某一片段，具有珍贵的文化价值，是宣传民族传统文化、弘扬爱国主义精神的重要场所。

杭州岳王庙始建于南宋，历代迭经兴废。园内陈列着历代的石碑、题字、岳飞诗词、奏札等手迹，墓道两旁陈列着石虎、石羊、石马和石翁仲，墓阙下有4个铁铸人像，反剪双手，面墓而跪，即陷害岳飞的秦桧、王氏、张俊、万俟卨4人。跪像背后墓阙上有楹云："青山有幸埋忠骨，白铁无辜铸佞臣。"游客在此无不为民族英雄岳飞"精忠报国"的爱国主义精神所感动。

在侵华日军南京大屠杀遇难同胞纪念馆中的雕塑，表现着死难者怒目圆瞪的"头颅"、被活埋时挣扎的"手"、日寇杀人时沾满血迹的"战刀"、残破的城墙和枪炮射击的痕迹，具有充分的情节性，参观者可以联想到当中"生与死""痛与恨"的主题，深切感受战争的残酷，和平的珍贵。

在上海虹口公园的鲁迅纪念馆，从鲁迅战斗的一生中可感受到伟人的"黄牛"和"匕首"精神。这些无声的课堂使人们受到更深刻的教育。

大连英雄纪念公园竖立着林则徐、关天培等58位革命先驱的石雕像、铜铸像和一幅面积180m²的浮雕墙，以艺术的手法刻画了从鸦片战争到中华人民共和国建立各个时期的主要历史事件，展示了中国人民不屈不挠、前赴后继争取解放的历史片段。从建设至今已成为部分大、中、小学校组织学生进行爱国主义教育，举行入团、入党及成人仪式的场所，成为大连市重要的爱国主义教育基地。

每年的清明、"五四"青年节、"七一"建党日、特殊纪念日等重要节日，英雄园、烈士陵园等纪念性公园会组织市民和中小学生进行祭奠活动。如葫芦岛市人文纪念公园是融教育纪念和人文观赏为一体的、具有鲜明文化特点的、以"人文纪念"为主题的观光式公园。公园自2000年对外开放以来，群众每年都要在清明节期间自发地到这里举行纪念先烈、缅怀先人的大型革命公祭活动，这项活动已经形成了一种"清明文化现象"。

3.3.3 生态环境教育的课堂

城市绿地是人们接触自然的最佳媒介。绿地内的自然景观、动植物资源，向公众展示着自然界的奥秘，吸引人们置身其中，游客在绿地内感受大自然的神奇与壮丽，获取重要的自然科学知识，从而产生热爱自然、保护自然的强烈意愿。同时，绿地内举办各种生动活泼的科学普及宣传和实践活动，游客通过多种形式的实践和学习，教育效果比讲台上枯燥的说教更有实效。

城市植物园、动物园、海洋公园等是公众了解动植物知识的重要场所，一些公园建立的珍稀濒危植物的移地保护区则向游客宣传了保护生物多样性的紧迫性和现实意义。

深圳仙湖植物园收集有接近8000种植物，建有沙漠植物区、孢子植物区、珍稀树木园等17个植物专类区，并建有全国首座以古生物命名的自然类博物馆——深圳古生物博物馆，是一座集植物科学研究、物种迁地保存与展示、植物文化休闲以及生产应用等功能于一体的多功能植物园，是进行植物知识普及教育和环境保护教育的平台和基地。

以科学普及为主题的城市绿地如湿地公园、地质公园、火山公园等，除了结合公园的景观向游客介绍各种自然科学知识，还不断开发丰富多彩的实践参与活动，让游客寓教于乐、寓教于游。

北京市野鸭湖是北京地区面积最大、最为典型的湿地生态系统，湿地类型多样，动植物资源丰富，具有极其重要的保护价值和科研价值。据科学考察，野鸭湖已知有高等植物90科264属420种，鸟类17目55科247种，兽类5目6科10种，鱼类5目9科40种，两栖类1目2科5种，昆虫12目61科182种，是进行湿地研究和实地教学的天然"实验室"和"课堂"。

欧洲的火山主题公园，以宣传火山科学知识和地球科学知识为目的。公园内采用摄影、大屏幕放映等技术手段，参观者可以从多种感官感受到地球表面形成的天体动力和火山爆发时的各种景象，引发游客求知的强烈兴趣。公园还根据不同的年龄层设计不同的游览路线，确定符合不同年龄层对科学知识以及冒险程度的场景，让游客在"玩"的过程中"乐学"，在"乐学"中满足了对科普知识的需求，给人们留下了丰富的想象空间。

国外的国家公园，国内的风景名胜区、自然保护区等绿地形式，以保护现有的自然环境为主，游客可以欣赏独特的自然景观，参与环保类活动，接受自然教育。

以环保为主题的城市绿地，如成都活水公园，以"水保护"为主题，展示了人工湿地系统处理污水的全过程，是青少年进行科普教育的最佳场所。青少年在这里有机会接触自然，能够参与到其中，并从中学到一些生态学的基本知识。美国佛罗里达有一个垃圾公园，园内所有娱乐设施都是以垃圾为原料制造的，旨在启发少年儿童：垃圾并非无用。

许多国家在城市绿地内设立自然观察区、昆虫展览室等一系列社会教育项目，配合训练有素的工作人员的工作与宣传，极大地提高了公众的环保意识。

城市绿地作为人们室外活动的主要场所，是进行环境教育的"第二课堂"，教育效果是十分显著的。

3.4 环境美化功能

许多风景优美的城市有着优美的自然地貌和良好的建筑群体，园林绿化的好坏对城市面貌常起决定性的作用，城市绿地是景观效果的重要组成部分。青岛这个海滨城市，尖顶红瓦的建筑群，高低错落在山丘之中，只有与林木掩映的绿林相互衬托，才显得生机盎然，没有树木，整个城市都不会有生气。广州市的街道绿化，大量采用开花乔木做行道树，许多沿街的公共建筑和私家庭院，建筑退后红线，使沿街均有前庭绿地，种植各类花草，春华秋实，不但美化了自己的环境，同时美化了街景，从而使广州获得"花城"的美称。

3.4.1 体现植物自然之美

绿地植物既是现代城市园林建设的主体，又具有美化环境的作用。园林植物具有丰富的色彩，优美的形态，并且随着季节的变化呈现出不同的景观外貌，给人们的生存环境带来大自然的勃勃生机，使原本冷硬的建筑空间变得温馨自然。

园林植物作为营造园林景观的主要材料，本身具有独特的姿态、色彩、风韵之美。不同的园林植物形态各异，变化万千，既可孤植以展示个体之美，又能通过艺术性的配置，以对植、列植、丛植、群植等方式表现植物的群体美，还可根据各自生态习性，合理安排，巧妙搭配，营造出乔、灌、草结合的群落景观。如棕榈、大王椰子、槟榔营造的是一派热带风光；雪松、悬铃木与大片的草坪形成疏林草地，展现欧陆风情；竹径通幽、梅影疏斜表现中国传统园林清雅隽永。杭州花港观鱼的雪松大草坪旁种植了许多广玉兰，由于对比的作用，更增添了雪松的挺拔风貌而显示出雄浑的感觉；牡丹园的植物配置为达以小见大之效果，采用了调和与比例手法，使植物景观显得柔和、平静、舒适和愉悦，整体感强。

园林植物随着季节的变化表现出不同的季相特征，春季繁花似锦，夏季绿树成荫，秋季硕果累累，冬季枝干遒劲。这种盛衰荣枯的生命节律，为我们创造园林四时演变的时序景观提供了条件。根据植物的季相变化，把不同花期的植物搭配种植，使同一地点在不同时期产生某种特有景观，给人不同的感受，体会时令的变化。

植物本身是一个三维实体，是园林景观营造中组成空间结构的主要成分。枝繁叶茂的高大乔木可视为单体建筑，各种藤本植物爬满棚架及屋顶，绿篱整形修剪后颇似墙体，平坦整齐的草坪铺展于水平地面，具有构成空间、分隔空间、引导空间变化的功能。用绿篱在庭院、建筑物四周围合可形成独立的空间，增强安全性、私密性；

公路、街道进行绿化，可以降低噪声，创造相对安静、舒适的空间环境。

植物生态、习性的不同及各地气候条件的差异，使植物的分布呈现地域性。不同地域环境形成不同的植物景观，如热带雨林及阔叶常绿林相植物景观、暖温带针阔叶混交林相植物景观、温带针叶林相植物景观等都具有不同的特色。各地根据环境气候条件选择适合生长的植物种类，在漫长的植物栽培和应用观赏中形成了具有地方特色的植物景观，并与当地的文化融为一体，甚至有些植物材料逐渐演化为一个国家或地区的象征。如日本的樱花、荷兰的郁金香、加拿大的枫树都极具象征意义。中国地域辽阔，植物景观丰富，北京的槐树和侧柏、云南的山茶、四川的木芙蓉、攀枝花的木棉等都具有浓郁的地方特色。

在城市中，大量的硬质楼房形成了轮廓挺直的建筑群体，而园林绿化则是柔和的软质景观。柔质的植物材料可以软化生硬的几何式建筑形体，如基础栽植、墙角种植、墙壁绿化等；也可作为雕塑、喷泉、建筑小品的装饰，或用绿篱作背景，通过色彩对比和空间的围合营造烘托的效果。绿色植物空间与周围建筑的实体空间还形成刚柔对比、高低错落、丰富多变的城市图底关系，丰富了城市的空间层次，提升了城市的整体形象，达到美化城市、美化环境的艺术效果。

3.4.2 营造城市景观风貌

空间布局良好的城市绿地可以改善城市环境，营造景观特色，从而达到美化城市的目的，同时给人们带来心理和视觉上的美感。如大连的市区绿化清新明丽，衬托了高耸的楼房，丰富了景观，增添了生机；杭州市的西湖风景园林，形成了杭州风景旅游城市的特色；扬州市的瘦西湖风景区和运河绿化带，形成了内外两层绿色园林带，使扬州市具有风景园林城市的特色；日内瓦湖的风光，成为日内瓦景观的代表；塞纳河横贯巴黎，其沿河绿地丰富了巴黎城市面貌；澳大利亚的堪培拉，全市处于绿树花草丛中，是美丽的花园城市。

美的城市首先要对环境特征有鲜明的第一印象，也就是说城市构成的景观清晰易辨，个性突出，环境清新，心旷神怡，行动轻松，情绪安定。这些应包括市民和专业人员的共同印象。对城市印象影响最大的因素，大致包括以下5个部分，即道路、边界、节点、区域和标志物。

(1) 道路

道路主要指运动网路，如街道、铁路、河流等。道路具有连续性和方向性，给人以动态的连续印象，是进入市区后的主要印象。美的道路除了与建筑风格的一致和具有变化、进行对景布置外，还用绿色植物构成的连续构图和季相变化，以及退后红线的前庭绿地来丰富建筑的轮廓线，使道路更具魅力；在曲折的道路采用自然丛植也可以获得自然野趣的效果。同时道路绿化对城市装饰也具有特别重要的意义，常形成城市的特有面貌。如上海的悬铃木行道树、南京的雪松行道树、南宁的蒲葵行道树、长沙的广玉兰行道树等，均构成具有地方特色的市容。

(2) 边界

边界是除道路以外的线性要素，主要指城市的外围和各区间外围的景观效果。形成边界景观的方法很多，可利用空旷地、水体、森林等形成城郊绿地，而最理想的为保护好的自然边界。

在城市边缘有大水体或河流的城市，多利用自然河湖作为边界，并在边界上设立公园、浴场、滨水绿带等，以形成环境优美的城市面貌，对城市整体的景观形象具有积极意义，如青岛、大连、上海、杭州、厦门等城市。在被山地包围和四周为平原的城市，则利用城郊绿地形成边界，以形成青山绿树环抱的景观效果。

(3) 节点

节点多是城市景观视线的焦点，有的节点可以是整个城市或区域的中心点，是一个相对广泛的概念，可能是一个城市中心区，也可能是一个广场、公园。如北京的天安门广场、中山公园、劳动人民文化宫所形成的城市中心点。

城市中心是历史形成的，大多为商业服务或政治中心，在中心地带的标志物，许多为具有纪念意义的建筑物，为了永久地保存它，周围划出一定保护地带进行绿化，而成为公园或纪念性绿地，以及绿化广场等。如广州的越秀公园和镇海楼，北京天安门、中山公园和北海、中南海，上海人民公园，长沙天心阁公园等，都是城市中心的集合点。这些节点都有明显的特征，又是视线和人流的交点，能给大多数人以较深刻的印象。节点不同于城市标志物，它主要构成城市平面的中心，而城市标志物主要构成空间的视线焦点，但节点和标志物常常位于同一地段。

(4) 区域

城市景观中，不同功能分区景观效果不同，工业区、商业区、交通枢纽、文教区、居住区景观各异，应保持其特色而不应混杂，这样可形成丰富多彩的城市景观效果。

这些景观是由于空间特征、建筑类型、色彩、绿化效果、照明效果等不同，而形成不同的区域景观。如从青岛市中心的观景山向南看八大关一带，多为海滨的休疗养性质的庭院式建筑，绿荫覆盖，红瓦点点，蓝色的海和天空成为背景，为城市景观增辉不少。

城市中同一区域，利用绿地确定统一的特色、主题，可以突出区域特征，凸显城市特色。

(5) 标志物

城市标志物是构成城市景观的重要内容，它必须以独特的造型与背景有强烈的对比，并具有重要的历史意义，从而形成特色。

城市标志物最好位于城市中心的高处，以仰视观赏来排除地面建筑物的干扰，如北京北海的白塔、拉萨的布达拉宫、桂林的叠彩山"江山会景处"等均位于高处。对于有开阔水面的城市，利用水面背景衬托标志物往往也收到较好的效果，如青岛以海中岛屿小青岛和栈桥为标志物，城市各条道路均以它为对景，同时可利用道路引入海风，从功能和景观上均获得较好的效果。为了保护在中心地带的标志物和许多具有历史纪念意义的建筑物，周围划出一定保护地带进行绿化，使之成为公园或纪念性绿地，也体现城市的历史文化特色。

总之，城市艺术风貌是一个整体，要充分利用自然地形地貌、文物古迹，结合城市绿地系统规划的层面进行绿地的合理布局，凸显城市特色，营造城市文化、历史风貌。

3.5 避险救灾功能

在地震、火灾等严重的自然灾害和其他突发事故、事件发生时，城市绿地可以用作避难疏散场所和救援重建的据点。

3.5.1 避险功能

灾害发生后，城市绿地可以为避难人员提供避难生活空间，并确保避难人员的基本生活条件。

1923 年日本发生关东大地震，在城市公园避难的人数占当时东京市避难总人数的 40% 以上，城市绿地的避险功能被公众和城市规划人员认识并开始进行深入的探讨。1986 年日本提出把城市公园绿地建成具有避难功能的场所，在城市绿地系统建设中有意识地加强了防灾避险绿地的建设，并形成了较为完备的防灾避险绿地体系。当 1995 年阪神大地震来临时，有约 31 万人被分散在 1100 多个避难场所中，其中神户的 27 个公园都成了居民的紧急避难所和灾后暂住场所。

1976 年 7 月，唐山地震波及北京、天津一带，北京 15 处公园绿地总面积逾 400hm^2，疏散居民 20 多万人，绿地提供了避险的临时生活环境。1999 年中国台湾集集地区发生地震，丰原市、大里市和东势镇共有 4.4 万人在 51 个避难所避难，其中公园的避难面积占 1/3，东势镇在公园绿地避难的人口占避难总人口的 56.3%。2008 年 5 月 12 日的汶川地震，全国很多地方有强烈震感。在上海延中绿地、陆家嘴绿地等大型城市绿地中，站满了从周围办公建筑中疏散下来的人员，在重庆不少地区，很多市民产生恐慌心理，陆续进入城市绿地中避震，仅花卉园深夜高峰期就达到 5 万人。事实证明，在历次的地震灾害中，城市绿地都发挥了重要的避难疏散作用。

随着对应急避难体系研究的深入，中国也越来越重视城市绿地所发挥的作用。2002 年颁布的《北京市公园条例》第二条规定，"公园具备改善生态环境、美化城市、游览观赏、休息娱乐和防灾避险等功能"；第四十九条规定，"对发生地震等重大灾害需要进入公园避险避险的，公园管理机构应当及时开放已经划定的避难场所"。

2003年10月，中国第一个应急避难场所——元大都城垣遗址公园在北京建成，园内拥有39个疏散区，具备了10种应急避难功能，可为周围居民提供生命保障。此后，北京的防灾公园建设陆续展开。

2004年北京朝阳公园动工兴建5处应急直升机停机坪，为公园增加避险救灾功能。

2004年北京第一个独立、节能型的社区级应急避难系统在万寿公园建成。该避难系统主要由11项应急避险功能及配套设施组成。

2006年，为配合奥运会，北京制定了《北京市中心城地震及其他灾害应急避难场所（室外）规划纲要》，逐步将八大城区的一些公园绿地改造为配有应急避难设施的真正意义上的防灾公园。

截至2008年，北京市已建成29处防灾公园或绿地，总面积$495 \times 10^4 m^2$，可同时容纳189万人紧急避难。由此，北京市应急避难场所的建设相继展开。

作为防灾公园，绿地内必须能够搭建提供避难人员栖身的简易房、防震棚、帐篷等；有紧急提供被褥、衣物、饮用水等生活必需品的储备和供给能力；有备用的应急电源、供电设备、照明和供水设施；有按规定设置的临时厕所等，从而保证避难人员可以在绿地内等待救援，度过灾后重建的一段时期。

3.5.2 救灾功能

城市绿地在灾后救援与重建中同样发挥着重要的作用。

物资、食物、饮用水的分发等救援活动，可以将城市绿地作为据点来进行。

严重的灾害过后，都会有不同程度的人员伤亡。1976年唐山大地震震亡24万余人，重伤16万余人；1999年中国台湾集集地区地震死亡2400多人，受伤逾1万人。灾害发生后，及时抢救伤员特别是危重伤员是一项十分紧迫的工作。在城市绿地中设立医疗服务点，可以让救援人员及时开展医疗救护，对伤员进行救治。

灾害发生后，灾区内外的运输任务极为繁忙。以唐山大地震为例，震后几天之内，10万名解放军指战员、2万多名医务人员和大量工程技术人员进入灾区，逾70万t支援灾区的物资运抵唐山。城市绿地中大型的停车场和停机坪、大面积的空地，可以成为救援物资的集散地，为运输车辆和相关人员提供服务，建立救护指挥部，进行道路抢修、倒塌建筑的应急处理、防火、防范巡逻等有组织的复旧活动。很多城市绿地成为复旧资材放置场所以及建筑废墟、瓦砾堆放场所，利于城市尽快修复、重建。

小 结

本章阐述了城市绿地在生态、社会、经济等方面所发挥的功能作用，主要从生态防护、游憩娱乐、文化教育、环境美化、避险救灾5个方面进行了概括。通过研究数据和实例的展示，使读者对城市绿地的功能有详细和深入的了解，从而引发城市绿地在城市中布局要求的初步思考。

思考题

1. 城市绿地的功能作用表现在哪些方面？
2. 城市绿地的生态防护功能表现在哪些方面？
3. 列举对二氧化硫、氟化氢和氯气抗性强的树种。
4. 城市绿地降低噪声的原理是什么？在绿地的配置结构上有什么要求？
5. 城市绿地的文化教育功能表现在哪些方面？
6. 简述城市绿地的景观功能。
7. 城市绿地的避险救灾功能是如何体现的？

推荐阅读书目

1. 城市意象. (美)凯文·林奇. 华夏出版社，2001.
2. 生态学(第3版). 李振基等. 科学出版社，2007.
3. 防灾避险型城市绿地规划设计. 李树华. 中国建筑工业出版社，2010.

第 4 章 城市绿地系统规划原理

学习重点

1. 明确城市绿地系统规划的定位,了解城市绿地系统规划与城市总体规划的关系;
2. 在了解城市绿地分类发展历程的基础上,掌握中国目前现行的城市绿地分类标准,理解各类绿地的基本特征;
3. 在认识系统与结构关系的基础上,掌握城市绿地系统结构的基本形式;
4. 掌握城市绿地主要指标及其计算方法。

4.1 城市绿地系统规划定位

4.1.1 城市绿地系统规划任务和目标

4.1.1.1 城市绿地系统规划任务

城市绿地系统规划是对各种城市绿地进行定性、定位、定量的统筹安排,形成具有合理结构的绿地空间系统,以实现绿地所具有的生态、景观、游憩、文化和防灾避险五大功能的活动。《园林基本术语标准》指出:一般城市绿地系统规划具有两种形式。一种属城市总体规划的组成部分,是城市总体规划中的专业规划。另一种属专项规划,其主要任务是以区域规划、城市总体规划为依据,预测城市绿化各项发展指标在规划期内的发展水平,综合部署各类各级城市绿地,确定绿地系统的结构、功能和在一定规划期内应解决的主要问题;确定城市主要绿化树种和园林设施以及近期建设项目等,从而满足城市和居民对城市绿地的生态保护和游憩休闲等方面的要求。这是一种针对城市所有绿地和各个层次的完全的系统规划。

城市绿地系统规划与城市规划一样,其复杂性要求我们必须事先对城市绿地建设做出安排和计划,确保城市绿地的建设和发展,保持城市绿地系统与其他各类建设系统的平衡。这些安排和计划可以通过文字进行定性的描述,也可以通过数字确定定量的目标,但是这些方式和手段都难以将绿地发展目标与实际绿色空间联系起来,缺乏相关性和直观性。只有将先期确定的绿地发展目标,通过准确、具体的图形,落实到城市空间实体上,描绘出未来城市绿地发展的远景蓝图,才能保证城市绿地建设的有效性。而城市绿地系统规划正是唯一能够实现这一目标的有效手段,如人均公园绿地面积,通过城市绿地系统规划可以落实为规模不同、分布不同的公园绿地,充分体现出城市绿地系统规划的基本职能。

4.1.1.2 城市绿地系统规划目标

城市绿地系统规划不仅是城市规划的重要组成部分，同时也是风景园林规划设计领域的一个重要分支，是以城市为对象，以创造高质量的风景园林空间为目标的规划技术。通过绿地系统规划，最终要实现城市绿地生态效益、经济效益和社会效益的综合发挥，即确保安全、健康的城市环境，引导和限制城市形态，提供户外的游憩场所，创造具有特色的优美城市景观，加强与城市内仅有自然的接触，培养市民的乡土意识和人性回复。2000年《城市未来柏林宣言》作为现代城市绿地规划的重要理论基石，认为今后的绿地规划要符合生态性、文化性、自然性、区域性、生物多样性、郊野休闲性与人居环境舒适性，范围扩大到整个区域，提倡大地景观规划。美国风景园林师西蒙兹认为，绿地规划的本质不是仅仅纠正技术和城市发展带来的污染和灾害，更是推进人与自然的和谐。由此可见城市绿地系统规划明确的方向性。

4.1.2 城市绿地系统规划层次

根据中国现行的城市规划法规要求，城市绿地系统规划作为城市的一个专项规划，其工作层次应与城市规划的相应阶段保持同步，即可分为总体规划、分区规划和详细规划3个层次。对于大部分的城市来讲，这3个层次可以是递进式展开，分期顺序编制；也可以是综合在一起统筹，各层次的工作内容有机地组合编制，顺序反映在规划成果之中，从而提高规划编制工作效率和规划实施的可操作性。

4.1.2.1 城市绿地系统总体规划

城市绿地系统总体规划主要包括城市绿地系统(含市域与市区两个层次)的规划总则与目标、规划绿地类型、定额指标体系、绿地布局结构、绿地分类规划、城市绿化树种规划、生物多样性保护规划、规划实施措施等重大问题，规划成果要与城市总体规划、风景旅游规划、土地利用总体规划等相关规划协调，并对城市发展战略规划和总体规划等宏观层面的规划提出用地与空间发展方面的调整建议。

4.1.2.2 城市绿地系统分区规划

对于大城市和特大城市，一般需要按市属行政区或城市规划用地管理分区编制城市绿地系统的分区规划，重点对各区绿地规划的原则、目标、绿地类型、指标与分区布局结构、各区绿地之间的系统联系做出进一步的安排，便于城市绿地规划建设的分区管理。该层次绿地规划与城市分区规划相协调，并提出相应的调整建议。

4.1.2.3 城市绿地系统详细规划

城市绿地系统详细规划包括控制性详细规划和修建性详细规划两部分，控制性详细规划是在总体和分区绿地系统规划的指导下，重点确定规划范围内各建设地块的绿地类型、指标、性质和位置、规模等控制性要求，并与相应地块的控制性详细规划相协调。而对于比较重要的绿地建设项目，还可进一步做出详细规划，确定用地内绿地总体布局、用地类型和指标、主要景点建筑构思、游览组织方案、植物配置原则和竖向规划等，并与相应地块的修建性详细规划相协调。详细规划可作为绿地建设项目的立项依据和设计要求，直接指导建设。对于一些近期计划实施的绿化建设重点项目，必要时还需做出设计方案以进一步表达规划意图。

4.1.3 与相关规划的关系

4.1.3.1 与城市总体规划的关系

2002年国家建设部出台的《城市绿地系统规划编制纲要(试行)》中明确指出，《城市绿地系统规划》是《城市总体规划》的专业规划，是对《城市总体规划》的深化和细化。《城市绿地系统规划》由城市规划行政主管部门和城市园林行政主管部门共同负责编制，并纳入《城市总体规划》。

当前，在城市快速发展过程中，城市总体规划往往与城市实际发展状况有一定的差距，城市绿地系统规划的编制有可能会遇到两种不同的情况，一种情况是城市总体规划的修编已经完成，城市绿地系统规划的编制完全可以基于城市总体规划，此时的城市绿地系统规划是对城市总体规划的深入和细化；而另一种情况是城市总体规划正处于修编或新编过程中，城市用地处于尚未完全确定之中，此时绿地系统规划的编制可以通过系统的调查、理性的分析，形成相应的专项研究，对城市总体规划中的绿地规划内容提出一定的调整建议。

同时，在城市总体规划修编过程中，为了更好地保护自然资源和有效地提升城市生态环境水平，提出了城市绿地系统规划等专项规划同期参与总体规划修编，并作为修编的基础性工作，为总体规划提供技术支撑。这个过程通常叫作城市绿地发展战略研究，是因着手解决不断出现的新问题而逐步形成的，也是城市绿地系统总体规划的指导性文件。

由此可见，城市绿地系统规划和城市总体规划的关系正朝着一种互为尊重、互为协调、互为补充的局面发展。

4.1.3.2 与土地利用总体规划的关系

土地利用总体规划是在一定区域内，根据国家社会经济可持续发展的要求和当地自然、经济、社会条件，对土地的开发、利用、治理、保护在空间上、时间上所作的总体安排和布局，是国家实行土地用途管制的基础。

土地利用总体规划根据土地用途，将土地分为农用地、建设用地和未利用地，这3类用地完全涵盖了城市中的所有绿地类型，即城市建设用地内的绿地和非建设用地内的绿色空间，因此，土地利用总体规划对城市绿地系统规划具有决定性的作用。这种作用主要体现在通过不同用地的数量控制、功能安排、空间布局，直接影响城市绿地系统的发展规模、空间布局结构，从而进一步影响城市绿地综合功能的发挥。

当然，城市绿地系统规划也可以对土地利用总体规划发挥积极的反作用，通过对城市自然资源的分析和判断，构建城市的绿色基础设施，为土地利用分区、生态退耕和农业结构调整提供依据。

4.1.3.3 与其他规划的关系

《城市绿地系统规划编制纲要（试行）》明确规定，城市绿地系统规划的编制包括市域层面的相关内容，由于市域层面涉及的绿地类型多样，同时这些绿地的行政主管部门往往为林业、农业、水利、旅游等相关部门，因此，城市绿地系统规划必须及时准确地反映和体现相关管理部门的发展规划，如林业发展规划、农业发展规划、水利建设与保护规划、旅游发展规划等，使城市绿地规划建设内容很好地与其衔接和吻合，实现快速发展。

4.2 城市绿地系统规划理论基础

城市绿地系统规划是以风景园林学和城市规划学为主，并与其他学科，如生态学、植物学、动物学、地理学、社会学、心理学和文学艺术等学科相结合的综合学科。它的基础知识包括自然地理、土壤、气象等自然科学，生物生态、植物景观、生态学等生物学科，园艺、林学等农业应用科学，以及文学、艺术、美学等社会科学。学习和掌握城市绿地系统规划的理论和方法，必须具备以上相关知识，并灵活运用于实践。

4.2.1 城市规划学

城市规划又叫都市计划或都市规划，是指对城市的空间进行的预先考虑。其对象偏重于城市的物质形态部分，涉及城市中产业的区域布局、建筑物的区域布局、道路及运输设施的设置、城市工程的安排等。

城市规划学是研究城市的未来发展、城市的合理布局以及城市各项工程建设的综合部署，是一定时期内城市发展的蓝图，是城市建设和管理的依据。要建设好城市，必须有一个统一的、科学的城市规划，并严格按照规划来进行建设。城市规划是一项政策性、科学性、区域性和综合性很强的工作。它要预见并合理地确定城市的发展方向、规模和布局，做好环境预测和评价，协调各方面在发展中的关系，统筹安排各项建设，使整个城市的建设和发展，达到技术先进、经济合理、"骨、肉"协调、环境优美的综合效果，为城市人们的居住、劳动、学习、交通、休息以及各种社会活动创造良好条件。

4.2.2 生态学

(1) 景观生态学

景观生态学是研究在一个相当大的区域内，由许多不同生态系统所组成的整体（即景观）的空间结构、相互作用、协调功能及动态变化的一门生态学新分支。景观生态学给生态学带来新的思想和新的研究方法。它已成为当今北美生态学的前沿学科之一。

景观生态学一词是德国著名的地植物学家 C. 特罗尔（C. Troll）于 1939 年在利用航空照片研究东非土地利用问题时提出来的。在提出概念的同时，特罗尔也认为，景观生态学不是一门新的科学或是科学的新分支，而是综合研究的特殊观点。

许多学者对景观生态学基础理论的探索已经做出了重要贡献，但从景观生态学理论研究现状来看，相关学科为景观生态学提供的基础理论，概括起来主要有 7 项，分别是：生态进化与生态演替理论、空间分异性与生物多样性理论、景观异质性与异质共生理论、岛屿生物地理与空间镶嵌理论、尺度效应与自然等级组织理论、生物地球化学与景观地球化学理论、生态建设与生态区位理论。

(2) 恢复生态学

恢复生态学（restoration ecology）是 20 世纪 80 年代迅速发展起来的现代应用生态学的一个分支，是研究生态系统退化的原因、退化生态系统恢复与重建的技术和方法及其生态学过程和机理的学科。对于这一定义，总的来说没有多少异议，但对于其内涵和外延，有许多不同的认识和探讨。这里所说的"恢复"是指生态系统原貌或其原先功能的再现，"重建"则指在不可能或不需要再现生态系统原貌的情况下营造一个不完全雷同于过去的甚至是全新的生态系统。目前，恢复已被用作一个概括性的术语，包含重建、改建、改造、再植等含义，一般泛指改良和重建退化的自然生态系统，使其重新有益于利用，并恢复其生物学潜力，也称为生态恢复。生态恢复最关键的是系统功能的恢复和合理结构的构建。

4.2.3 植物学与动物学

植物学是生物学的分支学科，是研究植物的形态、分类、生理、生态、分布、发生、遗传、进化的科学。它的主要分科有植物分类学、植物形态学、植物解剖学、植物胚胎学、植物生理学、植物生态学、植物病理学、植物地理学等。目的在于开发、利用、改造和保护植物资源，让植物为人类提供更多的食物、纤维、药物、建筑材料等。

园林植物（landscape plant）指适用于园林绿化的植物材料。包括木本和草本的观花、观叶或观果植物，以及适用于园林、绿地和风景名胜区的防护植物与经济植物。室内花卉装饰用的植物也属园林植物。园林植物分为木本园林植物和草本园林植物两大类。此外还包括蕨类、水生、仙人掌多浆类、食虫类等植物种类。因此，园林植物学是以园林建设为宗旨，对园林植物的分类、习性、繁殖、栽培管理和应用等方面进行系统研究的学科。它包括园林树木学与园林花卉学。

动物学（zoology）是揭示动物生存和发展规律的生物学分支学科。它研究动物的种类组成、形态结构、生活习性、繁殖、发育与遗传、分类、分布移动和历史发展及其他有关的生命活动的特征和规律。其传统分支包括动物形态学、动物生理学、动物分类学、动物生态学、动物地理学等。其中动物生态学是研究动物与其所处环境因子（包括生物的和非生物的）间的相互关系，目前已由过去的个体生态研究，发展为种群生态、群落生态乃至生态系统研究；动物地理学则研究动物种类在地理上分布的状况，以及动物分布的方式和规律，同时，从地理学角度来研究各个区域中的动物种类和分类的规律。这些分支的研究成果都为城市绿地系统规划与建设提供重要的数据支撑。

4.2.4 城市美学与园林美学

城市美学是一门内容涵盖面十分广泛的学科，它涉及研究城市、建筑、大地景观等领域的美学规律。研究城市美学的内在本质和规律是进行城市美学创造的前提。一般来说，城市美学研究主要包括城市美的本质及其内涵与外延，城市美的基本特征，人对城市的审美关系与审美规律，城市艺术形象的审美本质、审美价值与审美规律，城市的美学语义与城市特色。

园林美学是应用美学原理研究园林艺术的美学特征和规律的学科。主要研究内容包括造园思想的产生、发展和演变及园林审美意识、审美标准、审美心理过程和哲学思维方法等。目前，关于该方面的理论著作较少，需要不断完善园林美学理论研究和实践指导的作用，使园林美学成为指导园林事业发展的理论基础。

4.2.5 社会心理学

社会心理学是研究个体和群体的社会心理现象的心理学分支。个体社会心理现象指受他人和群体制约的个人的思想、感情和行为，如人际知觉、人际吸引、社会促进和社会抑制、顺从等。群体社会心理现象指群体本身特有的心理特征，如群体凝聚力、社会心理气氛、群体决策等。

社会心理学是心理学和社会学之间的一门边缘学科，受到来自两个学科的影响。在社会心理学内部一开始就存在着两种理论观点不同的研究方向，即所谓社会学方向的社会心理学和心理学方向的社会心理学。解释社会心理现象的不同理论观点，并不妨碍社会心理学作为一门独立学科具备其基本特点。社会心理学主要研究主体与社会客体之间的特殊关系，即人与人、人与群体之间的关系。

4.2.6 城市灾害学

城市灾害学是以城市防灾减灾为研究对象的学科。它把看起来孤立的城市灾害（事故）事件通过"链"而紧密联系并构成灾害系统。城市灾害学作为一门学科至少要回答如下问题才能符合学科的科学性及创新性，即：①城市防灾减灾总构想；②城市灾害特点，如危害性、相关性、多样性、地区性、突发性、群发性、模糊周期性、社会性等；③城市灾害的性质；④城市灾害致灾机理及形成要素；⑤灾害模型论，如模型概念、系统动力学、风险分析、危机控制、层次分析法等；

⑥城市减灾工程决策与减灾对策分析，如灾害预测与灾害经济学等。

4.2.7 城市地理学

城市地理学是研究城市地域空间组织的学科。主要研究城市形成和发展条件、空间结构与布局、城市化过程、城市体系、城市间相互作用、城市形态、城市内部土地利用和城市问题等。

城市地理学的内容核心是从区域的空间组织和城市内部的空间组织两种地域系统考察城镇的空间组织。围绕这两种地域系统，具体研究内容包括：

① 城市化研究　包括城市化的衡量尺度、城市化过程、世界各国城市化的比较、城镇人口集聚的规律、大城市的优势，以及城市化的效果和问题等。

② 城市职能研究　把城市产业分解为以满足市外需要为主和以满足市内需要为主两类，从而确立基本职能与非基本职能的概念，研究城市的性质及其对所在区域的作用。

③ 城市分类研究　可根据不同目的采取不同的分类方法，其中最重要的是以职能为依据的分类。

④ 城市体系研究　旨在掌握地域城镇综合体的分布特征、功能、规模结构。

⑤ 城市群和大城市集群区研究　略。

⑥ 城市形态研究　包括城市聚合特征、城市总平面布置格局以及城市景观的研究。

⑦ 除上述之外，还包括城市地域结构研究、城市土地利用研究、城市生态系统研究、城市综合地理研究等。

4.3 城市绿地分类

城市绿地系统，是城市地区人居环境中维系生态平衡的自然空间和满足居民休闲生活需要的户外游憩体系，也是有较多人工活动参与培育经营的，有社会、经济和环境效益产出的各类城市绿地的集合（包含绿地范围里的水域）。此系统中，各类绿地的功能、位置、所属管理机构等的不同，使得各类绿地均有其不同的特点，也对绿地建设提出了不同的要求。因此，明确城市绿地的分类是进行城市绿地系统规划的前提条件。

4.3.1 中国绿地分类发展历程

"绿地系统"的概念是建国后从苏联引进的，1960年出版的城市规划知识小丛书《城市园林规划》在借鉴苏联经验的基础上把绿地分为6类，即公共绿地（市和各区的大小公园、林荫道、绿化广场等）、街区内绿地、各机关单位专用绿地、有防护作用的绿地、特种大片绿地（植物园、动物园、苗圃等）、规划区以外的绿地（环城绿带、森林公园等）。

1961年出版的高等学校教科书《城乡规划》中，将城市绿地分为城市公共绿地、小区及街坊绿地、专用绿地和风景游览、休疗养区的绿地四大类。

1963年中华人民共和国建筑工程部*的《关于城市园林绿化工作的若干规定》中，将城市绿地分为公共绿地（各种公园、动物园、植物园、街道绿地和广场绿地等）、专用绿地（住宅区、机关、学校、部队驻地、厂矿企业、医疗单位及其他事业单位的绿地）、园林绿化生产用地（苗圃、花圃等）、特殊用途绿地（各种防护林带、公墓等）和风景区绿地五大类。这是中国第一个法规性的城市绿地分类，是建国十多年来绿地分类研究的总结，分类比较简明合理，符合中国国情，到目前各种分类法基本上还没有脱出这个分类的范围。

1975年国家基本建设委员会的《城市建设统计指标计算方法（试行本）》中，将城市绿地分为公园（全市性和区域性的大小公园、植物园、以园林为主的文化宫、展览馆、陵园等）、公用绿地（街道绿地、广场绿地、滨河绿地、防护林带、苗圃、花圃）、专用绿地（工厂区、居住区内和机关、学校、医院等单位内的绿地）、郊区绿地四大类。

1979年国家城市建设总局的《关于加强城市园林绿化工作的意见》中，将城市绿地分为公共绿地（公园、动物园、植物园、街道广场绿地、防护绿地等）、专用绿地（居住区、工矿企业、机关、学校、医疗卫生、部队驻地以及其他企事业单位的绿地）、园林绿化生产用地（苗圃、花圃、果园等）、风景区和森林公园四大类。

1980年12月国家基本建设委员会批发的《城市规划定额指标暂行规定》第十条：城市公共绿地定额采用市级、居住区级、小区级3级，内容包括全市性公园、区域性公园、动物园、开放性的植物园、儿童公园、街头绿地、小区级绿地和不小于8m宽的林荫带。但不包括行道树、防风林带和远郊风景游览区。

1982年城乡建设环境保护部颁发的《城市园林绿化管理暂行条例》中，将城市绿地分为公共绿地（供群众游憩观赏的各种公园、动物园、植物园、陵园以及小游园、街道广场的绿地）、专用绿地（工厂、机关、学校、医院、部队等单位和居住区内的绿地）、生产绿地（为城市园林绿化提供苗木、花卉、种子的苗圃、花圃、草圃等）、防护绿地（城市中用于隔离、卫生、安全等防护目的的林带和绿地）、城市郊区风景名胜区五大类。同年，中国建筑工业出版社出版的高等学校试用教材《城市园林绿地规划》（同济大学等三校合编）中，将城市绿地分为公共绿地、居住绿地、附属绿地、交通绿地、风景区绿地和生产防护绿地六大类。

1991年施行的国家标准《城市用地分类与规划建设用地指标》（GBJ 137—1990）中将城市绿地分为公共绿地和生产防护绿地两类。而将居住区绿地、单位附属绿地、交通绿地、风景区绿地等各归入生活居住用地、工业仓库用地、对外交通用地、郊区用地等用地项目之中，没有单独列出。

1992年，《城市绿化条例》中规定城市建成区绿地包括公共绿地、居住区绿地、单位附属绿地、防护绿地、生产绿地和风景林地6类。

1993年，国家建设部编写的《城市绿化条例释义》及1993年建设部文件《城市绿化规划建设指标的规定》中，将城市绿地分为公共绿地、居住区绿地、单位附属绿地、防护绿地、生产绿地和风景

---

* 中华人民共和国成立初至1970年设立的隶属国务院的部级机构，主管建筑工程等工作。

林地 6 类。

2002 年，建设部颁布《城市绿地分类标准》（CJJ/T 85—2002），按照不同功能将城市绿地系统分成了公园绿地、生产绿地、防护绿地、附属绿地和其他绿地 5 个大类和若干中类、小类。该标准作为城市绿地系统规划编制与管理工作的一项重要技术标准施行了 14 年，在统一全国的绿地分类和计算口径、规范城市绿地系统规划的编制和审批、加强园林绿化部门和城市规划部门的衔接沟通、提高城市绿地建设管理水平等方面发挥了积极的作用。但随着近年来全国各地城乡绿地规划建设和管理需求的不断升级与变化，以及《城市用地分类和规划建设用地标准（GB 50137—2011）》[以下简称"城市用地分类标准"（2011 版）]颁布实施带来的用地分类方面的调整，使原标准在现实需求和与相关标准衔接方面仍有进一步调整完善的必要。为适应中国城乡发展宏观背景的变化和满足绿地规划建设的需求，需要对原标准部分内容进行修订和补充。

为此，住房与城乡建设部组织了相关专家和编制单位，经广泛调查研究，认真总结实践经验，参考有关国际标准和国内先进标准，并在广泛征求意见的基础上，修订并颁布了《城市绿地分类标准》（CJJ/T 85—2017）。该标准调整了绿地大类、公园绿地的中类和小类，附属绿地中类以及调整了其他绿地的名称并增加了中类内容，调整后的新标准与《城市用地分类与规划建设用地标准》（GB 50137—2011）进行了衔接。

4.3.2 中国城市绿地分类标准

4.3.2.1 城市绿地分类原则

（1）功能性原则

城市绿地通常具有生态、景观、游憩、文化、避险等多种功能，其分类应以功能为主要依据，使其名副其实，便于城市绿地系统规划、建设和管理等各项工作。

（2）协调性原则

绿地分类要与城市规划用地平衡的计算口径一致。在城市总体规划中，有的绿地要参与城市用地平衡，而有的则属于某项用地范围之内，在总体规划中用地平衡计算时不另行计算面积。分类时考虑这个原则，与城市总体规划口径一致，可以避免城市用地平衡计算上的重复。

（3）对应性原则

绿地分类要力求反映不同类型城市绿地的特点。城市绿化的途径和水平各异，如有的城市多传统园林，有的城市多自然风景，有的城市街道绿化基础较好等。分类方法及计算应能反映出各种类型城市的特点、水平、潜力、发展趋势，以便为今后制订绿地规划的任务、方向提供依据。

（4）可比性原则

绿地分类应尽量考虑到纵向及横向的比较。纵向比较是指绿地分类应利于与原有的城市建设、管理及统计资料进行比较；横向比较是指绿地分类有利于各城市之间以及与同时期国外的城市绿地建设进行比较。

（5）可操作性原则

城市绿地分类应注意从宏观至微观的系统性，在具体的类、项等划分中作科学的处理，即可用分级代码的形式进行各个层次如大类、中类、小类的划分，使分类概念及编码方法统一，并同相关法律法规衔接，有利于城市绿地的更好发展，保证绿地分类的可操作性。

4.3.2.2 城市绿地分类标准

基于上述的分类原则，并结合中国实际情况，在对城市绿地系统进行了较为系统的分类整理之后，2017 年建设部颁布了中华人民共和国行业标准《城市绿地分类标准》（CJJ/T 85—2017），并于 2018 年 6 月 1 日起正式实施。该标准首先对城市绿地进行了明确的定义，然后在这定义之下，采用英文字母和阿拉伯数字混合编码的形式，将城市绿地分为城市建设用地内外两大部分（表 4-1，表 4-2）。

表 4-1 城市建设用地内的绿地分类和代码

类别代码			类别名称	内容与范围	备注
大类	中类	小类			
G1			公园绿地	向公众开放，以游憩为主要功能，兼具生态、景观、文教和应急避险等功能，有一定游憩和服务设施的绿地	
	G11		综合公园	内容丰富，适合开展各类户外活动，具有完善的游憩和配套管理服务设施的绿地	规模宜大于10hm²
	G12		社区公园	用地独立，具有基本的游憩和服务设施，主要为一定社区范围内居民就近开展日常休闲活动服务的绿地	规模宜大于1hm²
	G13		专类公园	具有特定内容或形式，有相应的游憩和服务设施的绿地	
		G131	动物园	在人工饲养条件下，移地保护野生动物，进行动物饲养、繁殖等科学研究，并供科普、观赏、游憩等活动，具有良好设施和解说标识系统的绿地	
		G132	植物园	进行植物科学研究、引种驯化、植物保护，并供观赏、游憩及科普等活动，具有良好设施和解说标识系统的绿地	
		G133	历史名园	体现一定历史时期代表性的造园艺术，需要特别保护的园林	
		G134	遗址公园	以重要遗址及其背景环境为主形成的，在遗址保护和展示等方面具有示范意义，并具有文化、游憩等功能的绿地	
		G135	游乐公园	单独设置，具有大型游乐设施，生态环境较好的绿地	绿化占地比例宜大于或等于65%
		G139	其他专类公园	除以上各种专类公园外，具有特定主题内容的绿地。主要包括儿童公园、体育健身公园、滨水公园、纪念性公园、雕塑公园以及位于城市建设用地内的风景名胜公园、城市湿地公园和森林公园等	绿化占地比例宜大于或等于65%
	G14		游园	除以上各种公园绿地外，用地独立，规模较小或形状多样，方便居民就近进入，具有一定游憩功能的绿地	带状游园的宽度宜大于12m；绿化占地比例应大于或等于65%
G2			防护绿地	用地独立，具有卫生、隔离、安全、生态防护功能，游人不宜进入的绿地。主要包括卫生隔离防护绿地、道路及铁路防护绿地、高压走廊防护绿地、公用设施防护绿地等	
G3			广场用地	以游憩、纪念、集会和避险等功能为主的城市公共活动场地	绿化占地比例宜大于或等于35%；绿化占地比例大于或等于65%的广场用地计入公园绿地
XG			附属绿地	附属于各类城市建设用地(除"绿地与广场用地")的绿化用地。包括居住用地、公共管理与公共服务设施用地、商业服务业设施用地、工业用地、物流仓储用地、道路与交通设施用地、公用设施用地等用地中的绿地	不再重复参与城市建设用地平衡
	RG		居住用地附属绿地	居住用地内的配建绿地	
	AG		公共管理与公共服务设施用地附属绿地	公共管理与公共服务设施用地内的绿地	

(续)

类别代码			类别名称	内容与范围	备注
大类	中类	小类			
	BG		商业服务业设施用地附属绿地	商业服务业设施用地内的绿地	
	MG		工业用地附属绿地	工业用地内的绿地	
	WG		物流仓储用地附属绿地	物流仓储用地内的绿地	
	SG		道路与交通设施用地附属绿地	道路与交通设施用地内的绿地	
	UG		公用设施用地附属绿地	公用设施用地内的绿地	

表 4-2　城市建设用地外的绿地分类和代码

类别代码			类别名称	内容与范围	备注
大类	中类	小类			
EG			区域绿地	位于城市建设用地之外，具有城乡生态环境及自然资源和文化资源保护、游憩健身、安全防护隔离、物种保护、园林苗木生产等功能的绿地	不参与建设用地汇总，不包括耕地
	EG1		风景游憩绿地	自然环境良好，向公众开放，以休闲游憩、旅游观光、娱乐健身、科学考察等为主要功能，具备游憩和服务设施的绿地	
		EG11	风景名胜区	经相关主管部门批准设立，具有观赏、文化或者科学价值，自然景观、人文景观比较集中，环境优美，可供人们游览或者进行科学、文化活动的区域	
		EG12	森林公园	具有一定规模，且自然风景优美的森林地域，可供人们进行游憩或科学、文化、教育活动的绿地	
		EG13	湿地公园	以良好的湿地生态环境和多样化的湿地景观资源为基础，具有生态保护、科普教育、湿地研究、生态休闲等多种功能，具备游憩和服务设施的绿地	
		EG14	郊野公园	位于城区边缘，有一定规模，以郊野自然景观为主，具有亲近自然、游憩休闲、科普教育等功能，具备必要服务设施的绿地	
		EG19	其他风景游憩绿地	除上述之外的风景游憩绿地，主要包括野生动植物园、遗址公园、地质公园等	
	EG2		生态保育绿地	为保障城乡生态安全，改善景观质量而进行保护、恢复和资源培育的绿色空间。主要包括自然保护区、水源保护区、湿地保护区、公益林、水体防护林、生态修复地、生物物种栖息地等各类以生态保育功能为主的绿地	
	EG3		区域设施防护绿地	区域交通设施、区域公用设施等周边具有安全、防护、卫生、隔离作用的绿地。主要包括各级公路、铁路、输变电设施、环卫设施等周边的防护隔离绿化用地	区域设施指城市建设用地外的设施
	EG4		生产绿地	为城乡绿化美化生产、培育、引种试验各类苗木、花草、种子的苗圃、花圃、草圃等各类圃地	

4.3.2.3 城市各类绿地特征

1) 公园绿地

"公园绿地"是城市中向公众开放的、以游憩为主要功能,有一定的游憩设施和服务设施,同时兼有健全生态、美化景观、科普教育、应急避险等综合作用的绿化用地。公园绿地可分为以下4项:综合公园、社区公园、专类公园和游园,其中专类公园又分为动物园、植物园、历史名园、遗址公园、游乐公园和其他专类公园。

(1) 综合公园

综合公园是城市公园系统的重要组成部分,是城市居民休闲文化生活不可缺少的重要因素,它不仅为城市提供自然条件良好、风景优美、植物种类丰富的大面积绿地,而且具有丰富的户外游憩活动内容,设施较完备,规模较大,质量较好,能满足人们游览休息、文化娱乐等多种功能需求,适合各种年龄和职业的城市居民进行半日到一日的游赏活动。同时,它对城市面貌、环境保护、社会活动起着重要的作用。

综合公园规模下限为$10hm^2$,以便更好地满足综合公园应具备的功能需求。考虑到某些山地城市、中小规模城市等由于受用地条件限制,城区中布局大于$10hm^2$的公园绿地难度较大,为了保证综合公园的均好性,可结合实际条件将综合公园下限降至$5hm^2$。

综合性公园的内容除通常的赏景游览、文化娱乐、儿童游戏、安静休息、动植物展示以外,可增加一些与现代休闲生活相符的活动内容,如运动健身、攀岩极限、农业体验、环境教育等。设施上可设有露天剧场、音乐台、俱乐部、艺术走廊、轮滑赛道、运动场、生态水池、茶室、餐饮部等,以满足现代人们生活的多种需求。

(2) 社区公园

社区公园是指用地独立,具有基本的游憩和服务设施,主要为一定社区范围内居民就近开展日常休闲活动服务的绿地,其规模宜在$1hm^2$以上。社区公园强调"用地独立"是为了明确"社区公园"地块的规划属性,而不是其空间属性,该地块在城市总体规划和城市控制性详细规划中,其用地性质属于城市建设用地中的"公园绿地",而不是属于其他用地类别的附属绿地。

2018年12月1日实施的《城市居住区规划设计标准》(GB 50180—2018)中提出了"生活圈"的概念,确定了十五分钟生活圈居住区、十分钟生活圈居住区和五分钟生活圈居住区3个级别,并给出了相应的公共绿地控制指标要求,其中,明确了居住区公园的最小规模和最小宽度。因此,本绿地分类标准中的社区公园即可对应分属不同生活圈居住区的居住区公园。

与城市公园相比,社区公园游人成分单一,主要是本居住区的居民,尤其以老年人和儿童为主,因此在公园内容、设施、位置、形式等各方面,以该类使用人群的游赏与使用方便为主。另外,游园时间比较集中,多在一早一晚,特别是夏季的晚上是游园高峰。

社区公园的内容通常包括休闲活动、文化活动、康体活动和游戏活动等。休闲活动多为闲坐、交谈、散步等静态活动,要求空间场所较为安静阴凉;文化活动主要包括棋牌娱乐、吹拉弹唱、宣传表演等,对场地设施要求与休闲活动相符合;康体活动多为居民自发组织,如跳舞、打拳、做操、打球、慢跑、抖空竹等动态活动,要有充裕的场地供其开展活动;而游戏活动的活动主体多为社区中的儿童,他们在公园里的行为不仅仅局限于游戏器械的使用,更专注于比较淳朴的游戏对象及行为,需要有更多的创造开发。

(3) 专类公园

专类公园是指具有特定的内容或形式、有相应的游憩设施的绿地。专类公园可分为动物园、植物园、历史名园、遗址公园、游乐公园、其他专类公园等。

① 动物园 是指根据动物学和游憩学规律所建成的大型专类公园。动物园的任务之一是集中饲养和展览各种野生动物及品种优良的家禽家畜等,进行各种动物的分类、繁殖、驯化等方面的研究,保护和研究濒危动物,成为动物基因保存

基地。任务之二是供市民参观游览、休憩娱乐，兼对市民进行文化教育及科普宣传。由于动物种类收集不易，饲养管理费用较大，动物笼舍造价较高，因此，必须根据城市的经济力量及技术的可能条件，确定动物园的规模及饲养的种类。在全国必须进行统一的规划，根据地区特点进行建设。

② 植物园 是指广泛收集和栽培植物种类并按植物学要求种植布置，同时满足人们参观游览等要求的专类公园。它的主要任务之一是广泛收集各种植物材料，并对植物进行引种驯化，定向培养，品种分类，研究植物在环境保护、综合利用等方面价值，保护濒危植物种类，成为植物基因保存基地。任务之二是供市民参观游览、休憩娱乐，并进行科普知识的教育。

③ 历史名园 是指体现一定历史时期代表性的造园艺术，需要特别保护的园林。这类园林不仅局限于文物保护单位。随着当代文化遗产理念的发展，除中国传统园林之外，近代一些代表中国造园艺术发展轨迹的园林同样具有重要的历史价值，其具有鲜明时代特征的设计理念、营造手法和空间效果应当给予保护。此类公园在中国公园中占有一定的数量，是历史、文化内涵最为丰富的绿地类型，它可以很好地反映一个城市的历史文脉，体现城市的历史文化风貌。

④ 遗址公园 是指以重要遗址及其背景环境为主形成的，在遗址保护和展示等方面具有示范意义，并具有文化、游憩等功能的绿地。随着对历史遗迹、遗址保护工作的高度重视，近年来出现了许多以历史遗迹、遗址或其背景为主体规划建设的公园绿地类型。位于城市建设用地范围内的遗址公园首要功能定位是重要遗址的科学保护及相关科学研究、展示、教育，需正确处理保护和利用的关系，遗址公园在科学保护、文化教育的基础上合理建设服务设施、活动场地等，承担必要的景观和游憩功能。

⑤ 游乐公园 是单独设置、具有大型游乐设施、生态环境较好的公园绿地，其中的主题公园近几年在中国发展较快。主题公园是在机械游乐园的基础上发展而来的，是根据特定的主题而创造出的舞台化游憩空间，即以虚拟环境塑造与园林环境载体为特点的休闲娱乐活动空间。划归城市公园绿地的主题公园除具有以上的特点外还应该有良好的绿化，其绿地率应不小于65%。由于主题公园是在市场经济条件下发展起来的，具有明显的商业性及大众性，因此，其位置选择、主题创意、项目设置等方面要充分考虑商业价值、大众品位以及环境效益。

⑥ 其他专类公园 是指除以上各种专类公园外，具有特定主题内容的绿地。主要包括儿童公园、体育健身公园、滨水公园、纪念性公园、雕塑公园以及位于城市建设用地内的风景名胜公园、城市湿地公园和森林公园等。这些公园有各自不同的设计标准和规范，为城市提供了丰富多元的游憩类型，是公园绿地的重要组成部分。

(4) 游园

是指除以上各种公园绿地外，用地独立、规模较小或形式多样、方便居民就近进入，具有一定游憩功能的绿地。这些分布零星、形式多样、设施简单的公园绿地在市民户外游憩活动中同样发挥着重要作用。

对块状游园的规模不做下限要求，在建设用地日趋紧张的条件下，小型的游园建设也应予以鼓励。而带状游园的宽度宜大于12m，这是因为相关研究表明，宽度7~12m是可能形成生态廊道效应的阈值。从游园的景观和服务功能需求来看，宽度12m是可设置基本游路、休憩设施并形成宜人游憩环境的宽度下限。游园规模虽小，但其绿地率应不小于65%。

2) 防护绿地

防护绿地是指为了满足城市对卫生、隔离、安全的要求而设置的绿地，它的主要功能是对自然灾害和城市危害起到一定的防护和减弱作用。它可细分为卫生隔离绿带、道路防护绿地、城市高压走廊绿带、防风林、城市组团隔离带等。随着对城市环境质量关注度的提升，防护绿地的功能正在向功能复合化的方向转变，即城市中同一防护绿地可能需同时承担诸如生态、卫生、隔离，甚至安全等一种或多种功能。在标准的实际运用中各城市可根据具体情况由专业人员进行分析判断，确有需要的，再进行防护绿地的中类划分。

防风林主要是为了防止强风及其所夹带的粉尘、砂土对城市的袭击，一般与主导风向垂直布置。在夏季炎热的城市中，则可与夏季盛行风平行设置，形成透风走廊，改善城市气候条件。卫生隔离绿带是为了防止产生有害气体、气味、噪声等的污染源对城市其他区域的污染，它通常设置于工厂、污水处理厂、垃圾处理站、殡葬场等用地与居住用地之间。安全防护林是为了防止和减少地震、火灾、水土流失、滑坡等灾害而设置的林带，它通常布置于易发生自然灾害和具有危险隐患的区域。城市高压走廊绿带是指城市高压输电线路下方一定范围内的绿化用地。

3) 广场用地

是指以游憩、纪念、集会和避险等功能为主的城市公共活动场地，其绿化占地比例宜大于或等于35%。这类广场用地在满足居民游憩需求的功能上与公园绿地相同，但是在空间上更加开敞，硬质铺装所占比例更大，同时也通过花坛、雕塑等体现城市文化或一定主题，可以满足集会、展览、运动、避险等功能，是城市中重要的交流和集会空间。另外，绿化占比比例大于或等于65%的广场用地可计入"公园绿地"，而以交通集散为主的广场用地则应划归为"交通枢纽用地"。

4) 附属绿地

附属绿地是指城市建设用地中"绿地与广场用地"之外各类用地中的附属绿化用地。这类绿地在城市中分布广泛，占地比重大，是城市普遍绿化的基础。它包括居住用地、公共管理与公共服务设施用地、商业服务业设施用地、工业用地、物流仓储用地、道路与交通设施用地、公用设施用地中的绿地。其中，居住用地附属绿地和道路与交通设施用地附属绿地是市民日常利用频率最高的绿地类型。

(1) 居住用地附属绿地

居住用地附属绿地是指居住区用地范围内的绿地。它的主要功能是改善居住环境，供居民进行日常的户外活动，如休憩、游戏、健身、社交、儿童活动等。居住用地附属绿地是市民日常接触最多的绿地。它与市民生活息息相关，其质量的高低将直接影响居民的日常生活及环境质量。中国居住区绿地的发展近几年取得了长足的进步，各小区对绿化和环境的重视也是前所未有的。这对于提高中国整体的绿化水平、提高人民的生活水平及城市的环境质量都起着非常重要的作用。

(2) 道路与交通设施用地附属绿地

道路与交通设施用地附属绿地是指道路与交通设施用地内的绿地，其主要功能为防止汽车尾气、噪声对城市环境的破坏，美化城市景观。它可细分为道路绿带（行道树绿带、分车隔离绿带、路侧绿带等）、交通岛绿地（中心岛、导向岛等绿地）、交通广场和停车场绿地等。道路绿地随城市道路网延伸至城市的每一个角落，在整个城市绿地系统的空间布局中扮演着重要的联系者的角色，城市中的各种点状及面状的绿地，通过线状的城市道路绿地的联系形成网络，构成一个完整的绿地系统。因此，道路与交通设施用地附属绿地是城市绿地系统重要的组成部分。

5) 区域绿地

"区域绿地"指位于城市建设用地之外，具有城乡生态环境及自然资源和文化资源保护、游憩健身、安全防护隔离、物种保护、园林苗木生产等功能的绿地，区域绿地不参与建设用地汇总，不包括耕地。

其主要目的是：适应中国城镇化发展由"城市"向"城乡一体化"转变，加强对城镇周边和外围生态环境的保护与控制，健全城乡生态景观格局；综合统筹利用城乡生态游憩资源，推进生态宜居城市建设；衔接城乡绿地规划建设管理实践，促进城乡生态资源统一管理。

"区域绿地"不包含耕地，因耕地的主要功能为农业生产，同时，为了保护耕地，土地管理部门对于基本农田和一般农田已经有明确管理要求。因此，虽然耕地对于限定城市空间、构建城市生态格局有一定作用，但在具体绿地分类中不计入"区域绿地"。

(1) 风景游憩绿地

风景游憩绿地指自然环境良好，向公众开放，以休闲游憩、旅游观光、娱乐健身、科学考察等为主要功能，具备游憩和服务设施的绿地。该绿地是城乡居民可以进入并参与各类休闲游憩活动的城市外围绿地，和城市建设用地内的"公园绿地"共同构建城乡一体的绿地游憩体系，其绿地类型包括风景名胜区、森林公园、湿地公园、郊野公园和其他风景游憩绿地 5 个小类。

① 风景名胜区　指经相关主管部门批准设立，具有观赏、文化或者科学价值，自然景观、人文景观比较集中，环境优美，可供人们游览或者进行科学、文化活动的区域。主要包括经省级以上人民政府审定命名、划定范围的各级风景名胜区，不包含风景名胜区位于城市和镇建设用地以内的区域，位于建设用地范围内的应归类于"其他专类公园"。

② 森林公园　指具有一定规模，且自然风景优美的森林地域，可供人们进行游憩或科学、文化、教育活动的绿地。该绿地多为自然状态和半自然状态的森林生态系统，其功能定位首先是资源保护和科学研究，兼顾一定的旅游、休闲、娱乐等服务功能。

③ 湿地公园　指以良好的湿地生态环境和多样化的湿地景观资源为基础，具有生态保护、科普教育、湿地研究、生态休闲等多种功能，具备游憩和服务设施的绿地。该绿地是以保护湿地生态系统，开展湿地保护、恢复、宣传、教育、科研、监测等为主要目的，兼顾湿地资源合理利用，适度开展不损害湿地生态系统功能的生态旅游活动。

④ 郊野公园　指位于城区边缘，有一定规模，以郊野自然景观为主，具有亲近自然、游憩休闲、科普教育等功能，具备必要服务设施的绿地。该绿地是以较大规模的原生自然风貌和野趣景观为特色，具有风景游憩和科普教育等功能。根据国内主要城市实践，并参考日本和英国同类公园面积要求情况，郊野公园应具有一定面积规模，才能保持和发挥自然郊野特色。

⑤ 其他风景游憩绿地　指除上述外的风景游憩绿地，主要包括野生动植物园、遗址公园、地质公园等。其中"地质公园"是以具有特殊地质科学意义、稀有的自然属性、较高的美学观赏价值以及具有一定规模和分布范围的地质遗迹景观为主体，并融合其他自然景观与人文景观而构成的一种独特的自然区域。可开展地质遗迹展示、科普教育宣传、地质科研、监测、旅游、探险等休闲娱乐等活动。

(2) 生态保育绿地

生态保育绿地指为保障城乡生态安全，改善景观质量而进行保护、恢复和资源培育的绿色空间。主要包括自然保护区、水源保护区、湿地保护区、公益林、水体防护林、生态修复地、生物物种栖息地等各类以生态保育功能为主的绿地，主要包括自然保护区、水源保护区、湿地保护区、公益林、水体防护林、生态修复地、生物物种栖息地等各类以生态保育功能为主的绿地。该类绿地对于城乡生态保护和恢复具有重要作用，通常不宜开展游憩活动的绿地。

(3) 区域设施防护绿地

区域设施防护绿地指在城市建设用地外的区域交通设施、区域公用设施等周边具有安全、防护、卫生、隔离作用的绿地。主要包括各级公路、铁路、输变电设施、环卫设施等周边的防护隔离绿化用地。这类绿地主要功能是保护区域交通设施、公用设施或减少设施本身对人类活动的危害。

(4) 生产绿地

生产绿地指为城乡绿化美化生产、培育、引种试验各类苗木、花草、种子的苗圃、花圃、草圃等圃地。不包括农业生产园地。随着城市的建设发展，"生产绿地"逐步向城市建设用地外转移，城市建设用地中已经不再包括生产绿地；但由于生产绿地作为园林苗木生产、培育、引种、科研保障基地，对城乡园林绿化具有重要作用。

4.4 城市绿地系统结构布局

4.4.1 城市绿地系统

4.4.1.1 系统与结构

系统一词，来源于古希腊语，是由部分构成整体的意思。系统论的创始人美籍奥地利人、理论生物学家L.V.贝塔朗菲定义："系统是相互联系相互作用的诸元素的综合体"。这个定义强调元素间的相互作用以及系统对元素的整合作用。同时也指出了系统的3个特性：一是多元性，即系统是多样性的统一，差异性的统一；二是相关性，即系统不存在孤立元素组分，所有元素或组分间相互依存、相互作用、相互制约；三是整体性，系统是所有元素构成的复合统一整体。这个定义说明了一般系统的基本特征，将系统与非系统区别开来，但对于定义复杂系统有着局限性。目前，一般系统论为给一个能描示各种系统共同特征的一般的系统定义，通常把系统定义为："由若干要素以一定结构形式连接构成的具有某种功能的有机整体。"在这个定义中包括了系统、要素、结构、功能4个概念，表明了要素与要素、要素与系统、系统与环境三方面的关系。

系统是普遍存在的，在宇宙间，从基本粒子到银河外星系，从人类社会到人的思维，从无机界到有机界，从自然科学到社会科学，系统无所不在。根据不同的原则和情况可以划分系统的不同类型，如按人类干预的情况可划分自然系统、人工系统；按学科领域可分成自然系统、社会系统和思维系统；按范围划分则有宏观系统、微观系统；按与环境的关系划分就有开放系统、封闭系统、孤立系统；按状态划分就有平衡系统、非平衡系统、近平衡系统、远平衡系统等，此外还有大系统、小系统的相对区别。

系统结构，是指系统内部各组成要素之间的相互联系、相互作用的方式或秩序，即各要素在时间或空间上排列和组合的具体形式。客观事物都以一定的结构形式存在、运动、变化，结构多种多样且决定着事物存在的本质。一般来说，系统结构具有稳定性、层次性、开放性、相对性的基本特点。

4.4.1.2 绿地系统结构特性

城市绿地系统作为城市系统的一大子系统，离不开对其结构的研究，如果事物离开了结构，就不可知，也不可评判。要规划一个科学合理的城市绿地系统必须具备一个科学合理的系统结构，而认识和理解绿地系统结构的特性，是构建完善的绿地系统的第一步。2002年的《园林基本术语标准》从行业角度明确了城市绿地系统的定义："城市绿地系统是由城市中各种类型和规模的绿化用地组成的整体"。该定义进一步说明，其整体应当是一个结构完整的系统，并承担改善城市生态环境、满足居民休闲娱乐要求、组织城市景观、美化环境和防灾避险等城市综合职能。

既然城市绿地自成为独立的系统，那么它就具有系统的整体性与一般特性：

(1) 整体性

整体性指系统的非加和性。城市绿地系统是由各种类型和规模的绿地组成，但是，它们不是这些绿地单元的简单叠加，而是之间有一定结构形式，具有特定功能的整体。其结果有可能是一加一大于二，或是一加一小于二。要评价绿地建设的综合状况，则必须建立在其整体结构形式之上，考虑整体功能的发挥。

(2) 层次性

城市绿地系统虽然是城市生态系统的子系统，但其规划也是以城市为总尺度的，可以按所属空间层次不同，划分为市域绿地系统、规划区绿地系统和城区绿地系统；也可以按功能不同，划分为生态绿地子系统、游憩绿地子系统、避险绿地子系统等。其较大的尺度范围和复杂性使人们在规划时不能盲目地一步到位，而是要求从大到小，从粗到精，有主次、有重点地逐层次进行。绿地系统是若干相互作用和相互依赖的城市绿地结合而成的，是具有特定功能的有机整体，因此必须具有多层次、多功能的结构。并且，每一个规划层次都要注意承上启下、兼顾左右，把个性的表达与整体的和谐统一起来，建设具有地方特色的城市绿地有机整体。

(3) 相关性

城市绿地系统中的每一种类型和规模的绿地在系统中都处在一定的位置上，起着特定的作用并相互影响，相互补充。它们相互关联，构成了一个不可分割的整体。例如，城市中沿河流、道路形成的绿色廊道，具有传播、过滤、阻抑的作用，并成为能量、物质和生物的源和汇。若这些廊道被随意侵占或遭到破坏，那么将影响城市绿地系统综合功能的整体发挥。

(4) 结构性

城市绿地系统为城市提供各种服务，如生态功能服务、游憩功能服务、景观功能服务等。这种服务不仅要求一定的绿地率或绿化覆盖率，更重要的是这些绿地以何种方式科学地分布，形成合理的空间格局，从而在整体上改善城市环境。通常认为，结构产生功能，而功能反映结构，一个系统的功能是各要素在结构中运动的结果。因此，绿地的结构与布局往往被认为是绿地系统的核心。

(5) 目标性

在社会可持续发展的理念指导下，城市绿地系统作为城市重要的子系统而存在，其目标性和目的性是非常明确的，即实现城市绿地在生态、经济和社会三方面的综合效益。

4.4.2 城市绿地系统结构影响因素

城市绿地系统布局结构是反映城市绿地系统布局的一种空间形态和功能特点，是绿地系统规划中一个很重要的核心问题。它着眼于整个城市的生态环境，强调绿地结构和绿地布局形式与自然地理、地形地貌、河湖水系、城市文化、城市功能分区的协调关系，使城市绿地最大地发挥其综合功能。城市绿地系统布局结构与城市布局结构一样都深受当地自然因素、社会因素(人的需求、城市历史和城市发展因素)的决定性影响，从

而形成符合当地地域特征的绿地布局形态。因此，本书主要从自然条件(地形地貌、水文、气候、土壤等)、社会经济条件(城市布局、土地利用、城市人口、城市历史等)这两大方面来分析。

(1) 自然因素

① 地形地貌　城市丰富的地形地貌条件为城市绿地系统的规划布局提供了良好的基础条件，绿地系统布局必须结合城市的自然地理条件，充分利用城市内部或外围的山体、丘陵、水系，使城市与大地相连共同成为自然生长物，共同发展。通过城市中的自然环境与外部大自然进行联系，恢复城市外部生物基因的正常输入和城市内部生物基因的自然调节，恢复陆地生态、湿地淡水生态、海滩海洋生态之间的生态交换关系。

② 气候条件　作为自然条件中最重要的因素，影响了城市建设的选址、功能分区、产业状况与布局、人口分布等，对城市绿地系统的布局也带来了一定的影响，其中最为主要的气象要素有风速风向、温度等。

风是以风向与风速两个量来表示的。城市风可以把污染物搬走，同时也是缓解城市热岛的重要因素。根据此特点在进行绿地布局时，在与夏季主导风向一致的情况下，可以将城市郊区的气流顺势引入城市中心地区，为炎夏城市的通风创造良好条件；而在冬季，若在垂直冬季的寒风方向种植防风林带，可以减低风速，减少风沙，改善气候。

在温度方面表现为以"热岛效应"为代表的热环境变化。对"热岛效应"的研究已经引起了众多专家的重视，研究结果表明绿化覆盖率与热岛强度成负相关，绿化覆盖率越高，则热岛强度越低，大片绿地(最好是林地)的凉空气不断向城市建筑地区流动，可以调节气温，输入新鲜空气，改善通风条件。

③ 城市水文　河流水系作为在城市中所残留下来的宝贵的自然空间，是城市的自然骨架，是城市的自然遗产，也是文化遗产。结合城市河湖水系的分布状况，可以形成城市的绿色通廊，对于维护城市自然环境和生物多样性保护具有重要作用。

(2) 社会因素

① 城市空间形态 各个城市的自然地理条件和社会经济条件的差异，以及生产、生活的需要，形成了不同类型城市布局的不同特点，而绿地系统规划以城市总体规划为依据，其布局模式与城市布局是互相影响的，故其也呈现出多种多样的布局形态。

② 城市土地利用及建设用地条件 土地是各种经济、社会活动和生活的必要条件，因此争夺激烈。土地不足迫使建筑密度提高并向高层发展，人口密度也相应提高，这些状况趋势使城市污染增加，城市环境恶化，而具有环境改善功能的绿地却很难得到保证，往往处于被随意侵占的被动地位。

③ 城市人口状况 人口与自然关系密切而复杂，人口的数量、质量、结构和分布等方面与环境有着密切联系，数量庞大的人口成为制约中国21世纪可持续发展的决定性因素。数量庞大的人口对各种生活资料的基本需求，对中国的自然资源、生态环境、社会发展和经济增长造成巨大的压力。

④ 城市历史文化 不同地区的城市面貌，在很大程度上反映了当地的历史、文化与社会经济发展状况，积淀了各历史时期的文化，并不断发展变化，城市景观也因此具有自然生态和文化内涵两重性。自然景观是城市的基础，文化内涵是城市的灵魂，两者表里糅合，相辅相成，共同塑造了城市这一特殊的生活环境。

4.4.3 城市绿地系统结构布局要求

城市绿地系统结构是系统内部各组成要素间相对稳定的联系方式、组织秩序与时空表现形式，是绿地系统规划的整体框架把握，就如人体的骨骼框架，决定了城市绿地系统的空间形态、功能发挥以及城市绿地的性质与分布。其主要目标是使各类城市绿地合理分布、紧密联系、组成城市内外有机结合的绿地系统，从而提高绿地配置在城市风貌中的贡献率，增强城市社会经济的发展。

城市绿地系统的布局一般要求结合各个城市的自然地形特点，按照一定的指标体系和服务半径在城市规划区中均匀设置。在具体实践中，多采取"点"（城区中均匀分布的小块绿地）、"线"（道路绿地，城市组团之间、城市之间、城乡之间的隔离绿带等）、"面"（大中型公园、风景区、生态景观绿地等）相结合的方式布局设置，形成有机的整体。通常，需要满足以下五方面的要求：

(1) 改善和优化城市生态环境

要严格按照国家标准确定绿化用地指标、划定绿化用地面积，明确划定城市建设的各类绿地范围和保护控制线（又称"绿线"）。如在工业区和居住区布局时，要考虑设置卫生防护林带；在河湖水系整治时，要考虑安排水源涵养林带和城市通风林带，在公共建筑与生活居住用地内，要优先布局公共绿地；在城市街道规划时，要尽可能将沿街建筑红线后退，预留出道路绿化用地等，充分发挥城市绿地的生态功能，达到城市生态环境的良性循环。

(2) 引导和控制城市空间形态

在城市化进程中，城市正呈现出无序的外延式扩张，通过城市外围各类绿色空间的有机组织，可以有效地引导城市空间的发展方向，控制城市的无序蔓延。

(3) 满足居民的户外游憩需求

城区范围内的公园绿地布局应考虑合理的服务半径，相对均匀分布，就近为居民提供休闲娱乐场地。

(4) 改善和加强城市艺术风貌

每个城市都具有独特的自然地理结构和地貌特征，每个城市也必然有其丰富的历史文化遗存及其所处环境，绿地布局必须将它们有机地组织进绿地系统中来，充分反映地方的文脉和特征，形成城市独有的风貌特色。

(5) 确保安全健康的城市环境

城市绿地的合理布局，不仅在一定程度上可以延缓灾害的发生，同时还能满足灾害发生时的救援、疏散等需求。

为满足上述要求，城市绿地系统规划应按照整体性、生态性、可达性、多样性、地域性及安全性的原则,对各类城市绿地进行空间布局,并结合城市其他部分的专业规划综合考虑,全面安排。

4.4.4 城市绿地系统结构基本形式

完善的城市绿地系统,应当做到布局合理、指标先进、质量良好、环境改善,有利于城市生态系统的平衡运行。从国内外城市绿地布局形式的发展情况来看,有8种基本模式,即点状、环状、网状、楔状、放射状、放射环状、带状、指状(图4-1)。下文对其中几种布局模式的特征作简要概括。

(1)点状绿地布局模式

点状绿地布局模式是指绿地以大小不等的地块形式均匀地分布于城市之中,这种以点状或块状绿地为主的布局模式多出现在城市形成发展的早期阶段,如中国上海、天津、武汉、长沙、青岛等城市的老城区(图4-2,图4-3)。上海中心城区绿地根据国内外城市公园绿地分级标准,综合考虑城市实际情况,将公园绿地分为3级,即一级绿地、二级绿地和三级绿地。一级绿地面积为10hm²以上,服务半径为3000m;二级绿地面积为4~10hm²,服务半径为2000m;三级绿地面积为0.3~4hm²,服务半径为500m。这种布局模式有利于市民就近利用,并对改善城市环境具有一定的作用,但由于占地规模不大以及分散的分布状况,相互之间缺乏有机联系,使得其难以充分发挥调节城市小气候、维护生物多样性、改善城市生态环境和形成城市艺术面貌的综合功能。

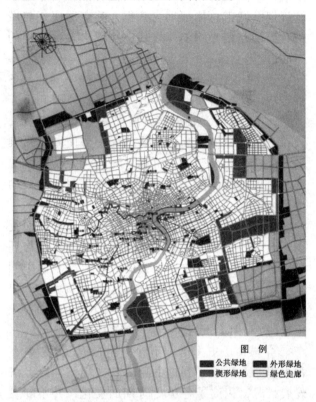

图4-2 上海市老城区点状绿地布局形式(张浪,2010)

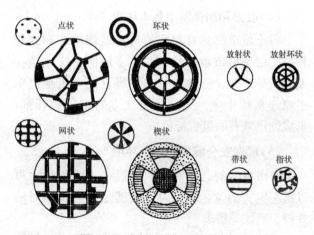

图4-1 城市绿地布局基本模式

图4-3 长沙市中心区点状绿地布局形式

(2) 环状绿地布局模式

环状绿地布局模式是指根据城市发展规模的不同,利用城市周边的农田、山体、林地以及一些生态敏感保护区在城市外围形成1条或多条环状绿带,其主要功能是在城市发展过程中,控制城市用地的无序扩展,或避免城市连续扩张而形成"摊大饼"的状况。1945年发表的伦敦大规划中的环状绿带就是这种布局模式的典型代表。中国首都北京建国后在城市规划中提出的绿化隔离地区建设设想,也是借鉴了这一布局思路。但是需要指出的是,单纯依靠这种环状绿地对改善城市内部的环境起不到实质性作用,必须与城市中的其他公园绿地相互配合、相互作用,才能发挥绿地的综合效应。2006年北京结合2004版新一轮的城市总体规划,编制了新的绿地系统规划,提出了"两轴、三环、十楔、多园"的基本结构。即青山环抱(占市域面积62%的山地绿化),三环环绕(五环路、六环路之间的绿色生态环,隔离地区的公园环,二环路绿色城墙环),十字绿轴(长安街和南北中轴及其延长线),10条楔形绿地(从不同方向沟通市区和郊区,将郊区新鲜空气引入市区),公园绿地星罗棋布(大、中、小型公园绿地),由绿色通道(道路、铁路和河道绿化带)串联成点、线、面相结合的绿地系统(图4-4)。其中,"三环环绕"就是典型的环状绿地布局模式。

(3) 楔状绿地布局模式

楔状绿地布局模式是指利用郊外林地、农田、

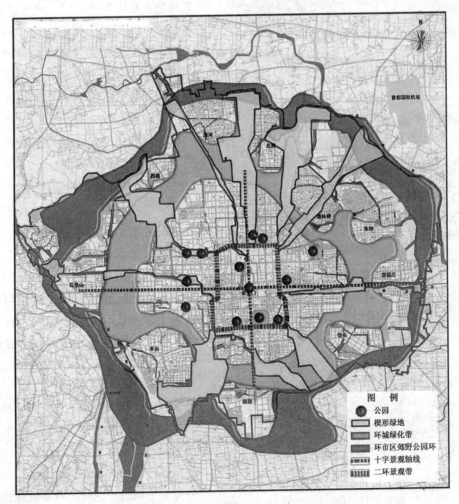

图4-4 北京环状绿地布局形式(吴淑琴,2006)

图 4-5 合肥城区楔形绿地布局形式

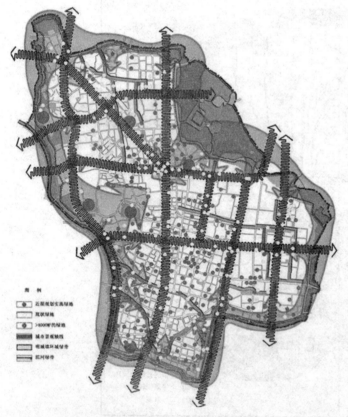

图 4-6 南京带状绿地布局形式

河流等自然因素形成绿色空间，由宽渐窄地嵌入到城市，将城市环境与郊区的自然环境有机地组合在一起。与防止城区向外扩展并与外围组团粘连的绿环相比，该模式则更强调利用城市郊区的自然资源，形成与自然交流的生态廊道，控制城市外围组团之间的相互粘连，并使城市用地最大限度地接近自然，改善城市气候，形成独特的城市风貌，同时，该布局模式应对城市的发展变化具有较强的适应能力。在实践应用方面，苏联城市莫斯科的楔形绿地建设获得了成功，在中国合肥市早期规划中也采用了该布局模式，新的合肥绿地系统规划，在原有基础上结合城市发展状况，进一步提出了"二环、四楔、五廊、九射"的绿地布局结构，明确了西侧大蜀山森林公园、西北部城市森林公园、东北部生态公园与新海公园、东南部城市体育公园4条大型楔形绿地的建设重点，这些由大型水库和林地组成的绿色空间渗透至城区，将郊外的新鲜空气源源不断地引入城区，较好地改善了城市通风条件(图4-5)。武汉市也在新的城市规划中结合城市自身自然条件，规划布局了大规模的楔形绿地。

(4) 带状绿地布局模式

带状绿地布局模式是指利用河湖水系、道路、旧城墙、高压走廊等线性因素，形成纵横交错的条带形绿色空间，穿插于城市内部，与其他绿色空间共同构成城市绿网。该布局模式不仅有利于城市居民与自然的沟通与交流，还有利于改善城市生态环境和表现较高的环境艺术风貌，特别是绿带作为城市绿廊可以引风或通风，也可以为野生动物提供安全的迁移途径，保护生物的多样性，同时，也作为组团间的分隔绿带防止城市组团粘连，因而具有极强的生态作用。美国的波士顿、堪萨斯、明尼阿波利斯等按照公园系统规划建设的城市是该模式的代表，在中国较为典型的城市有南京、苏州、西安等，主要利用城市干道或旧城墙的绿化将城市绿地进行连接而形成网络(图4-6，图4-7)。

(5) 网状绿地布局模式

网状绿地布局模式是指将山体、水体、森林、农田等自然元素，通过沿道路、河流、铁路、组团建设的"绿廊"，与城市中的其他公园绿地进行联系形成整体，构筑一个自然、多样、高效，具有一定自我维持能力、体现生态服务功能的绿色网络结构。该布局模式通过空间上点、线、面、片、环、楔、廊的有机组合，不仅在城市内部可以有效地改善生态环境质量，同时可以沟通城市之间的联系和能量流动，有效地防止城镇间相连成片而引起的环境恶化。目前，网状的绿地布局模式是一种常见的布局形式，应用于大多数的城市绿地建设中，其中较为典型的城市有北京、上海、深圳等(图4-8)。

图4-7 苏州带状绿地布局形式

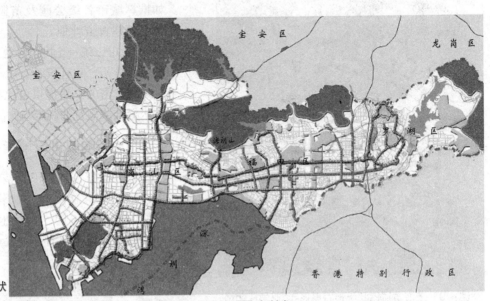

图4-8 深圳中心城区网状绿地布局形式

2002年版的《上海绿地系统规划》，根据绿化生态效应最优以及与城市主导风向频率的关系，结合农业产业结构调整，规划集中城市化地区以各级公共绿地为核心，郊区以大型生态林地为主体，以沿"江、河、湖、海、路、岛、城"地区的绿化为网络和连接，形成"主体"通过"网络"与"核心"相互作用的市域绿化大循环，市域绿化总体布局为"环、楔、廊、园、林"。环指市域范围内呈环状布置的城市功能性绿带，包括中心城环城绿带和郊区环线绿带；楔指中心城外围向市中心楔形布置的绿地；廊指沿城市道路、河道、高压线、铁路线、轨道线以及重要市政管线等布置的防护绿廊；园指以公园绿地为主的集中绿地，公园绿地是指对公众开放的、可以开展各类户外活动的、规模较大的绿地；林指非城市化地区对生态环境、城市景观、生物多样性保护有直接影响的大片森林绿地（图4-9）。

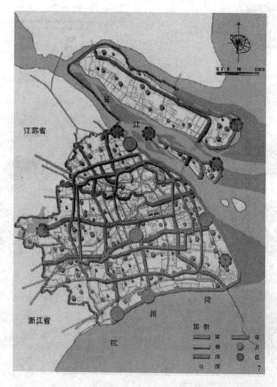

图4-9 上海市域网状绿地布局形式（张浪，2010）

4.5 城市绿地指标

园林绿地指标一般常指城市中平均每个居民所占的城市园林绿地的面积，而且常指公园绿地人均面积。园林绿地指标是城市园林绿化水平的基本标志，它反映着一个时期的经济水平、城市环境质量及文化生活水平。为了能够充分发挥园林绿化保护生态环境、调节气候方面的功能作用，城市中园林绿地的比重要适当增长，但也不等于无限制地增长。绿地过多会造成城市用地及建设投资的浪费，给生产和生活带来不便。因此，城市中的园林绿地应该有合理的指标。

4.5.1 城市绿地指标的作用

城市绿地指标的主要作用如下：

① 可以反映城市绿地的质量与城市自然生态效果，是评价城市生态环境质量和居民生活福利、文化娱乐水平的一个重要指标。

② 可以作为城市总体规划各阶段调整用地的依据，是评价规划方案经济性、合理性及科学性的数据。

③ 可以指导城市各类绿地规模的制订工作，如推算城市各级公园及苗圃的合理规模等，以及估算城建投资计划。

④ 可以统一全国的计算口径，为城市规划学科的定量分析、数理统计、电子计算技术应用等更先进、更严密的方法提供可比的数据，并为国家有关技术标准或规范的制定与修改，提供基础数据。

4.5.2 影响城市绿地指标的因素

许多国家都制定了有控制性的城市绿地指标，借以指导城市总体规划方案的制定工作。由于各类城市的情况不同，指标也应有所不同。影响绿地指标的因素主要有下列几点：

(1)国民经济水平

随着国民经济的发展，人民物质文化生活相应得以改善和提高，对环境质量的要求也相应提高。从中国20世纪50年代以来所制定的绿地指标的情况来分析研究，除受当时规划指导思想影响

表4-3　中国20世纪50年代以来绿地指标

时期	近期(m²/人)	远期(m²/人)
"一五"时期规划指标		15(20年)
1956年全国基建会议文件		6~10(50万人以下城市) 8~12(50万人以上城市)
1964年国家经济委员会规划局讨论稿	4~7(不分近远期)	
1975年国家建设委员会拟订参考指标	2~4	4~6
1978年全国园林会议	4~6(至1985年)	6~10(至2000年)

外，与当时的国民经济情况是有关系的(表4-3)。

(2)城市性质

不同性质的城市对园林绿地的要求不同，如表4-3中国20世纪50年代以来，风景游览、休闲疗养性质为主的城市，由于游览、生态环境的功能要求，绿地指标要高些；一些重工业(如钢铁、化工)城市及交通枢纽城市，由于环境保护的需要，指标也应高些。

(3)城市规模

城市规模大小、城市热岛作用危害程度也会影响绿地数量。由于中、小城市与自然环境联系比较密切及使用方便，绿地系统中的各种类型园林绿地不一定像大城市那样齐全。一般小城市中有一个中心综合公园，或在近郊开辟一些绿地即可。大城市的绿地系统比中小城市复杂，绿地种类可以多种。在特大城市中，往往设置专门的动、植物园，在生活居住区范围内，还可以设立区域性公园、小游园等，因此绿地面积会多些。

(4)城市自然条件

在低纬度地区，为了改善居住区环境条件，绿地面积可适当多些。干旱大风地区，因自然条件差，所需防护绿地面积可以多些。如中国西北地区，春夏干旱炎热，并且常刮旱风，这些城市就应该有较多的绿地作为遮阴及防风措施，但这些地区又往往水源比较少，园林绿化有一定困难，绿地面积还应适当控制。潮湿和凉爽地区，城市绿地对改善当地小气候、环境条件的作用并不大，因此，园林绿地指标一般可以减少。应根据中国建筑气候分区及各地具体情况，来确定不同的园林绿地指标。

(5)城市所在地地形、水文、地质、土壤等条件

城市用地地形起伏大，或用地破碎(有陡坡、冲沟等)，往往会有很大部分不宜作建筑地段。这些地段可以开辟作为园林绿地，以达到改善生态环境和提高建筑艺术水平的目的，这样园林绿地面积亦可增加。相反，如果城市处在用地平坦、完整，土地肥沃的农业高产地区，城市用地不仅要压缩，同时划作园林绿化的用地，也相对可以减少。

水文地质条件往往对城市绿地数量具有决定作用。如果水源丰富且分布均匀，开辟作为绿地的可能性就大些。如果水源困难，地下水位又低，这种干旱地区绿化会造成很大的困难，也增加了常年绿化的养护管理费用，公园绿地面积不宜太多，而应以大面积的普遍绿化为主。

自然湿地或地下水位过高的地区，土壤常处于水分饱和状态，对植物正常生长不利，需经过大量的工程处理才能达到绿化的目的，因此，这类地区人工绿地面积不宜太多，以免增加城市建设成本。

土壤条件是决定城市园林植物类型选择及绿地面积的依据。沙荒地、石砾地、盐碱地，土壤都缺乏团粒结构，植物生长困难。在进行城市绿化时都应局部换土才能使植物正常生长，在这种情况下，市区公共绿地面积不宜过大，而应在郊区进行大面积固沙植树。因此，应该先依据当地土壤条件考虑其种植植物的可能性，然后再确定绿地指标的高低。

(6)城市用地的分布现状

当城市用地延伸很长时，为了使居民能方便利用园林绿地，绿地应分布在较长地段上，同时每块绿地还必须保证其最小面积。因此，总的来看，全市绿地面积会比用地紧凑的城市多。如中国的西宁市、兰州市都属于狭长的城市类型。

(7)城市中已形成的建筑物

在旧城市，一般建筑物很密集，现状复杂，

往往有很多永久性的建筑物无法拆迁,城市用地不能完全按功能分区要求来布局,城市中园林绿地的数量也受到限制,园林绿地指标不能按计划执行。例如,上海市、武汉市、天津市在旧城改建过程中均存在此问题。这就不能如新建城市,没有受复杂的旧城影响,园林指标可按要求来确定。

(8) 园林绿地的现状及基础

原有绿地基础较好的城市,或名胜古迹较多的城市,在结合城市改建的过程中,园林绿地改建扩建,文物古迹保护恢复的数量较多,这样往往就容易提高园林绿地指标。如北京市由于是历代首府所在,在城市及市郊,修筑了许多离宫别苑,这就相对地比天津、武汉、上海等大城市的园林绿地面积多。

以上提出的几项因素,主要从历史、现状、自然条件来分析决定园林指标。但最重要的决定园林指标的依据是国民经济发展水平、生产力发展水平,即经济条件。

4.5.3 城市绿地指标的确定

由于影响绿地面积的因素是错综复杂的,它与城市各要素之间又是相互联系、相互制约的,不能单从一个方面来观察。现仅从中国现状水平,国际水平及发展趋势,生态、环境保护科学的理论,城市居民休息、游览活动需要等方面来分析,供编制指标参考。

(1) 中国城市园林绿地概况

由于历史及其他各方面的原因,中国的城市绿地面积普遍较少。例如,天津市1950年以前只有49.9hm^2公园绿地,平均每人0.3m^2;上海市仅0.134m^2/人。20世纪50年代以来,中国城市园林绿地面积有所增长,但进展缓慢,特别是与先进国家的城市相比,数量与质量的水平都是很低的。据237个城市统计,截至1982年底,城市园林绿地总面积为1217.3km^2,其中公共绿地面积236.4km^2,按城市人口平均计算,为2.46m^2/人,城市绿地覆盖率为15.4%,较高的如郑州市为32.4%,最低的如玉门市只有0.7%。

上述指标,尽管由于计算的口径与方法不统一,但从现代化城市的要求来看都很低,而且存在以下几个问题:

① 近些年来,绿地被侵占情况十分严重。以北京市为例,1968年以后,有25处绿地被全部侵占,共减少近500hm^2。

② 城市环境恶化。绿地过少是城市生态环境得不到改善的因素之一,特别是"城市热岛"的影响,由于绿地过少或分布不匀,城市环境得不到应有的改善。

③ 园林绿地周围环境受到严重污染。如苏州市的藕园,受10m以外的丝织厂的噪声干扰,再加上三面临河,机动船的噪声频繁,使游人得不到游憩的环境,降低使用效益。又如某市一个公园的周围,有4个烟囱排放废气,公园里烟雾弥漫、空气污浊,已失去公园绿地的基本作用。

④ 园林绿地管理水平差,绿地园容、美化性差,设施陈旧。

(2) 国外城市绿地水平及动向

世界各发达国家主要城市的绿地水平较高。据49个城市的统计,公园绿地面积在10m^2/人以上的占70%,最高的(瑞典首都斯德哥尔摩)达80.3m^2/人。城市中的小公园数量多,如华盛顿有300余个小公园。苏联及东欧国家的一些城市,第二次世界大战后,城市被毁,在重新规划过程中都比较重视绿地在城市中所占的比重,如莫斯科、布加勒斯特、华沙等城市,不仅绿地从每人十几平方米增至70多平方米,而且很重视绿地在城市中的布局,尽量利用城市道路、河流等将郊区森林与城市绿地连成系统。西欧一些国家人均公园面积都在15m^2以上。欧美一些国家新的规划中,公园绿地面积指标较高,如英国为42m^2/人,法国为23m^2/人,美国新城绿地面积占市区面积的1/5~1/3,平均为28~36m^2/人。亚洲国家城市绿地指标偏低,日本提出近期为6m^2/人,远期为9m^2/人。

(3) 城市生态学环境保护提出的要求

影响城市园林绿地指标的因素很多,但主要可以归纳为两类。一是自然因素,即保护生态环境、生态平衡方面。如二氧化碳和氧气的平衡,城市气流交换及小气候的改善,防尘灭菌,吸收有害气体，防火避险等。二是对园林绿地指标起主导作用的生态及环境保护因素。

新鲜空气为人们的生命所必需，但由于燃料的燃烧和人的呼吸，城市中存在着大量的二氧化碳。而绿色植物进行光合作用时，却能吸收二氧化碳，放出氧气。1966年，柏林一位博士在特雅公园中有草坪、乔灌木的园林绿地进行现场试验。结果表明，每公顷公园绿地白天12h内能吸收二氧化碳900kg，产生氧气600kg。除了人的呼吸外，加上燃料的燃烧，他提出每个城市居民应有30～40m^2的绿地指标，后来成为一些国家确定园林绿地用地指标为40m^2/人的理论依据。

1970年日本有关方面报道，1hm^2森林，每天约可吸收二氧化碳1000kg，产生氧气730kg，一个成年人，每天呼出二氧化碳0.9kg，消耗氧气0.75kg。据此，每人有10m^2的森林面积即可解决二氧化碳与氧气的平衡问题。但是，一个城市工业燃烧放出的二氧化碳和消耗的氧气，远远超过居民的呼吸量。因此，日本琦玉县在做全县森林规划时，依据东京市1970年的工业水平和1000万人口，以每月排出二氧化碳总量为400×10^4t，耗氧量为330×10^4t计算，提出现代工业大城市每人需要140m^2的绿地。

中国城市人口密度一般平均为1万人/km^2，按园林绿地面积为城市用地总面积的30%计算，则平均绿地面积为30m^2/人。从二氧化碳和氧气平衡的角度来看，这个指标是不高的。

由于冷热空气的比重不同，园林绿地中的冷空气向城市——"热岛"方向流动，比重小的热空气上升，从而形成城市中的空气对流，使城市的小气候条件得到改善。苏联的舍勤霍夫斯基根据观测指出，当平静无风时，冷空气从大片绿化地区向无树空地的流动速度可达1m/s。从改善城市小气候方面考虑，舍勤霍夫斯基提出，城市的园林绿地面积，应占城市用地总面积的50%以上。

日本学者中岛严布在《科学环境》一书中指出：在现实中，明显地看出当覆盖率（植物叶片覆盖地表的比例）低于25%～30%时，地表辐射热的曲线急速上升，环境开始恶化。为了保护城市环境，作为城市开发标准，覆盖率可大概定为30%。根据调查，日本建设厅提议，在城市中公共绿地应为30%。环境厅建议，作为绿地环境指标，绿地应为城市面积的40%～50%（包括公共绿地和私人绿地）。

从表4-4看出，如果仅从绿地的某一种作用来计算绿地的需要量，相互之间的差距很大，由2m^2/人到120m^2/人。事实上，一块绿地既能净化空气，又可减低噪声，还能疏散防震。如果说主要考虑它净化空气的作用，而从其吸收毒气来看，却又不易找到一个"临界"的极限。而且多种因子错综复杂，相互影响。所以，根据一些数据计算出来的绿地需要量，在目前仍然只能作为制定绿地指标的参考，还需要进一步多方面研究，找出一个多种因子的综合评价指标。同时，发挥绿地环境保护作用的关键，在某些情况下，并不完全决定于绿地的数量，而决定于绿地的组成与合理的布局。

另外，某些国家规定，避险公园定额为1m^2/人。日本根据地震灾害的教训，提出公园面积必须在10hm^2以上，才能起避险防火作用。

表4-4 绿地指标依据

绿地作用	国内外研究数据	绿地的需要量	数据来源
放出氧气吸收二氧化碳	1hm^2的阔叶林在生长季节一天可消耗1t二氧化碳，放出0.73t氧气；成年人每天呼吸排出二氧化碳0.9kg，吸收氧气0.75kg。每平方米草皮上，1h可吸收二氧化碳1.5g。每人每小时呼出二氧化碳38g；由人排出的二氧化碳，只是由工业燃烧和其他途径排出二氧化碳总量的1/10	10m^2/人左右（森林） 25m^2/人（草坪） 100m^2/人 250m^2/人（草坪）	江苏省植物研究所《城市绿化与环境保护》 苏联《树木对空气成分和空气净化的影响》

(续)

绿地作用	国内外研究数据	绿地的需要量	数据来源
减尘	$1hm^2$ 青冈栎林 1 年可吸尘 63t，根据城市粉尘的排放量计算（以北京每年向空中排放烟尘 $31×10^4t$ 为例）：1 株刺槐一次可蒙尘 2156g（以北京 1 年最少降水日数及年排放烟尘计算）	$11m^2$/人（林） $75m^2$/人（林）	《城市园林绿地规划布局与环境保护》《目前北京环境污染状况》《用体积重量法计算树叶蒙重量方法的探讨》
毒气二氧化硫	$1hm^2$ 树林平均每天吸收二氧化硫 1.52kg（以北京地区树叶茂盛生长日期为半年计）$1hm^2$ 榔榆林，每年吸收二氧化硫 720kg，$100km^2$ 的紫花苜蓿每年可减少大气中二氧化硫 600t 以上	$420m^2$/人 $160m^2$/人（榔榆） $150m^2$/人（地被）	《有关林木净化二氧化硫的几个问题》《城市绿化与环境保护》
调节温湿度	高温季节，绿地内气温较非绿地低 3~5℃，夏天绿地内湿度比非绿化区相对湿度大 10%~20%，绿地调节湿度的范围，可达绿地周围相当于树高 10~20 倍的距离	根据城市地形、气候，合理组织绿地并考虑绿地均匀分布	《城市绿化与环境保护》《环境卫生学》
减低噪声	林带减低噪声比空地上同距离的自然衰减量多 10~15dB；绿化的街道比不绿化的街道减少噪音 8~10dB	依据噪声源位置及噪声强度而定	《城市绿化与环境保护》
杀菌	$1hm^2$ 圆柏林，一天能分泌 30kg 杀菌素，可清除一个大城市的细菌；公共场所含菌量，公园、街道等低数倍至 25 倍	绿地越多，分泌杀菌素越多，空气越清洁	《森林公园附森林学原理》
抗震疏散	东单公园躲震 $1hm^2$ 可容 2000 人搭棚，陶然亭躲震 $1hm^2$ 可容 1300 人搭棚，天坛躲震 $1hm^2$ 可容 500 人搭棚；以平均 $1hm^2$ 1500 人为计（城区 210 人）1/3 在公园，1/3 在庭院街道，1/3 在操场大空地	$6.6m^2$/人（公园）（最小密度为 $1m^2$/人） $2m^2$/人（庭院路旁）	北京市环境保护科学研究所调查材料 宣武区抗震指挥部

（4）从观光游览及文化休憩需要考虑

游人在园林绿地中要进行游览休息，必须有一定数量的游览面积，通常以平均不少于 $60m^2$/人为标准。在这样的条件下，游人在公园绿地中游览休息，才能有一个安静、舒适的环境。如果城市居民在节假日有 10% 的人同时到公共绿地游览休息，要保证每个游人有 $60m^2$ 的游览活动面积，按全市人口计算，则平均每人应有公园绿地 $6m^2$。若节假日全市有 20% 的人同时到公园绿地游览休息，按全市人口计算，则平均每人需有公园绿地面积 $12m^2$。俄罗斯的城市规划法规定：大城市每一居民应占有绿地面积 15~20m^2，中等城市 10~15m^2，小城市 10m^2 以下。澳大利亚的悉尼市，公共绿地的规划标准是 28m^2/人。世界各国一些城市的公园绿地现状，由于统计口径不一，因而统计数字也各有不同（表 4-5）。

从发展趋势来看，随着人民生活水平的提高，城市居民，特别是青少年，节假日到公园等绿地游览休息的越来越多。另外，来往的流动人口，也都要到公园去游览。因此，从游览及文化休息方面考虑，2010 年中国提出的城市人均公园绿地面积 10m^2/人的指标，也是不高的（表 4-6）。

表 4-5 世界各国主要城市公园情况

国 名	城市名	市区面积 (A)hm²	人口 (B)(千人)	公园面积 (C)(hm²)	面积比 (C)/(A) (%)	人均面积 (C)/(B) (m²/人)	调查年份
美 国	全国平均	—	64 925	196 367	—	30.2	1976
	旧金山	12 688	665	2140	16.9	32.2	1976
	芝加哥	59 080	3266	2714	4.6	8.3	1976
	纽 约	—	7780	15 000	—	19.2	1967
	费 城	33 411	1949	3297	9.9	16.9	1973
	洛杉矶	121 160	2815	5535	4.9	19.7	1976
	华盛顿	17 346	757	3458	19.9	45.7	1976
阿根廷	布宜诺斯艾利斯	19 950	8000	1575	7.9	2.0	1976
印 度	新德里	148 500	4178	732	0.5	1.8	1976
	加尔各答	25 889	6000	276	1.1	0.5	1976
	大吉岭	2580	50	14	0.5	2.8	1976
印度尼西亚	雅加达	57 700	5183	781	1.4	1.5	1976
英 国	伦 敦	157 950	7174	21 828	13.8	30.4	1976
意大利	罗 马	150 760	2800	3186	2.1	11.4	1973
奥地利	全国平均	—	2466	2415	—	9.8	1976
	萨尔斯堡		120	279		21.6	1976
	维也纳	41 410	1615	1188	2.9	7.4	1976
	格克茨		429	151		6.1	1976
	林 茨		203	455		22.4	1976
埃 及	开 罗	20 000	7000	800	4.0	1.1	1976
澳大利亚	堪培拉	24 320	165	1165	4.8	70.5	1973
	墨尔本	3142	2661	546	17.4	2.1	1976
荷 兰	阿姆斯特丹	170 090	807	2377	14.0	29.4	1976
加拿大	温哥华	12 691	435	479	3.8	11.0	1976
	渥太华	10 290	291	740	7.2	2.5	1976
	蒙特利尔	17 715	1063	1384	7.8	13.0	1976
韩 国	釜 山	37 320	2450	1107	3.0	4.5	1976
希 腊	雅 典	—	2540	286	—	1.1	1976
瑞 士	日内瓦	1610	173	261	16.3	15.1	1973
	伯尔尼	—	147	63	—	4.3	1976
瑞 典	斯德哥尔摩	18 600	860	5300	28.5	80.3	1976
苏 联	列宁格勒	27 000	3911	3962	14.7	10.1	1976
泰 国	曼 谷	154 000	4350	173	0.1	0.4	1976
捷克斯洛伐克	全国平均	—	3807	5125		13.5	1976
	布拉格	28 900	1087	4022	13.9	37.0	1793
丹 麦	哥本哈根	12 032	802	1535	12.8	19.1	1976

(续)

国 名	城市名	市区面积 (A)hm²	人口 (B)(千人)	公园面积 (C)(hm²)	面积比 (C)/(A) (%)	人均面积 (C)/(B) (m²/人)	调查年份
挪 威	奥斯陆	45 344	477	689	1.5	14.5	1976
芬 兰	赫尔辛基	17 690	496	1360	7.7	27.4	1976
德 国	汉 堡	75 316	1772	5127	6.8	28.9	1973
	法兰克福	22 211	646	847	3.8	13.1	1976
	柏林(西)	48 010	2100	5483	11.4	26.1	1976
	波 恩	14 127	279	752	5.3	26.9	1973
	慕尼黑	31 001	1350	2373	7.7	17.6	1973
巴 西	巴西利亚	101 300	250	1816	1.2	72.6	1976
法 国	巴 黎	10 500	2608	2183	20.8	8.4	1973
比利时	布鲁塞尔	—	1069	981	—	9.2	1976
	安特卫普	—	557	498	—	8.9	1976
	列 日	—	458	1375	—	30.0	1976
	根 特	—	246	86	—	3.5	1976
	沙勒罗瓦	—	309	429	—	13.9	1976
波 兰	全国平均	—	20 904	25 863	—	12.4	1976
	华 沙	44 590	1432	3257	7.3	22.7	1976
墨西哥	墨西哥城	146 700	8900	238	0.1	0.3	1976
日 本	东 京	59 553	8584	1356	2.3	1.6	1976
	大 阪	20 606	2743	583	2.9	2.1	1976
	横 滨	42 304	2666	424	1.0	16	1976
朝 鲜	平 壤	—	—	—	—	14.0	1966

表4-6 中国部分城市园林绿地指标

城市名	人均公园绿地面积 (m²/人)	绿化覆盖率(%)	绿地率(%)	城市名	人均公园绿地面积 (m²/人)	绿化覆盖率(%)	绿地率(%)
上 海	7.48	37.60	35.71	海 口	8.69	40.05	35.93
武 汉	8.20	37.78	32.24	长 春	11.46	39.44	33.37
贵 阳	8.81	40.43	39.22	合 肥	9.59	34.39	39.37
三 亚	20.74	51.70	41.30	苏 州	16.86	44.20	38.00
广 州	7.55	37.14	33.87	杭 州	12.18	38.56	35.24
南 昌	8.08	40.40	38.00	珠 海	12.84	44.46	39.89
无 锡	11.93	42.20	39.60	南 京	12.99	45.92	41.61
厦 门	8.54	36.34	33.94	绍 兴	14.62	43.07	36.61
深 圳	16.10	45.00	39.10	徐 州	11.89	39.00	34.45
青 岛	13.28	37.81	36.66	宁 波	10.30	37.51	33.97
大 连	10.01	45.81	43.31	嘉 兴	10.06	39.45	36.93
北 京	8.57	36.17	34.78				

注：数据来源时间为2010年。

为了适应现代城市进入21世纪的要求，1993年建设部(93)784号文正式下达城市绿地规划建设指标及国家园林城市基本绿地指标(表4-7)，2005年根据城市园林绿化的发展需求，对原有国家园林城市绿地指标进行了调整(表4-8)，在此基础上，2010年又颁布了新的《城市园林绿化评价标准》，使城市绿化建设工作规范化和常规化(表4-9)。

表4-7 城市绿地规划建设指标

人均建设用地 (m²/人)	人均公共绿地(m²/人)		城市绿化覆盖率(%)		城市绿地率(%)	
	2000年	2010年	2000年	2010年	2000年	2010年
<75	>5	>6	>30	>35	>25	>30
75~105	>6	>7	>30	>35	>25	>30
>105	>7	>8	>30	>35	>25	>30

表4-8 国家园林城市基本绿地指标(2005年修订)

指标类别	城市位置	100万以上人口城市	50万~100万人口城市	50万以下人口城市
人均公共绿地(m²/人)	秦岭淮河以南	7.5	8	9
	秦岭淮河以北	7	7.5	8.5
绿地率(%)	秦岭淮河以南	31	33	35
	秦岭淮河以北	29	31	34
绿化覆盖率(%)	秦岭淮河以南	36	38	40
	秦岭淮河以北	34	36	38

表4-9 《城市园林绿化评价标准》中主要绿地建设评价指标

序号	评价指标		Ⅰ级	Ⅱ级	Ⅲ级	Ⅳ级
1	建成区绿化覆盖率(%)		≥40	≥36	≥34	≥34
2	建成区绿地率(%)		≥35	≥31	≥29	≥29
3	城市人均公园绿地面积(m²/人)	1)人均建设用地<80m²城市	≥9.50	≥7.50	≥6.50	≥6.50
		2)人均建设用地80~100m²城市	≥10.00	≥8.00	≥7.00	≥7.00
		3)人均建设用地>100m²城市	≥11.00	≥9.00	≥7.50	≥7.50
4	城市各城区绿地率最低值(%)		≥25	≥22	≥20	≥20
5	城市各城区人均公园绿地最低值(m²/人)		≥5.00	≥4.50	≥4.00	≥4.00
6	公园绿地服务半径覆盖率(%)		≥80	≥70	≥60	≥60
7	万人拥有综合公园指数(个/万人)		≥0.07	≥0.06	≥0.05	≥0.05
8	城市道路绿化普及率(%)		≥95	≥80	≥85	≥85
9	城市新建、改建居住区绿地达标率(%)		≥95	≥95	≥80	≥80
10	城市公共设施绿地达标率(%)		≥95	≥95	≥85	≥85
11	生产绿地占建成区面积比率(%)		≥2	≥2	≥2	≥2
12	城市防护绿地达标率(%)		≥90	≥80	≥70	≥70

日本制定了迈向21世纪发展规划，确定人均绿地面积达20m²，人均公园绿地面积达7.5m²。

日本建设厅拟定的"绿化政策"大纲提出：到21世纪初，要使公路和公园的绿树比现在增加2倍，3m以上的树木增加1.6亿株。市区街道的绿地面积比率要与欧美先进国家相同，达到占地

30%以上。要使国家级公路和都、府、县路等干线道路的绿地率从1992年的8%增至30%。

4.5.4 城市绿地相关指标及计算

4.5.4.1 城市绿地主要指标

合理制定各类城市绿地的规划建设指标和定额,是绿地系统规划主要的工作环节。有关研究表明,科学地衡量城市绿地系统规划建设水平的高低,须有多项综合指标体现其可持续发展能力。20世纪50年代衡量城市绿化水平的指标,主要有树木株数、公园个数和面积、年游人量;20世纪70年代后期,提出了以人均公共绿地面积和绿化覆盖率作为城市绿化水平的衡量指标;20世纪90年代以来,中国的城市绿地系统规划指标体系主要包括人均公共绿地面积、建成区绿地率、建成区绿化覆盖率、人均绿地面积、城市中心区绿地率、城市中心区人均公共绿地面积等;2017年颁布的《城市绿地分类标准》(CJJ/T 85—2017)中采用的绿地指标主要有绿地率、人均绿地面积、人均公园绿地面积、城乡绿地率四项。由此可见,目前城市园林绿化建设及管理工作常用的指标主要集中在要绿地率、人均公园绿地面积、人均绿地面积、绿化覆盖率和城乡绿地率5项指标。

(1) 绿地率

一定城市用地范围内,各类绿化用地总面积占该城市用地面积的百分比。该处的各类绿化用地包括公园绿地、防护绿地、广场用地中的绿地和附属绿地。

计算公式为:

$$\lambda_g = [(A_{g1} + A_{g2} + A_{g3'} + A_{xg})/A_c] \times 100\%$$

式中 λ_g——绿地率,%;
A_{g1}——公园绿地面积,m^2;
A_{g2}——防护绿地面积,m^2;
$A_{g3'}$——广场用地中的绿地面积,m^2;
A_{xg}——附属绿地面积,m^2;
A_c——城市的用地面积,m^2,与上述绿地统计范围一致。

(2) 人均公园绿地面积

人均公园绿地面积指城市中每人平均可拥有的公园绿地面积。该处的公园绿地包括综合公园、社区公园、专类公园和游园。

计算公式为:

$$A_{g1m} = A_{g1}/N_p$$

式中 A_{g1m}——人均公园绿地面积,m^2/人;
A_{g1}——公园绿地面积,m^2;
N_p——人口规模,人,按常住人口进行统计。

(3) 人均绿地面积

人均绿地面积指城市中每人平均可拥有的绿地面积。该处的绿地包括公园绿地、防护绿地、广场用地中的绿地和附属绿地。

计算公式为:

$$A_{gm} = (A_{g1} + A_{g2} + A_{g3'} + A_{xg})/N_p$$

式中 A_{gm}——人均绿地面积,m^2/人;
A_{g1}——公园绿地面积,m^2;
A_{g2}——防护绿地面积,m^2;
$A_{g3'}$——广场用地中的绿地面积,m^2;
A_{xg}——附属绿地面积,m^2;
N_p——人口规模,人,按常住人口统计。

(4) 绿化覆盖率

绿化覆盖率指一定城市用地范围内,植物的垂直投影面积占该用地总面积的百分比。

计算公式为:

城市绿化覆盖率(%) = 城市内全部绿化种植垂直投影面积/城市面积×100%

该公式中的城市绿化覆盖面积应包括各类绿地(公园绿地、广场用地、防护绿地和附属绿地)的实际绿化种植面积,即树冠的垂直投影面积以及屋顶绿化覆盖面积和零散的树木覆盖面积。这些数据可以通过遥感、普查、抽样调查等方法获得。

(5) 城乡绿地率

一定城乡用地范围内,各类绿化用地总面积占该城乡用地面积的百分比。该处的绿地包括公园绿地、防护绿地、广场用地中的绿地、附属绿地和区域绿地。

计算公式为:

$$\lambda_g = [A_{g1} + A_{g2} + A_{g3'} + A_{xg} + A_{eg}]/A_c \times 100\%$$

式中 λ_g——城乡绿地率,%;

A_{g1}——公园绿地面积,m^2;
A_{g2}——防护绿地面积,m^2;
$A_{g3'}$——广场用地中的绿地面积,m^2;
A_{xg}——附属绿地面积,m^2;
A_{eg}——区域绿地面积,m^2;
A_c——城乡的用地面积,m^2,与上述绿地统计范围一致。

4.5.4.2 城市绿地其他指标

2010年颁布执行的《城市园林绿化评价标准》中,除上述4项绿化基本指标外,在绿地建设方面,还提出了以下一些绿化指标:

(1) 公园绿地服务半径覆盖率

公园绿地为城市居民提供方便、安全、舒适、优美的休闲游憩环境,居民利用的公平性和可达性是评价公园绿地布局是否合理的重要内容,因此,公园绿地的布局应尽可能实现居住用地范围内500m服务半径的全覆盖。计算公式为:

$$公园绿地服务半径覆盖率(\%) = \frac{公园绿地服务半径覆盖的居住用地面积(hm^2)}{居住用地总面积(hm^2)} \times 100\%$$

(2) 万人拥有综合公园指数

从生态功能和使用功能来讲,绿地只有达到一定的面积才能发挥其应有的作用,特别是在满足城市居民综合游憩和缓解城市热岛效应等方面,综合公园发挥了不可替代的作用。该标准中综合公园的界定有3个方面:一是专指公园,而非指所有公园绿地,管理界线明确,并在园内设有管理机构;二是综合性,强调设施的完备;三是按照现行行业标准《公园设计规范》(CJJ 48—1992)第2.2.2条的要求:"综合性公园的内容应包括多种文化娱乐设施、儿童游戏场和安静休憩区,……全园面积不宜小于$10hm^2$"。计算公式为:

$$万人拥有综合公园指数 = \frac{综合公园总数(个)}{建成区内的城区人口数量(万人)}$$

(3) 城市道路绿化普及率

城市道路绿化是城市绿色网络空间的骨架,对城市空间形态组织、城市空气环境质量和噪音控制以及城市景观特征塑造等方面起到重要作用,是城市园林绿化水平评价的重要内容。城市道路绿化普及率是对道路绿化绿量的考察,重点考核道路红线内的行道树的种植情况。计算公式为:

$$城市道路绿化普及率(\%) = \frac{道路两旁种植有行道树的城市道路长度(km)}{城市道路总长度(km)} \times 100\%$$

(4) 城市新建、改建居住区绿地达标率

居住区绿地与居民生活休戚相关,居住区绿地率是衡量与考核居住区环境整体水平的重要指标。现行国家标准《城市居住区规划设计规范》(GB 50180—1993)中第7.0.2.3条的要求:新区建设不应低于30%;旧区改建不宜低于25%。该指标考核的是新建、改建居住区中达到前述绿地率要求的居住区面积。计算公式为:

$$城市新建、改建居住区绿地达标率(\%) = \frac{绿地达标的城市新建、改建居住区面积(hm^2)}{城市新建、改建居住区总面积(hm^2)} \times 100\%$$

(5) 城市公共设施绿地达标率

附属绿地由于分布广,其绿化质量和分布情况直接影响着城市园林绿化的水平。除分布面积最广的居住区绿地、道路绿地外,公共设施绿地是城市中与居民联系最为紧密的一类用地,其绿化的量和质直接影响城市的整体绿化水平,是考核和评价的重要指标之一。计算公式为:

$$城市公共设施绿地达标率(\%) = \frac{绿地达标的城市公共设施用地面积(hm^2)}{城市公共设施用地总面积(hm^2)} \times 100\%$$

(6) 生产绿地占建成区面积比率

由于生产绿地担负着为城市绿化工程供应苗木、草坪及花卉植物等方面的生产任务,同时承担着为城市引种、驯化植物等科技任务,因此,保证一定规模的生产绿地对城市园林绿化具有积极的意义。本标准将位于城市规划区内的绿地,只要是以向城市提供苗木、花草、种子的各类圃地均计入生产绿地面积统计;但其他季节性或临时苗圃、从事苗木生产的农田、单位内附属的苗圃等则不计入。计算公式为:

$$\text{生产绿地占建成区面积比率}(\%) = \frac{\text{生产绿地面积}(hm^2)}{\text{建成区面积}(hm^2)} \times 100\%$$

【拓展阅读】

城镇集聚区域绿地系统规划

本章节的内容主要围绕城市绿地系统规划展开。当前,在城乡一体化的发展战略背景下,绿地系统规划与建设不仅以城市规划区范围的绿地为主要对象,同时还包括了城镇集群区域和乡镇村范围内的绿地,因此,除城市绿地系统规划外,很多省、自治区、直辖市正在逐步开展城镇集聚区域绿地系统规划和乡镇绿地系统规划的编制。

城镇集聚区域绿地系统规划是以自然生态系统的保护和优化为基础,充分利用农田、山体及水体岸线绿化,结合区域发展规划,全面协调绿地建设、资源保护和城市发展的关系。从区域绿地系统规划的时效来看,可分为远期规划和近期规划。远期规划主要是对区域绿地系统的布局结构、过程、功能进行规划,确定明确的规划目标,制订分步实施的计划,目的在于优化区域绿地生态环境,改善城乡绿地空间结构,改善人居环境;近期规划是在远期规划目标指导下进行的,主要是针对区域生态环境的突出问题,制定具体的绿地系统规划建设的指标体系,并制定具体的操作方法。

城镇集聚区域绿地系统规划目标要从构建整体的、系统的区域绿地景观格局要求出发,结合区域城市发展战略,根据区域内城市的不同发展阶段制订不同的绿地系统目标(表4-10)。

区域绿地系统规划要坚持生态优先的原则,从区域生态平衡及环境保护的角度出发,确立科学的目标体系和合理的布局结构,改善区域生态环境,落实区域绿地系统规划空间规划思路,整体考虑土地和环境资源的合理配置,追求区域长远效益和整体效益的最大化;坚持刚性控制和弹性引导相结合,长远规划与近期实施相衔接,提高规划可操作性,加快区域生态环境的建设。

中国现阶段城镇集聚区域绿地系统规划存在一系列问题:多注重绿地系统的游憩功能,忽略了绿地系统生态功能;城乡绿地系统结构单一、孤立,未能形成网络化,影响了绿地系统功能的发挥;绿地总量规模和人均指标均较低;绿地布局模式和绿地结构不尽合理。

村镇绿地系统规划

村镇绿地系统是指那些利用城镇范围内的自然地形、水体、城镇现状立地条件而建立起来的,由各类别绿地所组成的绿地网络布局。该系统以绿色植物为主要元素,以城镇公园为中心,结合相关景观要素进行规划布局,形成具有生态效益、社会效益、经济效益的绿地空间系统,它是小城

表4-10 城镇集散区域绿地系统规划目标定位

区域发展阶段	区域城市、社会发展特征	区域绿地系统规划目标定位
雏形期	以培育、发展协调为主要内容,以培育为核心,引导城市化集散发展,培育核心城市的综合竞争力,促进空间形成单核心放射状结构,协调区域内部的区域性基础设施建设、跨区域基础设施建设、生态环境保护	结合区域自然环境特点,从构建具有较好结构、形态的区域绿地景观格局出发,制订较为科学的、具有前瞻性的区域整体绿地系统功能规划目标;按照生态功能区划确定区域内各绿地的功能、结构和规划目标,在规划中重点突出区域内部生态环境保护,加强对核心城市生态环境的建设,引导周边城镇绿地系统规划的衔接,并结合城市的发展,制订分步骤规划实施计划
成长期	发挥市场主导作用,核心城市带动周边城市发展,促进区域经济、社会一体化发展,提升区域竞争力	初步构建区域绿地景观网络阶段。控制核心城市发展规模、界线,引导周边城镇空间拓展,初步形成具有一定的规模、形态结构的绿地系统格局
成熟期	社会、经济一体化发展程度较高,协调区域内部产业、经济、公共事业布局与发展,注重提高区域整体优势,促进形成城镇空间网络化结构	完善区域城乡绿地网络阶段。拓展、联系城乡绿地网络结构,完善城乡绿地空间格局,协调区域生态环境保护

镇生态系统的主体。

村镇绿地系统规划中应充分利用村镇的水系、农田、林地、鱼塘、文物古迹，在绿地布局上形成面、点、线、环有机结合的结构模式。除此之外还应结合以下4个原则：①突出地方特色，挖掘当地传统文化，创造美化的村镇环境；②因地制宜，充分利用现有自然条件；③突出植物造景，强调综合效益；④统筹规划，分期建设。

村镇绿化应注意的原则有：坚持保留利用原有树木为主，新造补缺的原则；坚持选择利用乡土树木为主，慎重引进树种的原则；坚持农民投资为主、政府适当资助为辅的原则等。

村镇绿地系统规划应该充分考虑当地的环境资源条件和生态环境容量，确定人们对能源、资源、土地等开发利用的限度，使生态环境自身净化能力和自生能力得到适度的控制使用，这样才能维护城镇生态系统的动态平衡。村镇绿地系统规划要突出地方特色，因地制宜，充分利用村镇的自然条件，以创造良好的城乡一体化的生态系统为核心，制订合理的规划指标、原则和布局结构，创建以自然山水为主的村镇绿地网络，形成具有生态效益和经济效益的村镇绿地空间系统。

国外城市绿地分类

1. 美国

对于城市区域的公园建设，美国各州、郡、市、村的情况各不相同，所属的管理部门也不完全相同，在公园的分类上也较为多样。如美国洛杉矶市的游憩及公园分类为：迷你公园、邻里公园、社区公园、区域及大型城市公园。

（1）迷你公园

迷你公园是指面积不到1英亩（$0.4hm^2$）的公园或小口袋公园，主要为近邻周边居民服务使用。

（2）邻里公园

服务于近邻居民的娱乐活动，为各年龄段的居民提供室内和室外的活动空间与设施。邻里公园的服务半径通常约为1.5英里（2414.01m），没有任何城市主干道、公路或高速公路穿越。邻里公园通常包括康乐大楼、多功能场地、硬地球场、游乐设施、野餐区、停车场和一个管理区。虽然面积为10英亩（$4hm^2$）被认为是邻里公园的理想规模，但在洛杉矶市一般面积为1～5英亩（0.4～$2hm^2$）大小。

（3）社区公园

社区公园服务于周围几个邻里的所有年龄段居民，包括社区建设、多功能场地、硬地球场区、停车场、管理服务区、游乐区及相关设施。这些设施还可能包括棒球场、足球场、网球场、手球场和游泳池。在城市总体规划中，一个社区公园的理想规模为15～20英亩（6～$8hm^2$），服务半径为2英里（3218.69m）。

（4）区域和大型城市公园

区域和大型城市公园通常规模在50英亩（$20hm^2$）以上，包括体育公园。

2. 英国

英国2002年制定的规划政策指引中，对开放空间、运动与游憩设施的建设有明确的阐述，其中包括开放空间类型的划分（表4-11）。这个分类具有以下四方面的特征：①具有较强的兼容性，可以支持各区域间的合作和战略思维；②包括了广泛的开放空间类型，如绿地和硬地等，并可以细化以适应当地情况；③促进各区域间工作的精简，可适当增添子分类；④各开放空间虽目标明确，但充分体现出灵活的多功能性。

伦敦在2010年制定的大伦敦规划中，确定了层次分明的开放空间分类标准（表4-12），并根据其所设定的标准，规划了城市内重要的开放空间体系。规划规定无论是城市的开放空间还是蓝绿带，均必须加以保护，并提升此类空间资源的可亲近性，以充分发挥资源的价值。

3. 日本

第二次世界大战之后，日本工业迅速发展，人口剧增，城市环境严重恶化，为改善城市环境，城市绿地的建设受到重视。早在1956年日本就形成了一套非常严密的城市公园分类系统，该系统对各类城市公园的功能、性质、规模及服务半径等都做了明确的规定，并同时用法律的形式将这些规定加以明确，保证了城市公园的发展。

日本的城市公园系统由社区骨干公园、城市骨干公园、大规模公园、国营公园、缓冲绿地5

表4-11 英国开放空间类型(英国《规划政策指引(2002)》)

编号	类型	说明
1	公园和花园	包括城市公园、郊野公园和正式花园
2	自然和半自然的城市绿地	包括林地、城市森林、灌木丛、草地、湿地、开放水域、废弃地和岩石地区
3	绿色廊道	包括河流、运河沿岸、自行车道等
4	户外体育设施	包括网球场、草地滚球场、运动场、高尔夫球场、田径道、学校和其他机构的操场,以及其他地区的户外运动
5	设施绿地	包括非正式的休闲空间,房屋和周围的绿地,家庭的花园和乡村绿地
6	儿童和青少年活动场地	包括游乐区、滑板公园、室外篮球场、其他非正式场地
7	社区花园和城市农场	
8	墓地和教堂院落	
9	城市边缘的乡村	
10	市民交流空间	包括服务于市民交流、集市的广场和其他为行人服务的硬质铺装场地

表4-12 伦敦公共开放空间体系(《伦敦规划(2011)》)

编号	类型	说明	建议规模(hm^2)	离家距离(km)
1	区域公园	面积大,形成廊道或开放空间网络,其中大部分空间可供游人进入,并提供一系列娱乐设施和功能,并具备生态景观、文化或绿色基础设施。为伦敦市区提供独具风格的娱乐和活动综合体,与便捷的公共交通相连,具备最佳实践质量标准的管理水平	400	3.2~8
2	大型城市公园	大面积开放空间,提供了一个类似于区域公园的活动综合体,具备便捷的公共交通,具备最佳实践质量标准的管理水平	60	3.2
3	地区公园	大面积开放空间,具有各种自然特征,为不同年龄组的儿童群体提供一系列广泛的活动内容,包括户外体育设施、运动场和游戏场,满足非正式的娱乐需求	20	1.2
4	地方公园和开放空间	提供庭院游戏、儿童游戏的场地和休憩区、自然保护区等	2	0.4
5	小型开放空间	花园,休憩区,儿童游乐空间或专类型场地,包括自然保护区	2以下	小于0.4
6	口袋公园	小面积开放空间,具有自然景观,为非正式休闲活动和静态娱乐提供庇荫区域和休息设施	0.4以下	小于0.4
7	线形开放空间	沿着泰晤士河、运河和其他水路的开放空间、路径,废弃的铁路线,自然保护区,以及其他能提供非正式娱乐的路径	可变的	任何地都可行的

表 4-13　日本城市公园建设标准

种类		内容
大类	小类	
社区骨干公园	街区公园	服务对象：街区内居住者 布局标准：服务半径 250m 范围内 1 处，面积 0.25hm²
	近邻公园	服务对象：近邻居住者 布局标准：服务半径 500m 范围内 1 处，面积 2hm²
	地区公园	服务对象：地区内居住者 布局标准：服务半径 1000m 范围内 1 处，面积 4hm² 布局标准城市规划区范围外，乡村、渔村等特定地区可设定乡村公园，面积 4hm²
城市骨干公园	综合公园	服务对象：全市居住者 布局标准：根据城市规模设置，1 处 10~50hm²
	运动公园	服务对象：全市居住者 布局标准：根据城市规模设置，1 处 15~75hm²
大规模公园	广域公园	超出市町村范围，以地方生活圈为单位，1 处 50hm²
	休闲都市	服务对象：都市圈 布局标准：自然环境良好地区，与其他休闲设施共同构成，总体规模 1000hm²
国营公园		超出都府县范围的广域公园，1 处 300hm²
缓冲绿地等	特殊公园	风致公园、动植物公园、历史公园、墓园等特殊公园
	缓冲绿地	以大气污染、噪声、振动、恶臭、特殊危险物防止为目的的绿地
	都市绿地	以自然环境保护、城市景观营造为目的的绿地，规模为 0.1hm² 以上，若为老城区，面积为 0.05hm² 以上
	绿道	灾害时提供避难路，以增强城市生活的安全性和舒适性为目的，可供步行者和自行车利用，连接公园、学校、商场、车站的绿色空间，宽度为 10~20m

大类、11 小类组成(表 4-13)。

4. 澳大利亚

澳大利亚首都堪培拉在城市发展过程中，为确保可持续发展的生活，发展高品质的景观，将增强和保护环境作为城市发展的重要目标，其中，堪培拉市对公园和开放空间的建设规定如下：

(1) 城市公园

城市公园为与公园相邻的 5 万~10 万人的主城中心服务。它们通常高标准建设，包括植物、街道家具、灌溉草、铺地、雕塑、灌木和花坛等。城市公园通过集约利用可以举办特色活动。一个市镇公园最小面积为每千人 1~0.05hm²。

(2) 地区公园

地区公园的规模为 4~10hm²，服务于一个能容纳 25 000~50 000 人(0.45hm²/1000 人)的区域。包括修剪的草地、停车场及多样化的娱乐设施，如野餐区、烧烤、游泳、涉水泳滩或泳池、冒险乐园、滑板设施。地区公园通常与水景、自行车道、行人公共绿地、地区体育场地相邻。

(3) 邻里公园

邻里公园规模较小，通常在 0.25~2hm² (1hm²/1000 人)，这类娱乐公园包括游乐场地和设施，服务于 400m 范围内的住宅区，儿童及其父母是主要的使用者。邻里公园一般与周边地区的自行车道、行人公园和巷道相邻。

一个地方邻里公园(0.25~1hm²)服务于半径 300m 范围内的住宅区，提供安全的可监护的儿童游戏场地(最低 150 户住宅)。

一个中心邻里公园(0.5~2hm^2),服务于半径500m范围内的住宅区,可能位于附近或周围的邻里运动场或非正式的椭圆形场地,适宜非正式球类活动(最低250户住宅)。

(4)行人公园

行人公园可以形成廊道(最小宽度为6m),作为开放式空间提供多种用途的服务。它通常包括连接商店、公园、学校和工作场所的一条途径或自行车道,但也可能由于位于自然排水线上而承担为城市雨水排水的双重任务。行人公园也可能在适宜地点包含一处游戏场(每1000人一个游戏场)。

(5)非正式使用的椭圆形场地

一般与学校和购物中心相邻。通常是大面积的旱草地,用于非正式体育和其他娱乐活动。

(6)天然草地和草地林地

残草地或林地是重要的自然保育对象,其中包含若干个濒危植物物种区域,这些区域根据1991年制定的《自然保护法》,编制各自的保护行动计划。

(7)半自然的开放空间

半自然的开放空间主要指残牧场或原生植被的地区,包括山顶区、河流走廊,山脊和郊区之间的缓冲地区,这些区域为堪培拉设置了提供野生动物栖息地的丛林,并有助于生物多样性的保护。这些地区也为社区开展城市土地保护、公园保护等相关活动提供的场所。

(8)特殊用途领域

特殊用途的地区为大面积的空地或湖面,考虑到安全或管理方面的因素,设置为专门的康乐活动或体育赛事专用区域。

5. 新加坡

新加坡实地面积648km^2,人口386万,人口密度5965人/km^2。近40年来,新加坡政府在非常有限的土地资源条件下进行了大面积的城市绿化。政府根据城市布局结构,在概念性规划、发展指导规划中对城市土地的使用性质和开发强度都进行了严格的限制,保留了足够的发展用地和自然保护区,形成独特的城市布局结构。新加坡绿地一般包括自然绿地、公园绿地和体育康乐用地,在城市规划和建设中,新加坡政府特别注意增加公园与开放空间的建设,并将城市主要公园用绿色廊道相连,重视保护自然环境,充分利用海岸线景观满足休闲活动的需求。

新加坡的公园体系可以分为区域性公园(regional park)、社区公园(community park)、公园廊道(park connector)三大类(表4-14)。

(1)区域性公园

区域性公园是供某一区域人群游览的大型公园,拥有较为完善的设施,以满足大众的各种需求,为游客和本地居民提供游憩活动空间。目前新加坡共有区域性公园44个。

(2)社区公园

① 新镇公园(town park) 新加坡的新镇是基本由政府统一规划建设的高层建筑居住组团,已经建成23个,新镇公园属于其配套设施之一,政府要求在每个房屋开发局建设的镇区中有一个为居民提供活动的公园,面积在10~50hm^2。

② 邻里公园(neighborhood park) 邻里公园多为建于高层住宅中心区的大片绿地,这些住宅多为政府开发的"祖屋",旨在解决广大中低收入居民的住房问题。这类绿地使用目的性强,可举行社区内的大型交流活动。政府对其建设制定的最低标准是,每个楼房住宅区半径500m范围内应设置一个面积1.5hm^{2}的公园。

③ 游戏场(playground) 一般是连排别墅的中心绿地或宅间绿地。这种房子多为开发商私人投资建造,居住人口较少,居住密度较低。在房地产项目中每1000人应有0.4hm^{2}的开放空间。游戏场的面积一般为0.1~2hm^2,布局较分散,一个住宅区常会有3~4个小型游戏场。其设施较为简单,主要为老人和儿童提供非剧烈娱乐活动场地和器械。

(3)公园廊道

公园廊道即联系各级城市公园的绿色带状公园,整个公园廊道系统可将大部分重要的公园节点联系到一起,市民可以在绿荫下到达城市大部分区域。带状公园系统是近年来新加坡公园体系的建设重点,也是新加坡公园形成网络体系的重要纽带,目前已建设完成14处。

表4-14 新加坡公园体系分类

公园类型		特 征	规 模	服务范围	开发者
区域性公园		供某一区域人群游览的大型公园,拥有较为完善的设施,为游客和本地居民提供游憩活动空间			政府
社区公园	新镇公园	供新建城市附近的居民使用	10~50hm²	一个镇区	房屋开发局
	邻里公园	靠近居住区,方便老年人与儿童的日常休闲活动	1.5hm²	一个居住区,500m范围内	建屋发展局
	游乐场	连排别墅内,方便老年人与儿童的日常休闲活动	0.1~2hm²	一个住宅区内3~4个	开发商
公园廊道		联系各级城市公园的绿色带状公园	6m以上		

小 结

本章在明确城市绿地系统规划任务、目标、层次以及与相关规划关系的基础上,简要介绍了城市绿地系统规划的相关理论基础。围绕城市绿地系统规划,详细阐述城市绿地的分类标准、结构布局和绿地指标三大核心内容。其中,重点论述了绿地分类的原则、依据、内容以及各类绿地的表现特征,并引入部分国外绿地分类作为对比和借鉴。介绍了绿地结构布局的主要影响因素,结合城市实例说明了绿地系统结构的基本形式。同时,系统地阐述了城市绿地指标在城市绿化中的重要作用、影响因素及确定依据,并重点解释了主要绿地指标的概念和计算方法。

思考题

1. 城市绿地系统规划的任务是什么?
2. 城市绿地系统规划与城市总体规划的关系是什么?
3. 城市绿地分类的依据是什么?
4. 城市绿地五大分类是什么?其内涵是什么?
5. 公园绿地如何分类?其内涵是什么?
6. 城市绿地系统的特性是什么?
7. 城市绿地系统结构的基本形式有哪些?其主要形式在城市空间布局中的作用是什么?
8. 城市园林绿化建设中城市绿地指标的作用主要表现哪几方面?
9. 城市绿地主要指标有哪些?其内涵及计算方法是什么?

推荐阅读书目

1. CJJ/T 85—2002 城市绿地分类标准. 中国建筑工业出版社, 2002.
2. GB/T 50563—2010 城市园林绿化评价标准. 中华人民共和国住房和城乡建设部, 中华人民共和国国家质量监督检验检疫总局. 中国建筑工业出版社, 2010.

第5章 城市绿地系统规划内容

学习重点

1. 学习城市绿地系统规划前期调研工作内容，掌握现状调研与规划目标的相关性研究内容，为制定符合实际情况的规划内容奠定基础；
2. 熟悉了解城市绿地系统规划各工作环节，学习掌握各环节工作内容；
3. 重点掌握城市绿地布局及各类城市绿地规划工作内容，明确绿地系统规划核心知识。

5.1 规划前期调研工作

城市园林绿地系统规划中的现状调查与分析是整个规划工作的基础，通过现场踏勘和资料分析，应摸清城市绿地现状水平和存在问题，找出城市绿地系统的建设条件、规划重点和发展方向，明确城市发展的基本需要和工作范围，做出城市绿地现状的基本分析和评价。

5.1.1 基础资料收集

城市园林绿地系统规划工作要在大量收集资料的基础上，经分析、综合、研究后编制规划文件，因此，需要较多方面的资料。所收集的资料要求准确、全面、科学，在实际工作中常依据具体情况有所增减。一般除有关城市规划的基础资料外，还应收集与城市绿地建设现状密切相关的多方面资料。

(1) 测量及航片、遥感资料

① 地形图 图纸比例为 1:5000 或 1:10 000，通常与城市总体规划图的比例一致。

② 专业图件 航片、遥感影像图等电子文件。

(2) 自然资源资料

① 气象资料 包括历年及逐月的气温、湿度、降水量、风向、风速、风力、霜冻期、冰冻期等。

② 土壤资料 土壤类型、土层厚度、土壤物理及化学性质、不同土壤分布情况、地下水深度、冰冻线高度等。

③ 地质水文——地址、地貌、河流及其他水体水文资料 现有河湖水系的位置、流量、流向、面积、深度、水质卫生情况及可利用程度、泥石流、地震及其他地质灾害。

(3) 社会条件资料

——城市历代史料、地方志、民风民俗、典故、传说。

——城市社会发展战略、国内生产总值(GDP)、财政收入及产业产值状况、城市特色资料等。

——城市建设现状、用地与人口规模、道路交通系统现状、城市用地评价等。

(4) 园林绿地现状资料

——城市绿化统计指标，包括人均公园绿地

面积、城市绿地率、城市绿化覆盖率等。

——现有公园绿地的位置、范围、面积、性质、质量及可利用的程度。

——现有各类公园绿地平时及节假日的游人量。

——苗圃现有面积、苗木种类、规格、数量及生长情况。

——现有防护绿地的建设情况。

——各类附属绿地调查统计资料，各单位绿地建设状况。

——适于绿化而又不宜修建建筑的用地位置、面积。

(5) 植物资料

——市域范围内生物多样性调查资料。

——城市古树名木的数量、位置、名称、树龄、生长状况等资料。

——现有园林绿化植物的应用种类及其对生长环境的适应程度（含乔木、灌木、露地花卉、草坪植物、水生植物等）。

——附近地区城市绿化植物种类及其对生长环境的适应情况。

——主要园林植物病虫害情况。

——当地有关园林绿化植物的引种驯化及科研情况等。

(6) 绿化用地管理资料

——城市园林绿化建设管理机构的名称、性质、归属、编制、规章制度建设情况。

——城市园林绿化行业从业人员概况，包括职工基本人数、专业人员配备。

——科研与生产机构设置等。

——城市园林绿化维护与管理情况，包括最近5年内投入的资金数额、专用设备、绿地管理水平等。

(7) 其他相关资料

——相关规划资料，如城市土地利用总体规划、风景名胜区规划、旅游规划、农业区划、农田保护规划、林业规划及水利水务、旅游发展等相关规划资料。

——文物保护单位、名胜古迹、革命旧址、历史名人故址、各种纪念地等的位置、范围、性质、周围情况及可利用的程度。

——城市污染源、重污染分布区、污染治理情况及其他环保资料分布情况等环保资料。

——建筑、市政工程、园林绿化、植物材料的单价等。

上述材料的收集工作应与城市总体规划的调查研究阶段结合起来，以免重复工作。应当重视的是，对历年来所作的绿地现状和规划图纸及文字资料要尽可能收集到，以保证规划依据的完整性。

5.1.2 现状调查

城市园林绿地现状调查（表5-1），是编制城市绿地系统规划过程中十分重要的基础工作。调查所收集的资料要准确、全面、科学，通过现场踏勘和资料分析，了解掌握城市绿地空间分布的属性、绿地建设与管理信息、绿化树种构成与生长质量、古树名木保护等情况，找出城市绿地系统的建设条件、规划重点和发展方向，明确城市发展的基本需要和工作范围。只有在认真调查的基础上，才能全面掌握城市园林绿地现状，并对相关影响因素进行综合分析，做出实事求是的现状评价。

表5-1 城市绿地现状调查表（示例）

填报单位：_____ 地形图编号：_____

编号	绿地名称或地址	绿地类别	绿地面积（m²）	调查区域内应用植物种类		
				乔木名称	灌木名称	地被及草地名称

填表人：_____ 联系电话：_____ 填表日期：_____

表 5-2　城市绿地调查汇总表（示例）

填报单位：＿＿＿＿＿＿＿＿＿＿

统计内容	城市绿地分类	公园 G1	生产绿地 G2	防护绿地 G3	居住绿地 G4	附属绿地 G5	生态景观绿地 G6
面积(m^2)							
区域内植物种类	乔木名称						
	灌木名称						
	地被及草地名称						

填表人：　　　　　　联系电话：　　　　　　填表日期：

表 5-3　城市绿化应用植物品种调查卡片（示例）

区名＿＿＿＿　地名＿＿＿＿　绿地类型＿＿＿＿　调查综述＿＿＿＿

种名	科名	植物形态			生长状态			株数	丛数	面积	病虫害	
		乔木	灌木	草本	优良	一般	较差				有	无

调查日期：　　年　　月　　日　　　　　　　　　　　　调查人：＿＿＿＿

(1) 城市绿地空间分布属性(分类)调研

城市绿地空间分布属于现状调查的工作目标，是完成城市绿地现状图和绿地现状分析报告的根据。城市绿地空间分布属性调查包括以下内容：

① 组织专业阶段，依据最新的城市规划区地形图、航测照片或遥感影像数据进行外业现场踏勘，在地形图上复核、标注出现的各类城市绿地的性质、范围、植被状况与权属关系等要素。

② 对于有条件的城市(尤其是大城市和特大城市)，要尽量采用卫星遥感等先进技术进行现状绿地分布的空间属性调查分析，同时进行城市热岛效应研究，以辅助绿地系统空间布局的科学决策。

③ 将外业调查所得的现状资料和信息汇总整理，进行内业计算，分析各类绿地的汇总面积、空间分布及树种应用状况(表5-2)，找出存在的问题，研究解决的办法。

(2) 城市绿化应用植物种类调查

城市绿化应用植物种类调查主要包含以下两方面的工作内容：

① 外业　城市规划区范围内全部园林绿地的现状植被调查和应用植物识别、登记(表5-3)。

② 内业　将外业工作成果汇总整理并输入计算机；对城市园林绿化植物应用现状进行分析。通过现状分析，进一步了解园林绿化树种应用的数量、频率、生长状况、群众喜爱程度以及传统树种的消失、新树种推广应用等基本情况，筛选出城市绿化常用树种和不适宜发展树种，为今后城市园林绿地宜采用的基调树种和骨干树种作参考。

(3) 城市古树名木保护情况评估

城市古树名木保护现状评估，是编制古树名木保护规划的前期工作，主要内容包括：

——实地调查市区中有关市政府颁令保护的古树名木生长现状，了解符合条件的保护对象情况；

——对未入册的保护对象开展树龄鉴定等科学研究工作；

——整理调查结果，提出现状存在的主要问题。

具体工作分为以下3个步骤：

① 制订调查方案，进行调查地分区，并对参加工作的调查员进行技术培训和现场指导，以使

其掌握正确的调查方法。工作要求包括：根据古树名木调查名单进行现场测量调查、照相，并填写调查表的内容(表5-4)；拍摄树木全貌和树干近景、特写照片至少各一张；调查树木的生长势、立地状况、病虫害的危害情况，测量树高、胸径、冠幅等数据。具体调查内容及其方法如下：

生长势　以叶色、枝叶的繁茂程度等进行评估。

立地状况　调查古树30m半径范围内是否有危害古树的建筑或装置和地面覆盖水泥硬质材料的情况。

已采取的保护措施　是否进行挂保护牌、建围栏、牵扯引气根(华南地区)等。

病虫害危害　按病虫害危害程度的分级标准进行评估。

树高　用测高仪测定。

胸径　在距地面1.3m处进行测量。

冠幅　分别测量树冠在地面投影的东西、南北长度。

② 根据上述工作要求，由专家和调查员对各调查区内的古树名木进行现场踏查。

③ 收集整理调查结果，进行必要的信息化技术处理，分析城市古树名木保护的现状，撰写有关报告。

对于古建筑或古建筑遗址上的古树，以查阅地方志等史料和走访知情人等方法进行考证，并结合树的生长形态进行分析，证据充分者则予以确定。首先，组织有关专家对调查结果进行论证；其次，在对古树名木进行定位普查工作的基础上，将数据输入GPS定位系统，每棵古树都将建立经纬坐标，一旦发生损毁、移动的现象，管理人员通过该系统即可发现问题。

表5-4　城市古树名木保护调查(示例)

区属：		详细地址：			计算机图号：	
编号：		树种：	树龄：	颁布保护时间：	批次：	
树高：　　m		胸径：　　m		冠幅：　　m(东西)	m(南北)	
生长势：	好　中　差		病虫害情况：			
立地状况	古树周围30m半径范围是否有危害古树的建筑或装置(烟道)等：					
	树干周围的绿地面积：					
	其他：					
已采取的保护措施		保护牌：		围栏：	牵引气根：	
其他情况：						
照片胶卷编号：			拍摄人：			
树木全貌照片 (照片粘贴处)			树干立地环境 (照片粘贴处)			
记录人：					年　月　日	

5.1.3　相关规划解读

城市绿地的建设与城市总体规划工作和区域规划、土地利用规划、河道水系规划、旅游资源规划等诸多方面密切相关，因此，在进行城市绿地系统规划资料收集和整理的过程中，有必要对这些规划成果进行相应信息的解读，提取与绿地系统规划相关的规划内容，并作为重要指导延续到规划中。其中，城市总体规划的解读尤为重要，需要从城市绿地发展目标和需求的角度出发，对城市总体规划中的绿地布局、公园绿地与城市绿化规划建设内容及城市建设用地的规划用地指标和比例等方面进行解读，分析评价是否合理，如果存在不合理的地方，需要提出调整的意见。

5.1.4 综合分析

城市绿地系统建设现状综合分析是指在全面了解城市绿化现状和生态环境情况的基础上，对所取得的资料进行核实，分别整理，如实反映城市绿地建设水平和绿化状况，查找问题原因，并剖析与城市绿地建设发展相关的各方面因素条件的利弊，寻求城市绿地合理规划的方向和目标。

5.1.4.1 现状分析

① 研究自然、社会、经济条件现状，分析整理其对城市绿地建设的影响及导向；

② 核查、分析、整理城市及市域范围内各类绿地的建设状况，定性、定量相结合，尤其要如实反映城市绿地率、绿化覆盖率、人均公园绿地面积等主要绿地指标；

③ 分析研究城市各类建设用地布局情况、绿地规划建设有利与不利的条件，分析城市绿地系统布局应当采取的发展结构；

④ 研究城市公园绿地与城市绿化建设的建设指标，反馈城市建设用地的规划用地指标和比例是否合理；

⑤ 结合城市环境质量调查、城市热岛效应研究等相关专业的工作成果，了解城市中主要污染源的位置、影响范围、各种污染物的分布浓度及自然灾害发生的频度与强度，按照对城市居民生活和工作适宜度的标准，对现状城市环境优劣程度做出单项或综合的质量评价。

5.1.4.2 城市绿地建设优势及存在问题分析

① 对照国家有关法规文件的绿地指标规定和国内外同等级绿化先进城市的建设、管理情况，检查本地城市绿地的现状，找出存在的差距，分析其产生的原因；

② 分析城市风貌特色与园林艺术风格的形成因素，提高城市园林绿地规划的目标。

现状综合分析工作的基本原则是科学精神与实事求是相结合，评价意见务求准确到位。既要充分肯定多年来已经取得的绿化建设成绩，也要分析现存的问题和不足之处。特别是在绿地调查所得汇总数据与以往上报的绿地建设统计指标有出入的时候，要认真分析相差的原因，做出科学合理的调整。必要时，可以通过规划论证与审批的法定程序，对以往误差较大的统计数据进行更正。摸清了家底，找准了问题，深究其原因，得出正确结论，才有可能在今后规划中解决问题。

5.2 规划总则

5.2.1 规划依据

城市绿地系统的规划依据主要包括国家的法律法规、行业规范及技术标准、国家地方各级城市绿化相关管理条例以及相关规划成果等几个层面。

(1) 有关法律、法规和规章

国家及各级政府颁布的有关法律、法规和规章管理条例是城市绿地系统规划最为重要的规划依据，是法定依据。目前，与此相关的法律法规主要包括《中华人民共和国城乡规划法》《中华人民共和国环境保护法》《中华人民共和国森林法》《中华人民共和国土地管理法》《中华人民共和国文物保护法》《中华人民共和国风景名胜区管理暂行条例》《城市绿化规划建设指标的规定》《城市绿化条例》《国务院关于加强城市绿化建设的通知》《城市古树名木保护管理办法》和《城市绿地系统规划编制纲要》等以及各地方政府颁布的相关法律、法规及规章、管理条例等。

(2) 有关行业规范及技术标准

国家或行业各类技术标准规范也是规划编制必不可少的依据。如果说法律、法规和规章是编制绿地系统规划的法定依据，那么有关技术标准和规范则是从技术的角度对编制规划作出了相应的规定。主要的技术标准和规范有《城市用地分类与规划建设用地标准》《城市居住区规划设计标准》

《城市绿地分类标准》《园林城市评选标准》《城市园林绿化评价标准》和《公园设计规范》等。

(3) 相关各类规划成果

已经获准的与绿地系统相关的规划（包括上一层次的规划和相关规划），也是编制绿地系统规划的依据。如城市总体规划、土地利用总体规划、城市林业规划、城市近期建设规划、城市控制性详细规划等，均应作为城市绿地系统规划的依据。

由于城市绿地系统规划是城市总体规划的专业规划，是对城市总体规划的深化和细化。因此，城市绿地系统规划既要把相关规划作为自身的规划依据，又要根据绿地系统建设方向的需要深化规划内容，对相关的规划提出合理的修改或调整意见，使相关规划更加完善。

(4) 当地现状基础条件

当地现状条件是绿地系统规划的基础依据，它贯穿着整个规划的全过程。但一般情况下，不作为基本规划依据写入规划文字说明中。

5.2.2　规划原则

城市绿地系统规划是一项集多学科知识为一体的综合性的工作，需要兼顾生态保护、景观空间、游憩功能等，多角度功能，以构建功能复合、生态完善、体系健全的城市绿地系统。为了达到预期的目标，在进行绿地系统规划时必须遵守以下原则：

(1) 尊重自然，生态优先

城市绿地系统规划应以生态学知识为指导，尊重城市自然环境特点，因地制宜，使城市绿地能够充分发挥其改善城市环境的生态功能。

我国地域辽阔、幅员广大，各地区城市情况错综复杂，自然条件及绿化基础各不相同。城市绿地系统规划应当深挖地域特点，根据地形、地貌等自然条件和城市现状，合理地布局城市绿地系统，使之与城市依托的山体、河流等自然环境以及林地、农牧区相沟通，这样才能充分发挥城市绿地系统改善城市环境、维护城市生态系统平衡的功能。

因此，进行城市绿地系统规划时，首先，要以生态观念为指导，尊重各类土地利用的生态适宜性分析结果，对整个城市及城市周边地区的绿地进行统一的规划和控制，有效保护和引导城市空间的发展；其次，要挖掘城市自然、人文特色，充分利用名胜古迹、山川河湖，形成内外融合、层次丰富、类型多样的绿地系统；在树种选择上，应遵循适地适树的原则，使植物的生态效益得到最大限度的发挥，在形成城市景观特色的同时，确保城市绿化质量。

(2) 统筹规划，合理布局

城市绿地系统规划应与城市其他组成部分统筹安排，从城市社会、经济、物质空间的发展角度出发，远近结合，协调规划，合理布局。

城市绿地系统规划是城市总体规划的深入和细化，既不能孤立地进行，也不能充当配角，而是应与城市的其他用地规划统一安排，同步规划，使其在城市中形成完整的绿化空间体系。例如，在工业区及居住区布局的同时应考虑卫生防护林带的设置；在公共建筑及广场布局时应考虑如何突出场地的特性并形成城市景观轮廓线等；在道路系统规划时则应根据道路的性质、功能、宽度、朝向、地下地上管线位置等，合理布置行道树及卫生防护的隔离林带；在河湖水系规划时则应考虑水源涵养林和城市通风廊道的形成，以及开辟滨水的公共绿化带，供市民休憩游览。

城市绿地系统规划从城市整体空间体系的角度出发，合理布局，均衡分布规划时，应考虑4个结合：点线面结合，大中小结合，集中与分散结合，重点与一般结合，形成一个由宏观到微观，由总体至局部的有机整体，以促使绿地的各项功能得到最大限度的发挥。

(3) 分期实施，保证质量

城市绿地系统规划应根据城市的总体发展、经济能力、施工条件、项目的轻重缓急，形成远期规划和近期规划。规划年限与城市总体规划年限一致，通常情况下远期规划规划年限一般为20年，近期规划一般为5年。远期规划是城市绿地系统规划工作的总体内容，即对城市绿地系统的空间布局、发展目标、发展规模以及各类绿地进行综合部署；近期规划是在城市发展可预见的短期内，对主要绿化建设项目、绿化指标、发展布局做出安排。近远期规划应协调一致，既要保证近期规划的可操作性和近期城市绿化的发展水平，又要保证远期规划的可持续性和可实施性，保证各阶段绿化的效果及质量均衡发展，使规划能逐步得到实施。一般城市应掌握先普及绿化，提高绿化总量，再逐步提高绿化质量与艺术水平，最终达到生态与景观的双赢。

(4) 实用适用，公众参与

城市绿地系统规划工作充分考虑市民居住、生活、工作、旅游等多方面的需求，统筹规划各类城市绿地的建设方向，使规划成果切实为市民提供有效、便捷的服务，做到实用性。

同时，城市绿地系统规划作为一项与市民切身利益密切相关的规划工作，应重视公众参与，在每一个工作环节充分考虑公众的使用需求并及时落实，保证规划成果的适用性。

5.3 规划目标及规划指标

5.3.1 规划目标

(1) 规划目标的方向

城市绿地系统规划具体工作的首要任务是确定城市绿地系统的规划目标，而规划目标的设定必须与国内外城市建设的发展历程和现状追求相联系，捕捉焦点，预测发展趋势，使目标更贴近社会经济的发展需求。

回顾世界城市发展的历史，从中国古代的"城市山林"，近代英国的"花园城市"，到欧洲及北美大陆的"公园运动"，直至当代的"生态城市""可持续发展"等，人类一直在矛盾与困境中不懈地追求着与自然共生共荣的理想。

1992年，国家建设部在城市环境综合整治（"绿化达标""全国园林绿化先进城市"）等政策的基础上，制定了国家"园林城市评选标准（试行）"。经过十几年的国家园林城市的创建工作，有力地推动了我国城市绿化和生态环境的建设。科学的城市绿化建设涉及多方面的因素。2005年建设部新修订的《国家园林城市标准》涉及组织管理、规划设计、景观保护、绿化建设、园林建设、生态建设、市政建设和特别条款8个方面。城市绿化建设不再是单一的建设目标。

由此可见，城市绿地系统规划工作和目标已经在社会对城市发展需求的进程中有了较清晰的方向，城市绿地的建设与生态环境的建设紧密相连。因此，在制定规划目标时，应根据不同城市发展阶段，制定出合理的规划目标，并且应做到近期目标及远期目标协调一致。

(2) 规划目标的制定

在上述规划目标方向明确的基础上，城市因其性质、规模与现状条件的不同，具体目标的确定也有较大的差别。但就绿地系统对于城市的作用来看，绿地系统规划总的目标方向应为：在充分利用城市各方面现状条件的基础上，寻找最适宜的城市布局形态，使各级各类绿地以最适宜的位置和规模，均衡地分布于城市之中，最大限度地发挥其环境、经济及社会的综合效益，同时促进各类绿地的保存及正常发展。

5.3.2 规划指标

(1) 规划指标的参考标准

城市绿地指标是反映城市绿化建设质量和数量的量化方式。目前，在城市绿地系统规划编制和国家园林城市评定考核中主要控制的三大绿地指标为：人均公园绿地面积（m^2/人）、城市绿地率（%）和绿化覆盖率（%）。2002年《城市绿地分类标准》中还提出了人均绿地面积（m^2/人）这一指标，这四大指标（各项指标的计算方法参见"城市绿地相关指标及计算"一节）成为城市绿地规划、建设、管理工作中的重要考核标准。

此外，2010年中华人民共和国住房和城乡建设部发布的《城市园林绿化评价标准》（GB/T 50563—2010）中"绿地建设评价"指标体系针对城市绿地建设的三大指标、各类绿地的建设指标均提出了相应的规定和要求，可以作为规划指标制定的重要参考依据。

(2) 规划指标的制定

城市绿地系统指标的制定是一项复杂的工作。

要根据不同城市的特殊情况，综合考虑多种因素，制定出合理的、可行的绿地指标，通常要考虑以下几个方面。

① 符合城市的实际情况，切忌盲目攀比。例如，新兴城市深圳、珠海等城市与历史老城承德、重庆做比较，其现状的绿地指标相差必然很大，如果一味地在数字上做文章，势必会导致规划成果的可信度下降，以影响规划的可实施性。

② 根据城市不同特征，各类绿地占有不同的比例。例如，一些自然山水条件好的城市（如杭州、桂林等）和名胜古迹较多的城市（如北京、苏州等），其公共绿地的面积大一些。而一些工业城市（如马鞍山、沈阳等）卫生防护林的面积则会加大。可见，不同的城市即便是在城市绿地率接近的情况下，其人均公园绿地面积亦会有所不同，而这种不同也恰好体现了不同城市绿地建设的特色和重点。

③ 以国家相关标准的要求为准绳，因地制宜，踏实务实。《国家园林城市标准2016》《城市园林绿化评价标准2010》等标准中都对城市绿地的指标提出了要求，而且还有南、北方城市的不同标准。进行城市绿地系统规划时应对指标的确定有一个恰当、准确的定位，切忌高不可攀，也不能指标过低。

可见，城市绿地系统指标的制定是城市绿地系统规划中的一个重要环节，规划合理可行的绿地指标，既能够指导城市绿地系统的规划建设，也能够有效地引导整个城市的生态平衡和可持续发展。

5.4 市域绿地系统规划

市域绿地系统规划是在城市行政管辖范围内，以与城市生态环境质量、居民休闲生活、城市景观和生物多样性保护有直接影响的绿化用地为规划对象，进行的规划结构布局和分类发展规划，其目的在于合理布局，协调城乡统筹发展，综合发挥城乡绿地的总体生态效益、社会效益和经济效益。

自建设部2002年10月颁布的《城市绿地系统规划编制纲要》（以下简称《纲要》）中提出"市域绿地系统规划是城市绿地系统规划的组成部分"开始，业内对于市域绿地系统规划工作的规划内容和规划方法进行了广泛的实践。

目前我国在市域绿地系统规划方面还没有统一的编制内容，本教材是在编者大量的工作实践基础上，汇总全国各城市规划院所及高校相关专业学者、专家的观点，提出了以下规划内容和要求。

5.4.1 规划原则

市域绿地系统包括市域内的城市绿化隔离带、城镇（含村镇）绿化、林地、自然保护区、风景名胜区、水源保护区、湿地、森林公园、郊野公园、公路绿化、农田防护林网、垃圾填埋场恢复绿地等，是城市和谐发展的重要生态支撑。在编制城市市域绿地系统规划时，应综合考虑以下原则。

(1) 控制城市连片发展，组织城市有序发展

在《城乡规划法》城乡一体化的规划方针指导下，城市绿地系统规划的重心回归到绿地布局和结构与城市发展的统一协调方面。市域大环境绿地系统的规划、建设和保护应以限制城市"摊大饼"式的无序蔓延和无限扩张为目标，以植树造林为主，同时兼顾保护耕地、森林和水域绿地等功能。

(2) 加强规划前期的调研工作，科学利用自然资源

在规划工作开展之初，除了对城市的现状绿地进行调查之外，还要对整个市域的绿地资源进行全面的资料收集和现场调查，以有助于深入全面地掌握市域层面绿地系统现状存在的问题，便于制定出有针对性的规划目标以及规划措施。

(3) 使市域内绿地系统体系化，建构城乡融合的生态绿地网络系统

市域绿地系统规划应以构建完善的城市生态安全格局为目标，结合自然地理资源、景观资源以及重要的基础设施，构建市域绿地网络体系。同时，还应注重规划内容、布局和定位与相邻城市的绿地系统规划对接，保证区域绿地系统的完整和协调发展。

(4) 保持历史城镇的山水骨架和地方特色

我国地域辽阔、历史悠久，人文资源和特色丰富，同时，地区、城市之间的自然条件差异很大。市域绿地中蕴涵着众多的有历史意义和科学价值的文物古迹以及具有地域性自然地理景观特色的绿地环境,对市域绿地系统进行有效的保护和适度开发建设,有利于保持地方特色及文化的延续。

世界一些主要国家的首都,效仿英国伦敦的绿带建设案例,在城市近郊保留 2~10km 不等的城郊绿色地带,这些绿带的存在不仅保证了城市生态环境质量的提升,同时还在保护历史城镇的山水骨架和建设地方特色方面取得了良好的效果。

5.4.2 规划内容

市域绿地系统规划的目标可以总结为两个方面:一方面是以自然保护为目标,包括生态环境敏感和脆弱的、亟待保护的风景,如动物的栖息地、濒危物种的生存环境、稳定性较弱且物种名贵的保护区等;另一方面以对可进行游憩开发的高质量风景的可持续利用为目标,即风景名胜区、风景林地或绿道等。

此外,市域绿地系统规划的内容还要考虑到对城市未来发展的需求,包括城市规划中不适宜建设的地段,如地震带、灾害高发区域等,以及为城市周边一些小村镇或新区域的建立发展预留足够的生态廊道和隔离地带,可以达到沟通联系和自然融合的作用。

市域绿地系统规划的主要规划内容包括针对生态功能保护的功能区划的规划和针对绿地生态网络构建的生态斑块和生态廊道的规划等内容(见彩图1)。

5.4.2.1 生态功能区划的规划

从加强市域生态安全格局的角度出发,城市市域范围内的绿地系统规划首先应该进行生态功能区划的规划工作。工作应以层次分析法为技术支持,运用 RS、GIS 技术,对市域范围内的地区进行生态适宜性的分析,结合城镇社会、经济、空间的发展需求,划分出保护侧重点不同的生态功能区。

生态功能区划是按照市域范围内生态敏感区和生态脆弱区的不同,以及其需要保护控制的程度不同而进行的规划内容。在市域绿地系统规划中,市域生态区划要根据市域生态环境的特点划定以下几个生态功能区。

(1)生态控制区

生态控制区是在保持区域生态平衡、防灾减灾,确保国家或区域生态安全方面有重大意义的区域,该区域一般划定一定面积予以生态保护。

(2)生态协调区(控制建设区)

生态协调区是生态环境较好,可以进行适度开发的区域,要控制好开发与生态保护之间的关系。

(3)农业保护区

农业保护区以基本农田保护区为主体,严格控制用地,转变生产方式,防止污染,发展生态农业。

(4)生态恢复区(建成区及城郊结合部)

生态恢复区主要为城镇和未来发展区域,该区域人口密度大,建筑密度高,环境状况较差,主要生态功能是改善生态环境,加强绿化建设,提高人们生产生活的舒适度。

例如,北京林业大学进行的"天津城市生态环境研究"中,在土地适宜性分析的基础上,针对绿地保护建设,按照自然地理环境特点,将天津市域划分为 5 个生态功能分区:森林生态保护区,农田、农村生态恢复区,湿地生态保护区,近海海域生态保护区,城市生态重建区。森林生态保护区主要是禁止开发建设,恢复植被,治理水土流失;农田、农村生态恢复区则重点发展生态农业,合理利用水资源;湿地生态保护区重点解决湿地生态系统恢复的问题;近海海域生态保护区原则上以保护为主;城市生态重建区建设和开发要与环境承载力协调,加强生态补偿和生态恢复。

5.4.2.2 生态斑块的规划

(1)基于自然保护的生态斑块

市域层面自然区域广阔,基于自然保护的生态节点种类较多,可以包括物种保护、水源保护、地质地貌保护等,其具体类型可以包括用于科学研究的自然保护区、用于野生生物的野外保护区,以及保护特殊自然特性的天然纪念物(如特殊地质地貌等)、风景名胜区、森林林地、农田资源、悬崖及山洞、湿地、饮水水源、河口等。此外,海景、海岸线或湖岸线、河岸区域、洪泛区和河流缓冲区、分水岭或山脊等呈带状,可以作为狭长形的生态节点。

(2) 基于人类游憩的生态斑块

高质量的风景保护可以吸引游客前来休闲游憩,利用其影响力和吸引力开辟风景游憩用地,如森林公园、郊野公园、地质公园等类型。

(3) 基于历史文化保护的生态斑块

历史文化资源保护区域,按照重要等级分为世界文化遗产、国家、省(自治区、直辖市)、区县指定的文物保护单位等。对于这类斑块的规划不能仅仅保护其现有占地范围,还要预留出充分的缓冲保护地带。

对于不同功能角度的生态斑块,可根据其保护和开发力度的不同规划出核心区域、缓冲区、游憩试验区等。也可以在规划中提出生态发展区域,用来强化或增加现存核心区域,但是这些区域仍然可以增长,从而扩大现存核心区域,甚至自身可以发展成为一个新的核心区域,这种途径可以引导生态斑块的可持续发展。

5.4.2.3 生态廊道的规划

生态廊道是构建市域绿地系统的重要组成部分,是沟通和联系的通道,为了生态保护、生物迁徙和物种多样性等多重目标,廊道要保证有一定的宽度。研究表明,只有达到一定宽度阈值以后,林带对生物多样性才会产生影响,这一阈值通常为12m。

(1) 自然廊道

自然廊道指生态类绿色通道,包括供野生生物迁徙或保护生物多样性的物种生态廊道、水资源保护的江河生态廊道、山脊或林带等连接自然植物群落廊道、百年一遇洪水洪泛区或泄洪道、健康地质地貌特征的特殊地貌区等。

(2) 游憩廊道

游憩廊道多为沿着自然的河流或者被废弃的铁路、自行车道等用于连接城市居住地与自然空间的绿色廊道。

(3) 景观和历史廊道

景观廊道主要指风景质量高以及重要景观节点间的狭长远景;而历史廊道则多为具有一定历史遗迹和文化价值,具有教育、美学、娱乐和经济效益的场所和步行道。

(4) 城市廊道

城市廊道包括城镇之间的组团隔离带以及限制城市蔓延的绿带(green belt)。

5.5 城市绿地系统规划结构布局

5.5.1 布局原则

城市园林绿地系统布局主要有以下原则:

① 城市园林绿地系统规划应结合城市其他部分的规划综合考虑,全面安排。

② 城市园林绿地系统规划必须因地制宜,从实际出发。结合当地自然条件、现状特点,根据地形、地貌等自然条件,充分利用原有的名胜古迹、山川河湖,将其有机地组织在园林绿地系统中。

③ 城市公园绿地应均匀分布,服务半径合理,满足全市居民文化休憩的需要。城市中小型公园必须按服务半径布置,使附近居民在较短时间内可步行到达。

5.5.2 布局目的和要求

随着人类社会科学技术的进步、城市建设的发展,城市的绿地布局也发生了变化,这种变化表现在从单个园林和为少数人服务发展到群体园林和为整个城市服务。绿地布局要从人与生物圈、人与自然协调发展,城市生态系统的高度来要求。

园林绿地布局的目有以下几点:

① 满足全市居民方便文化娱乐、休憩游览的要求;

② 满足城市生活和生产活动安全的要求;

③ 达到城市生态环境良性循环、人与自然和谐发展的目标;

④ 满足城市景观艺术的要求。

5.5.3 城市绿地系统布局

总的目标是要保持城市生态系统平衡，其基本要求是要达到以下的条件：

① 布局合理 按照合理的服务半径，均匀分布各级公园绿地和居住区绿地，使全市居民都具有均等利用的机会。结合城市各级道路及水系规划，开辟纵横分布于全市的带状绿地。市郊大面积生态防护林，形成楔形绿地。把各级各类绿地联系起来，互相衔接，组成连续不断的绿地网络。

② 指标先进 城市绿地各项指标不仅要分近期与远期，还要分别列出各类绿地的指标。

③ 质量良好 城市绿地不仅要种类多样，以满足城市居民生活及生产活动的需要，同时还应具有科学性。园林绿地应包含生态环境多样性以保证生物多样性，园林艺术水平上乘，以及具有充实的历史文化内容、完善的服务设施等。

④ 环境质量改善 园林绿地应能使城市空气质量、日照指数、沙尘暴、工业污染、热岛效应等方面得到改善。

日本学者高原容重在《环境绿地Ⅱ——城市绿地规划》一书中提到：迄今，被认为最理想的绿地系统类型是环状绿地与放射状绿地相结合的类型（图5-1），这一类型之所以得到许多专家的赞同，是因为：将田园的优点引入城市，有益于人与自然的协调；市民方便到达绿地；美化城市风景的效果好；人们只要利用附近的绿地系统，就能到达应去的目的地；允许建设主要道路、高速铁路、飞机场、公害工厂等，这些建设对市区不会产生不良影响；便于防止自然灾害；便于形成共同体；为城市发展提供秩序和弹性。

上述城市绿地系统的标准形态只是在对相关理论和城市建设实践进行总结归纳的基础上，形成的概念式的总结模式。因此，不可一概而论。

每个城市的绿地系统布局都不是从一开始就有的，它是随着科学技术水平的提高，人们追求舒适美好的生活环境和城市的健全发展而形成的。每个城市的绿地系统应根据各个不同城市的定位和自然条件，在卫生环境质量提高的前提下逐步形成最适合的布局形式（见彩图2，彩图3）。

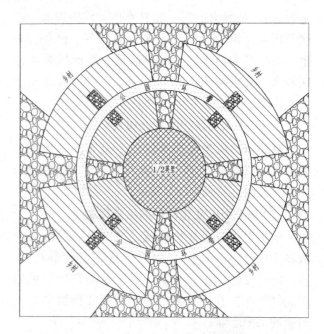

图5-1 绿地系统布局的标准形态

5.6 绿地分类规划

在城市中分布着各类城市绿地，其不同的绿地类型取决于城市绿地的综合布局考虑和绿地功能的发挥，相应地也会对其规划内容有不同的要求。城市绿地系统中的各类绿地规划工作主要包括绿地的定位、绿地的选址和规划建设要点等几方面内容。

5.6.1 公园绿地规划

公园绿地是城市绿地系统的重要组成部分，是完善城市四大功能之一"游憩"功能的主要物质载体，为公众提供了游憩、休闲的场所。因此，合理地布置城市公园绿地，提供丰富的游憩活动场地，塑造多样性的城市景观是城市公园绿地规划的重点。城市绿地系统规划规划工作中，公园绿地的规划工作内容需要从选址、布局、规划建设要求等几个方面进行规划（见彩图3）。

5.6.1.1 公园绿地的规划原则
公园绿地选址应符合以下原则：
① 均衡布局 以公园绿地服务半径分析为指导，力求绿地均匀分布。新城区应均衡布局公园

绿地，老旧城区应结合更新改造优化布局公园绿地，提升服务半径覆盖率。

② 丰富类型　在发展综合性公园和社区公园的同时，重视中、小型绿地的发展。宜配置儿童公园、植物园、动物园（区）等多种类型的专类公园，创造内容丰富、尺度适宜的活动空间。

③ 分级配置　应按服务半径分级配置大、中、小不同规模等级的公园绿地。

④ 功能多样　公园绿地以绿地为主，发挥公园绿化的生态效益，促进区域环境质量的提升。同时也为公园营造多彩的植物景观，以达到景观多样性和服务功能多样性。

⑤ 人文特色　结合城市的历史文化特色，以公园绿地建设为途径，创造及延续当地人文特色。

5.6.1.2　公园绿地的规划选址

公园绿地规划选址的原则如下：

① 应方便市民日常游憩使用。

② 宜与自然山水空间和历史文化资源的分布相结合。

③ 应至少可设置一个主要出入口与城市道路相衔接。

④ 应有利于创造良好的城市景观。

⑤ 规划公园绿地不应布置在有污染隐患的区域，确有必要选址的，对于可能存在的污染源应确保有安全、适宜的消除措施。

⑥ 因卫生防护和安全防护功能的需要设置防护绿地的区域，不得规划作为公园绿地。

在上述原则的指导下，还要兼顾以下具体选址要求：

① 公园的服务半径应使居民能方便到达，大型公园要与城市主要交通干道或公共交通设施有方便的联系。

② 选择用地要符合环境卫生条件，空气畅通，绿化条件好，如有风景优美的自然环境条件，并有足够的场地满足广大群众休息、娱乐的各种需要。利用这些地段营建公园绿地，不仅节约投资，而且容易形成优美的自然景观。

③ 利用不宜于工程建设及农业生产的、复杂破碎的、地形起伏变化较大的坡地建园，应充分利用这些地段建园，避免大动土方。这样，既可节约城市用地以减少建园投资，又可丰富园景。

④ 可充分利用城市的有利山川，发挥城市河湖水系的作用，选择具有水面及河湖沿岸景色优美的地段。利用水面及河湖沿岸景色优美地段建设城市带状公园，以增加绿地的景色，还可开展水上活动，并有利于地面排水。

⑤ 原有的园林、名胜古迹、革命遗址等地段往往遗留一些园林建筑、名胜古迹、革命遗址、历史传说等，承载着一个地方的历史文化。将公园绿地选址在这些地段，既能显示城市的特色，保存民族文化遗产，又能增加公园的历史文化内涵，达到寓教于乐的目的。

⑥ 选择现有植被丰富和有古树名木的地段。在原有林场、苗圃、花圃、丛林等基础上加以规划改造，则投资少、见效快。

1）综合公园

规划新建单个综合公园的面积应大于 $10hm^2$。公园绿地规划应控制建筑占地面积占比，保障绿化用地面积占比，合理安排园路及铺装广场用地的面积占比，相关内容应符合《公园设计规范》（GB 51192—2016）中 3.3.1 条的规定。综合公园至少应有一个主要出入口与城市干道相衔接；优先布置在区位条件良好、生态和风景资源优越、道路交通和公共交通条件便捷的城市地段，并有利于城市风貌塑造。综合公园可配置儿童游戏、休闲游憩、运动康体、文化科普、园务管理、演艺娱乐、商业服务等基本设施，具体设定应符合表 5-5 的规定。

国家标准《城市园林绿化评价标准》（GB/T 50563—2010）中对综合公园的建设指标提出了以下规定：在绿地建设指标体系中新增"万人拥有综合公园指数"一项指标，该指标要求Ⅰ级标准应达到人均≥0.07 个/万人、Ⅱ级标准应达到人均≥0.06 个/万人、Ⅲ级和Ⅳ级标准应达到人均≥0.05 个/万人。

表 5-5　综合公园功能分区与基本设施配置规定一览表

功能分区与基本设施		公园规模（hm²）		
		10~20	20~50	≥50
1	儿童游戏	●	●	●
2	休闲游憩	●	●	●
3	运动康体	●	●	●
4	文化科普	○	●	●
5	园务管理	○	●	●
6	演艺娱乐	△	△	●
7	商业服务	△	△	●

注："●"表示应设置，"○"表示宜设置，"△"表示可设置。

综合性公园的内容、设施较为完备，规模较大，质量较好，如设有露天剧场、音乐台、俱乐部、陈列馆、游艺室、溜冰场、茶室、餐馆等；园内一般有较明确的功能分区，如文化娱乐区、体育活动区、儿童游戏区、安静休息区、动植物展览区、园务管理区等。综合性公园也可突出某一项功能，以满足使用功能及用地不同特色的要求。

综合性公园要求有风景优美的自然环境，因此选择用地要符合卫生条件，如空气畅通，不滞留潮湿阴冷的空气。用地土壤条件应适宜园林植物正常生长的要求，以节约管理土地整理、改良园址的费用。用地必须贯彻不能占用农田的原则，或尽量少占用农田。因此，在城市总体规划中，往往利用不宜修建建筑地段、沙荒、窑坑等作为公园用地，在这种情况下，一方面，应因地制宜，尽可能地经过改造，建设成为公园。如北京陶然亭公园、广州荔湾公园，过去是臭水坑、废窑坑，经过一系列卫生工程改造，皆成为市、区级的综合性公园；另一方面，还应尽量利用城市原有的河湖、水系等条件。

如果缺少天然河湖可利用，则应考虑到有修建人工湖的可能性。如北京玉渊潭公园利用原有洼地及附近大片树林，结合京密运河泄水工程的需要，开辟水面，该公园现已成为北京西部的一个大型综合性公园。

2) 社区公园

社区公园与居住区配套设置，最接近于居民的生活环境；在功能上与城市公园不尽相同，主要是为居民提供日常活动场所，如休息、观赏、锻炼身体和社会交往的良好场所，是居住区建设中不可缺少的部分。社区公园通常布置在中央地带，与居住区的公共设施结合，方便居民就近使用以及保证社区公园的均布性。社区公园与居住区相匹配可以对应为：十五分钟生活圈居住区公园、十分钟生活圈居住区公园和五分钟生活圈居住区公园3个级别的居住区公园。

(1) 十五分钟生活圈居住区公园的位置选择

十五分钟生活圈居住区公园是城市绿化空间的延续，用地独立，面积较大，具有基本的游憩和服务设施，主要为十五分钟生活圈居住区内居民就近开展日常生活休闲活动服务的绿地。在规划设计中，该规模居住区公园常靠近附近城市主干道的区域，与居住区内慢行体系相连，方便居民的日常使用。

标准规定：十五分钟生活圈居住区人均公共绿地面积为2.0m²/人，其中，居住区公园面积≥5.0hm²，最小宽度为80m。

(2) 十分钟生活圈居住区公园的位置选择

十分钟生活圈居住区公园主要为十分钟生活圈居住区内居民就近开展日常生活休闲活动服务的绿地。在规划设计中通常将其与十分钟生活圈居住区的公共服务设施结合设置，形成便于附近居民享用的公共空间。在规划设计中，该规模居住区公园多选择靠近城市次干道及支路相邻，并在道路上开设主要出入口，以便与居民使用。

标准规定：十分钟生活圈居住区人均公共绿地面积为 $1.0m^2/$ 人，且居住区公园面积 $\geq 1.0hm^2$，最小宽度为 50m。

（3）五分钟生活圈居住区公园的位置选择

五分钟生活圈居住区公园是为居民提供工余、活动休息的场所，利用率高，要求位置适中，方便居民前往。这类居住区公园最为贴近居民的日常生活空间，规划设计时要充分利用自然地形和原有绿地基础，并尽可能和小区五分钟居住区内公共活动或商业服务中心结合布置，使居民的游憩和日常生活活动相结合，方便居民到达。

标准规定：五分钟生活圈居住区人均公共绿地面积为 $1.0m^2/$ 人，且居住区公园面积 $\geq 0.4hm^2$，最小宽度为 30m。

3) 专类公园

专类公园应结合城市发展和生态景观建设需要设置，规划新建单个专类公园的面积宜大于 $5hm^2$。专类公园规划应符合以下规定：

（1）儿童公园

儿童公园应选址在地势较平坦、避开噪声干扰和各类污染源的区域，与居住区交通联系密切的城市地段。儿童公园的面积宜大于 $2hm^2$。

儿童公园是指独立的儿童公园，其服务对象主要是少年儿童及携带儿童的成年人。用地一般为 $2hm^2$ 左右。园中一切娱乐设施、运动器械及建筑物等，首先要考虑到少年儿童活动的安全，设施内容要能启发儿童的智力发展，培养良好的道德品质、勇敢机智的活动能力。内容宜丰富多彩，并根据不同年龄儿童的活动能力，有的还分别设立学龄前儿童活动区、学龄儿童活动区和少年儿童活动区等。其位置应设在居住区中心，避免穿越交通频繁的干道。

（2）动物园

城市综合性动物园应选址在河流下游和下风方向的城市近郊区域，远离工业区和各类污染源，并与居住区有适当的距离。野生动物园应选址在城市远郊区域。城市综合性动物园的面积宜大于 $20hm^2$。

其主要任务是供城市居民参观及介绍有关动物学的科普知识，以及各种类型动物的生态习性，普及动物学知识，并且为科学研究提供一定的条件。在大城市中一般独立设置，中小城市常附设在综合性公园中。

由于动物种类收集不易，饲养管理费用较大，动物笼舍造价较高，因此，必须根据城市的经济力量及技术的可能条件，确定动物园的规模及饲养的种类。在全国必须进行统一的规划，根据地区特点进行建设。

动物园的用地选择应远离有烟尘及有害工业企业、城市的喧闹区。要有可能为不同种类（山野、森林、草原、水族）、不同区域（热带、寒带、温带）的动物展览创造适合的生存条件，按其生态习性及生活要求来布置笼舍。如杭州动物园原址在"柳浪闻莺"，接近城市及西湖，动物园内的污水排入西湖影响环境卫生。因此，从 1974 年开始已迁至虎跑山坡，不仅可以利用山坡自然地形，结合布置笼舍，而且也增加了西湖山区游览景点内容。

动物园的园址应与居民密集地区有一定距离，以免病疫相互传染，更应与屠宰场、动物毛皮加工厂、垃圾处理场、污水处理厂等保持必要的防护距离；必要时，需设防护林带。同时，园址应选择在城市上风方向，有水源、电源及方便的城市交通。如附设在综合公园中，应在下风、下游地带，一般应在独立地段，以便采取安全隔离措施。

（3）植物园

植物园应选址在水源充足、土质良好、避开工业区和各类污染源的城市河流上游和主要风向的上风方向区域，宜有丰富的天然植被和地形变化。综合性植物园的面积宜大于 $40hm^2$。

植物园是一所完备的植物科学试验研究机构。其中包括植物展览馆、实验室、苗圃、温室、场圃等。除了上述供科学研究和科学普及的场所外，植物园还应通过各种类型植物的展览，给群众以生产知识及辩证唯物主义观点的植物学知识，因此植物园必须要具备各种不同的自然风景景观，各种完善的服务设施,以供群众参观学习休息游览,同时又为城市园林绿化的示范基地(如新引进植物种类的示范区、园林植物种植设计类型示范区等),以促进城市园林事业的发展。植物园的规划设计要按照"园林的外貌、科学的内容"来进行,是一种较特殊的公园绿地。

植物园的用地选择应该远离居住区,如要设在郊区,应有较通畅的交通条件,便于居民方便到达。园址选择要选择有适宜的土壤、水文条件地段,应避免在有污染的城市下风下游地区,应尽量避免建设在原垃圾堆场、土壤贫瘠,或地下水位过高、水源缺乏等地方,以免妨碍植物的正常生长。

正规的植物园,必须具备有相当广阔的园地,要具有不同的地形和不同种类的土壤,以满足生态习性不同的植物生长和生物多样性生存环境的需要。如北京植物园选择在小西山卧佛寺一带,与城市东郊工业区及首钢工业区有一定距离,但缺点是水源不足,影响植物园建园的速度,投资也较大。华南植物园选择在地形起伏、原有植被较好,且与东郊工业区有一定距离的东北郊。

园址除考虑有充足的水源以供造景及灌溉之用外,还须考虑在雨水过多时,能畅通地排出积水。园址范围内应有足够的平坦地,以供开辟苗圃和试验地之用。

(4) 体育公园

体育公园规划应接近城市居住区,绿地率应大于65%。

体育公园是一种特殊功能的城市公园,既要有符合一定技术标准的体育运动设施,又要有较精致的环境绿地布置。体育公园主要是在有氧的在绿色环境中进行各类体育运动竞技和练习,同时又可供运动员及群众游憩。体育公园的运动场地设置有运动场、体育馆、游泳池、溜冰场、射击场、跳伞塔、摩托车场等。场地可以集中布置,也可以分散设置,或与城市综合公园结合,如广州越秀公园中的越秀运动场、成都城北体育场等。体育公园用地选择,除考虑有较平坦用地外,尽可能有起伏地形用做看台,以节约工程费用。由于体育运动场地在进行比赛时,会集中大量交通及人流,故必须有方便的交通与城市各区相联系。

随着中国国民经济水平的提高以及体育运动事业的发展,体育运动场应该很好地与园林绿地相结合建设成为体育公园,例如,近几年来在北京建设"亚运村""奥运村"的过程中,已经贯彻体育运动寓于绿地包围之中的理念。

(5) 纪念性公园

公园设立的目的是以纪念革命活动故址、烈士陵园、历史名人活动旧址、墓地为中心的园林绿地,供群众瞻仰、凭吊及游览休憩的园林。如南京中山陵、雨花台烈士陵园、广州起义烈士陵园、成都杜甫草堂、成都武侯祠。园内除纪念用场地或建筑外,尚可利用周围自然条件扩建若干休息游览区,寓革命传统教育、纪念性于休憩之中。

(6) 历史名园

历史名园应根据相关城市规划要求确定保护对象和内容,保护其真实性和完整性,规划范围不应小于城市规划确定的历史名园的保护范围。必要时可在其外围划定建设控制地带和景观环境协调区。

(7) 名胜古迹园林

名胜古迹园林是一种有悠久历史文化,有较高园林艺术水平,并有一定保存价值,在国内外有影响的传统园林名胜地。这些园林又是各级文物保护单位。除参观游览外,又可作为休息用地,因此在规划中应尽量与城市绿地相结合。这样既保护文物又扩建了绿地。其用地范围可能受原有条件及情况制约,但在城市园林绿地系统规划中尽可能利用周围自然环境条件扩建作为绿地。例如,西安大雁塔附近空地也划为公园;现存苏州拙政园东部原属于另一园林,建园以来,将其合并扩大作为拙政园东园,在内容设施上,以安静休息游览为主。

传统园林的周围,应按其文物保护单位级别,制定保护范围,以免造成景观环境的破坏。如无锡市太湖之滨蠡园后面,建立了一座现代化旅游宾馆,蠡园已经成为宾馆前的大盆景,园林艺术意境全被破坏。北京北海公园是国家一级文物保护单位,又是北京市重要的公园绿地之一,在其北岸建设有多层建筑,包围北海,其传统风貌也受到损失。以上两个案例都说明了名胜古迹公园的建设与文物及其周边环境的保护之间存在着重要的依存关系，不能单纯追求发展，而忽视了人文历史环境保护。

(8) 主题公园

主题公园是在城市游乐园的基础上发展起来的，它是以一个特定内容为主题，有相应的人工建设内容，包括民俗、历史、文化和游乐空间，游人能亲自参与一个特定内容的主题游乐内容，其内容包括有知识性和趣味性，并结合周围的园林环境，使其特色鲜明，充分发挥"寓教于乐"的特长。随着旅游事业的发展，各地都相继建设不同类型的主题公园。

一般主题公园占地面积较大，应设置在远离城区的地域，或者与同类型游乐场地相对集中，以便集中设置停车场和服务设施。主题公园绿地率一般应在60%以上，这样才能创造一个适宜于参观、游览活动的优美环境。因此，用地选择应考虑园址的周围环境，如有大片树林及适宜栽植树木草地的条件，能利用的地形、植被、水系都是作为主题公园建设的首选之处。

4) 游园

游园从空间特征上看可以分为点状和带状两种空间形态，其规划布局可以结合生活圈居住区的公共绿地布局需求统筹考虑。

点状游园的布局应该从公园绿地均布性的角度出发，填补500m服务半径的盲区，以达到公园均衡布局的要求。这类绿地是在城市中分布最广，与广大群众接触最多、利用率最高的公园绿地。其设施内容以植物题材为主，适当配备休息亭廊、喷泉、花坛等。在新建城市中，可与各级生活圈居住区内的公共绿地相结合建设。在旧城改建时，应贯彻"充分利用、适当改造"的方针，见缝插绿，利用零星空地开辟小型公园绿地、街头绿地，将其作为群众就近休息、游憩、健身的场所。近年来，上海市及天津市在市区内建设这类小绿地数量较多，弥补了市区内公园绿地数量少、分布不均的缺点。国家标准《城市园林绿化评价标准》(GB/T 50563—2010)中规定要求街旁绿地不应小于5000m²。历史文化街区中绿地规模可下调至1000m²。

带状游园是城市公园绿地体系中重要的线性空间，是搭建城市绿地网络体系的重要组分。因此带状游园的布局，不仅要考虑到日常游憩的使用需求，同时还要兼顾城市绿地系统网络骨架的构建需求。在近邻生活居住区的地段，应结合沿城市交通干道、河流、旧墙墙基两侧或单侧布置带状游园，其宽度根据生活圈的范围不同可布置8～30m的带状游园，主要供城市居民休憩、游览之用。其中可设小型服务设施，如茶室、小卖部、休息亭廊、座椅、雕塑等。植物配置以遮阴大树、花灌木、草坪、花卉为主。在与城市道路相邻处需用植篱相隔，以防尘及噪声。如上海肇嘉浜林荫带、杭州西湖六公园、青岛海滨的鲁迅公园、北京正义路林荫道等。

5.6.1.3 公园绿地的规划布局

(1) 布局的重要性

首先，在城市总体规划的框架下，进一步明确公园绿地的建设规模与范围，保证规划内容的一致性和延续性。其次，公园绿地的布局要满足均布性，即要求公园绿地要便于城市居民的出行使用。

(2) 公园绿地布局的均布性分析

公园绿地的均布能够为城市居民的日常休憩和工作环境提供均等的使用机会，减少市民至公园绿地的出行距离，使得市民能够在最短的、最均等的出行距离范围内享受自然的空气、清新的环境和舒适的活动场地。

服务半径是衡量公园绿地的均布性和可达性的一项基本指标。其定义为：某公园绿地所服务人群的居住点的地理覆盖范围。对公园绿地的服务半径进行分析，更有效地评价城市绿地空间分布的合理性，可以最大化地实现城市绿地的生态效益。同时，应衡量公园绿地的均布性和可达性，合理布局城市公园绿地，使其各级、各类公园绿地的服务范围覆盖所有的城市居住用地，满足居民的游憩使用需求。

服务半径的大小和各类公园规模的配备标准每个国家各不相同（国外相关资料，参阅第4章拓展阅读之国外城市绿地分类），中国公园绿地的均布性可参考《城市园林绿化评价标准》中公园绿地的布局应尽可能实现居住用地范围内500m服务半径全覆盖的要求。以及《国家园林城市评价标准》中城市公共绿地布局合理，分布均匀，服务半径达到500m（1000m^2以上公共绿地）的要求。

5.6.1.4 公园绿地的规划建设要求

对公园绿地进行统一布局之后，还应对公园绿地的规划建设提出具体的要求，包括明确各公园绿地的类型、提出规划设计主要内容、突出建设特色等方面规划内容。在图纸的表达上，要明确各公园绿地的位置、类型、规模及范围。

城市公园绿地在城市中不是独立存在的，而是相互联系、相互影响。因此，对公园绿地进行恰当的分类是公园绿地规划的重要内容。规划中应综合考虑地各类公园绿地的选址要求和满足功能的特色，同时还应注意以下几方面：综合性公园和社区公园应尽可能地均匀分布在城市中，以保证市民的日常使用要求；各类专类公园和游园用于丰富游憩类型和体系，同时兼顾城市景观的塑造；带状游园作为线形的公园绿地类型，要起到连接和串联的作用，保证市民在城市中能够在绿色的体系中徜徉。

在明确公园绿地类型的基础上，还应从城市绿地系统的整体性出发，针对具体环境及相关规划条件，从功能的丰富性角度，对每一个公园绿地的建设内容提出特定性的要求，从而形成城市层面的统一规划安排，最终形成类型多样、内容丰富、互为补充的城市公园绿地体系。因此，对于各公园绿地的规划设计主要内容和建设特色等方面的规划定位是公园绿地规划的重要内容，也是实现城市绿地游憩功能多样、服务内容丰富的重要保障。

道路沿线公园绿地宽度应大于12m，可辅助设置少量休闲设施，保证游人安全。

5.6.2 防护绿地规划

5.6.2.1 防护绿地的规划原则

(1) 防护性原则

根据城区的生态环境特点和建设用地布局，在不同区域内规划设置不同类型的防护绿地，以充分发挥绿地的防护功能。

(2) 系统性原则

为充分发挥城市绿地的卫生防护、防风固土、安全隔离等作用，应沿高速公路、快速干道、铁路、高压走廊、河海沿岸、城市组团之间、工业区与生活区之间建设防护绿地，以建立完善的城市绿地防护体系。

(3) 景观性原则

城市防护绿地的建设，应与城市的景观，尤其是城市门户区等重要景观地段的建设相结合，在充分发挥城市绿地防护功能的同时，还应注重其景观特性的发挥，以达到改变城市整体景观风貌的作用。

5.6.2.2 防护绿地的布局要求

防护绿地应根据防护对象、气候条件和影响范围等因素设置。防护绿地规划在图纸的表达上，要明确各防护绿地的位置、类型、规模及范围。

① 受风沙、风暴、海潮、寒潮、静风等影响的城市，应综合考虑城市布局和盛行风向设置防风林带、通风林带；防风林应布置在城市外围上风向与主导风向位置垂直的地方，以利于阻挡风沙对城市的侵袭。

② 卫生防护应根据污染物的迁移规律来布局。城市粪便处理厂、垃圾处理厂、净水厂、污水处理厂、殡葬设施等市政设施周围应设置防护绿地；以防治大气污染为目的的防护林的布局应根据城市的风向、风速、温度、湿度、污染源的位置等计算污染物的分布，在污染物浓度超标的地区布置防护林，从而有效地防御大气污染。此外，在生产，存储，经营易燃、易爆品的工厂、仓库、市场，产生烟雾、粉尘及有害气体等工业企业周围，尤其是工业

用地和居住用地之间，应适当规划防护绿地，以降低工业污染对居民生活的侵扰。

③ 铁路防护绿地一般沿铁路沿线布置，通常能够形成铁路沿线或者城市的重要绿色廊道，因此其植物的选择和配置应该兼顾这两方面的需求。

④ 道路防护绿地是城市中重要的绿色网络骨架，能够影响城市的景观塑造。在城市中适当地布置防护绿地，使其既能保证生态功能，又能兼顾城市景观是道路防护绿地规划的要点。

⑤ 河流防护绿地往往分布在城市河流两侧，随城市用地的紧缩安排适当规模，起到绿化、美化、加固河道的作用。

⑥ 农田防护林布置在农田附近利于防风的地带，形成长方形的网格，长边与常年风向垂直。

⑦ 水土保持林应布置在河岸、山腰、坡地等地带，种植树林，固土、护坡、涵蓄水源，以减少地面径流，防止水土流失。

⑧ 高压走廊防护绿地，沿城市高压走廊沿线布置，按规范要求建设，保证足够的防护空间。

5.6.2.3 防护绿地的规划要求

城市绿地系统规划中首先要对准确地分析城市规划中各类用地布局，并且制定相应的城市防护绿地的规模和类型。在此基础上，提出城市防护绿地的建设要求，最终做到布局合理、体系完整，并与公园绿地协调一致，形成完整的城市绿地系统（见彩图4）。各类公用设施周围的防护绿地规划宽度应符合表5-6规定。

表5-6 公用设施防护绿地规划宽度规定一览表

编号	防护对象（设施或用地类型）		规划宽度规定(m)
1	水厂		≥10
2	输配水泵站		≥10
3	排水泵站		≥30
4	污水处理厂		≥50
5	粪便污水前端处理设施		≥5
6	生活垃圾转运站(t/d)	>450	≥15
		150~450	≥8
		50~150	≥5
		<50	≥3
7	垃圾码头综合用地		≥10
8	生活垃圾卫生填埋场用地、垃圾处理厂、生活垃圾焚烧厂、生活垃圾堆肥厂、粪便处理厂		≥100
9	新建建筑垃圾转运调配场用地(t/d)	>2000	≥20
		500~2000	≥15
		<500	≥10
10	变电站(室外)(kV)	500	≥30
		220	≥20
		110	≥15

公用设施廊道周围应按照表5-7规定的宽度规划防护绿地。35kV以上的高压走廊，宜根据线路的电压等级及同走廊架设的线路数量，设置相应宽度的高压走廊绿地。

表 5-7　公用设施廊道防护绿地的宽度规定一览表

编号	市政设施名称		防护绿地宽度要求(m)	备注
1	石油、天然气管道		5(单侧)	从管道线路中心线计
2	高压输电线走廊（kV）	35	12~20	总宽度
		66~110	15~25	
		220	30~40	
		330	35~45	
		≥500	60~75	

传染病院周围必须设置防护绿地，宽度不小于50m。

城市快速路和城市立交桥控制范围内应设置道路防护绿地。城市快速路及城市立交桥的防护绿地单侧宽度不宜小于15m。

公路沿线防护绿地规划宽度应根据城市规划、公路等级、车道数量、环境保护要求和建设用地条件合理确定，其单侧防护绿地的规划宽度应符合表5-8要求。

表 5-8　公路防护绿地单侧宽度规定一览表　　　　　　　　　　　　　　　　　　　　　　m

公路等级	高速公路	一级公路	二级公路	三级公路	四级公路
公路红线宽度	40~60	30~50	20~40	10~24	8~10
防护绿地单侧最小宽度	50	30	20	10	5

建成区铁路防护绿地从铁路线路路堤坡脚、路堑坡顶或者铁路桥梁外侧起向外计算：城市段高速铁路不少于10m，其他铁路不少于8m；村庄段高速铁路不少于15m，其他铁路不少于12m。规划城市新区铁路防护绿地从外侧轨道中心线起向外计算：高速铁路不少于50m；普速铁路干线不少于20m；其他线路不少于15m。

二、三类工业用地与居住区之间应设置防护绿地。二类工业用地的防护绿地的宽度不宜小于30m，三类工业用地的防护绿地的宽度不宜小于50m，同时以气型污染为主二类和三类工业用地的卫生防护绿地的宽度，不宜小于工业企业卫生防护距离系列国标确定的卫生防护距离标准的20%。

城市河流、湖泊等水体沿岸应设置防护绿地，根据河道截面竖向、河道宽度确定防护绿地的宽度，宜大于30m。

受风沙、风暴潮侵袭的城市，在盛行风向的上风侧应设置两道以上的防护林带，每道林带宽度宜大于50m。

5.6.3　广场用地规划

5.6.3.1　规划原则

广场用地的布局选址应遵循以下原则：

① 应符合城市规划的空间布局和城市设计的景观风貌塑造要求，有利于展现城市的景观风貌和文化特色。

② 应保证可达性，至少与一条城市道路相邻，宜结合公共交通站点布置。

③ 宜结合公共管理与公共服务用地、商业服务设施用地、交通枢纽用地布置。

④ 宜与公园绿地和绿道等游憩系统结合布置。

5.6.3.2　规划要求

不同城市规模规划新建广场的面积不得超过表5-9规定的面积上限。

广场用地的硬质铺装面积占比应根据广场类型和游人规模具体确定，绿地率不应低于35%。

广场用地内不得规划与广场自身的管理、游憩、服务功能无关的建筑用地，用于管理、游憩、

表 5-9　不同城市规模规划新建单个广场的面积控制规定　　　　　　　　　　　　　　　　hm²

中心城区规划人口	面积上限要求	中心城区规划人口	面积上限要求
20 万人以下	1	50 万~200 万人	3
20 万~50 万人	2	200 万人以上	5

服务功能的建筑用地的面积占比不应大于 2%。

规划人均广场用地规模不应小于 0.4m²/人。

5.6.4　附属绿地规划

在城市绿地系统规划工作中，附属绿地的规划工作要以城市附属绿地的建设现状为重要参考依据，在客观评价现状附属绿地建设水平的基础上，按照国家规定的要求，对于城市规划的各用地地块提出附属绿地率建设指标的控制性规划要求。目的在于通过附属绿地率指标的控制，引导城市各类用地内绿地的建设，以确保城市绿地率总量的建设达到国家相关标准要求。在图纸的表达上，要明确各城市用地地块的附属绿地率指标（见彩图5），以期为城市用地的开发提供可信的绿地建设的依据。

规划附属绿地的绿地率指标，确定了主城区各类城市用地中绿地所必须达到的最低标准。为最大程度改善市区的环境质量和方便居民使用，应鼓励在城市规划的详细规划阶段、修建设计和建设中超越以上指标，并提倡进行垂直绿化和屋顶绿化，以达到在不占用土地面积的情况下增加城市绿化量的目的。

附属绿地存在于城市各类用地之中，是城市绿地系统"点""线""面"几个空间类型层次中"面"的层次。附属绿地不参与城市建设用地平衡，但在城市中占地多、分布广，是城市绿化的基础之一。各类城市建设用地附属绿地的绿地率应符合国家有关规范。

各类附属绿地规划指标要求如下：

根据建设部《城市绿化规划建设指标的规定》（城建〔1993〕784 号）文件规定：单位附属绿地面积占单位总用地面积比率不低于30%，其中工业企业，交通枢纽，仓储、商业中心等绿地率不低于20%；产生有害气体及污染工厂的绿地率不低于30%，并根据国家标准设立不少于50m的防护林带；学校、医院、休疗养院所、机关团体、公共文化设施、部队等单位的绿地率不低于35%*。

在《城市绿化规划建设指标的规定》文件执行多年后，对部分城市用地附属绿地率要求做出调整的内容如下：

附属绿地规划首先应对居住、公共管理与公共服务设施，商业服务业设施、工业、物流仓储、交通设施、公用设施等用地的附属绿地率进行规划控制要求。

居住用地附属绿地规划控制指标应符合国家行业标准《城市居住区规划设计标准》（GB 50180—2018）中明确规定了居住街坊用地的绿地率的有关要求，详见表9-2 和表9-3。

商业服务业设施用地的规划绿地率宜大于35%，不应小于20%。

工业用地绿地率不应小于20%，其中产生有害气体及污染工厂的绿地率不应小于30%。

工业用地附属绿地布局应符合以下规定：

① 应集中布局在用地周边邻近其他城镇用地的区域、行政办公区和生活服务区、对环境具有特殊洁净度或庇荫要求的区域。

② 具有易燃、易爆物的生产、贮存及装卸设施周边应设置能减弱爆炸气浪和阻挡火势向外蔓延的绿化缓冲带。

③ 散发有害气体、粉尘及产生高噪声的生产车间、装置及堆场周边，应根据全年盛行风向和对环境的污染情况设置紧密结构的防护林。

---

* 本规定是现有的、且执行的对城市用地中附属绿地绿地率进行详细规定的重要文件。但因执行年限较早，其中的居住绿地和道路绿地的绿地率建设指标在后期有所调整，见下文中居住绿地和道路绿地规划建设要求内容。

5.6.5 区域绿地规划

区域绿地分布于城市规划建设用地之外，可以结合风景名胜区、水源保护区、郊野公园、森林公园、自然保护区、风景林地、城市绿化隔离带等布局，也可以是野生动植物园、湿地、垃圾填埋场恢复绿地等对城市生态环境质量、居民休闲生活、城市景观和生物多样性保护有直接影响的绿地。通常情况下，其他绿地应该与城市绿地系统结构布局统一考虑，合理地安排城市周边的点、片式绿地和大环境的关系，使城市建设用地内外的城市绿地成为不可分割的有机整体。

在城市总体规划中，区域绿地属于非建设用地，不参与城市建设用地平衡。因此，对此类绿地的规划不受城市规划用地定额指标的限制，其规划内容侧重于以下方面：

① 从"生态优先"的原则出发，为了保证城市空间的有序发展，预先划定和保留城市周边的重要风景地段和亟待保护的地段，要明确边界，严格控制各类开发建设项目。

② 从城市大环境景观格局的构建出发，选择重要的景观区域作为城市的绿色背景加以保护和利用。完善城市绿地系统格局，用各种绿色廊道将市域绿地与城市本身的布局结构相融合，形成完善的绿地系统。

③ 从城市游憩体系完善的角度考虑，在城市周边选择交通方便、游赏设施完善的区域作为城市游憩体系的重要补充，既可以丰富城市游憩体系的活动内容，又可以统筹城乡，一体化建设城市绿地系统。

④ 在城市各组团之间，充分地利用基本农田、自然水域或者山体林地等资源规划布置城市组图隔离绿带，用以控制城市发展规模，防止城市连片发展。

⑤ 从城市绿地的系统性出发，区域绿地与城区内绿地相互渗透，相互补充，构成完整的城乡绿地系统。

5.6.5.1 风景游憩绿地规划要求

风景游憩绿地规划应遵循保护优先、永续利用原则，协调与城镇建设与发展的关系。风景游憩绿地选址应优先选择自然景观环境良好、历史人文资源丰富、适宜开展自然体验和休闲游憩活动，并与中心城区之间具有车行交通条件的地区。

风景名胜区选址和边界的确定应有利于保护自然和文化风景资源及其环境的完整性，便于保护管理和游憩利用。

森林公园的选址应有利于保护森林资源的自然状态和完整性，单个森林公园的规划面积不宜小于$50hm^2$，并应按照核心景观区、一般游憩区、管理服务区和生态保育区等进行功能分区规划。

城市湿地公园选址应有利于保护湿地生态系统的完整性、生物多样性、生态系统的连贯性和湿地资源的稳定性，并与城市和区域水系统保护利用相协调，有稳定的水源补给保证。应以湿地生态环境的保护与修复为首要任务，兼顾科教及游憩等综合功能；应充分利用自然、半自然水域，可与城市污水、雨水处理设施以及城市废弃地的生态恢复相结合，单个公园的规划面积宜大于$50hm^2$，其中湿地系统面积不宜小于公园面积的50%。

郊野公园选址应充分保护城郊自然山水地貌和生物多样性，有便利的公共交通条件，单个公园的规划面积宜大于$50hm^2$；应规划配备必要的休闲游憩和户外科普教育设施，不得安排大规模的设施建设。

5.6.5.2 生态保育绿地规划要求

生态保育绿地规划应遵循以下原则：

① 不应减少规模、不应缩小范围边界。

② 不应降低生态质量和生态效益，严格保护自然生态系统，保持水土，维护生物多样性。

③ 对生态脆弱区、生态退化区开展生态培育、恢复和修复，逐步改善和恢复受损生态功能。

5.6.5.3 区域设施防护绿地规划要求

市域、规划区交通设施、市域、规划区公用设施用地应设置具有安全、防护、卫生、隔离作用的绿地。各级公路、铁路、输变电设施、环卫设施周边的防护隔离绿地应参照"第8章 防护绿地规划设计"的要求执行。

5.6.5.4 生产绿地规划要求

生产绿地选址要符合以下要求：生产绿地占地面积较大，出于节约土地的考虑，不适宜建成区内布置大片生产用地，通常应安排在郊区；须保证与市区有方便的交通联系，以便苗木运输；要求土壤及水源条件较好、地形变化丰富，既有利于苗木的多样化培育，又有利于苗木的生长。有些大城市花圃建设条件较好，也可以局部适当开放，以弥补公共绿地之不足。如原杭州花圃，现已改为城市花园，除供应城市所需各种花卉外，还供游人观赏，具有公园绿地性质。

生产绿地作为城市绿地系统中必备的苗木产出和储备基地，它担负着向城市绿化工程提供苗木的任务，因此，它的建设水平将直接影响一个城市的园林绿化水平和绿地质量。

《国家园林城市标准》（2016年）规定：全市生产绿地总面积占城市建成区面积的2%以上，城市各项绿化美化工程所用苗木自给率达80%以上，出圃苗木规格、质量符合城市绿化工程需要。因此，应在城市绿地系统规划中，对生产绿地进行定量的规定。对于不足建设部相关要求指标的部分，建议采用多种途径建设、统筹使用，从而保证城市绿地建设对苗木的需求。

5.7　城市绿地植物规划

园林树木是城市园林绿化的重要物质基础。树种规划是城市园林绿地规划的一个重要组成部分。树种规划的好坏，直接影响到城市绿化的效果和质量。

生物多样性的生态功能价值是巨大的，它在自然界中维系能量的流动、净化环境、改良土壤、涵养水源及调节小气候等多方面发挥着重要的作用。丰富多彩的生物与它们的物理环境共同构成了人类赖以生存的生物支撑系统。

城市生物多样性、树种规划及古树名木规划为城市绿地植物规划的重要组成部分，此项工作通常由城市规划、园林绿化及有关科研部门共同配合完成。

5.7.1　城市绿地植物规划的基本要求

实现生物（重点是植物）多样性可促进城市绿地自然化，提高城市绿地系统的生态功能，其规划的基本要求如下：

① 合理进行城市绿地系统的规划布局，建立城市开敞空间的绿色网络，将植物多样性的保护列入城市绿地系统规划和建设的基本内容，将城区内外的各种绿地视为城市绿地系统的有机组成部分，建立城乡一体化的环境绿化格局。

② 大力开发利用地域性的物种资源，尤其是乡土植物，有节制地引进域外特色物种，防止有害生物物种侵入，构筑具有地域区系和植被特征的城市生物多样性格局。

③ 提高单位绿地面积的生物多样性指数。城市地区可用于绿地建设的土地极其有限，因此，只能依靠单位面积物种数量的增加来提高城市绿地系统的生物多样性。

④ 增大城市绿地建设规模，促进公园等生态绿地的自然化，重视城市中地域性自然植物群落的构成；在公园设计上，选择适应当地气候、抗逆性强的乡土植物，尤其是优势种，进行人工直接育苗和培育。

⑤ 改善以土壤为核心的立地条件，提高栽培技术和养护水平，促进绿化植物与城市环境相适应。

⑥ 古树名木能够反映城市的历史和文化，具有重要的人文和保护价值。对城市现存的古树名木进行有效的保护是城市绿地系统规划的必要内容。

城市绿地植物规划，是城市绿地系统规划的一个重要内容，核心是对城市区域范围内的植物多样性进行保护和建设、城市园林绿化应用植物种类规划以及对城市古树名木进行有效的保护规划和指导，以保证城市绿化应用植物物种选择恰当，植物生长健壮，使绿地早日发挥较好的生态效益。

5.7.2 生物多样性保护规划

生物多样性包括3个层次：基因多样性、物种多样性和生态系统多样性，是个宏观的生态概念。对于人口集聚、产业发达的城市地区，除了在市域远郊区一些特殊的自然生态保护区（如较大规模的次生林地等）里还能保持较为原始的生物多样性以外，大部分的城镇建成区是以人工生态环境为主的。城市化的结果往往造成生态系统均质化、遗传基因单纯化。生物多样性主要表现为物种的丰富性，又由于大多数野生动物和微生物对于城市的环境污染难以承受，基本迁移或消失，因而城市绿化植物多样性的保护和培育就显得尤其重要。

生物多样性保护规划工作不能局限于城市内部，而是要站在区域的角度，从植物分布区系的背景下，对整个市域乃至区域范围进行保护规划思考。首先，要在充分调研现状的基础上，进行客观的分析；其次，要确定合理的保护与建设的目标与指标，并进行物种、基因、生态系统、景观多样性等多层次的规划；再次，还要提出相应的生物多样性保护的措施与生态管理对策，以及珍稀濒危植物的保护与对策等，以确保规划内容的实施。

5.7.3 树种规划

5.7.3.1 树种规划的原则

所谓树种规划，就是通过调查研究选择一批适应本地自然条件，能满足城市绿化不同功能要求的树种，并作出全面适当的安排，使其发挥良好的功效。树木是要经过多年的培育生长，才能达到预期的绿化效果的。如果树种选择不当，树木生长不良，往往会多次更换树种，不仅造成人力、物力和财力的很大浪费，还会使城市绿化面貌长时间得不到改善。树种规划应遵循以下原则：

① 要最大限度地满足城市园林绿化多种综合功能要求。城市景观、生态功能和经济效益既要统筹兼顾，又要有所侧重。要结合城市的性质和特点来考虑植物材料的选择，尽可能体现地方特色。

② 坚持"适地适树"，以乡土树种为主，同时也积极选用一些经过考验的外来树种和有把握的新优树种（及品种）。乡土树种对本地的土壤、气候等环境条件适应性最强，苗源多，栽培易活，能体现地方特色，应选作城市绿化的主要树种。为了丰富园林绿化树种，提高园林绿化质量，还需要选用经过长期考验，证明已基本适应本地生长条件的树种。如白兰花、大王椰子、非洲桃花心木在广州，杧果、凤凰木在南宁，雪松、广玉兰、悬铃木在长江流域的广大城市，都得到了大量的应用。必须注意切不可不顾自然条件，盲目大量地栽种无把握的外来树种。它们必须经过栽种试验，成功后才能逐步推广。有时在植物园、苗圃表现良好的树种不一定能在街道、广场、工厂等地方也生长良好，因此，对新近引进的树种要更加慎重。新建的城市可以通过调查走访，参考引用附近自然条件相近的城市绿化树种。

③ 重点树种以乔木为主，一般树种要丰富多彩，做到乔木、灌木、藤木及地被植物相结合。乔木树体高大，覆盖面广，寿命较长，对改善和保护城市环境、美化市容和结合生产等方面的效果较好，而且长期稳定，因此，树种规划的重点应放在乔木的选择上。但也不能因此而忽视灌木、藤木和地被植物，它们在园林绿化中的作用是乔木不可代替的。没有它们，就很难实现丰富多彩的园林景观，也很难形成多层次的人工植物群落。

④ 速生树种与慢长树种相结合，并逐步过渡到以长寿树为主。速生树对加速城市绿化，在较短时间内改变城市面貌起很大作用。但速生树往往寿命较短，不到几十年就衰老了，需要经常更换，这对城市景观和交通都很不利。因此，在已有一定绿化基础的城市要注意发展珍贵长寿的慢长树，尤其一些直接反映城市面貌的主要街道、广场的绿化，更要多用长期稳定的珍贵长寿树种。一般情况下，新建城市的初期应以速生树为主，同时搭配部分慢长优良树种，然后分期分批过渡到以长寿树为主。

⑤ 常绿树与落叶树相结合。园林绿化树种的选择，不论是从防护要求还是从景观要求，都要做到常绿树与落叶树适当搭配。考虑到各地气候

特点和自然植被的分布规律，南方以常绿树为主，北方以落叶树为主。同样是常绿树，南方主要是常绿阔叶树，而北方主要是常绿针叶树。以街道绿化中的行道树为例：不论是南方还是北方，夏季普遍炎热，需要遮阴，但到了冬季，则除了华南以外的大部分地区都比较寒冷，行人愿意晒到太阳，因此，长江流域及其以北地区的行道树，应以落叶树为主，但考虑到街景的需要也要适当配植一些常绿树。即使在华南地区，也不要全种成常绿树，搭配一些落叶树可以给城市增加色彩和季相的变化。而南方的常绿树也不要全是常绿阔叶树，可适当用一些棕榈类和常绿针叶树，如南洋杉、罗汉松、柳杉等，这样可使园林景观更加丰富多彩。

5.7.3.2 树种规划的方法和步骤

城市树种规划是相当复杂而繁重的任务，必须从广泛深入的调查研究入手，总结实际栽培经验和现场观察所得结果，加以分析研究，从而做出比较合理的规划方案。树种规划的具体方法和步骤如下：

① 调查了解当地的自然条件，尤其是气候、土壤、植被的特点以及工业污染的程度等，找出绿化植树的有利因素和不利条件。这样就会为树种规划工作做好思想准备，做到心中有底。

② 调查本市各园林绿地的现有树种状况。这是摸清家底的工作，十分重要。树种调查以栽培树种为主，但也要结合调查附近山区和郊区的野生树木及植被情况。调查项目包括树木种类、生长状况、抗逆性、出现频度和应用方式等。如果时间有限，工作重点可放在大树和古树的调查上，这是选择骨干树种的重要依据。此外，如能对现有苗圃的苗木种类及生产状况进行走访调查也是很有益的。

③ 在树种调查的基础上，编制出城市树木名录，该名录通常按科属系统排列。然后对名录中的树种进行必要的分析统计，得出科、属、种数量以及裸子植物、被子植物、落叶树、常绿树、乔木、灌木、藤木等的数量和比例。

④ 查阅有关历史资料，如县志、府志等，调查树种的历史，这对做好树种规划有一定参考价值。

⑤ 在上述调查研究的基础上，制订树种规划的初步方案，然后广泛征求意见，修改定案。方案确定后，要报有关部门批准执行，一个规划方案的好坏，要通过实践来检验。方案在执行过程中，还可以根据具体情况做必要的局部修改或调整。

5.7.3.3 树种规划的主要内容

（1）重点树种和一般树种的确定

作为城市绿化重点的基调树种和骨干树种要少而精，力求准确、稳妥。重点树种要选用对不良环境适应性强、病虫害少、大苗移植易活、栽培管理简单、绿化效果好的树种。每个城市应有经过审慎选择的基调树种 1~4 种，形成城市绿化的基调，同时还应选择骨干树种 5~12 种（或更多）。至于一般树种，可根据具体情况选用 100 种左右或更多。总之，树种选择要做到既重点突出，又丰富多彩。

有些城市，特别是大城市，还要做出不同地区及不同类型绿地的详细树种规划。如街道广场、工矿区、居民区、机关学校、公园和风景区（山区、水边）绿化的树种规划，通常各类型绿地都要有骨干树种 5~12 种或更多。

按照建设部 2002 年颁布《城市绿地系统规划纲要（试行）》的内容要求，在树种规划中还应完成城市的市花及市树的推荐选择树种，以便帮助城市绿化形成地方特色和个性。

（2）技术经济指标的确定

通常要制订乔木与灌木、常绿树与落叶树、针叶树与阔叶树、速生树与长寿树的种植比例。同时还要有近期和远期的不同安排。合理规划树种的种植比例，既有利于提高城市绿化的质量，也便于指导苗木的生产。通常在城市绿化建设的初期，尤其是北方城市，落叶树和速生树的比例宜大些，在若干年后再逐步提高常绿树和长寿树的比例。

（3）推荐城市绿化应用植物

通常在树种规划中，还应进行"城市园林绿化应用植物名录"的编制工作，它包括在该城市推荐应用的乔木、灌木、藤木、花卉和地被植物种类。

（4）配套制订苗圃建设、育苗生产和科研规划

城市苗圃建设规划，通常以市、区两级园林绿化部门主管的生产绿地为主。有了好的树种规划方案，城市苗圃就可以按要求制订育苗规划，从而更科学合理地进行育苗、引种和培育各种规格的苗木，以满足城市绿化建设的需要。

5.7.4 古树名木保护规划

5.7.4.1 古树名木保护规划的意义

古树名木是一个国家或地区悠久历史文化的象征，是一笔文化遗产，具有重要的人文与科学价值。古树名木不但对研究本地区的历史文化、环境变迁、植物种类分布等非常重要，而且是一种独特的、不可替代的风景资源。因此，保护好古树名木，对于城市的历史、文化、科学研究和发展旅游事业都有重要的意义。

城市古树名木保护规划，属于城市地区生物多样性保护的重要内容之一。规划编制要充分体现市区现存古树名木的历史价值、文化价值、科学价值和生态价值。结合城市实际，通过加强宣传教育，提高全社会保护古树名木的群体意识。要通过规划，完善相关的法规条例，促进形成依法保护的工作局面；同时，指导有关部门开展古树名木保护基础工作与养护管理技术等方面的研究，制定相应的技术规程规范；建立科学、系统的古树名木保护管理体系，使之与城市的生态建设目标相适应。

5.7.4.2 古树名木保护规划的内容

城市古树名木保护规划涉及的内容主要有以下几个方面：

① 制定法规 通过充分的调查研究，以制定地方法规的形式对古树名木的所属权、保护方法、管理单位、经费来源等做出相应规定，明确古树名木管理的部门及其职责，明确古树名木保护的经费来源及基本保证金额，制定可操作性强的奖励与处罚条款，制定科学、合理的技术管理规程规范。

② 宣传教育 通过政府文件和媒体、计算机、网络，加大对城市古树名木保护的宣传教育力度，利用各种手段提高全社会的保护意识。

③ 科学研究 包括古树名木的种群生态研究、生理与生态环境适应性研究、树龄鉴定、综合复壮技术研究、病虫害防治技术研究等方面的项目。

④ 养护管理 要在科学研究的基础上，总结经验，制定出全市古树名木养护管理工作的技术规范，使相关工作逐渐走上规范化、科学化的轨道。

5.8 城市绿地防灾避灾规划

5.8.1 城市绿地防灾规划意义

自然灾害是一种潜在的因素，人类尚无法做到准确预测。城市绿地在灾难发生时能够发挥极大的作用，特别是居住区集中的地方，各类公园、体育场、广场、学校操场等都将成为居民的避难所，以供进行避难、救援、临时居住、堆放物品等。

城市绿地的防灾避灾规划以增加城市的安全性为目标，具有以下工作意义：

① 对某些自然灾害和城市公害起到有效的抑制作用。

② 当自然灾害发生时，对避难救灾能发挥积极作用。

③ 在平时，对城市环境改善和居民户外活动起到良好作用，即平常时期与非常时期相结合。

5.8.2 绿地防灾避灾规划原则

满足防灾避灾功能的绿地在选择时要满足：其自身需地质结构稳定，且避开地震断裂带、山体滑坡、泥石流、蓄滞洪区等自然灾害多发地段。规划要求各级满足防灾避灾功能的绿地除在规模、级别等按照地方标准应设置相应急避难设施外，还要满足以下原则：

（1）均布性原则

规划应按人口密度进行均匀的布置和安排，用地规模满足居民避灾需求，与城市绿地的布局统筹规划。

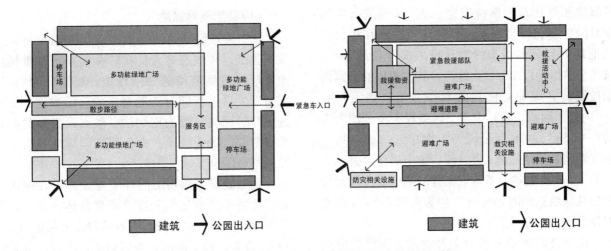

图 5-2　公园平常与灾害发生时功能使用要求的转换比较

(2) 安全可达原则

满足防灾避灾功能的绿地的设置，首先要考虑其自身的安全性，既要选择安全的地段，保证它与有崩塌、滑坡等危险的地带和洪水淹没地带有足够的距离，又要有一定的面积规模，保证当周围建筑物及构筑物倒塌时不至于威胁到避难者的生命安全；其次，必须保证它的可达性，即要与避灾通道有直接的联系，并确保通道畅通。

(3) 平灾结合原则

面对中国城市土地资源的日益稀缺和城市绿地已有的系统和规模，利用改造现有城市绿地，是建设应急避难绿地的主要方式。将有一定规模的城市绿地建成为具备两种功能的综合体：平时履行休闲、娱乐和健身等功能；在地震、火灾等突发灾害事件发生时，所配备的救灾设施和设备就能够发挥避难的特殊作用。图 5-2 为公园平常与灾害发生时功能使用要求的转换比较。

5.8.3　我国城市避灾场所与避灾绿地人均指标

(1) 我国城市避灾场所人均指标

《北京中心城区地震及应急避难场所(室外)规划纲要》指出，紧急避难场所人均用地面积标准为 $1.5 \sim 2.0 m^2$，长期(固定)避难场所人均用地面积标准为 $2.0 \sim 3.0 m^2$，即各类避灾场所合计人均用地面积标准应不低于 $3.5 \sim 5 m^2$。

《城市抗震防灾规划标准》(GB 50413—2007)规定，紧急避震疏散场所人均避难面积不小于 $1m^2$，固定避震疏散场所人均避难面积不小于 $2m^2$。

在汶川大地震灾后救灾中，中国城市规划设计研究院救灾工作组提出灾民安置点的人均用地面积需要 $10m^2$，该数值包括了避灾场所的各类主要设施、道路、医疗点等用地。从现在汉川地震重灾区的过渡性(固定)安置点的实地调研看，每个过渡性临时住房标准 $20m^2/$间，房间之间的防火安全距离为 4m，每套房间平均居住 4~5 人，考虑安置区内需要有简易道路、食堂、浴室、医疗、给水、供电、管理等基本设施，人均避灾安置用地指标约为 $12m^2$。此外，在城市道路绿化带、河滨绿地、城市公园、广场、体育场中全部安置了避难帐篷，延续时间达 1~2 个月。在临时避难安置区内计算搭建帐篷、连同间距范围和必要的道路占地，总的人均用地指标不少于 $4m^2$。

综上所述，城市紧急避险场所应达到 $1 \sim 2m^2/$人，城市临时避灾安置场所不应少于 $4m^2/$人，城市过渡性(固定)避灾安置场所应达到 $10 \sim 12m^2/$人。

(2) 我国城市避灾绿地人均指标

中国城市规划设计研究院风景园林所唐进群等对我国城市避灾绿地人均指标作了如下分析：城市中的防护绿地不适于作为避灾场所，公共绿地和附属绿地可部分作为灾害发生时的避灾场所。因建筑物周边的附属绿地受建筑塌落的危险，人员不宜靠近，能够起到避灾作用的仅是集中成片的绿地和与建筑物保持安全距离(以建筑高度的2/3计)的带状绿地或道路绿化带。按现在执行的绿地规划指标和城市绿地建设的实际情况分析,城市公共绿地以$10m^2$/人计算,其中成片的公园面积按照公共绿地总面积的80%计算,则人均有$8m^2$的公园面积,这其中市、区级较大型公园为人均$7~7.5m^2$,居住区公园为人均$0.5~1m^2$。居住小区游园和组团绿地人均$1m^2$,加上居住区公园人均为$1.5m^2$。能够具备避灾条件的集中成片绿地按照公共绿地总积的20%计,均为人均$2.5m^2$(此数据仅是规划数据推算)。

由于公园绿地承担着多种功能,不能按照全部公园面积计算避灾使用面积,要扣除山地、坡地、植被、水面和必要保护的文物古迹、古建占地等,能够结合避灾功能的市、区级公园面积应按50%计算,即人均$3~3.5m^2$;居住区级以下公园和集中成片绿地按50%~60%计算,即人均$2~2.5m^2$。

经以上分析,符合规定的城市绿地系统,其中公园绿地能够提供$5~6m^2$/人的避灾场所。虽然不能满足固定避灾场所的需要,但基本上能够满足紧急避灾疏散和临时避灾安置的需要。但是从这次汶川地震中各城市的实际情况看,并不像以上理论推算的那样。主要原因在于:当前我国城市中的绿地存在着分布不均的问题,特别是城市中心区绿地严重不足,导致绿地的防灾避灾功能有限。

5.8.4 城市绿地避灾功能规划

城市绿地避灾功能规划是按照城市防灾减灾规划的需求,对城市中与防灾减灾关系密切的各类公园建设进行规划,明确其避灾场所类别和避灾、救灾通道的定位,并对其规划内容提出相应的要求,以满足城市灾难发生时的避灾、救灾需求。

5.8.4.1 避灾场所规划

避灾场所是指震灾发生后,能够为居民提供安全避难的场所,分为紧急避难绿地、固定避难绿地、中心避难绿地3类。

(1)紧急避难绿地

紧急避难绿地是灾害发生后供避难人员紧急就近避难,并供避难人员在转移到固定避难场所前进行过渡性避难的公园绿地。规划分为两类:灾害发生后进行即时疏散避难的公园绿地,规划选址与居民关系最为密切的、散点式分布的居住小区游园、街旁绿地、中小型公园绿地等为此类紧急避难绿地。

紧急避难绿地周边的环境建设要求在城市的详细规划中结合建筑密度及高度具体定位,以保证场地避灾的使用要求,可容纳避难人员避难1~10d。首先,必须保证它与有崩塌、滑坡等危险地带和洪水淹没地带的距离,一般需在500m以上;其次,要与避灾通道有直接的联系,保证道路的通畅;最后,避灾据点本身要有一定的面积规模(一般在1000 m^2以上),当周围建筑倒塌时不至于威胁避灾据点内的人的生命安全。

(2)固定避难绿地

灾害发生后可供避难人员进行较长时间避难生活,并提供集中性救援的公园绿地,可容纳避难人员避难10~30d。固定避难绿地分布均匀,位于救灾、避灾通道附近,规划时经过统筹安排,能够满足灾害发生时的应急需求。

(3)中心避难绿地

灾害发生后的重建期中可进行避难、救援,并为城市重建提供过渡安置场所等活动的公园绿地,面积大,可容纳避难人员避难30d以上。中心避难绿地均邻近快速路或主干道,保证可达性良好。

在对设置为避难场所的城市公园绿地进行详细规划设计时,必须考虑到平常时期与非常时期不同的使用特点,建设多功能的可应变的"柔性"设施,以充分发挥城市绿地的减灾、避灾功能,提高城市的防灾能力。城市树种规划中,充分考虑可预见的城市灾害,使用大量深根性、防火、耐水湿的树种。同时,应使用大量深根性、固坡效果较好的绿化植物。

5.8.4.2 避灾通道规划

避灾通道多利用城市的次干道及支路将紧急

避难绿地和固定避难绿地连成网络，形成避灾体系。为保证城市居民的避灾行为与城市自身救援、城市对外联系等不发生冲突，避灾通道应尽量不占用城市的主干道。为保证灾害发生后避灾通道的通畅和避灾据点的可达性，沿路的建筑应后退道路红线5~10m，高层建筑后退红线的距离还要加大。

5.8.4.3 救灾通道规划

城市救灾通道是为了保证灾害发生时城市与外界保持交通联系的重要通道，也是城市自救的主要路线。其布置是城市减灾规划与城市道路交通规划的内容之一，而绿地系统规划中的救灾通道应与之协调一致。城市主干道、铁路交通等对外通道往往是城市的救灾通道，主要救灾通道的红线两侧，应规划宽度10~30m不等的绿化带，保证发生灾害时道路通畅。表5-10引用了日本的相关规定作为参考标准，可针对各城市和道路使用现况进行调整。

各级避灾场所和避灾救灾通道是一个完整的体系，而这个体系相关规划要求必须在城市各街区的详细规划中，结合道路、广场、绿地、文体设施以及沿街建筑的布置，统一安排，进一步落实，才能具体实现。

表5-10 防救灾交通动线系统规则标准（李树华，2010）

道路层级	内 容	规 范	注意事项
紧急通道	1. 指定宽度 2. 有效宽度 3. 有效高度 4. 联结据点 5. 邻接建筑物及构筑物	以宽度20m以上为指定原则； 通达全市各区域且对外连通； 有效宽度应大于15m； 为确保有效宽度，道路沿线建筑物的耐震层级应提高； 道路高度应配合重机械车辆行驶，维持必要的净高度； 应考虑重机具通行，强化道路抗压强度； 道路两旁应有10m以上绿带	应于灾后实行交通管制，除有通行证的车辆外，其余人员、车辆一律管制通行 应借由交通管理机制排除道路沿线的不当使用 危险公共设施（变电箱、加油站、油槽及瓦斯槽）的强化及改善 必要时考虑代替紧急道路
	灾后阻断因素	高架道路及桥梁结构体强化； 维生管线材料选用，耐震性强化、紧急阻断装置	
救援输送通道	1. 指定宽度 2. 有效宽度 3. 联结据点	以宽度15m以上为指定原则； 有效宽度大于12m； 联结紧急道路及临时收容场所	
紧急通道救援输送通道	1. 指示牌 2. 广播设施	配置通往避灾据点的指示标志； 配置扩音器	
消防通道	1. 指定宽度 2. 有效宽度 3. 联结据点 4. 消防给水设施	以宽度8m以上为指定原则； 联结救援输送层级以上道路及临时避难场所层级以上的据点； 消防活动有效宽度大于4m； 防火对象至最近的消防给水设施应小于140m； 路网满足有效消防半径（280m）	应适当配置消火栓及消防水池
紧急避难通道	1. 指定宽度 2. 有效宽度 3. 指示牌等	以宽度8m以下为指定原则； 指示通往避灾据点的方向、位置	排除道路围墙、违规停车、违章建筑、招牌、临时摊贩等不当使用

注：本建议是以日本国土厅大都市整备局"避难设施周边整备计划、事业制度（暂定）"的提案为基础，针对各道路使用现况进行修正。

5.9 分期建设规划

5.9.1 期限的界定

城市绿地系统规划的分期建设规划是根据城市总体规划和城市景观总体布局确定城市绿地的建设进程。分期阶段的划分一般与城市总体规划的分期建设规划一致，可分为近期、中期和远期三期（或近期和远期两期）。

5.9.2 项目时序安排原则

城市绿地分期建设项目时序安排的主要原则如下：

① 与城市总体规划相协调，合理确定规划期限。绿化项目实施的先后顺序，依据优先的原则进行安排，即与市民工作和生活关系密切的工程优先，重点工程优先，为后续项目打基础的工程优先。一般项目则随城市其他工程建设的进度，同步进行。

② 与城市近期规划建设项目配套，使城市发展各个阶段都具有相对的合理性，满足市民的需要。

③ 结合城市现状、经济水平、远期结合，保证城市的可持续发展。

5.9.3 规划内容

分期建设规划需要结合城市发展的需要和特点来安排其规划目标和重点项目）（见彩图8）。近期规划应提出规划目标与重点，具体建设项目、规模和投资估算；中、远期建设规划的主要内容应包括建设项目、规划和投资预算等。

5.9.3.1 城市绿地近期建设规划内容

① 改造现有植被为风景林，增加各类游憩设施，加强公园的管理，初步发挥市级综合公园的作用。

② 将已初步绿化空置地进行改造，根据绿地系统规划确定的用地性质，增加相应的设施，调整种植设计，改造成具备开放条件、满足居民使用要求的公园绿地。

③ 结合城市发展和现状分布不均的地区，重点新建公园绿地，建设近期规划的主要公园绿地。

④ 结合城市城乡结合部（城中村）改造、工厂外迁和旧城区改造，按照规划及时增加公园绿地。

⑤ 根据城市建成区面积，按比例完成生产绿地的建设。

⑥ 城市其他各类用地建设严格执行附属绿地的绿地率规定，结合用地的修建性详细规划，适当增加面积较大的集中绿地，以便于安排活动场地与设施，加大绿地的使用率。调整道路绿地的种植结构和树种，随城市道路的建设和改造同步完成道路绿地的建设，按照规划要求保证道路绿地的绿地率。

⑦ 完善各类防护绿地，增加防护绿地的面积，并按防护要求设计防护绿地的结构。

5.9.3.2 城市绿地中期建设规划内容

① 继续加强对市级公园绿地改造更新地段的投资。完善公园的各类基础设施，完善各类游憩设施，使之真正发挥市级综合公园的作用。

② 结合城市发展、"城乡结合部"改造、工厂外迁和旧城改造，增加新建公园绿地，完成中期建设的公园绿地。

③ 继续建设各类防护绿地，增加防护绿地的面积，基本建成完善的防护绿地体系。

④ 根据建成区面积，按比例增加生产绿地的面积。

⑤ 城市其他各类用地建设严格执行附属绿地的绿地率规定，结合用地的修建性详细规划，适当增加面积较大的集中绿地，以便于安排活动场地与设施，加大绿地的使用率。随城市道路的建设和改造同步完成道路附属绿地，按照规划要求保证道路附属绿地的绿地率。

5.9.3.3 城市绿地远期建设规划内容

① 继续加强城市各类公园绿地的建设，调整公园绿地内的游憩设施，提高、充实城市绿地的文化内涵。

② 结合城市建设的发展、工厂外迁和旧城改造，增加新建公园绿地，完成远期建设的公园绿地。

③ 结合城市建设的步骤，完善市域环境内生态健康游憩系统的建设。

④ 增加防护绿地的面积，建成完善的防护绿地体系。

⑤ 根据建成区面积，按比例增加生产绿地的面积。

⑥ 城市其他各类用地建设严格执行附属绿地的绿地率规定，结合用地的修建性详细规划，适当增加面积较大的集中绿地，以便于安排活动场地与设施，加大绿地的使用效率。随城市道路的建设和改造同步完成道路附属绿地，按照规划要求保证道路附属绿地的绿地率。

5.10 实施措施与绿线管理规划

5.10.1 城市绿地实施措施规划

城市绿地系统规划属于城市总体规划阶段的工作内容，其对城市绿地的建设提出了规划层面的要求。规划内容的落实还取决于城市绿地建设的保障和管理机制的健全。因此，要提出有关规划目标实施措施和完善管理体制的决策建议，一般包括法规性措施、政策性措施、行政性措施、技术性措施、经济性措施等几方面。

① 法规性措施　可涉及国家、地方各级法规的保障执行等方面的措施及建议。

② 政策性措施　可涉及规划引导及落实、奖励机制等方面的措施及建议。

③ 行政性措施　可涉及组织管理、舆论宣传等方面的措施及建议。

④ 技术性措施　可涉及人才培养、苗木供应、旧城改造、节约型园林建设等方面的措施及建议。

⑤ 经济性措施　可涉及建设资金保障、管理资金保障、多渠道筹措筹集等方面的措施及建议。

实施措施规划的内容应该针对不同城市的不同情况进行深入的研究，提出相应的措施及建议，做到完善支持城市绿地建设的法规体系、争取政府的政策支持、明确行政管理权限和协作方式、多渠道开发保障城市绿地建设资金到位等，尽量从规划的层面统筹思考，并给政府提供落实规划内容的思路和途径，保证规划的可实施性。

5.10.2 城市绿线管理规划

城市绿线管理规划是指在城市总体规划的基础上，进一步细化市区内规划绿地范围的界限。主要依据《城市绿地系统规划》的有关规定，与城市控制性详细规划阶段保持一致，完成绿线划定工作，以作为现有绿地和规划绿地建设的直接依据。具体工作为：按照建设部《城市绿线管理办法》规定，对市区的绿地现状以及规划的公园绿地、防护绿地、生产绿地进行核实。并在比例尺为1∶2000的地形图上标注绿地范围的坐标，使规划图纸与规划文字内容进一步明晰，为城市绿地的规划控制管理提供可靠依据。

5.10.2.1 城市绿地划定办法

① 主城区现状绿地由市园林局或主管部门组织划定，会同市规划局核准后，纳入城市绿线地理信息系统（GIS）。其他区县（自治县、市）城市园林现状绿地由区县（自治县、市）城市园林绿化行政主管部门会同区县（自治县、市）规划行政主管部门组织划定。划定的现状绿地，送市规划局和市园林局备案。

② 城市园林绿化行政主管部门应组织各社会单位开展对现状绿地的清理工作，划定现状绿地，各社会单位应积极开展本单位内的详细规划编制工作，划定规划绿地。

③ 规划绿线在各层次城市规划编制过程中划定，并在规划报批程序中同城市绿地总体规划一起报批。

④ 市政府已批准的分区规划、控制性详细规划和修建性详细规划中，未划定规划绿线的，由市规划局组织划定该规划范围内所涉及的规划绿线，会同市有关部门审核后报市政府审批。

⑤ 编制城市规划应把规划绿线划定作为规划编制的专项，在成果中应有单独的说明、表格、图纸和文本内容，规划绿线成果应抄送城市园林绿地主管部门。

5.10.2.2 城市绿线规划内容

① 公园绿地、综合公园(全市性公园、区域性公园)、社区公园(居住区公园、小区游园)、专类公园(儿童公园、动物园、植物园、历史名园、风景名胜公园、游乐公园、其他专类公园)、带状公园、街旁绿地;

② 生产绿地;

③ 防护绿地;

④ 附属绿地(居住绿地、公共设施绿地、工业绿地、仓储绿地、对外交通绿地、道路绿地、市政设施绿地、特殊绿地);

⑤ 其他绿地(对城市生态环境质量、居民休闲、城市景观和生物多样性保护有直接影响的绿地,包括风景名胜区、水源保护区、郊野公园、森林公园、自然保护区、风景林地、城市绿化隔离带、野生动植物园、湿地、水土保持林、垃圾填埋场恢复绿地等)。

5.10.2.3 城市绿线规定执行

① 划定的城市绿线应向社会公布,接受社会监督。核准后的现状绿线,由园林绿化行政主管部门组织公布。规划绿线同批准的城市总体规划一并公布。

② 市政府批准的绿地保护禁建区(近期、中期)和批准的古树、名木保护范围,转为城市绿线控制的范围。

③ 城市园林绿化行政主管部门会同城市规划行政主管部门建立绿线 GIS 管理系统,强化对城市绿线的管理。

小 结

本章紧密围绕城市绿地系统规划工作的具体环节和内容展开,依据《城市绿地系统规划纲要(试行)》的任务要求,明确从现状调研—规划总则—市域绿地系统规划—城市绿地布局—各类城市绿地规划—植物规划—分期规划—实施措施和管理规划等每个步骤、每项工作的具体内容、工作方法和工作依据,以期为相关专业学生学习和掌握城市绿地系统规划工作内容提供明晰的指导。此外,在《纲要》要求的工作内容基础上,结合近年来对城市绿地防灾避险功能的重视,增加了防灾避险绿地规划的内容,强调了城市绿地防灾避险功能的必要性,并对相关指标和规划内容进行了阐述。

思考题

1. 城市绿地系统规划工作的规划依据有哪些?
2. 市域绿地系统规划工作的原则有哪些?
3. 城市各类公园绿地的选址要求是什么?
4. 防护绿地的布局要求是什么?
5. 树种规划的主要内容是什么?
6. 古树名木规划的意义是什么?
7. 防灾避灾绿地规划的意义是什么?
8. 分期建设规划的内容是什么?

推荐阅读书目

1. 城市绿地系统规划. 刘颂,刘滨谊,温全平. 中国建筑工业出版社,2011.

2. 防灾避险型城市绿地规划设计. 李树华. 中国建筑工业出版社,2010.

3. 城市绿地系统规划编制纲要(试行)(建城[2002]240号).[出版者不详],2002.

4. 城市绿线管理办法. 中华人民共和国建设部令第112号.[出版者不详],2002.

第6章 城市绿地系统规划编制

学习重点
1. 学习城市绿地系统规划编制要求、阶段和成果要求，了解编制成果审批环节；
2. 熟悉城市绿地系统规划编制和规划管理工作中信息化技术和手段的研究进展和发展方向；
3. 重点掌握城市绿地系统规划成果要求，进一步明确绿地系统规划工作任务。

6.1 城市绿地系统规划的编制与成果审批

6.1.1 编制要求

(1) 以国家相关标准和相关规定为依据，落实规划可操作性

城市绿地系统规划是城市总体规划的专项规划，其重要目的在于通过对城市绿地的规划和控制，引导城市的生态、景观、经济等综合效益的发挥。因此，在规划时，应以与城乡规划、居住区规划、城市绿地管理、风景区规划、森林公园规划、自然保护区规划等相关的国家规范、标准和规定为指导和依据，使规划内容与国家要求标准保持一致。

城市绿地系统规划还对近期要重点建设的城市园林绿地提出性质、规模、建设时间、投资规模等，以作为进一步详细设计的规划依据。

(2) 符合城市建设发展的客观实际和特点，针对性强

根据城市总体规划对城市的性质、规模、发展条件等的基本规定，确定城市绿地系统建设的基本目标与布局原则。

根据城市的经济发展水平、环境质量和人口、用地规模，研究城市绿地建设的发展速度与水平，拟定城市园林绿地的各项规划指标，并对城市绿地系统所预期的综合效益进行评估。

提出对现状城市绿地的整改、提高意见，提出规划绿地的分期建设计划和重要项目的实施安排，论证实施规划的主要工程、技术措施。

(3) 从规划体系角度出发，编制与城市规划各阶段相结合的规划

绿地系统规划与同层次城市规划同步开展、互动协调。绿地系统规划作为一项专项规划，贯穿于城市规划编制全过程。在城乡一体化发展的战略指导下，城市绿地系统规划包括市(县)域绿地系统规划、城市(县)绿地系统规划、城市绿地系统分区规划(大、中城市)、绿地系统控制性规划、城市绿地修建性详细规划等层次。

绿地系统规划编制体系中还应包括绿地控制规划、防灾避险绿地规划、绿线划定深度、绿地控制要素以及规划互动因素如与风景体系规划的关系等内容，并建立规划管理机制，进行管理和检验。

6.1.2 编制阶段

城市绿地系统规划的文件编制工作，包括绘制规划方案图、编写规划文本和说明书，经专家论证修改后定案，汇编成册，报送市政府有关部门审批。

城市园林绿地系统规划工作一般分为现场调查、制定目标、规划方案、交流汇报、专家评审、成果提交6个阶段。

① 现场调查　调查是整个规划工作的基础，主要包括现场踏勘，文字、图纸、电子文件、音像等资料收集，座谈访问，现状问题分析研究，绘制现状图等内容。

② 制定目标　目标是整个规划工作的方向和前提，一般根据现状调查结果、标准规范的规定及相关规划的要求，制定一个符合城市发展阶段、具备城市地域特色、方便建设管理的规划目标，以确保规划成果的可实施性。

③ 规划方案　是规划工作的关键时期，主要确定规划基本原则、基本布局结构、各绿地类型、规划控制指标、公共绿地与其他绿地规划要点、投资匡算、管理措施建议等一系列保证城市绿地建设和实施的工作内容。

④ 交流汇报　方案的形成往往经过多次与当地园林、规划部门和政府的讨论，以保证城市绿地系统的规划建设能够切实与城市发展方向及其他规划部门的工作协调统一，确保规划内容的可操作性。

⑤ 专家评审　这是规划成果科学性和合理性的重要评审环节，通常由当地专家及省部级专家对规划方案的内容进行专业性的审查，并提出合理化的修改意见和建议，以提高规划成果的质量。

⑥ 成果提交　在规划成果通过专家评审环节之后，对规划内容进行调整修改、深化完善，按照有关技术规定，形成评审成果和最终成果。

6.1.3 编制成果

城市绿地系统规划的成果包括规划文本、规划说明书、规划图则和规划附件4个部分。其中，依法批准的规划文本与规划图则具有同等法律效力，应作为城市绿化建设的重要依据。

6.1.3.1 规划文本

规划文本的编制以条款的形式出现，阐述规划成果的主要内容，行文力求简洁准确，经市政府有关部门讨论审批，具法律效力。

6.1.3.2 规划图则

城市绿地系统规划的图则是对规划内容在城市空间分布上的直观展示，每一步的规划内容均可形成相应的图纸表达形式。规划图纸最基本应具备以下几部分：

① 城市区位关系图；

② 城市现状图，包括城市综合现状图、建成区现状图和各类绿地现状图以及古树名木和文物古迹分布图等；

③ 城市绿地现状分析图；

④ 规划总图；

⑤ 市域大环境绿化规划图；

⑥ 各类绿地分项规划图，包括公园绿地、生产绿地、防护绿地、附属绿地和其他绿地规划图等；

⑦ 近期绿地建设规划图。

城市绿地系统规划图件的比例尺应与城市总体规划相应图件基本一致，一般采用1：5000～1：25 000；城市区位关系图宜缩小（1：10 000～1：50 000）；绿地分类规划图可放大（1：2000～1：10 000）；大城市和特大城市可分区表达，并标明风玫瑰；绿地分类现状和规划图如生产绿地、防护绿地和其他绿地等可适当合并表达。

为实现绿地系统规划与城市总体规划的"无缝衔接"，方便实施信息化规划管理，规划图件还应制成AutoCAD或GIS格式的数据文件。

6.1.3.3 规划说明书

规划说明书是对规划文本和规划图纸的进一步解释、说明，使文本的内容更翔实，便于理解，主要包括以下4个方面：

① 城市概况（城市性质、区位、历史情况等有

关资料)、绿地现状(包括各类绿地面积、人均占有量、绿地分布、质量及植被状况等);

② 绿地系统的规划原则、布局结构、规划指标、人均定额、各类绿地规划要点等;

③ 绿地系统分期建设规划、总投资估算和投资解决途径,分析绿地系统的环境与经济效益;

④ 城市绿化应用植物规划、古树名木保护规划、绿化育苗规划和绿地建设管理措施。

6.1.3.4 规划附件

规划附件包括规划相关的基础资料调查报告及支撑规划的研究,如规划基础资料汇编、城市市域范围内植物多样性调查、专题(如河、湖、水系、水土保持等)规划研究报告、分区绿地规划纲要、城市绿线规划管理控制导则等。

其中,基础资料汇编是城市绿地系统规划的基础,一般包括城市概况、城市绿化现状、城市绿化管理部门资料等部分,旨在对规划编制的背景资料进行充分的解释和说明,反映资料来源和相关的机构组成情况,是城市绿地系统规划工作的重要资料支撑。因此,它也是规划成果的重要组成部分。

6.1.4 成果审批

按照国务院《城市绿化条例》的规定,由城市规划和城市绿化行政主管部门等共同编制的城市绿地系统规划,经城市人民政府依法审批后颁布实施,并纳入城市总体规划。国家建设部所颁布的有关行政规章、技术规范、行业标准以及各省、自治区、直辖市和城市人民政府所制定的相关地方性法规,可以作为城市绿地系统规划审批的依据。

6.1.4.1 审批原则

城市绿地系统规划成果文件的技术评审,一般须考虑以下原则:

① 城市绿地空间布局与城市发展战略相协调,与城市生态、环保相结合;

② 城市绿地规划指标体系合理,绿地建设项目恰当,绿地规划布局科学,绿地养护管理方便;

③ 在城市功能分区与建设用地总体布局中,要贯彻"生态优先"的规划思想,把维护居民身心健康和区域自然生态环境质量作为绿地系统的主要功能;

④ 注意绿化建设的经济与高效,力求以较少的资金投入和利用有限的土地资源改善城市生态环境;

⑤ 强调在保护和发展地方生物资源的前提下,开辟绿色廊道,保护城市生物多样性;

⑥ 依法规划与方法创新相结合,规划观念与措施要"与时俱进",符合时代发展要求;

⑦ 发扬地方历史文化特色,促进城市在自然与文化发展中形成个性和风貌;

⑧ 城乡结合,远近期结合,充分利用生态绿地系统的循环、再生功能,构建平衡的城市生态系统,实现城市环境可持续发展。

6.1.4.2 城市绿线管理审批程序

① 建制市(市域与中心城区)的城市绿地系统规划,由该市城市总体规划审批主管部门(通常为上一级人民政府的建设行政主管部门)参与技术评审与备案,报城市人民政府审批。

② 建制镇的城市绿地系统规划,由上一级人民政府城市绿化行政主管部门参与技术评审并备案,报县级人民政府审批。

③ 大城市或特大城市所辖行政区的绿地系统规划,经同级人民政府审查同意后,报上一级城市绿化行政主管部门会同城市规划行政主管部门审批。

6.2 规划编制与绿地管理的技术方法

6.2.1 规划编制的技术和方法

随着生态学的发展,人们对自身环境要求的提高,运用生态学理论指导城市绿地规划已成为一种趋势。如景观生态学中格局与功能的关系、生态网络规划、生物多样性理论等都已经渗入到城市绿地规划的工作中。而地理信息系统(GIS)作为一个综合的应用系统,广泛地运用于各个规划领域。

GIS 技术能把各种信息如地理位置和有关的视图结合起来，并把地理学、几何学、计算机科学及各种应用对象、CAD 技术、遥感、GPS 技术、Internet 和多媒体技术及虚拟现实技术等融为一体，利用计算机图形与数据库技术来采集、存储、编辑、显示、转换、分析和输出地理图形及其属性数据。这样，可根据用户需要将这些信息图文并茂地输送给用户，便于分析及决策使用。

6.2.1.1 城市绿地系统规划的技术和方法

近年来国内在城市绿地系统规划编制的工作环节运用多种技术手段和理论进行探索的工作有所突破。王海珍和张利权以厦门本岛卫星影像解译的土地利用现状图、绿地系统现状图与规划图为基础资料，运用景观格局分析方法，评价了厦门本岛绿地系统的现状与已有规划。在此基础上，应用网络分析法构建了旨在优化城市绿地网络的不同新方案。郭恒亮、刘丽娜、王宝强运用 GIS 技术，对郑州市区绿地信息采用定性分析与定量分析相结合的方法，分析了绿地景观构成、景观格局、建设现状，发现郑州市绿地结构的不合理等问题，并提出相应的规划原则和新的绿地规划。何瑞珍、张敬东等应用遥感技术(RS)和 GIS 对洛阳市的绿地进行了调查和现状分析，在此基础上，应用 GIS 的缓冲区分析、空间叠加分析、坡度坡向分析、通视分析功能、高度分析等功能指导绿地规划。

6.2.1.2 城市绿地系统布局优化的技术和方法

在针对城市绿地系统布局优化方面的工作，有研究依据公园绿地可达性分析的结果提出城市绿地系统布局优化的方案。

王胜男等(2010)利用 Huff 模型计算公园绿地的服务范围，以此作为布局优化的依据。具体做法是：计算绿地设施的吸引力、居民访问绿地设施的吸引力概率、绿地设施的预期访问量，通过以上参量最终算出绿地设施的服务半径。其优化办法有：添加公园进入点，改闲置用地为绿地，在使用不充分的绿地周围新建居民点，以缓解人口高密度区对绿地造成的压力。

苟皓(2008)提出，基于城市应急避险系统的规划建设情况进行绿地系统布局的优化。广州青山绿地二期工程建设中，除根据需要和用地设置大型公园绿地外，还采用 500 m 网格放线的方法，在城市中心建成区规划了 26 个社区公园，30 个街旁绿地，消除了绿地服务的盲区。

高骆秋(2010)在对常用的可达性分析方法研究的基础上，采用网络分析法对交通地形复杂的山地城市进行城市绿地的可达性分析，该方法能较好地模拟现实的行进路径。同时，高骆秋还引入迭代原理确定公园绿地的最终布局。

Sarah Nicholls 应用 GIS 对美国得克萨斯州东部城市布赖恩(Bryan)的公园系统进行了优化。通过数据空间模型的构建和分析，找出公园可达性差及服务人群不合理的区域，并分析生成适合建设新公园的区域，为提高未来城市公园服务质量提供了有力的科学依据。

6.2.1.3 绿道规划的技术和方法

在绿道规划方面，John Linehan 研究了绿道规划(greenway planning)及景观生态网络(landscape ecological network)的规划方法。基于景观生态学、保护生物学、网络理论(network theory)和景观规划，提出理论和方法，实现区域的生物多样性和系统化绿道连接方式的选择。

Conine 等从游憩使用需求角度出发，进行了绿道网络规划的实践，包括 7 个步骤：

①确定目标，主要是通过调查分析确定当地社区的绿道需求；

②对需求地区进行评估，包括该地区的主要居住地、游憩设施、工作场所、商业设施；

③确定潜在的连接通道，如河流、交通廊道、市政管线设施等；

④适应性分析，通过确定影响因子及权重值分析最适宜建设的绿道；

⑤评估可达性，有些绿道尽管有很好的适宜性但缺乏可达性，不适合于建设绿道；

⑥划定廊道，在需求和连接度分析的基础上确定若干条可能建设的绿道；

⑦评估，对几种可能的绿道，在充分征求相

关利益主体意见的基础上进行可辩护的规划决策。

6.2.2 绿地调查的技术和方法

6.2.2.1 绿地普查方法

进行城市绿地现状调查是进行科学绿地管理的基本前提,就是要尽可能准确地掌握现有绿地的空间分布与植被属性等基础资料。传统的绿地普查方法主要是利用地形图和历年累积的文字资料,由相关部门组织大量人力,逐街坊逐路区进行普查登记、人工判读、着色转绘,并通过近似量算来获得绿地覆盖面积、覆盖率等数据。它的工作效率低、周期长、成本高且精度不易保证,很难准确地描述整个城市的绿化状况。

在信息化的时代发展背景下,遥感技术和 GIS 技术的运用势必会更加广泛。

6.2.2.2 遥感技术与 GIS 技术调查方法

遥感技术(RS)作为一种综合性探测技术具有快速、高效、范围大、动态的特点,利用遥感方法提取城市绿地信息可以很好地弥补常规方法的缺陷,从而能够实现大范围城市绿化调查,并结合 GIS 数据及调绘、转标,数字化的方式,对现有城市绿地进行各个尺度的量算统计。

(1) 运用航空遥感方法进行绿地空间调查

运用 GIS 的调查分析方法,不仅可以对绿地空间属性数据进行有效的处理,快速准确地摸清城市绿地现状及绿化水平,正确评价城市绿地及其生态效益,更重要的是让数据可以重复有效地使用,为动态规划的实施打下基础,大大提高了城市绿地系统规划的科学性和实用性。

(2) 运用卫星遥感方法进行绿地空间调查

与航空遥感相比,卫星遥感有获取信息快、费用低等优点。但是,由于长期以来卫星遥感图像的分辨率相对较低,如美国地球资源卫星的分辨率为15m(全色),法国 SPOT 卫星的分辨率为10m(全色),印度卫星的分辨率为5.8m(全色),可以生产影像图的比例尺分别为:1:10,1:5,1:25 000。因此,对于城市规划工作而言,它作为宏观区域调查或背景分析比较实用;而作为城市内部工程性调查研究,如生成1:2000~1:10 000的影像图,还是得依靠航空遥感技术。

在中国,对于规划区在100km^{2}以下的中小城市来说,航空遥感技术比较适用,成图工作周期可控制在1年左右,成本价格也不太高。但是,对于大城市和特大城市而言,规划区域从数百至上千平方千米不等,航空遥感的成图工作周期一般都要在2年以上,花费亦相当昂贵。因此,采用卫星遥感方法就比较合适。

6.2.3 绿地量化分析的技术和方法

6.2.3.1 景观格局及可达性分析

国内对于绿地可达性的研究起步较晚,但发展较为迅速。近十多年来,其分析方法越来越普遍地应用于城市游憩绿地体系的评价和规划工作中,并随着理论研究的不断推进,逐渐趋于完善。

俞孔坚等(1999)引入景观可达性作为评价城市绿地系统布局合理性、为市民的服务功能的一个指标,并通过中山市绿地的可达性分析评价进行实例研究。周廷刚等(2003)在 GIS 技术支撑的基础上,研究宁波市城市绿地景观空间结构及绿地景观引力场。他们把物理学中"场"的相关理论应用于城市绿地景观的研究,在此基础上研究提出绿地景观引力场的概念及分析评价。胡志斌等(2005)在对可达性相关概念及原理分析研究的基础上,建立了城市绿地景观可达性评价模型,该模型以人口密度、道路分布、土地利用以及绿地面积作为模型参数。马林兵等(2006)在进行可达性的计算中引入人口密度分布、绿地服务里、交通成本3种因素,通过路网密度近似模拟交通成本,提出基于网格划分的可达性计算方法,并以广州市为例,对其绿地景观可达性进行计算和分析,将计算结果划分为5个等级,通过软件处理得出广州市公共绿地景观可达性的可视化空间分布图。尹海伟等(2006)通过济南市1989年、1996年和2004年的数据,运用景观可达性的分析方法,采用费用加权距离方法研究分析济南市绿地空间动态变化的趋势。王涛(2007)通过可达性和引力场的概念及计算方法,综合分析评价公园绿地的服务半径,对城市绿地布局进行评价,并通过实证调研分析得出公园服务半径与游客年龄段、交通方式、公园面积、公园质量等因素有关。李博等(2008)在对可达性多种计算方法研究的基础上,提出一套适合于中等城市的绿地可达性指标评价模式,该模式综合考虑多种绿地类型、人口密度分布和交通成本对绿地可达性的影响。黄羿等(2009)借助GIS的空间分析功能,通过分析城市人口密度和道路网络分布,进行可达性的计算。在此基础上研究徐州主城区的广场和公园的可达性。刘金川等(2010)以重力分裂理论为依据,使用USPA分析软件研究上海市杨浦公园的服务范围,并通过实证调研分析公园的实际服务范围,对公园实际服务范围与理论服务范围进行比较分析。

6.2.3.2 城市绿地三维绿量的估算

目前运用遥感和GIS技术进行绿量测算的方法有3种:以平面量模拟立体量;以立体量推算立体量;绿量快速测算模式。

针对传统的绿地指标缺少生态效益的量化指标的缺陷,一些学者先后提出了"绿量"概念。绿量,是绿色生物量(green biomass)的简称。周坚华于1995年最先提出绿量(绿色量、三维绿色生物量、三维量)的概念,即绿色植物茎叶所占据的空间体积(单位一般为 m^3),是用植物空间占据的体积来反映绿化结构形态的生态作用。有关绿量的概念主要集中在叶面积指数、叶面积、绿化三维量、生物量、叶干重、绿视率、垂直绿化覆盖面积等指标。但由于国情的差异,对绿量的理解与定义不尽相同,测量的方法、设定的绿量指标、应用的目的也各不相同。如北美和欧洲通常设定在很大的尺度上用叶面积指数来衡量其国土植被或较大面积地区的环境质量(邹晓东,2007)。

北京与上海两大城市围绕绿量做了大量研究工作。上海建立了全国第一个城市绿量数据库,通过回归模型建立方程,以平面量模型拟定立体量。陈自新等对北京常见的37种园林植物进行实地测定,建立了计算不同植株个体绿量的回归模型。运用这些回归模型,可以计算各种植物在一定株高或者冠幅下的单株总叶面积绿量。

6.2.3.3 绿地生态效益评价

胡聃(1994)建立了城市绿地综合效益评价体系,并将层次分析法(analytic hierarchy process, AHP)同模糊评价方法相结合,提出一种城市绿地综合效益计量方法;杨晓利(2007)在树种调查的基础上,选择住宅区中出现频率高、数量多的树种进行绿量和碳氧平衡的研究,并建立了11个指标的综合评价体系,采用AHP法确定指标权重,最终得出居住区的综合评价值。

1996年,美国农业部林务局发行了CITY green模型的第一个版本(吴云霄,2006)。美国的亚特兰大、新奥尔良、华盛顿、休斯敦等将近20个城市的城市生态系统分析的工作都是用CITY green软件进行的。目前在美国有200多座城市利用CITY green软件来制定环境控制规划、土地利用政策以及确定重造林区。目前国内已经有学者开始应用CITY green模型进行相关研究。这个软件能够分析碳储存量、碳吸收量、水土保持、大气污染物清除、节能等方面,并通过市场价值法、替代价值法、影子工程法等核算方法将各种生态效益折算成直观的经济价值。同时,CITY green软件能够根据场地现有的植物状况,模拟和动态预测植被所能够发挥的生态效益,结合绿地的规划来评估其生态效益,用于决策的制定和修订。

在中国,CITY green软件已广泛应用于对生态效能的量化探索上,近年来已有一些大城市开始应用CITY green软件对城市绿地生态效益进行评估。金莹杉等(2002)、李海梅(2003)运用CITY green软件在对沈阳行道树进行分析后提出了规划建议。胡志斌(2003)、何兴元等(2003)、朱文泉等(2003)、刘常富(2006)用CITY green软件对沈阳市区城市森林、树木园植物群落进行了结构分析和生态效益定量评价。李辉等(2004)、王晓春等(2005)在东北林业大学实验林场利用ArcView和CITYgreen模型对样地内树木的生长状况、大气污染物的吸附情况、碳储存碳吸收及相关的经济价值进行了现状评价。张侃等(2006)对杭州市绿地的生态效益进行了估算和对比分析,研究了杭州市土地利用变化和经济发展状况对其影响。柳晶辉（2007）等利用 CITY green 模型对北京通州新城区城市森林的生态效益进行了评估。

6.2.3.4 植物生态质量监测

植物生态质量受到诸多因素的影响，如虫害、火灾、大气污染以及人为的破坏等。对城市园林植物生态质量进行监测，并及时采取有效的防护补救措施，是城市绿化部门生态管理过程中面临的一项重要任务。

高峻等（2000）运用反射密度计在彩红外航片上测出悬铃木的色密度值，结合各点的叶绿素实测值，求出了黄色和青色的密度比值与植物叶绿素的回归关系，从而较好地解决了城市植物生态质量定量分析的问题。

6.2.4 城市绿地管理的信息化技术

采用以计算机为主的信息化规划和管理技术手段，能大幅提高工作效率和成果精度。更重要的是能够使现状信息与规划建设管理系统接轨，实现数据信息共享，实时更新，在运用高新技术的平台上有效地提高城市绿地系统的规划、建设与管理水平。

运用 GIS 技术，不仅可以对现状绿地调查数据进行有效的处理，而且能利用已有的数据满足用户的许多实际需要。例如，绿地图层叠加与绿线甄别等工作。

目前，中国许多城市都在开展以地理信息系统技术为核心的城市园林绿地系统数字化管理研究。例如，前文介绍的城市绿地普查和量化分析中，运用的技术手段和成果都可以成为城市绿地规划、建设、管理的重要数据源。国外对城市绿地系统的数字化管理与应用也非常重视，主要体现在通过空间信息技术监测城市绿地动态及进行城市生态系统研究等方面。

小 结

本章重点在于理清城市绿地系统规划编制的工作程序和成果要求，将第 5 章的规划工作具体内容以具体的规划成果形式展现。此外，本章还紧密结合规划实际工作环节展开规划编制和信息化管理等方面研究背景介绍，意在引导学生拓展对学科前沿工作和研究进展的关注，加深对城市绿地系统规划实践工作的认知。

思考题

1. 城市绿地系统规划工作的编制阶段有哪些？
2. 城市绿地系统规划工作的编制成果包括哪些？
3. 城市绿地系统规划工作相关的技术手段有哪些方面？

推荐阅读书目

1. 城市绿地系统规划．刘颂，刘滨谊，温全平．中国建筑工业出版社，2011.
2. 城市绿地系统规划．李敏．中国建筑工业出版社，2008.

下篇　城市绿地详细规划

第 7 章 公园绿地规划设计

学习重点

1. 了解城市公园规划设计的一般程序和基本内容；
2. 掌握各类公园绿地的功能、类型、活动内容与相关设施；
3. 了解各类公园绿地规划设计的基本要求。

7.1 公园规划设计的程序和内容

7.1.1 公园规划设计的程序

7.1.1.1 现状分析

公园规划设计要对公园现状进行分析，其内容如下：

① 公园在城市中的位置，周围的环境条件，主要人流方向、数量，公共交通的情况及园内外范围内现有道路、广场的情况（性质、走向、标高、宽度、路面材料等）。

② 当地历年来所积累的气象资料，包括每月最低、最高及平均气温、水温、湿度、降水量、历年最大暴雨量，每月阴天日数、风向和风力等。

③ 公园用地的历史沿革和现在的使用情况。

④ 公园规划范围界线与城市红线的关系及周围的标高，园外景观的分析、评定。

⑤ 现有园林植物、古树、大树的品种、数量、分布、高度、覆盖范围、地面标高、质量、生长情况及观赏价值。

⑥ 现有建筑物及构筑物的位置、面积、质量、形式及使用情况。

⑦ 园内外现有地上、地下管线的位置、种类、管径、埋土深度等具体情况。

⑧ 现有水面及水系的范围，最低、最高及常水位，历史上最高洪水位的高度，地下水位及水质的情况等。

⑨ 现有山峦的形状、位置、面积、高度、坡度及土石情况。

⑩ 地质、地貌及土壤状况的分析。

⑪ 地形标高、坡度的分析。

⑫ 风景资源及风景视线的分析。

7.1.1.2 总体规划

确定公园的总体布局，对公园各部分做全面安排。常用的图纸比例尺为 1∶1000 或 1∶2000。其内容包括：

① 公园范围的确定及园内外景观的分析与利用。

② 公园主题、性质、特色、风格的确定。

③ 公园的布局结构、功能分区、游人容量。

④ 公园景区组织和景点具体构思设计。

⑤ 公园内园林建筑、服务建筑、管理建筑的

布局及建筑形式的确定。

⑥ 公园的道路系统、广场的布局及导游线的确定。

⑦ 公园中河湖水系的规划、水底标高、水面标高的控制及水上构筑物的控制。

⑧ 地形处理、竖向规划，估计填挖土方的数量、运土方向和距离，进行土方平衡。

⑨ 公园中所有工程项目的规划与实施，如护坡、驳岸、围墙、水塔、变电、消防、给排水、照明等。

⑩ 植物群落的分布、树木种植规划，制订苗木计划，估算树种规格与数量。

⑪ 说明书内容，包括规划意图、用地平衡、工程量的计算、造价概算、分期建园计划等。

7.1.1.3 详细设计

在总体规划的基础上，对公园的各个地段及各项工程设施进行详细设计。常用的图纸比例尺为1:500或1:1000。详细设计内容包括：

① 主、次要出入口及专用出入口的设计，包括园门建筑、内外广场、绿化种植、市政管线、室外照明、停车场等设计。

② 各功能区的设计，包括各区内的建筑物、室外场地、活动设施、绿地、道路广场、园林小品、植物种植、山石水体、园林工程及设施的设计。

③ 园内各种道路的走向、纵横断面、宽度、路面用料及做法，包括道路长度、坡度、中心坐标与标高、曲线及转弯半径、道路的透景线及行道树的配置。

④ 各种园林建筑初步设计方案，包括建筑的平、立、剖面、主要尺寸、标高、坐标、结构形式、建筑材料、主要设备等。

⑤ 各种管线的设计，包括规格、尺寸、埋置深度、标高、坐标、长度、坡度或电杆灯柱的位置、形式和照明点位置、消防栓位置。

⑥ 地面排水的设计，包括分水线、汇水线、汇水面积、阴沟或暗管的大小、线路走向、进水口、出水口和窨井位置。

⑦ 土山、石山的设计，包括平面范围、面积、等高线、标高、立面、立体轮廓、叠石的艺术造型。

⑧ 水体设计，包括河湖的范围、形状，水底的土质处理、标高，水面控制标高，岸线处理。

⑨ 植物种植设计，包括根据公园植物规划，对公园各地段进行植物配置，包括树木的种植位置、品种、规格及数量，配置形式及树种组合；蔓生、水生花卉的布置位置、范围、规格、数量及与木本花卉的组合形式；草地的位置、范围、坡度、品种；园林植物修剪的要求（整形式与自然式）；园林植物的生长期（速生与慢生的组合，近期与远期的结合，疏伐与调整的方案）；植物种植材料表内容（品种、规格、数量、种植日期等）。

7.1.1.4 施工设计

按详细设计的意图，对其中部分的内容和较复杂工程结构设计，绘制施工图纸及说明。常用图纸比例尺为1:100，1:50或1:20。其内容包括：

① 给水工程，包括水池、水闸、泵房、水塔、水表、消防栓、灌溉用水的水龙头等施工详图。

② 排水工程，包括雨水进水口，明沟、窨井及出水口的铺饰，厕所及化粪池的施工图。

③ 供电及照明，包括电表、变电或配电室、电杆、灯柱、照明灯、施工详图等。

④ 护坡、驳岸、挡土墙、围墙、台阶等工程的施工图。

⑤ 叠石、雕塑、栏杆、踏步、说明牌、指路牌等小品的施工图。

⑥ 道路广场地面的铺装及行车道、停车场的施工图。

⑦ 园林建筑、庭院、活动设施及场地的施工图，广播室及广播喇叭的设计与装饰图。

⑧ 垃圾收集处及果皮箱的施工图，煤气管线等设计施工图。

7.1.1.5 设计说明书编制

公园规划设计说明书的编制及建园预算包括以下内容：

① 公园概况，在城市园林绿地系统中的地位，以及周围环境等说明。

② 公园规划设计的原则、主题、特点及设计意图的说明。

③ 公园各功能分区及景色分区的设计说明。

④ 公园的经济技术指标，包括游人量及其分布、每人用地面积及土地使用平衡表。

⑤ 公园施工建设程序，以及在规划中应说明的具体问题。

⑥ 公园各项建设项目、活动设施及场地的施工预算。

⑦ 公园分期建设及分期使用的计划。

⑧ 建园的人力配备及具体工作的情况安排。

为了表达公园规划设计的意图，除一般程序以外，还可利用透视图、鸟瞰图及制作模型表现公园的整体面貌。

7.1.2 公园规划设计的内容

7.1.2.1 立意与布局

(1) 公园设计的立意

古人在谈到绘画和园林设计时常说"意在笔先"，对城市公园的规划设计来说，首要环节就是立意。所谓立意，简要来说是指园林设计的总意图，就是主题思想的确定。主题思想，是园林创作的主体和核心，是通过园林艺术形象来表达的。具体到公园设计的立意，即通过具体的园林艺术形象，创造出一定的园林形式，通过精心布局得以实现。

城市公园有了切合实际又具创造力的立意之后，下一个关键步骤就是构思。构思其实是立意的具体化、细致化，也由其引出适合于该项目的设计原则。例如，纽约中央公园由构思引出的主要设计原则，包括以下方面：规划要满足大众需要，规划设计要兼顾自然美和环境效益，规划设计必须反映管理的要求和交通的方便，公园内有各自独立的交通路线(车辆交通路、骑马跑道、步行道等)，应保护自然景观，除了在某些特殊范围内，在公园里尽可能避免使用规则形式，多使用自然形式，选用地方树种，各级道路的规划设计应形成流畅的曲线，所有的道路成循环系统，全园依据主要道路划分不同的区域等。

(2) 公园设计的布局

公园总体布局是在园林艺术理论指导下对所处空间进行巧妙、合理、协调、系统的安排，目的在于构成既完整又开放的美好境界。公园总体布局的形式多种多样，但总的来说可以归纳为3种：规则式、自然式和混合式。

① 规则式 又可称为整体式、几何式、建筑式等。它以建筑及建筑式空间布局为主要风景题材，具有明显的轴线，各种园林要素大多按几何形规则排列或对称布置。具有庄严、整齐、人工美等特点。

② 自然式 又称为风景式、山水式、不规则式等。这种形式的公园无明显的对称轴线，各种要素自然布置。创造手法自然，服从自然，但是高于自然，具有灵活、幽雅的自然美。缺点在于不易于与严整、对称的建筑、广场结合。

③ 混合式 是将规则式和自然式的特点融为一体，根据具体情况合理安排布置，综合利用，是现代公园规划中最常用到的布局形式。

7.1.2.2 功能分区

根据公园的活动内容，应进行分区布置。一般可分为文化娱乐区、观赏游览区、安静休息区、儿童活动区、体育活动区、园务管理区等。

公园内功能分区的划分，要因地制宜，防止生硬划分。对面积较大的公园，主要是使各类活动使用方便，互不干扰；对面积较小的公园，分区困难的，应从活动内容方面做整体的合理安排。

(1) 文化娱乐区

文化娱乐区是人流集中的活动区域，在区内开展较多的是比较热闹、有喧哗声响、活动形式较多、参与人数较多的文化、娱乐等活动，也称为公园中的闹区。设置有俱乐部、电影院、剧院、音乐厅、展览馆、游戏场、技艺表演场、露天剧场、舞池、旱冰场等。北方地区冬季可利用自然水面及人工水面制成溜冰场。园内的主要建筑多设在该区，成为全园布局的构图中心。因此，布置时应注意避免区内各项活动内容的干扰，与有干扰的活动项目之间保持一定的距离，可利用树木、山石、土丘、建筑等加以隔离。群众性的娱乐活动常常人流量较大、集中，要合理地组织空间，有足够的道路、广场和生活服务设施。文娱活动建筑的周围要有较好的绿化条件，与自然景观融为一体。本区用地以 $30m^2$/人为宜。

(2) 观赏游览区

本区以观赏、游览参观为主，在区内主要进行相对安静的活动。为达到良好的观赏游览效果，游人在区内分布的密度应较小，以人均游览面积 100m² 左右为宜，所以本区在公园中占地面积较大，是公园的重要组成部分。

观赏游览区往往选择现有地形、植被等比较优越的地段设计布置园林景观。该区的参观路线的组织规划十分重要，道路的平、纵曲线，铺装材料，铺装纹样，宽度变化都应根据景观展示、动态观赏的要求进行规划设计。

(3) 安静休闲区

安静休闲区是公园中专供游人安静休闲、学习、交往或进行其他一些较为安静活动的场所，其中安静的活动主要有太极拳、太极剑、棋弈、漫步、气功、露营野餐等。故该区一般选择有大片的风景林地、较复杂的地形变化、景色最优美的地段，如山地、谷地、溪边、湖边、草地。

安静休闲区的面积可视公园的面积规模大小进行规划布置，一般面积大一些为好；但并不一定集中于一处，只要条件合适，可选择多处，创造类型不同的空间环境，满足不同类型活动的要求。

该区景观要求也比较高，宜采用园林造景要素巧妙地组织景观，形成景色优美、环境舒适、生态效益良好的区域。区内建筑布置宜散落不宜聚集，宜素雅不宜华丽；可结合自然风景，设立亭、榭、花架、曲廊、茶室、阅览室等园林建筑。

安静休闲区一般应与闹区有自然隔离，以免受干扰。本区可布置在远离出入口处，游人的密度要小，用地以 100m²/人为宜。

(4) 儿童活动区

儿童活动区主要供学龄前儿童和学龄儿童开展各种儿童活动。

据调查，在中国城市公园游人中，儿童占的比例较大，为 15%～30%。为了满足儿童的特殊需要，在公园中单独划出供儿童活动的一个区域是必要的。大型公园的儿童活动区与儿童公园的作用相似，但比单独的儿童公园的活动及设施简单。

儿童活动区内可根据不同年龄的少年儿童进行分区，一般可分为学龄前儿童区和学龄儿童区，也可分成体育活动区、游戏活动区、文化娱乐区、科学普及教育区等。主要活动内容和设施有游戏场、戏水池、运动场、障碍游戏、少年宫、少年阅览室、科技馆等。用地最好能达到人均 50m²，并按用地面积的大小确定设置内容的多少。

儿童活动区还应考虑成人休息、等候的场所，因儿童一般都需要家长陪同照顾，所以在儿童活动、游戏场地的附近要留有可供家长停留休息的设施，如坐凳、花架、小卖部等。

(5) 体育活动区

随着中国城市发展及居民对体育活动参与性的增强，在城市的综合性公园中，宜设置体育活动区。该区属于相对热闹的功能区域，应与其他区隔离，以地形、树丛、丛林进行分隔较好。区内可设场地较小的篮球场、羽毛球场、网球场、门球场、武术练习场、大众体育区、民族体育场地、乒乓球台等。如果资金允许，可设室内体育场馆，但一定要注意建筑造型的艺术性；各场地不必同专业体育场一样设专门的看台，可以缓坡草地、台阶等作为观众看台，更增加人们与大自然的亲和性。

(6) 园务管理区

园务管理区是因公园经营管理的需要而设置的内部专用区。此区可包括管理办公、仓库、花圃、苗圃、生活服务部分等，与城市街道有方便的联系，设有专用出入口，不应与游人混杂。本区四周要与游人隔离。到管理区内要有车道相通，以便运输和消防。本区要隐蔽，不要暴露在风景游览的主要视线上。

需要特别提出的是老年人活动区域的设置，老年人活动所需要的设施不同于儿童活动区和体育活动区，并且老年人的活动并不需要太过集中的活动区域，可以将其分为动静两部分穿插在其他各个分区之中。动态活动以健身活动为主，可进行球类、武术、舞蹈、慢跑等活动；另外还有一些老年人喜欢开展较喧闹的活动，如扭秧歌、戏曲、弹奏、遛鸟、斗虫等。静态活动主要供老人们晒太阳、下棋、聊天、观望、学习、打牌、谈心等；另外还包括一些需要安静环境的活动，如武术、静坐、慢跑等。

7.1.2.3 景观分区

公园按规划设计意图，根据游览需要，组成一定范围的景观区域，形成各种风景环境和艺术境界，以此划分成不同的景区，称为景区划分。景区划分要使公园的风景与功能使用要求配合，增强功能要求的效果；但景区不一定与功能分区的范围完全一致，有时需要交错布置，常常是一个功能区中包括一个或更多个景区，形成一个功能区中有不同的景色，使得景观有变化、有节奏，生动有趣，以不同的景色给游人以不同情趣的艺术感受。景观分区的形式一般有以下几类：

(1) 按景区环境的感受效果划分景区

① 开朗的景区 宽广的水面、大面积的草坪、宽阔的铺装广场，往往都能形成开朗的景观，给人以心胸开阔、畅快怡情的感觉，是游人较为集中的区域。

② 雄伟的景区 利用挺拔的植物、陡峭的山形、耸立的建筑等形成雄伟庄严的气氛。如南京中山陵利用主干道两侧高大茂盛的雪松和层层高上的大台阶，使人们的视域集中向上，形成仰视景观，达到巍峨壮丽和肃然起敬的景观感染效果。

③ 清静的景区 利用四周封闭而中间空旷的地段，形成安静的休息环境，如林间隙地、山林空谷等，在有一定规模的公园中常这样设置，使游人能够安静地欣赏景观或进行较为安静的活动。

④ 幽深的景区 利用地形的变化、植物的隐蔽、道路的曲折、山石建筑的障隔和联系，形成曲折多变的空间，达到优雅深邃的境界。这种景区的空间变化比较丰富，景观内容较多。

(2) 按复合的空间组织景区

这种景区在公园中有相对独立性，形成自己的特有空间。一般都是在较大的园林空间中辟出相对小一些的空间，如园中之园、水中之水、岛中之岛，形成园林景观空间层次的复合性，增加景区空间的变化和韵律，是比较受欢迎的景区空间类型。

(3) 按不同季节季相组织景区

景区主要以植物的季相变化为特色进行布局规划，一般根据春花、夏荫、秋叶、冬干的植物四季特色分为春景区、夏景区、秋景区、冬景区，每景区内都选取有代表特色的植物作为主景观，结合其他植物种类进行规划布局，四季景观特色明显，是常用的一种方法。如上海植物园内假山园的四季景观，以樱花、桃花、紫荆、连翘等为春景，以石榴、紫薇等为夏景，以红枫、槭林为秋景，以松、柏组成冬景。

(4) 以不同的造园材料和地形为主体构成景区

① 假山园 以人工叠石为主，突出假山造型艺术，配以植物、建筑、水体。在中国古典园林中较多见，如上海豫园黄石大假山，苏州狮子林湖石假山，广州黄蜡石假山。

② 水景园 利用自然的或模仿自然的河、湖、溪、瀑而人工构筑的各种形式的水池、喷泉、跌水等水体构成的风景。

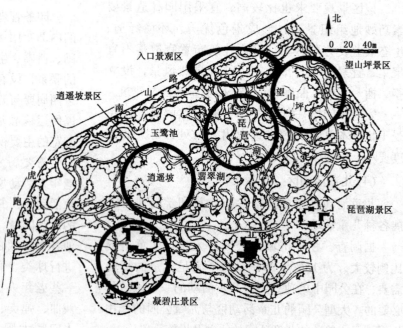

图 7-1 杭州太子湾公园景观分区

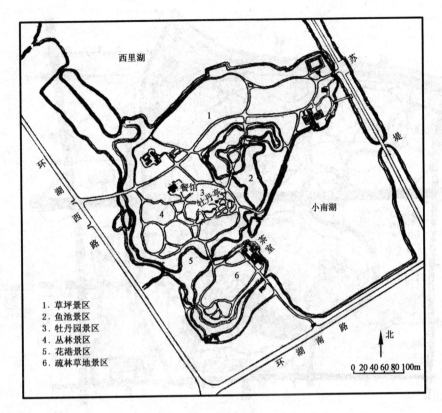

图 7-2　杭州花港观鱼公园景观分区

③岩石园　以岩石及岩生植物为主，结合地形选择适当的沼泽、水生植物，展示高山草甸、牧场、碎石陡坡、峰峦溪流、岩石等自然景观，全园景观别致，极富野趣。

还有其他一些有特色的景区，如山水园、沼泽园、花卉园、树木园等，这些都可结合整体公园的布局立意进行适宜设置。

在中国传统园林中常常利用意境的处理方法来形成景区特色，一个景区围绕一定的中心思想内容展开，包括景区内的地形布置、建筑布局、建筑造型、水体规划、山石点缀、植物配置、匾额对联的处理等，如圆明园的 40 景、避暑山庄的 72 景都是成功的范例。现代一些园林的设计同样也借鉴了其中的一些手法，结合较强的实用功能进行景区的规划布局。如杭州太子湾公园的景观分区（图 7-1），杭州花港观鱼景观分区（图 7-2）。

7.1.2.4　园路规划

公园道路是公园的组成部分，联系着不同的功能分区、建筑物、活动设施、景点，起着组织空间、引导游览等作用。同时它也是公园景观、骨架、脉络、景点纽带、构景的要素。

公园的道路系统一般为 3 级（参考《城市公园设计规范》中的相关规定），通常包括以下几种类型：

①主干道　或称主路，是全园主要道路，联系着各大景区、功能区、活动设施集中点以及各景点。通过主干道对园内外的景色进行分析安排，以引导游人欣赏景色。

②次干道　是公园各区内的主要道路，联系着各个景点，引导游人进入各景点、专类园。对主干道起辅助作用。

③游步道　是引导游人深入景点、寻胜探幽的道路。一般设在山坞、峡谷、山崖、小岛、丛林、水边、花间和草地上。

公园道路系统的布局应根据公园绿地内容和游人量来定。要求做到主次分明、因地制宜，与地形及周边环境密切配合（图 7-3）。

图7-3 北京奥林匹克森林公园道路规划（北京清华城市规划设计研究院，2009）

7.1.2.5 植物规划

(1) 出入口区

出入口是主要的交通要道，是公园的标志，也是公园与城市衔接的地方。因此种植设计时，一方面要突出入口的标志性，植物种植时不能阻挡视线，要更好地突出强调入口区，使公园在入口区就能引人入胜，能向游人展示其特色或主题风格。如可以利用植物色彩与大门色彩进行对比和衬托，或者在入口处适当栽植绿篱植物，利用绿篱的边界创造出分隔、围合的空间效果，形成一定的区域感。另一方面要兼顾公园入口区与城市街道的联系，不能将公园入口绿化与城市街道绿化割裂，种植形式和风格上统一与变化并存，力求过渡合理、协调，突出大门特点并丰富街道景观。此外，公园入口区植物种植设计还要注意功能上的应用，如入口停车场的庇荫和隔离等。

(2) 体育活动区

要求有充足的阳光。植物不宜有强烈的反光，树种及颜色要单纯，以免影响运动员的视线，最好能将球的颜色衬托出来，足球场用耐踩踏的草坪覆盖。体育场地四周应用常绿密林与其他区分开。树种应避免选用有种子飞扬、易生病虫害、分蘖性强、树姿不齐的树木。

(3) 儿童活动区

其树木种类应该比较丰富，以引起儿童对自然界的兴趣，增长植物学知识。儿童集体活动场地应有高大、树冠开展的落叶乔木庇荫，不宜种植有刺、有毒，或者易引起过敏症的开花植物或种子飞扬的树种，尽量不用对肥水要求严格的果树。主要配置色彩丰富和外形奇特的植物，要用密林或树墙与其他活动区分开。总之，该区的绿化面积，不应小于全区面积的50%。

(4) 观赏游览区

植物既是烘托主景的景观，同时其本身也是主景。主景区的植物配置要相对弱化植物的存在感，以植物服务主景，尽量采用统一、大气的栽植手法来烘托气氛，此时任何植物景观都要与主体景观相协调。若植物作为观赏主景，则可把观花植物、形体别致的植物、观果植物等配置在一起，形成花卉观赏区或专类园，让游人充分领略植物的美；或利用植物组成不同外貌的群落，以体现植物的群体美；或利用不同的种植形式表现植物创造的美感。

(5) 安静休息区

本区用地面积较大，应该采用密林的方式绿化。密林中分布较多的散步小路、林间空地等，并设置休息设施，还可设疏林草地、空旷草坪，以及多种专类园，若结合水体效果更佳。此区以自然式绿化配置为主。

(6) 文娱活动区

本区常有大型的建筑物、广场、道路、雕塑等，一般采用规则式的绿化种植。在大量游人活动较集中的地段，可设开阔的大草坪，留出足够的活动空间，以种植高大的乔木为宜。

7.1.2.6 竖向规划

地形设计最主要是解决公园为造景需要所要进行的地形处理问题。一般地，规则式的地形设计主要是应用直线和折线，创造不同高程的平面面层，水体、广场等的性状多为长方形、正方形、圆形或椭圆形，其标高基本相同。自然式的地形设计，要根据公园用地的地形特点，创造地形多变、起伏不平的山林地或缓坡地，即按照《园冶》中的"高方欲就亭台，低凹可开池沼"的挖湖堆山法。

1) 陆地

公园中的陆地按地质材料、标高差异的不同，可分为平地、坡地和山地。

(1) 平地

平地也就是平坡地，应保证3%~5%的排水坡度。自然式公园中的平地面积较大时，可以设计起伏的缓坡，坡度为1%~7%。平地是组织开敞空间的有利条件，也是游人集散的地方，平地面积须占全园面积的30%以上，且须有一两处较大面积的平地。

(2) 坡地

① 缓坡地(3%~10%)和中坡地(10%~25%) 游人可以在这个范围的坡地上组织一些活动。微地形是专指一定园林绿地范围内地形起伏微小的状况。微地形景观必须与公园内的其他景观要素相协调，使建筑、地形、景观融为一体。

② 陡坡地(25%~50%) 游人不能在上面集中活动，但可以结合露天剧场、球场的看台设置，也可配置疏林或花台。

(3) 山地

山地是自然山水园中的主要组成部分。公园中的山地大多是利用原有地形、土方，经过适当的人工改造而成。城市中的平地公园多以挖湖的土方堆山。山地的面积应低于公园总面积的30%。

2) 水体

水体是公园的重要组成要素。公园中的水体具有调节小气候、自然排水、进行水上活动、增加绿化面积等功能特点，同时还具有动静结合、有声有色、扩大空间景观的特点。

公园水体的布局可分为集中和分散两种基本形式。但多数是集中和分散两种形式的结合。

(1) 集中形式

① 整个公园以水面为中心，沿水周围环列建筑和山地，形成一种向心、内聚的格局。这种布局形式可使有限的小空间产生开朗的效果，使大面积的公园具有"纳千顷之汪洋，收四时之烂漫"的气概。

② 水面集中于园的一侧，形成山环水抱或者山水各半的格局，如颐和园的万寿山位于北面，

昆明湖集中在山的南面,只以河流形成的后湖在万寿山北山脚环抱。

(2) 分散形式

分散形式是将水面分隔并分散成若干小块,彼此明通或暗通,形成各自独立的小空间,如颐和园的苏州河。

对于水体的布局形式,不论是集中还是分散,均依公园的风格而定。规则式公园,水体多为几何形状,水岸为垂直砌筑驳岸。自然式公园,水体形状多呈自然曲线,水岸也多为自然驳岸,或部分采用垂直砌筑的规则式驳岸。

7.1.2.7 用地比例与游人容量

城市公园在总体规划时应该考虑其规模大小,即公园用地面积和游人环境容量。一般在城市总体规划和城市绿地系统规划中根据城市性质、城市用地布局及条件、自然环境条件、城市居民需求等多方面因素综合考虑公园面积,与该公园的性质、位置关系密切。

(1) 用地比例

城市公园内部的用地主要包括园路及铺装场地,管理建筑,游览、服务、公用建筑,绿化用地4类。制定公园用地比例,进行用地平衡,可以确保公园的绿地性质,以免公园内建筑及构筑物面积过大,使绿化面积减少,造成环境、景观的破坏。公园用地比例应根据建设部颁布的《城市公园设计规范》中规定的公园的类型和陆地面积确定。

(2) 游人容量

城市公园要求有一个合理的游人密度才能真正发挥其游憩作用。游人密度要考虑两方面因素:一是每个游人在公园中所需的活动面积(m^2/人),二是单位时间内最高游人量。中国国家标准《公园设计规范》(GB 51192—2016)中明确规定:"公园设计必须确定公园的游人容量,作为计算各种设施的容量、个数、用地面积以及进行公园管理的依据。"因此,公园绿地游人容量在公园规划设计中是一个非常重要的概念。

公园绿地游人容量是指游览旺季高峰期内同时在园游人数。其随季节、假日与平日、一日之中的高峰与低谷而变化,一般节日最多,游览旺季周末次之,旺季平日和淡季周末少之,一日之中又有峰谷之分。确定公园游人容量以游览旺季的周末为标准,这是公园发挥游憩作用的重要时间。公园绿地游人容量应按下式计算:

$$C = (A_1/A_{m1}) + C_1$$

式中 C——公园游人容量,人;

       A_1——公园陆地面积,m^2;

       A_{m1}——人均占有公园陆地面积,m^2/人;

       C_1——公园开展水上活动的水域游人容量,人。

综合公园游人人均占有公园面积以30~60m^2为宜,社区公园、专类公园以20~30m^2为宜,游园人均占有公园面积为30~60m^2。

公园有开展游憩活动的水域时,水域游人容量宜按150~250m^2/人进行计算。

7.2 综合公园

7.2.1 综合公园的功能

综合公园是城市公园系统的重要组成部分,是城市居民文化生活不可缺少的重要场地,它不仅为城市提供大面积的绿地,而且具有丰富的户外游憩活动内容,适合于各种年龄和职业的城市居民进行一日或者半日游赏活动。它是群众性的进行文化教育、娱乐、休息的场所,并对城市面貌、环境保护、社会生活具有重要作用(图7-4)。

综合公园除具有绿地的一般作用外,对丰富城市居民文化娱乐生活方面的功能更为突出:

① **政治文化方面**   宣传党的方针政策、介绍时事新闻、举办节日游园活动、中外友好活动,为集体活动尤其少年、青年及老年人组织活动提供合适的场所。

② **游乐休憩方面**   全面照顾各年龄段、职业、爱好、习惯等的不同要求,设置游览、娱乐、休

第7章 公园绿地规划设计

图7-4 上海长风公园全貌

息设施，满足人们的游乐、休憩需求。

③ 科普教育方面 宣传科学技术新成果，普及生态知识及生物知识，通过公园中各组成要素潜移默化地影响游人，寓教于游，提高人们的科学文化水平。

④ 运动健身方面 由于现代人们对于身心健康的要求越来越多，可根据不同年龄层对运动健身的不同需求，设置锻炼、健身的设施，满足各类人群的需求。

7.2.2 综合公园的类型

在中国，根据综合性公园在城市中的服务范围将其分为两种：

(1) 全市性公园

全市性公园为全市居民服务，是全市公园绿地中，集中面积最大、活动内容和游憩设施最完善的绿地。公园面积一般在 $10hm^2$ 以上，随市区居民总人数的多少而有所不同。其服务半径为 2～3km，步行 30～50min 到达，乘坐自驾车 10～20min 可到达。如上海长风公园（图7-5）、北京朝阳公园（图7-6）、上海浦东世纪公园（图7-7）等。

(2) 区域性公园

区域性公园在面积较大、人口较多的城市中，为一个行政区的居民服务，面积一般在 $10hm^2$ 以上，特殊情况也可在 $10hm^2$ 以下。如上海徐家汇公园（图7-8）、北京海淀公园（图7-9）、北京紫竹院公园（图7-10）等。

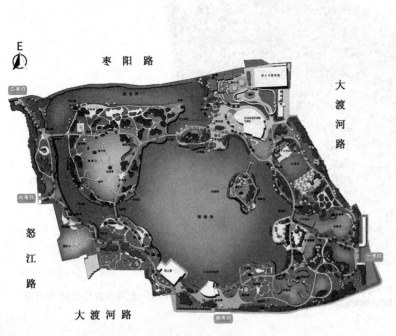

图7-5 上海长风公园平面图

图7-6 北京朝阳公园平面图

图 7-7 上海浦东世纪公园平面图

图 7-8 上海徐家汇公园平面图

7.2.3 综合公园的活动内容与设施

（1）休憩游乐

按游人的年龄、爱好、职业、习惯等不同要求，安排各种活动内容。如观赏游览、安静休息、园艺参与、儿童活动、老年人活动和体育活动等，让游人各得其所。

① 观赏游览　游人在公园中，可观赏山水风景、奇花异草，浏览名胜古迹，欣赏建筑、雕塑、盆景、假山、鸟兽虫鱼等。

② 安静休息　可在公园进行散步、品茗、垂钓、弈棋、书法、绘画、学习、静思、气功等相对较为安静的活动，一般老年人、中年人、学生等较喜欢在环境优美、干扰较少的安静公园绿地空间进行以上活动。

③ 文化娱乐　在公园中进行群众娱乐、游戏、游泳、划船、观赏电影、音乐、舞蹈、戏剧、杂技等节目以及群众的自我娱乐活动。一般需要设露天剧场、游艺室、展览厅、音乐厅、广场等。

④ 园艺参与　在公园中设置可供游人参与种植、修剪等园艺体验活动的农田、花圃等活动区域，以此满足城市居民对于返璞归真的向往和精神上的熏陶，同时也可以宣传普及园艺知识。

⑤ 儿童活动　中国公园的游人中儿童占很大比例，在 1/3 左右。公园中一般设有供学龄前儿童与学龄儿童活动的设施，如游戏娱乐广场、少年宫、迷宫、障碍游戏场、小型动物角、植物观赏角、少年体育运动场、少年阅览室、科普园地等。

⑥ 老年人活动　随着社会的发展，老年人的比例不断增加，大多数离退休老人身体健康、精力充沛，喜欢在户外活动，在公园中宜设置适于老年人活动

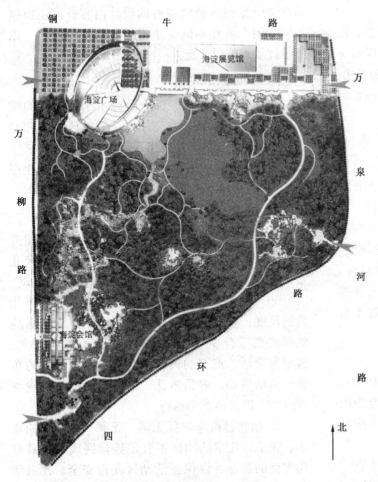

图 7-9　北京海淀公园平面图

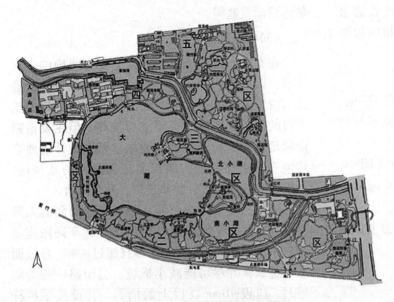

图 7-10　北京紫竹院公园平面图

的区域，设计老人活动的设施、场地等。

⑦ 体育活动　游人可在公园内进行跑步、漫步、游泳、滑冰、旱冰、打球、武术、滑雪或骑车等体育运动，尤其在人们日益重视身体健康的当代，在公园中设置体育运动场地、设施是十分必要的。

(2)文化、科普教育和生态示范展示

① 文化、科学普及教育　通过展览、陈列、阅览、广播、影视、科技活动、演说及相关设施内容，对游人进行潜移默化的政治文化和科普教育，寓教于游，寓教于乐，如北京红领巾公园。

② 生态示范展示　以保留或模仿地域性自然生境来建构主要环境，以保护或营建具有地域性、多样性和自我演替能力的生态系统为主要目标，提供与自然生态过程和谐的游览、休憩、实践等活动的生态园林展示区域，以达到宣传教育生态环境建设的目的。

(3)服务设施

公园中的服务设施内容，因公园用地面积的大小及游人量而定（参考《城市公园设计规范中的相关规定》）。在较大的公园里，可设1~2个服务中心，或按服务半径设服务点，结合公园活动项目的分布，在游人集中或停留时间较长、地点适中的地方设置。服务中心的设施满足饮食、休息、电话、询问、摄影、寄存、租借和购买物品等需求。并且还需要根据各区活动项目的需要设置服务设施，如钓鱼区设租借渔具、购买鱼饵的服务设施，滑冰场设租借冰鞋等项目。

(4)园务管理

包括办公室、会议室、给排水、通信、供电、广播室、内部食宿、杂物等用地，并附设不开放的苗圃、花圃及温室、车库等。

以上内容之间互有交叉。在综合性公园中，可以设置上述各种内容或部分内容。如美国旧金山金门公园、日本昭和纪念公园（图7-11）、中国广州越秀公园。如果只以其中的某一项为主，则成为专类公园。

7.2.4　综合公园规划设计

综合公园的设计由于其功能综合，除了包括前文中所提到的公园共有的设计内容外，还根据不同适用人群和不同需求增添更丰富的内容。以下设计要点值得注意：

(1)功能分区要点

在功能分区方面，综合公园由于其功能的综合性和内容的丰富性，往往比一般社区公园和专类公园的功能分区多样，出现一些结合时代发展需要的功能体验区。例如，北京朝阳公园的湿地生态区、当代艺术馆、体育中心、欢乐世界等（图7-12）。

(2)儿童活动区要点

① 该区位置一般靠近公园主入口，便于儿童进园后能尽快到达区内开展自己喜爱的活动。避免儿童入园后穿越其他功能区，影响其他区游人的活动。

② 儿童活动区的建筑、设施要考虑到少年儿童的尺度，并且造型新颖、色彩鲜艳；建筑小品的形式要适合少年儿童的兴趣，富有教育意义，最好有童话、寓言的内容或色彩；区内道路的布置要简洁明确，容易辨认，最好不要设台阶或坡度过大，以方便童车通行。

③ 植物种植应选择无毒、无刺、无异味的树木、花草；儿童活动区不宜用铁丝网或其他具有伤害性的物品，以保证活动区儿童安全。儿童活动区周围应考虑种植遮阴林木、草坪、密林，并提供缓坡林地、小溪流、宽阔的草坪，以便开展集体活动及遮阴。

(3)园路规划要点

在宽度、线形、铺装形式上要有明确的主次关系，以产生明确的方向性。还应注意道路交通性与游览性的平衡关系，公园中的道路是以游览为目的的，故不以捷径要求为准则，但主要道路应满足基本的行车及安全要求。园路设计还要合理地安排道路起伏、曲折变化和路网的疏密度，力求做到因地制宜，整体连贯，顺势畅通。

另外，对于综合公园，必须考虑局部的无障碍设计。路面宽度不宜小于1.2m，回车路段宽度不宜小于2.5m。道路坡度不宜超过4%，且坡面不宜过长，并尽可能减小横坡。当园路一侧为陡坡时，应设10cm高以上的挡石，并设扶手栏杆等，不得突出路面，并注意不能卡住轮椅的车轮和

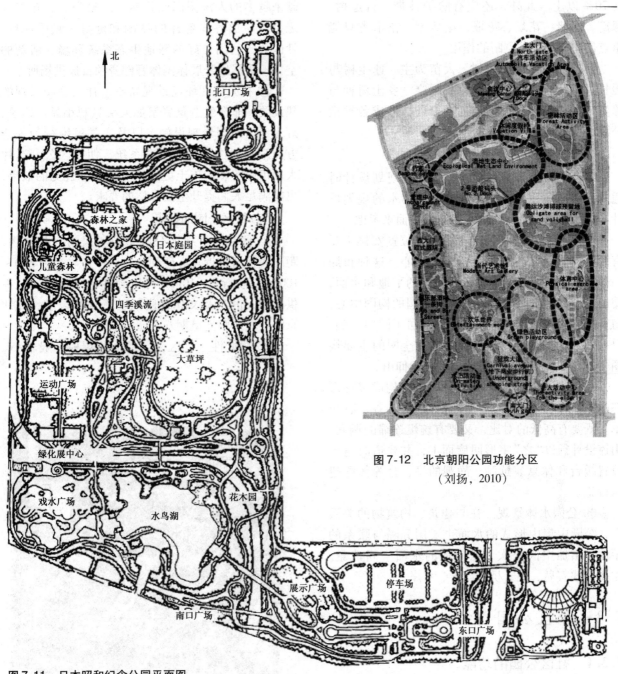

图 7-11 日本昭和纪念公园平面图

图 7-12 北京朝阳公园功能分区
（刘扬，2010）

盲人的拐杖。

(4) 种植规划要点

全园树种规划应有 1~2 种为基调树种，在不同景区有不同的主调树种，形成不同景观特色，但相互之间又要统一协调。基调树种能使全园绿化种植统一起来，达到多样统一的效果。

在大型公园中，还可以设多种专类园，如牡丹园、丁香园、月季园、梅园等，以使不同时期有花可观，起到很好的科普教育作用。

树木的种植形式有孤植树、树丛、树群、疏林草地、空旷草地、密林。林种有混交林、单纯林，但应以混交林为主，以防病虫害蔓延，一般在70%以上。此外，还应有防护林带、行道树、绿篱、绿墙、花坛、花境、花丛等。花木类只能重点使用，起画龙点睛的作用。

公园的绿化以速生树、大苗为主。速生树与慢长树相结合，密植与间伐相结合，乡土树种与珍贵树种相结合，近期与远期兼顾，形成各类型公园的特有景观。

(5) 竖向规划要点

综合公园由于其占地规模大，在规划设计时通常会考虑运用山水来组织空间。山水的规划设计布局主要从位置、构成、景观等方面来考虑。

① 山体的位置　公园中山体的位置安排主要有两种形式：一种是作为全园的重心。这种布局一般在山体的四周或两面都有开敞的平地和水面，使山体形成大空间的分割，构成全园的构图中心，与全园周边的山体呼应；另一种是居于园内一侧，以一侧或两侧为主要景观面，构成全园的主要构图中心，如北京奥林匹克森林公园的仰山。

② 山体的构成　公园须借用山体构成多种形态的山地空间，故要有峰、有岭、有沟谷、有丘阜。既要有高低的对比，又要有蜿蜒连绵的调和。山道设计须以"之"字形回旋而上，并要适时适地设置缓台和休息兼远眺、静观的亭、台等休憩建筑设施。

③ 公园水体景观　在与建筑、构筑物的关系上，公园中集中形式的水面也要用分隔与联系的手法，增加空间层次，在开敞的水面空间造景。主要形式有岛、堤、桥与汀步、水岸。

7.3 社区公园

7.3.1 社区公园的功能

(1) 社区公园的功能

① 改善社区生态环境质量　由于公园内绿色植物种类繁多，植物材料使绿地空气负氧离子积累，适宜活动。绿色植物在阳光下进行光合作用，使空气更加清新，能促进居民的身心健康。

② 提供日常休闲游憩场所　随着社会的进步和生活水平的提高，人们越来越重视生活的质量。越来越多的人渴望回归自然、放松身心，在工作之余，参加各式各样的休闲和健身、娱乐项目。社区公园利用良好的绿地生态系统环境、清新的空气，为居民开展休闲体育健身项目提供场所。

③ 提升住区环境景观品质　社区公园景观的建设要从非自然造景要素如人文景观小品、建筑、灯光、道路等景观设施，以及人类思维行为等诸方面来规划住宅绿地生态系统，使社区公园这片大都市中宁静的乐土更能产生美学和视觉的效果，更能满足人们提升生活品质的要求。

(2) 社区公园的特点

① 便利性　社区公园多位于城市居住区内，距居民住所较近且方便到达，其服务半径为500～1000m，步行5～10min可以到达，为附近居民提供游憩、健身及文化休闲活动场地与设施，如北京海淀区的阳光星期八公园（图7-13）。

② 功能性　社区公园的面积规模一般较小，

图7-13　北京阳光星期八公园平面图
（北京市园林绿化局，2010）

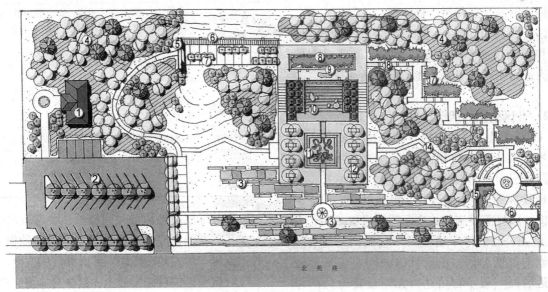

图7-14 北京如苑公园平面图(北京市园林绿化局,2010)
1. 管理用房 2. 林荫停车场 3. 条石灌木 4. 密植林带 5. 中式月洞门 6. 观景平台 7. 景观树
8. 背景竹林 9. 石雕琴台 10. 景观叠水 11. 曲水流觞 12. 林荫树阵 13. 涌泉 14. 木栈道
15. 中式景墙 16. 景观构架 17. 竹林 18. 竹径

功能简单,公园内配套的设施内容只需满足附近居民日常基本的休闲、游戏、健身等功能要求,通常不会作为城市旅游景点使用,也很难承载大型社会活动,如位于北京亚运村北苑路东侧的如苑公园(图7-14),面积约1.52hm^2,公园在以绿地建设为载体演绎中国传统文脉的同时,完善了亚运村地区居民日常休闲活动的空间体系。

③ 开放性 社区公园注重体现社会的公益性,具有很高的开放程度,公园绿地的使用强度很高,需加大社区公园在安全、卫生以及园容维护等方面的管理难度。

④ 效益性 社区公园的规模一般较小,建设投资数额不大,建设周期较短,能满足附近居民的使用需求,最大限度地发挥城市公共基础设施的效益。

7.3.2 社区公园的级别

《城市居住区规划设计标准》(GB 50180—2018)中确定居住区按照居民在合理的步行距离内满足基本生活需求的原则,可分为十五分钟生活圈居住区、十分钟生活圈居住区、五分钟生活圈居住区及居住街坊4级,同时确定了除居住街坊外的各级生活圈所配套的居住区公园。因此,社区公园包含了3种级别居住区公园,即十五分钟生活圈的居住区公园、十分钟生活圈的居住区公园、五分钟生活圈的居住区公园。

7.3.3 社区公园的活动内容与设施

7.3.3.1 社区公园的活动内容

① 休闲活动 主要有闲坐、站立、交谈、观望、带小孩、遛狗、晒太阳、乘凉、散步、织毛衣等,多为静态活动,要求空间场所较为安静阴凉。

② 文化活动 如棋牌娱乐、吹拉弹唱、宣传表演等,对场地设施要求与休闲活动相同。

③ 康体活动 此类活动多为居民自发组织,需进行一定的引导。如跳舞、打拳、做操、打球、骑自行车、慢跑、放风筝、抖空竹、踢毽子等,此类属动态活动范畴,要有充裕的场地供其开展活动。

④ 游戏活动 儿童是社区公园的活动主体,

他们在公园里的行为不仅仅局限于游戏器械的使用，更专注于比较淳朴的游戏对象及行为，需要更多的创造开发，如爬树、捉迷藏、玩滑板车等。

社区公园内市民的行为多种多样，因公园场地设施和活动场所不同而随机形成，需要对市民游园行为进行密切调研，才能了解其活动规律。

7.3.3.2 社区公园的活动设施

① 社区公园一般必备的设施场地主要包括儿童游戏场、康体健身场和休闲绿地 3 项。社区公园的园路建成面积约占公园总用地的 7.3%；园林建筑用地面积平均约占公园总用地的 2%；垃圾桶、座椅、园灯等设施则按实际需要设置。

② 社区公园的停车场使用率较低，尤其表现在小规模的社区公园。由于社区公园服务半径较小，附近居民一般步行可达，无须设置专门的停车场。有些公园的停车场是作为社区服务的配套设施，将停车场与公园集中布置。

③ 受建设用地规模的影响，大多数社区公园的运动场地不能满足居民需求。公园里的运动场地使用频度较高，但多数社区公园运动场地数量较少。

7.3.4 社区公园规划设计

社区公园属于城市公园类，其规划设计可参照城市综合性公园规划设计的方法。同时要注意从以下几个方面重点考虑，以突出社区公园为居住区居民提供就近服务的目的，并有别于其他城市公园的规划设计。

(1) 功能区划

社区公园是为整个社区服务的，其布局与城市小公园相似，设施比较齐全，内容比较丰富，有一定的地形地貌、小型水体；有功能分区、景区划分，除了花草树木以外，有一定比例的建筑、活动场地、园林小品、活动设施 (表 7-1)。

与城市公园相比，社区公园布置紧凑，各功能分区或景区间的节奏变化快，所以要特别在规划设计时注重居民的活动使用要求，多安排适于活动的广场、充满情趣的雕塑、园林小景、疏林草地、儿童活动场所、停留休息设施等。此外，

表 7-1 社区公园功能分区与物质构成要素

功能分区	物质要素
休息、漫步、游览区	休息场地、散步道、凳椅、廊、亭、榭、老人活动室、展览室、草坪、花架、花径、花坛、树木、水面等
游乐区	电动游戏设施、文娱活动室、凳椅、树木、草地等
运动健身区	运动场地及设施、健身场地、凳椅、树木、草地等
儿童活动区	儿童游乐园及游戏器具、凳椅、树木、花草等
服务区	茶室、餐厅、售货亭、公厕、凳椅、花草等
管理区	管理用房、公园大门、暖房、花圃等

社区公共绿地户外活动时间较长、频率较高的使用对象是儿童及老年人，因此规划中内容的设置、位置的安排、形式的选择均要考虑其使用方便。

社区公园内设施要齐全，最好有体育活动场所、适应各年龄组活动的游戏场及小卖部、茶室、棋牌、花坛、亭廊、雕塑等活动设施和四季景观丰富的植物配置。专供青少年活动的场地，不要设在交叉路口，其选址应既要方便青少年集中活动，又要避免交通事故；其中活动空间的大小、设施内容的多少可根据年龄、性别不同合理布置；植物配置应选用夏季遮阴效果好的落叶大乔木，结合活动设施布置疏林地。可用常绿绿篱、分隔空间，并成行种植大乔木以减弱喧闹声对周围住户的影响，绿化树种应避免选择带刺的或有毒、有味的树木，应以落叶乔木为主，配以少量的观赏花木、草坪、草花等；在大树下加以铺装，设置石凳、桌、椅及儿童活动设施，以利老人坐息或看管孩子游戏。

(2) 基本形式

规划设计要符合功能要求，并根据地形利用园林艺术手法进行设计。

① 规则式 布局采用几何图形布置，有明显的主轴线，园中道路、广场、绿地、建筑小品等组成对称有规律的几何图案。规则式布置可产生整齐、庄重的效果；缺点是形式较呆板、不够活泼，园内景物一览无余，容易使游人感到枯燥无味，有时还受对称形式的制约而造成绿地功能上不合理，并造成养护管理费工。规则式又分对称式和不对称式，后者比前者的形式活泼一些 (图 7-15)。

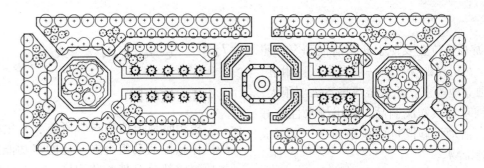

图7-15　北京市二里沟居住小区中心花园（规则式）

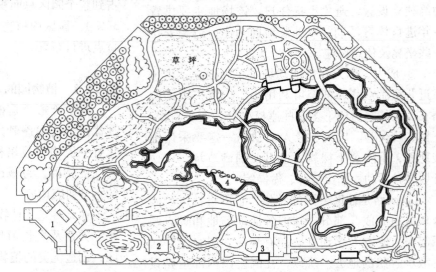

图7-16　居住小区中心公园
总平面图（自然式）
1. 主入口　2. 儿童乐园
3. 老年之家　4. 次入口

②自然式　没有明显的轴线，布局灵活，采用曲折迂回的道路，充分利用自然条件（如冲沟、池塘、山丘、洼地等）创造有变化的环境空间。其绿化种植也采用自然式，这样可以创造出自然而别致的环境。自然式多采用中国传统的造园手法，以取得较好的艺术效果（图7-16）。

③混合式　是规则式与自然式相结合的产物。它根据地形和位置的特点，灵活布局，既能和四周建筑相协调，又能考虑其空间艺术效果，在整体布局上，产生一种韵律和节奏感，是比较好的布局手法之一，也是目前使用较多的形式（图7-17）。

(3) 设计内容

社区公园是居住环境中质量较高的休憩空间，但并不是城市公园，不能按城市公园规划设计手法及内容照抄照搬，并一味追求大、洋、古，满足某些业主的猎奇心理。可根据功能不同，利用植物分隔空间，开辟儿童游戏场，青少年运动场和成人、老人活动场及安静休憩观赏区等。主要

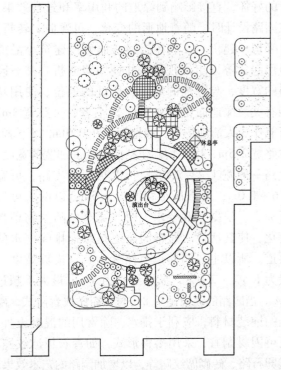

图7-17　居住小区中心花园平面设计（混合式）

内容如下：

① 儿童游戏场位置要便于儿童前往和家长照顾，也要避免对居民的干扰，一般设在入口附近，稍靠边缘的独立地段上。儿童游戏场不需要很大，但活动地应铺草坪或塑胶制品，选用排水性较好的沙土铺地。活动设施既可供孩子们玩，又可成为草坪上的装饰物。

② 青少年活动场设在社区公园的深处或靠近边缘独立设置，避免干扰住户。该场地主要供青少年进行体育活动，以铺装地面为主，适当安排一些坐凳及休息设施。

③ 成人、老人休息活动场可单独设立，也可靠近儿童游戏场，甚至可利用小广场或扩大的园路在高大的庭荫树下多设些座椅坐凳，便于看报、下棋、聊天等。成人、老人活动场一定要采用铺装地面，不能黄土裸露，也不要铺满草坪，以便开展多种活动，如交谊舞、做操等。

④ 园路是社区公园的骨架，它可将社区公园合理地划分成几部分，并把各活动场地和景点联系起来，使游人感到方便和有趣味。园路也是居民散步游憩的地方。所以，社区公园内部道路设计的好坏，直接影响到绿地的利用率和景观效果。在园路设计时，随着地形的变化，可弯曲、转折，可平坦、起伏。一般在园路弯曲处设建筑小品或地形起伏等以组织视线，并使园路曲折自然。园路的宽度，与绿地的规模和所处的地位、使用功能有关。绿地面积在 $0.5hm^2$ 以上者，主路宽 3m，可兼作成人活动场所；绿地面积在 $0.5hm^2$ 以下者，主路宽 2.5m，以上均不包括园路局部加宽的宽度。次路一般宽 1.2～2.0m；长度很短的支路，可宽 0.6～1.0m；通常最小宽度为 1.5m，以两人可对行为宜。根据景观要求，园路宽窄可随景物稍作变化，使其活泼。通常园路也是绿地排除雨水的渠道，所以主要园路以有路牙为宜，横坡坡度一般 1.5%～2.0%，纵坡最小为 3%，最大不超过 8%。当园路的纵坡超过 8% 时，需做成台阶式。路面的铺装材料，应利于排水，除常用的混凝土外，还可因材制宜，采用多种形式，如青石板冰纹路、鹅卵石路、砖砌席纹路等，以增加园路的艺术效果。

7.4 专类公园

7.4.1 植物园

植物园是把植物科学研究、文化教育和城市居民休息等活动组合在一起的多功能组合体。其主要组成部分是植物陈列区，这个区的面积通常占到整个园区总面积的 50%～70%（最小不得少于 35%）。园区内植物常按照一定的植物特征和观赏特点进行布置。

7.4.1.1 植物园的功能

科学研究 是植物园的最主要任务之一。在现代科学技术蓬勃发展的今天，利用科学手段驯化野生植物为栽培植物，驯化外来植物，培育新的优良品种，为城市园林绿化服务等，是植物园的科学研究内容。

观光游览 植物园还应结合植物的观赏特点、亲缘关系及生长习性，以公园的形式进行规划分区，创造优美的植物景观环境，供人们观光游览，娱乐身心。

科学普及 植物园通过露地展区、温室、标本室等室内外植物材料的展览，并结合名牌、图表的说明、讲解，丰富广大群众的自然知识。

科学生产 是科学研究的最终目的。通过科学研究得出结果，推广应用到生产领域，创造社会效益和经济效益。

示范作用 植物园以活植物为材料进行各种示范，如科研成果的展出、植物学科内各分支学科的示范以及按地理分布及生态习性分区展示等。最普遍的是植物分类学的展示，活植物按科属排列，几乎世界各植物园均无例外。游人可从中了解到植物形态上的差异、特点及进化的历程等。

7.4.1.2 植物园的类型

(1) 按其性质分类

综合性植物园 兼有多种职能，即科研、游览、科普及生产。一般规模较大，占地面积在

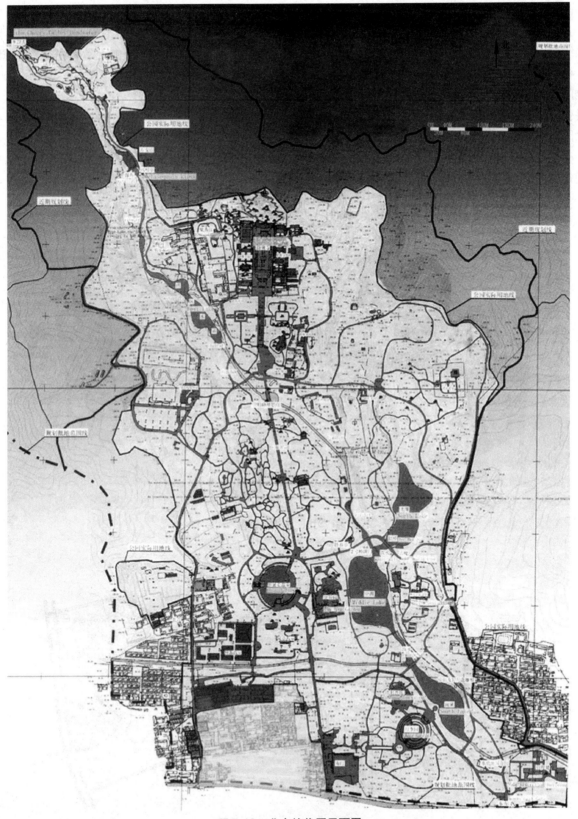

图 7-18 北京植物园平面图

$100hm^2$左右，内容丰富。

目前在中国，这类植物园的隶属关系有科学院系统，以科研为主结合其他功能，如中国科学院北京植物园、南京中山植物园、武汉植物园、昆明植物园等；有园林系统，以观光游览为主，结合科研科普和生产功能，如北京植物园(图7-18)、上海植物园(图7-19)、新加坡植物园(图7-20)等。

专业性植物园 指根据一定的学科专业内容布置的植物标本园，如树木园、药圃等。这类植物园大多数属于科研单位、大专院校。所以，又可以称为附属植物园。例如，浙江农林大学植物园、广州中山大学标本园、美国哈佛大学阿诺德树木园(图7-21)。

(2)按业务范围分类

以科研为主的植物园 拥有充足的设备、完善的研究所和实验园地，主要在植物方面从事更深更广的研究，在科研的基础上对外开放，如英国皇家植物园(图7-22)。

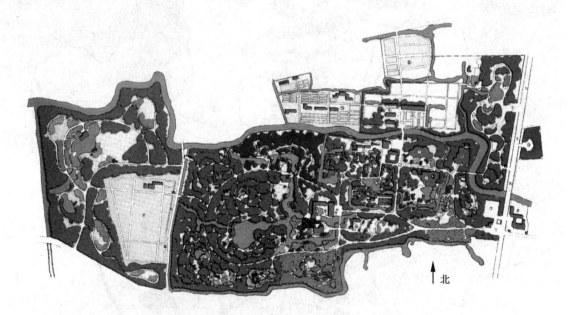

图7-19 上海植物园

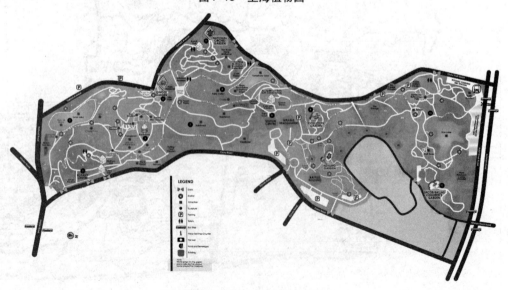

图7-20 新加坡植物园

图 7-21 美国哈佛大学阿诺德树木园平面图

图 7-23 美国芝加哥植物园平面图

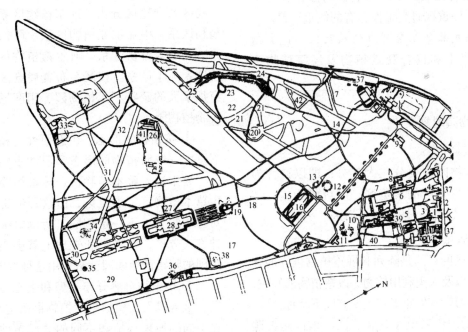

图 7-22 英国皇家植物园平面图（刘扬，2010）

1. 荷兰园 2. 木材博物馆 3. 剑桥村舍花园 4. 主任办公室 5. 高山植物温室 6. 多浆植物园 7. 温室区 8. 日晷
9. 柑橘室 10. 林地园 11. 博物馆 12. 蟹丘 13. 睡莲温室 14. 水仙区 15. 月季园 16. 棕榈温室 17. 小檗谷
18. 日本樱花 19. 威廉王庙 20. 杜鹃花园 21. 鹅掌楸林荫路 22. 杜鹃花 23. 竹园 24. 杜鹃花谷 25. 栗树林荫道
26. 苗圃 27. 大洋洲植物温室 28. 温带植物温室 29. 欧石楠园 30. 山楂林荫路 31. 橡树林荫路 32. 睡莲池
33. 女皇村舍 34. 清真寺山 35. 塔 36. 拱门 37. 停车场 38. 旗杆 39. 岩石园 40. 药草地 41. 厕所 42. 木兰园

以科普为主的植物园　通过植物挂铭牌的方式普及植物学的知识，此类植物园占总数比例最高，如美国芝加哥植物园(图 7-23)。

为专业服务的植物园　指侧重于某一专类植物展出的植物园，如药用植物园。

属于专项搜集的植物园　从事专项或者特定属植物收集的植物园。

(3) 按归属分类

科学研究单位创办的植物园　如各科学院、研究所的植物园，主要从事重大理论课题和生产实践中攻关课题的研究，是以研究工作为中心的植物园。一般在全国植物园系统中分别进行协作性的综合研究。

高等院校创办的植物园　如农林院校的树木园、医学院的药用标本园等。此类植物园以教学示范为主要任务，有时亦兼有少量研究工作。

各部门公立的植物园　如国立、省立、市立以及各部门所属的植物园。服务对象比较广泛，多由各所属部门提供经费。这类植物园任务也不一致，有的十分重视研究工作，有的侧重科普。

私人捐助或募集基金创办的植物园　这类植物园大多以收集和选育观赏植物及经济植物为目的。

7.4.1.3　植物园规划设计

1) 组成分区

综合性植物园主要分三大部分，即以科普为主，结合科研与生产的展览区；以科研为主，结合生产的苗圃试验区；职工的生活区。

(1) 科普展览区

科普展览区的目的是陈列和展览植物世界的客观自然规律，以及人类利用植物、改造植物的知识，供人们参观学习。其展览形式主要有以下几种：

① 按植物进化系统布置展览区　该区是按照植物进化系统分目、分科布置，反映植物由低级到高级的进化过程。使参观者不仅对植物进化系统有了解，而且对植物的分类、科属特征也有所概括了解。但是，往往在进化系统上较相近的植物在生态习性上不一定相近，而在生态习性上有利于组成一个群落的各种植物在系统上又不一定相近，所以在植物的配置与造景上，易产生单调、呆板之感。因此，在反映植物分类系统的前提下，应尽可能结合生态习性的要求与园林艺术效果，既符合科学性，又因地制宜地形成优美的公园外貌。例如，上海植物园的植物进化区，采取系统进化分类和观赏相结合的方式，既有系统进化的内容，又有观赏性的专类园，如松柏园、木兰园、杜鹃花园、槭树园、桂花园、蔷薇园和竹园。

② 按植物的经济生产价值布置展览区　经济植物的科学研究与利用，将对国民经济的发展起重要作用。将可利用并经过栽培试验实属有价值的经济植物列入本区，可为园林、医药、农林业等提供参考资料，并进行推广使用。一般可分成药用植物、芳香植物、油料植物、淀粉植物、橡胶植物、含糖植物等。

③ 按植物地理分布和植物区系布置展览区　这种展览区是以植物原产地的地理分布或植物的区系分布原则进行布置。例如，莫斯科植物园的植物区系展览区分为：远东植物区系、俄欧部分植物区系、中亚细亚植物区系、西伯利亚植物区系、高加索植物区系、阿尔泰植物区系、北极植物区系 7 个区系。按区系布置展览区的植物园还有加拿大的蒙特利尔植物园、印度尼西亚的爪哇茂物植物园。

④ 按植物的形态、生态习性与植被类型布置展览区　按照植物的形态和习性不同可分为乔木区、灌木区、藤本植物区、球根植物区、一二年生草本植物区等展览区，但这种形态相近的植物对环境的要求不一定相同，所以要绝对地按照此种方式分区，在养护和管理上就会出现矛盾。如美国的阿诺德植物园就是采用这种方式。

⑤ 按植物自然分布类型和生态习性布置展览区　该区以人工模拟自然植物群落进行植物配置，在不同的地理环境和不同的气候条件下形成不同的植物群落。植物的环境因子主要有湿度、光照、温度、土壤 4 个重要方面。由于不可能在同一植物园内同时具备各种生态环境，往往在条件允许的情况下选择一些适合于当地环境条件的植被类型进行展区布置。例如，水生植物展览区，可以

创造出湿生、沼生、水生植物群落景观；岩石植物园和高山植物园是利用岩石、高山、沙漠等环境条件，布置高山植物群落、沙漠植物群落。

⑥ 按植物的观赏特性布置展览区　植物园中可结合地方特色，将栽培历史悠久、品种丰富、有广泛用途和很高观赏价值的植物，辟为专区集中栽植，并在本区中设有园林小品、水池、草坪、园林建筑物等，构成艺术性很强的专类园。

本区布置的形式有以下几种：

专类园　如山茶园、杜鹃花园、丁香园、牡丹园、梅花园、槭树园、荷花园等。

专题园　以一种观赏特征为主，如芳香园、彩叶园、观果园、百草园、藤本植物园等。例如，树木园是植物园最重要的引种驯化基地，以栽植本地区及国内外露地生长的木本植物为主，一般占地面积较大。其用地应选择地形地貌较复杂、小气候变化多、土壤类型变化多、水源充足、排水良好、土层较深厚、坡度不大的地段，以适应各种类型植物的生态要求。树木园植物布置形式大体可分成3种：按地理分布栽植，可便于了解世界木本植物分布的大体轮廓；按科属分类系统布置，可了解植物的科属特征和进化规律；按植物的生态要求结合园林美观的效果来考虑，使树木园在最适宜的生态环境，把不同的树种组成各种植物群落，一般采取自然式复层混交的形式，有密林、疏林、树群、树丛和孤植等形式，再配置草地和水面，形成美丽的公园景观。

温室植物展览区　本区以展出不能在本地区露地过冬，唯有在温室内才可正常生长发育的植物。因有些植物体形较大，以及游人观赏的需要，温室要比一般的高和宽，体量也大，外观很壮观，是植物园中重要的建筑。

自然保护区　在中国一些植物园内，有些区域被划定为自然植被保护区，这些区域禁止人为的砍伐与破坏，任其自然演变，不对群众开放，主要进行科学研究，如对自然植物群落、植物生态环境、种质资源及珍稀濒危植物等项目的研究。如庐山植物园内的月轮峰自然保护区。

总之，植物园的展览区是向群众开放的。对于大型植物园来说，展览区的内容比较丰富，根据当地的实际情况可分较多的展区。例如，杭州植物园位于西湖风景区范围内，设有观赏植物区、山水园林区、百草园等（图7-24）。

(2) 苗圃试验区

苗圃试验区是专门进行科学研究和生产的用地，不对游人开放。仅供专业人员参观、学习。

苗圃区　包括试验苗圃、繁殖苗圃、移植苗圃、原始材料圃等。用途广泛，内容较多。其用地要求地势平坦、土壤深厚、水源充足、排水良好，以靠近温室、实验室为宜。

试验地　设有一系列供应引种驯化、杂交育种及生物试验等设施，并建有实验室、温室。

检疫苗圃　与其他区隔离，对新引入的植物进行检疫。

引种驯化区　专供引种困难的植物进行试验，可在植物园内不同特殊小气候条件下，设立若干引种驯化区。

(3) 生活区

一般植物园所在地远离市区，布置在城郊。为满足职工生活需要，所需的设施应齐备，包括宿舍、饭堂、幼托所、商店等。其布置与生活居住区相同。

2) 规划设计要点

植物园的规划设计要从以下几方面考虑：

① 首先确定建园的目的、性质、任务及用地量。

② 确定植物园的用地面积、分区与各部分的用地比例。一般展览区可占全园总用地的40%～60%；苗圃试验区占25%～35%；其他用地占25%～35%。

③ 确定展览区的位置。展览区是向公众开放的，选择变化的地形，以利引种驯化及形成丰富多彩的景观，是可供游览的一部分，故考虑对外有方便的交通联系，便于游人到达。

④ 苗圃试验区一般不对公众开放，应与展览区分开，但应与城市交通有方便的联系，并可设专用出入口。

⑤ 确定建筑的位置及面积。植物园的建筑有展览性建筑、科学研究用建筑及服务性建筑3类。展览性建筑包括展览温室、展览荫棚、科学宣传

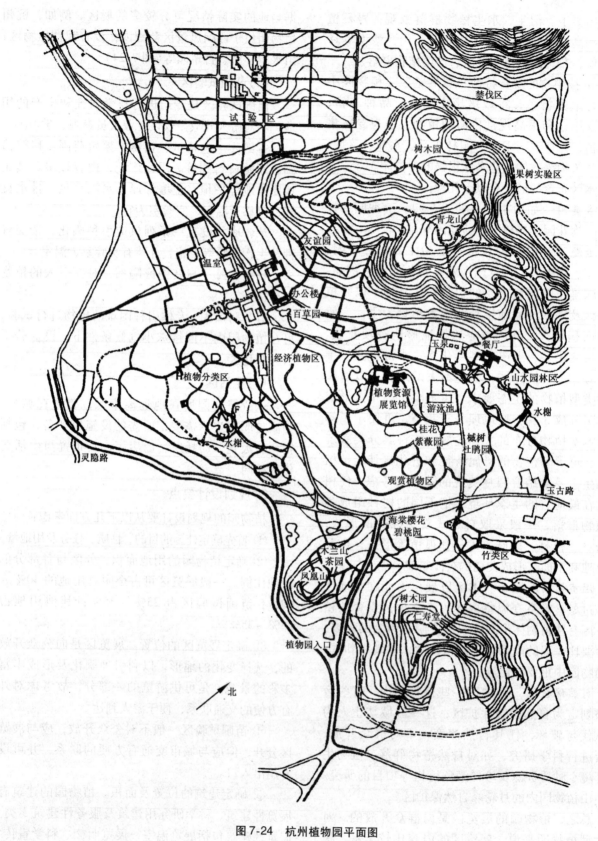

图 7-24 杭州植物园平面图

画廊等，这类建筑是植物园的主要建筑，建筑内外游人比较集中，应结合全园主要游览线布置，靠近主要入口或次要入口。科学研究用建筑，包括图书资料室、标本室、资料室、气象站等，应布置在苗圃试验区内。服务性建筑包括接待室、茶室、小卖部、食堂、休息亭廊、停车场等，这类建筑布局要求同城市公园相似。

⑥ 园路系统可起联系、分隔、引导作用，也是园林景观中很重要的因素。植物园的道路布局与公园有许多相似之处，一般可分成3级。主干道便于园内的交通运输，引导游人进入各主要展览区及主要建筑物，并作为大分区的界线，一般以5~7m宽为宜。次要干道为各分区内的主要道路，是联系各小区及小区界线的道路，一般不可通行大型汽车，可通行小型工作运输汽车，以3~4m宽为宜。游步道是为了方便游人仔细观赏植物及管理工作的需要而设。以步行为主，有时也起分界线的作用，一般宽1.5~2m。主干道对坡度有一定限制，其他两级路都应充分利用原有地形，形成蜿蜒曲折的游览路线。目前中国大型植物园主入口道路多采用林荫道形式，其他道路则以自然式种植为主。道路系统还应对植物园各区起分隔、联系、引导的作用。

⑦ 确定排灌系统。植物园排灌功能要完善，以保证植物健康生长，一般利用地势的自然起伏，用明沟或暗沟排雨水至园中主要水体。灌溉系统均以埋设暗管为宜，避免明沟破坏园林景观。

7.4.2　动物园

动物园是收集饲养各种动物，进行科学研究和科学普及，并供人观赏、游览的园地。分专设于公园内和附设于公园内两种。园中有饲养各种动物的特殊建筑和展出设施，需按动物进化系统，并结合自然生态环境规划布局。

7.4.2.1　动物园的功能

动物园的功能主要有以下几个方面：

(1) 科学普及教育

随着野生自然环境的破坏，栖息在野生环境中的野生动物也随之减少。动物园能使公众在动物园内正确识别动物，了解动物的进化、分类、利用以及本国具有特点的动物区系和动物种类；同时可以满足学生学习生物课程的需要，起到教育人们热爱自然、保护野生动物资源的作用。

(2) 异地保护

动物园是野生动物重要的庇护场所，尤其是给濒临灭绝的动物提供避难地。它保护野外正在灭绝的动物种群能在人工饲养的条件下长期生存繁衍下去，增加濒危野生动物的数量，起到种质（精子、卵子和胚胎）库的作用，使动物的"物种保存计划"得到很好的实现。

(3) 科学研究

科学研究是动物园主要的任务之一，它要系统收集和记录动物的各种资料，并对其进行分析，用于解决动物人工饲养、繁殖和改善饲养管理的问题，为野生动物的保护提供科学的依据。

(4) 观光游览

为游人提供观光游览是动物园的目的，它结合丰富的动物科学知识，以公园的形式，让绚丽多彩的植物群落和千姿百态的动物构成生机盎然、鸟语花香的自然景观，供游人游览观光。

7.4.2.2　动物园的类型

依据动物园的位置、规模、展出的形式，一般将动物园划分为市属动物园、专类动物园、野生动物园3种类型。

(1) 市属动物园

该类型动物园一般位于大城市的近郊区，用地面积大于20hm²，展出的动物种类丰富，常常有几百种至上千种。在动物分类学的基础上，考虑动物的习性和动物生理、动物与人类的关系等，结合自然环境，展出形式比较集中，以人工兽舍结合动物室外运动场为主。这类动物园根据规模的大小又可分为以下几种：

全国性大型动物园　用地约在60hm²以上，所收集的动物品种可达千种左右，如北京动物园（图7-25）、上海动物园（图7-26）等。

综合性中型动物园　用地约在60hm²以下，所收集的动物品种可达500种左右，如成都动物园、哈尔滨北方森林动物园等。

特色性动物园　展出以本地区特产的动物为主，500个品种以下，一般用地在60hm²以下，如

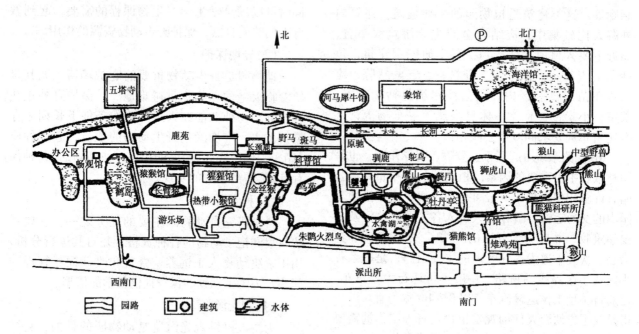

图 7-25 北京动物园平面图

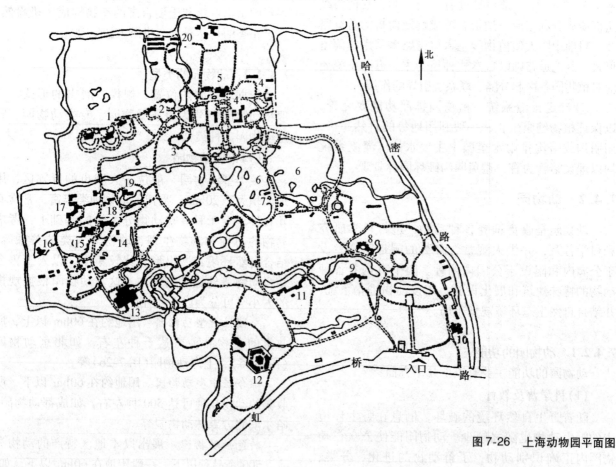

图 7-26 上海动物园平面图

图 7-27 杭州动物园平面图

杭州动物园（图 7-27）、南宁动物园等。

小型动物园　在中小城市附设在综合性公园内的动物展览区，也称为附属动物园或动物角。其展览动物品种 200~300 个，用地在 15hm² 左右，如西宁市儿童公园内的动物角、咸阳市渭滨公园的动物区。

(2) 专类动物园

该类动物园多位于城市的近郊，用地面积较小，一般在 5~20hm²。多数以展出具有地方特征或类型特点的动物为主要内容，这种专业性的分化对动物的研究工作很有益。如泰国的鳄鱼公园、蝴蝶公园，北京的百鸟园均属于此类。

(3) 野生动物园

该类动物园多位于城市的远郊区，用地面积较大，一般上百公顷。动物的展出种类不多，通常为几十个种类。一般模拟动物在自然界的生存

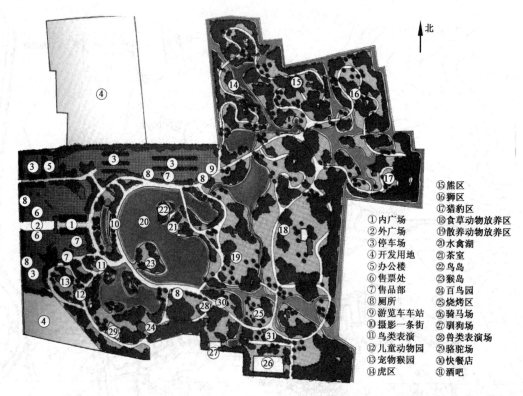

图 7-28 上海野生动物园平面图

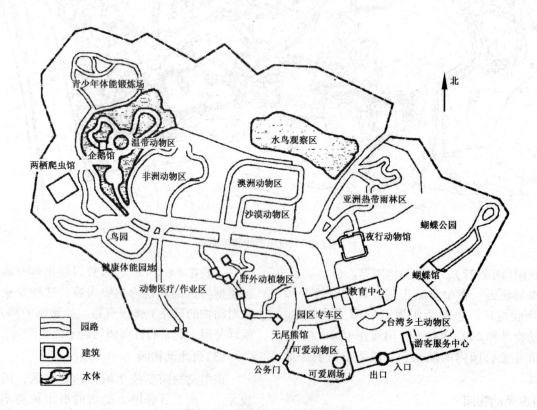

图 7-29 台北市立动物园平面图

环境群养或开敞放养,富于自然情趣和真实感。参观多以乘坐游览车为主。此类动物园环境优美,适合动物生活,但较难管理。此类动物园在世界上呈发展趋势,全世界已有40多个,中国已有15个以上,如上海野生动物园(图7-28)、西安秦岭野生动物园、台北市立动物园(图7-29)。

7.4.2.3 动物园规划设计

(1) 组成分区

① 科普、科研活动区 是全园科普、科研活动中心,主要分布有动物科普馆,一般布置在出入口地段,有足够的活动场地,并有方便的交通联系。一般由标本区、化验室、研究区、宣传区、阅览室、放映厅等部分组成。

② 展览区 该区用地面积较大,由各种动物的兽舍及活动场地组成,并给游人留出足够的参观活动的空间。规划设计时应注意以下两个方面:

陈列布局 主要有按动物进化顺序布局、按动物原来生活地理区域布局、按动物生态习性安排等几种形式。

陈列方式 有单独分别陈列、同种同栖陈列、不同种同栖陈列、幼小动物陈列等。

③ 服务、休息设施 有亭廊、接待室、餐厅、小卖部、服务点等,均匀地分布在全园内,便于游人使用,靠近展览区。

④ 管理区 包括行政管理、办公室、兽医所、检疫站、饲料站等,可设在单独地区,并与其他地区有绿化隔离,但同时要有方便的交通联系,可设专用出入口。

⑤ 生活区 为了避免干扰和卫生防疫,不宜设在园内,应设在园外集中的地段上或园中单独的地段,设有专用出入口。

(2) 规划设计要点

动物园的规划设计要从多方面考虑,要点如下:

① 要有明确的功能分区,互相应有方便的联系,以便于游人参观休息。

② 展览区的动物兽要与动物的室外活动场地同时布置。游人参观的路线及游人的活动空间、园路的设置(可分成主要园路、次要园路及便道)要利于参观者游览。

③ 动物笼舍的安排要集中与分散相结合,建筑形式的设计要注意因地制宜,创建统一协调的建筑风格,使游人有身临其境、身处大自然之中的感觉。

④ 动物园内不宜设置俱乐部、剧院、音乐厅等喧哗的文娱设施,尤其夜间要保证动物安静休息。

⑤ 为了安全,动物园的兽舍要牢固,设防护带、隔离沟、安全网等。

⑥ 动物园绿化的特点,要遵循动物展览的要求,并仿造动物的自然生态环境,衬托兽舍背景等,形成各有特色的植物、动物自然群体。例如,大熊猫展览区可多植竹丛;狮虎山可多植松树;鸣禽馆种植观果树木,既可作鸟食,又可形成鸟语花香的庭园景色及富有诗情画意的中国花鸟画面。

⑦ 便于游人参观,要注意遮阴及观赏视线问题,一般可在安全栏杆内外种植乔木或搭花架棚。园中的道路、广场、休息设施都要进行绿化,起衬托、遮阴的作用。在动物园周围、各分区之间均应布置卫生防护林带及隔离绿化带。

⑧ 动物园中,可在适当地段布置儿童游戏场,并结合其特点,设置一些园林小品及绿化雕塑以增进儿童的兴趣。

(3) 实例——新加坡动物园

新加坡动物园(Singapore Zoo)位于新加坡北部的万里湖路,占地 $28.3hm^2$,采用全开放式的模式,是世界十大动物园之一。园内以天然屏障代替栅栏,为各种动物创造天然的生活环境,有300多个品种约3050只动物在非人为屏障的舒适环境下过着自由自在的生活,与游客和平共处。每年接待约160万人次的国内外游客。

长久以来,新加坡动物园为所展示的动物提供充足的生活空间和类似于野生栖息地的环境。这种开放式的理念为动物园赢得众多赞誉。新加坡动物园闻名世界的"开放式概念",使人们置身于丰富多彩的动植物世界,体验大自然的奇妙,获得灵感和启发。动物们在模拟它们自然生态的宽敞环境中自由自在地生活。干燥或潮湿的隔离壕,被植被掩盖起来或者置于视线之外,游客们可以放心而悠闲地观赏动物们嬉戏。红毛猩猩是动物园最招人喜爱的居民,游客可以近距离观赏。

图7-30　游客与动物亲密交流

图7-31　亚洲大象园

高架木板路，让游客可以在树顶，近距离观察红毛猩猩自由活动。其他展区，如澳洲旷野、脆弱森林、阿拉伯狒狒——埃塞俄比亚大裂谷及亚洲大象园，也都充分体现了动物园著名的开放式概念（图7-30，图7-31）。

新加坡动物园正为转型成为一个知识型动物园而努力。游客不再是单纯的欣赏动物，而是通过更多的互动类项目学习到动物的知识和加强野生动物的保护意识。教育是保护野生生物的一项重要工具，它能充分说明濒临绝种的动物所面临的困境。因此，让游客在参观动物园后，能够掌握有关动物及其栖息地及其野外生存状况的科学知识非常重要。这种以互动方式设计的教育内容，已成了所有展区的一大特色。

7.4.3　儿童公园

7.4.3.1　儿童公园的功能

儿童公园是城市中儿童游戏、娱乐、开展体育活动，并从中得到文化科学普及知识的专类公园。其主要任务是使儿童在活动中锻炼身体，增长知识，培养儿童热爱自然、热爱科学、热爱祖国的品质，以形成优良的社会风尚。

7.4.3.2　儿童公园的类型

(1) 综合性儿童公园

综合性儿童公园有市属和区属两种。综合性儿童公园内容比较全面，能满足多样活动的要求，可设各种球场、游戏场、小游泳池、戏水池、电动游戏、露天剧场、少年科技活动中心等。如杭州儿童公园、湛江市儿童公园、西安建国儿童公园，北京红领巾公园。

(2) 特色性儿童公园

突出某一活动内容，且比较完整。如哈尔滨儿童公园总面积16hm^2，布置了2km长的儿童小火车，铁轨围绕公园周围，自1954年建园以来深受游人的喜爱。

(3) 一般儿童公园

一般儿童公园主要为少年儿童服务，活动内容可不求全面，根据具体条件而有所侧重，但主要内容仍然是体育和娱乐。这类儿童公园具有便于服务、可繁可简、管理简单等特点，如上海海伦儿童公园（图7-32）。

(4) 儿童乐园

其作用与儿童公园相似，但占地面积较小，设施简易，数量也少，通常设在综合性公园内或社区内。

7.4.3.3　儿童公园的活动内容与设施

根据不同儿童的生理、心理特点和活动要求，一般可分为以下几种功能区：

① 学龄前儿童区　为1.5~5岁的学龄前儿童活动的场所。设施有供游戏用的小屋、休息亭廊、

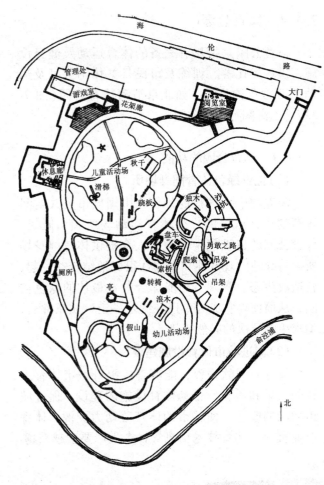

图 7-32 上海海伦儿童公园

荫棚、凉亭等，有供游戏用的室外场地，如草地、沙池、假山、硬地等，还有供游戏用的设备玩具，包括学步用的栏杆、攀缘用的梯架、跳跃用的跳台等。

② 学龄儿童区 为小学一二年级儿童游戏活动的场所。其设施有供室外活动的场地，如体操、舞蹈、集体游戏、障碍活动的场地及水上活动的设施（如戏水池）等；有供室内活动的少年之家，内设供科普游戏活动的"漫游世界""哈哈镜""称体重""看温度"、打气枪及电动游戏等；同时还可酌情设置供少年兴趣小组活动、表演晚会、阅览、展览的地方；也有供业余动植物爱好者小组活动的小植物园、小动物园和农艺园地。

③ 青少年活动区 为小学四五年级及初中低年级学生活动的场所。设施主要有培养青少年勇敢攀登、不怕艰险的高架滑梯、独木桥、越水、越障、战车、索桥等，也有培养青少年课余学习音乐、绘画、文学、书法、电子、地质、气象等方面基础知识的青少年科技文艺培训中心。

④ 体育活动区 儿童青少年正值成长发育阶段，所以在儿童公园中体育活动是十分重要的活动内容。在公园的环境开展体育活动有着优雅和舒适的感觉。体育活动设施包括健身房、运动场、游泳池、各类球场、射击场，有条件还可以设自行车赛场，甚至汽车竞赛场等。

⑤ 娱乐和少年科学活动区 文化娱乐区主要培养儿童的集体主义情操，扩大知识领域，增强求知欲望和对文化的爱好。同时可结合电影厅、演讲厅、音乐厅、游艺厅的节目安排，达到寓教于乐的目的。

⑥ 自然景观区 对于长期生活在城市环境中的少年儿童，渴望投身自然、接触自然。因此在有条件的情况下，可考虑设计一处自然景观区，尤其有天然水源的区域，可布置溪流、浅沼、深潭，造一个小的自然绿角，让孩子们安静地读书、看报、听故事。

7.4.3.4 儿童公园规划设计

(1) 设计要点

儿童公园规划设计要从多方面考虑，其要点如下：

① 儿童公园的用地应选择日照、通风、排水良好的位置。

② 儿童公园的用地应选择良好的自然环境，绿化用地应占 50% 以上，绿化覆盖率宜占全园的 70% 以上。

③ 儿童公园的园路宜简单明了，便于儿童辨别方向，寻找活动场所。路面应以直而平为佳，避免儿童摔跤，并可推行童车和儿童骑小三轮车游戏等，同时在主要园路上不宜设台阶。

④ 学龄前儿童区最好靠近大门出入口，以方便出行及活动。

⑤ 儿童公园的建筑与设施、雕塑、园林小品等需形象生动，色彩鲜明，可选儿童易接受的童话寓言、民间故事等为主题，作为宣传教育和儿童活动之用。电动玩具及其他一些项目，要安

排好适宜的场地,并注意场地要排水良好。

⑥ 儿童公园的观赏水景,可带来极其生动的景象和活动内容,如嬉水池、小游泳池等。

⑦ 各区活动场地附近应设置座椅、休息亭廊等,供儿童及随行成人休息。

⑧ 健康、安全是儿童公园设计的最基本理念。儿童公园的规划设计、活动设施、服务管理必须遵循"安全第一"的原则。

(2)绿化配置

儿童公园一般位于城市生活居住区内,为了创造良好的自然环境,公园周围需栽植浓密乔、灌木以做屏障。园内各区应由绿化带适当分隔,尤其幼儿活动区要保证安全。注意园内庇荫,适当种植行道树和庭荫树。

儿童公园绿化种植要忌用以下植物:

① 有毒植物 凡花、叶、果等有毒植物均不宜选用,如夹竹桃等。

② 有刺植物 易刺伤儿童皮肤和刺破儿童衣服,如枸骨、刺槐、蔷薇等。

③ 有刺激性和有奇臭的植物 会引起儿童的过敏性反应,如漆树等。

7.4.4 体育公园

体育公园是指具有完备的体育运动及健身设施,供各类比赛、训练及市民日常休闲健身及运动之用的专类公园,如北京清河体育公园(图7-33)、上海闵行体育公园。

7.4.4.1 体育公园的功能

(1)提供绿色体育健身场所

随着城市化进程的加剧,中国城市公共空间逐渐变少,居民的户外体育活动场所相当匮乏。体育公园的建设能很好地为大众提供体育健身场所,将绿地的观赏性和实用性很好地结合在一起,营造出生态、景观、功能综合效益最佳的绿色空间,从而使得它成为市民在满足一定物质条件后,追求更高层次的必然趋势。

(2)促进城市体育设施建设

体育公园的建设,能够直接提升城市体育人口的数量和质量,带动体育设施的建设,促进城市功能的改造,使城市的体育劳动力资源、体育产业资金、体育技术信息等社会生产要素越来越

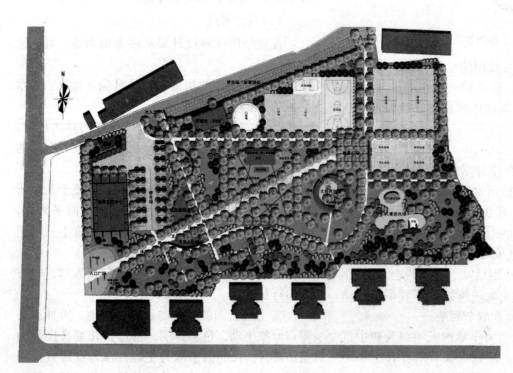

图7-33 北京清河体育公园平面图(北京市园林绿化局,2010)

集中，集聚效益和规模效益随之提高，从而带动城市周边地区的吸引力，使辐射作用显著增强，促进城市经济的增长，推动城市的发展。

(3) 传播和发展城市体育文化

体育公园的建设能够很好地传播体育文化，促进城市文化发展。例如巴塞罗那的奥林匹克公园，它的建成极大地促进了当地体育文化和城市文化的发展，同时也提高了人民的文化艺术水平。

(4) 改善城市生态环境质量

体育公园的建设使绿地的观赏性和实用性很好地结合，充分发挥绿地在改善城市生活质量中的作用，并向融合多种功能的生态绿地建设方向发展，从而充分改善城市的生态环境。同时体育公园与其他公园绿地之间相互融合，利于完善城市绿地系统建设。

7.4.4.2 体育公园的活动内容与设施

① 室外体育活动区　具有各种运动设施的场所，是体育公园的主要组成部分。其通常以田径运动场为中心，根据具体情况在其周围布置其他各类球场。

② 室内体育活动区　各种室内的运动设施及管理接待设施可集中布置，或根据总体布局情况分散布置。一般可布置于公园入口附近，交通联系方便。

③ 体育游览区　可利用地形起伏的丘陵地布置疏林草坪，供人们散步、休息、游览用。

④ 后勤管理区　为管理体育公园所必要的后勤管理设施，一般宜布置在入口附近。如果规模较大也可设专用出入口与之相连。

体育公园的设施是以体育运动设施为主，这些主要的运动设施有田径运动场、足球场、网球场、排球场、篮球场、棒球场、射击场、游泳池等竞技场（图7-34）。特殊情况下还可设冬季滑雪设施、赛马场、自行车竞技场、划艇训练场等。体育馆内的室内运动健身设施有乒乓球台、羽毛球台、篮球场、室内游泳池、健身房。另外，馆内还可设置管理室、接待室、休息室、浴室、桑拿、美容美发、教室、医务室、图书馆、餐厅等服务设施。较大规模的体育公园内还可设置体育研究所、体育专门学校等。

7.4.4.3 体育公园规划设计

(1) 规划要求

在园林中，运动空间要求场地平坦、花木繁茂、水面开阔、设施标准、功能合理、施工及管理规范等，其中场地最为关键。由于园林在城市中的作用是多样的，因此健康运动空间不宜过大，应因地制宜，取标准运动场地的最小值，甚至可采用标准数值的一半面积，如篮球场地等。这样便于规划与管理，使健康运动空间的社会效益得以充分发挥。运动场地的设置应考虑场地的方向

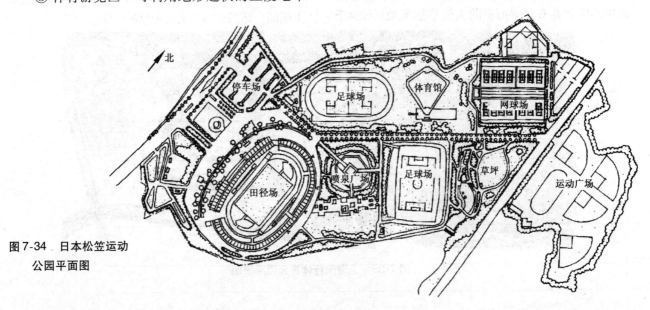

图7-34　日本松笠运动公园平面图

性、面层材料及排水系统。如中国的足球场以及室外的篮球场、排球场、网球场、羽毛球场等，尽可能将其长轴布置于南北向上，场地面层有草地、土地、硬质木板地、沙地，或铺装防滑硬质材料、塑胶面层等，场地排水坡度宜为 0.3%~0.4%，且黏土场地应设地下排水暗管。

在种植上，如果邻近居住区，为防止体育公园的噪声及尘土对周围居民的影响，在公园四周应有一定的防护林带。另外，在公园中相互之间有干扰影响的区域应有适当的绿地分隔。同时在运动场地植物种植上，要注意不妨碍比赛的进行及观众观赏时的视线。为了便于管理和养护，应尽量少用易落叶、种子飞扬、不利于场地或游泳池清洁卫生的树种。由于运动场要求视线较开阔，因此在植物配置时，可适当增大草坪的比例。

水上运动设施，必须保证安全。水面的大小和设施的种类及多少，应就具体情况而定。另外，运动空间与其他公园绿地的主要区别在于夜间照明。除了常规的照明以外，运动空间还应考虑晚间活动的照明。

运动空间还必须有完善的管理制度和管理设施，如具有园林建筑风格的管理值班室、厕所及更衣盥洗室等。另外，在大型的运动空间中，还应有其他的服务性建筑，如餐厅、茶室或咖啡厅、小卖部、停车场等。

(2) 规划设计要点

① 人流量大的运动场地和设施应尽量靠近城市中心区，并有足够面积的人流集散场地（不少于 $0.2m^2$/人）。同时要避免人流、非机动车、机动车流的相互干扰。

② 停车场面积的设置应符合有关规定和停车场设计要求。机动车与非机动车停车场分开，并位于体育场和设施的一侧，避免穿越城市干道而造成交通拥堵。在某些大型比赛设施和场地边需设置独立的小型停车场，供贵宾、运动员及工作人员使用。

③ 要有合理的交通组织，方便的市政管线配合，便利的管理维修。

④ 满足有关体育设施和内容在朝向、光线、风向、风速、安全、防护、照明等方面的要求。

⑤ 充分利用自然地形和天然资源，如山体、水面、森林等，设置人们喜爱的体育游乐项目，如攀岩、跳伞、蹦极、骑马、游泳、垂钓等。

⑥ 出入口和道路应满足安全和消防的需求。

总出入口应不少于 2 个，并以不同方向通向城市道路。观众出口的有效宽度不应小于室外安全疏散指标（0.15m/100 人），并应不小于 5m。为了满足消防通行要求，道路净宽度应不小于 3.5m，上空净高不应小于 4m。

(3) 实例——上海闵行体育公园

闵行体育公园是上海市首座以体育命名的近期建成的公园，位于上海西南闵行地区，也为环城绿带的重要组成部分，总面积约 1260 亩，总投资 5.7 亿元，设计突出体育特色，将运动休闲融于独特的环境景观之中。闵行体育公园包括体育场馆区、"热带风暴"水上乐园、休闲公园三大部分（图 7-35）。

图 7-35 上海闵行体育公园平面图

闵行体育公园的建成优化了城市格局，填补了该市西南地区无大型公园绿地的空白，改善了上海地区的生态和闵行区的人居环境。该公园建设以"绿化营造城市森林"为主题，将景观与生态相结合，园内水网系统与道路系统相结合，建立起了完整的生态系统，实现了最佳生态效益。园内植物种类达300余种，建立起符合自然生态的植物群落，以花草树木丰富的季节变化显示生命的脉动，模拟再现大自然的优美景观。公园建设中最具生态理念的有湿地生态区、南国风情园、百树林、母亲林及亲子林五大区域。除此之外，各个景区之间由18座风格各异的桥梁连接，成为市民自然休闲、体育活动和生态健身的综合性场所。

湿地生态区位于锦绣湖畔西侧，面积近 $3 \times 10^4 m^2$，有长约400m的木栈道贯穿其中，现有水生植物50余种，是水生植物的集中展示区。百树林位于公园东北角，占地 $5 \times 10^4 m^2$，是闵行区开展全民义务植树、认建认养活动基地之一。百树林春有花、夏有荫、秋有果、冬有绿，织出了一幅美丽画卷。南国风情园位于锦绣湖畔北侧，占地面积约4000m²，沿湖栽种各种亚热带棕榈科植物。沿湖水面及岸上有5只白色风帆，迎风而转。

7.4.5 遗址公园

遗址公园是指以重要遗址及其背景环境为主形成的，在遗址保护和展示等方面具有示范意义，并具有文化、游憩等功能的绿地。

7.4.5.1 遗址公园的分类

根据遗址类型的不同划分，遗址公园可划分为城市类遗址公园、事件类遗址公园和文化类遗址公园。

① 城市类遗址公园　对于研究考古、城市发展、民风民俗、历史文化等方面有着重大意义。如北京明城墙遗址、圆明园遗址、元大都城墙遗址、西安秦二世陵遗址公园、西安曲江寒窑遗址公园等(图7-36)。

② 事件类遗址公园　主要指以发生的一些历史事件以及一些自然灾害导致的废墟并要引起人们深思而遗留的遗址为核心的公园类型。如青岛山炮台遗址公园、天津大沽口炮台遗址公园、西安革命公园、汶川遗址公园。

③ 文化类遗址公园　主要是凸显遗址本身的文化价值，如西安曲江池遗址公园、江苏学政衙署遗址公园。

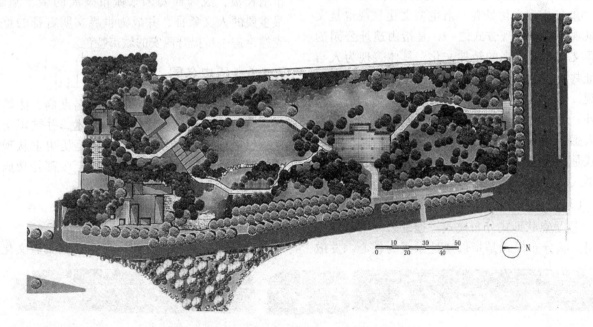

图7-36　北京明城墙遗址公园平面图

7.4.5.2 遗址公园规划设计

(1) 遗址公园文化主题提炼

遗址公园的物质文化主要是指能够展现在游人眼前的可视性的实体，比如遗址遗迹、出土的文物所表现出来的纹样、图案等。精神文化一般是不可视的，主要是透过可视性的遗址遗迹、文物等看到其反映其时的社会政治经济文化。遗址公园的物质文化景观主要是以实物的方式通过直接的视觉感受呈现给人们，使人们有一种直观的感受，如遗址公园景观中常出现的雕塑、浮雕等。精神文化景观则是需要人们和遗址场景的参与，从而获得更加丰富的体验和感受，例如遗址公园附近的民俗民风，一些流传下来的古老的祭祀活动也是一道独特的精神文化景观。

(2) 遗址公园文化景观设计

根据文化景观表现方式的不同分为可视型文化景观和衍生型文化景观。

① 可视型文化景观　遗址文化是其所处时代社会政治经济文化的缩影，可视型文化景观就是使遗址文化能够直接呈现在游人眼前的一种物质型景观，它是遗址公园文化景观主要的表达方式，具有很强的识别性和清晰的文化内涵传达性。

② 衍生型文化景观　衍生型文化景观也是文化景观的重要表现方式之一，是指由遗址公园的物质文化衍生出来的精神文化，具体表现为人与遗址共同参与而成人文景观。相对于可视的文化景观，衍生型文化景观除了使人在视觉上产生共鸣外，还可以在参与过程中调动一切积极的因素使人感受其文化魅力，这种人与遗址共同参与的方式是遗址公园文化生命力再现的一种重要的表现形式。

(3) 遗址公园景观结构设计

① 呈点状形式分布模式　遗址公园中景观结构呈点状分布模式是指以遗址景观为核心，发散状分布的一些景观斑块。点状遗址景观围绕景观遗址往往具有很强的凝聚力，其强烈的吸引力及结构层次使游人形成丰富的游览体验。

② 呈带状形式分布模式　带状分布模式则是特定的狭长地势或遗址群形成的点状景观串联而成。其主要的特点则是景观连续性，把不同的文化板块或者把不同区域的景观相联系并构成一个整体。带状分布模式比较突出的例子就是北京市内的皇城根遗址公园，利用明城墙遗址连接地安门、四合院等八大景观节点，形成连续性强的带状景观格局，使游人得到丰富的游览体验。还有北京元大都遗址公园也属于该种形式，公园呈东西向带状，海淀段长4200m、朝阳段长4800m，总占地面积约1.14km²，改造设计方案以元代历史为主线，充分体现生态景观(图7-37)。

③ 呈面状分布模式　面状分布模式则是由点状、带状景观和遗址群共同形成的景观格局。其景观内容、景观层次丰富多样，各个景观子系统相互联系，功能分区明确，层次清晰。如大明宫遗址公园，占地面积约3.2km²，是世界文化遗产，全国重点文物保护单位。大明宫国家遗址公园是西安的"城市中央公园"，使大明宫遗址区保护成为带动西安率先发展、均衡发展、科学发展的城市增长极，成为西安未来城市发展的生态基础，最重要的人文象征，并成为世界文明古都的重要支撑，进一步提升西安的城市特色。

7.4.6 历史名园

历史名园是指历史悠久，知名度高，能够体现一定历史时期代表性的造园艺术，并被审定为文物保护单位的园林。历史名园是历史上从理论到实践，经过历史政论而且延续至今都是功成名就的园子。

7.4.6.1 历史名园的功能

① 传承城市历史文化　历史名园具有文化的

图7-37　元大都遗址公园平面图(海淀段)

属性，是中国文化的重要载体，是中国传统文化的重要组成部分，是自然因素与人文因素的统一体。首先，历史名园是人类历史发展的物化见证：历史名园是随着人类的发展而发展，作为"活"的生命古迹，见证着人类历史文化发展的印记。其次，历史名园是人类历史文化的重要组成部分：无论是私家园林，还是皇家园林，无不体现着人类智慧的结晶，体现着人类的文明。最后，历史名园是人类历史文化遗产的重要内容：历史名园是中国传统造园艺术的遗留与见证，是中国古代造园艺术的集大成者，它不仅体现了中国传统的造园艺术，而且体现了中国千年沉淀下来的文化积累与文化传承，如北京颐和园和北海公园。

② 提升城市绿地特色 在城市绿地系统规划中，注入历史文化理念，从而提高城市绿地品位，创造出区别于其他城市的有个性、有特色的绿地系统。虽然在城市绿地系统规划中，历史名园只作为其中的一个"节点"，但却发挥着无可取代的功能和作用。历史名园是中国重要的历史文化遗产，它的文化积累与文化价值是其过去的生动见证，是城市绿地展现历史文化内涵的重要方面，能够充分体现城市绿地的地域特色与文化特色。

③ 展现艺术价值 以苏州历史名园为例，苏州历史园林运用建筑、山、水、植物四要素在不大的天地里，因洼疏池、沿岸叠山、种植花木、营构亭榭，由此构成多样而幽美的画面，使人享受到"不出城市而获山林之怡"。这正是苏州历史名园的艺术价值的体现。在结构布局上，善于把有限的空间巧妙地组成千变万化的景致，如用廊、桥、漏窗来划分空间、组成景区，但却分而不断，相互掩映。同时还借助名家的诗词等文字手段，启发游客的想象力，使园林富有诗情画意。历史名园将文学、绘画、书法等艺术形式融于自身，创造出立体的、动态的、令人目不暇接的艺术世界。

7.4.6.2 历史名园的保护

(1) 历史名园的维护与保护

历史名园的日常维护十分重要。维护指为维持历史遗产现状形式、固有状态、完整性和物质材料而采取的行动和程序。这项措施包括最初保护和稳定遗产特色的手段，而不是广泛的替代和新建。新的添加不属于这一措施的范畴。维护的目的就是维持历史名园的景观特征，使其不因外界或自身的变化而出现显著的改变。在实际操作中分成两个方面：一是历史名园本身风貌的维护；二是包括空间布局视觉控制、植物、建筑物、水体的维护历史名园外围环境的风貌控制。

(2) 历史名园的修复与选择性的重建

历史名园的修复和选择性的重建，是对历史名园干预程度最大的两种措施。因此需要最高层次的文献佐证，需要有一系列的科学研究和理性论证作为具体操作的基础。要做到名园的研究和保护两位一体，使得历史名园的保护规划更近乎理性化、科学化。修复的本质是对历史意境与历史结构的保护和展现，而这种重视历史意境的目标在实践中通常表现为对某种景观艺术风格的追求。因此，修复不是为了恢复到某个时代、某个风格，造成现存的真实历史信息损失。对于有些历史名园的某些部分缺损毁坏严重，可在"尚存的遗迹"和"确凿的文献证据"基础上，进行选择性重建。

7.5 游园

游园是除以上各种公园绿地外，用地独立，规模较小或形状多样，方便居民就近进入，具有一定游憩功能的绿地。一般来说，块状游园主要利用街道交叉点、桥畔、倾斜或市区其他不规则的用地加以绿化美化，供人们休息、交谈、锻炼、夏日纳凉及进行一些小型文化娱乐活动的相对独立成片的绿地，包括街道广场绿地和沿街绿化用地等，而带状游园多指沿城市道路、城墙、水滨等，有一定游憩设施的狭长形绿地。带状游园除具有公园一般功能外，还承担有城市生态廊道的职能，是城市公园绿地系统的重要组成部分。

7.5.1 游园的功能

游园具有不同的使用功能，有的提供休息、活动的场地，有的满足一定的交通功能，有的达到了城市美化的效果，有的起到一种隔离作用，有的形成生态廊道，保持生态系统的稳定性和连续性，有的展示城市的地域文化，而有些是前述几种功能的综合体。总而言之，游园具有发挥生态效益、改善城市环境、弥补公园不足、提供游憩环境、装点街景、美化城市的重要功能。

7.5.2 游园的类型

根据游园的形态，可将游园分为块状游园和带状游园两种类型。

7.5.2.1 块状游园

块状游园主要分布在居住区、商业区、行政区等市民比较集中的场所附近，通过绿化美化，可以提供人们休息、交谈、锻炼、夏日纳凉及进行一些小型文化娱乐活动的相对独立成片的绿地，如北京右安门街心公园（图7-38）。

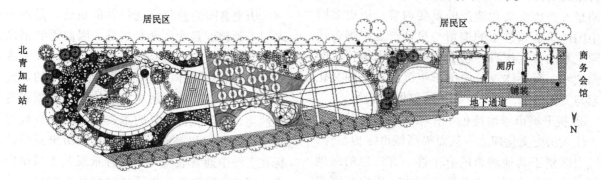

图7-38　北京右安街心公园（北京市园林绿化局，2010）

7.5.2.2 带状游园

带状游园是指沿城市道路、水滨等，有一定游憩设施的狭长形绿地。带状游园除具有公园一般功能外，还承担有城市生态廊道的职能。

沿道路的带状游园是与道路平行并具有一定宽度的线形绿地。它与道路附属绿地一起形成绿色景观联系的通道，将城市中的各类绿地联系成有机的整体，并与其他游园共同构成城市绿地的结构网络（图7-39）。

图7-39　清华东路带状公园外侧一景

沿滨河的带状游园是利用河网水系营造绿色生态环境与城市景观的另一类线性绿地，是解决用地紧张与增加城市绿色景观效果的有效途径。由于一面临水，所以空间开阔，环境优美，再加上有很好的绿化，常常是城市居民休息的良好场所，如北京百旺公园（图7-40）。

7.5.3 游园规划设计

7.5.3.1 块状游园规划设计要点

① 特点鲜明突出，布局简洁明快　游园的平面布局不宜复杂，既可以使用简洁、明确的几何图形（图7-41），也可以使用优美的自然曲线。

② 因地制宜，力求变化　由于城市这一人工环境是规整形式的，游园的边界也多设计为规整形式以取得协调和呼应。若规划地段面积较小，地形变化不大，周围是规则式建筑，则游园内部道路系统以规则式为佳；若地段面积较大，又有地形起伏，则可以自然式布置。城市中的游园贵在自然，最好能使人从嘈杂的城市环境中脱离出来，进入自然之境。

③ 小中见大，充分发挥绿地的作用　要因地

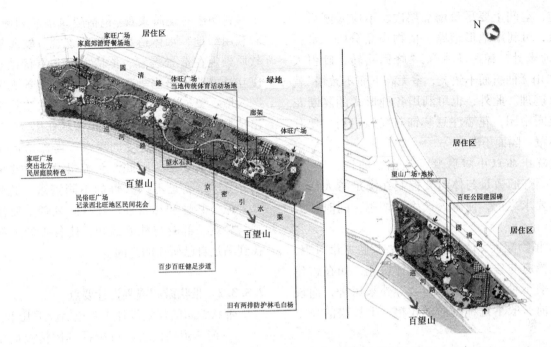

图 7-40　北京百旺公园平面图（北京市园林绿化局，2010）

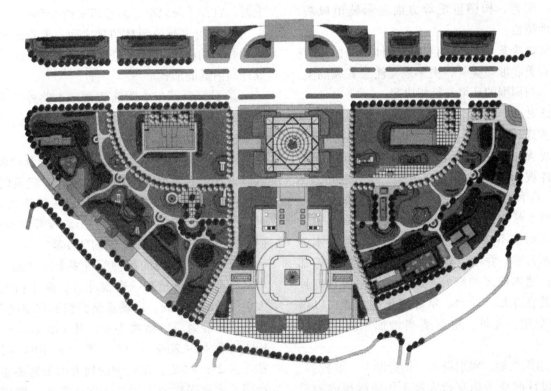

图 7-41　上海人民广场平面图

制宜，注意布局、空间和建筑小品的利用。

布局紧凑　尽量提高土地的利用率，可利用围墙建半壁廊作为宣传阵地，利用边界建 50～60cm 高的长条花台，将园林中的死角转化为活角等。

空间层次丰富　因游园面积小，为使游客入园成趣，空间上要尽量增加层次，不应入园后一览无余，可利用地形道路、植物小品分隔。常说"曲径通幽处，禅房花木深""峰回路转，廊引人随"和"山无曲折而不致灵，室无高下而不致精"就是这个道理。此外，也可利用各种形式的隔断花墙构成园中园，花墙注意装饰与绿地陪衬，使其隐而不藏、隔而不断。

建筑小品以小巧取胜　道路、铺地、坐凳、栏杆、园灯的数量与体量要控制在满足游人活动的基本要求之内，使游人产生亲切感，同时扩大空间感。

④ 植物配置　体现地方风格，反映城市风貌，树种选择应与建筑的性质和形体协调，如在古建筑前一般不种植雪松、广玉兰等外来树种，而现代建筑前一般不宜种植形体较粗、生长快的乡土树种。

体现地方风格，反映城市风貌　游园要从树种选择、配置、构图意境等方面显示城市风貌，体现本地特色。

严格选择基调树种　考虑基调树种时，除注意其色彩美和形态美外，更多地要注意其风韵美，使其姿态与周围的环境气氛相协调。

注意时相、季相、景相的统一　游园中的景物既要考虑瞬时效应，也要考虑历时效应，园景只有常见常新，才能有较高的效益。在季相上，园内应体现"春有芳花，夏有浓荫，秋有色叶，冬有苍松"的季相变化，使四时景观变化无穷。

乔灌木结合　为在较小的绿地空间取得较大活动面积而又不减少绿量，植物种植可以乔木为主，灌木为辅。乔木以点植为主，在边缘适当辅以树丛；灌木应多加修剪，适当增加宿根花卉种类，尤其在花坛、花台、草坪间更应如此，以增添色彩变化。此外，也可适当增加垂直绿化的应用。

⑤ 组织交通，吸引游人　街旁游人一般较多，所以在设计时应考虑穿行人流不影响绿地内的活动。在园路设计时为了将穿行人流与绿地使用区域分隔，通常采用斜穿的形式使穿行者从绿地一侧通过，以保证绿地与游人活动的完整性。

⑥ 硬质景观与软质景观兼顾　要兼顾采用人工材料塑成的硬质景观（包括建筑小品和雕塑等）和利用绿地、水体造型的软质景观。硬质景观与软质景观在造景表意、传情方面各有优缺点，要以互补的原则恰当处理。例如，硬质景观突出点题入境、象征与装饰等表意作用；软质景观则突出情趣、和谐、舒畅、自然活泼的作用。

⑦ 动静分区满足不同需求　游园应满足不同人群活动的要求，因此，在游园设计时要考虑到动静分区，满足不同人群的不同需求。此外，还要考虑公共性和私密性；在空间处理上要注意动观与静观、群游与独处兼顾，使各类游人都可以找到满足自己所需的空间。

7.5.3.2　带状游园规划设计要点

带状游园的规划设计主要包括以下几个方面：

① 游步道的设置，可根据具体情况而定。在花园林荫带宽 8m 时，可设 1 条游步道；宽 8m 以上时，宜设 2 条以上，游步道宽约 1.5m。

② 车行道与公园林荫带之间，要有浓密的绿篱和高大的乔木组成绿色屏障，一般立面上布置成外高内低的形式。

③ 公园林荫带中除布置游步小路外，还可考虑小型的儿童游戏场、休息座椅、花坛、喷泉、阅报栏、花架等。

④ 公园林荫带可在长 75~100m 处分段设置出入口，各段布置要突出特色。在重要建筑的入口处也可设出入口。同时在花园带两端出入口处，可将游步道加宽或设小广场，形成较开敞的空间，但分段不宜过多，否则影响内部安静。

⑤ 公园林荫带的植物配置要丰富多彩、层次丰富，利用绿篱植物、宿根花卉、草本植物形成大色块的绿地景观。广场道路面积不宜超过 25%，道路花园带内应以植物为主，其中乔木占 30%~40%，灌木占 20%~25%，草坪占 10%~20%，花卉占 2%~5%。在炎热的地方由于需要更多的遮阴，故常绿树的比例可大些，在北方则以落叶树为主。

⑥ 公园林荫带可以利用周围的地形现状，形成自己的景观特色。如利用缓坡地形可形成纵向景观视廊和侧向植被景观层次；大面积的平缓地

段，可以大面积的缀花草坪为主，配以树丛、树群与孤植树等，强调道路侧向的通透与平远感。

⑦滨河带状游园中一般在临近水面处设置游步道，最好能尽量接近水面，满足游人亲水需求。

⑧有风景点可观时，应适当设计小广场或凸出水面的平台，以供游人欣赏和摄影。可根据滨河地势的高低设成1~2层平台，以台阶或步道相连，使游人更接近水面，以满足人们的亲水性需求。

⑨若滨河水面较为开阔，可划船和游泳时，应考虑适时适地以游乐园或公园的形式进行规划布局，容纳更多的游人活动。

【拓展阅读】

工业遗址公园

随着后工业时代的到来，世界各国的经济结构发生了巨大的变化，发达国家城市中，传统制造业衰落，发展中国家的传统产业，也正在从城市中向外迁移，于是在城市中留下了大量的工业废弃地，带来一系列的环境和社会问题。

工业废弃地指曾为工业生产用地，和工业生产相关的交通、运输、仓储用地，后来废置不用的地段，如废弃的矿山、采石场、工厂、铁路站场、码头、工业废料倾倒场等。在城市的发展历史中，这些工业设施具有功不可没的历史地位，它们往往见证着一个城市和地区的经济发展和历史进程。任何事物都有利有弊，虽然工业废弃地对人类的生产和生活造成了不利影响，但是换个角度考虑问题，工业废弃地具有多重潜在利用价值。

工业遗址公园作为一种新兴的公园类型，从诞生开始就因其在生态、社会等方面的价值受到人们的关注。对城市发展来说，将那些具有相当文化价值的工业遗址作为展现工业文明、保留历史记忆的载体，以工业遗址公园的形式保留下来，不仅有利于工业遗址生态修复、循环利用，还对城市生态经济的持续发展有着重要的影响。同时，工业遗址公园还可以促进工业科教、工业遗址旅游的开展。公园中废弃的工矿、旧设备和工业空置建筑是旧的生产方式和经济体制的标志物，有满足怀旧、探险、深度体验等新兴旅游需求的潜力。人们穿梭在旧工业厂房、旧机器中，可以见证现代工业辉煌与衰败的历史，完成一段跨越时空的知性之旅。将工业文化遗产与旅游开发、区域振兴等相结合进行战略性开发与整治，将许多曾经侵蚀吞没大量城市绿地的工业厂区改造成工业遗址公园，以独特的身份充当城市绿地和开放空间的角色，实现工业污染到生态修复的转变，成为优化城市生态环境和规划格局的"城市绿斑"，是工业遗址公园的根本价值所在，较有名的案例有杜伊斯堡风景公园（图7-42）。

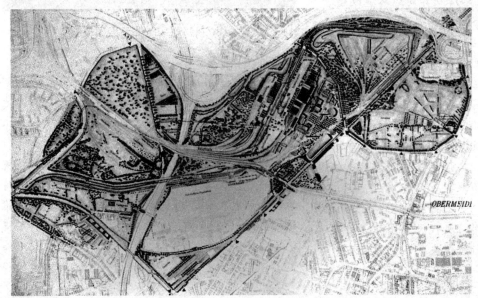

图7-42 杜伊斯堡风景公园平面图（王向荣、林箐，2003）

将工业废弃地改造为园林景观早已有之，绍兴的东湖是将采石基址改建为山水园林的范例。在西方，较早的实例有1863年建成的巴黎比特·绍蒙（Buttes Chaumont）公园。它将一座废弃的石灰石采石场和垃圾填埋场，改造为风景式园林。20世纪70年代后，随着传统工业的衰退，环境意识的加强和环保运动的高涨，工业废弃地的更新与改造项目逐渐增多。科学技术的不断发展，生态和生物技术的成果，也为工业废弃地的改造提供了技术保证。1972年美国西雅图煤气厂公园（Gas Work Park）是用景观设计的方法，对工业废弃地进行再利用的先例，它在公园的形式、工业景观的美学文化价值等方面，都对景观设计产生了广泛影响。20世纪90年代，尝试用景观设计的手法处理这种曾经有辉煌的历史，但又破坏了当地的生态环境，并且已衰败的工业景观的设计作品，更是大量出现。设计师运用科学与艺术的综合手段，达到工业废弃地环境更新、生态恢复、文化重建、经济发展的目的。在秉承工业景观的基础上，将衰败的工业废弃场地，改造成为具有多重含义的景观，这类景观通常被称作工业之后的景观（post-industrial landscape），较有影响的项目有：德国国际建筑展埃姆舍公园中的一系列项目、德国萨尔布吕肯市港口岛公园（图7-43）、德国海尔布隆市砖瓦厂公园、德国Lausitze地区露天矿区生态恢复、美国波士顿海岸水泥总厂及其周边环境改造、美国丹佛市污水处理厂公园以及中国广东中山市岐江公园（图7-44）。

工业遗址公园，在规划模式上与一般遗址公园有所区别，遗址公园注重的是对场地遗迹的保存保护，而工业遗址公园注重的是对基地的记忆和对遗迹及人造物适当保留、改造利用。因此，对待工业遗址公园，不强调像对有珍贵历史价值的历史遗迹一样去保存，只强调保护与再生，在尽可能保留工业建筑及场地特性的基础上，通过转换、对比、镶嵌等多种手法将场地重构，形成适合现代发展需求的空间。现代风景园林设计具有较大的包容性，那些行将消失的物化因素及工

图7-43 德国萨尔布吕肯市港口岛公园下沉露天剧场花园（王向荣、林箐，2003）

图7-44 中山市岐江公园一景

业文化，可以用现代科技及生态的手段，使其重新焕发生机。从设计的角度来说，我们主张因地制宜，在清楚工业遗址意义的基础上对保留的工业遗存进行评估，同时添加新的使用功能及其所需要的构成要素，通过它与场地中原来部分在视觉上的对比关系和空间上的融合关系，形成独特的当代景观文化，用进步的场地物质环境积极推动社会意识的进步，为未来的传统继承提供多样化的选择。

小 结

公园绿地是城市绿化的重要组成部分，其绿化水平与城市的生态环境以及人们的生活环境息息相关。本章首先对公园绿地规划设计的程序和内容作了总体叙述，然后分5个部分详细介绍综合公园、社区公园、专类公园、街旁绿地和带状公园的功能、类型、活动内容和设施，并结合相关案例简要地总结了各类公园绿地的规划设计要点。其中，从类型上看，综合公园和社区公园是公园绿地系统的主体，因此，这两部分内容是本章的重点；从内容上看，各类公园绿地的功能、活动内容和设施是每部分的重点，也是必须掌握的内容。

思考题

1. 公园规划设计的主要内容有哪些？各部分内容的要求有哪些？
2. 公园内用地类型包括哪些？规划与管理公园的重要依据是什么？
3. 结合实例实地调查综合公园的活动内容和相关设施，理解相应的规划设计要点。
4. 社区公园的用地性质是什么？其规模、功能与服务对象是什么？主要的活动类型有哪些？
5. 植物园、动物园的用地选择需要注意什么？其类型和组成包括哪些？
6. 街旁绿地的用地性质和功能是什么？其绿化占地面积要求是什么？

推荐阅读书目

1. 园林设计．唐学山，李雄，曹礼昆．中国林业出版社，1996.
2. 城市绿地规划设计．贾建中．中国林业出版社，2001.

第8章 防护绿地规划设计

学习重点

1. 了解城市防护绿地的作用及类型；
2. 了解不同防护功能的绿地林带结构及建造；
3. 掌握各类防护绿地的规划设计要求。

城市防护绿地是城市绿地系统的重要组成部分，其作用与类型是本章的基本知识。在此基础上，针对不同的防护绿地类型提出了相应的规划设计要点，可作为规划设计工作的指导。

近年来，扬尘、扬沙和沙尘暴天气连续袭击华北及西北地区，给人们的生产生活带来了极大的不便，并造成了一定的经济损失和安全事故。如航空被迫停运，公路、铁路部分被迫减速运行，建筑工地被迫停工，城市广告牌、行道树被风吹倒砸伤行人和车辆等。一系列由沙尘暴天气引发的问题日益引起人们的关注，使得人们认识到了城市防护林的重要性。

城市防护绿地以防风固沙、减少强风对城市的袭击为主要目的，同时兼有美化城市、净化空气、改善城市生态环境的重要作用。

由于多种原因，现在一些城市的防护林体系仍处于无规划的混乱状态或空白状态，迫切需要建设和完善。一些城市原有的城郊结合部防护林由于城市化进程的推进被砍伐毁灭，一些公路边的成材树有的也被砍伐而无人问津，原有的农田防护林体系由于农田承包到户后，大部分被农民从私利出发砍伐破坏，整体的防护林体系受到严重破坏，使得风沙乘虚而入，对城市造成严重的侵袭和威胁，所有这一切要求我们必须正视城市防护绿地的规划建设问题。

8.1 防护绿地的作用及类型

城市防护绿地是具有卫生、隔离、安全作用，有一定防护功能的绿地，具有防风固沙、卫生防护、美化城市的作用。

(1) 防风固沙

森林有滞尘防沙、减弱风速、防止寒风灾害的效果，在城市中布置防护绿地可以起到降低风速、减少强风对城市的侵袭的作用，可保护农业生产和保障城市生活正常地运行。防护绿地对土壤的覆盖还可防止地表径流，起到固沙保土、防止水土流失的作用。

(2) 卫生防护

城市防护绿地有净化空气、杀灭细菌、降低噪声、改善城市环境条件、净化水体、净化土壤等作用。

植物对有害气体有一定的吸收和净化作用，利用植物的这一特性，在工业区及厂矿企业周围布置卫生防护林带，对于保护环境、净化空气有积极的作用。

随着各类机械的广泛使用，工业、交通等城市生活所产生的噪声污染问题也日益突出。在城市中布置防护绿地，如城市道路两侧的防护绿地，在改善城市生态环境、降低道路噪声、城市防风等方面都起着重要作用。

防护林带在一定程度上能够净化土壤，减轻并过滤农业施肥和城市工业和生活等活动对水体的间接污染，净化河流、涵养水源。

(3) 美化城市

城市防护绿地有美化城市，突出城市文化、城市特色的作用。

道路防护绿地和行道树、道路分车带一起构成了城市道路的绿色走廊，可带给司机和乘客优美的绿色景观，形成城市的特色。

郊区防护林的建设，应突出本城市的文化特点和基调树种。这样，不仅能为市区提供一个洁净的环境，还能为人们从心理上提供一种安慰，缓解人们在城市中生活的烦躁情绪。

城市防护绿地按功能不同可分为不同的类型：①根据防护功能和种类，分为防风林、引风林、卫生防护绿地、防噪声林等；②根据防护对象不同，分为道路防护绿地、铁路防护绿地、高压走廊防护绿地、农田防护林、水土保持林等；③根据营造的位置不同，分为海防林、城市组团隔离带、河流防护绿地等。

8.2 防护绿地的规划设计要求

8.2.1 不同防护功能的绿地林带结构

8.2.1.1 防风林的结构

林带防风的效果与防风林的结构有关，防风林的结构一般有透风林、半透风林、不透风林3种(图8-1)。

① 不透风林带　由常绿乔木、落叶乔木和灌木共同组成，防护效果好，能降低风速70%左右。但是气流越过林带会产生涡流，易对农作物产生侵害，而且会很快恢复原来的风速。

② 半透风林带　是指在林带两侧种植灌木。防风林最适宜的林带密度，枝、叶、干合计约为60%，即以有40%左右的空隙为佳。

③ 透风林带　是指由林叶稀疏的乔灌木组成，或者用乔木而不用灌木。

为了达到良好的防护效果，可采用城市外围建立透风林，靠近居住区的内层采用不透风林带，中间部分采用半透风结构，即透风结构—半透风结构—不透风结构这一完整的组合，可以起到良好的防风效果，或使风速降到最小限度。

营造城市防护林的同时，可结合地形、环境和当时实际情况，建成城郊公园、果园等，或与农田防护林相结合。防风林的幅度并不是越宽越好，幅度过宽时，从下风林带边缘越过树林上方刮来的风下降，有加速的倾向，从而使下风一侧减速范围有变窄的趋势。这可以认为是由于风从林带上方通过时，在上风林边缘一度上升，并向水平方向刮去，同时又恢复了原来的风速所致。所以林带的幅度，栽植的行列约为7行，宽度为30m为宜(高原容重书)。主林带宽度不小于10m；与主林带垂直的副林带，其宽度应不小于5m，以便阻挡从侧面吹来的风。防风林带能起作用的距离，一般约在树高20倍之内(图8-2)。

农田林网的结构一般应采用稀疏结构，由几行乔木和林缘灌木组成，林带上、中、下部都有分布均匀的透风孔隙。这种结构背风面防护距离为树高的20~25倍，可降低风速40%~47%，同时

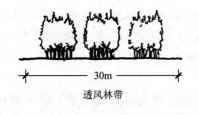
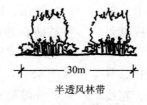
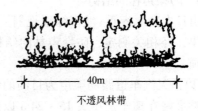

图8-1　防风林结构示意图

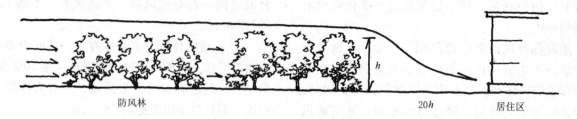

图 8-2 防风林与居住区的关系

不易引起积沙或风蚀,比不透风结构和透风结构的防护效果好。

8.2.1.2 卫生防护林的结构

工矿企业是城市的主要污染源。尤其一些散发粉尘、有毒气体、金属粉尘的行业,严重影响着城市居民的生存环境,破坏城市生态系统。而工业卫生的防护绿地则可以减少工矿企业的污染,对保护城市环境卫生起着重要的作用。

科学试验证明,植物能起到过滤作用,减少大气污染,同时一些植物能够吸收部分有毒气体。因此,在工业区与居住区之间营造卫生防护林带,对净化城市空气、保护环境卫生、改善居民生活环境都是很重要的。在卫生防护林带里可以平行营造 1~4 条主要防护林带,并适当布置垂直的副林带,林带的间隔和宽度可参见表8-1。

表 8-1 卫生防护林带的布置

工业企业等级	防护林带宽度(m)	防护林带数目(条)	林带宽度(m)	林带间隔(m)
Ⅰ	1000	3~4	20~50	200~400
Ⅱ	500	2~3	10~30	150~300
Ⅲ	300	1~2	10~30	150~300
Ⅳ	100	1~2	10~20	50
Ⅴ	50	1	10~22	—

8.2.1.3 防噪声林的结构

源引日本高原容重《城市绿地规划》一书中的研究结果,经相关测定,防噪声林的结构应满足以下各项:

① 以消灭汽车道路的噪声为目的的栽植,林带的一端最好在离车道中央 15~24m 以内,宽度为 19.5~30m,林带中央部分的高度为 13.5m。

② 城市街道的防噪栽植,要在离道路中心 3~15m 以内的地方,栽植宽度为 3~15m,高度为 1.8~2.4m 矮树,在其背后再栽植 4.5~6m 的高树。

③ 靠近噪声源植树比靠近防护对象植树效果大。

④ 树木最好以枝叶茂密、垂直分布的高树为主体,如果不能实现,应使高树和矮树相结合,以尽可能密植的常绿树效果为好。

防噪声林的树木栽植间隔要密,栽植地带幅度要宽,按照气体排放量和风向而定,通常栽植幅度应在 20~30m 及以上。

树种选择以常绿树、吸收有害气体能力高、附着粉尘能力强的树种为主。常绿树最好树身高、叶层上下均匀厚实、树叶密集。因为落叶阔叶树有很强的吸收有害气体的能力和附着煤尘能力,所以也要设法针对污染的季节变动进行适当的有效利用。栽植树木因受排放气体或粉尘的影响,生长容易衰弱,所以应做好充分的施肥管理和定期的清洗作业。

8.2.2 各类防护绿地建设要求

8.2.2.1 防风林及引风林

(1) 城市防风林

在城市布置防风林之前,首先要了解主导风向的规律和常年的盛行风向。根据每个地区的风向玫瑰图,准备布置防风林的位置。防风林应设在被防护地区的上风方向,并与风向垂直布置。如受地形或其他因素限制,可有 30°偏角,但不得大于 45°。

在城市外围规划几层防风林带,是一种理想的城市防风措施。但由于城市用地紧张,所以多在市郊安排植物园、公园、果园、农田防护林网与防风林结合起来，起到防风林的作用。

此外，改善风力对城市的影响，不能只限于在郊外设立防风林带，还应结合全市区内外各种类型的绿化带来降低风速，即在规划设计其他绿地时，要考虑其防风作用，从而发挥城市绿地改善城市气候的综合效果。

(2) 农田防护林网

农田防护林网的布置应根据主害风的方向确定。主林带原则上应垂直于主害风向。副林带垂直于主林带。但在多数情况下，由于照顾田块、渠道、道路、边界等的方向或水土保持的需要，主林带可与主害风方向呈大于60°的锐角。在永久性线状地物较多地区，林带方向一定要考虑现有土地利用情况和土地规划要求，以境内的铁路、主干公路、干渠干沟等为骨架，实现田、渠(沟)、路、林配套。

在干旱地区，窄林带、小网格的林网效果较好。林带行距在灌区可为2~5m，株距1.5~3m，沙区、干旱区行距可2~4m，株距可1~2m，整个主林带宽度可为8~20m，副林带宽度可为5~12m。主林带可配4~8行乔木，林缘各配1~2行灌木，副林带可适当缩小。林带过窄，不稳定，效益差；林带过宽则占地多，种苗量大，效果不好。林带距离应根据当地风沙危害程度和林带防护效益确定。

(3) 海岸防风林

在中国，受太平洋副热带季风的影响，每年的夏、秋两季东南沿海经常会遭到台风的袭击，在邻近湖泊、大海等大型水体的沿岸种植一定宽度的绿带，可以大大降低风速，减轻因大风带来的破坏。海岸防风林和上述情况稍有不同。海岸防风林多数设置于靠海岸前沿，牺牲了最前沿部分栽植的几十米树木，并且由于它们的保护作用，才能保证内陆一侧林带生长到一定的高度。

沿海防护林体系是由海岸基干林带、滩涂红树林、滨海湿地、城乡防护林网、荒山绿化5个部分组成的立体生态网络。要加大基干林带宽度，增加防护林体系建设的纵深，对滩涂红树林和沿海湿地实施抢救性保护，恢复红树林和湿地抵御台风和风暴潮等灾害的能力。

(4) 防风林的树种选择

应适地适树，突出地方特色。一般以选用深根性的或侧根发达的乡土树种为宜，并且是展叶早的落叶树种或常绿树。高原容重(1974)提出以下适合海岸防风林的树种，可作为此类防风林建造的树种选择参考依据：亚热带推荐树种有木麻黄、琉球松、照叶树、福木、相思树、大黄槿、莲叶桐；暖带推荐树种有黑松、罗汉松、沙木、苦竹、江南竹、粗榧、白榧、石槠、血槠、柯、樟、松浦肉桂、山茶；暖温带推荐树种有枞树、赤松、荒野罗汉松、罗汉柏、银杏、榉树、朴树、赤杨；寒温带推荐树种有杉、扁柏、花柏、贯众柏、白杨、橡树、水栀、枫；亚寒带推荐树种有欧洲扁柏、罗汉柏等。

(5) 城市引风林

在夏季炎热的城市中，由于城市热岛效应加强，静风时间增长，城市高温持续时间有增无减，为了改善这种状况，可选择在城市和山林、湖泊之间建设一定宽度的城市楔形绿地或城市引风林，把城郊自然山林和湖面上的冷凉空气引入城中，改善城市的生态环境。

合肥市20世纪70年代的城市绿地系统规划就在城市夏季上风方向——东南方向与巢湖之间，利用现有自然起伏的丘陵山地形成西北—东南向的谷地，规划在岗处植高大乔木，谷地保留农田和草地灌木丛，加强引风通道，使巢湖凉爽湿润的空气通过城市引风林源源不断地进入城市，取得了较好效果，是城市引风林建设的典型范例。

8.2.2.2 卫生防护林

卫生防护林的建设只是在某种程度上达到净化空气、保护环境卫生的作用，并不是万能的。对于某些污染很严重的工矿企业(如化工厂)，必须采取综合措施。首先从工厂本身的技术设备上加以改进，杜绝和回收不符合排放标准的污染物。另外，在进行城市规划时要考虑工业区和居住区的合理位置，尽量减少工业污染对居住区造成污染的可能。最后要设置卫生防护林，这样才可能达到理想的效果。

卫生防护林的树种尽量选择对有害物质抗性强，或能吸收有害物质的乡土树种。

卫生防护林附近在污染范围内的地区，不宜种植粮食及油类作物、蔬菜、瓜果等食物，以免引起慢性食物中毒，但可种植棉、麻及工业油料作物等。

8.2.2.3 道路防护绿地

道路防护绿地包括高速公路防护绿地、城市公路干道防护绿地和城市道路防护绿地。其功能在于形成城市防尘减噪、防水土流失兼农田防护功能的城市防护网络体系。此外，它还能够形成优美的、连续的绿色景观，提升司机和乘客在旅途中的舒适感。

(1) 高速公路防护绿地

高速公路路面质量较高，车速一般为0.08~120km/h或更高，其主要防护重点在公路的上风向，应着重上风向的防护林的规划建设。现在的高速公路防护绿地多在高速公路两侧的十几米范围内，而真正的高速公路防护绿地应扩展到几千米范围内与农田防护林相结合，不仅能起到防风防沙的效果，还能给人以壮观的景色。高速公路防护绿地设计要求如下：

① 高速公路防护绿地一般每侧宽度为20~30m。现多以单一落叶树种为主，考虑到远期发展，应以落叶树和常绿树结合种植。树种要求枝干密，叶片多，根系深，耐瘠薄干旱，不易发生病虫害等。

② 防护绿地的种植形式目前多采用行列排列的纯林种植，如果用地允许，可在靠近车行道一侧先铺草坪，再种植宿根花卉，然后种植灌木、小乔木、大乔木，由小到大、由低到高，形成多层次的植物景观，既可起到良好的防护作用，也可使视野开阔，调节司机的视觉神经。

③ 高速公路防护绿地宜结合周围地形条件进行合理的设计，如田野、山丘、河流、村庄等，使防护林与公路所处环境吻合；使高速公路防护绿地同农田防护林相结合，形成公路、农田的防护林网络。

④ 为防止穿越高速公路，现常用禁入护栏作为防护绿地的外围界线，但容易被损坏，且景观效果差。针对这一问题，可以采用营造高速公路禁入刺篱防护带的防护办法，选用有刺植物进行绿篱栽植，形成防护绿带，一般选择1~2种分枝密、枝刺多而尖锐的篱墙植物作为禁入的主体林种；选择2~4种常绿、有花、净化功能好的藤本植物或观叶、观花、观果的小灌木作为配景林种，配置时以主体树种为基本骨干，并搭配季相树种。空间上的功能缺陷，做到主次分明和多变（图8-3）。

常用的刺篱防护带树种有马甲子、九重葛、柞木、小果蔷薇、银合欢、云实、酸橙、枸橘、金樱子等。

(2) 城市公路干道防护绿地

城市公路干道是连接城市之间的主要交通道路，车流比较多，速度比较快，一般为40~80km/h。其防护林要求树形优美，便于远观或近观，北方常用杨、柳、槐等，在有条件的地方常与常绿树（如圆柏、油松等）结合配置，早春防风沙，冬季绿树常青，丰富道路景观。城市公路干道的防护林集遮阴、观景、防风沙于一体，其设计要求如下：

① 城市公路干道防护林应根据公路的等级、宽度、材料等因素来确定林木的种植位置及防护带的宽度。在路基不足9m宽时，行道树应种在边沟之外，距边沟外线不小于0.5m；当路基足够宽时，行道树可以种在路肩上，距边缘内线不小于0.5m。

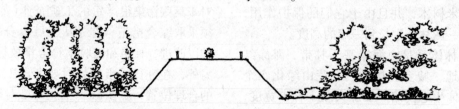

图8-3 高速公路防护绿地示意图

② 在公路的交叉口处，应留有足够的视距，距桥梁、涵洞等构筑物5m之内不应种树，以保证交通安全。

③ 如公路直线距离很长，应在每2~3km的距离变换一种树种，这样可使公路绿化不致过于单调，并避免司机的视觉和心理疲劳，同时也可防止病虫害的蔓延。

④ 公路干道防护绿地的种植配置要注意乔灌木结合，常绿树与落叶树结合，速生树与慢长树相结合，实现公路绿地的可持续发展。如果公路两侧有较优美的林地、农田、果园、花园、水体、地形等景观，则应充分利用这些立地自然条件来创造具有特色的公路干道景观，留出适宜的透视线供司机、乘客欣赏。

⑤ 公路干道防护绿地应尽可能与农田防护林、卫生防护林、护渠防护林以及果园等相结合，做到一林多用，少占耕地，结合生产创造效益。

⑥ 公路干道临近城市时，一般应加宽防护林的宽度，并与市郊城市防护绿地相结合；公路干道通过村庄、小城镇时，则应结合乡镇、村庄的绿地系统进行规划建设，注意绿化乔木的连续性。

（3）城市道路防护绿地

城市道路防护绿地通过各街道连成一体，形成互相连接的网络，是城市绿地系统的基本骨架。它不仅美化了城市街景、丰富城市形象，而且形成整体防护林体系，对吹进市区的风沙进一步阻挡、消纳，减少狂风沙尘对城市居民区的危害，对减缓城市热岛效应也起着重要的作用。如上海开辟3条绿色通道进入城市，输入了新鲜空气，减少了市区内的热岛效应。

城市安排这类绿地时，要充分考虑道路两侧用地状况，除按城市规划设置人流集散场地外，其他地段均应规划为不准建筑区，用于建设道路防护绿化带。道路绿地防护绿化带的宽度依不同的现状条件、城市规模、道路级别等而不同，一般城市规模大、道路级别高又位于城市新区的道路可充分利用城市用地建设道路防护绿地，反之则小，可供参考的数值为5~30m。

8.2.2.4 铁路防护绿地

随着铁路建设的迅速发展，中国铁路通车里程已达数万千米，同时也形成了数万千米的铁路防护林绿地。铁路防护绿地有防风、防沙、防雪、保护路基等作用，并在通过城市时减少噪声污染，减少铁路垃圾污染，同时有利于行车安全，保障铁路运输的正常运行。同样，铁路防护绿地也应与两侧的农田防护林相结合，形成整体的铁路防护林体系，充分发挥林带的防护作用。铁路防护绿地的绿化要求如下：

① 在铁路通过城市建设区时，在条件允许情况下应留出较宽的防护绿地以防止噪声、废气、垃圾等，采用不通透防护林结构；靠近路轨一侧，采用自然种植形成景观群落，宽度在50m以上为宜（图8-4）。

② 在铁路两侧如有比较优美的景色，如绵绵远山、壮阔水景、江南风情、塞北风雪、名胜古迹、稻田花香，则应敞开不种林木，以免遮挡视线，在同一景色过长时再以防护林进行屏障防护。

例如，京九绿色长廊工程规划以2536km的京九铁路为主线，在平原区每侧宽度3~5km，丘陵山区每侧宽度3~4km范围内，对公路国道、省道、县道、乡道，铁路路基（堤面）及两侧山丘、农田、沿线车站、城镇、乡村全面进行绿化美化，将京九线建成四季常绿、花果飘香、环境优美的绿色长廊。

③ 长途旅行会使得旅客感到行程单调，如果

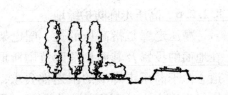

图8-4 铁路绿化断面示意图

铁路防护绿地能结合每个地区的特色进行规划，在树种、种植形式上产生变化，并结合地形、水体，则既可获得生态效益，又可取得良好的社会效益。

④ 在公路与铁路平交时，应留 50m 的安全视距；距公路中心 400m 以内不可种植遮挡视线的乔灌木；铁路转弯内径 150m 以内，不得种植乔木，可栽种草坪和矮小灌木。

⑤ 一般采用内灌外乔的种植形式，乔木应离开铁路外轨不小于 10m，灌木要离开外轨不小于 6m。

⑥ 在铁路路轨边坡上不能种植乔木，可采用草本或矮灌木、藤本植物护坡，防止水土流失，以保证行车安全。

⑦ 在铁路一侧有讯号的地点，在距讯号发射点 1200m 距离内不可种植乔木。

8.2.2.5 河流水系防护绿地

城市水系是城市的自然骨架，滨河防护绿地的建设是城市绿地系统网络体系的重要组成部分。河流水系防护绿地具有控制水流和矿质养分流动、净化水质、涵养水体、降低水岸侵蚀、减弱洪涝灾害、提高生物多样性等方面的功能，其规划布局结合城市的各类水体，如河流、湖泊、水库、海洋等沿岸设置，分布于城区内外。河流水系防护绿地的建设要求也可根据其分布区域、周边环境、生态安全需求等方面而有所不同。

（1）绿地宽度

河流水系防护绿地的规模宽度对河流的保护、防止地表径流、净化水质、丰富生物多样性等方面均具有重要的作用。刘颂（2011）根据国内外研究成果，总结提出物种多样性与河流水系防护绿地宽度的关系见表 8-2。

（2）建设形式

滨水绿地陆域空间和水域空间通常存在较大高差，为保证和提升滨水地带的生态和景观功能，在建设过程中，要避免堤岸平直生硬，一般可以分为自然缓坡型和硬质堤岸型两大类。

① 自然缓坡型　通常位于城郊地带，适用于较宽阔的滨水空间。可根据其在城市的分布位置，适度调整人工建设的痕迹，目标在于构建水陆之间近自然的滨水景观，弱化水陆的高差感，形成

表 8-2　物种多样性与河流水系防护绿地宽度的关系

宽度(m)	功能及特点
<12	河流水系防护绿地宽度与物种多样性之间的相关性接近于零
≥12	12m 为河流水系防护绿地宽度与草本植物多样性的分界点；规模足够的情况下，草本植物多样性平均为狭窄地带的 2 倍以上
≥30	含有较多边缘种，但多样性仍然很低
≥60	对于草本植物、鸟类和鱼类来说，具有较高的多样性和林内种；满足动植物迁移和传播以及生物多样性保护的功能
600~1200	能创造自然化的、物种丰富的景观结构，含有大量林内种

自然的空间过渡，地形坡度一般小于基址土壤自然安息角。

② 硬质堤岸型　多数分布于城市内部，出于节约用地的目的，没有足够的空间提供自然过渡式的绿化和河流防护。因此，可采用台地形式弱化空间的高差感，台地之间通过台阶沟通上下层交通，结合种植设计遮挡硬质挡土墙砌体，避免过度生硬。也可以设计临水或水上平台、栈道满足人们亲水、远眺的需求。

（3）植物选择

河流水系防护绿地的植物选择首先要在防护和生态的前提下选择具有抗性强、耐水湿的乡土植物，适当增加乔木层、水生植物层的物种丰富度。同时，也要重视线性河道景观的可观赏性，可采用分段种植的方法，避免河道景观的单调和乏味。在宽广的滨河地段可以结合城市绿地系统规划的需要开辟小游园以增加游憩性，提供亲水空间，临水可设置游览步道，结合植物的栽植构成自然弯曲的水岸，形成自然生态、开阔舒展的滨水空间。

8.2.2.6 高压走廊防护绿地

高压走廊是指高压的送、配电架空线两边线在地面的投影及其两侧危险范围所形成的狭长廊道。由于高压走廊下的限建性要求，高压走廊用地成为城市土地利用的一个盲区。尽管科学实践证明高压电线辐射对人体没有危害，但目前中国

城市建设中,通常将这种绿地定位为高压走廊防护绿地。

在对高压走廊防护绿地进行建设时,要注重防护性安全设计,如注意喷灌系统的安排、游人活动的限制、树木高度的控制等,同时还要考虑栽植施工的可能性。

城市高压走廊绿地作为城市的绿化廊道,不仅要重视防护功能,还要在安全的基础上应用多种园林艺术手法来创造更好的优美和谐的绿化景观,以期减少人们对于高压走廊的恐惧和误解。目前,国内高压走廊防护绿地的建设出于安全限制建设的角度考虑采用防护为主的建设方式。

其建设应以生态防护、水源涵养为主要功能的景观区域为目标。树种应以乡土树种为主,突出地方特色;同时,还应选用具有防火、抗风、抗倒伏、抗有害气体的品种。

8.2.2.7 城市组团隔离带

城市组团隔离带是分布于城市组团之间的防护绿地。其规划布局的要点在于充分利用自然山水、地形、林地的走势进行布置,通常呈楔形嵌入城市中心,用于防止城市无限蔓延或连片发展,引导城市空间有序发展。同时,这种绿地还可以结合城市引风林的功能设置,为城市带入自然新鲜的空气,成为连通城市与乡村的通道以及生态廊道。城市组团隔离带不局限于使用城市建设用地中的绿地,可以与其他绿地如水域、耕地、园地、林地等充分结合。

小 结

城市防护绿地作为城市绿地系统的重要组成部分,其作用与类型是本章的基本知识。在此基础上,针对不同的防护绿地类型提出了相应的规划设计要点,可作为规划设计工作的指导。

思考题

1. 城市防护绿地的作用如何?
2. 城市防护绿地有哪些类型?
3. 简述城市防风林带的结构及其特点。
4. 各类防护绿地的规模要求是多少?

推荐阅读书目

环境绿地Ⅱ——城市绿地规划.(日)高原荣重. 杨增志,等译. 中国建筑工业出版社,1983.

第9章 城市居住区绿地规划设计

学习重点

1. 掌握城市居住区相关术语，了解居住区绿地作用，重点掌握居住区绿地分类和定额指标要求；
2. 掌握各类居住区绿地的布局要求；
3. 掌握各类居住区绿地的规划设计要求。

9.1 城市居住区相关术语

(1) 城市居住区（urban residential area）

城市中住宅建筑相对集中布局的地区，简称居住区。

(2) 十五分钟生活圈居住区（15-min pedestrian-scale neighborhood）

以居民步行15min可满足其物质与生活文化需求为原则划分的居住区范围；一般由城市干路或用地边界线所围合，居住人口规模为50 000～100 000人（约17 000～32 000套住宅），配套设施完善的地区。

(3) 十分钟生活圈居住区（10-min pedestrian-scale neighborhood）

以居民步行10min可满足其基本物质与文化需求为原则划分的居住区范围；一般由城市干路、支路或用地边界线所围，居住人口规模为15 000～25 000人（约5000～8000套住宅），配套设施齐全的地区。

(4) 五分钟生活圈居住区（5-min pedestrian-scale neighborhood）

以居民步行5min可满足其基本生活需求为原则划分的居住区范围；一般由支路及以上级城市道路或用地边界线所围合，居住人口规模为5000～12 000人（约1500～4000套住宅），配建社区服务设施的地区。

(5) 居住街坊（neighborhood block）

由支路等城市道路或用地边界线围合的住宅用地，是住宅建筑组合形成的居住基本单元；居住人口规模在1000～3000人（约300～1000套住宅，用地面积2～4hm²），并配建有便民服务设施。

(6) 公共绿地（public green landuse）

为居住区配套建设、可供居民游憩或开展体育活动的公园绿地。

9.2 居住区绿地作用

《城市用地分类与规划建设用地标准》（GB 50137—2011）中规定，居住用地作为主要城市用地，其在城市规划中占城市建设用地的比例宜在25%～40%；《城市绿化规划建设指标的规定》（1993）中要求新建居住区绿地率≥30%。如此大面积范围内的绿化，是城市点、线、面相结合中的"面"上绿化的重要组成部分。随着人民物质、文化生活水准的提高，居民不仅对居住建筑本身，而且对居住环境的要求也越来越高。

居住区绿地分布最广、最为贴近居民的日常使用，为大部分时间在家中度过的老人、儿童、家庭妇女等人群提供了必要的使用需求。它能够使人们在工余之际，生活、休息在花繁叶茂、富有生机、优美舒适的环境中。因此，居住区绿地有着重要的作用，主要包括以下几点：

① 居住区绿地在净化空气、减少尘埃、吸收噪声方面对保护居住区环境有良好的作用，同时也有改善小气候、遮阴降温、防止暴晒、调节气温、降低风速等作用。

② 居住区绿地可利用植物材料分隔空间，增加层次，美化居住区的面貌，使居住建筑群更显生动活泼。还可利用植物遮蔽丑陋不雅观之物。

③ 良好的绿化环境能吸引居民户外活动，使老人、儿童各得其所，在就近的绿地中游憩、活动、观赏及进行社会交往，有利于人们身心健康，增进居民间的互相了解，和谐相处；使人们赏心悦目，精神振奋，形成好的心理效应。

④ 居住区绿地的绿化中选择既好看又实惠的植物进行布置，使观赏、功能、经济三者结合起来，取得良好的效益。

⑤ 居住区绿地有防灾避难、隐蔽建筑的作用，在地震及战时能利用绿地疏散人群，而且绿色植物还能过滤、吸收放射性物质。

由此可见，居住区绿地对城市人工生态系统的平衡、城市面貌的美化、人们心理的调整都具积极作用。近些年来，在居住区的建设中，不仅改进住宅建筑单体设计、商业服务设施的配套建设，而且重视居住环境质量的提高。在普遍绿化的基础上，注重艺术布局，以崭新的建筑和优美的空间环境，建成了一大批花园式住宅，鳞次栉比的住宅建筑群掩映于花园之中，把居民的日常生活与园林的观赏、游憩结合起来，使建筑艺术、园林艺术、文化艺术相结合，把物质文明与精神文明的建设结合起来，体现出居住区的总体建设水平。

9.3 居住区绿地分类及定额指标

居住区绿地主要包括居住区公共绿地和居住街坊内绿地两大类。

居住区绿地定额指标，是指《城市居住区规划设计规范》（GB 50180—2018）中对居住区内每个居民所占的园林绿地面积的相关规定。这些指标可用于反映一个居住区绿地数量的多少和质量的好坏，也可以体现城市居民的居住生活水平，是评价城市居住环境质量的标准和城市居民精神文明的标志之一。

9.3.1 居住区公共绿地的分类及定额指标

《城市居住区规划设计规范》（GB 50180—2018）中规定，新建各级生活圈居住区应配套规划建设公共绿地，并应能集中设置具有一定规模，且能开展休闲、体育活动的居住区公园。形成集中与分散相结合的绿地系统，创造居住区内的大小结合、层次丰富的公共活动空间，设置休闲娱乐体育活动等设施，满足居民不同的日常活动需要。在总体布局上要做到：

① 形成点、线、面结合的城市绿地系统，发挥更好的生态效应；

② 设置体育活动场地，为居民提供休憩、运动、交往的公共空间。体育设施与该类公园绿地的结合，较好地体现了土地混合、集约利用的发展要求。

9.3.1.1 公共绿地

居住区公共绿地，包括集中布置的各级居住区公园和分散布置的其他块状、带状公共绿地。其中，各级居住区公园分为十五分钟生活圈居住区公园、十分钟生活圈居住区公园、五分钟生活圈居住区公园3个级别（表9-1）；分散布置的其他公共绿地可结合居住区中心、河道、人流比较集中的地段设置块状或带状公共绿地，宽度不小于8m，面积不小于400m²。

各级居住区公园的布置应位置适中，并靠近区内主要道路，并与老人、青少年及儿童活动场

表 9-1 公共绿地控制指标

类别	人均公共绿地面积(m²/人)	居住区公园 最小规模(hm²)	居住区公园 最小宽度(m)	备注
十五分钟生活圈居住区	2.0	5.0	80	不含十分钟生活圈居住区及以下级居住区的公共绿地指标
十分钟生活圈居住区	1.0	1.0	50	不含五分钟生活圈居住区及以下级居住区的公共绿地指标
五分钟生活圈居住区	1.0	0.4	30	不含居住街坊的绿地指标

注：居住区公园中应设置10%~15%的体育活动场地。

地结合布置。根据居住区规划结构的形式，所处的自然环境条件，相应采用三级或二级布置，即：十五分钟生活圈居住区公园—十分钟生活圈居住区公园；十五分钟生活圈居住区公园—十分钟生活圈居住区公园—五分钟生活圈居住区公园。

① 十五分钟生活圈居住区公园是居住区内重要的公共绿地，常与该居住区中心结合布置。面积不低于 5hm²，相当于中小型城市公园的规模。绿地内设施相对丰富，有规模较大的体育活动设施、日常活动设施、儿童娱乐区等以及可供放松、散步的空间。

② 十分钟生活圈居住区公园为居住区居民就近使用，常与该居住区中心结合布置。绿地内的设施较丰富，有体育活动场地，各年龄组休息、活动设施，画廊、阅览室、小卖部、茶室等。

③ 五分钟生活圈居住区公园主要供居民就近使用，也应与该居住区中心结合布置。设置一定的文化体育设施，游憩场地，老人、青少年活动场地，位置要适中。

9.3.1.2 定额指标

各级生活圈居住区公共绿地配建指标应符合表 9-1 的规定。十五分钟生活圈居住区按 2m²/人设置公共绿地(不含十分钟生活圈居住区及以下级公共绿地指标)，十分钟生活圈居住区按 1m²/人设置公共绿地(不含五分钟生活圈居住区及以下级公共绿地指标)，五分钟生活圈居住区按 1m²/人设置公共绿地(不含居住街坊绿地指标)。

旧区改建情况下，当人口密集、用地紧张，确实无法满足上述规定时，可酌情降低人均公共绿地面积标准，但不应低于相应标准的70%。

9.3.2 居住街坊内绿地的分类及定额指标

居住街坊内的绿地应结合住宅建筑布局设置集中绿地和宅旁绿地。

9.3.2.1 集中绿地

居住街坊内集中绿地是最接近居民的公共绿地，往往结合居住街坊布置，以居住街坊内居民为服务对象，应设置供幼儿、老年人在家门口日常户外活动的场地。

居住街坊内集中绿地的规划设计应符合下列规范：

① 新区建设不应低于 0.5m²/人，旧区改建不应低于 0.35m²/人；

② 宽度不应小于 8m；

③ 居住街坊集中绿地设置应满足不少于 1/3 的绿地面积在标准的建筑日照阴影线(即日照标准的等时线)范围之外的要求，以利于为老年人、儿童提供更加理想的游憩及游戏活动场所。

9.3.2.2 宅旁绿地

宅旁绿地，也称宅间绿地，多指在行列式建筑前后两排住宅之间的绿地，其大小和宽度决定于楼间距。宅旁绿地是住宅用地内最基本的、分布面积最大的绿地类型，一般包括宅前、宅后以及建筑物本身的绿化，它只供本幢居民使用，以满足居民日常的休息、观赏、家庭活动等需要。

9.3.2.3 定额指标

居住街坊(2~4hm²)是实际住宅建设开发项目中最常见的开发规模,与容积率、人均住宅用地、建筑密度、绿地率及住宅建筑高度控制指标密切关联。《城市居住区规划设计规范》(GB 50180—2018)中明确规定了居住街坊用地的绿地率的有关要求,详见表9-2、表9-3。

在城市旧区改建等情况下,建筑高度受到严格控制,居住区可采用低层高密度或多层高密度的布局方式,该类型居住街坊中的居住街坊用地与建筑控制指标应符合表9-3的规定。

表9-2　居住街坊用地与建筑控制指标

建筑气候区划	住宅建筑平均层数类别	住宅用地容积率	建筑密度最大值(%)	绿地率最小值(%)	住宅建筑高度控制最大值(m)	人均住宅用地面积最大值(m²/人)
Ⅰ、Ⅶ	低层(1~3层)	1.0	35	30	18	36
	多层Ⅰ类(4~6层)	1.1~1.4	28	30	27	32
	多层Ⅱ类(7~9层)	1.5~1.7	25	30	36	22
	多层Ⅰ类(10~18层)	1.8~2.4	20	35	54	19
	多层Ⅱ类(19~26层)	2.5~2.8	20	35	80	13
Ⅱ、Ⅵ	低层(1~3层)	1.0~1.1	40	28	18	36
	多层Ⅰ类(4~6层)	1.2~1.5	30	30	27	30
	多层Ⅱ类(7~9层)	1.6~1.9	28	30	36	21
	多层Ⅰ类(10~18层)	2.0~2.6	20	35	54	17
	多层Ⅱ类(19~26层)	2.7~2.9	20	35	80	13
Ⅲ、Ⅳ、Ⅴ	低层(1~3层)	1.0~1.2	43	25	18	36
	多层Ⅰ类(4~6层)	1.3~1.6	32	30	27	27
	多层Ⅱ类(7~9层)	1.7~2.1	30	30	36	20
	多层Ⅰ类(10~18层)	2.2~2.8	22	35	54	16
	多层Ⅱ类(19~26层)	2.9~3.1	22	35	80	12

注:1. 住宅用地容积率是居住街坊内,住宅建筑及其便民服务设施地上建筑面积之和与住宅用地总面积的比值;
　　2. 建筑密度是居住街坊内,住宅建筑及其便民服务设施建筑基地面积与该居住街坊用地面积的比率(%);
　　3. 绿地率是居住街坊内绿地面积之和与该居住街坊用地面积的比率(%)。

表9-3　低层或多层高密度居住街坊用地与建筑控制指标

建筑气候区划	住宅建筑平均层数类别	住宅用地容积率	建筑密度最大值(%)	绿地率最小值(%)	住宅建筑高度控制最大值(m)	人均住宅用地面积(m²/人)
Ⅰ、Ⅶ	低层(1~3层)	1.0~1.1	42	25	11	32~36
	多层Ⅰ类(4~6层)	1.4~1.5	32	28	20	24~26
Ⅱ、Ⅵ	低层(1~3层)	1.1~1.2	47	23	11	30~32
	多层Ⅰ类(4~6层)	1.5~1.7	38	28	20	21~24
Ⅲ、Ⅳ、Ⅴ	低层(1~3层)	1.2~1.3	50	20	11	27~30
	多层Ⅰ类(4~6层)	1.6~1.8	42	25	20	20~22

注:1. 住宅用地容积率是居住街坊内,住宅建筑及其便民服务设施地上建筑面积之和与住宅用地总面积的比值;
　　2. 建筑密度是居住街坊内,住宅建筑及其便民服务设施建筑基地面积与该居住街坊用地面积的比率(%);
　　3. 绿地率是居住街坊内绿地面积之和与该居住街坊用地面积的比率(%)。

9.4 各类居住区绿地规划布局

9.4.1 规划原则

居住区绿地要根据居住区的规划结构形式，合理组织，统一规划。采取集中与分散、重点与一般相结合，以新建各级生活圈配套规划建设的公共绿地和居住街坊内集中绿地为中心和以宅旁绿地为基础的居住区绿地系统，并与城市绿地系统相协调，成为城市绿地的有机组成部分。

① 应充分利用自然地形和现状条件，尽量利用劣地、坡地、洼地及水面作为绿化用地，以节约城市用地。对原有树木（特别是古树名木）应加以保护和利用，并组织到绿地内，以期早日形成绿化面貌。

② 居住区绿地的规划应与居住区总体规划同步进行，贯彻生态网络的思想，将各级居住区公园和居住街坊内集中绿地等"点状"绿地和分散布局的"线状"的其他公共绿地等作为一个整体进行考虑，构建与城市居民生活空间最密切的绿地网络体系，将绿色渗透到居住环境之中。例如，北京方庄新区，总用地 147.6hm^2，中心公园 6.5hm^2，以带状绿地和穿越芳古园、芳群园、芳里园等各中心绿地的环状林荫道将居住绿地和社区公园连成整体。

③ 要尽可能做到满足不同年龄段居民多方面的活动要求，丰富居民文化娱乐生活。

④ 居住区绿地应以植物造景为主进行布局。植物材料的选择和配置要结合居民力量（如种、养、管，依靠居民的条件），力求投资节省、养护管理省工，充分发挥绿地的卫生防护功能。为了居民的休息和景观等的需要，适当布置园林建筑、小品，其风格及手法应朴素、简洁、统一、大方。

9.4.2 布局要求

9.4.2.1 各级生活圈居住区公共绿地

居住区公共绿地是城市绿化空间的延续，最接近于居民的生活环境；在功能上与城市公园不尽相同，主要是为居民提供日常、就近活动场所，如休息、观赏、锻炼身体和社会交往的良好场所，是居住区建设中不可缺少的部分。

各级居住区公园是居住区公共绿地的重要构成部分，其规划选址要求，参见"7.3.4 社区公园规划设计"内容。

9.4.2.2 居住街坊内集中绿地

居住街坊内集中绿地是直接靠近住宅的公共绿地，通常是结合居住建筑组群布置，服务对象是居住街坊内居民，主要为老人和儿童就近活动和休息的场所，离住宅入口最大步行距离在100m左右。居住街坊内绿地的设置应满足有不少于1/3的绿地面积在标准的建筑日照阴影线范围之外的要求，并便于设置儿童游戏设施和适于成人游憩活动。

9.4.2.3 宅旁绿地

宅旁绿地分布最广，使用效率最高。宅旁绿化的目的，主要是为居民直接提供清新的空气和优美、舒适的生活环境。宅旁庭院绿化不但更要以种植花、草、树木为主，而且绿化率要更高，一般要达到90%~95%。植物的选择，要以种植观花、观叶、观果的各种灌木、藤本、草本、宿根花卉为主，要充分考虑不同植物、不同季相的搭配，充分表现观赏植物的形、色、香、韵等自然美，使居民感受到强烈的时空变化。

9.5 居住区绿地规划设计

居住区绿地应强调绿地的功能性、满足居民使用需求的基础上，创建景观丰富、分布均匀、方便舒适的居住区环境。不同类型的绿地的设计要求各不相同，应根据功能需求进行设计。

9.5.1 居住区公园

居住区公园基本上对应《城市绿地分类标准》（CJJT 85—2017）的社区公园（G12），其规划设计要求详见教材7.3节。

9.5.2 居住街坊内集中绿地

居住街坊内集中绿地是结合居住建筑组群来布

置的,主要供居住街坊内居民活动和休息的场所,主要为幼儿及老年人就近休息,用地不需太大。

9.5.2.1 居住街坊内集中绿地设计的基本要求

居住街坊内集中绿地实际上是宅旁绿地的扩大或延伸,宽度不应小于8m,应结合居住建筑组团的不同组合而形成公共绿地。应紧靠住宅,居民中尤其是老人和儿童使用方便,其规划内容有的以休憩为主,有的以儿童活动为主。居住街坊内集中绿地增加了居民室外活动的层次,也丰富了建筑所包围的空间环境,是一个有效利用土地和空间的措施。

(1)位置选择

由于居住街坊的布置方式和布局手法多种多样,居住街坊内集中绿地的大小、位置和形状也是千变万化的。根据居住街坊内集中绿地在住宅街坊内的相对位置,可归纳为以下几种类型。

① 周边式住宅中间开辟绿地 环境安静有封闭感,大部分居民都可以从窗内看到绿地,有利于家长照看幼儿玩耍。由于将楼与楼之间的庭院绿地,集中组织在一起,所以在相同的建筑密度时,可以获得较大面积的绿地(图9-1)。

② 行列式住宅山墙间开辟绿地 行列式布置的住宅,对居民干扰少,但空间缺少变化,容易产生单调感。适当拉开山墙距离,开辟为绿地,不仅为居民提供了一个有充足阳光的公共活动空间,而且从构图上打破了行列式山墙间所形成的狭长胡同的感觉。居住街坊内集中绿地的空间又与庭院绿地相互渗透,产生较为丰富的空间变化(图9-2)。

③ 扩大住宅的间距开辟绿地 在行列式布置中,如果将适当位置的住宅间距扩大到原间距的1.5~2倍,就可以在扩大的住宅间距中,布置居住街坊内集中绿地,并可使连续单调的行列式狭长空间产生变化。在高纬度地区,北边的楼房可以阻挡北风,有利于改善小气候和植物生长。此外,被加大间距的住宅,也有利于阻止视线的干扰(图9-3)。

④ 居住街坊的一角开辟绿地 在地形不规则的地段,利用不便于布置住宅的角隅空地,安排绿地,能起到充分利用土地的作用,但服务半径较大,居民利用不方便(图9-4)。

⑤ 两街坊之间开辟绿地 由于受街坊内用地限制而采用的一种布置手法,在相同的用地指标下,绿地面积增大,有利于布置更多的设施和活动内容。

⑥ 一面或两面临街开辟绿地 由于临街布置,绿化空间与建筑产生虚实、高低的对比,可以打破建筑线连续过长感觉,还可以使过往群众有歇脚之地(图9-5)。

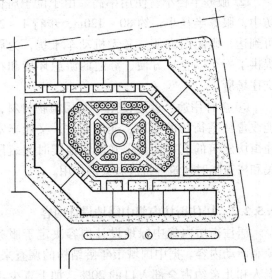

图9-1 周边式住宅中间开辟绿地

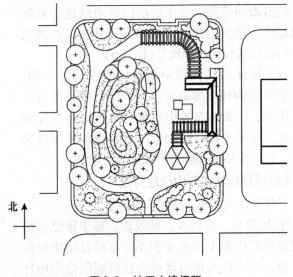

图9-2 拉开山墙间距

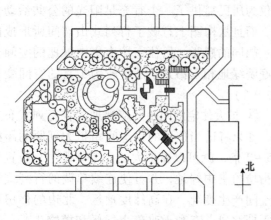

图 9-3 扩大住宅间距

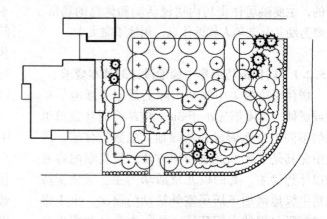

图 9-4 住宅角隅绿地

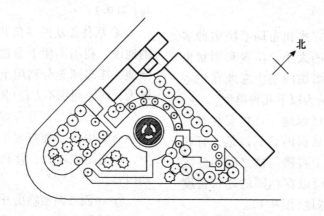

图 9-5 两面临街居住街坊内集中绿地

⑦ 自由式绿地 在住宅街坊成自由式布置时，居住街坊内集中绿地穿插配合其间，空间活泼多变，院落来回穿插，居住街坊内集中绿地与庭院绿地配合，使整个住宅群面貌显得活泼，如波兰华沙姆荷钦居住街坊绿地等（图9-6）。

由于居住街坊内集中绿地的所在位置不同，对住宅街坊的环境影响就不同，使用效果也有区别，所以，在街坊布置中要很好地考虑街坊绿地的位置。从居住街坊内集中绿地本身的使用效果来看，位于山墙间和临街的绿地效果较好。

(2) 居住街坊内集中绿地特点

居住街坊内集中绿地特点如下：

① 用地小、投资少、见效快、易于建设 由于居住街坊内集中绿地面积小，布局设施比较简单，通常只需数月即可建成。在旧城改造用地比较紧张的情况下，利用边角空地进行绿化，是解决城市公共绿地不足的途径之一。

② 服务半径小、使用率高 由于位于居住街坊中，服务半径小，约80～120m，步行1～2min可到达，既使用方便，又无机动车干扰，为居民提供了一个安全、方便、舒适的游憩环境和社会交往场所。

③ 多种用途、就近使用 利用植物材料，既能改善住宅街坊的通风、光照条件，又能丰富居住街坊建筑的艺术面貌，并能在地震时起疏散居民和搭盖临时建筑等抗震救灾的作用。

9.5.2.2 居住街坊内集中绿地设计内容

居住街坊内集中绿地设计内容决定于服务对象和活动内容。据中国城市年龄结构的调查来看，老人和儿童约占全部人口的20%，加上青少年可达30%左右。又据对天津市桂林路和贵阳路居住

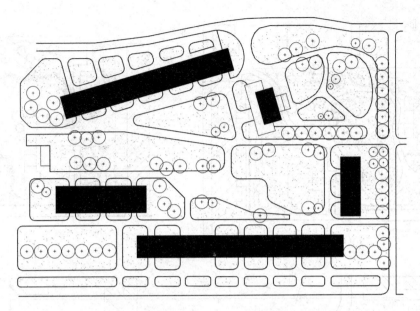

图 9-6　自由式布置居住街坊内集中绿地示意图

街坊内集中绿地游人量的统计来看，老人和儿童平均占游人量的 50% 左右。因此，在设计居住街坊内集中绿地时，要着重考虑老人和儿童的需要，为他们创造休息和娱乐的条件。

从活动内容来看，老人和 6 岁以下儿童，活动范围小，对居民干扰少，他们之间有相互依存关系，场地设施简单，主要有一块遮阴的广场和沙坑之类就可以了，可放在住宅庭院内。而 10 岁左右的儿童，活动量大，对居民有干扰，宜放在独立地段，它需要有较开阔场地和一些游戏设施。绿地可分设有儿童游戏场和不设儿童游戏场两类。成人和儿童活动用地分开布置，中间以绿地和小路隔离，因而有效地组织人流，互不干扰，各得其所。

绿地布置以简单为宜，主要留出活动场地供儿童游玩和有适当的庇荫场地供成年人、老年人经常性的社会交往之用。居住区中往往有多个居住街坊内集中绿地，这些居住街坊内集中绿地从布局、内容、乃至植物布置上要各有特色。如常州市清潭小区以梅、兰、竹、菊命名的 4 个街坊绿地（图 9-7），各有特色，与此相应的在各个街坊建筑上也镶以梅、兰、竹、菊的浮雕装饰，取得了良好的效果。

9.5.2.3　居住街坊内集中绿地设计要点

居住街坊内集中绿地因规模较小，服务内容较单一，因此在形式方面做到简洁、大方即可。在满足休闲交往的前提下，依据功能的不同，较灵活地设计不同比例的铺装休憩场地、草坪、树木、花卉，采用开敞式布局，塑造开阔明快的空间。

居住街坊内集中绿地可布置幼儿游戏场和老龄人休息场地，设置小沙地、游戏器械、座椅及凉亭等设施，为居民提供户外活动、邻里交往、儿童游戏、老人聚集的良好条件。居住街坊内集中绿地内应该尽量减少建筑物数量，除了必要的供休憩的小亭、棚架、休息椅、阅报栏、果皮箱、可移动厕所等，不再安排其他项目，以保证有较大的绿地。

居住街坊内集中绿地往往被住宅所包围，绿地面积不大，种植要以低矮树木为主，如以乔木为主，并结合座椅、儿童活动场地布置花灌木及花卉，种植量以不妨碍活动为前提，以免堵塞空间。

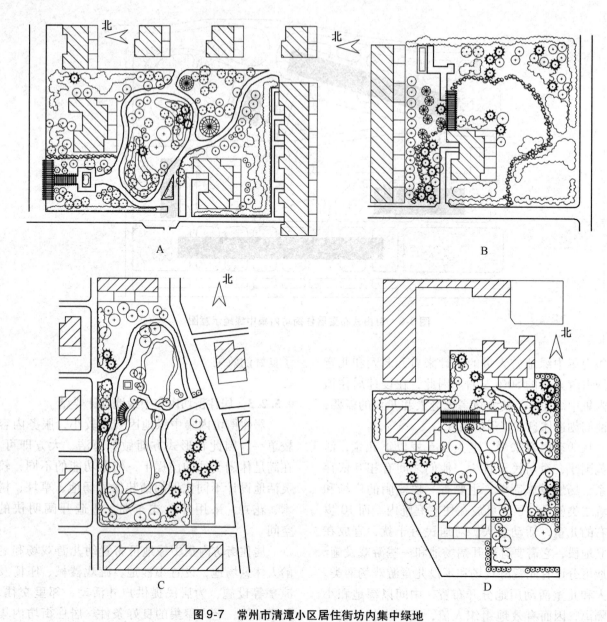

图 9-7　常州市清潭小区居住街坊内集中绿地
A. 常州清潭"梅园"居住街坊内集中绿地　B. 常州清潭"兰园"居住街坊内集中绿地
C. 常州清潭"竹园"居住街坊内集中绿地　D. 常州清潭"菊园"居住街坊内集中绿地

9.5.3 宅旁绿地

宅旁绿地重点在宅前，可分为底层住户庭院、游憩活动场地、住宅建筑周边的绿地及生活杂务用地等，它在居住绿地内总面积最大（约占小区总用地的50%），又是居民使用最频繁的一种室外空间。绿地布置应因地制宜。面积虽有大小，但这个空间应是以绿色覆盖为主。

宅旁绿地之所以为居民所喜爱，一是因为宅旁绿地是居民每天必经之处，使用十分方便；二是作为空间领域，宅旁绿地属于"半私有"性质，归相邻的住宅居民所有，从而激发了居民的领域心理，引发他们的喜爱与爱护；三是宅旁绿地在居民日常生活视野之内，最便于邻里交往；四是学龄前儿童一出门即可与同龄的孩子们共同玩耍，家长从窗户即可看到他们，比较安全。

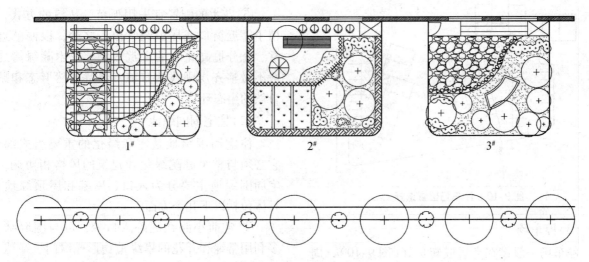

图 9-8 底层住户庭院设计

宅旁绿地面积规模与所在城市地理纬度分布有关。例如，为了获得必要的日照，北方城市住宅之间的距离比南方大，故宅旁绿地面积相比南方城市的要大。

9.5.3.1 宅旁绿地的布置

宅旁绿地的布局基本上受建筑规划布局的制约，应配合住宅类型、间距大小、层数高低及建筑平面关系等因素综合考虑。除在朝南部分布置集中的庭院，可在单元出入口设计些铺装地面，成为步行道，平时供儿童游戏、停留。

在居住人口密度较稀及城郊的高档住宅区，庭院绿地以草坪为主，点缀花木，建筑物两端及东西侧种植乔木，以不遮挡采光及通风为前提。低层住宅多设有底层住户庭院，近年建设的多层住宅也设底层庭院，高层住宅不设底层庭院，可全部作为宅旁绿地。设在郊区的花园式别墅居住区中，多采用独院式住宅庭院。

(1) 底层住户庭院

在低层或多层住宅，为居住在底层的居民设专用的庭院。一般在宅前自墙面至道路留出约3m距离的空地，划为底层住户庭院，可用绿篱或花墙围起来，内植花木等。布置方式和植物种类随居民喜好自由选用(图9-8)。

(2) 独院式花园住宅庭院

一般庭院面积较大，除布置花木、草坪外，还可根据业主的爱好，设置山石、水池等园林小品，形成自然而幽静的居住生活环境；也可以草坪为主，周边种植花木，内设小径，形成开敞而恬静的环境(图9-9)。

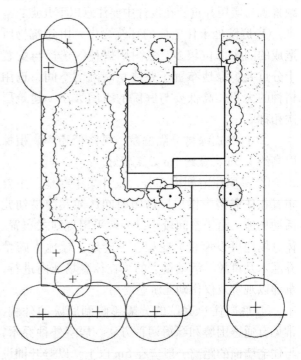

图 9-9 独院式花园住宅庭园

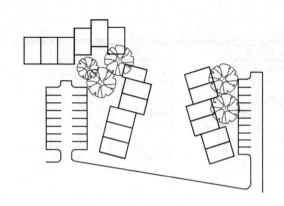

图 9-10　停车场位置选择

(3) 停车场

停车场一般设在宅后或转角处(图 9-10),周边用绿篱或花木与住宅做适当遮挡。可采用草坪砖铺设场地,以增加绿量。

9.5.3.2　宅旁绿地绿化要点

(1) 庭院绿化

宅旁绿地的主要任务在于既要保持居住环境的安静及私密性,也要保证必要的游憩空间,兼顾景观与实用并重。在设计中要注意以下几点:

① 庭院处于住宅群的环绕之中,由建筑物所造成的阴影部位较多,故耐阴树种的选择与配置十分重要。绿地布置还要注意庭院的空间,选用树种的大小、高低要与庭院的空间大小、建筑层次相称。

② 自然式绿篱分隔庭院,可降低噪声。植株以高约1.5m、宽约1m效果较好。

③ 多层住宅朝南部分,设计集中绿地,主要布置在住宅楼内供居民做短时间休憩及简易幼儿活动场地,由于空间较小,一般采用规则式布置。休息场地可设座椅、花架、方砖地。绿地中疏植乔灌木及草坪,活动量大的可在休息场地内进行,草坪以观赏及仅作幼儿游憩之用。

④ 底层住户庭院的分隔影响到庭院的外貌,常见有通透围墙和绿篱两种方法。居室外种乔木,与住宅墙面的距离一般应在5m以上,以避开铺设地下管线的地方,并便于采光、通风和避免树上的虫害侵入室内。通常以落叶树为好,常绿树要避免直对窗口,并留出一定空间眺望景观。

⑤ 花木的配置宜采用孤植、丛植的方式,栽植于靠近窗口或居民经常出入之处,以便就近观赏、充分提高花木的观赏效果。花木除绿篱外一般不做整齐规则式的修剪,保持自然形态和贴近自然的生态环境。

(2) 住宅周围绿地

住宅周围绿地是宅旁绿化的重要组成部分,它必须与整个庭院绿化和建筑的风格相协调。住宅周围绿地主要分为入口、屋基和屋顶绿地等,具体包括以下几个方面:

① 宅前小路在庭院入口处,可与围墙结合,多利用常绿和开花的攀缘植物形成绿门、绿墙等。在住宅入口处,可与台阶、花坛、花架等结合,采用对植、丛植手法,形成各住宅入口的标志。特别是住宅的北入口,由于处于背阴面,更要精心选择耐阴树种,使之获得良好的绿化效果。

② 屋基绿地指墙基、山墙头、屋角、门窗前和台阶等围绕住宅周围的基础栽植。

墙基绿化使建筑物与地面之间增加绿色,不仅使色彩丰富,也起到柔和建筑物生硬线条的作用,并起到降低墙面辐射热,同时降低室内温度的效果。

——山墙头绿地可将山墙间的空地连成带状,应用树丛或攀缘植物。在墙面可搭防止西晒的绿色雨棚,用攀缘植物把整个朝西的墙面全部遮挡,夏季烈日西晒时,可降低室内气温。

——窗前绿地对室内采光、通风、防止噪声、视线干扰等方面起相当重要的作用,其配置方法也是多种多样的。可在窗前设花坛、花台使路上行人不致临窗而视,起到干扰视线保护室内活动的作用,也可防止闲杂人员爬越窗台。有的在距窗前1~2m处种一排灌木,高度遮挡窗户的一半,形成一条窄的绿带,可以不影响采光、通风,开花季节还能形成五彩缤纷的色彩效果。

——屋角绿地可打破建筑线条的生硬感觉,如屋角种植成丛绿色植物和其他花木,形成墙角的"绿柱"。这种设计已成为常见的绿化方法。

③ 屋顶绿化(住宅平屋顶用地绿化)或称露台花园,即将屋顶布置成天台庭园。屋顶花园具有

调节温湿度、改善小气候的作用，特别在酷暑季节，降低温度的作用更为显著。例如，上海市某汽车修理车间平屋顶上种常绿的垂盆草，在盛夏时，可降低室内气温5~6℃，冬季可提高室温2~3℃。屋顶花园要从建筑结构设计、房屋管理、建设投资等多方面进行全面综合的研究，特别应注意技术的可能性和经济的合理性。因此，无论在一些建筑密集难以改建的旧居住区，还是新建居住区，可视条件因地制宜地开展。

④ 注意室内外和院内外的绿化结合，是将自然环境和住宅联系起来的一条重要途径。通过以窗台、敞厅、天井等将屋内的绿化（盆栽）与庭院绿地（基础种植）联通起来，使居民虽在室内，却如置身于大自然的绿色环境之中。

总之，宅旁绿地是家门口的绿地之一，对居住环境有较大的影响，是居住绿地的基础。做好宅旁绿化是直接关系到千百万城市居民的居住环境质量的问题，是提高城市绿化覆盖率的立足点和着眼点，必须给予足够的重视。

9.6 居住区绿地植物配置与选择

在绿地中，树木既是造景的素材，也是观赏的要素。由于植物的大小、形态、色彩、质地等特性千变万化，为居住绿地的多彩多姿提供了条件。

9.6.1 植物配置原则

园林植物配置是将园林植物等绿地材料进行有机的结合，以满足不同功能和艺术要求，创造丰富的园林景观。合理的植物配置既要考虑到植物的生态条件，又要考虑到观赏特性；既要考虑到植物自身美，又要考虑到植物之间的组合美和植物与环境的协调美，还要考虑到具体地点的具体条件。正确选择树种，理想的配置将会充分发挥植物的特性构成美景，为园林增色。

居住绿地植物配置的原则如下：

① 乔灌结合，常绿植物和落叶植物、速生植物和慢生植物相结合，适当地配置和点缀花卉草坪。在树种的搭配上，既要满足生物学特性，又要考虑绿化景观效果，创造出安静和优美的环境。

② 植物种类不宜繁多，但也要避免单调，更不能配置雷同，要达到多样统一。在儿童活动场地，要通过少量不同树种的变化，便于儿童记忆、辨认场地和道路。

③ 在统一基调的基础上，树种力求变化，创造出优美的林冠线和林缘线，打破建筑群体的单调和呆板感。

④ 在栽植上，除了需要行列栽植外，一般要避免等距离的栽植，可采用孤植、对植、丛植等，适当运用对景、框景等造园手法，装饰性绿地和开放性绿地相结合，创造出丰富的绿地景观。

⑤ 在种植设计中，充分利用植物的观赏特性，进行色彩的组合与协调，依植物叶、花、果实、枝条和干皮等显示的色彩，以及在一年四季中的变化为依据来布置植物，创造季相景观。

9.6.2 植物选择

高质量的居住区绿地规划及绿化设计的实施，要求对植物材料进行科学的选择，即植物材料的选择是实现居住环境绿化的重要基础之一，是关系到居住环境质量好坏、绿化成败的重要环节。如果不认真对待，随意栽植，待多年后发现问题，则后悔莫及。

植物选择就是有目的、按比例选择一批适应当地自然条件，能较好发挥城市绿化多种功能的园林植物。植物材料的选择所涉及的原理是多方面的，生态学、心理学、美学、经济学等都或多或少地参与进来，但其根本必须服从生态学原理，使所选种类能适应当地环境，健康地生长，在此基础上再考虑不同比例的组合、不同功能分区的种类、不同年龄和不同职业人们的喜好等。植物的选择应注意以下几个方面：

（1）以乡土植物为主，适当选用驯化的外来及野生植物

绿化植树，种花栽草，创造景观，美化环境，最基本的一条是要求栽植的植物能成活，健康生长。这就必须根据住区的自然条件选择适应的植物材料，即"适地适树"。住区自然条件除了受当地气候、土壤的制约外，还受自身特点的影响：

①楼房密集，北侧于不同季节不同程度地留下阴影；②地下土壤条件差，尤其建筑楼房周围更为明显，土壤中建筑垃圾多，地下各类管道纵横分布，这些都影响着植物的选择及栽植。很多植物种类不能忍耐这些不良的环境条件。

乡土植物千百年来在这里茁壮生长，是最能适应本地区自然条件、最能抵御灾难性气候、最能适应环境条件的种类；另外，乡土植物种苗易得，免除了到外地采购、运输之劳苦，还避免了外来病虫害的传播、危害；乡土植物的合理栽植，还体现了当地的地方风格。

为了丰富植物种类，弥补当地乡土植物的不足，也不应排除优良的外来及野生种类，但它们必须是经过长期引种驯化，证明已经适应当地自然条件的种类，如原产于欧美的悬铃木，原产于印度、伊朗的夹竹桃，原产于北美洲的刺槐、广玉兰、紫穗槐等，早已成为深受欢迎、广泛应用的外来树种。近年来从国外引种已应用于园林绿地的金叶女贞、红王子锦带、西洋接骨木、金山绣线菊等一批观叶、观花、观果的种类也表现出优良的品质。至于野生种类，更有待于引种，经过各地植物园的多年大力工作，一批生长在深山的植物逐渐进入城市园林绿地，如天目琼花、猬实、流苏树、山桐子、小花溲疏、蓝荆子、二月蓝、紫花地丁、崂峪苔草等。

(2) 乔灌木为主，草本花卉点缀，重视草坪地被、攀缘植物的应用

乔木是城市园林绿化的骨架，高大雄伟的乔木给人挺拔向上的感受，成群成林的栽植又体现浑厚淳朴、林木森森的艺术效果；高大的形体使其成为景观的主体和人们视线的焦点。乔木结合灌木，担当起防护、美化、结合生产综合功能的首要作用。若仅仅有乔木而缺灌木，则景色单调。一个优美的植物景观，不仅需要高大雄伟的乔木，还要有多种多样的灌木、花卉、地被。乔木是绿色的主体，而丰富的色彩则来自于灌木及花卉。通过乔、灌、花、草的合理搭配，才能组成平面上成丛成群、立面上层次丰富的一个个季相多变、色彩绚丽的黄土不露天的植物栽培群落。

乔木以庞大的树冠形成群落的上层，但下部依然空旷，不能最大限度利用冠下空间，叶面积系数也仅计算乔木这一层，当乔、灌、草结合形成复层混交群落，叶面积系数极大地增加，此时，释放氧气、吸收二氧化碳、降温、增湿、滞尘、灭菌、防风等生态效益就能更大地发挥。因此，从植物景观的完美、生态效益的发挥等方面考虑，需要乔木、灌木、花卉、草坪、地被、攀缘植物的综合应用。

(3) 速生树与慢长树相结合，常绿树与落叶树相结合

新建居住区，为了尽早发挥绿化效益，一般多栽植速生树，近期即能鲜花盛开，绿树成荫。但是速生树虽然生长快、见效早，但寿命短，易衰老，三四十年即要更新重栽，这对园林景观及生态效益的发挥都是不可取的。因此，从长远的观点看，绿化树种应选择、发展慢长树，虽说慢长树见效慢，但寿命较长，避免了经常更新所造成的诸多不利，使园林绿化各类效益有一个相对稳定的时期。这样说来，在树种选择时，就必须合理地搭配速生树与慢长树，以达到近期与远期相结合，做到有计划地分期分批地使慢长树取代速生树。

中国幅员辽阔，黄河以北广大地区处于暖温带、温带、寒温带，自然植被为落叶阔叶林、针阔叶混交林、针叶林。由于冬季寒冷干燥时间长，每年几乎有4个月时间露地缺少绿色，自然景色单调枯燥，所以在选择树种时一定要注意把本地和可能引进的常绿树列入其中，以增加冬季景观。南方各地地处亚热带、热带，自然植被为常绿阔叶林或雨林、季雨林，绿地中多用常绿树以满足遮阴降温之需，但常绿树四季常青，缺少季相变化，为丰富绿地四季景观，也需要在选择树种时考虑适当比例的落叶树。

(4) 根据居住区绿地不同功能及特点选择不同植物种类

居住区绿地是城市园林绿地的重要组成部分，具有城市绿地的共性，但它始终与居住的人有密切关系，因此又有自己的特点，在植物材料的选择时应反映出共性及个性。

总体上要求植物材料从姿态、色彩、香气、神韵等观赏特性上有上乘表现，并根据栽植地的环境条件，各种植物应具有对不良环境条件的抗性及不同程度的忍耐力，如抗大气污染、抗烟尘、耐土壤干旱瘠薄、耐土壤盐碱、耐水湿、耐阴等。具体到每个居住区，在植物材料上都应有自己的特色，即选择 1～3 种植物作为基调，大量栽植以形成这个居住区的植物基调，也就是自己的特色。

随着城市老龄化进程加剧，居民中老年人的比例逐年加大，在植物材料选择上应体现老年人的喜好，安静休息区选一些色彩淡雅、冠大荫浓的乔木组成疏林以供老年人休息、聊天。儿童活动区除有大树遮阴外，还需有草坪、灌木、花卉的色彩可以鲜艳些，尤以观花、观果的植物更为适宜，切忌栽植带刺或有飞毛、有毒、有异味的植物。底层庭园植物的选择要富于生活气息，庭园是一个小空间，应以灌木、花卉、地被植物为主，少种乔木；色彩力求丰富，选择一些芳香类植物可使庭园更具生气；栽植既美观又便于管理且有经济价值的种类，使居民更接近生活，更具人情味；适当种植刺篱可达安全防范之目的。

小 结

居住区绿地是与城市居民关系最密切的绿地，作为附属绿地之一，其作用在于为人们提供舒适、美观的居住环境。在进行居住绿地规划时要综合考虑各类型绿地，满足居民使用的基本指标要求，适当安排居住区内的公共绿地、宅旁绿地、道路绿地及公共服务设施所属绿地 4 类绿地，保证居住区内绿地系统的完整性。

居住区绿化是城市园林绿地系统中重要组成部分，是改善城市生态环境的重要环节。属于城市绿地系统中分布最广、最接近居民、最经常为居民使用的一类绿地类型。居住区绿地为居民创造了富有生活情趣的生活环境，是居住环境质量优劣的重要标志。居住区绿地规则设计要为提高城市居民的生活环境质量创造条件。

思考题

1. 居住区绿地分为哪几种类型？
2. 居住区绿地的定额指标有哪些？
3. 居住区绿地规划原则有哪些？
4. 居住区绿地的植物配置和树种选择有何要求？

推荐阅读书目

1. 居住区物业环境绿化管理．杨赉丽，班道明．中国林业出版社，2002．
2. 居住区园林绿地设计．梁永基，王莲清．中国林业出版社，2000．
3. 居住区规划与环境设计．白德懋．中国建筑工业出版社，1993．
4. 居住区规划图集．宋培抗．中国建筑工业出版社，2000．

第10章 单位附属绿地规划设计

学习重点

1. 明确单位附属绿地在城市绿地建设中的重要意义；
2. 掌握各类单位附属绿地的建设特征及理念，结合相关案例逐步理解其规划设计的要求；
3. 认识工业绿地建设特征，结合相关案例逐步了解其规划设计要求。

10.1 中央商务区绿地

10.1.1 中央商务区概述

(1) 中央商务区的含义

中央商务区(central business district，简称CBD)是现代化城市以商务办公为主的第三产业聚集地。CBD一定是城市中心，是城市的繁华地段，但并不是所有城市中心都是CBD。只有第三产业(服务业)聚集的功能中心，才称为CBD。

(2) 中央商务区的特点

① 基本现代化的指标　能够成为现代化城市，需要达到阿利克斯·莫克尔斯于20世纪70年代提出的基本实现现代化的10项指标。

② 以商业办公为主要功能　中央商务区包括金融中心、商务中心、信息中心、商业活动等功能，但它必须以商务办公为主要功能，区别于城市商业中心等其他功能组团中心。当前有的城市动辄以CBD冠名新区，如果商务办公建筑面积占总面积比例小于1/3，或住宅比例超过50%，则不能称为CBD。

③ 第三产业聚集地　一个城市基本实现现代化以后，其产业结构中第三产业产值占国内生产总值(gross domestic produet，简称GDP)的45%以上时，第三产业必然产生聚集的需要，因此，城市CBD也就必然产生(图10-1)。

图10-1　美国纽约中央商务区

10.1.2 中央商务区绿地的意义

(1) 改善中央商务区生态环境

城市中央商务区是城市经济的核心地区，具有城市区域中最高值的建筑密度与交通流量，形成后，必然会给该区域的城市气候和环境带来一定问题。而商务区绿地能够有效地缓冲、平衡、中和周边大型建筑群形成的风、光、热污染，净化空气，提升整个区域的环境品质，是中央商务区的"绿肺"。

(2) 整合和补充中央商务区功能

商务区绿地作为城市中央商务区中仅有的开敞空间，由于其特殊的地理位置和空间性质，是中央商务区内各个建筑组团连接的枢纽，有着重要的组织交通和集散人流功能，同时也是中央商务区防灾避险的好场所。

(3) 促进中央商务区社会生活

商务区绿地作为"钢筋混凝土森林"中宝贵的"绿洲"，能够满足公众渴望亲近自然的心理需求，同时促进人际交流，丰富区域内的城市生活，有利于城市人群的心理健康，进而增强中央商务区和城市活力。

(4) 体现中央商务区的城市风貌

商务区绿地是塑造城市中央商务区形象、美化中央商务区环境的重要景观，可以展示中央商务区良好风貌，还能极大幅度地提升城市国际形象，成为城市的标志性景观。

(5) 促进城市经济发展

商务区绿地的建设，能够极大地促进城市经济发展。一方面它提升城市国际形象，促进城市旅游观光业的繁荣，为城市带来了巨大的经济效益；另一方面，它通过对环境的改善，带动周边土地价值提高。

10.1.3 中央商务区绿地的特征

10.1.3.1 绿地服务对象的特点

(1) 职工

由于 CBD 是公司总部、银行、金融机构等从业人员的集中所在地，所以商务区绿地区别于城市其他街区绿地的最大特征就是有特殊的服务人群——企业员工。这就要建立个人与工作环境之间以及工作环境与自然环境之间的三重关系，确保员工在工作环境中感到舒适是景观设计体现文化氛围的重要目标。

(2) 企业

要优先满足"商务"的需求，这也是其区别于其他绿地设计的一种根本特征。企业作为商务区的主体，不仅需要一个良好的经济环境，同样需要一个卫生清洁、优美的自然环境，良好的环境有助于吸引投资，树立品牌，产生巨大的经济推动力。

10.1.3.2 运作方式

商务区绿地有别于传统绿地的运作方式，只能为人们在工作之余提供休闲娱乐场所。商务区绿地已经成为社会经济细胞——企业（经济实体）的一个有机组成元素。它满足了企业需要的功能、环境和形象，企业又为其建成和运作提供必要的资金，这种互惠的组合使得商务区景观的发展前景非常广阔。

10.1.4 中央商务区绿地规划

10.1.4.1 规划设计要点

(1) 景观设计人文化

人是中央商务区的第一要素。人文文化是中央商务区的灵魂，是涵盖其中的无形资产。中央商务区的绿地设计一定要通过设计来体现商务区的人文性，把物质与精神、建筑与文化、经济与社会有机地结合起来。把建设具有人文环境的中央商务区作为追求的目标（图10-2，图10-3）。

图10-2 中央商务区建筑间绿地景观

图10-3 中央商务区绿地景观

图10-4 中央商务区立体景观绿化

(2) 绿地景观生态化

中央商务区内林立的高楼、拥挤的交通、高密度的人口带来了许多环境问题，因此运用景观生态学原理对商务区进行设计就显得尤其重要。把整个中央商务区当做一个生态系统来进行，并且把商务区当做整个城市生态系统的一部分进行。自然条件是中央商务区设计的基础，只有顺应商务区所在地的气候、植被、土地形态等自然要素，才能设计出适合人类生存的居住空间。为了使中央商务区的绿地系统化，可以以中央商务区的道路为纽带，连接商务区各片绿地，在道路两边进行绿化，使中央商务区的绿地由道路绿地连接成系统。

(3) 绿地景观空间立体化

在中央商务区的规划中需要构成一个地上、地面、地下互动的空间体系。这种空间关系体现在建筑实体、流线方式、空间组织、景观视线和形态美感等多方面，并均以立体的方式呈现。其间，通过地下、地面、天桥等不同层面绿色植物的配置，形成丰富多变的绿色空间，将商务区室内外的建筑空间和环境有机地结合，打破单一层面的建筑形式，形成了立体化的景观效果(图10-4)。

(4) 中央商务区绿地景观的植物配置

在中央商务区园林规划中，应改变广场化倾向。种植设计时，尽量向地面以上的构筑物空间扩展，在不同的平面、立面空间设计不同高度的乔木、灌木、花卉、地被、草坪和藤本植物，配置成具有层次感的橱窗形式，前矮后高。增加立体轮廓的丰度，营造更加丰富的植物景观。这不仅可以提升绿视率，同时丰富植物种类。特别是垂直绿化和悬垂绿化，对护坡、屋顶、墙面、栏杆等进行绿化，见缝插绿、找缝插绿，可种植悬垂、攀缘和藤蔓植物，如地锦、常春藤、凌霄、络石、紫藤等，以大大增加植物的密集度和立面景观。

(5) 中央商务区绿地景观的标志物设计

中央商务区都应该有自己的标志性景观。这些标志性景观往往会成为整个商务区，乃至整个城市的象征。一些标志性建筑会成为中央商务区经济、文化发展的推动力量。如法国巴黎德方斯中央商务区的新凯旋门，它不仅让德方斯名扬全球，同时也为商务区吸引了更多的商业投资。这些标志性景观必须具有鲜明的特色和风格，要能够做到城市文脉的承传与现代风格的有机结合，艺术性与实用性、功能性与智能性的统一，使之成为整个商业区形象的代表。中央商务区只有立足所在地区的文化特质才能设计出属于自己的标志性景观建筑。

10.1.4.2 实例

(1) 上海 CBD 概况

上海陆家嘴金融贸易区(以下简称"金贸区")总规划面积 28km²，是 1990 年国务院宣布开发浦东后设立的以"金融贸易"命名的国家级开发区。金贸区分为五大功能区域：金融、贸易、现代服务、文化休闲及房地产开发，这 5 个领域的经济活动相辅相成、相互支撑、相得益彰。金贸区被划分为若干重点开发小区：陆家嘴中心区、竹园商贸区、花木行政文化中心、龙阳居住区等，其中陆家嘴中心区占地面积 $1.7km^2$，规划建筑面积 $400×10^4m^2$，其中办公面积 $265×10^4m^2$。

(2) 上海 CBD 规划设计特点

自 1986 年首次提出陆家嘴上海 CBD 规划直到 1993 年 8 月，经过考察、专家咨询、优化调整等环节，《上海陆家嘴中心区规划设计方案》完成。此方案的特点之一是创造优美的公共空间形态景观。

第一，强调上海中心城区东西轴线，在陆家嘴 CBD 形成"东西轴线—中央绿地—沿江—绿带"的景观格局。

第二，确定一组 3 栋超高建筑（360～400m）为核心空间的标志建筑。

第三，创造优美的城市轮廓线，控制沿江高层建筑的体型和高度，并做高度跌落处理，充分利用浦江景观资源。

(3) 上海 CBD 中心绿地设计（图 10-5，图 10-6）

占地 $10hm^2$ 的陆家嘴中心绿地位于延安东路隧道出口处，在陆家嘴金融中心的核心部位，是上海规模最大的开放式彩屏，被称为"都市绿肺"。陆家嘴绿地的草皮面积 $6.5hm^2$，有的是从欧洲引进的冷季型草，四季常绿。绿地中央和北部点缀着垂柳、白玉兰、银杏、雪松等植物，充满生机和活力。绿地进口以"春"为主体的塑像，由 8 朵绽放的钢结构"鲜花"组成。蜿蜒在绿地中的道路，

图 10-6　陆家嘴中心绿地水面一景

勾勒出上海市花白玉兰的图案，白玉兰的中间，是 $8600m^2$ 的中心湖，设计成浦东地图版块的形状。

(4) 上海 CBD 中心区街道绿地景观规划设计

上海 CBD 中心区的街道绿地景观在系统化、风格化、精细化、主体化、生态化 5 个方面都呈现其特点。在保持基调统一的基础之上，分别强调街道绿地尽量风格化和景观化。有层次性地丰富各道路景观，分重点地强化各道路景观设施，使得区内各条街道景观特色明显，层次鲜明又很好地融合在一起。

10.2　校园绿地

10.2.1　校园绿地的意义

校园绿地作为绿地的一种类型，有调节气候，吸附滞尘，净化空气，美化环境，隔离、保护、提高生态质量等生态效应与环境服务功能。

(1) 校园绿地是师生学习、交流的第二课堂

学校教育以教师引导启发，学生自学研究为教学形式。从心理角度来讲，对于精力充沛的大学生来说，教室只是学习的部分空间，如果条件允许，他们更喜欢室外的学习空间，校园绿地恰为师生提供了这种室外交流的理想场所。

(2) 学校绿地是学校文化标志和审美情趣的体现

校园的人文内涵与环境品质铸就了特殊的学院氛围，构成了校园文化的方方面面，校园的绿地景观设计，可以通过景观的具体形式、造型、

图 10-5　陆家嘴中心绿地鸟瞰

色彩、质感、线条、符号等艺术设计，把人们所希望的人生观、价值观、审美观、道德准则等融入其中，陶冶学生情操，使学生学会创造美，提高自身审美与认知能力。

(3) 学校绿地是场所精神的再现

校园的场所精神是在校园生活和校园空间环境之间不断互动的过程中形成的，在注重构图、比例、均衡、韵律等形式法则的同时，将对真实生活的关注、体验和思考融入校园绿地景观设计中，营造一种具有某种精神的场所，当园林景观与自然界的山水景观相交融时，学生能在校园文化活动中开启智慧，抒发情怀，创造进取。

10.2.2 大学校园绿地

10.2.2.1 大学校园绿地规划原则

(1) 因地制宜、从实际出发

校园绿地占地面积相对较小，也比较分散，许多绿地被四周建筑物阻隔，不像公园或城市绿地以各种绿地互为衬托，形成大的景观。因此，校园每块绿地的设计、植物的配置，要各有特色，因地制宜，不能千篇一律，应当重视各块绿地的相对观赏性。

(2) 强化功能意识，将实用性放在首位

校园内树种、草种、景观的选用，都要根据校园的特点，将绿地的功能、实用性和观赏性、艺术性、经济性有机地统一、协调。

(3) 突出以人为本的思想

校园绿地的服务对象是师生员工，在校园绿地的规划、设计中，要始终坚持方便师生的学习和生活、为师生服务的理念。校园绿地不仅仅是供观赏的，更重要的是能够为师生提供一种使他们融入自然的环境。

(4) 有高品位和新创意

校园绿地的高品位、新创意，主要体现在知识性和教育性的统一上；有针对性地创建特色景观并赋予其美名；有意识地保护、培植古树名木，对植物挂牌，标注名称、习性和分布状况；有计划地开辟纪念林、种植毕业树。设置具有较高文化品位的小品、雕塑，使其创意和主题与学校的大环境相适应，通过对自然景物的观赏，增加对大自然的热爱和对美好生活的憧憬。

10.2.2.2 大学校园绿地规划设计

(1) 规划设计要点

① 校园前区绿化 学校大门、出入口与办公楼、教学主楼组成校园前区，是行人、车辆的出入之处，具有交通集散功能和展示学校的标志、校容校貌及形象的作用，所以校园前区往往形成广场和集中绿化区，为校园重点绿化美化地段之一。

学校大门绿化设计要与大门建筑形式相协调，以装饰观赏为主，衬托大门及立体建筑，突出庄重典雅、朴素大方、简洁明快、安静优美的高校校园环境。学校大门绿化设计以规则式绿地为主，以校门、办公楼为轴线，大门外使用常绿花灌木形成活泼开朗的门景，两侧花墙用藤本植物进行配置。

② 教学科研区绿化 其主要满足全校师生教学、科研的需要，提供安静优美的环境，也为学生创造课间进行适当活动的绿色室外空间。

教学科研主楼前的广场设计，以大面积铺装为主，结合花坛、草坪，布置喷泉、雕塑、花架、园灯等园林小品，体现简洁、开阔的景观特色。教学楼周围的基础绿带，在不影响楼内通风及采光的条件下，多种植乔灌木。为满足学生休息、集会、交流等活动的需要，教学楼周围的绿地布局在空间上注意体现开放性和综合性的特点，并具有良好的尺度和景观，以乔木为主，点缀花灌木。平面上注意其图案构成和线型设计，以丰富的植物及色彩，形成适合师生在楼上俯视的鸟瞰画面；立面要与建筑主体相协调，并衬托美化建筑，使绿地成为该空间的休闲主体和景观的重点组成(图10-7)。

实验楼的绿化设计多采用规则式布局，植物以草坪和花灌木为主，周边设置绿篱。各类高职院校专业特点不同，其实验楼的绿化要注意根据功能要求配置与之相应的植物。

图书馆是为师生教学、科学活动服务的，也是学校标志性建筑，其周围的绿化布局以绿篱和装饰树种为主，进行基础栽植。图书馆外围可根

图10-7 沈阳建筑大学教学楼前景观

据道路和场地的大小,布置草坪、树林或花坛,以便人流集散。

③ 生活区绿化 应以校园绿化为前提,根据场地大小,兼顾交通、休息、活动、观赏等功能,因地制宜进行设计。楼间距较小,在楼间进行基础栽植或硬化铺装;场地较大,可结合行道树,形成封闭式的观赏性绿地,或布置成庭院式休闲性绿地,铺装地面与花坛、花架、基础绿带和庭荫树池结合,形成良好的学习、休闲场地。

④ 体育活动区绿化 在场地的四周栽种高大乔木,下层配置耐阴的花灌木,形成一定层次和密度的绿荫,能有效地遮挡夏季阳光的照射和冬季寒风的侵袭,减弱噪声对外界的干扰。

⑤ 道路绿化 校园道路两侧行道树应以乔木为主,构成道路绿地的主体和骨架,浓荫覆盖,有利于师生们的工作、学习和生活,在行道树外侧植草坪或点缀花灌木,形成色彩、层次丰富的道路侧旁景观。

⑥ 休息游览区绿化 高校校园面积一般较大,可在校园的重要地段设置广场绿地,供师生休闲、观赏、游览和读书。休息游览绿地规划设计形式、内容及设施,要根据场地地形地势、周围道路、建筑等环境,综合考虑,因地制宜进行规则式、自然式和混合式的布局。

(2)实例介绍:浙江大学新校区基础部规划(图10-8)

浙江大学新校区基础部位于杭州市西北的塘北新区,总用地224.2km²。基础部学生规模为1~2年级本科生共计3万人。

基于对未来大学模式及校园规划新理念的独特把握,对"浙江大学"和"杭州"特定性的理解和对校园基地环境特征的创造性把握,概念性规划方案要求与一流大学的学术地位、特点相适应,其环境景观特征表现在以下10个主题:

① 南入口的景观与主题 南入口是浙江大学新校园的主入口,也是中心水文化景观带的起点,是浙江大学对外形象宣传的重点表达区。本方案将浙江大学严谨治学的"求是"精神作为其景观环境的主题。

② "名人岛"的景观与主题 方案中以镌刻学校历史事迹的景观矮墙、条石雕塑、银杏林、水景等景观元素共同构成学校户外校史展示与爱校教育区。

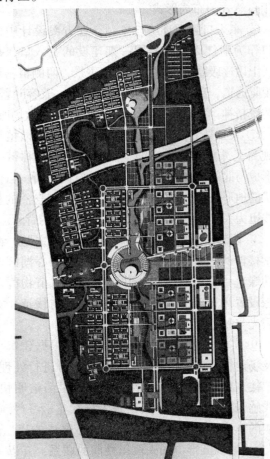

图10-8 浙江大学新校区规划平面图

③ 东教学区的"智水"庭园景观与主题　此空间通过逐级平台错落布置进行竖向高差的变化，形成具有现代感的较为宽敞的亲水空间，与建筑连廊东部的户外庭园在视线与形式上取得一定的呼应，表达"智者乐水"的主题内涵。

④ 东教学区的景观空间设计与主题　在本方案中将其分为两种类型，一是与主环路人行道结合的以交通集散功能为主的硬化空间；二是两侧与建筑衔接的、通过台阶略有下沉的休闲与交流空间。

⑤ 外语教学中心景观空间设计与主题　"英语角"位于北侧水口南岸，以建筑弧形景墙为背景，通过临水木质挑台、栈道与园亭共同构成学生晨读与学习交流的园地。中庭月季花园以西方规整对称式园林造景手法布置。西方文学花园在外语教学中心的南部，通过地形与建筑做一定的分隔，采用自然式的布局形式。

⑥ 东入口景观环境与主题　在方案设计中东入口作为浙江大学新校园一期建设的主入口，在轴线上以逐级跌落的水体景观为主景，两侧植物形成视觉通道，寓意浙江大学"海纳百川、兼容并蓄"的传统精神。入口北侧设计形成林下休闲集散场所。

⑦ 人工岛北侧的休闲空间景观　全区以植物景观为主，并通过适当的地形塑造和防护林带一起形成与北侧高架轻轨相对分隔的空间场所。自然起伏的地形与复合式植物群落形成的优美自然的林冠线也为人工岛上的建筑组团提供了良好的背景。

⑧ 西教学区的建筑外部空间景观与主题　西教学楼群的外部活动空间穿插渗透于中心湖区西岸的绿色植物景观带中，并结合地形与植物群落林缘设置用于观景与休闲的木质平台与栈道，突出阳光与秋色的主题。

⑨ 实验楼组团环境景观与主题　根据建筑功能及场地特征设计将此区分为4个部分进行处理。金工楼东侧以"十"字形的结构呈现出简洁明快、轴线感强的集散空间，突出理工科专业学习严谨、求实的学风精神；生化楼前以向心感强的以"凝聚"为主题的圆形广场来取得楼间的联系，并以一组"萌动"主题雕塑来隐喻基础科学研究的巨大潜力；金工楼及生化楼间以曲水相连，结合微地形

及大量花灌木、水生植物塑造出一个怡人的共享花园；生化楼南侧绿地面积较大，设计考虑结合实验温室开发为小型植物园地，在满足生物专业科研教学需要的同时，为广大同学提供读书、休闲的幽静空间。

⑩ 教工活动中心环境与主题　四周由道路围合，水道从中穿过，形成较佳的山水空间形态。其中设置一组为师生员工提供各种休闲、娱乐活动的功能建筑。建筑前庭空间以自由线形组织临水平台与林下铺装，水道两岸运用木质廊道与自然石材铺砌的曲路相间的形式，以形成自然活跃的空间氛围，给人以完整统一的视觉感受。

10.2.3　中小学校园绿地

中、小学校的绿化，主要目的是使校园环境安静、清洁、卫生、协调，以创造良好的学习环境。原则是方便人流通行，形式以规则式为好。

教学建筑四周，尤其是朝南方向应考虑到室内通风、采光的要求，临窗的植物种植以小灌木为主，其高度不宜超过底层的窗口。在建筑物5m之外，才可种植高大乔木，在教学建筑的东西侧，可种植高大的速生乔木，以防日晒。学校的出入口，建筑的中心前空地，可作校园的重点布置，形式可多样，并可设置花坛等，四周可铺设草皮，供学生课余休息。校园的道路绿化，以遮阴为主要目的，并可设绿篱。体育用地与教学建筑之间要设置林带，以免上课受场地活动的干扰。

学校的绿化材料可多样化，常绿与落叶、乔木与灌木、观花、观叶、观果等树种均可采用，种植配置可以精细一些，分布有层次，以丰富学生的自然科学知识，并形成美丽安静的校园，有利于学生的学习及学校的教育。

10.3　医疗机构绿地

10.3.1　医疗机构绿地的意义

随着科学技术的发展和人们物质生活水平的提高，人们对医院、疗养院绿地功能的认识也逐渐深化，而且医院绿地的功能也呈现多样化。总的来说医院、疗养院绿地的功能集中体现在以下

几个方面：

(1) 改善医院、疗养院的小气候条件

医院、疗养院绿地对保持与创造医疗单位良好小气候条件的作用非常突出，具体体现在调节温度、湿度，防风，防尘，净化空气方面。

(2) 为病人创造良好的户外环境

医疗单位优美的、富有特色的园林绿地可以为病人创造良好的户外环境，提供观赏、休息、健身、交往、疗养的多功能绿色空间，有利于病人早日康复。同时，园林绿地作为医疗单位环境的重要组成部分，还可以提高其知名度和美誉度，塑造良好的形象，有效地增加就医量，有利于医疗单位的生存和竞争。

(3) 对病人心理产生良好的作用

医疗单位优雅安静的绿化环境对病人的心理、精神状态和情绪起着良好的安定作用，如植物的形态色彩对视觉的刺激，芳香袭人的气味对嗅觉的刺激等。这种自然疗法，对稳定病人情绪，放松大脑神经，促进康复都有着十分积极的作用。据测定，在绿色环境中，人的体表温度可降低 $1\sim2.2℃$，脉搏平均减缓 $4\sim8$ 次/min，呼吸均匀，血流舒缓，使紧张的神经系统得以放松，对神经衰弱、高血压、心脑血管病和呼吸道疾病都能起到间接的理疗作用。

(4) 在医疗卫生保健方面具有积极的意义

绿地是新鲜空气的发源地，而新鲜空气是人的生命时刻离不开的，特别是身患疾病的人，更渴望清新的空气。植物的光合作用吸收二氧化碳，放出氧气，自动调节空气中的二氧化碳和氧气的比例。植物可大大降低空气中的含尘量，吸收、稀释地面 $3\sim4m$ 高范围内的有害气体。许多植物的芽、叶、花粉分泌大量的杀菌素，可杀死空气中的细菌、真菌和原生动物。因此，在医院、疗养院绿地中，选择松柏等多种杀菌力强的树种，其意义就显得尤为重要。

(5) 卫生防护隔离作用

在医院、一般病房、传染病房、制药间、解剖室、太平间之间都需要隔离，传染病医院周围也需要隔离。园林绿地中经常利用乔、灌木的合理配置，起到有效的卫生防护隔离作用。

综上所述，医院、疗养院绿地的功能可分为物理作用和心理作用，绿地的物理作用是指通过调节气候、净化空气、减弱噪声、防风防尘、抑菌杀菌等，调节环境的物理性质，使环境处于良性的、宜人的状态。绿地的心理作用则是指病人处在绿地环境中及其对感官的刺激所产生宁静、安逸、愉悦等良好的心理反应和效果。

10.3.2 医疗机构绿地特征

(1) 高度的知觉性

医院的主要使用人群是病人，他们同健康人相比，在身体机能或心理上处于失调状态，对环境的感受要比健康人更加敏感，易受自然环境的影响，多数适应能力较弱，情绪容易紧张、烦躁，所以他们对环境具有较高的知觉性。医院户外空间环境要采取适当措施适应自然环境的诸多变化因素，保持生机，最大限度地提供服务。

(2) 使用人群的特殊性

医院环境是一种极为特殊的公共环境。因为它首先是一个为特殊群体（患者）提供治疗和康复的场所，这个群体的特殊性不仅在于其文化层次与经济条件的巨大差异，还在于患者与常人不同的心理状态和对环境有更直接、特殊的需求与依赖。此外，医院还要为医护人员、探视人员、陪同家属等提供相应的环境。医院户外环境设计应抓住特殊群体的需求，努力创造一种具有广泛兼容性、高度亲和性的健康医院环境。

10.3.3 综合医院绿地

医院是医伤治病的场所，绿化建设的好坏对病人的康复有着不可忽视的作用。因此，医院应根据自己的特点，进行合理的绿化规划，如美国杭廷顿医院景观绿化（图10-9）。

10.3.3.1 综合医院绿地规划原则

① 合理布局，系统结合 医院的绿地规划要纳入医院总平面布置中，做到全面规划，合理布局。点、线、面相结合。

② 根据医院特点进行布局 医院绿化，应根

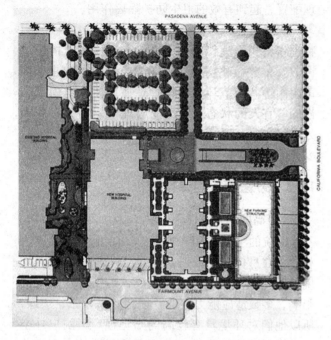

图10-9　美国杭廷顿医院景观绿化平面图

据各院的规模、所处的环境和布置风格进行合理布局。一般医院的建筑密度较大，用地紧凑，绿化用地有限。因此，可想方设法发展垂直绿化，多布置藤本植物，以扩大绿化覆盖率，并丰富绿化层次和景观。

③ 设景必须与医院建筑相协调　在医院中设置景点、景观时，必须要考虑到医院的建筑规模和建筑特征，使所设之景能同医院建筑融为一体，起到点缀、陪衬作用。如设置花坛、喷泉、体现本院特点的雕塑等，都必须考虑与医院建筑风格的协调统一，做到既适用又美观。

10.3.3.2 综合医院绿地规划设计

医院绿地应与医院的建筑布局相协调，除建筑之间的绿地空间之外，还应该在住院部留出较大的绿地空间，建筑前后绿地不宜过于闭塞，病房、诊室都要便于识别。

根据医院性质不同，所要求的绿地面积也有所不同。在疗养性质的医院，如疗养院、结核病院、精神病院等绿地面积可更大些。建筑前后绿地不要影响室内采光、日照和通风。植物选择以常绿树为主，选择无飞絮、飞毛、浆果的植物，也可选用一些具有杀菌及药用的、少病虫害的乔木或花灌木和草本植物，并考虑夏季防日晒和冬季防寒风。植物配置要考虑四季景观，特别是大门入口处和住院部（图10-10）。

医院的绿地布局根据医院各组成部分功能要求不同，其绿地布置亦有不同的形式。现分述各部分规划要求。

(1) 门诊区

门诊区靠近医院的入口，绿地应该与街景调和，也要防止来自街道和周围的烟尘和噪声污染。所以在医院外围应密植10～15m宽的乔灌木防护林带。

门诊部是病人候诊的场所，其周围人流较多，是城市街道和医院的结合部，需要有较大面积的缓冲场地，场地及周边应作适当的绿地布置，以美化装饰为主，可布置花坛、花台，有条件的还可设喷泉和主题性雕塑，形成开朗、明快的格调。在喷泉水流的冲击下，促进空气中负离子的形成，增加疗养功能。沿场地周边可以设置整形绿篱、开阔的草坪、四季开花的花灌木，用来点缀花坛、花台等建筑小品，组成一个清洁整齐的绿地区，但是花木的色彩对比不宜过于强烈，以常绿素雅为宜。场地内疏植一些落叶大乔木，其下设置座椅以便病人坐息和夏季遮阴，大树应在门诊室8m外种植，以免影响室内日照和采光。在门诊楼与总务性建筑之间应保持20m的卫生距离，并以乔灌木隔离。医院临街的围墙是否通透，应以外部环境的状况为准，若外部街道的环境较好，则通透的围墙能使医院庭园内草坪与街道上绿荫如盖

图10-10　美国杭廷顿医院入口景观

的树木交相辉映。

（2）住院区

住院区常位于医院比较安静的地段，位置选在地势较高、视野开阔、四周有景可观、环境优美的地方。可在建筑物的南向布置小游园，供病人室外活动，花园中的道路起伏不宜太大，应按无障碍要求设计，不宜设置台阶踏步。花园中心部位可以设置小型装饰广场，以点缀水池、喷泉、雕像等园林小品，周围设立座椅、花棚架，以供坐息、赏景兼作日光浴场，亦是亲属探望病人的室外接待处。面积较大时可以利用原地形挖池叠山，配置花草、树木，并建造少量园林建筑、装饰性小品、水池等，形成优美的自然式庭园。

植物配置要体现明显的季节性，使长期住院的病人能感受到自然界的变化，季节变换的节奏感宜强些，使之在精神、情绪上比较兴奋，从而提高药物疗效。常绿树与开花灌木应保持一定的比例，一般为 1:3 左右，使植物景观丰富多彩。植物配置要考虑病人在室外活动时对夏季遮阴、冬季阳光的需要。还可以多栽些药用植物，使植物布置与药物治疗联系起来，增加药用植物知识，减弱病人对疾病的精神负担，有利于病人的心理辅疗。医疗机构绿化宜多选用保健型人工植物群落，利用植物的配置，形成一定的植物生态结构，从而利用植物分泌物质和挥发物质，达到增强人体健康、防病治病的目的。例如，枇杷、丁香、桃树、八仙花、八角金盘，树缘种枸骨、葱兰。许多香花树种如含笑、桂花、广玉兰等，均能挥发出具有强杀菌力的芳香油类物质，银杏叶含有氢氟酸，具有保健和净化空气的功能。

根据医疗需要，在绿化中布置室外辅助医疗地段，如日光浴场、空气浴场、体育医疗场等，各以树木作隔离，形成相对独立的空间。在场地上以铺草坪为主，也可以砌块铺装并间以植草，以保持空气清洁卫生，还可置棚架作休息交谈之用。

一般病房与隔离病房应有 30m 绿化隔离地段，且不能用同一花园。

（3）辅助医疗、行政管理、总务及其他区

除总务部门分开以外，辅助医疗与行政管理一般常与住院门诊部组成医务区，不另行布置。

晒衣场与厨房、锅炉房等杂物院可单独设立，周围有树木做隔离。医院太平间、解剖室应有单独出入口，并在病人视野以外周围密植常绿乔灌木，形成完整的隔离带。特别是手术室、化验室、放射科，四周的绿化必须注意不种有绒毛和花絮植物，防止东西日晒，并保证通风和采光。除了庭园绿化布置外，还要有一定面积的苗圃、温室，为病房、诊疗室提供盆花、插花，以改善、美化室内环境。

医疗机构的绿化，除了要考虑其各部分使用要求外，其庭院绿化应起分隔作用，保证各分区不互相干扰。

在植物种类选择上，可多种些有强杀菌能力的树种，如松、柏等，有条件的还可以种些经济树种、果树、药用植物，如核桃、山楂、牡丹、杭白菊、杜仲、槐树、白芍药等，都是既美观又实用的种类，使绿化同医疗结合起来，是医疗机构绿化的一个特色。

为了提高医院绿化覆盖率和树冠体积系数，地面绿化应实行套种，广铺草坪，并多配置常绿乔木，建筑近处种植稀疏，以利通风；远处浓密，使建筑掩映在碧树浓荫中。

10.3.4 专类医院绿地

（1）儿童医院

儿童医院主要接收年龄在 14 周岁以下的生病儿童。在绿化布置中要安排儿童活动场地及儿童活动的设施，其外形色彩、尺度都要符合儿童的心理与需要，因此儿童医院要以童心感进行设计与布局，树种选择要尽量避免种子飞扬、有异臭味、有毒有刺的植物以及引起过敏的植物，还可布置些有图案式样的装饰物及园林小品。良好的绿化环境和优美的布置，可减弱儿童对疾病的心理压力。

（2）传染病医院

传染病医院主要接收急性传染病、呼吸道系统疾病的病人。医院周围防护隔离带的作用就显得尤为重要，其宽度要 30m 以上，比一般医院宽，林带由乔灌木组成，将常绿树与落叶树一起布置，使之在冬天也能起到良好的防护效果。在不同病区之间也要隔以绿篱，利用绿地把不同病人组织到不同空间中去休息、活动，以防交叉感染。病人活动以下棋、聊天、散步、打拳为主，布置一定的场地和设施，为病人活动提供良好的条件。

10.4 工业绿地

10.4.1 工业绿地的意义

工业绿地是指城市工业用地内的绿地，即城市工矿企业的生产车间、库房及其附属设施等用地内的绿地，包括其专用的铁路、码头和道路等用地内的绿地。

工业用地是城市用地的重要组成部分，一般占城市总用地的15%~30%，有些工业城市所占比例更大，达40%以上。根据国家相关法律法规和技术规范的要求，工业企业的绿地率一般为20%~30%，城市中工业绿地往往会占城市绿地总面积的10%~20%，有的甚至超过30%，可见工业绿地在城市系统建设中占有十分重要的地位，直接影响着城市的环境质量和景观风貌。因此，加强工业绿地的建设，也是改善城市生态环境的重要途径之一。

工业绿地的意义体现在以下方面：

(1) 生态环境保护功能

工业生产对于经济的发展有着至关重要的作用，给社会创造了无数的物质财富和精神财富；另一方面工业生产的发展，也给人类赖以生存的环境带来了巨大的变化，使环境污染，造成灾难，以致威胁人们的生命。从某种意义上讲，工业是城市环境的大污染源，特别是一些污染性较大的工业，如钢铁工业、化学工业、造纸工业等。自1972年举世瞩目的斯德哥尔摩人类环境会议以来，人们认识到环境的恶化是当代人类面临的一个大问题，工业环境的改善，直接影响到城市的环境质量。改善环境质量，主要通过3个途径：一是合理的工业布局；二是采取工艺措施，治理"三废"，根除跑、冒、滴、漏；三是大力提倡植树栽花种草，以人工的方法形成植物群落，恢复自然环境，保护生态平衡，使之减少并缓冲由于大规模建造、工业生产过程产生的有害物质所造成的环境破坏。实践证明绿色植物除了吸收二氧化碳、释放氧气外，还可以吸收某些工厂在生产过程中释放的二氧化硫、氟化氢、氯气、臭氧、碳氧化物等有害气体，阻隔、过滤、吸收工业企业生产原料或排放物中的放射性物质和辐射物质的传播，吸滞烟尘和粉尘，阻挡和减弱噪声、强光、大风等影响职工身心健康的不良刺激因素。指示植物即部分对某种污染物质比较敏感的植物还可以起到监测环境的功能。

因此，从微观上讲，工业绿地可以减轻污染，改善和调节局部或区域小气候；宏观而言，工业绿地整体质量水平的优劣，对改善城市环境状况、维持城市生态平衡具有巨大的影响（图10-11）。

(2) 精神财富创造功能

工厂绿化是社会主义精神文明建设的一个方面，从一个侧面反映出一个工厂的精神面貌。良好的园林绿化环境，使职工在紧张的劳动之余，得到一种有高尚趣味的精神上的享受，使体力得到调节，以更充沛的精力投入工作劳动中去。工厂绿化使整个厂区绿树成荫、花团锦簇。树木花草美好和谐的配置，其优美的姿态，斑斓绚丽的色彩，衬托着工厂宏大的具有工业建筑特点的建筑物、构筑物，形成别具一格的人工美和自然美相结合的艺术形象，给人一种安静、兴旺、喜悦、愉快的心理感受。如南京江南光学仪器厂是生产精密光学仪器的企业，经过几年的努力，绿化面积占全厂总面积的31%，人均占有绿化面积达16m²，成为一个绿树成荫、繁花似锦、整齐清洁、环境优美的仪器工厂。精神的力量是无穷的，优美的环境给工厂职工带来了愉快和舒适，振奋了人们的精神，促进生产任务的完成。

(3) 物质财富创造功能

工厂绿化好，可获得直接的经济价值和间接的经济价值。工厂绿化可以结合生产，种植果树、油料树及药用植物。如核桃既是良好的庭前树、行道树，又是优良的果树和油料树种；牡丹、芍药、连翘既有美丽的花朵给人们观赏，又是贵重药材，可以给社会创造物质财富，这是一种直接的经济价值。由于环境的绿化美化，职工身体健康，

图 10-11 上海宝钢总厂绿化鸟瞰

精神振奋，干劲倍增，发病率降低，出勤率提高，劳动生产率提高。再者，随着生产力的提高，技术设备精良，人们对工厂环境质量的要求也越来越高，绿化是环境质量中的重要因素，好的环境质量，给人良好的心理影响，对产品质量产生一种信誉感，这些是潜在的间接的经济价值。

10.4.2 工厂企业绿地

10.4.2.1 工厂企业绿地的特征

工厂企业的绿化由于进行工业生产而有着与其他用地绿化不同的特点，工厂的性质、类型不同，生产工艺特殊，对环境的影响及要求也不相同。工厂绿化有其特殊的一面，概括起来表现在以下几个方面：

(1) 污染的环境不利于植物生长

工厂在生产过程中常常会排放、泄漏各种有害于人体健康及植物生长的气体、粉尘、烟尘及其他物质，使空气、水、土壤受到不同程度的污染，这些在目前的科学技术水平及管理的条件下，还不可能杜绝，加之基本建设和生产过程中材料的堆放，废物的排放，使土壤的结构、化学性能、肥力变差，造成树木生长发育的立地条件较差。因此，根据不同类型、不同性质的工厂，选择适宜的绿化植物，是工厂绿化成败的重要环节。

(2) 用地紧凑，绿化用地面积少

工业建筑及各项设施的布置都比较紧凑，建筑密度大，特别是城市中的中、小型工厂，一般供绿化的用地往往很少，因此工厂绿化要"见缝插绿"，甚至"找缝插绿""寸土必争"地栽种花草树木，来争取绿化用地。有的在水泥地上砌台植树，有的揭起水泥地挖坑栽树，有的充分运用攀缘植物进行垂直绿化，有的开辟屋顶花园，这些都是增加工厂绿地面积之有效的办法。

(3) 绿化要保证工厂的安全生产

工厂的中心任务是发展生产，为社会提供高质量的产品。工业企业的绿化要有利于生产正常运行，有利于产品质量的提高。工厂空中、地上、地下有着种类繁多的管线，不同性质和用途的建筑物、构筑物、铁路、道路纵横交叉如织，厂内厂外运输量大。因此，绿化植树时要根据其不同的安全要求，既不影响安全生产，又要使植物能有正常的生长条件。确定适宜的栽植距离，对保证生产的正常运行和安全是至关重要的(表10-1)。有些企业的空气洁净程度直接影响到产品质量，如精密仪表厂、光学仪器厂、电子工厂等，应增加绿地面积，土地均以植物覆盖，减少飞尘，不要选择有绒毛、飞絮的树木，如悬铃木、杨、柳等。如某些工厂，在生产中常常不是仪器发生问题，就是产品漏气，质量不稳定，经观察和分析研究，是悬铃木种子的毛飞进车间所造成，因此将悬铃木换栽成挡灰阻尘的女贞、珊瑚树、水杉，

多层密植，使产品质量稳定。由此可见，树种的选择是工业企业绿化中的特殊问题。

(4) 工厂绿地的服务对象以本厂职工为主

工业企业绿地是本厂职工休息的场所。职工的职业性质比较接近，人员相对稳定，绿地使用时间短，面积小，加上环境条件的限制，使可以种植的花草树木种类受到限制，因此，如何在有限的绿地中，结合建筑小品、园林设施，使之内容丰富，发挥其最大的使用效率，是工厂绿化中特有的问题。如有的工厂利用厂内山丘水塘，植花木、置水榭、建棚架，建成小游园；车间附近设喷泉水池，种上睡莲，伴以仙鹤戏水，相映成趣。路道两旁及建筑前规则式的栽植，使厂容庄严、端正；而自然式的小游园，显得生动、自然。

10.4.2.2　工厂企业绿地规划设计

1) 工厂企业绿地系统的布局形式

工厂绿地布局应结合工厂外部环境的特点和类型，与厂房、堆场、道路等统一考虑，同步建设。点、线、面结合，均匀分布，突出重点。做到因地制宜、扬长避短、形式多样、各具特色。工厂绿地布局主要有以下几种形式。

① 散点状　对于厂房密集、没有大块土地绿化的老厂来说，可以见缝插针的方式，在适当位置布置各种小的块状绿地。使大树小树相结合，花台、花坛、坐凳相结合，创造复层绿化，还可沿建筑围墙的周边及道路两侧布置花坛、花台，借以美化环境，扩大工厂的绿地面积。利用已有的墙面和人行道、屋顶，采用垂直绿化的形式，布置花廊花架，不仅节约土地面积，提高绿化面积，也增加美化效果。

② 条块结合　近年来建成的工厂，对环境美化提出了更高的要求，常在道路及建筑旁留有较宽的绿带，并在厂前区和生产区适当布置较为集中的大块绿地形成条块结合的布局形式，生态效应显著，环境整体性好，空间形式有变化，又为工人休息、活动创造了条件(图10-12)。

③ 宽带状　随着生产和储运设备的现代化，工业建筑向"联合化""多层化"发展，工厂空间逐步简化，趋向于单体建筑，工厂绿地也趋于集中，

表10-1　树木与建筑物、构筑物、地下管线的最小距离
(《机械工厂总平面及运输设计规范》)

序号	建筑物、构筑物及地下管线的名称	间距(m) 至乔木中心	至灌木中心
1	建筑物外墙(有窗)	3.0	1.5
2	建筑物外墙(无窗)	2.0	1.5
3	围墙	2.0	1.0
4	标准轨距铁路中心线	5.0	3.5
5	道路路面边缘	0.5	0.5
6	人行道边缘	0.5	0.5
7	土排水明沟边缘	0.3	0.3
8	给水管管壁	1.5/1.0	0.5
9	排水管管壁	1.5/1.0	0.5
10	热力管(沟)壁	1.5/1.0	1.5/1.0
11	煤气管管壁	1.2/1.0	0.5
12	乙炔管、氧气管、压缩空气管管壁	1.5/1.0	0.5
13	电力电缆外缘	1.5/1.0	0.5
14	照明电缆外缘	1.0	0.5

注：1. 表列管壁系指外缘。
　　2. 明沟为铺砌时，其间距应从沟外壁算起。
　　3. 树木与管线间距，如受条件限制，不能满足分子的数据要求时，可采用分母的数据。

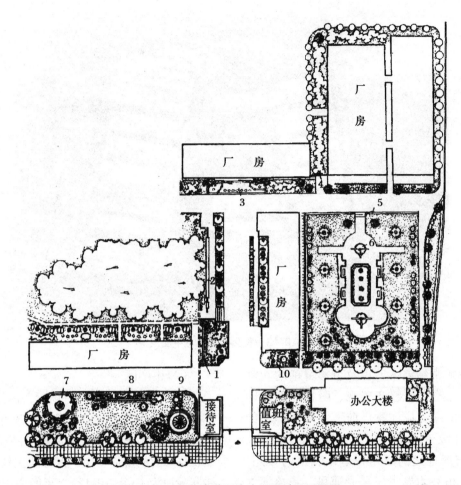

图 10-12　湖北省黄石市水厂绿地总平面图
1. 装饰影壁　2. 宣传橱窗　3. 山石壁画主景　4. 装饰景门　5. 装饰景墙　6. 排气孔小品
7. 污水池改造景点之一　8. 装饰古博景架　9. 污水池改造景点之二　10. 叠石景点

围绕建筑呈宽环状(图 10-13)。

2) 各类绿地规划设计要点

工业企业各组成部分进行园林绿化布置时，要充分考虑到各自的功能特点。现将各组成部分的绿化布置做如下概述。

(1) 厂前区

厂前区包括主要入口、厂前建筑群和厂前广场。厂前区在一定程度上代表着工厂的形象，体现工厂的面貌，也是工厂文明生产的象征。厂前区是厂内外人流最集中的场所，常常给人以第一印象；厂前区常与城市道路相临，环境的好坏直接关系到城市的面貌，其主要建筑一般都具有较高的建筑艺术标准。厂前区在工厂中的位置一般在上风方向，离高污染源较远，受污染的程度较小，工程管网也比较少。这些都为厂前区的绿化布置提供了有利条件，同时也对园林绿化布置提出较高的要求。厂前区的绿化组成由大门区、建筑物周围的绿化、林荫道、广场、花坛、花台等组成(图 10-14)。

厂前区的绿化布置应考虑到建筑的平面布局，主体建筑的立面、色彩、风格，与城市道路的关系等，多数采用规则式和混合式相结合的布局。工厂出入口的绿化要方便交通，与建筑的形体、色彩相协调，与街道绿化相呼应，在厂门口形成绿树成荫、多彩多姿的景象。厂门到办公综合大楼间的道路、广场上，可布置花坛、喷泉，体现本厂特点的雕塑等；林荫大道上选用冠大荫浓、生长快、耐修剪的乔木作遮阴树，或植以树姿雄伟的常绿乔木，再

图 10-13 某兵器基地总平面图

配置修剪整齐的常绿灌木，以及色彩鲜艳的花灌木、宿根花卉，给人以整齐美观、明快开朗的印象。建筑周围的绿化应注意厂前区空间处理上的艺术效果，入口处的布置要富于装饰性和观赏性。在建筑墙体与绿地之间要重视基础栽植的作用，建筑的南侧栽植乔木要考虑采光通风，栽植灌木宜低于窗口，以免遮挡视线。东西两侧宜植落叶乔木，以防夏日东西晒。厂前区还常常与小游园的布置相结合，绿化气氛更浓、环境更优美，以供职工短时间休息。厂前区绿化为使冬季不失其良好的绿化效果，常绿树一般占1/2左右。

（2）生产区

生产区是工业生产的场所，污染重、管线多、空间小、绿化条件较差。但生产区占地面积大，发展绿地的潜力很大，绿地对保护环境的作用更突出，是工厂绿化的主体。生产区绿化主要以车间周围的带状绿地为主（图10-15）。车间周围的绿化总的说来要注意以下几点：①了解车间生产产品的特点以及所需环境的特征；②车间出入口可作为重点美化地段；③要注意树种选择，特别是有严重污染的车间附近，这也正是工厂绿化成败的关键所在；④要满足生产、安全、检修、运输等方面的要求。

图 10-14 北方某钢铁厂厂前区一角

图 10-15 某钢铁厂车间周边绿化一景

工厂生产车间周围的绿化比较复杂，可供绿化面积的大小，因车间内生产特点不同而异。对车间周围影响的程度也差别很大，有的车间对周围环境不产生不良影响，有的车间对周围环境污染较严重，如散发二氧化硫、氟化氢、苯、粉尘、烟尘等；有的车间发出强烈的噪声，如空气压缩机、汽锤等；有的车间对周围环境有要求，如空气洁净、防火、防爆、安静、降温、湿度等。生产车间大致有以下几种类型：

① 对环境有污染的车间　有些工厂的车间，往往排放出大量的烟尘和粉尘，烟尘中含有蒸馏性物质的气体、液体和固体粉末，落到植物体上，对植物的生长和发育有着不良的影响，对人体的呼吸道也有损害，如焦化车间、铸造车间、锅炉房等。车间生产过程中跑、冒、滴、漏而引起的污染，一方面可通过工艺措施来解决，如改进工艺措施，增设除尘设备，回收有害气体变废为宝等；另一方面可通过绿化以减轻危害，美化环境，二者皆不可缺。

在有严重污染车间周围进行绿化布置，首先要了解其污染源及其污染的程度。在化工生产中，同一产品由于所用原料和生产方式不同，对空气的污染也不同，在绿化时就不能一概而论，而要针对工厂的生产性质区别对待。例如，同样是氮肥厂，生产液氮和尿素的工厂主要污染物质是一氧化碳、二氧化碳和氨，而生产硫酸铵的工厂除了上述污染物外，还必须考虑到二氧化硫的污染。因此在污染车间周围的绿化应以卫生防护功能为主，在了解车间生产性质特点及污染物的基础上，才能有针对性地选择抗性强、生长快的树木花草。例如，乙烯车间周围种植棕榈、夹竹桃、凤尾兰、罗汉松、龙柏、鸡冠花、百日草、金盏菊等；在散发二氧化硫气体车间附近种植蚊母树、正木、夹竹桃、海桐、石楠、臭椿、广玉兰等。有严重污染车间的职工除了工间休息、短时间逗留外，其他逗留时间很少。也不宜在此作长时间的休息，不宜布置成休息绿地，休息性绿地应远离污染严重的地区。在植物布置上，靠近车间附近不宜稠密地栽植树木，可铺设开阔的草坪，稀疏地栽植乔灌木，以利于有害气体的扩散、稀释，与其他车间之间可与道路绿化结合设置隔离绿带。

高温高湿车间温度高，工人容易疲劳，要为职工开辟有良好绿化环境的休息场所。树种选择要注意，不宜栽植针叶树和其他油脂较多的松、柏植物。栽植符合消防要求、有阻燃作用的树种，如厚皮香、珊瑚树、冬青、银杏、枸骨、海桐等，布置冠大荫浓的乔木、色彩淡雅、感觉凉爽的花木，设置藤蔓攀缘的棚架，形成浓荫匝地、凉爽洁净的工间休息场所，也可修建花坛、水池，设置桌椅，调节职工的精神，消除疲劳。树木栽植要有利通风，还要注意消防车进出需要。

在发出强烈噪声的车间周围，要选择枝叶茂的树种。此外，高压线下和电线附近不要种植高大乔木，以免导电失火或摩擦电线。植物配置应考虑安全的要求，并注意层次和四季景观。

② 有特殊要求的车间　要求防尘的车间如食品加工车间、空气分离车间、精密仪器车间等，要求空气非常清洁。空气质量直接影响到产品质量和设备的寿命。在绿化布置时栽植茂密的乔木、灌木，阻挡灰尘的侵入，地面用草坪或藤本植物覆盖，使黄土不裸露，其茎叶既有吸附空气中灰尘的作用，又可固定地表上的土不随风飞扬。树种宜选择枝叶稠密、叶面粗糙、生长健壮、滞尘能力强的树种，不宜栽植散发花粉、飞毛的树种，如悬铃木、杨、柳等。

光学、精密仪器制造车间　这类车间一方面要求有空气清洁的环境；另一方面要有充足的自然光，使车间内明亮敞朗。车间四周铺设草坪及低矮的花灌木和宿根花卉作基础栽植，如丁香、榆叶梅、贴梗海棠、棣棠、美人蕉、蜀葵等；建筑北面可植耐阴的花木，如金丝桃、金丝梅、珍珠梅、金银花、紫萼、玉簪等；墙面可植攀缘植物，如地锦、美国地锦、凌霄等。高大乔木应距车间外 6~8m 处栽植，避免树木阴影影响室内采光。

要求环境优美的车间　有的车间由于生产过程要求设计、制作、生产具优美图案的产品，如刺绣、工艺美术、地毯等车间，因此特别要注意观赏植物、水池、假山、小品等的环境布置，形成一个优美的花园环境，可选择姿态优美、色彩鲜艳的花木。例如，象征"岁寒三友"的红梅、青松、绿竹，花朵硕大、富丽的牡丹、芍药，姹紫嫣红的杜鹃花，红果累累的南天竹、万年青等。而且要冬夏常青、四季有花，使职工在优美的环境里陶冶性情、精神愉快。

车间的类别很多，其生产的特点的不同，绿化也有着多种多样的要求，因而要从实际出发，进行树种的选择和适宜的绿化布置。

(3) 仓库、堆场

仓库周围的绿化，应注意以下几个方面：①要考虑到交通运输条件和所贮存的物品性质，满足使用上的要求，务必使装卸运输方便；②要选择病虫害少，树干通直，分枝点高的树种；③要注意防火要求，不宜种植针叶树和含油脂较多的树种。仓库的绿化以稀疏栽植乔木为主，株间距要大些，以 7~10m 为宜；绿化布置宜简洁。在仓库建筑周围必须留出 5~7m 宽的空地，以保证消防通道的宽度和净空高度，以不妨碍消防车的作业为准。

地下仓库的顶面，根据覆土厚度的情况，可种植草皮、藤本植物和乔灌木，起到装饰、隐蔽、降低地表温度和防止尘土飞扬的作用。表 10-2 为植物栽植最低土层厚度，仅供参考。

表 10-2　植物最低土层厚度　　cm

植物类别	生存所需	生长所需
草　本	10~15	30
小灌木	30	45
大灌木	45	60
浅根乔木	60	90~100
深根乔木	90~100	150

装有易燃物的贮罐周围，应以草坪为主，而防护堤内不宜种植物。根据有关规定，为减少地面的辐射热，防护堤外只能种植不高于防护堤的灌木。

露天堆场进行绿化时，首先不能影响堆场的操作。要求在堆场周围栽植生长强健、防火隔尘效果好的落叶阔叶树，与其周围很好地加以隔离。如常州市混凝土构件厂，在成品堆放场沿围墙种植泡桐，在中间一排电杆的分隔带上，种植广玉兰、罗汉松、美人蕉、麦冬，形成美观的带状绿地，可在树荫下休息，花草树木也给堆场带来了生机。

(4) 厂内道路、铁道的绿化

① 厂内道路的绿化　这是环境绿化的重要组成部分，往往反映一个工厂的绿地面貌和特色。以道路绿化为骨架，将厂前区的绿化，车间周围的绿化，车间之间的绿化，辅助设施的绿化，小游园、水体等联系起来，形成厂内自成格局的绿化系统。特别是主干道的绿化，栽植整齐的乔木，体态高耸雄伟，花灌木配置其间，繁花似锦，给工厂环境增添美景。厂内道路是连接内外交通运输的纽带，职工上下班人流集中，车辆来往频繁，地上地下管道、电线、电缆纵横交叉，都给绿化带来了一定的难度。因而在绿化时要了解车流、人流的情况，有害物质的污染，地上地下设施的位置、高度、深度等，以选择生长健壮、适应能力强、树冠整齐、遮阴效果好、耐修剪、抗污染性强的乔木做行道树，如樟树、广玉兰、女贞、榉树、喜树、水杉等。

道路绿化应满足庇荫、防尘、降低噪声、交通运输安全及美观等要求，结合道路的等级，以横断面形式及路边建筑的形体、色彩等进行布置。道路两侧通常以等距行列式栽植布置，在道路两侧各种两行乔木，如路面较窄，则可在一侧种植行道树，南北向道路可种植在西侧，东西向道路可在南侧种植，以利庇荫。乔木栽植距离视树种而定，以 7~10m 为宜。乔木主干高度不低于 4m，分枝点太低，会影响到运输安全。为了保证行车和行人及生产的安全，道路绿化要遵循厂内道路交叉口转弯非植树区的最小距离(表 10-3)，树木与建筑物、构筑物、道路、地下管线的最小间距。大型工厂的道路有足够的宽度时，可增加园林小品，布置成丰富多彩的花园林阴道。

道路绿化设计时，要充分发挥植物的形体美与色彩美，有层次地布置好乔木、花灌木、绿篱、宿根花卉，形成既壮观又美丽的绿色长廊(图 10-16)。

表10-3 各种交叉口非植树区的最小距离   m

位置	机动车交叉口(行车速度≤40km/h)	机动车道与非机动车道交叉口	机动车道与铁路交叉口	工厂内部道路交叉口(行车速度≤25km/h)
图示	30×30	10×10	50	14×14

图10-16 某钢铁厂厂内景观大道

某些工厂,如石油化工厂,厂内道路常与管廊相交叉或平行,道路的绿化要与管廊位置及形式结合起来考虑。因地制宜地采用乔木、灌木、绿篱、攀缘植物,巧妙配置,以收到良好的绿化效果。

② 厂内铁路的绿化 大型厂矿除一般道路外,还有铁路运输,如大型钢铁、石油、化工、重型机械厂等。工厂内铁路除了标准轨道外,还有轻便的窄轨道。装卸原料、成品等的场地,乔木的栽植距要加大,以7~10m为宜,且不种植灌木,以保证装卸作业的方便进行。

(5) 厂内休息性游园

工厂企业内因地制宜地开辟游园,有利于职工工余休息、谈心、观赏、消除疲劳,也是厂内职工开展业余文化娱乐活动的良好场所,深受广大职工的喜爱。根据各厂的具体情况,选择树木花草,并运用园林艺术手法,使观赏花木、水池、假山及建筑小品布置得体,组成一个优美的环境,对于美化厂容厂貌有着重要的作用。厂内休息性游园面积一般都不大,因此要布置精良、小巧玲珑,还往往结合本厂的特点,点缀一些标志性的小品,连同工厂建筑物、构筑物的特殊的风貌,形成不同于城市花园、街道、居住小区游园的风格。

游园的布局形式可分为规则式、自由式和混合式,根据游园所在位置、使用性质、场地形状及职工的爱好等灵活采用。游园在厂区内设置的位置有以下几种方式:

① 结合厂前区布置 厂前区是职工上下班集散场所,也是来宾首到之处,又临近城市街道,小游园结合厂前区布置,既方便职工的游憩,也丰富美化厂前区的面貌。如广州石油化工总厂、湖北汉川电厂等都结合厂前区布置了游园,取得了良好的效果(图10-17)。

② 结合厂内水体布置 工厂内的天然水塘、河道、冷却池等水体,是布置游园的好地方,既增加了游园的园景和休息活动的内容,也改善了工厂的环境质量,是一举多得的好办法。如南京江南光学仪器厂,将一个原为垃圾场的小水塘疏

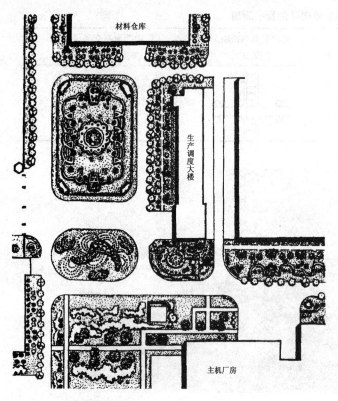

图10-17　湖北汉川电厂厂前区绿地

浚治理，铺草坪、修园路、置花架、种花木、叠假山，水池内还设喷水池，已成为广大职工喜爱的小公园。

③结合车间周边布置　车间附近可以用布置游园的方式美化环境，这里是工人工余休息最便捷的地方，而且可以根据本车间工人的爱好布置成各有特色的小游园，并可结合厂区道路展现优美的园林景观，使职工在花园式的工厂中工作和生活。如广州石油化工总厂在各车间附近，由车间工人自己动手建造游园，各具风格，丰富多彩，遍及全厂达20余处。

④结合公共福利设施、人防工程布置　游园与工会俱乐部、阅览室、食堂、人防工程相结合能更好地发挥游园的作用。但要注意在人防工程上土层深度为2.5m时可种大乔木；土层深度为1.5~2m时，可种小乔木及灌木；土层深度为0.3~0.5m时，只可种草、地被植物、竹子等植物，在人防工程的出入口附近不得种植多刺或蔓生伏地植物。如苏州化工厂在行政大楼和职工食堂之间布置花园，成为职工饭后休息谈心的地方

（图10-18）。

3）工矿企业绿化植物的选择

（1）植物的视觉空间作用

①点缀衬托　在以主要出入口、主体建筑物、高大构筑物等作为工厂标志性景物时，植物作为景观的一部分，起点缀、衬托的作用。在体量、造型、色彩上不能喧宾夺主或主次颠倒。主景前方常为低矮、开展的布置，两侧配置及远处背景宜简洁。植物材料与建筑或构筑物相辅相成，共同形成一个有机整体。绿化起平衡景观、添加层次等作用。二者在体量上不要相差过分悬殊，应成一定的比例关系。

②替代、分隔　当工矿企业中的生产建筑不够美观时，可用植物材料进行遮掩，用植物界面替代建筑界面，形成一个新空间，达到美化、转化的目的。如干道两旁外观较差的建筑、杂乱的堆场、破烂的构筑物等，均可用植物进行遮挡；也可用植物形成绿墙，分隔功能不同或外观不协调的空间。用适宜的地被植物或草地覆盖地面会使整个环境在绿色的基调上统一起来，变得更温暖、柔和，同时有滞尘、保土作用（图10-19）。发展屋顶绿化和垂直绿化，不仅能美化建筑物的层面、墙面，还能调节夏季的室内温度。

③遮盖　利用乔木的高大树冠，为道路、广场等提供遮阴，避免夏季高温和强光刺激，获得适宜的小气候和满意的光影效果。

④围合　运用植物构成独立的园林空间，空间的所有界面均由植物构成，配以适当的建筑小品，创造出优美、清新的绿色环境，为工人休息、

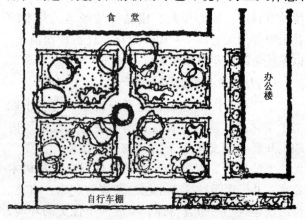

图10-18　苏州化工厂食堂前小游园

图10-19 某厂区道路边管网设施绿化

娱乐创造良好的条件。

(2) 植物选择的基本原则

工矿企业的类型很多，有重工业、轻工业、纺织工业、石油工业、化学工业、精密仪表工业等。即使同一类型的工厂，其规模大小、产品品种、排放物对环境的影响，以及某些工业对环境质量的要求等也有很大的差异。因此，如何结合具体情况选择绿化的植物，是企业绿化的成败关键之一。

① 确定适生植物　首先对工厂所在地区以及自然条件相似的其他地区分布的植物种类进行全面调查；其次要注意其在工厂环境中的生长情况；然后对本厂环境条件进行全面分析。在此基础上拟定一个初步的适生植物名录。必要时可做一些针对性的试验比较，以扩大选择范围。

植物因原产地、生长习性不同，对气候条件、土壤、光照、湿度等都有一定范围的适应性，在工业环境下，特别是一些污染性大的工业企业，选择最佳适应范围的植物，就能发挥植物对不利条件的抵御能力。在同一工厂内，也会有土壤、水质、空气、光照的差异，在选择树种时也要分别处理。因此，要适地适树地选择树木花草，以提高成活率，使植物生长强壮，达到良好的绿化效果。

② 确定骨干树种和基调树种　骨干树种是工厂绿化的支柱，对保护环境、美化工厂、反映工厂面貌的作用显著，必须在调查研究和观察试验的基础上慎重选择。道路绿化是工厂绿化的骨架，是联系工厂各部分的纽带。一般情况下，工厂骨干树种选择，首先是道路绿化树种，尤其是行道树的选择，除了满足工厂绿化植物的一般要求外，还要求树形整齐、冠幅大、枝叶密、落果或飞毛少、发芽早、落叶晚、寿命长等。基调树种用量大、分布广，同样对工厂环境的面貌和特色起决定作用，要求抗性和适应性强，适合工厂多数地区的栽植。

③ 确定合理的比例关系　工厂绿化要注意常绿树与落叶树、速生树与慢长树、乔木与灌木的比例关系。常绿树可以保证四季的景观并起到良好的防风作用；落叶树季相分明，使厂区环境生动活泼，落叶树中吸收有害气体的植物种类较多。常绿树中尤其是针叶常绿树吸收有害气体的能力、抗烟尘及吸滞尘埃的能力远不如落叶树。

对防火、防爆要求较高的厂区，要少用油脂性高的常绿树。在人们活动范围区域内要少用常绿树，以满足人们冬季对阳光的需求。速生树绿化效果快，容易成材，但寿命短，需用慢长树来更新，考虑到绿化的近期与远期效果，应采用速生树与慢长树搭配栽植，但要注意在平面布置上避免树种间对阳光、水分、养分的"争夺"，要有合理的间距。具体比例视工厂的性质、规模、资金情况、自然条件以及原有植物情况来确定，参考比例为：乔木中速生树占75%，慢长树占25%，乔木多数体量大，灌木体量小，因此，乔木与灌木的比例以 1:3~1:5 为宜。

④ 满足生产工艺过程对环境的要求　要根据不同工厂、不同车间生产工艺过程选择植物。有污染的工厂、车间要选择相应的防污绿化植物。有些生产工艺过程对环境条件有特殊的要求，如精密仪器厂、电子仪表厂、电视机厂等，要求车间周围空气洁净、尘埃少，以保证产品质量，就要选择滞尘能力强的树种，如榆、刺楸等，而不能栽植杨、柳、悬铃木等有飞絮、飞毛的树种。对要求防火的仓库、堆场等，可选含树脂少、枝叶含水分多、萌蘖再生力强、着火时不会产生火焰的防火树种，如珊瑚树、蚊母、银杏等。

⑤ 选择容易繁殖、便于管理的植物　工厂绿化管理人员有限，宜选择容易繁殖、栽培和管理的植物，以省工节资，又能更好地发挥保护环境的作用。为了丰富色彩、美化工厂，一般来说种

植花卉比较费工,也可以选择一些自播繁衍能力强的花卉,如波斯菊、紫茉莉、牵牛花、银边翠等一、二年生花卉,以及美人蕉、马蔺、玉簪、葱兰、石蒜等宿根与球根花卉。这些花卉应生长健壮、管理省工、繁殖容易,种苗易得。宿根花卉一次栽种可多年开花,效果很好。

(3) 抗污绿化植物

根据一些单位进行的试验和调查,将一些主要绿化树种对有害气体的抗性列入表10-4。

① 滞尘力强的树种 圆柏、龙柏、毛白杨、刺楸、刺槐、臭椿、蜡梅、构树、重阳木、榆树、朴树、悬铃木、泡桐、榉树、广玉兰、梧桐等。

② 较好的防火树种 山茶、油茶、海桐、冬青、蚊母、八角金盘、女贞、杨梅、厚皮香、交让木、白榄、珊瑚树、枸骨、罗汉松、银杏、槲栎、栓皮栎、榉树等。

表10-4 各地主要绿化树种对有害气体(以二氧化硫为主)的抗性

地区	抗性强	抗性中等	抗性弱
上海地区	珊瑚树、大叶黄杨、女贞、广玉兰、夹竹桃、八角金盘、樟树、小叶女贞、棕榈、臭榕、朴树、丝棉木、榆树、合欢、椰榆、无花果、乌桕、构树、槐树、刺槐、白蜡树、木芙蓉、石楠、凤尾兰	侧柏、黑松、罗汉松、垂柳、梧桐、悬铃木、楝树、枫杨、白杨、桑树、榉树、紫玉兰、木槿、月季、紫薇、枣树、柿树	雪松、桂花、厚壳树、鸡爪槭、三角枫、重阳木、雪柳、紫荆、蜡梅、桃树、梅
江苏地区	夹竹桃、蚊母、女贞、小叶女贞、大叶黄杨、珊瑚树、棕榈、广玉兰、青冈栎、石楠、石栎、飞蛾槭、油橄榄、构树、无花果、海桐、凤尾兰	罗汉松、龙柏、铅笔柏、杉木、桂花、樟树、瓜子黄杨、枸骨、梧桐、泡桐、臭椿、丝棉木、橡树、槐树、刺槐、合欢、朴树、梓树、麻栎、板栗、黄连木、白玉兰、木槿、三角枫、榆树、君迁子	雪松、马尾松、黑松、湿地松、加杨、垂柳、枫杨、挪威槭、槭树、糙叶树、粗糠树、杜仲、红枫、薄壳山核桃、葡萄、水杉
杭州地区	大叶黄杨、山茶、罗汉松、棕榈、金橘、栀子花、珊瑚树、女贞、胡颓子、夹竹桃、瓜子黄杨、樟树、海桐、构树、臭椿	龙柏、千头柏、乌桕、楝树、垂柳、加杨、泡桐、无患子、桑树、蔷薇、月季	雪松、圆柏、侧柏、榉树、合欢、重阳木、蜡梅、紫薇、紫荆、海棠、梅、樱花
华中地区(武汉)	枳壳、樟树、女贞、棕榈、夹竹桃、大叶黄杨、构树、海桐	楝树、桑树、侧柏、臭椿、槐树、刺槐	马尾松、池杉、水杉、桃树、梅、枫杨
广东地区	对叶榕、印度榕、高山榕、木麻黄、台湾相思、构树、黄槿、油菜、蒲桃	石栗、黄葛榕、夹竹桃、樟树、阴香、黄槐、竹类	马尾松、白千层、白兰、刺桐、凤凰木、荔枝、龙眼、橄榄、杨桃、木瓜
四川地区(华蓥山附近)	尖叶灰木、全缘叶灰木、白常山、冬青、山茶、小叶山茶、茶树、竹叶椒、胡颓子、映山红、瑞香、槲栎、朴树、光叶榉	黄樟、三条筋、全苞石栎、楠木、润楠、光叶海桐、十大功劳、杨桐、大叶菝葜	淡竹、刺黑竹、漆树、油桐、李树
云南地区(昆明)	女贞、垂柳、刺槐、紫薇、迎春、夹竹桃、棕榈、臭椿、木槿	银桦、赤桉、蓝桉、大叶桉、滇柏、龙柏、滇杨	杉木、白兰花、柠檬桉、雪松、悬铃木
西安地区	大叶黄杨、女贞、构树、棕榈、夹竹桃、刺槐、合欢、石榴、柽柳	白蜡树、悬铃木、楝、槐树、黄连木、胡颓子、毛白杨	油松、华山松、杜仲、棠梨、苹果、花椒
兰州地区	大叶黄杨、臭椿、槐树、白蜡树、栾树、桂香柳、柽柳	圆柏、钻天杨、榆树、泡桐、梨树、桃树	侧柏、梓树、青杨、龙爪柳、杏树、苹果
东北地区	银杏、银白杨、圆柏、臭椿、山皂荚、皂荚、槐树、紫椴、毛白杨、刺槐、榆树、桑树、美国白蜡、柽柳、桂香柳、华北卫矛、紫穗槐	侧柏、黄檗、梓树、柞树、栾树、五角枫、泡桐、枫杨、板栗、丁香、茶条槭、樟子松	油松、钻天杨、核桃、苹果、红松、辽东冷杉、白丁香、山丁子、绣线菊、榆叶梅、青杆
华北地区(北京市)	华山松、圆柏、侧柏、加杨、刺槐、槐树、榆树、臭椿、构树、紫穗槐、紫藤	白皮松、毛白杨、核桃、桑、丝棉木、西府海棠、榆叶梅	油松、云杉、山杏、紫薇、河北杨、钻天杨、水杉

③ 抗有害气体的花卉

抗二氧化硫 美人蕉、紫茉莉、九里香、唐菖蒲、郁金香、菊花、鸢尾、玉簪、仙人掌、雏菊、三色堇、金盏花、福禄考、金鱼草、蜀葵、半支莲、垂盆草、蛇目菊等。

抗氟化氢 金鱼草、菊花、百日草、虎耳草、美人蕉、紫罗兰、风铃草、耧斗菜、葱兰、萱草、一串红等。

抗氯气 大丽菊、蜀葵、百日草、千日红、醉蝶花、紫茉莉、蛇目菊等。

10.4.3 高新科技园区绿地

10.4.3.1 高新科技园区绿地的特征

(1) 高新科技园区概念

20世纪下半叶以电子信息、生物、新材料、航天、新能源等为代表的高新技术的重大突破及其产业的迅速崛起,带动了世界范围科技园区的建设热潮。为迎接世界新技术革命挑战,中国也于20世纪80年代中期开始筹划建设科技园区。1985年3月,在《中共中央关于科学技术体制改革的决定》中指出:"为加快新兴产业的发展,要在全国选择若干智力密集区,采取特殊政策,逐步形成具有不同特色的新兴产业开发区。"

(2) 高新科技园区的类型

参照卡斯特尔的分类方法(1998年),将现存的高新科技园区主要分为如下3类。

① 研发型科技园区 是一个研究、开发与生产相结合的综合体,以不断获取创新力,取得高科技产业的全球控制力为目标,它们往往是自发性的企业行为,最为突出的代表就是硅谷。

② 科学城 是严格意义上的科学研究综合体,它们和制造业没有地域上的直接联系,旨在通过协同作用达到高超的科研水平,如日本筑波和韩国大得,它们往往是政府规划的产物。

③ 技术园 经过规划从空地上兴起的"技术园",旨在吸引高科技公司到一个特惠地区增加就业机会,促进工业增长,以地区经济发展为主要目标。至少在初期,其本身并没有创新能力,而是引进技术、发展产业,如中国台湾新竹。

(3) 高新科技园区的特点

① 要满足的区位条件是具有良好的可达性,因此一般会有便捷的高速公路、轻轨或地铁等通往郊外机场、港口或相邻大城市市区。

② 市区内必须有相对完善的基础设施,包括水电、通信、道路等以及各种生活和生产所必需的服务设施。

③ 尽可能拥有清幽宜人的自然环境,低密度住宅、大片绿地有利于新思想的萌发和人们之间的交流和合作。

④ 必须拥有丰富的人力资源和充分的科技优势,这可以通过选址时靠近大学及科研机构或建设后再吸引相关机构来实现。

⑤ 可获得宽松的政策环境,优惠政策的实施或其他政府支持行为(如提高办事效率)是高新科技园区得以顺利发展的润滑剂。

(4) 高新科技园区的景观特征

① 完善齐全的景观功能 高新科技园区现阶段集居住、休闲、工作与娱乐于一体的多重功能的具备必然使园区在景观规划上呈现出多层次、多种类、多选择、复杂化的空间建设趋势,以满足园区中各种生产、生活行为及工作人员心理的需要,高新科技园区景观具有一般城市景观绿地的多种功能,包括防护功能、调节功能、美化功能、休闲功能、生产功能。不但为工作人员提供游憩、休闲、社交、文化娱乐场所,同时为高新技术交流、展示、转化等提供场所(图10-20)。

图10-20 某科技园区绿地一景

② 丰富多样的景观空间 在高科技企业中，人们面对各类压力，而且日常工作都是对着呆板的屏幕，更易疲劳。因此要求有富于变化的感受来打破平淡，缓解压力。因此，应合理组织高新科技园区景观中的公共空间、半公共空间、半私密空间、私密空间，满足人们不同时间、不同心理的空间环境需求。对信息时代的高素质人才而言，更喜欢追求参与性、体验性的身体和精神经历，以及富有探索性的空间。从公共领域到私密领域的空间秩序，应逐渐加强空间的封闭效应与收缩效应，随功能组织有层次的室外景观空间，可使人们产生强烈的场所感和归属感。

③ 独树一帜的景观形象 以高科技产业为主体的高新科技园由于自身功能上的独特性，其景观形象建设上必然体现出不同于老工业区和新城区的形象。受经济效益影响的高新科技园区，更是将其景观形象发展成一种比有声语言更强大有力的宣传工具，并给予了前所未有的重视。而其形象上的建设尽可能地尊重区域内的自然资源和地域文化，并侧重于景观控制层面的建设。高新科技园区独特的景观形象将增强其可识别性，创造高新科技园区这一特殊环境的场所感，以诱发人们对高新科技园区的好奇和彼此的关爱，更能体现高新科技园区的景观特色。

10.4.3.2 高新科技园区绿地规划设计

高新科技园区景观规划设计最主要的两个目的，一是创造有个性的园区形象；二是创造和谐宜人的工作环境。良好的景观环境，便于激发灵感，提高工作效率。根据人们在高新科技园区景观中的实际空间感觉，将高新科技园区景观按点状景观、线状景观、面状景观进行划分，体现景观空间点、线、面相结合的布局方式，将高新科技园视为一个有机的整体，从而合理安排景观类型、功能和形式。在空间布局、建筑形式及材料色彩等诸方面进行研究，采用与地区相适宜的技术手段，结合功能，进行优化整合，挖掘、提炼和发扬高新科技园区地域的历史文化传统，并在规划中予以体现，构筑富有地域文脉的景观空间。

(1) 节点景观的规划设计

高新科技园区中的节点景观即点状景观，是不同类型功能景观的交汇区域和不同意向流线的交叉点，也可是景观节点。它是空间序列中的高潮和视觉焦点。其在高新科技园区景观中的主要表现形式有建筑物的前廊和后院，为某一特定范围内的园区职工服务的小面积绿地。它是职工在紧张工作后放松最方便可达的活动场所，应将各景观要素合理巧妙地搭配在一起，突出其新颖独特的地方，构建地标性景点并利用原处的借景。

(2) 道路边界景观的规划设计

高新科技园区中道路边界景观即线状景观，一是指主要的道路绿化景观，它除作为游览路线的交通功能外，还构成了高新区景观的结构框架；二是边界景观，主要指高新科技园区作为以独立整体与外界城市空间交界处的景观或高新科技园区内部地块划分处的景观，其功能主要包括生态防护、景观、分割等方面。高新科技园区道路多为规则式，象征高效、迅捷的工作，其道路景观作为紧张工作后的放松好去处，可作为公共的散步跑步锻炼之用，因此应增加步行道的宽度。设计时除考虑人车分流、无障碍、安全、遮阴等，方面外，还要设计供人停留、休息的小空间，在研发活动较为集中的用地，可在一定地段内采用步行街的形式集中安排一些高品位、低价位、知识型的休闲娱乐设施，并与绿地相互渗透（图10-21）。

图10-21 道路边界绿化一景

树种上选择冠大枝密的阔叶乔木，以便夏季的遮阴效果好，可以达到吸引人流、聚集人气的作用。边界作为视觉屏障的作用，一方面，通过乔木和灌木丛、地形和草坪屏障路人的视线，保证办公区内有一个更为私密的工作环境；另一方面，它可以使办公室内的职员看不到马路上的汽车和暴露的沥青路面，将绿色引入办公室。树木结合地形可以大大减少来自外界路面的噪声，给办公园区一个更安静的环境。

(3) 中心区域景观的规划设计

高新科技园区中的中心区域景观即面状景观，主要是指中心公园、中心广场及入口广场，它具有多种功能的综合要求，是开放的多形式空间，是多数人群的聚集、交流、休闲场所。中心公园、中心广场可选择园区的公共建筑较为集中的地段，如会展中心、接待、培训中心等，这些开敞空间结合园区中有现代特色的大型建筑而具有鲜明的现代感和时代气息，设计时考虑不同人的心理需求，注意动静结合、公共与私密相结合、平面与空间相结合，进行适宜的景观层次安排。

种植设计讲究规则式与自然式相结合，功能完善，设施齐全，通过壁画、雕塑、艺术景墙等传达人文精神的主要元素，使人们在观赏娱乐中有高层次的思想交流，采用现代化的建筑风格、新材料、新技术，如网络技术的应用，环保节能材料的应用，充分体现高新科技园区高新技术特色。入口区强化了空间的认同感，此处的人流量一般不大（很多是驾车进入），因此应强调其景观和视觉功能。作为与城市空间的过渡，入口广场利用植物、水景、地形等要素，与边界、道路、标志物结合，形成独具特色的园区入口景观。

以中关村软件园为例，中关村软件园选址于北京市海淀区东北旺乡，距天安门约 21km，园区一期总规划用地 119hm²，四周为城市绿化隔离带，自然环境优越。中关村软件园是中关村科技园区的重要组成部分，是集软件开发、企业孵化、综合管理、服务于一体的国家级软件研发基地。规划设计中要坚持高标准、有特色和可持续发展的思想，建设空间形态合理，具有鲜明时代特征和中国特色的国际一流的软件园区，为营造完整的软件开发体系、技术支撑体系和社会化服务体系创造良好的园区环境，为吸引国内外知名的软件企业入园和为中小软件企业孵化创造良好的人文、生态和适宜的工作、生活环境（图 10-22）。

本方案主题为"创新的网络，生命绿树之果"，其出发点是先营造一个良好的环境，让建筑在环境中生长（图 10-23）。这个整体环境宛如一个完整的生命系统，由以下几部分构成：

① 生态核　位居中部，采用拟自然设计，可以是水体、疏林或草地。

② 生态走廊　由生态核向 9 个方向辐射，呈手指状，将生态功能导入各个地块。

③ 次级生态走廊　由手指状生态走廊分支，呈树枝状延伸至每栋建筑和建筑组团。

④ 组团绿地及庭院　由与整个地区相联系的建筑组团中心绿地及每栋建筑的庭院绿地组成。

⑤ "十"字形绿廊　保留原有"十"字形绿带，将现有路面改为草地，行列式树阵夹着两道翠绿色草带，与整体自然式绿地系统形成强烈对比，形成该地区的景观标志。

这样，中关村软件园将形成一个由生态核、廊道及节点构成的生态网络，犹如一株生命的瓜蔓。生态核及生态走廊是一个由水生、沼生、湿生群落构成的拟自然生态系统，而组团、庭院绿地及"十"字形绿带则为富于时代特色的景观设计。本方案具有六大特色：

① 生态网络　一个生命的瓜蔓，由场地中心向四周发散，形成一个掌状绿地系统，所有建筑都与这一绿地系统相联系，成为生命瓜蔓上的节点。

② 功能布局网络　一个创新的空间，九州方圆，平等共享环境。工作、生活、休闲和交流场所相交织，构成创新网络。

③ 交通网络　人、车流各成系统，由环路加尽端路构成车流网络，由"十"字绿带、内外环加辐射道，并与绿地系统叠加形成步行和自行车流网络。

④ 保安网络　有形和无形相结合，由门岗、尽端路、绿化隔离带和电子监视系统相结合成多级保安网络。

图 10-22　北京中关村软件园平面图

图 10-23　中关村软件园实景

⑤ 建筑、单元组合、灵活适用　分为实、灰、虚 3 种空间，组合成多种宜人的办公和休闲场所。

⑥ 开发模式　多种开发模式并用，先有环境，后有建筑，使建筑成为自然之果、生命之实。

【拓展阅读】

立体绿化

随着城市化趋势的加剧，城市人口的猛增和大量人工环境的建成带来了环境污染、土地资源紧缺等一系列负面影响,这些都给人类带来了较大的生存危机,制约着社会经济发展的同时,也对城市本身的生存与发展提出了严峻的挑战。立体绿化是解决人和建筑物两者与绿化争地的矛盾,满足城市绿化要求的最佳措施。

立体绿化在中国和世界其他国家都有着悠久的历史。早在大汶口出土的陶片上,已经发现了早期花盆的雏形。5000余年前的祖先们已经学会使用容器进行人工栽培花卉,这就是最早的立体绿化雏形。20世纪20年代初,在古代幼发拉底河下游地区挖掘著名的乌尔古城时,发现了古代苏美尔人建造的"大庙塔",其三层台面上有种植过大树的痕迹。立体绿化有文字可考的历史应该始于古巴比伦著名的"空中花园"。三层台式结构远看好像长在空中,形成"悬苑"。

到了近代,园艺技术的积累使立体绿化向更为实用的方向发展。1959年,美国加利福尼亚州奥克兴市的Kaiser Center建成面积达1.2hm^{2}的屋顶花园,既考虑了屋顶结构负荷、土层深度、植物选择和园林用水等技术问题,也考虑到高空强风以及毗邻高层建筑的俯视景观等技术和艺术要求。日本东京于1991年4月将立体绿化纳入法制轨道,并颁发了《城市绿化法》;花园城市新加坡的建筑物、街道两侧、屋顶、阳台以及墙面到处都被绿色所覆盖;波兰政府经过数十年的立体绿化,已将华沙建成世界上人均绿地面积最多的首都,高达78m^2/人;德国推行"绿屋工程",其围墙堆砌所需的构件均已实现商品化,目前德国80%的屋顶都实施了绿化工程;英国剑桥大学利用墙面贴植技术,采用高大乔木银杏使墙面犹如覆盖了一层绿色壁毯;巴西研发了"生物墙",即墙体外层用空心砖砌就,内填树脂、草子和肥料等进行立体绿化。德国、日本以及韩国等国的立体绿化相关技术已经相当成熟。

自20世纪80年代以来,中国的城市园林绿化建设也取得了较快的发展,极大促进了城市环境的改善。乔灌木墙面贴植新技术、藤本植物速生新技术以及高架桥下阴暗立柱绿化技术的应用,为城市中心增加绿量开辟了新的途径。

由此可见,立体绿化已不再是一种园艺手段,更成为城市空间延续发展不可或缺的部分。

立体绿化是指利用城市地面以上的各种不同立地条件,选择各类适宜植物,栽植于人工创造的环境,使绿色植物覆盖地面以上的各类建筑物、构筑物及其他空间结构的表面,利用植物向空间发展的绿化方式。目前广泛使用的形式有屋顶绿化、壁面绿化、挑台绿化、柱廊绿化、立交绿化和围栏、棚架绿化等。

1. 屋顶绿化

屋顶花园又称空中花园,也就是在平屋顶或平台上建造人工花园。随着社会经济的发展和人民生活水平的提高,中国各大中城市将建设更多的屋顶花园。

(1) 屋顶花园的意义

① 改善环境的生态功能　城市屋顶花园不仅能增加绿地面积,还对室内环境有显著的改善作用。实践证明有屋顶花园的建筑与普通建筑相比,室内温度相差2.5℃左右,可以使室内达到冬暖夏凉的效果。同时,屋面覆土种植可防止热胀冷缩、紫外线辐射等给屋面带来的不利影响,延长建筑物的寿命。

② 陶冶情操的美化功能　屋顶花园不仅能从形式上起到美化空间的作用,还能使空间环境具有活力和意境,满足人们的精神要求,起到陶冶性情的作用。同时,绿色植物能调节人的神经系统,使紧张疲劳得到缓和消除。

③ 丰富多彩的使用功能　一个充满绿色空间的屋顶花园不仅为城市增添风采,而且能避免传统办公室和公寓的封闭、压抑感,作为一种休闲设施,人们工作和生活之余,在自然和谐的绿色平台上活动、休息,可提高工作效率和生活质量,尤其对于那些居住在高层建筑里的人们更为有益。

④ 改善高楼中人们的心理和视觉条件　具有不同高度和变化层次的屋顶花园和平台绿化可以减少来自邻近楼房反射的眩光和辐射热,使得住在较高楼层的人们也很容易获得接近自然的满足感和接近大地的感觉,能在舒适的视角内看到赏心悦目的绿色。

⑤ 改善城市的立体和俯视景观　屋顶花园由于层次变化,高低错落,明显提高了"自然景观"

的空间层次，加强了建筑和自然环境的相互结合和协调，对美化城市立面景观起到独特的作用，尤其是能大大丰富城市的俯视景观，这在空中旅游业发达的今天也是不可忽略的效益。

(2) 屋顶造园的特点

屋顶造园是一种特殊的园林形式，与地面造园有较大的区别，虽然它具有视野开阔、光照好、昼夜温差大、污染小、人流少等有利因素，但是，由于场地、承重、屋顶形状、方位、风力等不利因素的制约，屋顶造园比地面造园要困难得多。

有利因素有以下几方面：

① 视野　由于屋顶遮挡相对较少，因而有良好而开阔的视野，可将周围远近景色尽收眼底，这是屋顶花园建设的有利条件。设计时应充分利用，按"佳则收之，俗则屏之"原则"巧于因借"，尽可能地利用"借景"技法，将周围好的景色加以利用。

② 光照与温差　和地面相比，由于屋顶无遮挡，受外界干扰小，光照较长，光照时数相对较长，有利于植物的光合作用，对植物生长是有利的；另一方面，受建筑的影响，屋顶吸热快，散热快，昼夜温差大，有利于植物的营养积累，也有利于植物的生长。

③ 污染　屋顶上气流通畅清新，污染明显较小，同时，由于受外界影响较小，相对隔离，病虫害不易传播，有利于园内病虫害防治，有利于植物的生长和保护。

④ 人流　由于屋顶花园通常是在一定范围内使用，因而人流量相对较小，环境较为清静，受人为破坏相对较小，便于屋顶花园的后期管理。

不利因素有以下几方面：

① 场地　屋顶造园所处场地环境受建筑物平面、立面限制。屋顶所占面积均较小，形状多为工整的几何形，很少出现不规则平面。竖向地形上变化更小，几乎均为等高平面。地形改造只能在屋顶结构楼板上堆砌微小地形，而且水池不能下挖，只能高出楼面，局限性很大。

② 承重　屋顶造园还受限于建筑物的承载能力和建筑构造。由于大多数建筑物在设计建造时没有考虑到建造屋顶花园，或受到房屋造价的影响，屋顶上每平方米的允许荷载均受到限制，因此，造园的平均荷载只能控制在一定范围内。

③ 种植土　由于受到建筑物承载力的限制，屋顶花园种植土层都较薄，且多为人工合成土壤，极易迅速干燥，加之土壤受建筑物的温度变化影响，温差变化大，对植物根系发育不利。

④ 风力　屋顶一般风力较大，易造成园林小品、设施、植物等受风力倾覆，要注意抗风设计，另一方面，风易造成水分流失，形成干旱，不利于植物生长。

⑤ 运输　屋顶花园一般在建筑竣工后再行建设，运输靠楼梯或电梯，在造园素材的长度和质量方面受到一定的限制，不像地面随需要而设计。

(3) 屋顶花园的基本形式

屋顶花园在平面布置上可以有以下3种形式：

① 庭园式　可供人们在其中游览观赏以及休息或活动，和地面上的庭园一样，比如广州花园酒店、东方宾馆、中国大酒店等，屋顶花园都因借建筑的某些墙体设计有假山石、山泉、水池，花木栽种其间，令游人忘却了身在高楼大厦之巅的感觉(图10-24)。

图10-24　庭院式屋顶花园景观

② 周边式　即沿屋盖四周设置花台或摆放花盆。花台底下架空，其余大部分空间供其他活动之用。这种形式几乎适宜各种形式的屋盖。凡是设计人能到达的屋面都可以实施这种形式的绿化。它不需要屋盖有特别的设计结构，也不要做过多的土木工程方面的变动和投资，也不必考虑种植介质对屋盖结构的综合影响。唯一要考虑的是花台、花盆的质量和植物对高空条件的适应性。

③ 地毯式　当某些屋顶或平台，其绿化目的

图 10-25　地毯式屋顶花园景观

主要是增加绿色等生态效益或供更高楼层的人们观赏，不允许游览其中，则可在整个平面上种满植物（图 10-25）。

2. 垂直绿化

垂直绿化包括墙面绿化，围墙与护栏上的绿化。花架廊的绿化，与阳台绿化及屋顶绿化一起，构成了城市"立体绿化"的整个内容。垂直绿化是向空中发展立体绿化的重要途径。在中国，随着城市现代化建设的发展而日益普遍（图 10-26）。

（1）垂直绿化的特点和作用

① 垂直绿化使用的主要植物材料——攀缘植物，由于依附其他物体而向高处生长，其基底部分很少占用空间，所以能够在不能种植乔木甚至灌木的地方种植，能在狭窄的平面上与灌木或乔木混种而不影响各自的生长发育。

② 攀缘植物种属繁多，生长迅速，且大部分有吸附性极强的浅根，不少品种有气根，有些有吸盘、卷须，能依靠气根在空中吸收水分和养分。

③ 中国人多地少，城市建筑密度很大。据计算，一幢 5 层民用住宅楼，其垂直墙面（除去门、窗和阳台外）可供攀缘绿化覆盖的面积是其占地面积的 2.4 倍。就整个城市而言，通过墙面垂直绿化，就可以获得极大的绿化面积，大大提高城市的绿地面积和人均拥有量。当人们走出家门或透过窗户放眼四望，所看到的不再是灰色的"石屎林"，而是满目翠绿、披绿挂红的悦目景色。

④ 中国广大地区夏季酷热，城内更是燥热难受。如果墙面有攀缘植物覆盖，就能起到少受热辐射，降低室内温度的效果。据测定，红砖墙面，以绿叶覆盖比无覆盖的室温要低 3～5℃。

⑤ 攀缘植物具有细长、柔软的茎和枝，既能攀附向上长，又能倒挂下垂，也能很好地美化任何平面。因此，它可以随依附物体体形的变异而变异，这又是其他乔、灌木和草本植物所不能实现的景观。用它来掩盖遮挡某些不美观的建筑物、构造物，如地下室入口、地面贮水池，更是妙不可言。

（2）垂直绿化的形式

① 棚架式　利用花架或走廊侧边种植的攀缘植物引延向上而覆盖花架、走廊的顶部，形成荫棚或绿廊。

② 附壁式　在地面与楼面的种植或花盆中种植具有吸盘或气根的攀缘植物，使之依附直立或倾斜平面而引伸扩张，形成绿色壁毯。

③ 篱垣式　利用攀缘植物把篱架、矮墙、护栏、铁丝网等硬性单调的土木构件变成枝茂叶盛、郁郁葱葱的绿色围护，既美化环境，又隔音、避

图 10-26　日本福冈某建筑垂直绿化

尘，还能形成令人感到亲切安静的封闭空间。

④ 景框式　用攀缘植物将一定形状的支架完全包覆起来，甚至就利用攀缘植物予以整形或绑扎，而形成绿色门洞、景窗。

⑤ 牵挂式　利用绳索、细线、竹竿、死树枯枝把攀缘植物支持沿引向上，并形成浓密的绿色景观。

⑥ 悬蔓式　这是攀缘植物的逆反利用。利用种植容器种植藤蔓或软枝植物，不让它有任何依附沿引向上而是让其凌空悬挂，形成别具一格的景观。

3. 挑台绿化

挑台绿化是技术上最容易实现的立体绿化方式，包括阳台、窗台等各种容易人为进行养护管理操作的小型台式空间绿化，使用槽式、盆式容器盛装介质栽培植物是常见的绿化方式。挑台绿化应充分考虑挑台的荷载，切忌配置过重的盆槽。栽培介质应尽可能选择轻质、保水保肥较好的腐殖土等，云南黄馨、迎春、天门冬等悬垂植物是挑台绿化的良好选择，同时也可以选用如丝瓜、葡萄、葫芦等蔬菜瓜果，绿意浓浓，增添生活情趣，既装饰家居又净化空气，给人以清新的室内外环境。

4. 桥体绿化

桥体绿化指对立交桥体表面的绿化，既可以从桥头上或桥侧面边缘挑台开槽，种植具有蔓性姿态的悬垂植物，也可以从桥底开设种植槽，利用牵引、胶粘等手段种植具有吸盘、卷须、钩刺类的攀缘植物。同时还可以利用攀缘植物、垂挂花卉种植槽和花球点缀来进行立交桥柱绿化等。这种绿化形式属于低养护强度的空间形态，要求植物具有一定的耐旱和抗污染能力。

5. 柱体绿化

柱体绿化主要是指对城市中灯柱、廊柱、桥墩等有一定人工养护条件的柱形物进行绿化。一般有两种模式：攀缘式和容器式。攀缘式可选用具有缠绕或吸附功能的攀缘植物包裹柱形物，形成绿柱、花柱的艺术效果；容器式是通过悬挂等方式固定，人工定期管理的小型盆栽来实现绿化，或在路灯柱、电线杆两侧设立种植槽，给道路灯柱、电线杆穿上绿色的"外衣"，增添街区特色。

6. 护坡绿化

护坡绿化是用各种植物来保护具有一定落差坡面的绿化形式，主要包括桥洞、道路两旁的坡地、堤岸、桥梁绿化等，这些坡面用绿色藤本植物保护，不仅能美化环境，增加绿化覆盖面积，而且还能防止水土流失，起到防尘降温的作用。

小　结

公共设施绿地作为城市绿化和环境建设的有机组成部分，其绿化水平、绿地面积的高低对人们的生产、生活具有相当重要的意义。本章选取了与城市生活、工作较为密切的中央商务区绿地、校园绿地、医疗机构绿地作为主要教学内容。其中中央商务区是城市发展中新出现的较为普遍的城市功能区，其绿地形式和景观特征受到广泛关注，因此，其绿地规划设计内容是本章的重要组成部分。本章在阐述各类公共设施绿地建设意义的同时，简要描述了各类绿地的特征，在此基础上结合实例说明各类公共设施绿地的规划设计要点。

工业绿地作为城市绿化和生态环境建设的重要组成部分，其绿化水平、绿地面积的高低对人们的生产、生活具有相当重要的意义。本章在阐述工业绿地建设意义的基础上，着重论述了工业绿地的表现特征，并结合实例说明了工业绿地的规划设计要点。其中高新科技园区是近年城市发展中新出现的产业功能区之一，其绿地形式和景观风貌具有独特的功能特征。

思考题

1. 中央商务区绿地景观建设的趋势是什么？
2. 结合自身校园生活体验，逐步理解校园绿地规划设计要点。
3. 立体绿化作为城市绿化的重要手段，其主要形式有哪些？
4. 工业企业绿地的特征主要表现在哪几方面？
5. 工业企业绿地的布局形式有哪些？
6. 高新科技园区绿地景观的特征有哪些？

推荐阅读书目

1. 城市绿地规划设计．贾建中．中国林业出版社，2001．
2. 中央商务区（CBD）城市规划设计与实践．陈一新．中国建筑工业出版社，2006．
3. 工矿企业园林绿地设计．梁永基．中国建筑工业出版社，2000．
4. 高科技园区景观设计——从硅谷到中关村．俞孔坚．中国建筑工业出版社，2000．

第11章 道路绿地规划设计

学习重点
1. 掌握道路绿地的概念及组成；
2. 在明确道路绿地组成的基础上，掌握道路绿地的几种断面形式；
3. 了解道路绿地的设计要求。

11.1 道路绿地的作用

城市道路是城市的骨架，道路绿地则是构成城市绿地网络的基础，是城市绿地系统的重要组成部分。随着道路建设的发展，道路绿地的面积在城市绿地总面积中比例的提高，搞好道路绿地的建设对于增加城市绿地率，改善城市生态环境等都起着重要的作用。

(1) 构成城市绿地系统的线性因素

道路绿地以线状或网状的形式分布于城市之中，联系和沟通不同空间界面、不同生态系统、不同类型的绿地，是构成城市绿地网络状系统的纽带，是城市人工生态系统与其外围自然生态系统进行物质及能量流动的主要环节。

(2) 环境保护功能

道路绿地可形成各种绿色屏障或通道来调节风速、净化空气、防治噪声、降温增湿，改善和提高城市环境质量。

(3) 安全功能

道路绿地可以引导、控制人流和车流，组织交通，诱导视线；可以防止、减弱火灾蔓延，还可作为避险、救灾的主要通道。

(4) 景观功能

城市的道路绿地是城市形象的窗口，是一个城市的整体景观给人的最初印象，道路绿地的优劣对市容、城市面貌影响很大。植物的地域性特色还可以使城市具有独特的景观风貌。

11.2 道路绿地的概念及规划指标

11.2.1 道路绿地的概念

本章介绍的道路绿地是指道路用地范围内可进行绿化的用地。包括道路绿带和交通岛绿地（图11-1）。

(1) 道路绿带

道路绿带是指道路红线范围内的带状绿地。道路绿带根据布设的位置又分为分车绿带、行道树绿带和路侧绿带。

① 分车绿带 是布设在车行道之间可以绿化的分隔带，位于上下行机动车道之间的为中间分车绿带，位于机动车道与非机动车道之间或同方向机动车道之间的为两侧分车绿带。

② 行道树绿带 是布设在人行道与车行道之间，以行道树为主的绿带。

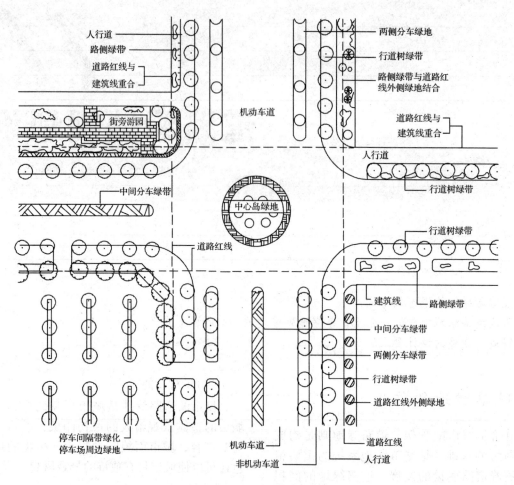

图 11-1 道路绿地布置示意图

③ 路侧绿带 指在道路侧方，布设在人行道边缘至道路红线之间的绿带。

(2) 交通岛绿地

交通岛绿地是指可绿化的交通岛用地。交通岛绿地分为中心岛绿地、导向岛绿地和立体交叉绿岛等。

① 中心岛绿地 指位于交叉路口上可绿化的中心岛用地。

② 导向岛绿地 指位于交叉路口上可绿化的导向岛用地。

③ 立体交叉绿岛 指互通式立体交叉干道与匝道围合的绿化用地。

11.2.2 道路绿地的规划指标

道路绿地是城市道路用地中的重要组成部分。在城市规划的不同阶段，确定不同级别城市道路红线位置时，根据道路的红线宽度和性质确定相应的绿地指标，可保证道路的绿化用地，也可减少绿化与市政公用设施的矛盾，提高道路绿化水平。

按照《城市综合交通体系规划标准》（GB/T 51328—2018）中的相关规定，道路绿地的规划指标应符合表11-1的要求，城市景观道路可在此基础上适度提高，城市快速路则需根据道路特征确定绿地指标。

表 11-1 城市道路路段绿化覆盖率要求

城市道路红线宽度（m）	>45	30~45	15~30	<15
绿化覆盖率（%）	20	15	10	酌情设置

注：城市快速路主辅路并行的路段，仅按照其辅路宽度适用上表。

表 11-1 只规定了绿地规划指标的下限，不规定上限，鼓励城市道路绿地向高标准发展。

11.3 道路绿地断面的布置形式

在进行道路绿地设计前,首先要了解城市道路的类型、等级、位置等情况。

11.3.1 中国城市道路的功能等级

按照城市道路所承担的城市活动特征,城市道路分为干线道路、支线道路,以及联系两者的集散道路3个大类;城市快速路、主干路、次干路和支路4个中类和8个小类。不同城市可根据城市规模、空间形态和城市活动特征等因素确定城市道路类别的构成。

干线道路应承担城市中、长距离联系交通,集散道路和支线道路共同承担城市中、长距离联系交通的集散和城市中、短距离交通的组织。各类城市道路的功能及规划要求见表11-2。

11.3.2 道路绿地断面形式

道路绿地的断面布置形式取决于道路的断面形式,中国现有城市道路多采用一块板、二块板、三块板等,道路绿地相应地出现了一板二带式、二板三带式、三板四带式、四板五带式等断面形式。"板"指车行道,"带"指绿化带。

(1)一板两带式绿地

这是最常见的一种道路绿地形式,多用于城市支路或次要道路。中间是车行道,在车行道两侧的人行道上种植一行或多行行道树(图11-2)。其优点是简单整齐,管理方便。缺点是当车行道过宽时,绿化遮阴效果差,同时机动车辆与非机动车辆混行,不利于组织交通。

(2)二板三带式绿地

除在车行道两侧的人行道上种植行道树以外,在车行道中央还设有一定宽度的分车绿带将车行道分为双向行驶的两条车道(图11-3)。这种形式对城市面貌有较好的效果,同时车辆分为上下行,减少了行车事故发生。在城市主干路中应用较多。

(3)三板四带式绿地

2条分车绿带将车行道分成3块,中间为机动车道,两侧为非机动车道,连同车道两侧的行道树共为4条绿带(图11-4)。这种形式的优点是绿化量较大,生态效益好,景观层次丰富。虽然用地面积较大,但组织交通方便、安全,解决了机动车和非机动车混合行驶的矛盾,尤其在非机动车辆多的情况下是比较适合的。

表11-2 城市道路功能等级划分及规划要求

大类	中类	小类	功能说明	设计速度(km/h)	双向车道数(条)	道路红线宽度(m)
干线道路	快速路	Ⅰ级快速路	为城市长距离机动车出行提供快速、高效的交通服务	80~100	4~8	25~35
		Ⅱ级快速路	为城市长距离机动车出行提供快速交通服务	60~80	4~8	25~30
	主干路	Ⅰ级主干路	为城市主要分区(组团)间的中、长距离联系交通服务	60	6~8	40~50
		Ⅱ级主干路	为城市分区(组团)间的中、长距离联系以及分区(组团)内部主要交通联系服务	50~60	4~6	40~45
		Ⅲ级主干路	为城市分区(组团)间联系以及分区(组团)内部中等距离交通联系提供辅助服务,为沿线用地服务较多	40~50	4~6	40~45
集散道路	次干路	次干路	为干线道路与支线道路的转换以及城市内中、短距离的地方性活动组织服务	30~50	2~4	20~35
支线道路	支路	Ⅰ级支路	为短距离地方性活动组织服务	20~30	2	14~20
		Ⅱ级支路	为短距离地方性活动组织服务的街坊内道路、步行、非机动车专用路等	—		—

注:表中红线宽度取值适用于对城市交通、步行与非机动车,以及工程管线、景观等无特殊要求的城市道路。

(4) 四板五带式绿地

利用3条分车绿带将车行道分成4条，使机动车和非机动车均分成上下行，互不干扰，保证了行车速度和行车安全(图11-5)。适用于车速较高的城市干线道路。

需要注意的是，以上各断面形式中的绿带均不包括路侧绿带。

由于城市所处地理位置、环境条件、城市景观要求不同，道路绿地断面还会有其他一些特殊的形式，并不仅局限于上面列出的4种，要根据道路的等级、性质、位置、周围环境条件等情况，设计出切实可行的方案。

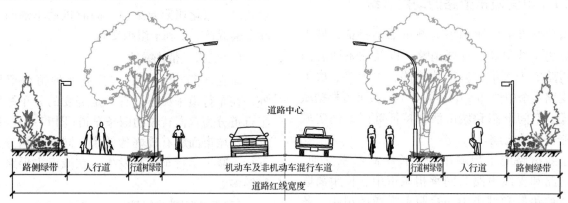

图 11-2　一板两带式道路绿化

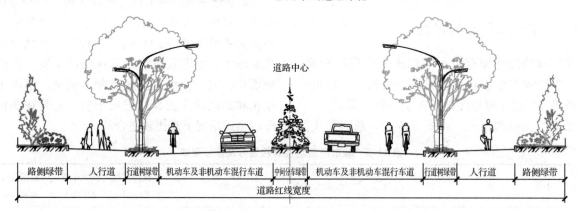

图 11-3　二板三带式道路绿化

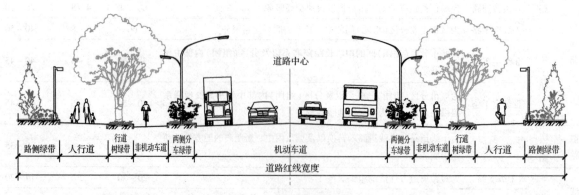

图 11-4　三板四带式道路绿化

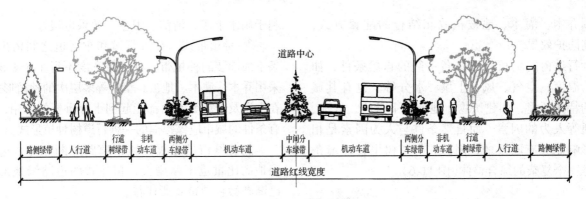

图 11-5 四板五带式道路绿化

11.4 道路绿地规划设计

11.4.1 道路绿地规划设计原则

(1) 道路绿地的规划建设应与城市道路规划建设同步进行

这是保障道路绿地得以实施的基础,可以保证足够的用地进行道路绿地建设,达到预期的绿地效果。

(2) 应满足交通安全的要求

道路绿地的设计要符合行车视线要求和行车净空要求。在道路交叉口视距三角形范围内,弯道转弯处的树木不能影响驾驶员视线通透。在交叉口视线三角形范围内不能种植树木。在人行量较大的道路上,绿地应保证行人的安全及行走舒适性的要求。

(3) 绿地应与市政公用设施统筹安排,统一设计

道路绿地中的植物与市政公用设施的相互位置应按有关规定统筹安排,保证树木所需要的立地条件与生长空间。各种树木生长需要一定的地上和地下生存空间,以保证树木正常生长发育,发挥道路绿地应起的作用。

(4) 植物选择应适地适树,充分发挥防护及安全功能

植物选择应根据本地区气候、土壤和地上地下环境条件选择适于在该地生长的树木,以利于树木的正常发育和抵御自然灾害,保持较稳定的绿地效果。配植模式以乔木为主,乔、灌、地被植物相结合的复式种植模式,既可提高道路绿地的生态效益,又可保障行人的安全感。

(5) 体现道路绿地景观特色

道路绿地的景观是道路绿地功能之一,有特色的道路绿地可以给人留下深刻的印象,成为一个城市绿地的标志,因此在设计时要结合城市的历史及风貌,选用不同树种及配植方式,做到各有特色,各具风格。许多城市希望做到"一路一树""一路一景""一路一特色"等,但也应该"多样统一"地发挥艺术特色。

(6) 考虑远期和近期效果

道路绿地从栽植到形成景观效果,一般需要十几年的时间,栽植的树木不应经常更换、移植,所以设计要具备发展观点,对各种植物材料的形态、大小、色彩等的现状和可能发生的变化,要有充分的了解。近期效果与远期效果要有计划地全面考虑,尽快发挥功能作用,使近、远期效果很好地结合起来。

11.4.2 道路绿地规划设计要求

道路绿地因所处的位置不同,在设计上的要求也是不一样的,下面就按照不同的类型分别介绍。

11.4.2.1 行道树绿带

行道树绿带是道路绿地最基本的组成部分。许多城市都以本市的市树作为行道树栽植的骨干树种,如北京市用槐树、侧柏,天津市用绒毛白蜡等,既发挥了地带性树种的作用,又突出了城市特色。行道树绿带的主要功能是为行人和非机动车庇荫,应以种植行道树为主,绿带较宽时可采用乔木、灌木、地被植物相结合的配置方式，提高防护效果。

行道树的生长环境具备一般的自然条件，如光、温度、空气、风、土壤、水分等。也有其城市的特殊环境，如建筑物、地上地下管线、人流、交通等人为的因素，而自然条件与人为因素是相互影响而又有联系的，因此，行道树生长环境条件是一个复杂的综合整体(图11-6)。

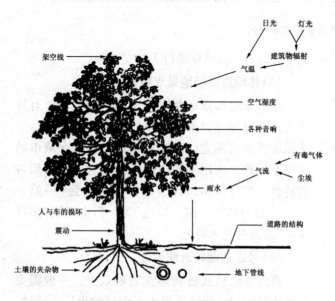

图11-6 行道树生长环境示意图

(1) 行道树的种植形式

① 树池式 在行人较多或人行道较狭窄的街道上多采用树池式的种植方式。树池形状可方可圆，其边长或直径不应小于1.5m；长方形树池短边不得小于1.2m，行道树宜栽植于树池的中心(图11-7)。

为了防止行人踩踏池土，影响水分渗透及空气流通，同时考虑到雨水能流入树池等因素，树池一般与人行道相平，池土略低于路面，上盖池盖，植以地被草坪或散置石子，以增加透气效果，

利于雨水下渗，清洁、卫生，效果也很好。

② 种植带式 在人行道和车行道之间留出一条不加铺装的种植带。种植带宽度不得小于1.5m，采用乔木、灌木、地被、草坪等多层次的种植形式，在生态及美观等方面都能起到十分重要的作用，是有条件的城市应该提倡的一种行道树种植形式。

随着城市的发展，城市道路不断拓宽，道路绿地的比重也不断增大，树池式的道路绿地形式已渐渐被种植带式所代替。

(2) 行道树的株行距

行道树的株距应根据行道树树种壮年期冠幅确定，最小种植株距应为4m。速生树一般为5～6m；慢长树为6～8m。

株行距的确定要考虑树种的生长速度。如杨树类属速生树，寿命短，一般在道路上生长30～50年就需要更新，因此，种植胸径5cm的杨树，株距以4～6m较适合。槐树属中慢长树，树冠直径可达20m以上，北京种植胸径8～10cm的槐树时将株距定在5m左右，短期内可达到郁闭，树龄20年左右可隔株间移，长远株距为10～12m。

(3) 行道树的定干高度

在交通干道上栽植的行道树要考虑到车辆通行时的净空高度要求，为公共交通创造靠边行驶的需要，定干高度不宜小于3.5m。非机动车和人行道之间的行道树考虑到行人来往通行的需要，定干高度不宜小于2.5m。

作为行道树种植的苗木，考虑到新栽植的成活率和种植后较快达到绿化效果，速生树胸径不得小于5cm，慢长树不宜小于8cm。如果有条件使用较大规格的苗木，则成活率较高。

东西向街道的北边受到日晒时间较长，因此，行道树应着重考虑路东和路北的种植。在东北地区还要考虑到冬季获取阳光的需要，寒冷地区行道树不宜选用常绿乔木。

11.4.2.2 分车绿带

分车绿带的设立，应具备组织交通、保证安全的功能，还能起到防护、美化的作用。分车绿带分为中间分车绿带和两侧分车绿带，宽度依行车道的性质和道路总宽度而定，应遵循以下的设

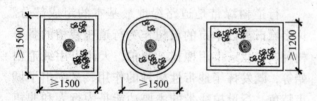

图11-7 树池式的行道树(单位：cm)

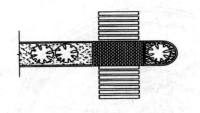 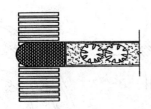 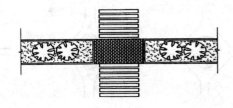

图 11-8　人行道与分车绿带的交叉方式

计要求：

① 分车绿带种植应形式简洁，树形整齐，排列一致。种植多以花灌木、绿篱和宿根花卉为主，若种植乔木，则树干中心至机动车道路缘石外侧距离不宜小于 0.75m。

② 在城市慢速路上分车带可以种植常绿乔木或落叶乔木，并配以花灌木、绿篱等；在快速干道的分车带及机动车分车带上不宜种植乔木，因车速快，中间若有成行的乔木出现，产生炫目干扰，易发生事故。

③ 中间分车绿带应阻挡相向行驶车辆的眩光，在距相邻机动车道路面高度 0.6～1.5m 范围内，植物的树冠应常年枝叶茂密，其株距不得大于冠幅的 5 倍。

④ 两侧分车绿带宽度不小于 1.5m 的，应以种植乔木为主，且乔木、灌木、地被植物相结合。其两侧乔木树冠不宜在机动车道上方搭接。分车绿带宽度小于 1.5m 的，应以种植灌木为主，且灌木、地被植物相结合。

⑤ 为了便于行人穿越街道，分车绿带应每隔 75～100m 的距离断开，断口尽可能与人行横道或道路、建筑的出入口结合（图 11-8），分车绿带端部应采取通透式配置。

11.4.2.3 路侧绿带

路侧绿带应根据相邻用地性质、防护和景观要求进行设计，用乔、灌、花卉、地被等与路侧的建筑物或构筑物相结合进行美化，保持路段内的连续与完整的景观效果，是构成道路优美景观的重要地段。

路侧绿带的宽度没有具体规定，种植方式应根据绿带的宽度进行考虑。当道路红线外侧留有绿地，路侧绿带可与相邻的绿地统一进行设计，如果可以辟为游园，设计应符合现行行业标准《公园设计规范》（CB 51192—2016）的要求。道路红线外的绿地虽然在进行道路绿地统计时不计算在内，但能加强道路的绿化效果，美化街景。

濒临江、河、湖、海等水体的路侧绿带，应结合水面与岸线地形设计成滨水绿带。滨水绿带的绿化应统一设计。

道路护坡绿化应结合工程措施栽植地被植物或攀缘植物，以保证行车安全。

11.4.2.4 交通岛绿地

交通岛绿地是在几条道路相交处形成双向和多向空间，可分为中心岛绿地、导向岛绿地和立体交叉绿岛，主要起着引导行车方向、组织交通、保证行车速度及安全的作用。

(1) 中心岛绿地

中心岛位于交叉路口的中心位置，主要是组织环形交通，引导车辆绕岛逆时针单向行驶，多呈圆形，也有椭圆形、圆角方形和菱形等（图 11-9）。中心岛的绿化要保持各路口之间的行车视线通透，便于绕行车辆的驾驶员准确快速识别各路口。

中心岛应布置成装饰绿地，无论面积大小，都不能布置成供行人休息的小游园，以免穿越交通，影响道路交通和行人安全（图 11-10）。绿地不宜过密种植乔木、常绿小灌木或大灌木，应以草坪、花卉为主，在中央可选用不同质感和颜色的低矮常绿树、花灌木和草坪组成图案，应简洁、曲线优美、色彩明快；位于主干道交叉口的中心岛因位置适中，人流、车流量大，是城市的主要景点，可使用雕塑和喷泉加以装饰，成为构图中心，但体量和高度等不能遮挡视线（图 11-11）。

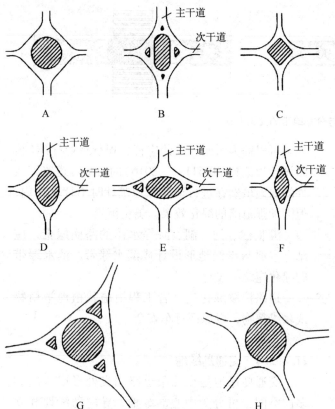

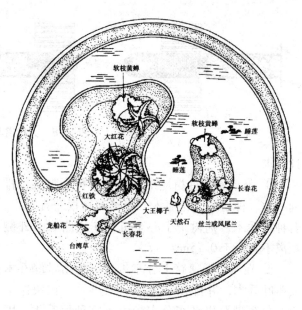

图 11-11　深圳市水库路怡景路口中心岛绿化平面图
（中国城市规划设计研究院，1985）

图 11-9　中心岛形状示意图（刘颂等，2011）
A. 圆形　B. 长圆形　C. 方形圆角　D. 椭圆形　E. 卵形
F. 菱形圆角　G. 3 条道路相交的平面环形交叉
H. 5 条道路相交的平面环行交叉

(2) 导向岛绿地

导向岛用以引导车行方向，约束车道，使车辆减速转弯，保证行车安全。导向岛绿化应配置地被植物、花坛或草坪，避免遮挡司机视线。

(3) 立体交叉绿岛

立体交叉是指两条道路在不同平面上的交叉。立体交叉使两条道路上的车流可各自保持其原来车速前进而互不干扰，是保证行车的快速、安全的措施。立体交叉分为分离式和互通式两类。分离式立体交叉分隧道式和跨路桥式。其上、下道路之间没有匝道连通。互通式立体交叉除设隧道或跨路桥外，还设置有连通上、下道路的匝道。互通式立体交叉形式繁多，按交通流线的交叉情况和道路互通的完善程度，分为完全互通式、部分互通式和环形立体交叉式 3 种。互通式立体交叉一般由主、次干道和匝道组成，为了保证车辆安全和保持规定的转弯半径，匝道和主次干道之间形成若干块空地，可作为绿化用地。

立体交叉绿岛的绿化要服从立体交叉的交通功能，使行车视线通畅，突出绿地内交通标志，诱导行车，保证安全。例如，在顺行交叉处要留出一定的视距，不种乔木，只种植低于驾驶员视线的灌木、绿篱、草坪或花卉；在弯道外侧种植

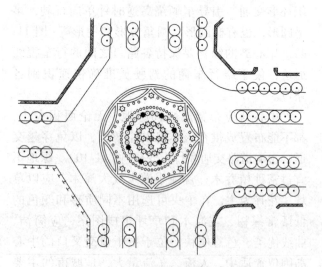

图 11-10　长春市交通广场绿化平面图
（中国勘察设计协会园林设计分会，2006）

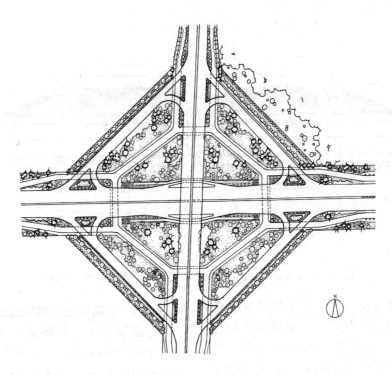

图 11-12　北京市安慧立交桥绿化平面图（北京市园林局，2005）

成行的乔木，突出匝道附近动态曲线的优美，诱导驾驶员的行车方向。

立体交叉绿岛常设有一定的坡度，要防止绿岛的水土流失，应种植草坪等地被植物。草坪上可点缀树丛、孤植树和花灌木，以形成疏朗开阔的绿化效果。或用宿根花卉、地被植物、低矮的常绿灌木等组成图案，以区别道路绿化的不同景观。桥下宜种植耐阴地被植物，墙面宜进行垂直绿化。树种选择应以地带性树种为主，选择具有耐旱、耐寒、耐瘠薄特性的树种，能适应立体交叉绿地的省工管理。

北京市安慧立交桥位于北四环路、安立路的交会处，属互通式苜蓿叶形（方形），快慢车分流，3层结构，占地约13hm^2，其中绿地4.5hm^2（图11-12）。因道路高差较大，挡土墙外坡地多，坡度也大。在设计中因地制宜，利用地形，将匝道内的绿地改造成自然起伏的微地形，使整个桥区的坡地与绿化的微地形协调。绿地以开阔的草坪为主作自然式布局，草坪上点缀各种树丛，疏密相间，错落有致，衬托桥体建筑，保证交通上的安全视距。

树种选择以油松为基调，点缀观赏价值高的白皮松、圆柏、西安刺柏、雪松、银杏、垂柳、合欢、紫薇、丰花月季、早小菊等，为突出季相变化，选用花期在9～10月的花木及宿根花卉，构成草地、花丛、树丛等园林景观。在匝道的挡墙上种植地锦，沿挡墙外侧种植油松、西安刺柏、砂地柏、花灌木等，形成桥区内对称、闭塞的空间，与桥区外通畅、自然、轻快的空间形成对比。

北京市安华立交桥（图11-13）位于北三环与中轴路相交处，是两层长条形苜蓿叶式，东西被匝道和道路分成8块绿岛，绿地面积共1.7hm^2。4块较大绿岛以草坪为底衬，桥侧集中种植油松，以修剪的黄杨、绿篱、紫叶小檗和成片的月季组成如意形图案，线条流畅层次丰富；4块较小绿岛外侧种植黄杨篱，中心栽植紫叶小檗。整体绿化舒展开朗。

(4) 道路交叉口

道路交叉口的绿地种植要保证行车的安全。在车辆进入道路的交叉口时，必须在道路转角留出一定的安全视距，使司机在这段距离内能看到对面开来的车辆，并有充分的刹车和停车的时间而

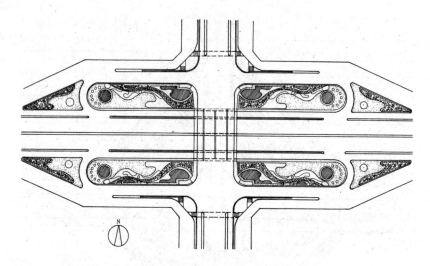

图 11-13　北京市安华立交桥绿化平面图（北京市园林局，2005）

不致发生撞车。从发觉对方汽车立即刹车而刚够停车的距离，称为"安全视距"。根据两条相交道路的两个最短视距，可在交叉口平面图上绘出一个三角形，称为视距三角形（图 11-14）。在此三角形内不能有建筑物、构筑物、树木等遮挡司机视线的地上物。如有个别行道树的种植，株距应在 6m 以上，树干高在 2m 以上，树干直径在 40cm 以下，保证驾驶员透过树干的空隙看到交叉口附近车辆行驶情况。如种植绿篱，株高应在 70cm 以下。

11.4.2.5　道路绿地的植物选择

道路绿地的生长环境十分恶劣，土壤贫瘠，空气干燥，含有各种有害烟尘、气体，以及各种外力的损伤和上下管网线路的限制等，均不利于植物的生长，同时还要满足道路绿化的多种功能，因此在绿化种类的选择方面有以下的要求：

① 应选择适应道路环境条件、生长稳定、观赏价值高和环境效益好的植物种类。也就是要选用地带性、适应性和抗病虫害能力强、树龄长、苗木来源容易、成活率高的树种。

② 在寒冷多积雪地区的城市，分车绿带、行道树绿带种植的乔木，应选择落叶树种，保证冬日有阳光的照射。

③ 行道树选择深根性，树干通直，分枝点高，树姿端正、优美，冠大荫浓，生长健壮，耐修剪的树种，且花果无异味，无飞絮、飞毛，落果不会对行人造成危害的树种。

④ 花灌木选择花繁叶茂、花期长、生长健壮和便于管理的树种。

⑤ 绿篱植物和观叶灌木选用萌芽力强、枝繁叶茂、耐修剪的树种。

⑥ 地被植物选择茎叶茂密、生长强势、病虫害少和管理省工的木本和草本观叶、观花植物。其中草坪地被植物选择萌蘖力强、覆盖率高、耐修剪和绿色期长的种类。

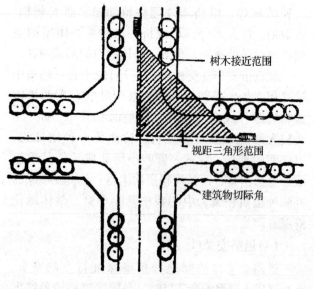

图 11-14　视距三角形示意图

11.4.2.6 道路绿地种植的相关指标及与有关设施的关系

(1) 道路绿地与架空线

在分车绿带与行道树上方不宜设置架空线，必须设置时，应保证架空线下有不小于9m的树木生长空间。架空线下配置的乔木应选择开放型树冠或耐修剪的树种。树木与架空电力线路的最小垂直距离应符合表11-3的规定。

表11-3　树木与架空电力线路导线的最小垂直距离

电压(kV)	1~10	35~110	154~220	330
最小垂直距离(m)	1.5	3.0	3.5	4.5

(2) 道路绿地与地下管线

新建道路或经改建后达到规划红线宽度的道路，其绿化树木与地下管线外缘的最小水平距离宜符合表11-4规定，并且行道树下方不得敷设管线。

表11-4　树木与地下管线外缘最小水平距离　m

管线名称	距乔木中心距离	距灌木中心距离
电力电缆	1.0	1.0
电信电缆(直埋)	1.0	1.0
电信电缆(管道)	1.5	1.0
给水管道	1.5	—
雨水管道	1.5	—
污水管道	1.5	—
燃气管道	1.2	1.2
热力管道	1.5	1.5
排水盲沟	1.0	—

当遇到特殊情况不能达到上表规定的标准时，其绿化树木根颈中心至地下管线外缘的最小距离可采用表11-5的规定。

表11-5　树木根颈中心至地下管线外缘最小距离　m

管线名称	距乔木根颈中心距离	距灌木根颈中心距离
电力电缆	1.0	1.0
电信电缆(直埋)	1.0	1.0
电信电缆(管道)	1.5	1.0
给水管道	1.5	—
雨水管道	1.5	—
污水管道	1.5	1.0

引自《城市道路绿化规划与设计规范》(CJJ 75—1997)。

(3) 道路绿地与其他设施

树木与其他设施的最小水平距离应符合表11-6的规定。

表11-6　树木与其他设施的最小水平距离　m

设施名称	至乔木中心距离	至灌木中心距离
低于2m的围墙	1.0	—
挡土墙	1.0	—
路灯杆柱	2.0	—
电力、电信杆柱	1.5	—
消防龙头	1.5	2.0
测量水准点	2.0	2.0

引自《城市道路绿化规划与设计规范》(CJJ 75—1997)。

11.5 城市林荫路的建设与推广

从20世纪60年代开始，国家提倡在街道种植适应性强、冠大荫浓、树干挺直的乔木行道树；90年代在园林城市评选初期，提出了在城市主要干道建设乔木绿化覆盖面积大，灌木、花卉搭配的"园林路"；1997年《园林城市评选标准》要求"城市街道绿化普及率达95%以上，市区干道绿化带不少于道路总用地面积的25%，全市形成林荫路系统，道路绿化、美化具有本地区特点"。此后，"林荫路"一直是国家园林城市的考核标准。

2012年《住房城乡建设部关于促进城市园林绿化事业健康发展的指导意见》要求，建设林荫道路，要加强城市道路绿化隔离带、道路分车带和行道树的绿化建设，增加乔木种植比重，在降低交通能耗、减少尾气污染的同时，为步行及非机动车使用者提供健康、安全、舒适的出行空间，达到"有路就有树，有树就有荫"的效果。

2014年北京市发布地方标准《城市道路空间规划设计规范》(DB11/1116—2014)，强化了道路的景观生态和减灾功能，提升道路空间整体品质。指出城市道路绿化时应选择丰富多样的绿地断面形式，增加道路分车绿带的建设，在道路绿化带植物选择上应优先考虑大乔木，尽量采用乔灌草结合的绿化形式。2018年北京市发布的《北京市步行和自行车交通环境设计建设指导性图集》针对道路网与道路横断面、步行和自行车环境、道路绿化等提出了具体要求，"完整林荫道"这一理念正式出现在该标准性文件中。

中国现行的《国家园林城市系列标准》于2016年开始实行，要求国家园林城市道路绿化普及率≥95%，道路绿地达标率≥80%，林荫路推广率≥70%；国家生态园林城市道路绿地达标率≥85%，林荫路推广率≥85%，且为否决项，以上指标主要考核道路红线在12m以上的城市道路。标准中明确了"林荫路"的定义，指绿化覆盖面积达到90%以上的人行道、自行车道。"林荫路推广率"指城市建成区内达到林荫路标准的步行道、自行车道长度占步行道、自行车道总长度的百分比。这一指标的提出是为了鼓励城市道路绿化形成林荫路效果，以高大、荫浓的行道树为主，其绿量大、生态效益好，能增添城市道路景观，市民出行在林荫下，提升了舒适度。

【拓展阅读】

社会停车场绿化

社会停车场用地是指独立地段的公共停车场和停车库用地，不包括其他各类用地配建的停车场和停车库用地，归属于道路与交通设施用地。

随着中国园林绿化品质的提升，社会停车场绿化也成为关注的重点，很多省市提出了林荫停车场的概念，并陆续出台了关于林荫停车场绿化的政策文件，越来越多的实际项目也在建设当中。

河北省在2011年出台了地方标准《林荫停车场绿化标准》，对林荫停车场的定义以及绿化形式、绿化指标等做了规定。林荫停车场是指停车位间种植乔木或通过其他永久性绿化方式进行遮阴，满足绿化遮阴面积大于等于停车场面积30%的停车场。林荫停车场的主要建设形式有树阵式、乔灌式、棚架式和综合式4种形式。停车场绿化要求包括：林荫停车场绿化所选用乔木的规格应控制在胸径12cm以内；停车场内设立的停车位隔离绿化带宽度应≥1.5m；乔木树干中心至绿化带或树池边缘距离应≥0.75m；停车位隔离绿化带乔木种植间距应以其树种壮年期冠幅为准，以不小于4.0m为宜，停车位的地面铺装宜采用嵌草铺装或透水铺装等。同时对停车场的施工养护也作了详细的规定。

山东省在2013年颁布了《山东省城市林荫停车场评价标准(试行)》。标准中规定林荫停车场的绿化遮阴面积应不小于停车场面积60%(以树种壮年期夏季最大冠幅为准)。提出评价标准应包括规划建设、树种选择、配套设施、综合管理4个方面，评价项目包括基本项和一般项，基本项为必评项，一般项为加分项，满分100分，80分为达标。规划建设项主要考察绿化遮阴面积、绿化带宽度、树池大小等绿化指标；树种选择项提出了绿化树种的要求；配套设施项要求地面铺装、树池盖板等材料透水、抗性强；综合管理项则对后期管理提出了具体要求。

建设林荫停车场，协调好了车和树的关系，不仅给日益增多的汽车提供了更多的"休憩"之处，也能给城市添绿，有效增加城市的绿化量。

公路和铁路绿化

1. 公路绿化

公路离居民区较远，常常穿过农田、山林，没有城市复杂的地上地下管网和建筑物等影响。公路的绿化应该注意以下几个问题：

① 绿化应根据公路的等级、宽度、材料等因素来确定林木的种植位置和林带宽度，路基不足9m时，种植在边沟之外，大于9m时，可种植在路肩上(图11-15，图11-16)。

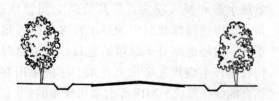

图11-15 公路宽9m以下绿化示意图

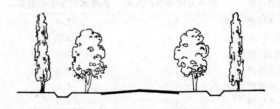

图11-16 公路宽9m以上绿化示意图

② 公路的交叉口要有足够的视距，距桥梁、涵洞等构筑物5m以内不应种树。

③ 每隔2~3km，变换一种树种，有利于司机的视觉和心理效果，同时增加公路的景观效果。

④ 绿化尽可能与农田防护林、卫生防护林、护渠防护林及果园相结合，做到一林多用。

⑤ 种植配置注意乔灌木结合，常绿树与落叶树结合、速生树与慢长树相结合，以乡土树种为主。

2. 高速公路绿化

高速公路是用于连接城市之间或大城市联系远距离的各郊区的主干道，目的要提高市内远距离的交通速度，做到交通畅行无阻。随着国民经济的发展，高速公路的建设在我国已逐步趋于网络化。高速公路路面质量较高，车速快，一般为80~120km/h，也有达200km/h的，因此，对高速公路绿地的规划设计有特殊的要求。

(1) 高速干道断面的布置形式

如图11-17所示，高速公路的绿地主要由中间的分车带和公路两侧的绿化防护带两部分组成。

(2) 高速公路绿地设计原则

高速公路绿地设计主要有以下5项原则：

① 高速公路绿化要充分考虑到高速公路的行车特色，以"安全、实用、美观"为宗旨，以"绿化、美化、彩化"为目标。防护林要做到防护效果好，同时管理方便。

② 注意整体节奏，树立大绿地、大环境的思想，在保证安全、防护要求的同时，创造丰富的林带景观。

③ 满足行车安全要求，保障司机视线畅通，同时对司机和乘客的视觉起到绿色调节作用。

④ 高速公路分车带应采用整形结构，宜简单重复形成节奏韵律，并要控制适当高度，以遮挡对面车灯光，保证良好行车视线。

⑤ 从景观艺术角度来说，为丰富景观的变化，防护林的树种也应适当加以变化，并在同一段防护林带里配置不同的林种，使之高低错落形成变化的林冠线。枝干、叶色等应有所变化，以丰富绿色景观，但在具有竖向起伏的路段，为保证绿地景观的连续，在起伏变化处两侧防护林最好是同一树种、同一距离，以达到统一、协调。

(3) 高速公路绿地规划设计

高速公路绿地规划设计要考虑以下5个方面：

① 高速公路中央分隔绿带宽度1.5m以上，宽者可达5~10m，分隔绿带上种植应以草坪为主，严禁种植乔木，以免树干映入司机眼帘，产生目眩感觉，发生交通事故。可以种植低矮、修剪整齐的常绿灌木、花灌木，但一定要注意有相应的数量。

分隔绿带日本以4~4.5m为多，欧洲大多采用4~5m，美国为10~12m。有些受条件限制，为了节约土地也有采用3m宽的。由于隔离带较窄，为安全起见，往往需要增设防护设施。

② 为了防止汽车穿越市区时的噪声和废气等污染，在干道两侧应布置由乔灌木和绿篱组成的绿化隔离带，宽度最好在40m左右。绿地要考虑到沿线景色变化对驾驶员心理的作用，过于单调，容易产生疲劳，易发生事故，所以在修建道路时要尽可能保护原有自然景观，并在道旁适宜点缀风景林群、树丛、宿根花卉群，以增加景色的变换，增强驾驶员的安全感。

在美国有45~100m宽的防护带，均种植草坪和宿根花卉，然后为灌木、乔木，其林型由低到高，既起防护作用，也不妨碍行车视线。

③ 有一定厚度的黄杨、紫叶小檗等花灌木形成绿带，可以减少车辆的意外损伤程度，所以在高速公路的外侧种植一定厚度、长度的绿带，可以缓冲车辆的撞击，使车体和驾驶员免受大的损伤。

图11-17　高速公路绿地断面示意图

④ 通过绿地种植来预示线形的变化，引导驾驶员安全操作，提高快速交通的安全，这种诱导表现在平面上的曲线转弯方向、纵断面上的线形变化等，种植时要注意连续性，反映线形变化。

⑤ 当汽车进入隧道时明暗急剧变化，眼睛瞬间不能适应，看不清前方。一般在隧道入口处栽植高大树木，以使侧方光线形成明暗的参差阴影，使亮度逐渐变化，以增加适应时间，减少事故发生的可能性。

3. 铁路绿化

在保证火车安全行驶的前提下，铁路的两侧进行合理的绿化，可以保护铁路免受风、沙、雪、水的侵袭，并起到保护路基的作用。

铁路绿化有以下几点要求：

① 在铁路两侧种植乔木时，要离开铁路外轨不少于10m，种植灌木要离开铁路轨道6m。

② 在铁路的边坡上不能种植乔木，可采用草本或矮灌木护坡，防止水土冲刷，以保证行车安全。

③ 铁路通过市区或居住区时，在可能的条件下应留出较宽的防护林带，种植乔灌木，宽度以50m以上为宜，以减少噪声对居民的干扰。

④ 公路与铁路平交时，应留出50m的安全视距，距公路中心400m以内不可种植遮挡视线的乔灌木。

⑤ 铁路转弯处内径150m以内不得种乔木，可种植草地和矮小的灌木。

⑥ 在机车信号等处200m之内不得种乔木，可种小灌木及草本花卉。

小　结

本章介绍了城市道路绿地的作用、概念、断面布置形式以及规划设计要求。内容以理论与实践相结合，通过一些设计实例的展示，帮助读者对道路绿地规划的要求有深入的了解和领会。

思考题

1. 城市道路绿化的作用是什么？
2. 道路绿地包括哪些部分？
3. 道路绿地规划设计的要点是什么？
4. 道路绿地的断面形式有哪几种？绿化的特点是什么？

推荐阅读书目

街道的美学.（日）芦原义信.百花文艺出版社，2006.

第12章 城市广场规划设计

学习重点
1. 掌握城市广场的概念及绿化指标要求；
2. 了解各类城市广场的类型及规划设计要求。

12.1 城市广场概述

12.1.1 城市广场的概念

城市广场，是为满足多种城市社会生活需要而建设的，以建筑、道路、地形、植物等围合，以步行交通为主，具有一定的思想主题和规模的城市户外公共活动空间。

《城市绿地分类标准》（CJJ/T 85—2017）中广场用地为G3类，定义为"以游憩、纪念、集会和避险等功能为主的城市公共活动场地"。对这一概念的理解应注意以下几点：①不包括以交通集散为主的广场用地，该用地应划入"交通枢纽用地"；②要求绿化占地比例宜大于或等于35%；③绿化占地比例如果大于或等于65%的广场用地应计入公园绿地。本章节城市广场的概念与包含内容与该标准保持一致。

城市广场是城市中人流密度较高，聚集性较强的开放空间，是集中展示城市风貌、文化内涵和城市环境景观等各个方面的场地，基于环境质量水平的考量以及遮阴的要求，应具有较高的绿化覆盖率。

12.1.2 城市广场的作用

城市广场是城市居民社会生活的中心，周围分布着行政、文化、娱乐、商业及其他公共建筑。广场上布置绿地和设施，能集中地体现城市空间环境面貌，是城市空间环境中最具公共性、最富艺术魅力、最能反映城市文化特征的开放空间，有着城市"起居室"和"客厅"的美誉。如北京的天安门广场，既有政治和历史的意义，又有丰富的艺术面貌。上海市人民广场是市民节日集会和游览观光的地方。人们所追求的交往性、娱乐性、参与性、多样性、灵活性与广场所具有的多功能、多景观、多活动、多信息、大容量的作用相吻合。

广场主要具有以下功能：
① 居民社会交往和户外休闲的重要场所；
② 组织商业贸易交流等活动；
③ 展示城市风貌的关键性场所；
④ 提供居民灾后避险及重建的场地。

12.1.3 城市广场的类型

现代意义上的城市广场不是以单一的功能形式出现，如天安门广场是集会广场，但同时也是纪念广场、公共活动广场，因此，在进行城市广场分类时要将广场的主要功能作为依据，考虑广场在城市交通系统中所处的位置等，将城市广场分为市民广场、纪念广场、商业广场、休闲及娱乐广场4类。

12.2 城市广场规划设计

随着城市的发展，人们对户外空间的要求也呈现出多元化，因此现代城市广场往往是多功能的复合体。

12.2.1 城市广场的规划设计原则

(1) 多样化原则

多样化包括功能上的多样性和空间上的多层次。

功能多样性是产生广场活力的源泉，因为只有功能多样化，才能吸引多样的人群产生多样的活动，从而使广场真正成为富有魅力的城市公共空间。

传统意义上的广场，主要为市民提供集会的场所，而现代的城市广场更趋向于为市民提供一个休闲娱乐的场所，市民在广场上可以开展各种活动，如集会、休闲、娱乐、运动、交往等。多样的功能要求有多层次的空间给予支持，特别是一些大型的广场，应形成几个不同特点的空间，为多样的活动提供可能性。

空间的划分可以依靠空间形态的变化，通过交通系统将不同层面的活动场所串联为上升、下沉和地面层相互穿插结合，构成一幅既有仰视又有俯视的垂直景观，更具有层次性和戏剧性的特点。形成空间的元素也不仅限于建筑物或构筑物，一片幽静的水域，一棵具有保留价值的树木，甚至是一个建筑小品，都可以成为广场成立的支持性元素。空间的形成应有主次的区别，主导性的空间要有适当规模的、适于大量人流汇集的功能，在规模、形式等方面具备城市标志物的特征；此外，还可以有适于一定人群游戏、交流的中等规模空间，甚至出现一些遮蔽性的独立小空间。

立体化广场如加拿大温哥华省府办公楼和法院前的市民广场，采用斜面阶梯将屋顶层，地面层相联系构成立体广场，以水面、绿化、瀑布构成一种极富自然情趣的景观，人们活动休息在不同的层面上别有一番乐趣(图12-1)。

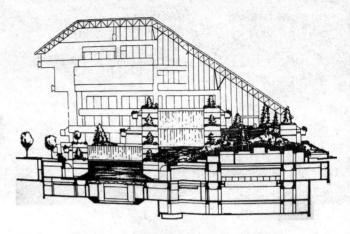

图 12-1 加拿大温哥华罗伯逊广场断面
(弗朗西斯科·阿森西奥·切沃，2002)

(2) 重视地方特色及继承历史文脉的原则

在今天的城市开发建设中，越来越重视地方文化特色的保护，历史文脉的继承。现代城市广场的设计中，经常运用历史建筑符号来表现城市历史的延续，以广场空间要素和主题思想来反映地方文化特征和文脉，引起人们的思考和联想，同时又表现出现代社会的一些风貌。一个有地方特色的广场往往被市民和来访者视为象征和标志，产生归属感。

丹麦哥本哈根加梅尔广场和新广场位于历史上的城市中心，过去被市政厅分割，经过改建，广场和步行街都铺上了花岗岩路面，以强调统一性。一个和座位一样高的基座表示出老的绞刑台轮廓。广场上的加里塔斯喷泉可追溯到1608年，一度是城市供水系统的纪念物(图12-2)。

图 12-2 丹麦哥本哈根加梅尔广场和新广场

(3) 深化文化内涵的原则

城市、社会和人以及他们之间的交互作用造就了城市文化。作为城市文化的一个重要组成部分，广场文化的形成在于它为各种社会生活活动提供场所，可以展现一个城市市民的政治经济状况和风俗习惯。新的市民文化是人们需要更多的交往的文化，是一种高科技、密集型、"信息化"文化。文化活动必须在公共空间的适宜环境中得到实现，广场文化的建设应成为城市广场规划设计上的重要内容。

杭州吴山广场集休闲、文化、娱乐于一体，充分考虑了都市与自然、现代与传统在此的撞击。为了不破坏山体，广场布局在城市轴线的两侧，采用由上而下的台地和不规则形状来达到与自然环境的衔接与过渡。采用现代的设计手法，融进了传统的建筑部件、细部造景等，并通过水井、石刻和碑廊等历史人文景观来加强广场的传统文化气氛(图 12-3)。

图 12-3　杭州吴山广场
(中国勘察设计协会园林设计分会，2006)

12.2.2　城市广场的规划设计要求

城市广场因其性质的不同，在进行规划设计时有不同的要求。

(1) 市民广场

市民广场位于城市的市中心或区中心，如天安门广场。广场周围是市政府或其他行政管理建筑，也可布置图书馆、文化宫等公共建筑，平时供市民休息、游览，需要时可进行集会活动。广场应有足够的面积，并可合理组织交通，与城市干道相连，满足人流集散要求。广场应考虑各种活动空间、场地划分，通道布置应与主要建筑物有良好的联系。这类广场一般采用规整的几何图形划分空间，要求简洁、开阔，运用轴线处理广场与周围主体建筑的关系。

由于市民广场的主要目的是供群体活动，所以应以硬质铺装为主，广场中心一般不设置大型绿地，以免破坏广场的完整性。在主席台、观礼台的周围等重点地段，可配置常绿树和景观树，节日时可点缀花卉。为了与广场气氛相协调，一般以规整形式为主。在广场周围与道路相邻处，可利用乔木、灌木或花坛等进行绿化，既起到分隔作用，又可减少噪声和交通的干扰，保持广场的安静与完整性。广场面积较大需划分为不同活动空间时，应使用绿化作为隔断，既不会显得生硬，又满足了各自空间的独立性(图 12-4)。

(2) 纪念广场

纪念广场是为纪念有历史意义的事件和人物而在城市中修建的主要为开展纪念性活动，供人们瞻仰、游览用的广场。纪念广场应位于较安静的区域，以体现严肃的主题思想，要突出某一纪念性的主题，营造出与主题相一致的环境氛围，在广场上设置突出的纪念物，如纪念碑、纪念塔、人物雕塑等，也有些广场上保留原有的纪念性建筑或构筑物作为广场的标志物。广场上可布置水景、雕像、坐凳等，供人们休息游览。对这些广场的比例尺度、空间组织以及瞻仰观赏时的视角、视线要求，要详加考虑，以加强整个广场的艺术效果。

广场绿化应创造良好的观赏效果，在不影响人流活动的情况下，可设置花坛、草坪、园景树，丰富城市景观。主体纪念物周围的绿化应以规则式为主，多选用色彩浓重、古雅的常绿树作背景，前景配置形态优美、色彩丰富的花卉或草坪、花灌木等，配合建筑小品，形成庄严、肃穆的广场空间(图 12-5)。

图 12-4 杭州滨江区市民广场鸟瞰（中国城市规划学会，2003）

图 12-5 哈尔滨防汛纪念广场及其景观

（3）商业广场

商业广场是城市广场中最常见的一类。城市商贸、餐饮及文化娱乐设施集中的商业街区常常是人流最集中的地方，为了疏散人流和满足使用上的要求，常布置商业广场。中国许多城市有历史上形成的商业广场，如苏州市的玄妙观前广场、南京的夫子庙、上海城隍庙等。国外城市的商业广场已纳入步行商业街及步行商业区系统，十分普遍。它是城市生活的重要中心之一，用于集市贸易、展销购物、游憩休闲和社会交往等活动。商业广场中以步行环境为主，内外建筑空间应相互渗透。商业活动区应相对集中，这样既便利顾客购物，也可避免人流与车流的交叉。

商业广场应是整个商业区中的一部分，要满足人们购物后在闹市中寻找一处安静的场所进行休息的需要，因此这一公共开放空间应具广场与绿地的双重功能。在广场上布置小卖亭、树木草坪、喷泉雕塑和休息座椅等小品，创造出富有吸引力、充满生机的城市商业空间，人们除了购物活动外，还可以进行社会交往、文化交流，使各种不同职业的人们在广场上得到多种物质与精神享受。

（4）休闲及娱乐广场

休闲及娱乐广场是城市中供人们休息、游玩、交往、演出及举行各种娱乐活动的重要行为场所。

这类广场的位置选择比较灵活，可以位于城市的中心区、居住区内，也可以位于一般的街道旁，数量多、分布广，最贴近市民的生活。

这类广场是气氛最轻松愉快的一种，广场的建设可以因地制宜，其平面布局形式灵活多样。休闲及娱乐广场可以是无中心的、片段式的，每一个小空间围绕一个主题，它只是向人们提供了一个放松、休憩、游玩的公共场所。因此，广场中可以布置台阶、座椅等供人们休息，设置花坛、雕塑、喷泉、水池以及其他城市小品供人们观赏。但整个广场无论面积大小，从空间形态到小品、座椅都要符合人的环境行为规律及人体尺度，才能方便使用。

12.2.3 城市广场绿地的设计要点

① 中国地域辽阔，气候差异大，不同的气候特点对人们的日常生活产生很大的影响，造就了特定的城市环境形象和品质。广场的绿化布置应因地制宜，根据各地的气候、气象、土壤等不同情况采用不同的设计手法。例如，在天气炎热、太阳辐射强的南方，广场应多种植能够遮阴的乔木，辅以其他的观赏树种。

② 利用绿化对广场空间进行划分，形成不同功能的活动空间，满足人们的需要。

③ 利用高低不同、形状各异的绿化题材构成各种不同的景观，使广场环境的空间层次更丰富多彩。

④ 利用绿化本身的内涵，既起陪衬、烘托主题的作用，又可以成为空间的主体，控制整个空间。树木本身也具有引导和遮阴的作用。

⑤ 广场位于城市道路的周边，利用树木、灌木或花坛起隔离和防护作用，可减少噪声、交通对人们休憩的干扰，保持空间的完整性。

小　结

本章内容为城市广场的规划设计，介绍了城市广场的作用、类型、规划设计的原则、要求以及广场绿地设计的要点。内容以理论与实践相结合，通过一些设计实例的介绍，有助读者对城市广场规划有深入的了解和领会。

思考题

1. 城市广场有哪几种类型？
2. 不同类型的城市广场设计要求是什么？
3. 城市广场绿化的要点是什么？

推荐阅读书目

街道与广场.（英）克利夫·芒福汀.中国建筑工业出版社，2004.

第13章 风景游憩绿地规划

学习重点
1. 掌握区域绿地的概念，明确区域绿地是城乡绿地系统的重要组成部分；
2. 重点掌握区域绿地包括的绿地类型，了解风景游憩绿地中各类绿地的特征及规划设计要求。

2018年颁布的《城市绿地分类标准》（CJJ/T 85—2017）将城市绿地分为5个大类，第五类绿地的名称由原标准中的"其他绿地"改为"区域绿地"，并进行了细分。区域绿地指位于市（县）域范围以内，城市建设用地之外，具有城乡生态环境及自然资源和文化资源保护、游憩健身、安全防护隔离、物种保护、园林苗木生产等功能的绿地。

这一概念的提出是为了与城市建设用地内的绿地进行对应和区分，强调其保障城乡生态和景观格局完整、居民休闲游憩、设施安全与防护隔离等各方面的综合效益。其主要目的是为了适应中国城镇化发展由"城市"向"城市一体化"转变，加强对城镇周边和外围生态环境的保护与控制，健全城乡生态景观格局；综合统筹利用城乡生态游憩资源，推进生态宜居城市建设；衔接城乡绿地规划建设管理实践，促进城乡生态资源统一管理等。

区域绿地是城乡绿地系统的重要组成部分，与城市建设用地内的绿地共同构成完整的城乡生态绿色网络。依据绿地主要功能，区域绿地分为4个中类：风景游憩绿地、生态保育绿地、区域设施防护绿地和生产绿地。

区域绿地不包括耕地，主要是因为耕地的主要功能为农业生产，同时，为了保护耕地，土地管理部门对于基本农田和一般农田已经有明确的管理要求。因此，虽然耕地对于限定城市空间、构建城市生态格局有一定作用，但在具体绿地分类中不计入区域绿地。

区域绿地中，风景游憩绿地是城乡居民可以进入并参与各类休闲游憩活动的城市外围绿地，与城市建设用地内的公园绿地共同构建城乡一体的绿地游憩体系。因此，本章主要介绍风景游憩绿地的相关知识。

13.1 风景游憩绿地概念与分类

风景游憩绿地指自然环境良好，向公众开放，以休闲游憩、旅游观光、娱乐健身、科学考察等为主要功能，具备游憩和服务设施的绿地。从游览景观、活动类型和保护建设管理的差异等几方面进行考虑，风景游憩绿地可以分为风景名胜区、森林公园、湿地公园、郊野公园和其他风景游憩绿地5个类型。

风景游憩绿地包括的范围较广，下文仅选取

在规划和设计方面比较有代表性的几个类型进行阐述,如风景名胜区、森林公园、湿地公园、郊野公园等。

13.2 风景名胜区

13.2.1 风景名胜区概述

风景名胜资源是一种特殊的自然资源,它是人们在自然资源的基础上通过想象、加工、修饰等行为,赋予其美的意念与文化的内涵,使之成为渗透着人类文明的、凝聚着人类精神与思想的自然资源。

13.2.1.1 风景名胜区发展概况

(1)中国风景名胜区概况

中国地域辽阔,气候多样,文化历史悠久,不论风景资源和人文景观均甲于天下。

中国的风景名胜区源于古代的名山大川、邑郊游憩地和社会"八景"活动。早在春秋战国时期,随着城市建设已出现如太湖、洞庭湖和古云梦泽等邑郊游憩地。至秦汉,封建帝王频繁的封禅祭祀活动促使以五岳为首的中国名山风景体系形成。同时,民间的学者远游、民众郊游等风气的兴盛,刺激着山水文化的发展,人们热爱自然,对山水有意识的审美活动逐步走向成熟。五台山、普陀山、秦皇岛、桂林漓江、蜀岗瘦西湖等30多个风景名胜区均形成于这一时期。魏晋南北朝时期,佛道盛行使山水景胜和宗教圣地快速发展,寺观建设促进了杭州西湖、九华山、缙云山等的发展,开凿山岩石窟使莫高窟、麦积山、云冈、龙门等风景区得到发展;山水游览、山水科技、山水文化艺术因素促使游览欣赏审美功能得到提升,促进了天台山、富春江、桃花源、武夷山等景区的发展;经济建设和社会活动则促进了武汉东湖、云南丽江、湖南洞庭、晋祠、黄果树等景区的发展。隋唐宋时期是风景区全面发展的时期,数量、类型及分布范围都有大幅度增长。风景区内容充实完善,成为保护利用自然、游览寄情山水、欣赏创造美景的圣地。发展动因多样且强势持久,其中因佛道鼎盛而形成的有千山、盘山、百泉、清源山、鼓浪屿等;因游览游历和山水文化发展而形成的有黄山、琅琊山、太姥山、五老峰、石花洞等;因开发建设和生态因素而形成的有镜泊湖、凤凰山、青海湖等;因陵墓而形成的有西夏王陵、唐十八帝陵等。元明清是风景区的深化发展时期,全国性风景区已超过百个,各地方性风景区和省府县景胜也都形成,各级各类志书也成体系,规划设计、建设施工、经营管理形成体系并有成功实例,如武当山。这一时期形成的风景区有避暑山庄外八庙、鸡公山、蜀南竹海、嶂石岩、石林、天池、十三陵等。20世纪初期开始,中国风景名胜区的建设一度陷入停滞和衰颓状态。

中华人民共和国成立后政府对于风景名胜区的保护、建设及管理十分重视,50年代开始了新的复苏振兴,发展了一大批具有休疗养功能的风景名胜区,如太湖、西湖、北戴河等地。1979年,国家建设总局(现住房和城乡建设部)以[79]城发国字39号文件发出的《关于加强城市园林绿化工作的意见》中明确提出了建立全国风景名胜区体系,对风景名胜区实行统一规划、统一分级管理等意见,至此形成了适合中国风景名胜区发展的一套分级及管理体系。风景名胜区事业在1980年以后步入快速发展时期,1982年,国务院审定公布了第一批44处国家重点风景名胜区。1985年国务院颁布了《风景名胜区管理暂行条例》。1992年建设部(现住房和城乡建设部)在获得国务院批准的前提下召开了第一次全国风景名胜区工作会议。2006年9月6日国务院常务会上通过《风景名胜区条例》,标志着我国风景名胜资源保护、利用和管理步入了规范化和法制化的新阶段。2015年9月14日国家住房和城乡建设部颁布《国家风景名胜区规划编制审批办法》,其第五条规定国家级风景名胜区规划分为总体规划和详细规划。

截至2015年底,全国共有国家级风景名胜区225处,世界遗产48项。48项世界遗产中,有30处分布在国家级风景名胜区和省级风景名胜区之中,共包含自然遗产10项、文化与自然双遗产4项、文化景观遗产4项,为国家保存了大量珍贵的自然文化遗产,成为我国生态文明和美丽中国建设、促进国民经济和社会发展的重要载体。我国世界遗产数量增长居世界前列，这也标志着我国风景名胜区正在走向世界。

历经数千年的发展，中国的风景名胜区荟萃了自然之美和人文之胜，成为壮丽山河的精华，凝聚着中国乃至世界最珍贵的自然和文化遗产，对于保护国家遗产资源，树立国家和地区的典型形象，促进生态文明和人文发展，促进自然、社会、科技和经济全面协调发展，均发挥着重要作用。

（2）国外风景名胜区概况

在国外，相当于中国国家级风景名胜区的绿地多被称为"国家公园"（National Park）、"自然公园"（Natural Park）或"野趣公园"（Wild Park）等。

1872年3月1日，经美国国会批准，在怀俄明州方圆898 km^2 的区域建立了世界上第一个国家公园——黄石国家公园，并颁布了《黄石公园法案》，它标志着最初的自然保护思想的胜利。此后，国家公园理念在美国得到了广泛而迅速的传播，经过100多年的发展，目前美国共拥有59座国家公园（其中14个被列入世界遗产），分布于美国的27个州（包括美属萨摩亚和美属维尔京群岛）。加拿大也是世界上国家公园建立历史最早的国家之一。自1885年班夫国家公园的建立，目前共设立了38个国家公园和8个国家公园保留地，这些国家公园总面积达 $5000\times10^4 hm^2$，约占加拿大国土面积的5%。1895年，英国效仿美国，在海外殖民地设立了国家托拉斯，负责规划土地并建立自然保护区；澳大利亚、新西兰、南非也相继建立了国家公园或类似的保护区。19世纪，国家公园几乎都是在美国和英联邦范围内建立的。

通过国家立法而建立起来的国家公园和国家公园制度，在美国、英国诞生，并经过近30年的缓慢发展，逐渐扩展到欧洲大陆。1909年瑞典在北部北极圈建立了第一个国家公园阿比斯库国家公园，同年瑞典议会通过《国家公园法案》；瑞士在1914年设立了1座国家公园；苏联在十月革命后设立了4个自然保护区，其中1个保护区是列宁于1920年亲自批准设立的。而比利时和意大利等人口较密集的欧洲国家，则仿效英国的做法，纷纷在海外殖民地设置国家公园。1925年，比利时在刚果设立了阿尔贝国家公园。1926年，意大利在索马里设立国家公园。而法国则在非洲的马达加斯加和东南亚，荷兰则在印度尼西亚等地设置类似的国家公园或自然保护区。这一时期，英国进一步将海外殖民地的国家公园体制扩展了到斯里兰卡、苏丹和埃及等地。

两次世界大战之间，世界大多数地区，特别是在非洲、大洋洲、亚洲的一些殖民地国家，由英、法、荷、意、比等国家设立了一批国家公园，北欧、北美也新建了一批国家公园。

第二次世界大战使国家公园的发展非常缓慢。第二次世界大战以后，由于生态保护运动的开展，工业化国家居民对"绿色空间"的渴求，以及世界旅游业的发展等原因，使国家公园有了更大的发展。20世纪50年代以后，国家公园在全球已具备相当大的规模，特别是北半球的发展更为迅速。在北美，国家公园从50个扩大到356个，数量扩大了7倍；在欧洲，从25个扩大到379个，扩大了15倍，其他大陆上的发展（特别是非洲和亚洲）同样也很显著。到20世纪70年代中期，全世界已有1204个国家公园。

随着城市化的迅猛发展和城市人口的高速增长，环境污染加剧，城市生态系统失调，人们户外游憩的需求加大，又因国际旅游事业的兴旺及全球对生态环境的日渐重视与关注，促使国际保护运动蓬勃发展，更促进了国家公园的普遍建立。截至2001年，全世界共有225个国家和地区建立了9800多个国家公园，总面积近 $10\times10^8 hm^2$，各国和地区政府采取积极政策支持国家公园和相关保护地管理，促使全球自然保护地不仅总量大幅增长，而且类型和分布格局多样化，有效地保障了自然空间生态保护和人类自然游憩的需求。

13.2.1.2　风景名胜区的定义

风景名胜区，具有观赏、文化或科学价值，

自然景观、人文景观比较集中，环境优美，可供人们游览或者进行科学、文化活动的区域。是由中央和地方政府设立和管理的自然和文化遗产保护区域，简称风景区。海外的国家公园相当于国家级风景区。

风景名胜区是中国辽阔国土上自然景物与人文景物高度集中的具有典型意义的地域。各国政府为保护自然，保护人类赖以生存的家园，设立占国土面积一定比例的国家公园。中国的风景名胜区将与世界各国的国家公园，共同维系地球上已经十分脆弱的自然生态和生物多样性。

13.2.1.3 风景名胜区的功能

风景名胜区在维护城市及自然的生态平衡、丰富人们的生活等方面都起着重要的作用。它的功能主要体现在以下几个方面。

(1) 保护生态、生物多样性的大环境

自人类进入工业社会以来，人们征服自然、改造甚至破坏环境，给大自然造成严重破坏。生态失衡，生物多样性严重减少，环境恶化，同时也威胁着人类自身的生存。当前难得保存下来的优美的原生自然风景基地，就成了人们回归大自然和开展科学文化教育活动的理想地域。因此，保护生态环境、促进生物多样性是风景名胜区最基本的作用。

(2) 发展旅游事业，丰富文化生活

风景名胜区建设是我们回归大自然的首选。中华民族历史上就有崇尚自然山水、登高涉险的传统。现代社会的紧张生活使人们更乐于游览山河，开阔胸襟，陶冶情操，锻炼体魄，增长胆识。风景名胜区的壮丽山河、灿烂文化、历史文物、民俗风情，足以引起我们的自信、自强和自豪；能够激发人们特别是青少年热爱家乡、热爱祖国的感情，增强海内外炎黄子孙的爱国热情和民族凝聚力。

(3) 开展科研和文化教育，促进社会进步

风景名胜区是研究地球变化、生物演替、自然科学的天然实验室和博物馆，是开展科普教育的生动课堂；风景名胜区内的优秀文化资源，是历史上留下来的宝贵遗产，可供研究借鉴，对发展人类文明、促进社会进步具有重要作用。

(4) 合理开发，发挥经济效益

风景名胜区具有多种资源，既可产生直接的经济效益，又可通过风景名胜区建设，合理开发，产生更大的经济效益和社会效益，带动当地社会经济发展、信息交流、文化知识的传播以及人们素质的提高，为群众脱贫开辟捷径。不少边远地区建立风景名胜区后，当地群众收入得到成倍增长，开放度迅速提高，有利于整个国家均衡发展。

13.2.1.4 风景名胜区的类型

风景区的分类方法很多，应用较多的是按等级、规模、结构、布局等特征进行划分。

(1) 按等级特征分类

按照风景区的观赏、文化、科学价值及其环境质量、规模大小、游览条件等划分为两个等级。

① 国家级风景名胜区　自然景观和人文景观能够反映重要自然变化过程和重大历史文化发展过程，基本处于自然状态或者保持历史原有风貌，具国家代表性的，申请设立国家级风景名胜区。设立国家级风景名胜区，由省、自治区、直辖市人民政府提出申请，国务院建设主管部门会同国务院环境保护主管部门、林草主管部门、文物主管部门等有关部门组织论证，提出审查意见，报国务院批准公布。

② 省级风景名胜区　具有区域代表性的，可以申请设立省级风景名胜区。设立省级风景名胜区，由县级人民政府提出申请，省、自治区人民政府建设主管部门或者直辖市人民政府风景名胜区主管部门，会同其他有关部门组织论证，提出审查意见，报省、自治区、直辖市人民政府批准公布。

(2) 按用地规模分类

风景区按用地规模可分为4个级别：

① 小型风景区　面积在20km²以下。

② 中型风景区　面积在21~100km²

③ 大型风景区 面积在 101~500km² 。
④ 特大型风景区 面积在 500km² 以上。

(3) 按主要特征分类

依据《风景名胜区分类标准》(CJJ/T 121—2008)，风景名胜区按照其主要特征可分为 14 类。

① 历史圣地类 指中华文明始祖遗存集中或重要活动，以及与中华文明形成和发展关系密切的风景名胜。不包括一般的名人或宗教胜迹。如蜗皇宫、黄帝陵等风景区。

② 山岳类 以山岳地貌为主要特征的风景名胜区，此类风景名胜区具有较高生态价值和观赏价值。包括一般的人文胜迹。如五岳和各种名山风景区。

③ 岩洞类 以岩石洞穴为主要特征的风景名胜区。包括溶蚀、侵蚀、塌陷等成因形成的岩石洞穴。如本溪水洞、北京石花洞等。

④ 江河类 以天然及人工河流为主要特征的风景名胜区，包括季节性河流、峡谷和运河。如黄果树、黄河壶口瀑布等风景区。

⑤ 湖泊类 以宽阔水面为主要特征的风景名胜区。包括天然或人工形成的水体。如贵州红枫湖、青海湖等风景区。

⑥ 海滨海岛类 以海滨地貌为主要特征的风景名胜区。包括海滨基岩、岬角、沙滩、滩涂、泻湖和海岛岩礁等。如北戴河、胶东半岛海滨风景区等。

⑦ 特殊地貌类 以典型、特殊地貌为主要特征的风景名胜区。包括火山熔岩、热田汽泉、沙漠碛滩、蚀余景观、地质珍迹、草原、戈壁等。如腾冲地热火山、丹霞山、扎兰屯等风景区。

⑧ 城市风景类 指位于城市边缘，兼有城市公园绿地日常休闲、娱乐功能的风景名胜区，其部分区域可能属于城市建设用地。杭州西湖、武汉东湖等风景区。

⑨ 生物景观类 以特色生物景观为主要特征的风景名胜区。如西双版纳、蜀南竹海等风景区。

⑩ 壁画石窟类 以古代石窟造像、壁画、岩画为主要特征的风景名胜区。如须弥山石窟、麦积山石窟等风景区。

⑪ 纪念地类 以名人故居、军事遗址、遗迹为主要特征的风景名胜区。包括其历史特征、设施遗存和环境。如避暑山庄外八庙、湖北隆中风景区等。

⑫ 陵寝类 以帝王、名人陵寝为主要内容的风景名胜区。包括陵区的地上、地下文物和文化遗存，以及陵区的环境。如八达岭十三陵、中山陵等风景区。

⑬ 民俗风情类 以特色传统民居、民俗风情和特色物产为主要特征的风景名胜区。黎平侗乡、泸沽湖等风景区。

⑭ 其他类 未包括在上述类别中的风景名胜区。

13.2.2 风景名胜区总体规划

13.2.2.1 风景名胜区规划的层次

风景名胜区规划包括总体规划和详细规划两个层次。

风景名胜区总体规划是为保护培育、合理利用和经营管理好风景区，发挥其综合功能作用、促进风景区科学发展所进行的统筹部署和具体安排，是统一管理风景区的基本依据，具有法定效力。风景区总体规划应与国民经济和社会发展规划、主体功能区规划、城市总体规划、土地利用总体规划等规划相互协调，并应指导下层次规划。

风景名胜区详细规划是为落实风景区总体规划要求，满足风景区保护、利用、建设等需要，在风景区一定用地范围内，对各空间要素进行的多种功能的具体安排和详细布置。风景区详细规划是风景区总体规划的下位规划，为风景区的建设管理、设施布局和游赏利用提供依据和指导。

以下主要对风景区总体规划的相关内容进行介绍。

13.2.2.2 风景名胜区规划的主要任务与目的

风景名胜区规划的主要任务是：
① 综合分析评价现况。
② 依据风景区的发展条件，从其历史、现状、发展趋势和社会需求出发，明确风景区的发展方向、目标和途径。
③ 展现景物形象，组织游赏条件，调动景感潜能。

④ 对风景区的结构与布局、人口容量及生态原则等方面做出统筹部署。

⑤ 对风景游赏主体系统、旅游设施配套系统、居民社会经营管理系统，以及相关专项规划和主要发展建设项目进行综合安排。

⑥ 提出实施步骤和配套措施。

风景名胜区规划的主要目的是为了有效保护风景名胜资源，全面发挥风景区的功能和作用，服务美丽中国建设和风景区可持续发展。

13.2.2.3 风景名胜区的规划原则

① 科学指导，综合部署 应树立和践行绿水青山就是金山银山的理念，依据现状资源特征、环境条件、历史情况、文化特点以及国民经济和社会发展趋势，统筹兼顾，综合安排。

② 保护优先，完整传承 应优先保护风景名胜资源及其所依存的自然生态本底和历史文脉，保护原有景观特征和地方特色，维护自然生态系统良性循环，加强科学研究和科普教育，促进景观培育与提升，完整传承风景区资源和价值。

③ 彰显价值，永续利用 应充分发挥风景资源的综合价值和潜力，提升风景游览主体职能，配置必要的旅游服务设施，改善风景区管理能力，促使风景区良性发展和永续利用。

④ 多元统筹，协调发展 应合理权衡风景环境、社会、经济三方面的综合效益，统筹风景区自身健全发展与社会需求之间的关系，创造风景优美、社会文明、生态环境良好、景观形象和游赏魅力独特、设施方便、人与自然和谐的壮丽国土空间。

13.2.2.4 风景名胜区总体规划的内容

风景区总体规划要符合风景区定位与发展实际，规划涉及所在地的资源、环境、历史、文化、经济社会发展现状与趋势等广泛领域，需要深入调查研究，把握主要矛盾，充分考虑风景、文化、生态、社会和经济五方面的综合效益，因地制宜的突出本风景区的特性。

1) 基础资料调查与现状分析

基础资料调查工作是指收集整理现有的纸质版或电子版的文字、图纸、声像等资料，资料包括以下几个方面的内容（表13-1）。

表13-1 基础资料调查分类表

大类	中类	小类
一、测量资料	1. 地形图	小型风景区图纸比例为1/2000～1/10 000；中型风景区图纸比例为1/10 000～1/25 000；大型风景区图纸比例为1/25 000～1/50 000；特大型风景区图纸比例为1/50 000～1/200 000
	2. 专业图	航片、卫片、遥感影像图、地下岩洞与河流测图、地下工程与管网等专业测图
二、自然与资源条件	1. 气象资料	温度、湿度、降水、蒸发、风向、风速、日照、冰冻等
	2. 水文资料	江河湖海的水位、流量、流速、流向、水量、水温、洪水淹没线；江河区的流域情况、河道整治、防洪设施；海滨区的潮汐、海流、浪涛；山区的山洪、泥石流、水土流失等
	3. 地质资料	地质、地貌、土层、建设地段承载力；地震或重要地质灾害的评估；地下水存在形式、储量、水质、开采及补给条件
	4. 自然资料	景源、生物资源、水资源、土地资源、农林牧副渔资源、能源、矿产资源等、国有林、集体林、古树名木、植被类型等的分布、数量、开发利用价值等资料；自然保护对象及地段
三、人文与经济条件	1. 历史与文化	历史沿革及变迁、文物、胜迹、风物、历史与文化保护对象及地段
	2. 人口资料	历年常住人口的数量、年龄构成、劳动构成、教育状况、自然增长和机械增长；服务人口和暂住人口及其结构变化；游人及结构变化；居民、服务人口、游人分布状况
	3. 行政区划	行政建制及区划、各类居民点及分布、城镇辖区、村界、乡界及其他相关地界
	4. 经济社会	有关经济社会发展状况、计划及其发展战略；风景区范围的国民生产总值、财政、产业产值状况
	5. 企事业单位	主要农林牧副渔和教科文卫军与工矿企事业单位的现状及发展资料，风景区管理现状

（续）

大类	中类	小类
四、设施与基础工程条件	1. 交通运输	风景区及其可依托的城镇的对外交通运输和内部交通运输的现状、规划及发展资料
	2. 旅游设施	风景区及其可以依托的城镇的旅行、游览、饮食、住宿、购物、娱乐、文化、休养等设施的现状及发展资料
	3. 基础工程	水电气热、环保、环卫、防灾等基础工程的现状及发展资料
五、土地与其他资料	1. 土地利用	规划区内各类用地分布状况，历史上土地利用重大变更资料，用地权属、土地流转情况，永久性基本农田资料，土地资源分析评价资料
	2. 建筑工程	各类主要建（构）筑物、园景、场馆场地等项目的分布状况、用地面积、建筑面积、体量、质量、特点等资料
	3. 环境资料	环境监测成果，三废排放的数量和危害情况；垃圾、灾变和其他影响环境的有害因素的分布及危害情况；地方病及其他有害公民健康的环境资料
	4. 相关规划	风景区规划资料，与风景区相关的行业、专项等规划资料

引自《风景名胜区总体规划标准》GB/T 50298—2018。

由于风景区的规模和条件等差异性较大，地区性特点明显，因此基础资料的覆盖面、繁简度、可比性的选择很重要，需首先拟定出调查提纲和指标再进行调查统计，以获取可靠的数据，实事求是地采集、筛选、存储、整理并汇编。

掌握风景区的基础资料之后，还应该认真进行现状分析，这是实现"因地制宜的突出本风景区特征"的首要环节。由于每个风景区的自然因素很少雷同，社会生活需求和技术经济条件常有变化，因而在基础资料收集和现状分析的交错进程中，应充分重视并提取出可以构成本风景区特点与个性的要素，进而分析论证诸要素在风景区规划或风景区发展中的作用与地位。

现状分析一般包括风景区的特点分析、资源利用多重性分析、开发利弊分析、用地矛盾分析、交通等发展条件分析、建设状况分析、生态与社会分析等。游人现状分析包括游人的规模、结构、递增率、时间和空间分布及其消费状况。旅游服务设施现状分析应表明供需状况、设施与景观环境的相互关系。现状分析的结果应明确提出风景区发展的优势与动力、矛盾与制约因素、规划对策与规划重点等内容。

2）风景名胜资源评价

风景名胜资源，也称风景资源、景观资源、风景旅游资源，简称景源。是指能引起审美与欣赏活动，可作为风景游览对象和风景开发利用的事物与因素的总称，是构成风景环境的基本要素，是风景区产生环境效益、社会效益、经济效益的载体。

风景名胜资源评价内容包括景源分类筛选、景源等级评价、评价指标与分级标准、综合价值评价、评价结论等内容。景源评价实质上从景源调查阶段即已开始，边调查边筛选边补充，景源评分与分级则是进入正式文字图表汇总处理阶段，综合价值评价是对风景区总体价值特征的评判，评价结论则是最后概括提炼阶段。

GIS与RS结合，在空间数据获取、分析处理方面具有显著的优势，已被广泛地运用到植被监测、矿产资源管理、城市规划等领域，并产生了良好的效益与效率。在风景名胜区规划中，利用RS技术对现状数据进行GIS分析，从宏观的角度掌握风景区环境的现状，结合专业的评判标准评定当前的环境等级，并运用空间分析模式提出相应的改进方案，完成环境规划的目标。

进行景源调查，需要一种以调查为目的的应用性景源分类，我们现在使用的分类方法主要是参照我国《风景名胜区总体规划标准》（GB/T 50298—2018）相关规定要求（表13-2）。

表 13-2 风景名胜资源分类

大类	中类	小类
一、自然景源	1. 天景	(1)日月星光；(2)红霞蜃景；(3)风雨阴晴；(4)气候景象；(5)自然声象；(6)云雾景观；(7)冰雪霜露；(8)其他天景
	2. 地景	(1)大尺度山地；(2)山景；(3)奇峰；(4)峡谷；(5)洞府；(6)石林石景；(7)沙景沙漠；(8)火山熔岩；(9)土林雅丹；(10)洲岛屿礁；(11)海岸景观；(12)海底地形；(13)地质珍迹；(14)其他地景
	3. 水景	(1)泉井；(2)溪流；(3)江河；(4)湖泊；(5)潭池；(6)瀑布跌水；(7)沼泽滩涂；(8)海湾海域；(9)冰雪冰川；(10)其他水景
	4. 生景	(1)森林；(2)草地草原；(3)古树名木；(4)珍稀生物；(5)植物生态类群；(6)动物群栖息地；(7)物候季相景观；(8)其他生物景观
二、人文景源	1. 园景	(1)历史名园；(2)现代公园；(3)植物园；(4)动物园；(5)庭宅花园；(6)专类游园；(7)陵园墓园；(8)游娱文体园区；(9)其他园景
	2. 建筑	(1)风景建筑；(2)民居宗祠；(3)宗教建筑；(4)宫殿衙署；(5)纪念建筑；(6)文娱建筑；(7)商业建筑；(8)工交建筑；(9)工程构筑物；(10)特色村寨；(11)特色街区；(12)其他建筑
	3. 胜迹	(1)遗址遗迹；(2)摩崖题刻；(3)石窟；(4)雕塑；(5)纪念地；(6)科技工程；(7)古墓葬；(8)其他胜迹
	4. 风物	(1)节假庆典；(2)民族民俗；(3)宗教礼仪；(4)神话传说；(5)民间文艺；(6)地方人物；(7)地方物产；(8)民间技艺；(9)其他风物

景源系统的构成是多层次的，每层次含有不同的景物成分和构景规律，至少可以分成3层(图13-1)。景源评价应在同层次或同类型之间进行。

景源等级评价应采取定性概括与定量分析相结合的方法，对所选评价指标进行权重分析。景源评价中存在一定主观的认识，因而评价标准只能是相对的和各有特点，但由于对一个风景区来说，景源评价是分级分类、选点区划、确定性质功能规模、制订规划设计方案的基础，因此需要一个相对统一的等级划分标准，评价指标的选择可参考表13-3。对风景区或部分较大景区评价时可选用综合评价层指标，对景点或景群评价时可选用项目评价层指标，对景物评价时可选用因子评价层指标。

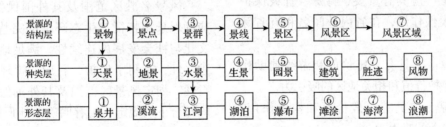

图 13-1　景源层次示意图

表 13-3　风景名胜资源评价指标层次

综合评价层	赋值	项目评价层	权重	因子评价层	权重
1. 景源价值	60~70	(1)美学价值；(2)科学价值；(3)文化价值；(4)保健价值；(5)游憩价值		①景感度；②奇特度；③完整度	
				①科技值；②科普值；③科教值	
				①年代值；②知名度；③人文值；④特殊度	
				①生理值；②心理值；③应用值	
				①功利性；②舒适度；③承受力	

(续)

综合评价层	赋值	项目评价层	权重	因子评价层	权重
2. 环境水平	30~20	(1) 生态特征； (2) 保护状态； (3) 环境质量； (4) 监护管理		①种类值；②结构值；③功能值；④贡献值 ①整度；②真实度；③受威胁程度 ①要素值；②等级值；③灾变率 ①监测机能；②法规配套；③机构设置	
3. 利用条件	5	(1) 交通通信； (2) 食宿接待； (3) 其他设施； (4) 客源市场； (5) 运营管理		①便捷性；②可靠性；③效能 ①能力；②标准；③规模 ①工程设施；②环保设施；③安全设施 ①分布；②结构；③消费 ①职能体系；②经济结构；③居民社会	
4. 规模范围	5	(1) 面积； (2) 体量； (3) 空间； (4) 容量			

对风景资源作出评价后，应根据景源特征及其不同层次的评价指标分值和吸引力范围，确定风景名胜资源的等级。按规定应分为五级：特级、一级、二级、三级、四级。

①特级景源　应具有珍贵、独特、世界遗产价值和意义，有世界奇迹般的吸引力。

②一级景源　应具有名贵、罕见、国家级保护价值和国家代表性作用，在国内外著名和有国际吸引力。

③二级景源　应具有重要、特殊、省级保护价值和地方代表性作用，在省内外闻名和有省际吸引力。

④三级景源　应具有一定价值和游线辅助作用，有市县级保护价值和相关地区的吸引力。

⑤四级景源　应具有一般价值和构景作用，有本风景区或当地的吸引力。

综合价值评价是在宏观层面，对风景区的景观、文化、生态与科学4个方面分别进行综合性评价，归纳出其中最具典型性和代表性的价值特点与主要优势，提炼风景区最突出的价值特征，明确其载体与空间分布。

风景资源评价结论应由评价分析、特征概括、价值评定等三部分组成。评价分析应表明主要评价指标的特征、横向比较分析或结果分析。分析内容既可以展示景源的分项优势、劣势、潜力状态，也可以反向检验评价指标选择及其权重分析的准确度，如发现有漏项或不符合实际的权重现象，应随即调整、补充，甚至重新评分与分级；特征概括应表明风景资源的类型特征、典型性和代表性特征、综合特征等，是风景区定性、发展对策、规划布局的重要依据；价值评定应表明景源的综合价值级别，是对风景区的总体认知，价值级别分为世界级、国家级和地方级。

3) 规划范围与性质

风景名胜区范围及其外围保护地带的划定，应确保景源特征与生态环境的完整性，保持历史文化与社会发展的连续性，满足地域单元的相对独立性，有利于保护、利用、管理的必要性与可行性。划定风景区范围及其外围保护地带的界线应符合下列规定：①有明确的地形标志物为依托，既能在地形图上标出，又能在现场立桩标界；②地形图上的标界范围，应是风景区面积的计量依据；③规划阶段的所有面积计量均应以同精度的地形图的投影面积为准。

风景区性质的确定应依据典型景观特征、游览欣赏特点、资源类型以及发展对策与功能选择来确定，风景区的功能一般包括游憩娱乐、审美与欣赏、认识求知、休养保健、启迪寓教、保存保护培育、旅游经济与生产等几个方面。

风景区的性质应明确表述风景特征、主要功

能、风景区级别三方面内容。如杭州西湖风景名胜区是以秀丽、清雅的湖光山色与璀璨的文物古迹、文化艺术交融一体为其特色,以观光游览为主的国家级风景名胜区;九寨沟风景名胜区是以高山深谷碳酸盐堰塞湖地貌为特征,以彩湖叠瀑为主景,与藏族风情相融合,供观光游览为主,兼科普教育的国家重点自然保护区和风景区;嵩山是五岳名山之中岳,华夏文明荟萃之地,以保护和发扬中华文化与自然遗产为主要任务,供国内外游览和科研教育的山岳型国家级风景名胜区。

4) 功能分区

功能区划分是依据风景区资源对象的种类及其属性特征,并按土地利用方式来划分出相应类别的功能区。在同一个类型的功能区内,其保护利用原则和措施应基本一致,便于识别和管理,便于和其他规划分区相衔接。功能分区应划分为特别保存区、风景游览区、风景恢复区、发展控制区、旅游服务区等。

在风景区内景观和生态价值突出,需要重点保护、涵养、维护的对象与地区,应划出一定的范围与空间作为特别保存区,该区是要避免人为干扰的区域,可纳入生态红线。

在风景区景物、景点、景群、景区等风景游赏对象集中的地区,应划出一定的范围与空间作为风景游览区。该区主要开展游览欣赏活动,也是开展必要景观建设的区域。

在风景区内需要重点恢复、修复、培育、抚育的对象与地区,应划出一定的范围与空间作为风景恢复区。该区是具有当代特征和中国特色的规划分区,现状景源较少但生态环境较好的区域应划入风景恢复区。

在乡村和城镇建设集中分布的地区,可划出一定的范围与空间作为发展控制区。

在旅游服务设施集中的地区,可划出一定的范围与空间作为旅游服务区。该区可结合城、镇、村设置,也可单独设置。

5) 容量和人口

(1) **游人容量**

风景区游人容量是指在保持景观稳定性,保障游人游赏质量和舒适安全,以及合理利用资源的限度内,单位时间、一定规划单元内所能容纳的游人数量。游人容量是限制某时、某地游人过量集聚的警戒值,也称游客容量。在游人快速发展时期和地区,游人容量已成为风景区规划与管理中的尖锐矛盾,因此,风景区规划必须进行游人容量分析、预测和规划。

在影响游人容量的因素中,生态允许标准是对景物及其占地而言,游览心理是游人对景物的景感反应,功能技术标准是游人欣赏风景时所处的具体设施条件,这种庞杂的变量群系,使游人容量永远处在一种可变值和动态发展研究之中。游人容量应由一次性游人容量、日游人容量、年游人容量3个层次表示。一次性游人容量(又称瞬时容量),单位以"人/次"表示;日游人容量,单位以"人次/日"表示;年游人容量,单位以"人次/年"表示。

游人容量的计算方法包括线路法、卡口法、面积法、综合平衡法。

①线路法 以每个游人所占平均道路面积计,一般为 $5\sim10m^2$/人。

②面积法 以每个游人所占平均游览面积计。其中:主景景点为 $50\sim100m^2$/人(景点面积);一般景点为 $100\sim400m^2$/人(景点面积);浴场海域为 $10\sim20m^2$/人(海拔 $-2\sim0m$ 以内水面);浴场沙滩为 $5\sim10m^2$/人(海拔 $0\sim2m$ 以内沙滩)。

③卡口法 以实测卡口处单位时间内通过的合理游人量计,单位以"人次/单位时间"表示。

游人容量计算结果应与当地的淡水供水、用地、相关设施及环境质量等条件进行校核与综合平衡,以确定合理的游人容量。

风景区和重要景区的极限游人容量应满足生态安全、游览安全、设施承载能力、管理能力的极限要求,日极限游人容量不得大于日游人容量2.5倍,瞬时极限游人容量应根据高峰日高峰时段的统计数据进行测算。

(2) **人口规模**

风景区总人口容量测算应符合:①包括外来游人、服务人口、当地居民三类人口容量;②一定用地范围内的人口发展规模不应大于其总人口容量；③服务人口应包括直接服务人口和日常活动在风景区内的间接服务人口；④居民人口应包括当地常住居民人口。居民容量的测算应符合：①当规划地区的居住人口密度超过 50 人/km² 时，宜测定用地的居民容量；②当规划地区的居住人口密度超过 100 人/km² 时，必须测定用地的居民容量；③居民容量应依据淡水、用地、相关设施等重要要素容量分析来确定。

风景区内部的人口分布应符合下列原则：①根据游赏需求、生境条件、设施配置等因素对各类人口进行相应的分区分期控制；②应有合理的疏密聚散变化；③应有利于生态环境保护，有利于管理与效益。

13.2.2.5 风景名胜区专项规划

1) 保护培育规划

保护培育规划的目的是为了维护生态系统健康，维护生物与景观多样性，提高自然环境的恢复能力，制止人类行为对自然生态环境的破坏。规划内容包括查清保育资源、明确保育的具体对象、划定分级保育范围、确定保育原则和措施、明确分类保护要求、说明规划的环境影响等。

在保护培育规划中常采用分级保护的规划和管理方法，是以保护对象的价值和级别特征为主要依据，兼顾风景区的游览欣赏功能、旅游服务设施的设置以及风景区内城乡建设需要，结合土地利用方式而划分出相应级别的保护区，主要包括 3 级内容。

一级保护区属于严格禁止建设范围，是风景区内资源价值最高的区域，需按照真实性、完整性的要求划定。该区包括特别保存区，可包括全部或部分风景游览区。特别保存区除必要的科研、监测和防护设施，严禁建设任何建筑设施；风景游览区严禁建设与风景游赏和保护无关的设施，不得安排旅宿床位，有序疏解居民点、居民人口及与风景区定位不相符的建设，禁止安排对外交通，严格限制机动交通工具的进入。

二级保护区属于严格限制建设范围，是有效维护一级保护区的缓冲地带，是风景资源较少、景观价值一般、自然生态价值较高的区域。该区包括主要的风景恢复区，可包括部分风景游览区。该区应恢复生态与景观环境，限制各类建设和人为活动，可安排直接为风景游赏服务的相关设施，严格限制居民点的加建和扩建，严格限制游览性交通以外的机动交通工具的进入。

三级保护区属于控制建设范围，风景名胜资源少、景观价值一般、生态价值一般的区域。该区包含发展控制区和旅游服务区，可包括部分风景恢复区。区内可维持原有土地利用方式与形态，根据不同区域的主导功能合理安排旅游服务设施和相关建设，区内建设应控制建设功能、建设规模、建设强度、建筑高度和形式等，与风景环境相协调。

在与风景区自然要素空间密切关联、具有自然和人文连续性，同时对保护风景名胜资源和防护各类发展建设干扰风景区具有重要作用的地区，应划定外围保护地带。该区域内严禁破坏山体、植被和动物栖息环境，禁止开展污染环境的各项建设，城乡建设景观应与风景环境协调，消除干扰或破坏风景区资源环境的因素。

分类保护是针对风景区特定资源的保护，如文物古建、遗址遗迹、宗教活动场所、古镇名村、野生动物、森林植被、自然水体、生态环境等提出保护规定。这类资源通常是体现风景区价值的重要载体，通过更为详细和具有针对性的保护措施，可以对分级保护形成很好的补充。

在做风景区保护与培育规划时，应注意协调处理保护培育、开发利用、经营管理的有机关系。规划的环境影响说明应分析和评估规划实施对环境可能造成的影响，提出预防或减轻因规划实施带来的不良环境影响的对策和措施，明确风景区总体规划对环境影响的总体结论。

2) 游赏规划

(1) 风景游赏规划

风景游览欣赏规划是风景区总体规划中的主体内容，包括游赏系统分析与游赏主题构思、游赏项目组织、风景组织、景观提升和发展、游线组织与游程安排等内容。

游赏系统分析与游赏主题构思要全面展示风

景区景观形象、呈现景源价值，同时利于游览体验。游赏系统分析要从风景区整体游赏需要出发，分析风景区资源特征、空间分布、游赏主次关系及利用可行性，组织好点、线、面等结构要素，突出游赏重点。游赏主题构思则要在风景资源特色的基础上，提炼、总结风景区游赏特色，与游赏体系相融合，确定风景区、景区、景线、景群及主要景点的游赏主题与形象，提出景观提升和发展措施。

游赏项目组织包括项目筛选、游赏方式、时间和空间安排、场地和游人活动等内容。项目的组织应符合景观特色、生态环境条件和发展目标，在此基础上组织新、奇、特、优的项目；要权衡风景名胜资源与自然环境的承载力，避免破坏行为，实现永续利用；要符合当地用地条件、经济状况及设施水平；要尊重当地文化习俗、生活方式和道德规范。可开展的游赏项目内容见表13-4。

表13-4　游赏项目类别

游赏类别	游赏项目
1. 审美欣赏	①揽胜；②摄影；③写生；④寻幽；⑤访古；⑥寄情；⑦鉴赏；⑧品评；⑨写作；⑩创作
2. 野外游憩	①消闲散步；②郊游；③徒步野游；④登山攀岩；⑤野营露营；⑥探胜探险；⑦自驾游；⑧空中游；⑨骑驭
3. 科技教育	①考察；②观测研究；③科普；④学习教育；⑤采集；⑥寻根回归；⑦文博展览；⑧纪念；⑨宣传
4. 文化体验	①民俗生活；②特色文化；③节庆活动；④宗教礼仪；⑤劳作体验；⑥社交聚会
5. 娱乐休闲	①游戏娱乐；②拓展训练；③演艺；④水上水下运动；⑤垂钓；⑥冰雪运动；⑦沙地活动；⑧草地活动
6. 户外运动	①健身；②体育运动；③特色赛事；④其他体智技能运动
7. 康体度假	①避暑；②避寒；③休养；④疗养；⑤温泉浴；⑥海水浴；⑦泥沙浴；⑧日光浴；⑨空气浴；⑩森林浴
8. 其他	①情景演绎；②歌舞互动；③④购物商贸

风景组织是把游览欣赏对象组织成景区、景线、景群、景点、景物等。风景组织应依据景源内容与规模、景观特征区分、构景与游赏需求等因素进行，要使游赏对象在整体中发挥良好作用，为各游赏对象相互因借创造有利条件。对风景游赏对象的组织，我国古今流行的方法是选择与提炼若干个景，作为某个风景区或某地的典型与代表，并命名为"某某八景""某某十景"或"某某廿四景"等。

景区组织包括：景区类型、构成内容、景观特征、范围、容量，景区的结构布局、主景、景观多样化组织，游赏活动和游线组织，设施配置和交通组织要点等4个部分。

景线和景群组织包括：类型、构成内容、景观特征、范围、容量，游赏活动和游赏序列组织，设施配置等3个部分。

景点组织包括：景点类型、构成内容、景观特征、范围、容量，游赏活动和游赏方式，设施配置，景点规划一览表等4个部分。

景观提升和发展是为了提升景观价值、增强景观丰富度、拓展景源内涵和游览空间而开展的自然和人文景源的改善与建设，包括景观与环境整治、游览空间扩展、景点利用等内容。

游线组织实质上是景象空间展示、时间速度进程、景感类型转换的艺术综合。游线安排既能创造高于景象实体的诗画境界，也可能损伤景象实体所应有的风景效果，所以必须精心组织。在游线组织中，不同的景象特征要有与之相适应的游览欣赏方式。游赏方式可以是静赏、动观、登山、涉水、探洞，可以是步行、乘车、坐船、骑马等。游兴是游人景感的兴奋程度，人的某种景感能力同人的其他机能一样是会疲劳的，景感类型的变换就可以避免某种景感能力因单一负担过度而疲劳。

游线组织应依据景观特征、游赏方式，结合游人结构、游人体力、游赏心理与游兴规律等因素，精心组织具有不同难度、体验感受、时段序列、空间容量的主要游线和多种专项游线，规划内容应包括游线的级别、类型、长度、容量和序列结构；不同游线的特点差异和多种游线间的关系；游线与游路及交通的关系。

游程安排应由游赏内容、游览时间、游览距离限定。在游程中，一日游应当日往返不需住宿，因而所需配套设施比较简单；两日以上的游程需要住宿，因此需要相应的功能设施和配套设施的供应工程及经营管理力量。在游程安排中不应轻视这个基本界线。另外，不同的游览方式所需时间不同，游览体验差异很大，应进行多样化组合，满足不同年龄、不同游赏取向人群的需要。

（2）典型景观规划

在每个风景区中，几乎都有代表本风景区主体特征的景观，很多风景区中还存在具有特殊风景游赏价值的景观，为了使这些景观能发挥应有的作用，并且能长久存在、永续利用，在风景区总体规划中还应编制典型景观规划。例如，崂山海上日出、蓬莱海市蜃景等，都需按其显现规律和景观特征划出相应的赏景点；岩溶风景区的山水洞石和灰华景观体系，黄果树和龙宫风景区的暗河、瀑布、跌水、泉溪河湖水景体系，黄山群峰、桂林奇峰等山峰景观体系，峨眉山的高中低山竖向植物地带景观体系，均需按其成因、存在条件、景观特征、规划其游览欣赏和保护管理内容；武当山的古建筑群、敦煌和龙门的石窟、古寺庙的雕塑等景观体系，也需按其创作规律和景观特征，规划其游览欣赏、展示及维护措施。

典型景观规划的第一原则是保护典型景观本体、景观空间及其环境；第二是挖掘和利用其景观特征与价值，彰显特色，组织适宜的游赏项目与活动；第三要妥善处理典型景观与其他景观的关系。

典型景观规划主要包括植物景观规划、建筑景观规划、人文景观规划、溶洞景观规划、水体岸线规划等内容。

（3）游览解说系统规划

游览解说是指通过一定媒介，使游客知晓、了解风景区中相关游览、服务、管理等内容的信息传播行为。游览解说系统指在风景区内建立的由解说信息及信息传播方式通过合理配置、有机组合形成的游览解说体系。

风景区游览解说系统规划是为了提升和完善风景区游览解说的能力，应评估现状，确定解说内容、解说场所和解说方式，布设解说设施，提出解说管理要求。

现状评估应对解说内容、解说场所、解说方式、解说设施、解说管理等进行现状调查与分析，如解说内容是否完整、准确，是否易于理解和接受；解说场所、解说方式、解说设施是否完善，能否满足游人欣赏、学习、服务等需要；是否对游览解说进行专门的管理，指出存在的问题并分析其原因，得出评估结论。

解说内容是向游人展示的所有内容，应明确解说主题与解说信息。解说主题应突出景源特征与价值，包括历史、人文、自然景观、动植物、生态、景点关联性等多方面的资源特征；解说信息包括景源、观赏、教育、交通、游线、特产、设施、管理和区域情况等各类信息。

解说方式包括人员解说和非人员解说。人员解说主要针对大众游览区域及大众知识传播、教育场所，需对风景区解说人员的人数、讲解内容及对解说员的基本语言及标准等级进行规定；非人员解说包括标牌、器材等，面向风景区全部开放区域，其中使用器材解说是针对自主游览兴趣和能力较强的游人。

解说设施布设要合理、适量。标牌应系统设置，分为解说牌、导向牌和安全标志牌，规划应明确标牌的必要信息，对标牌的设计风格、色彩、材质、内容、语言种类、设置位置等进行规定。解说中心一般结合游客中心、旅游服务基地、管理处等建设，规划需对解说中心的风格、材质、体量、规模、配套设施进行要求。电子设备应规定设置的内容、位置与要求。

3）设施规划

（1）旅游服务设施规划

风景区的旅行游览接待服务设施，简称旅游服务设施或旅游设施，是风景区的有机组成部分。规划应包括：客源分析与游人发展规模预测，旅游服务设施配备与直接服务人口估算，旅游服基地组织与相关基础工程，旅游服务设施系统及其环境分析等4个部分。

客源分析与游人发展规模预测需分析客源地的游人数量与结构、时空分布、出游规律、消费状况，在此基础上依据本风景区的吸引力、发展趋势和发展对策等因素，进而分析和选择客源市场发展方向和发展目标，确定主要、重要、潜在等3种客源地，并预测三者相互转化、分期演替的条件和规律。利用游人统计资料，预测本地游人、国内游人、海外游人递增率和旅游收入。

旅游服务设施的配备应依据风景区、景区、景点的性质与功能，游人规模与结构，以及用地、淡水、环境等条件确定。包括旅行、游览、餐饮、住宿、购物、娱乐、文化、休养和其他等九类相关设施。

直接服务人口估算以旅宿床位和餐饮服务两类旅游服务设施为主，计算公式如下：

床位数 =（平均停留天数×年住宿人数）/（年旅游天数×床位利用率）

直接服务人员 = 床位数×直接服务人员与床位数比例。该比例一般为1:3~1:8。

旅游服务设施布局采用相对集中与适当分散相结合的原则，依据设施内容、规模、等级、用地条件和景观结构等，分别组成服务部、旅游点、旅游村、旅游镇、旅游城、旅游市等六级旅游服务基地，并提出相应的基础工程规划原则和要求。基地的选择应靠近交通便捷的地段，有一定的用地规模，避开自然灾害和不利于建设的地段，符合风景保护的规定，具备相应的水、电、能源、环保、防灾等基础工程条件，可依托现有旅游服务设施及城镇设施。旅游服务设施和旅游服务基地分级配置应根据风景区的性质特征、布局结构和环境条件，符合《风景名胜区总体规划标准》（GB/T 50298—2018）的规定。

（2）道路交通规划

风景区道路交通规划，分为对外交通和内部交通。规划应进行各类交通流量和设施的调查、分析、预测，提出各类交通存在的问题及其解决措施。

对外交通应快速便捷，布置于风景区以外或边缘地区；内部交通应方便可靠，适合风景区特点，并形成合理的网络系统；对内部机动交通的方式、线路走向、场站码头及其配套设施，均应提出明确有效的控制要求和措施；严格限制客运索道及其他特殊交通设施建设，难以避免时应优先布置在地形坡度过大，景观不敏感区域。

（3）综合防灾避险规划

综合防灾避险规划应以风景游览区和旅游服务区为重点，统筹防灾发展和防御目标，协调防灾标准和防灾体系，整合防灾资源。规划主要包括地质灾害、地震灾害、洪水灾害、森林火灾、生物灾害、气象灾害、海洋灾害和游览安全防护等。

（4）基础工程规划

风景区基础工程规划，应符合风景区保护、利用、管理的要求；应同风景区的特征、功能、级别和分区相适应，不得损坏景源、景观和风景环境；应确定合理的配套工程、发展目标和布局，并进行综合协调；工程设施的选址和布局应提出控制性建设要求。

规划应包括邮电通信、给水排水、供电、环境卫生等内容，根据实际需要，还可包括供热、燃气等内容。

4) 居民社会调控与经济发展引导规划

（1）居民社会调控规划

凡含有居民点的风景区，应编制居民点调控规划；凡含有一个乡或镇以上的风景区，应编制居民社会调控规划。居民社会调控规划应包括现状、特征与趋势分析，经营管理与社会组织，居民社会空间结构、布局与人口发展规模，居民点性质、职能和调控类型，产业引导等内容。

规划应建立适合风景区特点的社会运转机制，保证居民生产生活及相应利益；以风景名胜资源保护为前提，优化居民社会的空间格局，条件许可时应进行生态移民；科学引导居民社会的产业发展，促进风景区永续利用。

居民社会调控规划应科学预测各种常住人口规模，严格限定人口分布的控制性指标，应根据风景区需要划定无居民区、居民缩减区和居民控制区。

农村居民点应划分为疏解型、控制型和发展型等3种基本类型,严格控制其规模和布局,并明确建设管理措施。风景区内的历史文化名城名镇名村和特色风貌村点需提出规划引导和保护措施。

居民社会用地规划严禁将工业项目、城镇建设和其他企事业单位用地安排在景点和景区内,不得在风景区内安排有污染的工矿企业和有碍风景名胜资源保护的农业生产用地,不得安排破坏生态环境的建设项目。

(2) 经济发展引导规划

经济发展引导规划应以国民经济和社会发展规划、风景与旅游发展战略为基本依据,以风景资源保护和可持续利用为前提,以经济结构和空间布局的合理化结合为原则,提出独具风景区特征的经济运行模式及保障经济可持续发展的步骤和措施。

规划内容包括经济现状调查与分析;经济发展的引导方向,产业结构及其调整,空间布局及其控制;促进经济合理发展的措施等内容。

5) 土地利用协调规划

人均土地少和人均风景区面积少,这是我国基本国情,因此必须充分合理利用土地和风景区用地。同时,风景区的用地已非一般的用地,其地表上下时常负载着自然与文化遗产,连带着宝贵的景源,因此,规划要突出风景区土地利用的重点与特点,扩大风景用地;保护风景游赏用地、林地、水源地、湿地和基本农田;因地制宜的合理调整土地利用,发展符合风景区特征的土地利用方式与结构。

规划应在土地利用需求预测与协调平衡的基础上,明确土地利用规划分区及其用地范围。规划内容包括土地资源分析评估、土地利用现状分析及汇总表、土地利用规划及汇总表等。土地资源分析评估应包括对土地资源的特点、数量、质量与潜力进行综合评估或专项评估;土地利用现状分析应表明土地利用现状特征,风景用地与生产生活用地之间的关系,土地资源演变、保护、利用和管理存在的问题。

风景区按土地使用的主导性质可分为:风景游赏用地、旅游服务设施用地、居民社会用地、交通与工程用地、林地、园地、耕地、草地、水域、滞留用地。

6) 分期发展规划

风景区总体规划是从资源条件出发,适应社会发展需要,对风景实施有效保护与永续利用,对景源潜力进行合理开发并充分发挥其效益,使风景区得到科学的经营管理并能持续发展的综合部署。总体规划需要有配套的分期规划来保证其逐步实施和有序过渡。

风景区总体规划年限一般为20年,第一期或近期规划为1~5年;第二期或远期规划为6~20年。分期发展规划应详列风景区建设项目一览表。分期发展目标与重点项目,应兼顾风景游赏、旅游服务、居民社会的协调发展,体现风景区自身发展规律与特点。

近期发展规划应提出发展目标、重点、主要内容,并提出具体建设项目、规模、布局、投资估算和实施措施等;远期发展规划应提出风景区总体规划所能达到的最终状态和目标,并应提出发展期内的发展重点、主要内容、发展水平、健全发展的步骤与措施。

近期规划项目与投资估算应包括风景游赏、旅游服务、居民社会3个职能系统的内容以及实施保育措施所需的投资。

13.2.2.6 风景名胜区的规划成果

风景区规划的成果应包括文本、图纸、说明书、基础资料汇编(可含专题报告)4个部分。规划成果应数字化。

规划文本是实施风景区总规的行动指南和规范,应简明扼要,以法规条文方式书写,直接叙述规划的规定性要求。

规划图纸应清晰明确,图文相符,图例一致,并应在图纸的明显处标明图名、图例、风玫瑰、规划期限、规划日期、规划组织编制单位、规划承担单位及其资质图签编号等。国家级风景区规划的图纸应标明国家级风景区徽志。规划图纸应

表 13-5　风景区总体规划图纸规定

图纸资料名称	比例尺				制图选择			图纸特征
	风景区面积（km²）				综合型	复合型	单一型	
	20 以下	20~100	100~500	500 以上				
1. 区位关系图	-	-	-	-	▲	▲	▲	示意图
2. 现状图（包括综合现状图）	1:5000	1:10 000	1:25 000	1:50 000	▲	▲	▲	标准地形图上制图
3. 景源评价与现状分析图	1:5000	1:10 000	1:25 000	1:50 000	▲	△	△	标准地形图上制图
4. 规划总图	1:5000	1:10 000	1:25 000	1:50 000	▲	▲	▲	标准地形图上制图
5. 风景区和核心景区界线坐标图	1:25 000	1:50 000	1:100 000	1:200 000	▲	▲	▲	可以简化制图
6. 分级保护规划图	1:10 000	1:25 000	1:50 000	1:100 000	▲	▲	▲	标准地形图上制图
7. 游赏规划图	1:5000	1:10 000	1:25 000	1:50 000	▲	▲	▲	标准地形图上制图
8. 道路交通规划图	1:10 000	1:25 000	1:50 000	1:100 000	▲	▲	▲	可以简化制图
9. 旅游服务设施规划图	1:5000	1:10 000	1:25 000	1:50 000	▲	▲	▲	标准地形图上制图
10. 居民点协调发展规划图	1:5000	1:10 000	1:25 000	1:50 000	▲	▲	▲	标准地形图上制图
11. 城市发展协调规划图	1:10 000	1:25 000	1:50 000	1:100 000	△	△	▲	可以简化制图
12. 土地利用规划图	1:10 000	1:25 000	1:50 000	1:100 000	▲	▲	▲	标准地形图上制图
13. 基础工程规划图	1:10 000	1:25 000	1:50 000	1:100 000	▲	△	△	可以简化制图
14. 近期发展规划图	1:10 000	1:25 000	1:50 000	1:100 000	▲	△	△	标准地形图上制图

注：▲表示应单独出图，△表示可作图纸，-表示不适用；13 可与 4 或 9 图合并，14 可与 4 图合并。

符合表 13-5 的规定。

规划说明书应分析现状，论证规划意图、目标和思路，解释和说明规划内容。

基础资料汇编一般包括区域状况、历史沿革、自然与环境资源条件、资源保护与利用现状、人文活动、经济条件、人工设施与基础工程条件、土地利用以及其他资料等。

风景区规划成果形成后，通常要经过相应的专家评审会或鉴定会审查通过，并以书面形式提出审查意见或局部修改补充意见。规划单位和规划小组可以据此对规划成果进行必要的修订、补充和完善，并将规划文本、规划说明书、基础资料、规划图纸 4 个部分内容和专家审查意见及专家签名材料一并印制成正式文件。

至此，本次风景区规划工作终结。风景区规划同其他规划一样，需要定期检查其实施情况，需要在适当时机提出修编或补充，这些都需要在主管部门的编制办法中做出相应的规定。

13.3　森林公园

森林作为一种自然资源，不仅能为社会提供木材和林副产品，而且还具有多种功能，尤其在防污染、保护和美化环境方面更具有突出作用。但是，目前世界各地的森林资源正日趋减少，人类的生存环境正在受到威胁。面对这种情况，各国的林业工作者正在做出积极努力，一方面采取各种措施大力保护森林；另一方面寻求合理利用森林资源的途径，使森林发挥尽可能多的效益。

13.3.1 森林公园概述

利用森林环境开展各项旅游项目，是在不采伐或少采伐，不破坏森林的条件下发挥森林效益的一种方式。这种利用方式越来越受到各国人们的欢迎和重视。森林环境，不仅山清水秀、风景秀丽、气候宜人，尤其在一些针叶林中，含有大量的负离子，能消除人们的精神疲劳，促进新陈代谢，提高人体的免疫功能；一些植物的芳香物质可以杀菌和治疗某些疾病。森林中的幽静环境，可以给人以美的精神享受，陶冶性格；森林中千姿百态的大自然生物景态，可以激发人的想象力和创造力。森林不仅有益于人们的身心健康，丰富人们的精神生活，而且开展森林旅游业，是一项发展生产、繁荣林区经济的有效措施。

13.3.1.1 森林公园的产生及发展
（1）国外森林公园的发展情况

早在十七八世纪，欧洲国家皇室就有利用郊区森林建设避暑夏宫的传统。到了近代，城市扩大后，工业日益发展，人们继续保留这一休闲方式并逐渐形成郊外的森林地带，供节假日休息游览。如巴黎城郊离市中心 60km 的枫丹白露（Fontainebleau）已成为法国巴黎市民最喜爱的郊游场所，每年进入森林游憩人数达 1000 万人次。枫丹白露森林由法国国家森林局（ONF）经营管理，虽然经营目标主要是为游憩服务，森林中还划出 415hm^2 的自然保护区，但森林的主体部分（$1.5434 \times 10^4 hm^2$）仍进行着正常的营林活动。由于大部分树林年龄较大，所以要进行相当规模的更新采伐。近年来每年生产木材约 $7 \times 10^4 m^3$，销售木材所得占此林区开支的 45%。以橡树为主的林分采用渐伐作业，天然下种更新为主，仅在缺乏天然更新苗木处辅以人工更新。采伐更新区都用铁丝网围住以便妥善保护。天然更新有利于形成较自然的景观，再加上枫丹白露林区由于地质条件（砂岩沉降切割地貌）所形成峡谷峭壁及局部岩石裸露（仅在石缝间散生桦木及松树），有些地方形成原野的景观。巴黎市民喜爱的正是这种野趣，说明久居闹市的人对回归大自然的渴求。枫丹白露地区，有广阔无边的森林、野趣盎然的峡谷、金碧辉煌的宫殿，是自然景观与人文景观结合的典型。

美国、澳大利亚、加拿大等国家，随着经济的发展，1960 年以后，由于森林旅游业的现实价值最终得到了各界人士的承认，森林公园的建设一跃成为森林资源的一个主要部分。美国林务局从 20 世纪 60 年代开始不断建造森林旅游设施，70 年代持续增长，森林公园已具有相当的规模，不但联邦和州所有的森林向游人开放，就是私人拥有的商业性林地，也有 90% 以上以某种户外娱乐的形式开放。1960 年，国会进行充分辩论后通过了 86 位议员提议的《森林多功能利用及永续生产条例》。此后，美国林务局把森林游憩、放牧、木材生产、保护集水区、保护野生动物等作为森林经营的五大目标，结束了以木材生产为主要目标的林业时代。

（2）中国森林公园的发展情况

1949 年以前，中华民国政府在各地兴建森林公园，并颁发了《各县设立森林公园办法大纲》。中华人民共和国成立后，森林公园发展进入萌芽阶段，周恩来总理曾建议在贵阳近郊建立图云关森林公园。党的十一届三中全会以来，中国森林公园开始真正起步，历经了试点起步、快速发展、规范发展、质量提升 4 个阶段。

① 试点起步阶段（1980—1990 年）　该阶段发展速度缓慢，每年批建森林公园数量较少，省部联合建设，投入相对较大；行业管理较弱，影响力较小。

1980 年 8 月，林业部（现国家林业和草原局）发布了"关于风景名胜地区国营林场保护山林和开展旅游事业的通知"，着手组建森林公园和发展森林旅游；1981 年，林业部召开森林旅游试点座谈会，选定北京松山、云蒙山林场，广东流溪河、南昆山、大岭山林场，山东泰山林场，湖南张家界、南岳林场等作为首批试点。自 1982 年湖南张家界国家级森林公园建立之后，又先后建立了浙江天童、千岛湖，陕西楼观台，安徽琅琊山等国家级森林公园，多已发展成为著名的旅游目的地。截至 1990 年底，全国森林公园总数为 27 处，其中国家级森林公园 16 处。

② 快速发展阶段(1991—2000年) 该阶段经济、生态和社会效益的带动作用逐渐显现；批建数量短期内猛增；建设质量和管理水平亟待跟进。

由于试点起步阶段的试点实践，森林公园建设与森林旅游发展受到社会各界认同。1992年林业部在大连召开了森林公园及森林旅游工作会议，要求凡森林环境优美、生物资源丰富、自然和人文景观较集中的国营林场，都应建立森林公园。由此森林公园建设速度明显加速，仅3年就批复建立218处国家级森林公园，加上各省(自治区、直辖市)批建的省级森林公园，截至2000年底已达到1078处，其中国家级森林公园344处。森林公园数量迅猛增长，但"量"与"质"发展不同步，给森林公园后期发展带来了一定负面影响。

③ 规范发展阶段(2001—2010年) 该阶段确立了森林公园的首要任务是保护，工作重心由批建森林公园转向提升建设质量和管理水平，各地建设呈现出良好发展态势。

这一阶段森林公园建设和森林旅游发展工作引起了党中央、国务院高度重视，在《中共中央国务院关于加快林业发展的决定》《中共中央国务院关于全面推进集体林权制度改革的意见》《国务院关于加快发展旅游业的意见》等重要文件中，都对建设森林公园、发展森林旅游提出了明确要求。

④ 质量提升阶段(2011年至今) 该阶段森林公园发展进入新常态，注重以满足国民休闲需求为导向，行业管理能力得到不断提升，积极接轨国际保护地体系。具体体现在政策与法制体系建设、规划与标准化建设、森林风景资源保护、人才培训、宣传推介到示范建设、国(境)内外交流合作等方面；先后颁布《国家级森林公园管理办法》《国家级森林公园总体规划规范》；结合国家生态文明建设和新型城镇化发展要求，启动编制《全国城镇森林公园发展规划(2016—2025年)》，辽宁平顶山、浙江雁荡山、湖北潜山国家级森林公园以及贵州甘溪省级森林公园获得"国家生态文明教育基地"称号，吉林龙湾群国家森林公园入选世界自然保护联盟(International Union for Conservation of Nature, IUCN)首批全球最佳管理保护地绿色名录；举办首届中国国家森林公园国际论坛，形成了《长沙共识》；举办首届海峡两岸森林公园与森林旅游论坛；参加首届亚洲公园大会和第六届世界公园大会；首届两岸林业论坛、亚洲解说研讨会的举办加强了中国森林公园与国(境)外的交流与合作。

截至2014年底，全国森林公园总数达3101处(含国家级森林旅游区1处)，规划面积达$1778.7 \times 10^4 hm^2$。其中，国家级森林公园791处、国家级森林旅游区1处，面积$1226.1 \times 10^4 hm^2$；省级1428处，面积$430.3 \times 10^4 hm^2$；市(县)级881处，面积$122.3 \times 10^4 hm^2$。目前，森林公园数量最多的省份是广东，共有532处；面积最大的是吉林省，达$240.062 \times 10^4 hm^2$。这些森林公园囊括了中国各种类型的森林景观，在保护森林景观和生物多样性、传播森林生态文化以及开展森林生态旅游等领域发挥着重要的作用。

13.3.1.2 森林公园的概念

森林公园是指具有一定规模，且自然风景优美的森林地域，可供人们进行游憩或科学、文化、教育活动的一种绿地类型。从本质上说，森林公园与风景名胜区的性质、任务并无原则上的区别。但由于中国现行体制，森林公园前身皆由国营(有)林场或苗圃等改建，从属关系不同，也有必要在名称上有所不同。中国的风景名胜区是由建设部门主管的，而森林公园则是由林业部门主管。

国外在开展森林旅游及森林游乐业的同时，各林业生产部门所属的森林公园还承担着森林抚育及森林采伐的任务，只是生产项目有所侧重而已。中国森林覆盖率较少，现有的森林公园多为自然状态和半自然状态的森林生态系统，其功能定位首先是资源保护和科学研究，兼顾一定的旅游、休闲、娱乐等服务功能。

13.3.1.3 森林公园的类型

(1)按级别划分

森林公园从级别上可以划分为以下3级：

① 国家级森林公园 以森林资源为依托，生态良好，拥有全国性意义或特殊保护价值的自然和人文资源，具备一定规模和旅游发展条件，由

国务院林业行政主管部门批准的自然区域。

按用地规模又可分为：小型森林公园（<20km²），中型森林公园（≥20km²，<100km²），大型森林公园（≥100km²，<500km²），特大型森林公园（≥500km²）。

② 省级森林公园　森林景观优美，人文景物相对集中，观赏、科学、文化价值较高，在本行政区域内具有代表性，具备必要的旅游服务设施，有一定的知名度。

③ 市、县级森林公园　森林景观有特色，景点景物有一定的观赏、科学、文化价值，在当地知名度较高。

省、县（市）级森林公园分别由相应的地方政府林业主管部门批准建立。

（2）按地理位置及功能划分

根据中国现有森林公园分布状况，按其地理位置及功能差异可分为3类。

① 日游式森林公园　指位于近郊，以半日游和短时游览为主的森林公园，功能上与城市公园类似，为居民提供日常的休憩、娱乐场所，但从游览活动内容及功能分区来看与城市公园又有所差异。如上海共青森林公园中，组织了林间骑马、野餐、垂钓等具有森林游憩特点的活动。

② 周末式森林公园　指位于城市郊区，距离城市1.5～2.0h的车程，主要为城市居民在周末、节假日休憩、娱乐服务。如宁波天童国家森林公园，陕西楼观台国家森林公园。这类森林公园中除组织开展各种游憩活动外，还需要为游人提供饮食、住宿及其他旅游服务设施。

③ 度假式森林公园　指距离城市居民点较远，具有较完善的旅游服务设施，大型独立的森林公园。这类森林公园占地面积大，景观资源丰富，主要为游人较长时间的游览、休闲度假服务。如湖南张家界国家森林公园、浙江千岛湖国家森林公园等。

（3）按景观特色划分

可以分为森林风景型、山水风景型、人文景物型和综合景观型。

（4）按地貌景观划分

可以分为山岳型、江湖型、海岛型、海滨型、沙漠型、火山型、冰川型、洞穴型、草原型、瀑布型、温泉型等。

13.3.2　森林公园规划设计

森林公园的规划设计应以良好的森林生态环境为主体，充分利用森林旅游资源，在已有的基础上进行科学保护、合理布局、适度开发建设，为人们提供旅游度假、休憩、疗养、科学教育、文化娱乐的场所，以开展森林旅游为宗旨，逐步提高经济效益、生态效益和社会效益。

13.3.2.1　森林公园规划设计的基本原则

森林公园的规划设计应当突出森林风景资源的自然特性、文化内涵和地方特色，符合下列要求：

① 符合中国国情、林情，充分体现"严格保护、科学规划、统一管理、合理利用、协调发展"的森林公园发展方针，遵循"以人为本、重在自然、精在特色、贵在和谐"的原则。

② 以生态经济和旅游经济理论为指导，以保护为前提，遵循开发与保护相结合的原则。在开展森林旅游的同时，重点保护好森林生态环境。

③ 以森林旅游资源为基础，以旅游客源市场为导向，其建设规模必须与游客规模相适应。充分利用原有设施，进行适度建设，切实注重实效。

④ 以森林生态环境为主体，突出自然野趣和保健等多种功能，因地制宜，发挥自身优势，形成独特风格和地方特色。

⑤ 统一布局，统筹安排建设项目，做好宏观控制；建设项目的具体实施应突出重点，先易后难，可视条件安排分步实施。

13.3.2.2　森林公园可行性研究文件

森林公园在立项之前应先进行可行性研究，研究文件包括可行性研究报告、图面材料和附件3个部分。

① 可行性研究报告　编写提纲包括以下内容：

项目背景　项目由来和立项依据；建设森林公园的必要性；森林公园建设的指导思想。

建设条件论证　景观资源条件；旅游市场条

件；自然环境条件；服务设施条件；基础设施条件。

  方案设计 森林公园性质与范围；功能分区；景区景点建设；环境容量；保护工程；服务设施；基础设施；建设顺序与目标。

  投资估算与资金筹措 投资估算依据；投资估算；资金筹措。

  项目评价 经济效益评价；生态效益评价；社会效益评价；结论。

  ② 图面材料 包括森林公园现状图，公园功能分区及景区景点布局图，对外关系图。

  ③ 附件 包括森林公园野生动、植物名录，森林公园自然、人文景观综述，森林公园自然、人文景观照片，有关声像资料，有关技术经济论证资料。

13.3.2.3 森林公园的总体规划

  总体规划是在一定区域内，根据主体功能要求与建设原则，对森林风景资源科学保护与合理利用，在空间、时间上所做的总体安排与布局，是指导森林公园建设、经营和管理的纲领性文件。规划的编制应与国土规划、区域规划、城乡总体规划、土地利用总体规划、林地保护利用规划及其他相关规划相互协调。

  在总体规划阶段需要综合研究和确定森林公园的性质、规模和空间发展布局，统筹安排森林公园各分区建设，合理配置森林公园各项基础设施，处理好资源保护与利用的关系，指导森林公园的保护、利用与发展。根据需要，森林公园可增编分区规划和详细规划。

1) 基础资料调查

  基础资料的收集、分析、研究是进行森林公园规划的前期工作和重要依据，基础资料的调查应依据森林公园的类型、特征和实际需要，提出相应的调查提纲和指标体系，进行统计和典型调查。现状和历史基础资料应完整、准确，且统计口径一致或具有可比性。

  基础资料包括测量资料、自然与资源、社会经济、土地与环境、基础设施5个方面。测量资料包括地形图和专业图纸；自然与资源资料包括气候、水文、地质、植物资源和动物资源资料等；社会经济资料包括社会经济资本情况、历史与文化、管理经营状况、客源市场等；土地与环境资料包括土地利用、生态环境与自然灾害情况及森林公园及其附近恶性传染病的病源、传播蔓延情况及其他不利于开展森林游憩的环境和社会因素；基础设施包括道路交通、通信、能源、给排水、旅游接待设施、基础工程、建筑工程等资料。基础资料调查的具体内容与风景名胜区的要求类似，在这里就不再详细介绍。

  此外，除了森林公园规划基址范围之内，在其周边具备观赏条件，具有一定影响力的自然与人文资源的分布、数量、特征及可借用条件等资料也应进行调查和收集。

2) 森林风景资源调查与评价

  森林风景资源指可构成景观并具有观赏或科学文化价值的一切资源，也称旅游资源或景观资源。森林风景资源是森林公园建设的物质基础，包括地文资源、水文资源、生物资源、人文资源和天象资源5类。

  ① 地文资源调查 包括山体、奇峰、悬崖、怪石、峡谷、溶洞及其他地文资源的分布、规模、特征、成因等。

  ② 水文资源调查 包括海湾、湖泊、河滩、溪流、滩涂、瀑布及其他水文资源的分布、规模、特征、成因等。

  ③ 生物资源调查 包括植物资源和动物资源。

  植物资源 对具有较高科学价值和观赏价值的植被，调查其区系特点、植物群落组成结构、分布规律与景观特征，珍稀和重点保护物种的种类和分布。

  动物资源 对具有较高科学价值和观赏价值的动物，调查其种类、种群规模、活动范围和栖息地特征、可观赏利用情况及对野生动物有干扰的活动等。

  ④ 人文资源调查 包括名胜古迹、民俗风情、宗教文化、历史纪念地等情况及有价值的人工构筑物的分布、规模、特征和特殊价值，具有观赏和体验价值的林业、农业、牧业等典型的生产活动等。

⑤ 天象资源调查　包括云、雾、雾凇、雪凇、日出、日落及佛光等天象景观的最佳观赏时间、景观特征和观赏位置等。

资源评价主要从森林风景资源评价和生态环境资源评价两个方面进行。

森林风景资源评价主要采用定性定量相结合的评价方法，参考标准为《中国森林公园风景资源质量等级评定》（GB/T 18005—1999）。该标准通过对风景资源的评价因子评分值加权计算获得风景资源基本质量分值，结合风景资源组合状况评分值和特色附加分评分值获得森林风景资源质量评价分值，评价因子包括典型度、自然度、多样度、科学度、利用度、吸引度、地带度、珍惜度、组合度。

评定分值分为三级，符合一级的森林公园风景资源，多为资源价值和旅游价值高、难以人工再造，应加强保护，制定保全、保存和发展的具体措施；符合二级的森林公园风景资源，其资源价值和旅游价值较高，应当在保证其可持续发展的前提下，进行科学、合理的开发利用；符合三级的森林公园风景资源，在开展风景旅游活动的同时进行风景资源质量和生态环境质量的改造、改善和提高；三级以下的森林公园风景资源，应首先进行资源的质量和环境的改善。

森林生态环境资源评价通过对生态环境评价因子：大气质量、地表水质量、空气负离子水平、空气细菌含量和天然照射贯穿辐射剂量水平的评分值加权计算，评分值划分为良、中、劣三级。第一级适合于休闲度假区、森林浴场、森林保健中心等的建设，第二级适合于休闲度假区、森林游憩区、野营地等的建设，第三级适合于森林浴场、野营地、森林游憩区等的建设。

3）现状分析与前景分析

在充分调研现状条件和资源的基础上，需要对森林公园的自然和人文特点、各种资源的开发利用方向、潜力、条件与利弊、土地利用结构、布局和矛盾等进行深入分析，明确提出森林公园发展的优势与不足、规划对策和规划重点等。

同时，对森林公园的发展前景需要作出预测。分析森林公园的可进入性、竞合关系、政策环境及客源市场等，明确森林公园的主要发展方向和旅游产品，制定森林公园的发展战略、主题定位与营销策略。

① 客源市场　一般分为国内旅游市场和入境旅游市场。国内旅游市场通常是指中国除香港、澳门、台湾地区之外的旅游市场。入境旅游市场通常是指中国香港、澳门、台湾地区旅游市场和国际旅游市场。还可根据地域市场、客源群体特征、旅游方式等划分客源市场。

客源的预测可以分为两个层面：已开发的森林公园根据游客的增长率以及国家、地区游客增长的态势，交通的可进入性和客源地社会经济水平发展状况进行预测；新开发的森林公园根据旅游资源品位高低、知名度、市场促销、交通的可进入性及邻近类似森林公园或旅游地游客状况进行参考预测。

② 发展战略　森林公园的发展战略应根据森林公园的发展现状、区位条件及资源优势等，基于可持续发展要求，对森林公园未来发展的方向、目标、重点进行统筹谋划。

③ 主题定位　应根据森林公园的资源、区位、产品、服务、文化背景和民众认知等特征，明确森林公园的旅游产品，提升生态文化品位，传播森林公园的产品和服务理念，提高森林公园的知名度和市场竞争力。

④ 营销策略　森林公园营销策划应根据森林公园的旅游产品特征，针对不同的目标市场分别制定适宜的策略与方法，以增加森林公园的游客量和综合效益。

4）范围、性质与发展目标

森林公园的规划范围即森林公园设立的批复范围，同时，为了有利于森林公园的保护管理以及保持森林风景资源的完整性，可根据实际情况在公园周边划定一定面积的协调控制区。

森林公园的性质应依据森林公园的典型特征、主要功能来确定。

森林公园在社会、生态、经济和文化等方面的发展目标应依据森林公园的性质和社会需求提出，并根据规划期限，区分为总体目标和阶段目标。

5) 容量与人口

从满足游人需求和环境保护的角度出发，森林公园规划需进行生态容量、游客容量和人口容量的预测。

(1) 生态容量

森林公园的生态容量可以通过以下方法确定：

① 既成事实分析法　在旅游行动与环境影响已达平衡的区域，选择不同游客量压力调查其容量，根据所得数据测算相似地区环境容量。

② 模拟试验法　使用人工控制的破坏强度，观察其影响程度。根据试验结果测算相似地区生态容量。

③ 长期监测法　从旅游活动开始阶段做长期调查，分析使用强度逐年增加所引起的改变。或在游客压力突增时，随时作短期调查。根据所得数据测算相似地区的生态容量。

(2) 游客容量

游客容量是指在保持生态平衡与森林风景资源质量，保障游客游赏质量和舒适安全，以及合理利用资源的限度内，一定空间和时间范围内所能容纳的游客数量，该指标需要综合分析该地区的生态允许标准、游览心理标准、功能技术标准等因素来确定。

游客容量由 3 个层次表示：一次性游客容量（亦称瞬时容量），单位以"人/次"表示；日游客容量，单位以"人次/日"表示；年游客容量，单位以"人次/年"表示。

游客容量的计算有线路法、卡口法、面积法等，可参考风景名胜区的相关内容，计算结果应与当地的淡水供水、用地、相关设施及环境质量等条件进行校核与综合平衡，以确定合理的游客容量。

(3) 人口容量

森林公园人口容量测算要考虑游人、员工、当地居民和暂住人口 4 类人口，依据最重要的要素容量分析来确定，其常规要素应是：淡水、用地、相关设施等；当规划地区的居住人口密度超过 50 人/km^2 时，应考虑当地居民的生产生活需求；当规划地区的居住人口密度超过 100 人/km^2 时，必须考虑当地居民的生产生活需求。

森林公园内部的人口分布需根据游赏需求、生境条件、设施配置等因素对各类人口进行相应的分区分期控制；防止因人口过多或不适当集聚造成对生态环境的破坏；防止因人口过少或不适当分散影响管理与效益。

6) 功能分区

森林公园的功能分区应客观反映森林公园不同区域的资源特点、分布特征以及在保护、管理、游览、服务等方面的地域空间关系和需求，分区应有利于森林游憩活动的组织和开展，并为森林公园的长远发展留有一定余地。

森林公园功能分区主要包括核心景观区、一般游憩区、管理服务区和生态保育区等。每类功能区可根据具体情况再划分为几个景区（或分区）。

① 核心景观区　是指拥有特别珍贵的森林风景资源，必须进行严格保护的区域。在核心景观区，除了必要的保护、解说、游览、休憩和安全、环卫、景区管护站等设施以外，不得规划建设住宿、餐饮、购物、娱乐等设施。

② 一般游憩区　是指森林风景资源相对平常，且方便开展旅游活动的区域。一般游憩区内可包括游览区、游乐区、野营区、休（疗）养区、接待服务区等。

游览区　是游客游览观光的区域，主要用于景区、景点建设。在不降低景观质量的条件下，为方便游客及充实活动内容，可根据需要适当设置一定规模的饮食、购物、照相等服务与游艺项目。这一区域以自然资源及自然景观为娱乐内容，可以设置如高山攀岩、漂流、探险、爬山、滑雪、钓鱼、游泳、划艇等独特的娱乐项目，形成森林旅游的特色。

游乐区　适合于距城市 50km 之内的近郊森林公园，为填补景观不足、吸引游客，在不破坏自然景观和环境基础上进行，在内容选择上要利用自然界提供的场地和资源。如开展以民俗风情为内容的文化活动、水上活动、马术、高尔夫球、模拟野战军事演习、射击场等游乐设施。但这些设施的体量、色彩及影响环境噪声方面都要慎重而细致地安排，要有一定间隔距离。在国外，射击场和狩猎场都单独开辟，这样的娱乐区才不影响其他活动内容，且便于管理。

野营区　是经过建设，向游人提供娱乐场所、卫生设施，经过妥善管理，并具有一般安全措施的地区。宿营地的选择主要考虑具有良好的环境和景观的场所。营地的组成包括营盘（地段）、公路、小径、停车场、卫生设备和供水系统。营区的布置应充分考虑人们的行为心理，即私密性与公共交往的要求：既要有宿营之间的间隔，创造一种无外界影响或外界影响较小的空间，同时又要有为旅游团体、度假人们提供彼此交往的机会。

休、疗养区　主要用于游客较长时间的休憩疗养、增进身心健康之用地。

接待服务区　用于相对集中建设宾馆、饭店、购物、娱乐、医疗等接待服务项目及其配套设施。森林公园旅游服务设施的规划建设，主要借鉴风景名胜区规划管理办法。总的原则是随着保护自然的呼声越来越高，在公园内尽量避免过分集中及大型的服务设施的出现，以免造成对自然环境的破坏。

③ 管理服务区　是指为满足森林公园管理和旅游接待服务需要而划定的区域。管理服务区内应当规划入口管理区、游客中心、停车场和一定数量的住宿、餐饮、购物、娱乐等接待服务设施，以及必要的管理和职工生活用房。

④ 生态保育区　是指在本规划期内以生态保护修复为主，基本不进行开发建设、不对游客开放的区域。

7) 专项规划

(1) 保护规划

森林公园的保护规划要明确森林公园的重点保护对象，确定保护范围，制定保护措施，规划内容包括重要森林风景资源保护、环境保护、灾害预防与控制等内容。森林公园的建设需坚持保护优先、适度开发的原则，建设项目规划必须服从保护规划。

① 重要森林风景资源保护规划　在资源调查与评价的基础上，确定需要重点保护的森林风景资源类型、资源名称、位置、规模及保护价值等；对确定的重要森林风景资源提出保护措施，包括管理、建设和技术等方面的要求。

② 生物资源保护规划

植物资源保护规划　需根据植物区系调查与评价结果，确定需要重点保护的植物资源种类、分布、范围等；对确定的资源保护对象，提出相应的保护措施；规划引入外来植物时必须经过严格筛选、科学论证；规划的各类工程设施项目不得破坏自然植被和植物种的生长、繁衍环境；对古树名木、数量不多或逐渐减少的珍稀植物，应根据各自特点，确定适宜的保护、复壮措施。

野生动物保护规划　需要确定重点保护的野生动物种类、栖息地，提出相应的保护措施；引入野生动物必须严格论证，以不影响本区域野生动物生存为原则；规划的各类工程设施项目不得危害野生动物的生存环境，如道路网不能过密，对影响野生动物活动的道路应开设动物通道；必要时应规划针对野生动物生存状况、栖息地状况的监视、监测设施。

③ 环境保护规划　确保各项建设项目在空气、水体、土壤等方面对环境无危害，同时鼓励建设生态设施、使用清洁能源等。

④ 防灾规划　包括森林火灾防治、有害生物防治、地质灾害防治等内容。

森林火灾防治规划　应根据地区特点和保护性质，设置相应的安全防火设施；在相对较高的位置建设防火瞭望台（可结合观景塔、台建设）；根据森林区划系统及地形地势开设防火隔离带，建设生物防火林带；野营、野炊等野外用火的场所，必须设置防火设施；合理设置护林防火宣传牌；规划森林防火工程。

有害生物防治规划　按照"防重于治"的方针，针对森林公园的实际情况提出相应的防治措施，设置相关的防治设施；慎重规划引入外来物种，并须符合相关规定。

地质灾害防治规划　应针对有地质灾害的地段做好勘测，划定范围，提出防治措施，规划防护设施。

⑤ 安全保障规划　为保障游客安全，森林公园内应构建旅游安全信息系统和紧急救援系统；

在危险地段应规划警示标志与安全防护设施；根据路段及地形具体情况，规划通行复线，调整路面宽度，适当设置游人短暂休息的场所及护栏设施。

(2) 森林景观规划

森林景观规划应与森林公园的造林、残次林改造和抚育间伐等工作相结合，根据森林公园的具体情况确定森林景观建设的方向、重点、范围和内容等，规划应保持森林植被的自然状态，优先采用乡土植物种，充分利用森林植物群落的结构、形态与色彩，形成多样与富有变化的季相景观。

森林景观规划内容重点应体现主要视线区域、景观空间和节点、景观游线规划等几项内容，在宜林荒地，可营造风景林和游憩林，对林相单一的天然次生林和人工林有目的地进行改造，增强景观效果和保健功能等。

(3) 生态文化建设规划

森林公园的建设，应明确其在保护该地区生态安全(如水源安全)上的重要作用，其生物多样性资源对未来经济社会发展的潜在价值，以及森林风景资源的独特性，在深入调查森林公园中森林、灌丛、草甸、湿地等自然生态系统的特点，调查收集当地与森林有关的历史、文化及民俗风情等资料的基础上，科学定位森林公园生态文化建设的主题。

森林公园生态文化的建设应科学性、趣味性和参与性相结合，规划内容包括：硬件设施，如宣教中心(游客中心)、博物馆、展览馆、标本馆、解说步道、解说牌、警示牌、指示牌等；软件设施，可结合自身特色编写的导游词、标牌解说词、多媒体解说内容，开展各类生态文化旅游活动，如森林浴、登山、漂流、溯溪、探险等，以及与资源特点、民俗文化、宗教文化等紧密相关的各种活动。

(4) 森林生态旅游与服务设施规划

规划内容包括确定森林生态旅游产品规划、游憩景区组织、游览线路组织、旅游服务设施规划等。

森林生态旅游产品包括森林观光游览、科普教育、康体度假、探险科考等。规划根据风景资源特征组织游憩景区的结构布局、游览路线和游赏活动，依据景区特征合理设置景点，并对游憩行为强度进行限制。游览方式主要包括陆地、水上、空中、地下等几种类型。

森林公园的旅游服务设施包括餐饮、住宿、娱乐、购物、休憩、医护等设施。设施规划应依据森林公园的性质和特点、游人规模与结构，以及用地、淡水、环境等条件，合理设置相应种类、级别、规模的设施项目；设施建设选址应与地貌、山石、水体、植物等景观要素和自然环境相协调，采用环保建筑材料、当地的建筑材料，尽可能地融入当地特色建筑风格。

(5) 基础工程规划

基础工程包括道路交通、供电、给排水、供热、通信网络、广播电视、燃气等工程项目。其建设不能破坏景观和自然生态，同时应符合安全、卫生、节约和便于维修的要求。

(6) 土地利用规划

该规划包括土地资源评估，土地利用现状分析和土地利用规划。规划以保护林地、水源地和基本农田为原则，因地制宜合理调整土地利用，发展符合森林公园特征的土地利用方式与结构。

(7) 社区发展规划

含有居民点的森林公园需要编制社区发展规划。规划内容包括现状、特征与趋势分析；人口发展规模与分布；经营管理与社会组织；居民点性质、职能、动因特征与分布；用地方向与规划布局；产业和劳动力发展规划等内容。

8) 分期建设规划

分期建设规划应根据森林公园的性质、目标及建设项目的轻重缓急等，分别提出近期和中远期的发展重点、主要内容、发展水平、投资估算、健全发展的步骤与措施等。总体规划的分期一般为：近期规划，5 年以内；中期规划，6~10 年；远期规划，10 年以上。

9) 投资估算及效益评估

森林公园总体规划的投资估算要按照保护工

程、植物景观工程、基础工程、景区景点建设工程、旅游服务设施工程等不同类别分别估算投资规模，并根据建设时序，进行分期投资估算，同时根据森林公园经营管理情况，还要提出资金筹措途径。

森林公园建设效益评价从生态效益、社会效益、经济效益3个方面进行。

① 生态效益评估　包括生物资源的增长趋势，生态环境的改善，生物有机体与其环境的相互作用以及生物种源的繁衍和保存价值，森林植被对净化空气、涵养水源、保持水土、调节气候、美化环境、减少地表径流、防止有害辐射等有益于自然生态平衡的各种效益。

② 社会效益评估　包括普及科学知识，卫生保健，宣传教育，科学试验，环境保护，文化效益，对经济发展、社会建设、社会安定、社会福利、社会就业等方面的促进作用。

③ 经济效益评估　包括静态评价及风险分析。静态评价需计算投资报酬率、投资利税率及投资回收期。风险分析需分析经营成本提高、游客减少、消费水平下降等因素给公园建设带来的风险。

13.3.2.4 规划成果

森林公园总体规划成果由规划文本、相关图件和附件三部分组成，规划文本和相关图件应对规划内容进行充分的说明和展示。

规划图纸主要包括：区位图（对外关系图），土地利用现状图，森林风景资源分布图，客源市场分析图，功能分区图，土地利用规划图，景区景点分布图，植物景观规划图（林相改造图），游憩项目策划图，游览线路组织图，服务设施规划图，道路交通规划图，给排水工程规划图，供电供热规划图，通信、网络、广播电视工程规划图，环卫设施规划图，近期建设项目布局图等。

附件包括：专题研究报告，根据实际情况需要编制的专项研究如森林风景资源调查与评价报告、客源市场调查与分析报告等；森林公园的批复文件，相关会议纪要等。

森林公园的设计根据批准的可行性研究报告和总体规划进行，其深度应能控制工程投资，并满足编制施工图设计的要求。

13.3.2.5 案例

(1) 千岛湖国家森林公园

千岛湖国家森林公园于1986年经原国家林业部批准成立，地处长江三角洲腹地的淳安县，距杭州市区129km，距黄山140km，是以森林、岛屿、湖泊为主体，兼有史迹、溶岩、洞瀑的大型多功能国家级森林公园，也是目前中国最大的国家级森林公园。

森林公园规划总面积92 324hm^2，其中建设用地面积74.6hm^2，占公园总面积的1.06%，占公园陆域总面积的2.57%。公园森林景观丰富多变，山光水色如诗如画，生态环境清幽宜人。森林公园功能分区类型包括核心景观区、一般游憩区、管理服务区和生态保育区4类，其中核心景观区2个、管理服务区43个、一般游憩区17个、生态保育区11个。公园人文历史悠久，旅游资源丰富，现建有梅峰揽胜、月光岛、龙山岛、黄山尖、天池、蜜山等11个旅游景点。

公园的森林覆盖率达95%，植被资源丰富，以常绿针叶纯林和针阔混交林为主，有"绿色千岛湖"之称。截至2008年，公园内共有植物194科1825种，其中木本植物810种，野生花卉498种；观赏价值较高的有500余种，观花品种241种，观叶品种181种，观果品种103种，观形品种100余种；属国家重点保护的树种有20种。

千岛湖汇水区域达10 442km^2，水质良好，平均达到国家Ⅰ类水质标准。湖中大小岛屿形态各异，群岛分布有疏有密、罗列有致。群集处形成众岛似连非连，湖面被分隔得宽窄不同、曲折多变、方向难辨，形成湖上迷宫的特色景观，更有百湖岛、百岛湖、珍珠岛等千姿百态的群岛、列岛景观。

2010年，千岛湖国家森林公园被评为中国5A级旅游区。2014年，入选中国十大生态旅游景区。

(2) 湖南张家界国家森林公园

张家界国家森林公园位于湖南省西北部张家界市境内。1982年9月25日，经中华人民共和国国务院批准，将原来的张家界林场正式命名为"张家界国家森林公园",也是中国第一个国家森林公园。公园总面积4810hm²。

张家界森林公园有奇峰3000多座,森林植物和野生动物资源丰富,形成完美的自然生态系统,被称为"自然博物馆和天然植物园"。

张家界的森林资源异常丰富,森林覆盖率达到97.7%。仅木本植物就有93科517种,比整个欧洲多出1倍以上。从珍贵树种来看,有属国家一级保护的珙桐和属国家二级、三级保护的钟萼木、银杏、香果树以及鹅掌楸、香叶楠、杜仲、金钱柳、猫儿屎(第三纪残遗树种)、银鹊、南方红豆杉等;从植物分类来看,涵盖世界上的五大名科植物,如菊科、兰科、豆科、蔷薇科、禾本科等;就地方树种来看,张家界公园占湖南全省树种的27.67%;从隶属科数来看,占湖南全省科数的81.78%。

张家界国家森林公园严格景区管理,合理开发利用,对遗产资源实行最大限度的保护。对峰林及溶洞保护、古树名木及珍稀濒危植物保护、野生动物保护、森林防火、森林病虫害防治、环境保护等分类做了明确细致的规划。组织编制了园区外围保护地带、高云片区修建、园区摊棚摊点整治等分区规划,保护了张家界国家森林公园资源。对在建项目,按照"本土化、生态化、精品化"的原则,要求建设项目必须与周边景观和世界遗产地整体环境相协调,按遗产地的环保要求落实污染防治设施,做到污染防治设施与主体工程同时设计、同时施工、同时投入使用;凡达不到环保要求的建设项目,限期整改,否则不得投入使用。

此外,张家界国家森林公园还按照"统一部署、分级监管、分步实施"的原则,建立完善了"数字化景区"监管信息系统,强化控违拆违。利用监测信息系统,不断加大执法管理力度,对景区内的规划、建设、经营、安全、民房建设等方面进行行之有效的管理。

13.4 湿地公园

湿地与人类的生存、繁衍、发展息息相关,是自然界最富生物多样性的生态景观和人类最重要的生存环境之一,它不仅为人类的生产、生活提供多种资源,而且具有巨大的环境功能和生态效益,在抵御洪水、调节径流、蓄洪防旱、降解污染、调节气候、控制土壤侵蚀、促淤造陆、美化环境等方面具有其他生态系统不可替代的作用,因此,湿地被称为"地球之肾",在世界自然保护大纲中,与森林、海洋一起并称为全球三大生态系统。

13.4.1 湿地保护与发展概述

综观世界人类文明史可知,最早的人类文明首先在自然条件适宜的湿地地区形成。从生态学角度看,处于水陆交错地区的湿地生态系统结构稳定、物种丰富、生物多样性高,为人类提供了大量易驯化易种植的物种;同时,湿地地区水系发达、土壤肥沃、气候适宜,是人类农业生产的天然理想场所,进而孕育和繁衍了人类最初的文明。

但从20世纪初开始,随着人口增长、世界经济的飞速发展,大片湿地被开发,造成了湿地资源的破坏性利用,导致全球湿地及其生物多样性受到了普遍的威胁和破坏,湿地面积和湿地资源日益减少,功能和效益下降,环境污染加剧,使许多重要湿地急剧丧失和退化,引发了严重的环境后果。在中国,湿地生态系统亦面临着盲目开垦、生物资源过度利用、环境污染,以及湿地景观演变的不平衡性、生物群落结构改变和多样性降低、泥沙淤积日益严重和湿地开发利用管理混乱等一系列问题,使中国湿地面临着面积不断减少与生态系统退化的严重威胁。因此,湿地作为国民经济可持续发展的重要资源之一,保护和合理利用湿地越来越引起世界各国的高度重视,成为全球普遍关注的热点。目前,湿地生态系统的保护与合理利用在国际上受到普遍的重视。国际有诸如世界自然保护联盟(IUCN)、世界自然基金会(WWF)、湿地国际(WI)等国际性组织,已开展多方面的湿地研究,并组织重大合作研究项目。

1971年,在国际自然与自然资源保护联合会(简称IUCN),国际水鸟与湿地研究局(现在的湿地国际,简称IWRB)、国际保护鸟类理事会(即现在的国际鸟类组织,简称ICBP)的推动下,18个国家在伊朗拉姆萨尔（Ramsar）召开国际会议，研究湿地保护问题，并通过了《关于特别是作为水禽栖息地的国际重要湿地公约》，又称《拉姆萨尔公约》（The Ramsar Convention），简称《湿地公约》。作为护理和善用湿地的国家保护行动及国际合作大纲，自1975年生效至今，缔约国已超过144个。

1982年，第一届国际湿地研讨会在印度召开，与会者对湿地的结构与功能，生物多样性保护以及湿地生产力等诸多方面进行了探讨，整理出版了《湿地生态与管理》一书，标志着全球湿地研究进入了一个新的发展阶段。

1987年，在加拿大里贾纳（Regina）召开湿地大会，制定了湿地的定性评判标准。

1997年，亚洲太平洋地区通过湿地国际组织将2月2日定为"世界湿地日"。由此可见，对湿地的研究和保护得到进一步重视和加强。

2000年，在加拿大举办的"魁北克2000——世界湿地大事件活动"在世界湿地科学发展史上具有里程碑意义。

世界各国针对各自的情况，都有不同的保护措施。从20世纪70年代起，许多城市化程度很高的国家如欧美一些国家和日本，开始重视对湿地的保护，并着手对部分已经破坏的湿地进行恢复。德国在20世纪70年代中期，进行了关于自然的保护与创造的尝试，并称之为"重新自然化"（naturnahe）。不久，这一做法波及瑞士、奥地利等周边诸国。

目前，在美国和欧洲的许多国家如瑞典、丹麦、荷兰等，湿地保护已不再局限于现状的维持，而是重点进行退化和受损湿地生态系统的恢复和重建。

各国政府及其相关部门和各类国际自然保护组织在重视与积极推进各类湿地生态系统保护和受损生态系统的重建与恢复工作的同时，针对不同湿地生态系统的类型、性质与现状，积极探索和实施各种湿地生态系统保护与可持续利用、充分发挥湿地生态系统的生态服务功能、社会价值和人文与美学价值的有效方法与途径，以真正体现湿地生态系统的生态价值、社会价值和经济价值。在许多国际重要湿地和自然保护区，配备各种教育中心和观光设备，向公众展示其景色优美的水生与湿地环境，使人们在享受湿地自然之美的同时，提高对湿地生态系统价值的认识与保护意识。在此基础上，对于许多位于城市附近有着良好生态环境的湿地，逐渐形成了以"湿地公园"为载体的湿地生态系统保护与可持续利用的全新模式。

中国湿地资源丰富，单位面积大于$100hm^2$的湿地总面积为$3848 \times 10^4 hm^2$，居世界第四、亚洲第一。湿地生态系统是构筑中国生态屏障的最为重要生态系统之一。但是，中国现有湿地生态系统已难以有效发挥其生态服务功能，并为中国社会和经济的可持续发展构筑起有效的生态屏障。为此，中国政府亦高度重视湿地资源的保护与可持续利用问题，已将湿地生态系统的保护与修复列入中国生态环境建设的重要任务之一。中国于1992年加入《湿地公约》，将中国湿地保护与合理利用列入《中国21世纪议程》和《中国生物多样性保护行动计划》优先发展领域。2000年由国家林业局牵头，国务院17个部委局共同编制完成《中国湿地保护行动计划》，2004年国务院办公厅又颁发了国办发(2004)50号文件《国务院办公厅关于加强湿地保护管理的通知》，并原则同意《全国湿地保护工程规划（2002—2030年）》。2005年，建设部制定了《城市湿地公园规划设计导则（试行）》，旨在更好地保护与合理利用城市湿地，规范城市湿地公园规划设计方法，促进人与自然的和谐发展。2008年，国家林业局发布了《国家湿地公园建设规范》，2010年又发布了《国家湿地公园管理办法（试行）》，对国家湿地公园的建设与管理做出了明确规定。

国家建设部、林业局自2004年起，分别启动了一批国家湿地公园试点示范工作。2004年，国家建设部正式批准荣成市桑沟湾城市滨海湿地公园为国家城市湿地公园，这是中国首个由建设部批准的国家级城市湿地公园。2005年，国家林业局批准的首个国家级湿地公园——西溪国家湿地公园对外开放。初步实践表明，建立湿地公园制定湿地保护、生态修复措施，挖掘并向公众展示湿地的文化价值、美学价值，同时持续发挥湿生态自然服务功能，是将湿地保护和合理利用有机结合，维护和扩大湿地保护面积行之有效的途径。截至2016年，中国国家级湿地公园的数量已经达到了800多个。

然而，由于国际社会从20世纪50年代起才逐渐意识到湿地的重要生态功能和对人类生存的意义，并开始关注湿地生态系统的研究与保护工作，而中国的湿地的研究与保护工作起步更晚，特别是湿地公园的建设在中国属于新生事物，可借鉴的经验和模式较少。目前，中国在加强湿地自然保护区建设的同时，积极鼓励地方进行多功能的湿地公园建设，探讨中国湿地公园建设模式和发展途径，以避免建设性破坏湿地的现象发生，已成为中国湿地公园建设研究中的焦点。

13.4.2 湿地公园概述

13.4.2.1 湿地公园概念

湿地公园指以良好的湿地生态环境和多样化的湿地景观资源为基础，具有生态保护、科普教育、湿地研究、生态休闲等多样功能，具备游憩和服务设施的一种绿地类型。

湿地公园与其他水景公园的区别在于，湿地公园强调了湿地生态系统的生态特性和基本功能的保护和展示，突出了湿地所特有的科普教育内容和自然文化属性。

湿地公园与湿地自然保护区的区别在于，湿地公园强调了利用湿地开展生态保护和科普活动的教育功能，充分利用湿地的景观价值和文化属性丰富居民休闲游乐活动的社会功能。

13.4.2.2 湿地公园的功能

湿地的功能和价值一直是人类社会发展和文明进步的物质和环境基础，湿地公园是城乡的生态基础设施，城乡生态系统的重要组成部分，具有其他生态系统不可替代的多种生态服务功能。

(1) 保护生物和遗传多样性

自然湿地生态系统结构的复杂性和稳定性较高，是生物演替的温床和遗传基因库。许多自然湿地不但为水生动、植物提供了优良的生存场所，也为多种珍稀濒危野生动物，特别是为水禽提供了必需的栖息和迁徙、越冬和繁殖的场所。同时，自然湿地为许多物种保存了基因特性，使得许多野生生物能在不受干扰的情况下生存和繁衍。因此，湿地当之无愧地被称为"生物超市"和"物种基因库"。总之，关系到城乡可持续发展能力的生物多样性，在一定程度上是由城郊的湿地决定的。

(2) 减缓径流和蓄洪防旱

许多湿地地区是地势低洼地带，与河流相连，所以是天然的调节洪水的理想场所；湿地被围困或淤积后，这些功能会大受损失。据科学家研究，1998年长江流域的特大洪水与湿地破坏有密切关系，近几年洪水的基本特点是"低洪量、高水位、大危害"。流量远没有几十年前的大，却出现了比以往更高的水位和更大的威胁，其原因除森林资源遭到大量破坏、城市区域封闭地面过多造成蓄水功能退化、单一的水泥护岸等错误的水利工程使城市河道下渗功能改变外，湿地被大量围垦侵占和功能急剧退化等是最直接的原因。

(3) 固定二氧化碳和调节区域气候

导致全球气温变暖的主要原因是二氧化碳过多。湿地由于其特殊的生态特性，在植物生长、促淤造陆等生态过程中积累了大量的无机碳和有机碳，由于湿地环境中微生物活动弱，土壤吸引和释放二氧化碳十分缓慢，形成了富含有机质的湿地土壤和泥炭层，起到了固定碳的作用。尤其是临近城市的湿地公园，还具有净化空气、美化环境和减缓热岛效应等功能。

(4) 降解污染和净化水质

湿地具有很强的降解污染的功能，许多自然湿地生长的湿地植物、微生物通过物理过滤、生物吸收和化学合成与分解等，把人类排入湖泊、河流等湿地的有毒有害物质转化为无毒无害甚至有益的物质，如某些致癌的重金属和化工原料等，能被湿地吸收和转化，使湿地水体得到净化。湿地在降解污染和净化水质方面的强大功能使其被誉为"地球之肾"。

(5) 防浪固岸作用

通常海浪、湖浪和河水等对沿岸地区具有一定威胁，在许多湿地没有保护好的地区，这些威胁会对农田、鱼塘、盐田甚至城镇造成不同程度的破坏。在中国南部沿海地区，由于缺乏红树林等湿地植被的保护，有些地方的海岸线每年都要倒退几米。而湿地植被生长良好的地方，海浪的流速和冲击力都会减弱，使水中泥沙逐步沉淀形成新的陆地。

(6) 美化城市环境

湿地是城市周边最具美学和生态价值的自然斑块之一，是城市特色的主要组成部分，也是发展城市旅游业的重要载体。通过湿地公园的建设，能缓冲城市人工景观的压力，满足人们亲近、回归自然的需求，现代化、人工化的都市景观与充满野趣的湿地公园共同构成和谐丰富的城市人居环境，体现人与自然和谐共生的境界。

据国际权威自然资源保护组织测算，全球生态系统的总价值为33万亿美元，仅占陆地面积6%的湿地，生态系统价值就高达5万亿美元。中国的生态系统总价值为7.8万亿元人民币，占国土面积3.77%的湿地，生态系统价值达2.7万亿元人民币，单位面积生态系统价值非常高。

13.4.2.3 湿地公园的类型

湿地公园模式多样、规模不一，按不同的分类标准可以有不同的划分。

(1) 按湿地利用类型划分

① 河口滨海湿地公园　距离城市较远，与自然保护区结合发展，公园规模较大。如新加坡双溪布洛湿地公园、马来西亚的自然公园等。

② 湖泊湿地公园　位于城市近郊区，建设规模较大。如日本的琵琶湖湿地公园、杭州西溪国家湿地公园、南京玄武湖湿地公园、武汉东湖湿地公园等。

③ 沼泽湿地公园　远离城市，面积宽广，湿地生态系统结构与功能完备，属于自然演替的湿地公园。如美国佛罗里达大沼泽公园等。

④ 河流湿地公园　沿穿城市而过的河流两岸布置，对城市的防洪、通航以及净化水源具有重大意义。如无锡长广溪国家城市湿地公园等。

⑤ 城市人工湿地公园　规模较小，将湿地的结构、功能以及技术浓缩在一块小范围的试验区里，满足生态、景观、游憩等需求建造而成。如吉隆坡的 Kota Kemuning 社区湿地公园等。

(2) 按干扰程度划分

① 自然湿地公园　在湿地自然保护区基础上发展起来，湿地生态系统自然演替，人工干扰程度微小，以保护湿地生态环境，进行湿地生态教育为目的。如美国佛罗里达大沼泽等。

② 半自然湿地公园　湿地生态系统受到一定程度人工活动的扰动，公园的景观留有较强的人工痕迹，以湿地科研技术为依托，集知识性、娱乐性、参与性为一体，开展湿地特色旅游。如五原自然公园，杭州西溪湿地公园等。

③ 人工恢复湿地公园　按照人们的主观意愿，仿真湿地生态系统的结构，将湿地系统的处理功能、湿地的自然过程以及景观艺术结合在一起，科学地利用湿地的功能为人类的一定需求服务。如伦敦的湿地中心、成都府城河湿地公园等。

13.4.2.4 湿地公园的特点

湿地公园作为具备生态、社会、经济等各方面综合效益的一种绿地形式，应具备以下特征。

(1) 完备的生态系统

建成后的湿地公园属于一个完备的生态系统，具备一定的规模，界线明晰。园内的生物包括动物、植物和微生物资源。植物资源主要包括：沼泽植物、盐沼植物、红树植物、浮游植物、挺水植物、底栖植物等。既包括各种耐湿的园林绿化植物，也包括适合当地自然条件的、抗逆性强的水生湿生植物，这些植物能在当地自然环境条件下生存和生长，减少了人工和外来资源(如水、杀虫剂和化肥等)的投入，形成了公园植物群落自肥的良性循环。动物资源主要包括：水禽、涉禽、海岸鸟、鱼、虾、贝、蟹、两栖、爬行类等。微生物资源主要是厌氧微生物。建成的湿地公园应成为许多濒危物种的栖息地。由于湿地物种种类异常丰富，又有非常高的生物生产力，所以湿地生物之间形成了复杂食物链、食物网，成为生物多样性保育的关键地。

(2) 多种类型和区域特色

受气候、地形地貌、水文等的影响，不同区

域的湿地或湿地景观呈多样性类型。从宏观上看，各种湿地类型均可建设相应的湿地公园，不同地域、不同地形地貌、不同的气候条件以及不同的城乡发展要求可以建成不同特色的湿地公园；微观上水域到陆地自然生态系统过渡或演变的生态和景观的梯度变化明显，具有沉水植物群落—浮水植物群落—挺水植物群落—湿生植物群落—陆生植物群落的生态演替系列，以及由鸟类、底栖动物等构成丰富的生态景观，形成湿地公园竖向变化的特色景观。湿地公园建设要因地制宜，充分利用当地的湿地类型、物种结构，突出区域特色。同时，还可以将不同区域类型的湿地景观微塑到公园内供游人认知与体验。

（3）别具特色的湿地生态旅游

湿地公园是生物多样性极为丰富的生态系统，生长、栖息着众多动植物和微生物，其中有许多是珍稀特有的物种，是生物多样性丰富的重要地区和濒危鸟类、迁徙候鸟及其他野生动物的栖息繁殖地。组成湿地公园的植物群落有沉水、浮水、挺水和湿生物群落以及一些陆生的植物群落等，成为珍禽王国、候鸟的"天堂"，沙鸥翔集、鹤鸣九皋、平沙落雁，悠闲自在，怡然自得，成为人们休闲度假的好去处。湿地公园中景观类型多样，景观空间多变，景观体验丰富。湿地景观生态格局由湿地中的"基质"——绿色的片区，"斑块"——水域、森林、草坪、农田、广场，"廊道"——道路、河溪、林带等组成。景观的水平生态学过程使景观元素之间相互渗透，从而形成多样性的景观格局。密林、疏林、草坪组合成自然的景观植物群落，水中、水面、水岸、森林组合成立体的景观画面。栈道、平台、廊架将公众引入自然的生境。观鸟、划船、采莲、垂钓、潜水、灌溉、喂养、湿地游憩成为人和自然的交心之旅。科普、考察、参观等活动使公众获得丰富的湿地体验。

（4）生态经济效益显著

由于湿地公园的湿地生态系统通过构建与运行自组织体系节省了大量的维护费用，减少了建筑和工程设施的投入，生态系统服务价值逐年提升，湿地生态系统的自然演替过程使公园持续发展，使得湿地公园具备比一般公园良好的生态经济效益。

13.4.3 湿地公园规划设计

湿地公园的规划应根据各地区人口、资源、生态和环境的特点，以维护湿地系统生态平衡、保护湿地功能和湿地生物多样性，实现资源的可持续利用为基本出发点，坚持"全面保护、生态优先、合理利用、持续发展"的方针，充分发挥湿地在城乡建设中的生态、经济和社会效益。

13.4.3.1 湿地公园的规划设计原则

湿地公园规划设计应遵循系统保护、合理利用与协调建设相结合的原则。在系统保护湿地生态系统的完整性和发挥环境效益的同时，合理利用湿地具有的各种资源，充分发挥其经济效益、社会效益，以及在美化城乡环境中的作用。

（1）系统保护的原则

① 保护湿地的生物多样性　为各种湿地生物的生存提供最大的生息空间；营造适宜生物多样性发展的环境空间，对生境的改变应控制在最小的程度和范围；提高湿地生物物种的多样性并防止外来物种入侵造成灾害。

② 保护湿地生态系统的连贯性　保持湿地与周边自然环境的连续性；保证湿地生物生态廊道的畅通，确保动物的避难场所；避免人工设施的大范围覆盖；确保湿地的透水性，寻求有机物的良性循环。

③ 保护湿地环境的完整性　保持湿地水域环境和陆域环境的完整性，避免湿地环境的过度分割而造成的环境退化；保护湿地生态的循环体系和缓冲保护地带，避免城乡发展对湿地环境的过度干扰。

④ 保持湿地资源的稳定性　保持湿地水体、生物、矿物等各种资源的平衡与稳定，避免各种资源的贫瘠化，确保湿地公园的可持续发展。

（2）合理利用的原则

合理利用湿地动植物的经济价值和观赏价值；合理利用湿地提供的水资源、生物资源和矿物资源；合理利用湿地开展休闲与游览；合理利用湿地开展科研与科普活动。

(3) 协调建设原则

湿地公园的整体风貌应与湿地特征相协调，体现自然野趣；建筑风格应与湿地公园的整体风貌相协调，体现地域特征；公园建设优先采用有利于保护湿地环境的生态化材料和工艺；严格限定湿地公园中各类管理服务设施的数量、规模与位置。

13.4.3.2 湿地公园的规划设计程序

(1) 编制规划设计任务书

具体内容可参考公园绿地的相关章节。

(2) 界定规划边界与范围

湿地公园规划范围应根据地形地貌、水系、林地等因素综合确定，尽可能地以水域为核心，将区域内影响湿地生态系统连续性和完整性的各种用地都纳入规划范围，特别是湿地周边的林地、草地、溪流、水体等。

湿地公园边界线的确定应以保持湿地生态系统的完整性，以及与周边环境的连通性为原则，尽量减轻建筑、道路等人为因素对湿地的不良影响，提倡在湿地周边增加植被缓冲地带，为更多的生物提供生息的空间。

为了充分发挥湿地的综合效益，湿地公园应具有一定的规模，一般不应小于 $20hm^2$。

(3) 基础资料调研与分析

基础资料调研在一般性公园规划设计调研内容的基础上，应着重于地形地貌、水文地质、土壤类型、气候条件、水资源总量、动植物资源等自然状况，城乡经济与人口发展、土地利用、科研能力、管理水平等社会状况，以及湿地的演替、水体水质、污染物来源等环境状况方面。

(4) 规划论证

在湿地公园总体规划编制过程中，应组织风景园林、生态、湿地、生物等方面的专家针对规划成果的科学性与可行性进行评审论证工作。

(5) 设计程序

湿地公园设计工作，应在湿地公园总体规划的指导下进行，可以分为以下几个阶段：①方案设计；②初步设计；③施工图设计。

13.4.3.3 湿地公园的规划内容

(1) 湿地公园总体规划主要内容

根据湿地区域的自然资源、经济社会条件和湿地公园用地的现状，确定总体规划的指导思想和基本原则，划定公园范围和功能分区，确定保护对象与保护措施，测定环境容量和游人容量，规划游览方式、游览路线和科普、游览活动内容，确定管理、服务和科学工作设施规模等内容。提出湿地保护与功能的恢复和增强，科研工作与科普教育、湿地管理与机构建设等方面的措施和建议。

对于有可能对湿地以及周边生态环境造成严重干扰，甚至破坏的城乡建设项目，应提交湿地环境影响专题分析报告。

(2) 规划功能分区与基本保护要求

湿地公园一般应包括重点保护区、湿地展示区、湿地体验区和管理服务区等区域。

① **重点保护区** 针对重要湿地，或湿地生态系统较为完整、生物多样性丰富的区域，应设置重点保护区。在重点保护区内，可以针对珍稀物种的繁殖地及原产地设置禁入区，针对候鸟及繁殖期的鸟类活动区设立临时性的禁入区。此外，考虑生物的生息空间及活动范围，应在重点保护区外围划定适当的非人工干涉圈，以充分保障生物的生息场所。

重点保护区内只允许开展各项湿地科学研究、保护与观察工作。可根据需要设置一些小型设施，为各种生物提供栖息场所和迁徙通道。本区内所有人工设施应以确保原有生态系统的完整性和最小干扰。

② **湿地展示区** 在重点保护区外围建立湿地展示区，重点展示湿地生态系统、生物多样性和湿地自然景观，开展湿地科普宣传和教育活动。对于湿地生态系统和湿地形态相对缺失的区域，应加强湿地生态系统的保育和恢复工作。

③ **湿地体验区** 湿地敏感度相对较低的区域可以划为湿地体验区，允许游客进行限制性的生态旅游、科学观察与探索，或者参与农业、渔业等生产过程。区内安排适度的游憩设施，避免游

览活动对湿地生态环境造成破坏。同时，要加强对游人的安全保护工作，防止发生意外。

④ 管理服务区　在湿地生态系统敏感度相对较低或非湿地区域可设置管理服务区，供游客进行休憩、餐饮、购物、娱乐、医疗、停车等活动，以及管理机构开展科普、宣教和行政管理工作。区内活动应尽量减少对湿地整体环境的干扰和破坏。

(3) 规划措施

规划应以保障城乡生态安全，维护和改善生态系统的综合服务功能作为目标。

① 湿地水系的规划措施　湿地公园建设的关键在于湿地系统的恢复与重建，而核心是湿地水系的规划。因此，其规划措施重点包括：

——湿地公园水的自然循环规划。通过改善湿地地表水与地下水之间的联系，使表水与地下水能够相互补充。同时采取必要的措施，改善作为湿地水源的河流的活力。

——采取适当的方式形成地表水对地下水的有利补充，使湿地周围的土壤结构发生变化，土壤的孔隙度和含水量增加，从而形成多样性的土壤类型。

——对湿地公园周边地区的排水及引水系统进行调整，确保湿地水资源的合理与高效利用。适当开挖新的水系并采取可渗透的水底处理方式，以利于整个园区地下水位的平衡。

——湿地公园规划必须在科学的分析与评价方法基础上，根据不同的土壤类型产生不同的地表痕迹和景观类型的原理，利用成熟的经验、材料和技术，促进湿地系统的自然演替。

② 动植物栖息地的规划措施　湿地生物栖息地规划的基本理念是确立重要的需要保护的栖息地斑块以及有利于物种迁徙和基因交换的廊道。

——以河流、道路、林班为载体建立园区内或园区与外围生态环境相连的连续生物廊道网络。

——园内保留或新建重要的大型栖息地斑块（核心区），并建立乡土植物苗圃。

——园区内部保留残留的小型林地、坑塘及其湿地植被斑块。

③ 历史人文和乡土遗产的规划措施　在拟建湿地公园的范围内，要保留重要的历史人文和乡土遗产，建立体验城市历史记忆的遗产廊道网络。

——包括园内具有保护意义的古迹、民宅、古道、护城河等。

——乡土植物要进行登记，特别是古树名花等，要建立档案，以便保护和利用。

13.4.3.4　湿地公园的规划成果

湿地公园总体规划成果应包含以下主要内容：
① 湿地公园及其影响区域的基础资料汇编；
② 湿地公园规划说明书；
③ 湿地公园规划图纸；
④ 相关影响分析与规划专题报告。

13.4.4　湿地的生态恢复

13.4.4.1　国内外湿地生态恢复研究概况

恢复生态学研究可追溯到 20 世纪 50 年代，80 年代得到了迅猛发展。90 年代以来，随着湿地研究的兴起，湿地生态恢复也成为湿地研究的主要内容之一。

1996 年 9 月在澳大利亚西海岸的佩斯召开了第五届国际湿地会议，大会的主题是"湿地的未来"，主要议题是讨论如何增强湿地效益，防止和解决湿地丧失、功能衰退、生物多样性减少等问题及保护与重建湿地的策略和措施。从大会内容来看，湿地的恢复与重建已成为世界各国科学家普遍关注的热点。

针对湿地的退化情况，世界各国都在积极采取措施进行湿地的生态恢复。

美国是开展受损湿地保护与恢复较早的国家。在 1870—1980 年间，美国本土损失的湿地占 53%，现在仍以每年 8000 ~ 16 000 hm^2 的速度减少。1977 年，美国颁布了第一部专门的湿地保护法规。20 世纪 90 年代初期，国家委员会、环保局、农业部和水域生态系统恢复委员提出在 2010 年前恢复受损河流 64 × $10^4 km^2$，湖泊 67 × $10^4 hm^2$，湿地 400 × $10^4 hm^2$ 的庞大生态恢复计划，并为此制定了包括"恢复湿地的生态完整性、恢复它的自然结构、自然功能、设计它的自维持能力、恢复本地物种、避免非本地物种的侵入"等在内的 17 条导则。

加拿大湿地面积12 700×10⁴hm²，占世界湿地资源的24%，居世界第一位。为了有效地保护湿地资源，加拿大于1992年颁布了联邦湿地保护政策。

欧洲的一些国家如瑞典、瑞士、丹麦、荷兰等在湿地恢复研究方面也有很大进展。例如，在西班牙的Donana国家公园，通过安装水泵来充斥沼泽，补偿减少的河流和地下水流；在瑞典，30%地表由湿地组成，包括河流和湖泊，由于湿地的不断退化，学者建议通过提高水平面，降低湖底面或结合这两种方法恢复浅湖湿地。在欧洲的其他国家，如奥地利、比利时、法国、德国、匈牙利、荷兰、瑞士、英国等已经将恢复项目集中在泛滥平原中。这些项目计划的目标是多种多样的，主要依赖于河流和泛滥平原的规模和地貌特征。

1993年，200多位学者聚集在英国谢菲尔德大学讨论了湿地恢复问题。为更好地进行湿地的开发、保护以及科研，科学家们就如何恢复和评价已退化和正在退化的湿地进行了广泛交流，特别在沼泽湿地的恢复研究上发表了许多新的见解。在1995年，出版了这次会议的论文集《温带湿地的恢复》，从沼泽湿地恢复的基本理论到实践，文中都有详尽的论述。可以说，通过这次会议，对湿地恢复的研究又进入了一个新的领域。

中国对湿地恢复的研究开展得比较晚。20世纪70年代，中国科学院水生生物研究所首次利用水域生态系统藻菌共生的氧化塘生态工程技术，使污染严重的湖北鸭儿湖地区水相和陆相环境得到很大的改善，推动了中国湿地恢复研究的开展。此后，对江苏太湖、安徽巢湖、武汉东湖以及沿海滩途等湿地恢复逐渐开展研究。中国自1992年加入拉姆萨尔公约，20多年来各科研单位和大专院校对中国的湿地现状及变化趋势，生态系统退化的防治对策，资源的持续利用等开展了大量的研究和实践工作。

中国在湿地生态恢复方面最为成功的例子是贵州威宁的草海。为了扩大耕地面积，1970年曾排水疏干草海，湖中的鱼类、贝类、虾和水生昆虫等几乎绝灭，所剩水禽也寥寥无几，地下水位下降，农业减产，自然生态失去平衡。1980年政府决定恢复草海，实施蓄水工程，恢复水面面积20km²，平水期可达29km²。目前，生物物种已得到恢复，浮游植物有8门91属；高等植物20科26属37种，组成了多种挺水植物群落、浮水植物群落和沉水植物群落。浮游动物有9纲74属115种；鱼类9种；两栖类14种；特别是鸟类丰富，有179种，其中水禽有68种，黑颈鹤、白头鹤、白鹤、灰鹤、游隼、白琵鹭等16种。国家一、二级保护鸟类的数量日渐增多，湿地恢复效果良好，被国外专家视为中国湿地生态恢复的成功典范。该湿地作为中国特有物种黑颈鹤的主要越冬栖息地，目前已被建立为国家级自然保护区。

13.4.4.2 湿地生态恢复理论

湿地的生态恢复是针对退化的湿地生态系统而进行的，因而取决于湿地生态特征的变化。湿地生态特征的变化是指湿地生态过程及功能的削弱或失衡，包括湿地面积变化、湿地水文条件改变、湿地水质改变、湿地资源的非持续利用及外来物种的侵入等多种类型。与其他生态系统相比，湿地生态系统具有水陆相兼的特殊地带性分布规律，湿地的生态恢复研究应在充分考虑湿地生态系统特点和功能的基础上，按照恢复生态学的理论和方法进行研究。

恢复生态学是研究生态系统退化的原因，退化生态系统恢复和重建的技术与方法，生态学过程与机理的科学。所谓生态恢复是指根据生态学原理，通过一定的生物、生态以及工程的技术与方法，人为地改变和切断生态系统退化的主导因子或过程，调整、配置和优化系统内部及其外界的物质、能量和信息的流动过程和时空次序，使生态系统的结构、功能和生态学潜力尽快成功地恢复到一定的或原有乃至更高的水平。

湿地生态恢复的总体目标是采用适当的生物、生态及工程技术，逐步恢复退化湿地生态系统的结构和功能，最终达到湿地生态系统的自我持续状态。但对于不同的退化湿地生态系统，其侧重点和要求也会有所不同。总体而言，湿地生态恢复的基本目标和要求如下：①实现生态系统地表基底的稳定性。地表基底是生态系统发育和存在的载体，基底不稳定就不可能保证生态系统的演替与发展。这一点应引起足够重视，因为中国湿地所面临的主要威胁大都属于改变系统基底类型的，这在很大程度上加剧了中国湿地的不可逆演替。②恢复湿地良好的水状况，一是恢复湿地的水文条件；二是通过污染控制，改善湿地的水环境质量。③恢复植被和土壤，保证一定的植被覆盖率和土壤肥力。④增加物种组成和生物多样性。⑤实现生物群落的恢复，提高生态系统的生产力和自我维持能力。⑥恢复湿地景观，增加视觉和美学享受。⑦实现区域社会、经济的可持续发展。

目前，湿地生态恢复的理论研究还十分薄弱，很难支撑湿地生态恢复工作的全面开展。一是缺乏对湿地生态系统退化机理的研究（如退化湿地生态系统恢复力、演替规律研究，不同干扰条件下湿地生态系统的受损过程及其响应机制研究等）；二是缺乏对湿地生态系统退化的景观诊断及其评价指标体系的研究；三是缺乏对湿地生态系统退化过程的动态监测、模拟及预报研究等。

13.4.4.3　湿地生态恢复技术

根据湿地的构成和生态系统特征，湿地的生态恢复可概括为：湿地生境恢复、湿地生物恢复和湿地生态系统结构与功能恢复3个部分，相应地，湿地的生态恢复技术也可以划分为三大类。

① 湿地生境恢复技术　湿地生境恢复的目标是通过采取各类技术措施，提高生境的异质性和稳定性。湿地生境恢复包括湿地基底恢复、湿地水状况恢复和湿地土壤恢复等。湿地的基底恢复是通过采取工程措施，维护基底的稳定性，稳定湿地面积，并对湿地的地形、地貌进行改造。基底恢复技术包括湿地基底改造技术、湿地及上游水土流失控制技术、清淤技术等。湿地水状况恢复包括湿地水文条件的恢复和湿地水环境质量的改善。水文条件的恢复通常是通过筑坝（抬高水位）、修建引水渠等水利工程措施来实现；湿地水环境质量改善技术包括污水处理技术、水体富营养化控制技术等。需要强调的是，由于水文过程的连续性，必须严格控制水源河流的水质，加强河流上游的生态建设。土壤恢复技术包括土壤污染控制技术、土壤肥力恢复技术等。

② 湿地生物恢复技术　主要包括物种选育和培植技术、物种引入技术、物种保护技术、种群动态调控技术、种群行为控制技术、群落结构优化配置与组建技术、群落演替控制与恢复技术等。

③ 生态系统结构与功能恢复技术　主要包括生态系统总体设计技术、生态系统构建与集成技术等。

湿地生态恢复技术的研究既是湿地生态恢复研究中的重点，又是难点。目前急需针对不同类型的退化湿地生态系统，对湿地生态恢复的实用技术（如退化湿地生态系统恢复关键技术，湿地生态系统结构与功能的优化配置与重构及其调控技术，物种与生物多样性的恢复与维持技术等）进行研究。

湿地由于具有丰富的资源、独特的生态结构和功能，其开发利用和保护已引起世界各国的普遍重视。建设湿地公园，可以全面加强湿地保护，维护湿地生态系统的生态特性和基本功能，最大限度地发挥湿地在改善城市生态、美化环境、科学研究、科普教育和休闲游乐等方面所具有的生态、环境与社会效益，有效地遏制城市建设中对湿地的不合理利用现象，保证湿地资源的可持续利用，实现人与自然的和谐发展。

当然，建立湿地公园也仅仅是走出了城市水环境保护利用和促进其生态健康化的第一步，更需要在制订科学的保护和利用规划上花精力，更需在合理处理开发与保护的关系上下工夫，更需建立严格的规划审批制度抓紧落实。实践证明：充分认识湿地保护的重要性和紧迫性并采取实际行动，湿地公园将成为非常优美的生态场所，成为众多水乡城镇最亮丽的风景区和旅游区。尤其是通过国家湿地公园的申报和规划建设，可以使其所在城市获得新的经济和社会发展动力，并在构建和谐社会和可持续发展的道路上进一步奠定扎实的基础。同时，湿地公园自身也将成为全国同类湿地保护和利用的典范。

13.5　郊野公园

随着城市化的快速发展，城市问题日益突出，构建有机、健康的城乡生态网络成为城市规划与风景园林行业研究的热点。郊野公园作为城乡绿地系统的重要组成部分,是提供居民游憩场所、保存城郊绿色空间、联系城区绿地与区域景观、优化城乡生态空间格局的重要物质基础。

13.5.1 郊野公园概述

13.5.1.1 郊野公园的产生及发展

"郊野"之义,最早出自《尔雅·释地》:"邑外谓之郊,郊外谓之牧,牧外谓之野,野外谓之林。"邑、郊、牧、野、林,构成了古代人类社会与大自然之间的5种地理距离。"百里之国,国都在中,去境五十,每十里而异其名。"距国都五十里为近郊,五十里至百里为远郊,那么"野"就是指百里开外,但还未至山林的广袤区域。后人把"郊"与"野"这两个不同的地理名称缀联为"郊野",用以代称那些既接近城市,又不同于城市,较多保持自然状态的,相对清静、安宁、舒缓,但又能够迅速回归城市快节奏生活的特殊区域。许多郊野区域被有意识地建成园林,作为城市民众假日郊游娱乐的胜地。翻阅历朝历代浩如烟海的骚赋诗文绘画,如《上林赋》《展子虔游春图》《清明上河图》《醉翁亭记》等,均对郊野园林作过传神的描绘。由于中国长期的封建统治,大量郊野园林被圈作皇家园林或私家园林,可任由民众自由活动的开放性郊野园林为数甚少。

"郊野公园"译自"country park",这一名称首次出现于英国1968年的乡村法案,随后许多国家、地区均开展研究,并逐步形成了目标类似但尺度与形式各异的城市近远郊公园系统,如美国的国家公园,德国的国家公园、区域公园和城市绿带等。而且,不同城市由于自然资源、地理位置、文化传统和产业发展等条件和需求的差异,对郊野公园的理解也不尽相同,其发展背景、核心需求与实际矛盾不断塑造着因城而异的郊野公园空间。

1) 国外郊野公园的产生及发展

郊野公园这一名称,最早由英国提出,在其发展早期,英国的科学研究和政策文件对郊野公园的功能定位、指标界定和规划建设起了主导作用,在郊野公园的发展史上具有代表性,可以说英国郊野公园的历史演变也代表了郊野公园的发展史。

19世纪90年代自行车的发展为城市居民到乡村休闲提供了便利,20世纪初出现的汽车极大地推动了人们从火车旅游到自驾车旅游的转变。人们生活水平和出行能力的提高使得郊野乡村旅游的规模不断扩大。第二次世界大战前,在欧洲各地,针对中低收入的野营旅游得以兴起。

1929年,英国Addison委员会预设了两种国家公园的形式:一种是全世界普遍认同的国家公园形式,即对国家有显著意义的自然资源和文化遗产地区;另一种就是位于城市周边的乡村自然资源区即郊野公园。郊野公园主要强调位于工业区周边,具有便利交通的区域。但是在当时该设想并未得到实施。

20世纪30年代,德国开辟了许多符合大众消费的野营地。法国是当时欧洲最大的农业国,以其旖旎的田园风光致力于发展郊野乡村度假旅游。

20世纪60年代,经济的飞速发展带来了城市经济社会结构的一系列变化。Michael Dower把大众对休闲的需求称为继工业革命、铁路发展、汽车蔓延之后的第四次浪潮。英国许多政治家和决策者预测到世纪末人们外出旅游的需求将大大增加,这将严重威胁到乡村的自然资源。

为了使人们能更便利地享受到郊外休闲娱乐,缓解国家公园的压力,同时减少对乡村资源的破坏,1966年,英国政府发布名为《乡村休闲》(*Leisure Countryside*)的白皮书,呼吁建立郊野公园和野餐场地,并明确了郊野公园的功能和目的,即为减轻城市居民日益增大的生活压力,提供一个便利而不受干扰的休闲活动区域,减少去乡村休闲所遇到的风险。1968年在《乡村休闲》白皮书基础上,英国出台了第一部有关乡村休闲的法律《乡村法令》(*The Countryside Act*),并把郊野公园作为主要议题,再次提出了为人们提供享受郊野旅游的设施和安全场所并保护乡村自然景观而设立郊野公园的内容。由此,英国于1968年建立了最早的郊野公园。

20世纪70年代,欧、美、日等发达国家汽车工业的进一步发展和各国高速公路的大量兴建，促使自驾车旅游以惊人的速度取代了中短途的火车旅游和客车旅游。

英国郊野公园的建设由于具有相关政策文件的指导和政府的财政支持得到发展迅速。到70年代中期，管理者对郊野公园的关注从基础建设转向管理规划，强调理解区位、制定目标、建设实施、财政支持和与地方当局的合作。然而，由于受到石油危机的影响，地方当局缩减了对郊野公园的财政支出，导致郊野公园的建成与原来规划的有所出入，在80年代前期，公园的设施维护与发展建设都因此而有所停滞。

80年代后期，英国郊野公园的实际建设虽然受阻，但在理论研究上，人们对郊野公园的功能定位有所转变，将郊野公园比喻为城镇交通路网中的节点，给人们提供回归自然、享受田园风光的窗口。

90年代后期，国际上出现了很多专业化的旅游产品，如生态旅游、探险旅游、体育旅游等，旅游业开始从大众旅游转变到个性化旅游。此时，郊野公园的研究学者和管理人员开展了许多有关游人使用情况和游憩体验的调查研究，并在其建设和管理过程中也开始注重对人的关怀，通过加强郊野公园与城市之间的公共交通建设，设立类型多样、各具特色的郊野公园并且增添郊野公园中的娱乐和运动设施，来满足青少年、老年人和残障人群的游憩需求。到1995年，英国利用林地、草地、丘陵、湖泊、河岸等建立了约220个郊野公园，每年接待逾3000万游客。郊野公园在提供休闲娱乐、保护生态环境、科普教育等方面发挥了重要作用。

近年来因为缺乏经济上的支持，英国逐渐减少了新的郊野公园建设，除了小部分的私营郊野公园之外，大部分都是由地方部门所管理。2000年乡村白皮书正式把英国郊野公园的复兴计划纳入政府实施计划，这项任务具体包括建立郊野公园复兴顾问组织，讨论如何拓展郊野公园未来的网络系统，加强理念的共享和公众的参与，明确了郊野公园清晰的角色定位和发展目标以及确保郊野公园可持续发展等内容，借此重新打造郊野公园的品牌。2007年由英国郊野公园网络组织发起了一个新的委托草案，目标在于把相关个人和组织纳入管理发展计划并及时修订新的郊野公园标准。

总的说来，英国郊野公园的兴起、复兴，反映了郊野公园的建设理念从最初以控制游憩扩张为目标，用简单指标对郊野公园进行界定，到后来以保护自然资源为目标，注重整体规划实施、设施维护管理、财政支持与合作，继而发展到今天，管理者和规划者越来越注重对人的关怀，并强调环境保护和游憩需求并重。

2) 中国郊野公园的产生及发展

中国的郊野公园建设始于20世纪60年代的香港，90年代中后期，受到香港郊野公园成功建设的影响，中国内陆城市中深圳最早引进郊野公园概念，并于1996年编制的《深圳市城市总体规划（1996—2010）》中明确提出城市郊野公园体系规划。此后，一些经济发展较快的城市，如北京、上海、杭州、南京、成都等地，也逐渐开始在城郊地带规划和建设郊野公园。

(1) 香港的郊野公园发展

20世纪60年代，经济腾飞带来了新市镇的急剧扩张，为了挽救城市急剧发展对农业用地的蚕食，香港政府将西方国家公园的理念引入到香港郊区的管理和运营上，但因面积的限制而发展成郊野公园。

1965年，美国环境科学专家汤博立应香港政府邀请赴香港勘察郊野环境，经过一年多的调查研究完成了一份名为《香港郊野保育》的报告，提出成立法定的保护地区，防止人为破坏山野成立自然护理组织，管理郊区进行植林工作，营造一个多样性的生态系统展开科学研究，加强对香港生态环境的认识等。这份报告成为后来香港发展郊野公园的蓝本，汤博立被尊称为"香港郊野公园之父"。

1967年，香港政府设立了"香港郊景护理研究委员会""临时郊区使用及护理局"（郊野存护及使用管理局）等组织，为香港发展郊区康乐和自然护理做出建议和制定政策。1971年麦理浩接任香港总督，他成立特别小组，汇集植树造林、自然科学和管理等方面的人才，致力于发展郊野公园计划。同年8月，"香港及新界康乐发展及自然护理委员会"成立，落实了郊野公园的发展计划。次年，第一个郊野公园发展五年计划（1972—1977）立法通过，标志着香港郊野公园的规划和发展进入了实质性阶段。香港政府利用少量拨款，在城门附近地区进行了一项郊野康乐发展试验五年计划，大受郊游人士和市民的欢迎。1976年3月，麦理浩会同香港行政局颁布了《郊野公园条例》，同时成立了郊野公园委员会，为之后香港郊野公园的开发、建设及其管理提供了法律依据和适时监管。条例规定，在郊野公园的范围内，一切破坏环境和损害生态的活动都禁止进行，土地利用不能改变作为城市发展之用。郊野公园委员会负责管理郊野公园和特别地区的一切有关事务，包括负责划定公园面积、保护当地的植物和野生动物、在适当地点提供康乐和教育设施等。1977年6月24日划定第一批受法律保护的郊野公园，包括城门、金山、大潭、狮子山和香港仔。

到20世纪90年代，香港政府进一步强调整体的郊野资源保护，促进自然保育，大大扩展了郊野公园的规模和范围。随着陆域郊区已大致划入郊野公园范畴，香港的保育范围逐步扩展到海洋。1996年《海岸公园条例》正式颁行，同年划定3个海岸公园和1个海岸保护区，旨在海洋护理、教育市民、提供娱乐和科学研究。在2000年，原渔农处也正式更名为渔农自然护理署，下设郊野公园分署主持相关工作。2004年，香港特区政府推出《新自然保育政策白皮书》，反映出郊野公园和自然保育已经融为一体。特别值得一提的是，为了更好地保护那些具有生态价值但面积不大的区域，香港还划定了一批特别地区予以保护，从而尽可能地实现保育范围的全覆盖。

截至2017年，香港已划定了24个郊野公园和22个特别地区（其中11个位于郊野公园范围内），遍布全港各地，包括山岭、丛林、水塘和海滨地带及多个离岛，总面积达44 312hm^2，占香港约四成的土地面积，在人口密度高、土地紧缺的香港，仍具有这样高比例的郊野公园面积，保留和拥有繁多的野生生物物种和高度的生物多样性，有效地保护郊野资源的完整性，这很大程度上得益于郊野公园条例的制定和相关社会法制的不断完善。

(2) 深圳郊野公园的发展

1979年中央政府批准设立深圳特区，深圳从一个小村镇开始向现代化城市迈进。1980年，中国城市规划事业在停滞20年后开始复苏，深圳作为第一个经济特区，其规划建设引起全国规划界的广泛关注。从80年代初期开始，深圳城市总体规划中提出的带状组团式空间布局恰恰就是利用山体作为隔离绿带，有效地使城市形成了组团式布局。这些隔离绿带成为深圳城市组团下的背景山体，也成为了良好的城市景观。

1990年深圳人口一举突破200万，土地需求亦相应提高，郊野环境开始受到威胁。与此同时，深圳居民不仅需要日常起居生活的地方，而且需要到户外自然环境中体验康乐活动。当时就有以香港为样本，把这些隔离山体划作郊野公园的想法，马峦山郊野公园是深圳市政府规划的第一个郊野公园。2004年，以《深圳市绿地系统规划》(2004—2020)为契机，深圳首次提出了包含市域生态绿地系统和城市绿地系统在内的"大绿地"概念，将绿地系统规划从建成区内部延伸到城乡整体的绿色开敞空间。其中，郊野公园作为市域生态绿地系统的重要保护开发模式被正式提上城市发展日程。在此阶段，规划根据绿地系统规划要求、市民需求和林业资源的分布，初步划定了21片郊野公园建设控制区，控制总面积达到680.7km^2，占全市面积的34%。

该阶段的郊野公园规划建设揭开了城市生态空间保护与利用的序幕，明确了郊野公园在城市"大绿地系统"中的定位和职能，并从规划理念层面初步划定其实施范围，为进一步展开郊野公园规划实施工作奠定了思想基础。但是，这一阶段的规划仅仅停留在规划理念层面，配套法令制度并不完善，不具备法律强制性，在以经济收益为导向的土地利用模式面前，郊野公园的开发建设往往采取妥协退让的态度。

2005年，具有里程碑意义的《深圳市基本生态控制线管理规定》（以下简称《管理规定》）出台，该文件以法令形式确定了深圳市974.5km²的生态保护刚性范围，约占市域总面积的50%。郊野公园是基本生态控制线内规模最大的规划土地类型，约占生态线控制范围的70%。该阶段，由于粗放型的城市用地扩张积累下来的历史原因，基本生态控制线内物业权属混乱，涉及利益体复杂，生态补偿、线内社区转型等规划调整与配套政策的出台还需要长时间的探索，因此，郊野公园在一定时期内是作为落实基本生态控制线最重要的实施与管理手段。截至2015年，深圳市已经正式划定12个郊野公园的刚性管理线。

《管理规定》的出台和12个公园管理线的划定真正落实了郊野公园的刚性管控范围，不仅确保了城市的生态安全格局，而且对基本生态控制线的社会价值进行了有效挖掘，使之深入公众生活，为市民提供绿色户外开敞空间，从而提升了生态管控策略的社会认可度。但是由于缺乏对郊野公园规划开发的原则、目的及内容等方面的统一理解，规划和技术指标体系也各不相同，出现了规划成果和建成状态五花八门的状况。

2014年，为规范深圳市郊野公园规划编制工作，统一郊野公园规划理念和技术标准，深圳市规划国土委发布了《深圳市森林（郊野）公园规划编制规定》，对郊野公园规划中所涉及的规划编制组织、编制内容及要求、编制成果、技术标准等方面都做了定性和定量的要求。该规定的投入实施标志着深圳市郊野公园的规划编制将遵循统一的标准，结束了郊野公园规划混乱无序的局面，进一步具体落实了郊野公园基于生态保育的控制性开发策略。

（3）北京的郊野公园

北京绿化隔离带是建设郊野公园的主要资源和基础。1958年编制的北京城市总体规划提出在市中心地区与边缘集团之间以及各边缘集团之间设置绿化隔离带，形成"分散集团式"的布局，目的在于建设城乡结合、环境优美的新兴城市，保护城市地区足够的绿色空间，建设完善的城市绿地系统。规划划定的市区面积为600km²，绿化隔离地区面积为314km²。在此后的历次城市规划中绿化隔离地区的总体规模和规划绿地面积虽然一再缩水，但半个世纪以来它对北京城市形态的发展、城市环境的影响却是有目共睹，首都也因此才在中心城区的周边留下了珍贵的环状绿色空间。

1998年编制的《北京市区绿化隔离地区规划》将绿化隔离地区定义为北京市区中心地区与边缘集团之间以及边缘集团与边缘集团之间的绿化地带，是北京市区的城乡结合部地区，围绕中心地区呈不规划环状。2000年，北京市在四环和五环之间启动了第一道绿化隔离地区的建设，总面积约240km²，其中绿化面积125km²，约占52%。第一道绿化隔离带于年底基本建成，绿化总面积达到102.3km²，形成10块面积在333.3hm²以上的大型绿色板块。

2003年3月，北京第二道绿化隔离地区建设工程正式启动。隔离带范围是在第一道绿化隔离带的外边线一直到六环的外延1000m，总用地面积达1650km²，涉及海淀、朝阳、丰台、石景山、通州、大兴、房山、门头沟、昌平、顺义10个区县。该地区现状分布着300万人口，其中农业人口93万人，建设总用地约500km²。

2004年，《北京城市总体规划（2004—2020）》针对绿化隔离地区的建设提出：第一道绿化隔离带应建设成为具有游憩功能的绿化隔离带和生态保护带，并提出了建设公园环的思路。隔离带的功能由单一的生态防护转变为兼具城市景观和居民休闲游憩需求的绿地。

2006年，北京市编制的《北京市绿地系统规划（2007—2020年）》提出建设中心城外缘郊野公园环及隔离地区公园环的规划布局，并划定了首批6个郊野公园的绿线边界，共计3.56km²。2007年9月，北京市园林绿化局编制了《北京绿化隔离地区公园环总体规划》，对绿化隔离地区公园环的功能定位、结构布局等做出了系统的规划，同年，郊野公园环建设开始启动，2008年5月已有15处公园经提升改造向市民开放。

北京的"郊野公园环"由上百个公园构成，从三环内侧到五环外涉及区域十分广阔，其中规划新增约60个市域公园（郊野公园）。新增市域公园的平均规模约130hm²，大型的可达400hm²。郊野公园建设遵循"以野为魂、以林为体"的原则，因地制宜，在原有生态林基础上加以改造建成公园，减少人工雕饰、营造自然生态景观、丰富生物多样性、凸显郊野氛围、体现园林追寻野趣的本质。

截至2011年，北京市共新建郊野公园52处，共计30.03km²，加上2006年前已有的29处郊野公园，第一道绿化隔离地区公园面积共计51.93km²，公园片区布局呈现"链状集群式"的特色；然而第二道绿化隔离地区的郊野公园环作为连接中心城与周边县市的载体，仍需进一步加大对绿地建设的政策扶持与相关规划的完善，从而真正实现外围郊野公园环绕的规划愿景。

（4）上海的郊野公园

1993年6月上海市提出建设环绕整个上海的大型绿化带，规划在外环线的外侧建成一条宽度至少500m的绿带。上海环城绿带全长97km，面积7241hm²。绿带规划分为沿线100m宽林带、400m宽的综合绿地、10个主题公园等3个层次组织实施。绿带建设从1995年12月开始实施，分三期建设，上海人将这一整体布局描绘为"长藤结瓜"，"藤"即绿化带，"瓜"就是沿线的郊野公园。

2008年《上海绿地系统实施规划》提出将有条件的森林、湿地资源改造成为森林公园、郊野公园、湿地公园以及其他各种专类公园。郊野公园部分是指由上海环城绿带和郊区林地中划定的十大片林改造，现状绿地面积3400hm²，到2015年规划面积5300hm²。

2012年5月，上海市人民政府批复《上海市基本生态网络规划》，明确要求上海市基本生态网络建设以郊野公园为抓手，统筹农、林、绿、湿等生态要素，建设上海特色生态空间。2013年初，上海市规土局批复《上海市郊野公园布局选址和试点基地概念规划》，在郊区初步选址了20个郊野公园，总用地面积约400km²。按照总体布局和现状条件，进一步选择了青西、松南、浦江、嘉北、长兴岛5个郊野公园作为试点启动规划编制研究。

为了进一步指导和推进郊野公园建设，上海市于2014年8月出台了《上海市郊野公园建设设计导则（试行）》，旨在指导与评价上海市郊野公园的设计、建设与运营管理，是一个引导郊野公园建设全过程的文件。通过目标和指标体系以及原则、底线的控制对全市已规划和将规划的郊野公园的设计、建设、运维进行引导与控制。

2015年10月，上海市首个郊野公园——廊下郊野公园对外开放，总规划面积为21.4 km²。除廊下郊野公园外，首批的7个郊野公园截至2018年已陆续开放，总面积约130km²，对稳定城市增长边界，优化城市总体空间结构布局等方面发挥着重要作用。

从以上几个城市郊野公园的发展可以看出，城市总体规划提出的发展方向对郊野公园的产生和发展起到至关重要的作用，不同城市之间的总体规划思路导致了不同的空间发展时序，从而也就影响到了郊野公园的出现和建立。郊野公园与城市的关系可以总结为两种发展模式：一是在城市建设初期就引入了郊野公园的理念，如香港和深圳，郊野公园的发展过程与城市发展相生相伴，两者相互促进或制约，最终达到某种平衡。这不仅仅是一种用地形式的落实，更是城市发展中不同的意识形态相互碰撞后产生的结果，是发展与保护之间找到的平衡点。二是在城市发展中期需要通过郊野公园对城市郊区绿地进行管控的情况，如北京和上海，由城市外围多年形成的人工林地——如绿化隔离带改造形成郊野公园，并非是城市发展的最合理方向和意愿，而是城市发展战略上最后保存绿色空间的机会，是城市现代发展理念对传统城市建设的一种调整和补充，可以说是强制性附加到城市中。

郊野公园的产生是城市发展的现实性选择，虽然具体的产生原因和环境各不相同，但建立郊野公园的主要目的都是保护自然生态环境、满足居民游憩和优化城市空间发展格局。

13.5.1.2 郊野公园的概念

郊野公园指位于城区边缘，有一定规模、以郊野自然景观为主，具有亲近自然、游憩休闲、科普教育等功能，具备必要服务设施的绿地。

与城市公园相比，郊野公园位于城区边缘，不占用城市建设用地；原生自然风貌和野趣景观是其主要特色，公园规划首先以保护为主；规模比一般城市公园要大，如深圳的马峦山郊野公园面积 12 310hm^2，香港的南大屿山郊野公园面积 5640hm^2。

郊野公园与城郊型森林公园、湿地公园等在区位、游憩内容和功能上有较多重合，但城郊型森林公园以森林生态系统为主，湿地公园以天然或人工湿地景观为主，资源类型较郊野公园更单一，且城郊型森林公园和城市湿地公园对区域面积都有一定的要求。

郊野公园与其他风景游憩类绿地相比较，它的产生与城市的发展密不可分，其规划、建设、管理与城市土地关系、城市空间布局、市民游憩行为特征、城市环境等存在很大程度上的必然联系，规划建设的重点在于构建体系，为城市的绿色发展提供保障。

13.5.1.3 郊野公园的功能

(1) 保护生态环境

郊野公园除了具有调节城市小气候、调节地区温度和湿度、降低噪声、防风固沙、涵养水源等基本生态功能外，其生物多样性保护的功能是城市公园所不具备的。

郊野公园可以成为城市的生态资源库，维持物种多样性，为野生动物提供生境、栖息地和迁移走廊。郊野公园以开敞式空间的形式，以"绿化"而非"美化"和"本地化自然群落"为基准，根本目的是保护乡土生物的多样性，倡导"设计遵从自然"的理念，保持、维护乡土生物与生境的多样性。

香港郊野公园的建设带来显著成效，据统计，整个英国的物种数量也及不上香港的多。香港郊野公园景观经过几十年的积极护理，公园内的灌丛和草地占全港的 56% 和 41%。香港所有种类的哺乳动物、雀鸟、两栖动物和淡水鱼都在郊野公园范围内栖息，爬行动物、蝴蝶和蜻蜓种类的比例亦超过 95% 分布在郊野公园，可见郊野公园等保护区在自然保育工作中所扮演的角色。

(2) 促进游憩经济发展

郊野公园拥有优越的区位条件、便捷的交通和良好的生态景观资源，为城市居民提供了富有自然野趣、古朴清新的休憩环境。郊野公园保护的自然环境是独具魅力的旅游景观，作为城市的环境资本，郊野公园可以成为推动经济增长的动力。城市在一定范围内统一布局，对城郊实行有序开发，使城市边缘的山体、农田等良好生态资源通过规划建设郊野公园得以留存，并渗透到市区；同时城市发展也可以延伸到山林、湖泊和农田之中，使得优质环境的"外溢价值"得到体现。

(3) 提供安全防护

面对全球气候的变化加剧，城市系统越是复杂，应对灾害的抵御力就越脆弱。当城市要素不断向周边地区迁移和发展后，城市周边的生态环境十分脆弱，因此，保护这些具有特殊地位的资源和郊外敏感地区，提高环境质量成为当务之急的重要问题。

郊野公园是国内目前对城市边缘区生态系统保护的一种方式，在空间异质性、生态、社会、经济、人为因素等过程中起到很好的协调作用，能够满足多重目标的城市安全需求。在抵御恶劣气候方面，郊野公园以规模优势可以降低其对城市的影响；从城市防灾避险方面，郊野公园能够短时间内容纳众多人口，提供紧急时期的食物、水源。

(4) 优化城市格局

中国目前正处于城市化飞速发展的时期，城市空间呈外拓式扩张和蔓延，城市边缘区的土地不断转化为建设用地。郊野公园一般位于城市的周边地区，作为抑制城市扩张的自然屏障，起到了生态防护的作用，且在一定程度上为城市空间的后续发展保留储备用地，有效地避免了过度开发行为。

北京在城市绿化隔离带上建立"公园环"，其主要目的也是为了限制城市无序蔓延，减弱"摊大饼"式发展所造成的不良影响。同时郊野公园作为其空间发展的结构骨架，可以引导新城发展，辅助旧城改造。北京的郊野公园实际上成为了"城市空间密度的溶剂"，有机地分解和组织城市的各个区域，为城市新建区的发展和适应城市生长起到作用。

深圳的郊野公园是在背景山体下一些合适的自然山体中设置了登山道、徒步游径和比较简单的服务设施，以满足市民平时或周末、节假日的登山、野游等活动。目前，划定的郊野公园并没有全部建设完成,有些还不具备对外开放的条件,但其对于维护城市生态环境,控制城市发展形态已经起到了重要的作用。

13.5.1.4 郊野公园的特点

(1)区位便利,游憩人群固定

中国的郊野公园大多位于城市近郊,城市建设用地外,公共交通便利可达。从现阶段中国城镇居民在闲暇时间及收入水平方面具备的条件来看,城市居民在其惯常环境之内或其周边区域的休闲活动要比去风景名胜地的旅游活动频繁。由于城市居民时间紧张,市民对游憩区域的选择还考虑一定的距离因素,因此城市居民多在周末、节假日选择方便到达的郊野公园进行健身、娱乐和休闲。因此,郊野公园的主要服务对象以当地或周边城市居民为主。

(2)景观资源和游憩内容多样

郊野公园的景观资源十分丰富,中国的郊野公园主要利用大面积的自然生态系统(如森林、草原、山体、丛林、沟谷、水体和海岸、浅滩等)和半自然生态系统(如次生林、人工生态林等)为主;国外的郊野公园建设则拓展了传统郊野公园的概念,用地类型十分丰富,如利用劣地、棕地、碎石坑等,不一定全是优美的自然资源。

郊野公园开展活动多与自然有关,如散步、远足、骑马、自行车越野、烧烤、野餐、露营等,以提供观光、娱乐、科普等活动为主,兼有休憩疗养地的功能,在毗邻城市的位置也可开展城市公园内的游憩活动。

(3)用地规模差异较大

从国内外实践可以发现,郊野公园应具有一定面积规模才能保持和发挥自然郊野特色。国外一般明确界定郊野公园的用地规模,如英国规定郊野公园至少要有$10hm^2$的清晰边界。但是在国内相关的条例、规范中并未对郊野公园规模进行明确限定。在规划建设中,根据周边的建设现状、土地供给、自然景观等不同条件,确定郊野公园的具体占地规模,个体之间存在较大差异。如香港已划定的24个郊野公园中,有13个郊野公园的占地面积在$1000hm^2$以上,其中最小的龙虎山郊野公园面积仅为$47hm^2$,而最大的南大屿山郊野公园面积达到$5640hm^2$,是最小郊野公园的120倍。

13.5.2 郊野公园规划

13.5.2.1 郊野公园的规划原则

郊野公园规划应以聚焦生态功能、彰显郊野特色、优化空间结构、提升环境品质为总体思路,坚持尊重自然生态,尊重地域文化,关注游憩需求,确保综合效益,控制性地复合科研、科普、休闲、游憩功能,满足城市生活需要。

13.5.2.2 郊野公园的选址

郊野公园的选址在"郊",重心在"野","野"是自然的袒露、生物的聚合,但"野"的形态有时又是非常脆弱的,所以必须经过切实的调研、科学的论证,优先考虑那些自然风景资源有较高价值、对城市整体环境和景观有积极的保护和优化作用,并且具备自然文化、地方风貌和游憩条件等综合内涵的地方,具体选址原则可以概括如下。

(1)以自然风景资源为基础的地带

对城市边缘区的土地资源及利用现状进行调查,包括一定规模的山体、水体和植被优良的地区,选择具有美学感染力的自然风景或景观特征鲜明、地域特色突出的地带。

(2)以自然生态功能为主导的地带

在城市边缘区保留了较多的陡坡山林、河湖溪涧、荒滩湿地等不宜利用的土地,往往也是生境类型和生物多样性丰富的地区,对维护自然生态的发展演替过程和肌理具有重要的作用。

(3)对维护和优化城市生态绿地系统和景观形态有重要结构意义的区位

从城市开放空间和绿地系统的整体出发,位于绿带、绿环、绿廊、绿楔等部位,有利于促进自然形态与自然过程,形成绿地与城市实体错落嵌合的空间形态关系。

(4)结合自然美学与人文景观等综合价值较高的地区

保留郊野乡村经长期经济活动形成的自然风景与农田牧场、果园、种植园、农舍村落交错融合的独特景观,包括传统民居及陵园、墓园等聚落形态构成的历史文化景观。

(5) 具备较好的可达性和游憩条件的区位

通向远近郊区的交通公路网不断完善，为郊野公园的可达性提供了保障。从郊区游憩和生态环境保护的角度，除了提供郊区公共汽车、旅行车、自驾车外，可供自行车和徒步远足旅游到达的资源丰富的地区也是郊野公园选址的对象。

13.5.2.3 郊野公园的规划要求
(1) 科学合理的规划编制

目前，中国仅少数城市将郊野公园贯穿到整个市域当中，多数还只是将其作为城市绿地结构的一部分，加上目前行业内并没有相应的规划编制依据，其在选址与规划等方面则受限制因素较多，唯有在当前的城市绿地系统规划体系当中，将郊野公园的专项规划从选址阶段就紧密地与城市通风廊道、良好林地资源、外围历史文化资源等多因素相结合，在绿地布局的同时考虑城市边缘区的其他类型绿地，并与之相连为一体，形成结构完整、绿地类型多样的城市外围区域绿色综合体，从而能更好地发挥郊野公园的综合效益，这样虽在绿地总量上并没有大幅度提高的要求，但在绿地的使用功能及生态、社会价值上却是单一绿地种类所不能比拟的。因此首先应从市域层面编制郊野公园体系规划，统筹确定郊野公园的数量、空间布局、控制范围、土地利用强度等内容。

对于每个郊野公园，在开发建设之前，应编制郊野公园的总体规划，包括功能分区、土地开发强度、生物多样性保护、设施规划等。编制郊野公园规划时既要充分运用生态伦理学、景观生态学、环境保护学、人居环境学等知识作为理论指导，适当超前，同时还要保证规划的可操作性。

(2) 以自然保护为基准

郊野公园选取植物本地条件较好的区域建设，开发建设总的原则是"少开发多保护"，因此在规划建设中以生态保护为主，尽量控制人工构筑物的建设规模和数量，保证基本自然环境不受剧烈改变，保护原有的生态平衡。开展环境保护与保育规划，通过划定生态核心区、生态恢复区等特殊区域，保护原有物种群落，并通过生态恢复技术和保障设施恢复、涵养、保持部分受到损害的环境，培育、抚育原有的生物群落。

(3) 强调自然野趣的景观特色

郊野公园的建设中，精髓在于"野趣"，原始质朴、原生态是其特点，体现在原生植被和乡土植物的保留，作为种质资源库的价值；原有的用地方式——农田、林地的保护，原址上的乡土建筑和村落的保护等，作为地域性特色的表现；同时还要加强自然活力恢复、促进自然环境更新。此外，硬件设施建设也应力求自然朴实，与环境浑然一体，避免城市化、人工化形式的影响。

(4) 多样化与个性化并存

郊野公园开发的类型应多样化和个性化并存，开发土地类型的选择除了郊区条件优越的地带，一些郊野劣地、废弃工业地，甚至垃圾场都可以成为郊野公园开发的土地利用形态；同时，郊野公园的主题应更加鲜明，内容更为丰富多彩，根据各自场地特色及资源特征逐步调整，设置丰富的科普游憩活动，提升郊野公园的科普游憩价值。

(5) 注重规划的实效性

郊野公园的规划除了注重远期战略目标，还应注重规划的实效和适应变化的灵活性，包括制定实施规划和执行计划。这些面向实施的规划既可以保证规划的战略目标，又能根据外部条件的变化进行调整，结果可能产生更多的实际效果。

13.5.2.4 中国郊野公园的发展策略

郊野公园的规划不仅是物质形态规划，还是由目标引领、面向管理的综合性规划。目前，中国的郊野公园建设仍处于探索阶段，硬件建设在初期是必要的，包括设施的安排和配置，而资源保护和利用需要建立科学的管理机制和积极的政策引导。

(1) 健全政策法律保障体系

郊野公园由于涵盖多种土地类型，在建设时避免不了会有土地征用和拆迁补偿的问题，又因其位置多紧邻城市建成区，容易被城市扩张侵占，因此，如何使郊野公园在已有相应规划并确定其位置与边界的基础上，不再出现工程进展迟缓甚至无法动工或被侵占的情况，需要建立一套完备的专属于郊野公园的政策法律保障体系。政府部门作为主导力量，应出台相关的激励政策与具体的补偿措施，并制定真正具有强制性约束力的法律法规。

(2) 构建多元化投融资机制

现阶段,虽然政府在改善生态环境、提升人们生活品质方面越来越重视,投入资金的比重也不断上升,但郊野公园的建设与管理资金仅依靠政府财政划拨,对中国绝大多数城市而言是不太现实的,可采取以政府为主导的多元化投资机制,鼓励企业和公共事业组织融入资金,并尝试在财政税收、土地租赁等方面给予优惠补贴,建立补偿机制,从而丰富资金投入的途径,提高市场和社会需求的应变能力。

(3) 建立长效的管理制度

在郊野公园的管理过程中,园林和城市管理部门往往充当着组织协调和绩效评估的角色,郊野公园所在地政府则是属地管理机构。各部门应协商,在制定了郊野公园养护管理的法规条例后,明确郊野公园的主体监管单位。可成立郊野公园管理委员会,使其作为权利行使机构负责郊野公园的行政管理、建设实施与监督等工作,并成立专业管理科室进行日常运营管理,或采用公开招标的形式与专业的绿化养护公司签订协议,建立长效的管理制度,从而使郊野公园在后续的阶段运转良好,充满活力。

郊野公园的规划建设与制度建立不宜就事论事,应将其置于更广阔的时空背景中去考察它的得失利弊。郊野公园的意义在于从立法的高度实现城市边缘区开放空间资源保护的目标,从用地的绿线控制将郊野公园的建设落到实处,这正是城市空间良性发展所需要的。同时,郊野公园的用地模式和性质功能是由城市发展战略所规定的,体现在郊野公园的土地获得、选址和规划等策略上。郊野公园发展立足于城市与郊区的共同需求,合理的管理机制与积极的政策引导应在其中发挥重要作用。从城市可持续发展的长远目标出发,在处理资源保护与开发利用的关系上,郊野公园的发展应是一项长期不懈的事业。

【拓展阅读】

地质公园

"地质公园"的出现,起源于世界各国对地质遗产的保护。根据联合国教科文组织的定义,地质公园是具有一定的规模和分布的以地质遗迹为核心的景观综合体,它具有其他地质遗迹所不具备的自然属性、区域性的人文价值、悠久的历史遗迹价值及优雅的美学观赏价值。地质公园是具备特殊的科普属性、生态发展属性、考古研究属性,并且满足旅游度假、休闲养生、文化科普、娱乐等多重功能的地区性旅游场地,同时也是景观规划的重点保护区,以及地质勘察研究与普及的特殊性地区。

自20世纪中叶以来地质遗迹的保护已由各国分散行动变为国际组织发起和推动的全球性行动,但发展十分不平衡,保护工作与合理开发利用彼此脱节,难以成为各地政府参与和居民支持的影响广泛的行动。从20世纪中叶到90年代前半期,联合国教科文组织(UNESCO)开始发挥重要作用,进入地球遗产保护工作的全球协调行动阶段。1948年UNESCO在巴黎创立了世界保护联盟(IUCN),设立了"国家公园与自然保护专业委员会"(CNPPA/IUCN),其制定的国家公园标准中,正式纳入了优美的地学景观保护和促进科学发展的内容。

UNESCO地学部联合地科联、地理联合会等国际学术组织成为了推动这一工作的中坚。1991年6月来自30多个国家的150余位地球科学家通过了"国际地球记忆权利宣言"(International Declaration of the Rights of the Memory of the Earth),着重阐述了地球生命和环境演化与地球演化的密切关系,其演化留下的地质遗迹的研究既可了解过去、又可预测未来、失而不能复得,振臂疾呼这些遗产的保护必须引起各国、各界的广泛关注,国际地质科学联合会(IUGS)在1989年成立的地质遗产工作组也加强了各国Geosites登录的推动。

UNESCO地学部在20世纪90年代组织了两轮可行性研究,提出地质公园计划和建立世界地质公园网络,逐步在UNESCO取得共识和支持,UNESCO推动着世界地质公园网络建设。地质遗迹的保护虽然引起了社会和各国政府的重视,但保护区耗资不菲,当地居民世代赖以生存的资源不再允许开采,又引发了园区居民的不合作,所以保护难度很大。如美国破坏地质遗迹的案件呈上升趋势,1991年为3571件,至1996年上升为4356件。因此UNESCO地学部又提出建立世界地质公园计划,以弥补世界自然文化遗产在地质景观保护方面的不足和地科联地质遗迹工作难以引起地方政府的重视以及当地居民的积极参与之不足,建议推动地质公园项目,把地质遗迹保护与支撑地方经济发展和扩大当地居民就业紧密结合起来。并于1996年在北京召开的第30届国际地质大会上设置了地质遗迹保护专题并组织了讨论。

正是在这个讨论会上法国和希腊的一批地质学家深感欧洲经济发展带来的环境方面的挑战尤其严重,居民的旅游目的地太集中、亟待分流,推动科学普及、提高科学素养的要求呼声很高,因此决定在欧洲率先建立欧洲地质公园,形成地学旅游的网络。这一建议争取到了欧盟组织的支持,被纳入 Leader Ⅱ Programe,并由法国的 Haute province 地质保护区,西班牙 Maestrazgo 文化公园,希腊 Lesvos 硅化木公园和德国 Vulkaneifel European Geopark 作为创始成员,后又吸收了法国的 Astrobleme Rochechouart-Chassenon,爱尔兰的 Copper Coast 等,共10个公园组成了欧洲地质公园网,发行刊物,每年轮流主持交流会,组织参展和宣传推介活动。

各国对保护地质遗迹的地质公园命名很不统一,总的说来,地质公园的名称应视实现主要开发对象的内容而不是现已用的名称。因为地质公园启动晚,原已有广为流传的名称,地质景观多样,也难于以具体地质现象命名,有的就不分类型直接统称某某国家地质公园,这并不影响其进入地质公园网络,如欧洲地质公园现有32个公园所用名称就不一致,有不少并未贯以地质公园。

中国是世界上第一个以政府名义设立地质公园的国家。中国国土资源部(现自然资源部)在多年地质遗迹调查研究和保护的基础上,正式提出建立国家地质公园的计划,并于2000年建立了首批11个国家地质公园,使地质遗迹保护工作正式纳入政府行政职能,在原有86个地质遗迹保护区的基础上,进一步推动了这一工作。鉴于中国在国家公园建设方面所取得的良好成绩及在世界地质遗迹保护中做出的贡献,2004年UNESCO决定将"联合国教科文组织世界地质公园网络办公室"设在北京。至2012年6月,中国已建立218个国家地质公园,其中有26个进入GGN网络,成为世界地质公园。

截至2012年6月,世界地质公园数量排名前五位的国家为:中国26个,意大利8个,英国、西班牙各7个,日本5个,希腊4个。

中国地质公园的发展演化受多方面的影响,尤其是自然因素、区域城市发展水平、旅游业的发展、当地政府部门的认知水平及积极性等占据了主导因素。地质公园在快速成长的同时,也面临多方面的问题及挑战,主要表现在经营管理相对落后、管理体制过于复杂、先进理念与技术的应用明显不够、地质公园系统的理论研究非常薄弱、地质灾害对地质公园危害的预防不重视及只重数量不重质量的发展模式等几个方面。地质公园作为新型的地学文化产业,这些年来取得了丰硕的成就,但要使之走上可持续、"绿色化"道路,还需要我们在以上各项工作中进行不懈努力。

小 结

区域绿地是城市绿地系统的重要组成部分,类型多、面积大,对城乡生态、景观、游憩都发挥着重要作用。本章主要介绍了区域绿地中最贴近城乡居民生活的风景游憩绿地。首先对区域绿地的概念、分类进行了总体阐述;分述中选取了风景游憩绿地中几个常见类型如风景名胜区、森林公园、湿地公园、郊野公园等,从概念、功能、分类、规划原则、规划设计方法等方面进行了详细介绍。

思考题

1. 区域绿地的概念是什么?主要包括哪些类型?
2. 风景名胜区、森林公园、湿地公园、郊野公园等绿地类型的共同点和差异性是什么?反映在规划设计上应如何体现?

推荐阅读书目

地质公园规划探索与研究. 李同德. 清华大学出版社,2016.

附 录

附录一 城市绿化规划建设指标的规定（城建[1993]784号）

为了加强城市绿化规划管理，提高城市绿化水平，根据《城市绿化条例》第九条的授权，参照各地城市绿化指标现状及发展情况，我部制定了《城市绿化规划建设指标的规定》，现印发给你们，请在今后编制、修改城市绿化规划和安排城市绿化建设工作中按照执行。执行中的问题请及时告我部城建司。

第一条 根据《城市绿化条例》第九条的授权，为加强城市绿化规划管理，提高城市绿化水平，制定本规定。

第二条 本规定所称城市绿化规划指标包括人均公共绿地面积、城市绿化覆盖率和城市绿地率。

第三条 人均公共绿地面积，是指城市中每个居民平均占有公共绿地的面积。

计算公式：人均公共绿地面积（平方米）＝城市公共绿地总面积÷城市非农业人口。

人均公共绿地面积指标根据城市人均建设用地指标而定：

（一）人均建设用地指标不足75平方米的城市，人均公共绿地面积到2000年应不少于5平方米；到2000年不少于6平方米。

（二）人均建设用地指标75～105平方米的城市，人均公共绿地面积到2000年不少于6平方米；到2010年应不少于7平方米。

（三）人均建设用地指标超过105平方米的城市，人均公共绿地面积到2000年应不少于7平方米；到2010年应不少于8平方米。

第四条 城市绿化覆盖率，是指城市绿化覆盖面积占城市面积比率。

计算公式：城市绿化覆盖率（％）＝（城市内全部绿化种植垂直投影面积÷城市面积）×100％。

城市绿化覆盖率到2000年应不少于30％，到2010年应不少于35％。

第五条 城市绿地率，是指城市各类绿地（含公共绿地、居住区绿地、单位附属绿地、防护绿地、生产绿地、风景林地六类）总面积占城市面积的比率。

计算公式：城市绿地率（％）＝（城市六类绿地面积之和÷城市总面积）×100％。

城市绿地率到2000年应不少于25％，到2010年应不少于30％。为保证城市绿地率指标的实现，各类绿地单项指标应符合下列要求：

（一）新建居住区绿地占居住区总用地比率不低于30％。

（二）城市道路均应根据实际情况搞好绿化。其中主干道绿带面积占道路总用地比率不于20％，次干道绿带面积所占比率不低于15％。

（三）城市内河、海、湖等水体及铁路旁的防护林带宽度应不少于30米。

（四）单位附属绿地面积占单位总用地面积比率不低于30％，其中工业企业、交通枢纽、仓储、商业中心等绿地率不低于20％；产生有害气体及污染工厂的绿地率不低于30％，并根据国家标准设立不少于50米的防护林带；学校、医院、休疗养所、机关团体、公共文化设施、部队等单位的绿地率不低于35％。因特殊情况不能按上述标准进行建设的单位，必须经城市园林绿化行政主管部门批准，并根据《城市绿化条例》第十七条规定，将所缺面积的建设资金交给城市园林绿化行政主管部门统一安排绿化建设作为补偿，补偿标准应根据所处地段绿地的综合价值所在城市具体规定。

（五）生产绿地面积占城市建成区总面积比率不低于2％。

（六）公共绿地中绿化用地所占比率，应参照GJ 48—92《公园设计规范》执行。属于旧城改造区的，可对本条（一）、（二）、（四）项规定的指标降低5个百分点。

第六条 各城市应根据自身的性质、规模、自然条件、基础情况等分别按上述规定具体确定指标，制定规划，确定发展速度，在规划的期限内达到规定指标。城市绿化指标的确定应报省、自治区、直辖市建设主管部门核准，报建设部备案。

第七条 各地城市规划行政主管部门及城市园林绿化

行政主管部门应按上述标准审核及审批各类开发区、建设项目绿地规划；审定规划指标和建设计划，依法监督城市绿化各项规划指标的实施。城市绿化现状的统计指标和数据以城市园林绿化行政主管部门提供、发布或上报统计行政主管部门的数据为准。

第八条 本规定由建设部负责解释。

第九条 本规定自1994年1月1日起实施。

附录二　城市绿线管理办法(2002)

第一条　为建立并严格实行城市绿线管理制度,加强城市生态环境建设,创造良好的人居环境,促进城市可持续发展,根据《城市规划法》《城市绿化条例》等法律法规,制定本办法。

第二条　本办法所称城市绿线,是指城市各类绿地范围的控制线。

本办法所称城市,是指国家按行政建制设立的直辖市、市、镇。

第三条　城市绿线的划定和监督管理,适用本办法。

第四条　国务院建设行政主管部门负责全国城市绿线管理工作。

省、自治区人民政府建设行政主管部门负责本行政区域内的城市绿线管理工作。

城市人民政府规划、园林绿化行政主管部门,按照职责分工负责城市绿线的监督和管理工作。

第五条　城市规划、园林绿化等行政主管部门应当密切合作,组织编制城市绿地系统规划。

城市绿地系统规划是城市总体规划的组成部分,应当确定城市绿化目标和布局,规定城市各类绿地的控制原则,按照规定标准确定绿化用地面积,分层次合理布局公共绿地,确定防护绿地、大型公共绿地等的绿线。

第六条　控制性详细规划应当提出不同类型用地的界线、规定绿化率控制指标和绿化用地界线的具体坐标。

第七条　修建性详细规划应当根据控制性详细规划,明确绿地布局,提出绿化配置的原则或者方案,划定绿地界线。

第八条　城市绿线的审批、调整,按照《城市规划法》《城市绿化条例》的规定进行。

第九条　批准的城市绿线要向社会公布,接受公众监督。

任何单位和个人都有保护城市绿地、服从城市绿线管理的义务,有监督城市绿线管理、对违反城市绿线管理行为进行检举的权利。

第十条　城市绿线范围内的公共绿地、防护绿地、生产绿地、居住区绿地、单位附属绿地、道路绿地、风景林地等,必须按照《城市用地分类与规划建设用地标准》《公园设计规范》等标准,进行绿地建设。

第十一条　城市绿线内的用地,不得改作他用,不得违反法律法规、强制性标准以及批准的规划进行开发建设。

有关部门不得违反规定,批准在城市绿线范围内进行建设。

因建设或者其他特殊情况,需要临时占用城市绿线内用地的,必须依法办理相关审批手续。

在城市绿线范围内,不符合规划要求的建筑物、构筑物及其他设施应当限期迁出。

第十二条　任何单位和个人不得在城市绿地范围内进行拦河截溪、取土采石、设置垃圾堆场、排放污水以及其他对生态环境构成破坏的活动。

近期不进行绿化建设的规划绿地范围内的建设活动,应当进行生态环境影响分析,并按照《城市规划法》的规定,予以严格控制。

第十三条　居住区绿化、单位绿化及各类建设项目的配套绿化都要达到《城市绿化规划建设指标的规定》的标准。

各类建设工程要与其配套的绿化工程同步设计,同步施工,同步验收。达不到规定标准的,不得投入使用。

第十四条　城市人民政府规划、园林绿化行政主管部门按照职责分工,对城市绿线的控制和实施情况进行检查,并向同级人民政府和上级行政主管部门报告。

第十五条　省、自治区人民政府建设行政主管部门应当定期对本行政区域内城市绿线的管理情况进行监督检查,对违法行为,及时纠正。

第十六条　违反本办法规定,擅自改变城市绿线内土地用途、占用或者破坏城市绿地的,由城市规划、园林绿化行政主管部门,按照《城市规划法》《城市绿化条例》的有关规定处罚。

第十七条　违反本办法规定,在城市绿地范围内进行拦河截溪、取土采石、设置垃圾堆场、排放污水以及其他对城市生态环境造成破坏活动的,由城市园林绿化行政主管部门责令改正,并处一万元以上三万元以下的罚款。

第十八条　违反本办法规定,在已经划定的城市绿线范围内违反规定审批建设项目的,对有关责任人员由有关机关给予行政处分;构成犯罪的,依法追究刑事责任。

第十九条　城镇体系规划所确定的,城市规划区外防护绿地、绿化隔离带等的绿线划定、监督和管理,参照本办法执行。

第二十条　本办法自二〇〇二年十一月一日起施行。

附录三 中华人民共和国国家标准城市绿线划定技术规范

GB/T 51163—2016

主编部门：中华人民共和国住房和城乡建设部
批准部门：中华人民共和国住房和城乡建设部
施行日期：2016 年 12 月 1 日

中华人民共和国住房和城乡建设部公告
第 1091 号

住房和城乡建设部关于发布国家标准《城市绿线划定技术规范》的公告

现批准《城市绿线划定技术规范》为国家标准，编号为 GB/T 51163—2016，自 2016 年 12 月 1 日起实施。

本规范由我部标准定额研究所组织中国建筑工业出版社出版发行。

中华人民共和国住房和城乡建设部
2016 年 4 月 15 日

前 言

根据住房和城乡建设部《关于印发〈2010 年工程建设标准规范制订、修订计划〉的通知》（建标[2010]43 号）的要求，规范编制组经广泛调查研究，认真总结实践经验，参考有关国际标准和国外先进标准，并在广泛征求意见的基础上，编制了本规范。

本规范的主要技术内容有：1 总则；2 术语；3 基本规定；4 绿线划定。

本规范由住房和城乡建设部负责管理，由中国城市建设研究院有限公司负责具体技术内容的解释。执行过程中如有意见或建议，请寄送中国城市建设研究院有限公司（地址：北京市西城区德胜门外大街 36 号楼，邮编：100120）。

本规范主编单位：中国城市建设研究院有限公司
本规范参编单位：北京北林地景园林规划设计院有限责任公司
中国城市规划设计研究院
住房和城乡建设部城乡规划管理中心
重庆市园林事业管理局
深圳市城市管理局
重庆市风景园林规划研究院
重庆市规划信息服务中心
青岛市城乡建设委员会城市园林局
浙江省衢州市住房和城乡建设局

本规范主要起草人员：王磐岩　徐波　刘冬梅　周进　郭竹梅　李梅丹　张晓军　李勇　边光　吴堆兴　牛萌　黄建　王忠杰　赵锋　梁治宇　于静　廖聪全　师卫华　蔡文婷　刘文栋　吴岩　汪淑英　蒋婢贞　樊崇玲　曹迪

本规范主要审查人员：张树林　贾建中　张菁　李炜民　朱虹　杨成韫　孙祜　苏玲　刘薇　邻艳丽　周海波　吴淑琴

1 总 则

1.0.1 为规范城市绿线的划定，巩固绿化成果，促进规划绿地实施，保障城市可持续协调发展，制定本规范。

1.0.2 本规范适用于城市总体规划和城市绿地系统规划确定的各类绿地和生态区域的控制线划定，以及绿地管理。

1.0.3 城市绿线划定除应符合本规范外，尚应符合国家现行有关标准的规定。

2 术 语

2.0.1 城市绿线 urban green line

城市规划确定的，各类绿地范围的控制界线。

2.0.2 现状绿线 existing urban green line

建设用地内已建成，并纳入法定规划的各类绿地边界线。

2.0.3 规划绿线 planning urban green line

建设用地内依据城市总体规划、城市绿地系统规划、控制性详细规划、修建性详细规划划定的各类绿地范围控制线。

2.0.4 生态控制线 ecological controlling open space

规划区内依据城市总体规划、城市绿地系统规划划定的，对城市生态保育、隔离防护、休闲游憩等有重要作用的生态区域控制线。

3 基本规定

3.0.1 绿线划定应分为总体规划阶段、控制性详细规划阶段和修建性详细规划阶段，并应纳入城市用地管理。

3.0.2 城市绿线应分为现状绿线、规划绿线和生态控制线，并应符合下列规定：

1 现状绿线和规划绿线应在总体规划、控制性详细规划和修建性详细规划各阶段分层次划定，生态控制线应在总体规划阶段划定；

2 现状绿线划定应明确绿地类型、位置、规模、范围，宜标注其管理权属和用地权属；

3 规划绿线划定应明确绿地类型、位置、规模、范围控制线，可标注土地使用现状和管理权属；

4 生态控制线划定宜标注用地类型、功能、位置、规模、范围控制线，可标注用地权属。

3.0.3 绿线划定应与城市红线、城市黄线的划定相衔接，与城市蓝线、城市紫线的划定相结合。

3.0.4 绿线划定应符合国家现行标准《城市用地分类与规划建设用地标准》GB 50137 和《城市绿地分类标准》CJJ/T 85 的相关规定。

3.0.5 绿线划定应为动态工作过程，成果应包括图纸、文本两部分，并应符合下列规定：

1 基础地形图电子版应为与城市规划地形图坐标系一致的矢量（dwg）格式文件；

2 绿线应为闭合线，现状绿线应为实线，规划绿线应为虚线，生态控制线应为点画线；

3 文本内容应包括绿线划定目标、依据、原则、管控要求。

3.0.6 绿线划定可根据管理需求编制阶段性成果，成果宜有电子版和纸质版两种表达形式。

3.0.7 绿线划定后应向社会公布。

3.0.8 公园绿地宜设立现状绿线宣传牌，宜设立界桩。

4 绿线划定

4.1 总体规划阶段

4.1.1 总体规划阶段应划定建设用地内的现状绿线、规划绿线和规划区非建设用地内的生态控制线。

4.1.2 建设用地内，应按照城市绿地系统规划确定的公园绿地和防护绿地，划定现状绿线和规划绿线。

4.1.3 规划区非建设用地内，应依据城市绿地系统规划划定生态控制线，宜包括下列区域：

1 城市生态保障区域，包括水源保护区、自然保护区、城市隔离绿地、湿地、河流水系、山体、农林用地等；

2 基础设施防护隔离区域，包括各级公路、铁路、轨道交通、输变电设施、管道运输设施、环卫设施等沿线或周边设置的绿化隔离区域等；

3 休闲游憩区域，包括风景名胜区、郊野公园、森林公园、湿地公园以及各类主题公园等；

4 其他区域，包括苗圃、花圃、草圃等。

4.1.4 公园绿地规划指标应符合现行国家标准《城市用地分类与规划建设用地标准》GB 50137 的相关规定。

4.1.5 城市内河、海、湖及铁路防护绿地规划宽度不应小于 30m；产生有害气体及污染工厂的防护绿地规划宽度不应小于 50m。

4.1.6 规划区内生产绿地规划面积占城市建成区总面积比率不应小于 2%。

4.1.7 总体规划阶段绿线划定图纸应符合下列规定：

1 应包括建设用地内绿线划定图和规划区非建设用地内生态控制线划定图；

2 应以带城市规划路网的地形图为底图，图纸比例、表达深度应与城市总体规划图纸一致。

4.2 控制性详细规划段

4.2.1 控制性详细规划阶段应以现状绿线和控制性详细规划为依据，划定公园绿地、防护绿地和广场用地现状绿线和规划绿线及附属绿地现状绿线。

4.2.2 附属绿地的用地应符合现行国家标准《城市用地分类与规划建设用地标准》GB 50137 中的城市建设用地分类规定，建设用地应包括居住用地、公共管理与公共服务设施用地、商业服务业设施用地、工业用地、物流仓储用地、道路与交通设施用地和公用设施用地。

4.2.3 居住用地、公共管理与公共服务设施用地、商业服务业设施用地、工业用地、物流仓储用地、道路与交通设施用地和公用设施用地附属绿地的绿线划定应符合下列规定：

1 居住用地绿地率不应小于30%；

2 公共管理与公共服务用地绿地率不应小于35%；

3 商业服务业设施用地绿地率不应小于35%；

4 工业用地绿地率宜为20%，其中产生有害气体及污染工厂的绿地率不应小于30%；

5 物流仓储用地绿地率不应小于20%；

6 道路与交通设施用地绿地率不应小于20%；

7 公用设施用地绿地率不应小于30%。

4.2.4 广场用地绿地率不应小于35%。

4.2.5 控制性详细规划阶段绿线划定应符合下列规定：

1 现状绿线应明确绿地类型、位置、范围、规模，应标注绿地名称；

2 规划绿线应明确绿地类型、位置、控制范围、规模，可标注绿地名称、土地使用现状。

4.2.6 控制性详细规划阶段绿线划定图纸应符合下列规定：

1 图纸比例、地块编号应与控制性详细规划图纸一致；

2 绿线定位应明确绿地边界线的主要拐点坐标。

4.3 修建性详细规划段

4.3.1 修建性详细规划阶段应结合修建性规划方案审批，划定附属绿地规划绿线；绿地建设竣工验收后应纳入现状绿线管理。

4.3.2 修建性详细规划阶段规划绿线应明确绿地布局，并应提出绿地设计控制指标。

4.3.3 修建性详细规划阶段绿线图纸应符合下列规定：

1 附属绿地所在地块的编号应符合控制性详细规划地块编号；

2 图纸比例应与修建性详细规划图纸一致；

3 绿线定位应明确绿地边界线的拐点坐标。

本规范用词说明

1 为便于在执行本规范条文时区别对待，对于要求严格程度不同的用词说明如下：

1）表示很严格，非这样做不可的：

正面词采用"必须"，反面词采用"严禁"；

2）表示严格，在正常情况下均应这样做的：

正面词采用"应"，反面词采用"不应"或"不得"；

3）表示允许稍有选择，在条件允许时首先应这样做的：

正面词采用"宜"，反面词采用"不宜"；

4）表示有选择，在一定条件下可以这样做的，采用"可"。

2 条文中指明应按其他有关标准执行的写法为："应符合……的规定"或"应按……执行"。

引用标准名录

1.《城市用地分类与规划建设用地标准》GB 50137

2.《城市绿地分类标准》CJJ/T 85

中华人民共和国国家标准城市绿线划定技术规范
GB/T 51163—2016

条文说明
制订说明

《城市绿线划定技术规范》GB/T 51163—2016，经住房和城乡建设部2016年4月15日以第1091号公告批准、发布。

本规范编制过程中，编制组进行了广泛的调查研究，结合中国城市绿线划定应用情况和经验，在经过充分论证的基础上，取得了各项指标要求。

为便于城市规划和风景园林规划设计、施工监理、教学科研以及城市园林绿化行政管理等单位的有关人员在使用本标准时能正确理解和执行条文规定，《城市绿线划定技术规范》编制组按章、节、条顺序编制了本标准的条文说明，对条文规定的目的、依据以及执行中需注意的有关事项进行了说明。但是本条文说明不具备与标准正文同等的法律效力，仅供使用者作为理解和把握标准规定的参考。

1 总 则

1.0.1 随着城市的迅猛发展，城市绿地保护与城市建设用地紧张的矛盾越来越突出，城市绿地资源受到威胁，绿地被侵占、置换或改变性质的现象时有发生。原建设部于2002年11月1日起颁布实施《城市绿线管理办法》（建设部令第[2002]112号）明确"绿线"是指城市各类绿地范围的控制线。绿线划定以城市绿地管理为主要目的，是现代化城市规划管理的重要组成部分。《城市绿线管理办法》的出台，旨在建立并严格实行城市绿线管理制度，以加强城市生态环境建设，创造良好的人居环境，促进城市可持续发展。本技术规范就是要对城市绿线划定进行科学的技术指导，这对落实《城市绿线管理办法》，有效管理城市绿地，保护绿化成果有着重要的作用。

1.0.2 城市绿地是维护城市生态安全的主要因素之一，各类绿地有机协调，形成系统，才能有效发挥其生态环境和社会综合功能。绿线划定涵盖城市规划区所有绿地类型，即《城市绿地分类标准》CJJ/T 85—2002 中规定的公园绿地、生产绿地、防护绿地、附属绿地和其他绿地，也应包括保障城市基本生态安全所确立的生态区域。通过绿线的划定与控制，才能有效管理城市绿地，保障城市绿地系统建设，保障城市可持续发展。

2 术 语

2.0.1 本术语将城市其他绿地与城市禁止、限制建设地域的生态控制范围结合，纳入城市绿线划定，统筹管理。

2.0.2 现状绿线划定是为了保护现有绿地，不得破坏、侵占和改变其用地性质。现状绿线是保护城市现状绿地的重要依据。

2.0.3 规划绿线是随着城市总体规划、城市绿地系统规划、控制性详细规划和修建性详细规划逐步落实的。规划绿线划定是对城市各规划阶段确定的绿地进行控制，从而达到在城市绿线范围内按各阶段规划进行绿地的建设和管理，实现对各类绿地的保护。规划绿线是规划绿地控制线。

2.0.4 生态控制线是绿线的特殊类型，与现状绿线、规划绿线一起，共同形成对城市绿地和禁止、限制建设地域的生态"的保护控制。生态控制线划定的目的是为了保护规划区范围内非建设用地中具有城市生态保障、防护隔离、休闲游憩以及苗木生产等功能的各类生态区域。

将绿线划定的空间范畴从中心城区扩展到规划区是非常必要的。随着中国城市化进程的发展，规划区层面的绿地生态保障、防护隔离、休闲游憩等需求越来越突出，以往仅在中心城区建设用地范围内划定绿线的工作方式已经远远不能满足城市绿地建设发展的需要，必须对规划区内各类生态区域制定相应的保护与控制措施，划定规划区内的生态控制线。同时，城市总体规划、城市绿地系统规划编制空间范围划分为市域、规划区、中心城区等不同规划层面，而不仅局限于中心城区。因此，绿线划定应与现行城市总体规划和专项规划的空间层面相一致，包含对规划区层面绿地空间的划定。

由于规划区生态区域中土地利用类型多样、绿地产权与管理问题复杂，总体规划阶段难以落实具体用地边界线，因此规划区"生态控制线"不是绿地具体建设边界，而是生态区域规划管理控制线。

3 基本规定

3.0.1 城市用地是根据各类用地的大类、中类和小类

在城市总体规划、控制性详细规划和修建性详细规划不同阶段分层次逐步落实，城市各类绿地同样也随着城市各类用地的各阶段规划而逐步落实，因此，在实际操作中无法一次划定全部的城市绿线，而是随着城市绿地的逐步落实而划定绿线。绿线划定在城市总体规划、控制性详细规划和修建性详细规划不同阶段的内容和深度明显不同。总体规划阶段的绿线是划定的基础，控制性详细规划阶段的绿线是总体规划阶段绿线划定的实施深化，修建性详细规划阶段绿线是对控制性详细规划阶段绿线划定的补充落实。正是逐步深入和动态实施的绿线划定，才能保证在城市动态发展过程中对城市绿地进行准确而有效的管理。

3.0.2 现状绿线和规划绿线在建设用地内对应的绿地类型主要为公园绿地、防护绿地和附属绿地；由于城市总体规划、控制性详细规划和修建性详细规划各阶段内容和深度上不同，现状绿线和规划绿线适宜在城市规划各阶段逐步划定。生态控制线位于规划区非建设用地，适宜在城市总体规划阶段划定。

现状绿地的位置、类型、规模以及管理权属、用地权属应是明确的，故而在绿线划定时应清晰地标明，以有助于管理。

规划绿线划定应明确绿地的位置、类型、规模和范围，但对于一些尚未建设或被占用的规划绿地，由于其绿地管理权属已明确，也应在绿线划定中标明。

生态控制线内土地利用类型多样，用地权属较为复杂。因此，在划定生态控制线时，宜明确功能、位置和规模，在有条件时可以明确用地权属，以利于管理。

3.0.3 城市黄线，是指对城市发展全局有影响的、城市规划中确定的、必须控制的城市基础设施用地的控制界线。城市紫线，是指国家历史文化名城内的历史文化街区和省、自治区、直辖市人民政府公布的历史文化街区的保护范围界线。城市蓝线，是指城市规划确定的江、河、湖、库、渠和湿地等城市地表水体保护和控制的地域界线。城市蓝线、紫线和黄线所控制的是相关功能区域用地，其中存在有附属绿地，因此，绿线与城市蓝线、红线、紫线、黄线的关系，在规划的不同阶段会有所区别，可能是重合或交叉状态。绿线划定要做好与红线、黄线、蓝线与紫线划定的协调工作。

3.0.4、3.0.5 绿线划定是一个动态的过程，是在一定的时期内持续进行的。为便于查询使用，各城市可明确一定的绿线划定成果稳定期，如年度等，形成可用于公示的绿线划定成果。

4 绿线划定

4.1 总体规划阶段

4.1.1 本条规定了总体规划阶段绿线划定的范围和绿线类型。包括两个方面：一是中心城区建设用地内的绿地，划定现状绿线和规划绿线；二是规划区非建设用地内划定的生态区域控制线，两方面内容共同组成完整的总体规划阶段绿线。

4.1.2 总体规划阶段绿线划定的依据为城市总体规划和绿地系统规划，按照国家现行标准《城市用地分类与规划建设用地标准》GB 50137 和《城市绿地分类标准》CJJ/T 85，城市总体规划的绿地分类通常分到大类，城市绿地系统规划的绿地可落实到中类，因此本条规定了城市总体规划阶段在建设用地内划定公园绿地、防护绿地的城市绿线。

4.1.3 本条规定了规划区范围内生态控制线划定的方法和类型。生态控制线划定应按照绿地系统规划以及城市总体规划对"禁止建设区""限制建设区"的要求，划定规划区非建设用地内的四大类生态区域的控制线，即城市生态保障区域、基础设施防护隔离区域、休闲游憩区和其他区域。生态控制线应涵盖《城市绿地分类标准》CJJ/T 85—2002 中规定的"其他绿地"及保障城市基本生态安全的城市生态空间。

4.1.4 《城市用地分类与规划建设用地标准》GB 50137—2011 中第 4.3.4 条属于强制性条文，规定："规划人均绿地与广场用地面积不应小于 $10.0m^2/$ 人，其中人均公园绿地面积不应小于 $8.0m^2/$ 人。"

4.1.5 由于城市总体规划的中心城区、规划区图纸比例不同，因此总体规划阶段绿线划定图纸应按照城市总体规划的图纸比例，分别绘制建设用地内绿线划定图和规划区非建设用地内生态控制线划定图。

4.2 控制性详细规划段

4.2.1 控制性详细规划是对总体规划的深化控制，是规划与管理、规划与实施进行衔接必不可少的环节，是城市规划管理的重要依据。由于各城市控制性详细规划的编制是一个逐步覆盖的过程，因此，控制性详细规划阶段绿线划定应随着控制性详细规划的编制同步跟进。现阶段中国的总体规划和控制性详细规划之间仍存在较大的过渡空间，控制性详细规划可能对总体规划确定的某些用地的性质和边界进行微调。总体规划用地划分到大类或中类，而控制性详细规划要划分到小类用地。居住用地中的小区游园乃至组团绿地在控制性详细规划中会明确边界；规模较大的公共管理与公共服务设施用地、大型商业服务业设施用地可能集中布置附属绿地，从而应在控制性详细规划中明确绿地边界。

控制性详细规划阶段对已建成并与法定规划一致的绿地都应划定现状绿线，包括公园绿地、防护绿地和广场用地的绿地，并根据控制性详细规划和修建性详细规划划定已建成集中设置的附属绿地绿线。

4.2.2 附属绿地按照《城市绿地分类标准》CJJ/T 85—2002 的规定，是城市建设用地中绿地之外各类用地中的附属绿化用地。

《城市用地分类与规划建设用地标准》GB 50137—2011 的第 3.3.1 条规定："城市建设用地共分为 8 大类、35 中类、42 小类"。

4.2.3 本条所规定的绿地率与现行的各项管理相协调。

《城市绿线管理办法》（建设部令第 112 号）第十三条要求："居住区绿化、单位绿化及各类建设项目的配套绿化都要达到《城市绿化规划建设指标的规定》（建城[1993]784 号）的标准。"

原建设部颁布的《城市绿化规划建设指标的规定》（建城[1993]784 号）第五条要求："为保证城市绿地率指标的实现，各类绿地单项指标应符合下列要求：（一）新建居住区绿地占居住区总用地比率不低于 30%"；"（二）城市主干道绿带面积占道路总用地比率不低于 20%，次干道绿带面积所占比不低于 15%"；"（四）单位附属绿地面积占单位总用地面积比率不低于 30%，其中工业企业，交通枢纽，仓储、商业中心等绿地率不低于 20%；产生有害气体及污染工厂的绿地率不低于 30%"；"学校、医院、休疗养院所、机关团体、公共文化设施、部队等单位的绿地率不低于 35%"。

《工业项目建设用地控制指标》（国土资发[2008]24 号）第四条要求："本控制指标由投资强度、容积率、建筑系数、行政办公及生活服务设施用地所占比重、绿地率五项指标构成。工业项目建设用地必须同时符合以下五项指标：（一）工业项目投资强度控制指标应符合表 1 的规定。（二）容积率控制指标应符合表 2 的规定。（三）工业项目的建筑系数应不低于 30%。（四）工业项目所需行政办公及生活服务设施用地面积不得超过工业项目总用地面积的 7%。严禁在工业项目用地范围内建造成套住宅、专家楼、宾馆、招待所和培训中心等非生产性配套设施。（五）工业企业内部一般不得安排绿地。但因生产工艺等特殊要求需要安排一定比例绿地的，绿地率不得超过 20%。"工业用地绿地率综合指标可根据工业项目类型的不同适度调整，宜在 20%，但产生有害气体及污染工厂的绿地率不应低于 30%。

《城市用地分类与规划建设用地标准》GB 50137—2011 中，商业服务业设施用地中包括商业用地、商务用地、娱乐康体用地、公用设施营业网点用地和其他服务设施用地五个中类。商业服务业设施用地绿地率按《城市绿化规划建设指标的规定》（建城［1993］784号）第五条规定的公共文化设施绿地率不低于35%执行。

4.2.4 《城市用地分类与规划建设用地标准》GB 50137—2011 中，绿地与广场用地是8大类建设用地之一，公园绿地、防护绿地与广场用地分属不同的中类。广场作为公共活动场地，依据《城市绿化规划建设指标的规定》（建城［1993］784号）第五条规定的公共文化设施用地附属绿地确定指标，绿地率不低于35%。

4.2.5 控制性详细规划以中类用地为主，部分要划分到小类用地。各类绿地更为明确，绿线图纸的表达也随之深化。绿地类型应依据现行行业标准《城市绿地分类标准》CJJ/T 85 的规定，标注到小类；绿地位置应在说明表格中通过绿地与周边道路、重要标志物位置关系等方式进行说明；绿地规模在说明表格中注明其面积。绿地范围、出入口以及绿地的名称应在绿线图上表示。绿线划定标注绿地的现实建设状态，是为了更好地管理已建绿地和有效督促规划绿地的实施。

城市绿线与城市蓝线、城市黄线、城市紫线交叉存在时，应在说明表格中对其用地属性予以说明。

4.3 修建性详细规划段

4.3.1 修建性详细规划方案是修建性详细规划阶段绿线划定的依据。目前，在一些地区，以项目总评的审批替代修建性详细规划方案的审批，因此在这些地区可将项目总评纳入绿线划定的依据。绿线划定主要对规划用地的附属绿地进行界线确定。经审定批准的修建性详细规划在设计、建设和实施后，其规划绿线控制的绿地也相应实施，成为现实。因此，在项目竣工验收的同时，将规划绿线核实验收，并纳入控制性详细规划阶段的现状绿线，统一管理，从而将绿线划定不断完善，实现动态管理。

4.3.2 实施后的修建性详细规划阶段规划绿线将调整为现状绿线纳入控制性详细规划阶段管理。为便于衔接，规定修建性详细规划阶段附属绿地所在用地编号首先应与控制性详细规划的用地编号相一致，同时根据具体用地情况，进一步细化。由于修建性详细规划阶段主要完成附属绿地的划定，依据建设地块的修建性详细规划进行，所以图纸比例应与修建性详细规划相一致。

附录四 国家园林城市系列标准*

一、国家园林城市标准

类 型	序号	指 标	考 核 要 求	备 注
一、综合管理(8)	1	城市园林绿化管理机构	①按照各级政府职能分工的要求，设立职能健全的园林绿化管理机构，依照相关法律法规有效行使园林绿化行业管理职能；②专业管理机构领导层至少有1~2位园林绿化专业（其中地级以上城市至少2位）人员，并具有相应的城市园林绿化专业技术队伍，负责全市园林绿化从规划设计、施工建设、竣工验收到养护管理的全过程指导服务与监督管理	
	2	城市园林绿化建设维护专项资金	①政府财政预算中专门列项"城市园林绿化建设和维护资金"，保障园林绿化建设、专业化精细化养护管理及相关人员经费；②近2年（含申报年）园林绿化建设资金保障到位，与本年度新建、改建及扩建园林绿化项目相适应；③园林绿化养护资金与各类城市绿地总量相适应，且不低于当地园林绿化养护管理定额标准，并随物价指数和人工工资增长而合理增加	
	3	城市园林绿化科研能力	①具有以城市园林绿化研究、成果推广和科普宣传为主要工作内容的独立或合作模式的科研机构和生产基地，并具有与城市（区）规模、经济实力及发展需求相匹配的技术队伍，规章制度健全、管理规范、资金保障到位；②近2年（含申报年）有园林科研项目成果在实际应用中得到推广；③开展市花、市树研究及推广应用	
	4	《城市绿地系统规划》编制实施	①《城市总体规划》审批后一年内完成《城市绿地系统规划》制（修）订工作；②《城市绿地系统规划》由具有相关规划资质或能力的单位编制（修订），与城市总体规划、控制性详细规划等相协调，并依法报批，实施情况良好	①为否决项

---

* 2016年10月28日，住房和城乡建设部关于印发国家园林城市系列标准及申报评审管理办法的通知（建城[2016]235号）如下：

各省、自治区住房和城乡建设厅，北京市园林绿化局，上海市绿化和市容管理局，天津市市容和园林管理委员会，重庆市园林事业管理局，新疆生产建设兵团建设局：

为全面贯彻中央城市工作会议精神，牢固树立和贯彻落实创新、协调、绿色、开放、共享的发展理念，更好地发挥创建园林城市对促进城乡园林绿化建设、改善人居生态环境的抓手作用，加快推进生态文明建设，我部对《国家园林城市申报与评审办法》《国家园林城市标准》《生态园林城市申报与定级评审办法和分级考核标准》《国家园林县城城镇标准和申报评审办法》进行了修订，形成了《国家园林城市系列标准》(以下简称《标准》)及《国家园林城市系列申报评审管理办法》(以下简称《办法》)。现印发给你们，请遵照执行。各地可参照本《标准》和《办法》制（修）订本地区园林城市系列标准及申报评审管理办法。

《关于印发〈国家园林城市申报与评审办法〉〈国家园林城市标准〉的通知》(建城[2010]125号)、《住房城乡建设部关于印发国家园林县城城镇标准和申报评审办法的通知》(建城[2012]148号)和《住房城乡建设部关于印发生态园林城市申报与定级评审办法和分级考核标准的通知》(建城[2012]170号)同时废止。

2017年4月28日，住房和城乡建设部办公厅发布关于调整《国家园林城市系列标准》有关考核指标的通知（建办城函[2017]290号）：各省、自治区住房和城乡建设厅，北京市园林绿化局，上海市绿化和市容管理局，天津市市容和园林管理委员会，重庆市园林事业管理局，新疆生产建设兵团建设局，根据有关要求，"城市园林绿化管理机构"不再作为《国家园林城市系列标准》考核指标。

(续)

类型	序号	指标		考核要求	备注
一、综合管理(8)	5	城市绿线管理		严格实施城市绿线管制制度，按照《城市绿线管理办法》（建设部令第112号）和《城市绿线划定技术规范》（GB/T 51163—2016）要求划定绿线，并在两种以上的媒体上向社会公布，设立绿线公示牌或绿线界碑，向社会公布四至边界，严禁侵占	否决项
	6	城市园林绿化制度建设		建立健全绿线管理、建设管理、养护管理、城市生态保护、生物多样性保护、古树名木保护、义务植树等城市园林绿化法规、标准、制度	
	7	城市园林绿化管理信息技术应用		①建立城市园林绿化专项数字化信息管理系统、信息发布与社会服务信息共享平台，并有效运行；②城市园林绿化建设和管理实施动态监管；③可供市民查询，保障公众参与和社会监督	
	8	城市公众对城市园林绿化的满意率(%)		≥80	
二、绿地建设(14)	9	建成区绿化覆盖率(%)		≥36	
	10	建成区绿地率(%)		≥31	否决项
	11	人均公园绿地面积(m^2/人)	人均建设用地<105m^2的城市	≥8.00	考核范围为城市建成区
			人均建设用地≥105m^2的城市	≥9.00	
	12	城市公园绿地服务半径覆盖率(%)		≥80；5000m^2（含）以上公园绿地按照500m服务半径考核，2000（含）~5000m^2的公园绿地按照300m服务半径考核；历史文化街区采用1000m^2（含）以上的公园绿地按照300m服务半径考核	否决项；考核范围为城市建成区
	13	万人拥有综合公园指数		≥0.06	考核范围为城市建成区
	14	城市建成区绿化覆盖面积中乔、灌木所占比率(%)		≥60	
	15	城市各城区绿地率最低值(%)		≥25	考核范围为城市建成区
	16	城市各城区人均公园绿地面积最低值(m^2/人)		≥5.00	否决项；考核范围为城市建成区
	17	城市新建、改建居住区绿地达标率(%)		≥95	考核范围为城市建成区
	18	园林式居住区（单位）、达标率(%)或年提升率(%)		达标率≥50或年提升率≥10	考核范围为城市建成区
	19	城市道路绿化普及率(%)		≥95	考核范围为城市建成区
	20	城市道路绿地达标率(%)		≥80	考核范围为城市建成区
	21	城市防护绿地实施率(%)		≥80	考核范围为城市建成区
	22	植物园建设		地级市至少有一个面积40hm^2以上的植物园，并且符合相关制度与标准规范要求；地级以下城市至少在城市综合公园中建有树木（花卉）专类园	

(续)

类型	序号	指标	考核要求	备注
三、建设管控(11)	23	城市园林绿化建设综合评价值	≥8.00	
	24	公园规范化管理	①公园管理符合公园管理条例等相关管理规定； ②编制近2年(含申报年)城市公园建设计划并严格实施； ③公园设计符合《公园设计规范》等相关标准规范要求； ④对国家重点公园、历史名园等城市重要公园实行永久性保护； ⑤公园配套服务设施经营管理符合《城市公园配套服务项目经营管理暂行办法》等要求，保障公园的公益属性	
	25	公园免费开放率(%)	≥95	考核范围为城市建成区
	26	公园绿地应急避险功能完善建设	①在全面摸底评估的基础上，编制《城市绿地系统防灾避险规划》或在《城市绿地系统规划》中有专章； ②承担防灾避险功能的公园绿地中水、电、通讯、标识等设施符合相关标准规范要求	
	27	城市绿道规划建设	①编制城市绿道建设规划，以绿道串联城乡绿色资源，与公交、步行及自行车交通系统相衔接，为市民提供亲近自然、游憩健身、绿色出行的场所和途径。通过绿道合理连接城乡居民点、公共空间及历史文化节点，科学保护和利用文化遗产、历史遗存等； ②绿道建设符合《绿道规划设计导则》等相关标准规范要求； ③绿道及配套设施维护管理良好	
	28	古树名木和后备资源保护	①严禁移植古树名木，古树名木保护率100%； ②完成树龄超过50年(含)以上古树名木后备资源普查、建档、挂牌并确定保护责任单位或责任人	
	29	节约型园林绿化建设	①园林绿化建设以植物造景为主，以栽植全冠苗木为主，采取有效措施严格控制大树移植、大广场、喷泉、水景、人工大水面、大草坪、大色块、雕塑、灯具造景、过度亮化等； ②合理选择应用乡土、适生植物，优先使用本地苗圃培育的种苗，严格控制反季节种植、更换行道树种等； ③因地制宜推广海绵型公园绿地建设	
	30	立体绿化推广	因地制宜制定立体绿化推广的鼓励政策、技术措施和实施方案，且效果良好	
	31	城市历史风貌保护	①已划定城市紫线，制定《历史文化名城保护规划》或城市历史风貌保护规划，经过审批，实施效果良好； ②城市历史文化街区、历史建筑等得到有效保护	
	32	风景名胜区、文化与自然遗产保护与管理	①依法设立风景名胜区、世界遗产的管理机构，管理职能到位，能够有效行使保护、利用和统一管理职责； ②规划区内国家级、省级风景名胜区或列入世界遗产名录的文化或自然遗产严格依据《风景名胜区条例》和相关法律法规与国际公约进行保护管理； ③具有经批准的《风景名胜区总体规划》等规划，严格履行风景名胜区建设项目审批等手续	考核范围为城市规划区
	33	海绵城市规划建设	因地制宜、科学合理编制海绵城市规划，并依法依规批复实施，建成区内有一定片区(独立汇水区)达到海绵城市建设要求	

(续)

类 型	序号	指 标	考核要求	备 注
四、生态环境(9)	34	城市生态空间保护	①城市原有山水格局及自然生态系统得到较好保护，显山露水，确保其原貌性、完整性和功能完好性； ②完成城市生态评估，制定并公布生态修复总体方案，建立生态修复项目库	设区城市考核范围为城市规划区，县级城市为市域范围
	35	生态网络体系建设	①结合绿线、水体保护线、历史文化保护线和生态保护红线的划定，统筹城乡生态空间； ②合理布局绿楔、绿环、绿道、绿廊等，将城市绿地系统与城市外围山水林田湖等自然生态要素有机连接，将自然要素引入城市、社区	设区城市考核范围为城市规划区，县级城市为市域范围
	36	生物多样性保护	①已完成不小于市域范围的生物物种资源普查； ②已制定《城市生物多样性保护规划》和实施方案； ③本地木本植物指数≥0.80	
	37	城市湿地资源保护	①完成规划区内的湿地资源普查； ②已编制《城市湿地资源保护规划》及其实施方案，并按有关法规标准严格实施	考核范围为城市规划区
	38	山体生态修复	①完成对城市山体现状的摸底与生态评估； ②对被破坏且不能自我恢复的山体，根据其受损情况，采取相应的修坡整形、矿坑回填等工程措施，解决受损山体的安全隐患，恢复山体自然形态。保护山体原有植被，种植乡土、适生植物，重建山体植被群落	考核范围为城市规划区
	39	废弃地生态修复	科学分析城市废弃地的成因、受损程度、场地现状及其周边环境，运用生物、物理、化学等技术改良土壤，消除场地安全隐患。选择种植具有吸收降解功能、抗逆性强的植物，恢复植被群落，重建生态系统	考核范围为城市规划区
	40	城市水体修复	①在保护城市水体自然形态的前提下，结合海绵城市建设开展以控源截污为基础的城市水体生态修复，保护水生态环境，恢复水生态系统功能，改善水体水质，提高水环境质量，拓展亲水空间； ②自然水体的岸线自然化率≥80%，城市河湖水系保持自然连通； ③地表水Ⅳ类及以上水体比率≥50%； ④建成区内消除黑臭水体	考核范围为城市规划区
	41	全年空气质量优良天数(d)	≥292	
	42	城市热岛效应强度(℃)	≤3.0	
五、市政设施(6)	43	城市容貌评价值	≥8.00	
	44	城市管网水检验项目合格率(%)	≥99	
	45	城市污水处理	①城市污水处理率≥90%； ②城市污水处理污泥达标处置率≥90%	①为否决项
	46	城市生活垃圾无害化处理率(%)	100	否决项
	47	城市道路建设	①城市道路完好率≥95%； ②编制城市综合交通体系规划及实施方案，确保2020年达到城市路网密度≥8km/km² 和城市道路面积率≥15%	
	48	城市景观照明控制	①体育场、建筑工地和道路照明等功能性照明外，所有室外公共活动空间或景物的夜间照明严格按照《城市夜景照明设计规范》进行设计，被照对象照度、亮度、照明均匀度及限制光污染指标等均达到规范要求，低效照明产品全部淘汰； ②城市照明功率密度(LPD)达标率≥85%	

(续)

类型	序号	指标	考核要求	备注
六、节能减排(4)	49	北方采暖地区住宅供热计量收费比例(%)	≥30	
	50	林荫路推广率(%)	≥70	考核范围为城市建成区
	51	步行、自行车交通系统	制定步行、自行车交通体系专项规划，获得批准并已实施	
	52	绿色建筑和装配式建筑	①近2年(含申报年)新建建筑中绿色建筑比例≥40%；②节能建筑比例：严寒寒冷地区≥60%，夏热冬冷地区≥55%，夏热冬暖地区≥50%；③制定推广绿色建材和装配式建筑政策措施	
七、社会保障(4)	53	住房保障建设	①住房保障率≥80%；②连续两年保障性住房建设计划完成率≥100%	
	54	棚户区、城中村改造	①建成区内基本完成现有棚户区和城市危房改造，居民得到妥善安置，实施物业管理；②制定城中村改造规划并按规划实施	
	55	社区配套设施建设	社区教育、医疗、体育、文化、便民服务、公厕等各类设施配套齐全	
	56	无障碍设施建设	主要道路、公园、公共建筑等公共场所设有无障碍设施，其使用及维护管理情况良好	
综合否定项	57		对近2年内发生以下情况的城市，均实行一票否决：①城市园林绿化及生态环境保护、市政设施安全运行等方面的重大事故；②城乡规划、风景名胜区等方面的重大违法建设事件；③被住房城乡建设部通报批评；④被媒体曝光，造成重大负面影响	

二、国家生态园林城市标准

类型	序号	指标	考核要求	备注
一、综合管理(8)	1	城市园林绿化管理机构	①按照各级政府职能分工的要求，设立职能健全的园林绿化管理机构，依照相关法律法规有效行使园林绿化行业管理职能；②专业管理机构领导层至少有2~3位园林绿化专业(其中副省级以上城市3位)人员，并具有相应的城市园林绿化专业技术队伍，负责全市园林绿化从规划设计、施工建设、竣工验收到养护管理的全过程指导服务与监督管理	
	2	城市园林绿化建设维护专项资金	①政府财政预算中专门列项"城市园林绿化建设和维护资金"，保障园林绿化建设、专业化精细化养护管理及相关人员经费；②近3年(含申报年)园林绿化建设资金保障到位，与本年度新建、改建及扩建园林绿化项目相适应；③园林绿化养护资金与各类城市绿地总量相适应，且不低于当地园林绿化养护管理定额标准，并随物价指数和人工工资增长而合理增加	

(续)

类型	序号	指标		考核要求	备注
一、综合管理(8)	3	城市园林绿化科研		①具有以城市园林绿化研究、成果推广和科普宣传为主要工作内容的独立或合作模式的科研机构和生产基地,并具有与城市规模、经济实力及发展需求相匹配的技术队伍,且制度健全、管理规范、资金保障到位; ②近3年(含申报年)有园林科研项目成果在实际应用中得到推广	
	4	《城市绿地系统规划》编制实施		《城市总体规划》审批后一年内完成《城市绿地系统规划》修订工作;与城市总体规划、控制性详细规划等相协调,并依法报批,实施情况良好	
	5	城市绿线管理		严格实施城市绿线管制制度,按照《城市绿线管理办法》(建设部令第112号)和《城市绿线划定技术规范》(GB/T 51163—2016)要求,根据修订后的《城市绿地系统规划》划定绿线,并在至少两种以上的媒体上向社会公布;现状绿地都已设立绿线公示牌或绿线界碑,向社会公布四至边界	否决项
	6	城市园林绿化制度建设		建立健全绿线管理、建设管理、养护管理、城市生态保护、生物多样性保护、古树名木保护、义务植树等城市园林绿化法规、标准、制度	
	7	城市数字化管理		①已建立城市园林绿化专项数字化信息管理系统并有效运转,可供市民查询,保障公众参与和社会监督; ②城市数字化管理信息系统对城市建成区公共区域的监管范围覆盖率100%	
	8	公众对城市园林绿化的满意率(%)		≥90	
二、绿地建设(10)	9	建成区绿化覆盖率(%)		≥40	
	10	建成区绿地率(%)		≥35	否决项
	11	人均公园绿地面积(m²/人)	人均建设用地<105m²的城市	≥10.0	考核范围为城市建成区
			人均建设用地≥105m²的城市	≥12.0	
	12	公园绿地服务半径覆盖率(%)		≥90; 5000m²(含)以上公园绿地按照500m服务半径考核,2000(含)~5000m²的公园绿地按照300m服务半径考核;历史文化街区采用1000m²(含)以上的公园绿地按照300m服务半径考核	否决项;考核范围为城市建成区
	13	建成区绿化覆盖面积中乔、灌木所占比率(%)		≥70	
	14	城市各城区绿地率最低值(%)		≥28	考核范围为城市建成区
	15	城市各城区人均公园绿地面积最低值(m²/人)		≥5.50	否决项;考核范围为城市建成区

(续)

类型	序号	指标	考核要求	备注
二、绿地建设(10)	16	园林式居住区(单位)、达标率(%)或年提升率(%)	达标率≥60 或年提升率≥10	考核范围为城市建成区
	17	城市道路绿地达标率(%)	≥85	考核范围为城市建成区
	18	城市防护绿地实施率(%)	≥90	考核范围为城市建成区
三、建设管控(8)	19	城市园林绿化建设综合评价值	≥8.00	
	20	公园规范化管理	①公园管理符合公园管理条例等相关管理规定； ②编制近3年(含申报年)城市公园建设计划并严格实施； ③公园设计符合《公园设计规范》等相关标准规范要求； ④对国家重点公园、历史名园等城市重要公园实行永久性保护； ⑤公园配套服务设施经营管理符合《城市公园配套服务项目经营管理暂行办法》等要求，保障公园的公益属性	
	21	公园免费开放率(%)	≥95	考核范围为城市建成区
	22	城市绿道规划建设	①编制城市绿道建设规划，以绿道串联城乡绿色资源，与公交、步行及自行车交通系统相衔接，为市民提供亲近自然、游憩健身、绿色出行的场所和途径。通过绿道合理连接城乡居民点、公共空间及历史文化节点，科学保护和利用文化遗产、历史遗存等； ②绿道建设符合《绿道规划设计导则》等相关标准规范要求； ③绿道及配套设施维护管理良好	
	23	古树名木和后备资源保护	①严禁移植古树名木，古树名木保护率100%； ②完成树龄超过50年(含)以上古树名木后备资源普查、建档、挂牌并确定保护责任单位或责任人	
	24	节约型园林绿化建设	①园林绿化建设以植物造景为主，以栽植全冠苗木为主，采取有效措施严格控制大树移植、大广场、喷泉、水景、大人工水面、大草坪、大色块、雕塑、灯具造型、过度亮化等； ②合理选择应用乡土、适生植物，优先使用本地苗圃培育的种苗，严格控制道树行树种更换、反季节种植等； ③制定立体绿化推广的鼓励政策、技术措施和实施方案，立体绿化面积逐年递增且效果良好； ④因地制宜推广海绵型公园绿地建设	
	25	风景名胜区、文化与自然遗产保护与管理	①依法设立风景名胜区、世界遗产的管理机构，管理职能到位，能够有效行使保护、利用和统一管理职责； ②规划区内国家级、省级风景名胜区或列入世界遗产名录的文化或自然遗产严格依据《风景名胜区条例》和相关法律法规与国际公约进行保护管理； ③具有经批准的《风景名胜区总体规划》等规划，严格履行风景名胜区建设项目审批等手续	考核范围为城市规划区
	26	海绵城市规划建设	因地制宜、科学合理编制海绵城市规划，并依法依规批复实施，建成区内有一定片区(独立汇水区)达到海绵城市建设要求	

(续)

类型	序号	指标	考核要求	备注
四、生态环境(9)	27	城市生态空间保护	①城市原有山水格局及自然生态系统得到较好保护，显山露水，确保其原貌性、完整性和功能完好性； ②完成城市生态评估，制定并公布生态修复总体方案，建立生态修复项目库； ③有成功的生态修复案例及分析	考核范围为城市规划区
	28	生态网络体系建设	①结合绿线、水体保护线、历史文化保护线和生态保护红线的划定，统筹城乡生态空间； ②合理布局绿楔、绿环、绿道、绿廊等，将城市绿地系统与城市外围山水林田湖等自然生态要素有机连接，将自然要素引入城市、社区	设区城市考核范围为城市规划区，县级城市为市域范围
	29	生物多样性保护	①完成不小于市域范围的生物物种资源普查； ②已制定《城市生物多样性保护规划》和实施措施； ③有5年以上的监测记录、评价数据，综合物种指数≥0.6，本地木本植物指数≥0.80	
	30	城市湿地资源保护	①完成城市规划区内的湿地资源普查； ②已编制《城市湿地资源保护规划》及其实施方案，并按有关法规标准严格实施	考核范围为城市规划区
	31	山体生态修复	①完成对城市山体现状的摸底与生态评估； ②对被破坏且不能自我恢复的山体，根据其受损情况，采取相应的修坡整形、矿坑回填等工程措施，解决受损山体的安全隐患，恢复山体自然形态。保护山体原有植被，种植乡土、适生植物，重建山体植被群落； ③破损山体生态修复率每年增长不少于10个百分点或修复成果维护保持率≥95%	设区城市考核范围为城市规划区，县级城市为市域范围
	32	废弃地生态修复	①科学分析城市废弃地的成因、受损程度、场地现状及其周边环境，运用生物、物理、化学等技术改良土壤，消除场地安全隐患，选择种植具有吸收降解功能、抗逆性强的植物，恢复植被群落，重建生态系统； ②废弃地修复再利用率每年增长不少于10个百分点或修复成果维护保持率≥95%	考核范围为城市规划区
	33	城市水体修复	①在保护城市水体自然形态的前提下，结合海绵城市建设开展以控源截污为基础的城市水体生态修复，保护水生态环境，恢复水生态系统功能，改善水体水质，提高水环境质量，拓展亲水空间； ②水体岸线自然化率≥80%，城市河湖水系保持自然连通； ③地表水Ⅳ类以上水体比率≥60%； ④建成区内消除黑臭水体； ⑤《室外排水设计规范》(GB 50014)规定的内涝防治重现期以内的暴雨时，建成区内未发生严重内涝灾害	考核范围为城市规划区
	34	全年空气质量优良天数(d)	≥292	
	35	城市热岛效应强度(℃)	≤2.5	

（续）

类　型	序号	指　标	考核要求	备　注
五、市政设施(6)	36	城市容貌评价值	≥9.00	
	37	城市管网水检验项目合格率(%)	100	
	38	城市污水处理	①城市污水应收集全收集； ②城市污水处理率≥95%； ③城市污水处理污泥达标处置率100%； ④城市污水处理厂进水COD浓度≥200mg/L或比上年提高10%以上	②为否决项
	39	城市垃圾处理	①城市生活垃圾无害化处理率达到100%； ②生活垃圾填埋场全部达到Ⅰ级标准，焚烧厂全部达到2A级标准； ③生活垃圾回收利用率≥35%； ④建筑垃圾和餐厨垃圾回收利用体系基本建立	①为否决项
	40	城市道路建设	①城市道路完好率≥95%； ②编制城市综合交通体系规划及实施方案，确保2020年达到城市路网密度≥8km/km² 和城市道路面积率≥15%	
	41	城市地下管线和综合管廊建设管理	①地下管线等城建基础设施档案健全； ②建成地下管线综合管理信息平台； ③遵照相关要求开展城市综合管廊规划建设及运营维护工作，并考核达标	
六、节能减排(5)	42	城市再生水利用率(%)	≥30	
	43	北方采暖地区住宅供热计量收费比例(%)	≥40	
	44	林荫路推广率(%)	≥85	否决项；考核范围为城市建成区
	45	步行、自行车交通系统	①制定步行、自行车交通体系专项规划，获得批准并已实施； ②建成较为完善的步行、自行车系统	
	46	绿色建筑和装配式建筑	①近3年(含申报年)新建建筑中绿色建筑比例≥50%； ②节能建筑比例：严寒寒冷地区≥65%，夏热冬冷地区≥60%，夏热冬暖地区≥55%； ③制定推广绿色建材和装配式建筑政策措施	
综合否决项	47		对近3年内发生以下情况的城市，均实行一票否决： ①城市园林绿化及生态环境保护、市政设施安全运行等方面的重大事故； ②城乡规划、风景名胜区等方面的重大违法建设事件； ③被住房和城乡建设部通报批评； ④被媒体曝光，造成重大负面影响	

三、国家园林县城标准

类型	序号	指标	考核内容	备注
一、综合管理(8)	1	园林绿化管理机构	①按照政府职能分工的要求，设立职能健全的园林绿化管理机构，依照相关法律法规有效行使园林绿化管理职能；②专业管理机构领导层至少有1~2位园林绿化专业人员，并具有相应的园林绿化专业技术队伍，负责全县域园林绿化从规划设计、施工建设、竣工验收到养护管理全过程指导服务与监督管理	
	2	园林绿化建设维护专项资金	①政府财政预算中专门列项"园林绿化建设和维护资金"，保障园林绿化建设、专业化精细化养护管理及相关人员经费；②近2年(含申报年)园林绿化建设资金保障到位，且与本年度新建、改建及扩建园林绿化项目相适应；③园林绿化养护资金与各类绿地总量相适应，不低于当地园林绿化养护管理定额标准，并随物价指数和人工工资增长而合理增加	
	3	园林绿化科研应用	近2年(含申报年)积极应用园林绿化新技术、新成果	
	4	《绿地系统规划》编制实施	①《县城总体规划》审批后一年内编制完成《绿地系统规划》的编制；②《绿地系统规划》由具有相关规划资质或能力的单位编制(修订)，与县城总体规划、控制性详细规划等相协调，并依法审核批准实施	①为否决项
	5	绿线管理	严格实施县城绿线管制制度，按照《城市绿线管理办法》(建设部令第112号)和《城市绿线划定技术规范》(GB/T 51163—2016)要求划定绿线，并在至少两种以上的媒体上向社会公布，设立绿线公示牌或绿线界碑，向社会公布四至边界，严禁侵占	否决项
	6	园林绿化制度建设	建立健全绿线管理、建设管理、养护管理、生态保护、生物多样性保护、古树名木保护、义务植树等园林绿化规章、规范、制度	
	7	园林绿化管理信息技术应用	已建立园林绿化信息数据库、信息发布与社会服务信息共享平台；可供市民查询，保障公众参与和社会监督	
	8	公众对园林绿化的满意率(%)	≥85	
二、绿地建设(11)	9	建成区绿化覆盖率(%)	≥38	
	10	建成区绿地率(%)	≥33	否决项
	11	人均公园绿地面积(m^2/人)	≥9.00	否决项；考核范围为建成区
	12	公园绿地服务半径覆盖率(%)	≥80；1000~2000(含)m^2公园绿地按照300m服务半径考核，2000m^2以上公园绿地按照500m服务半径考核；历史文化街区参照《城市园林绿化评价标准》计算	考核范围为建成区
	13	符合《公园设计规范》要求的综合公园(个)	≥1	

（续）

类型	序号	指标	考核要求	备注
二、绿地建设(11)	14	新建、改建居住区绿地达标率(%)	≥95	考核范围为建成区
	15	园林式居住区(单位)、达标率(%)或年提升率(%)	达标率≥50或年提升率≥10	考核范围为建成区
	16	道路绿化普及率(%)	≥95	考核范围为建成区
	17	道路绿地达标率(%)	≥80	考核范围为建成区
	18	防护绿地实施率(%)	≥80	考核范围为建成区
	19	河道绿化普及率(%)	≥85	考核范围为建成区
三、建设管控(10)	20	绿地系统规划执行和建设管理	①绿地系统规划得到有效执行，绿地建设符合规划；②绿化建设成果得到有效保护，规划绿地性质无改变；③园林绿化主管部门参与公园绿地建设项目设计和项目竣工验收	
	21	大树移植、行道树树种更换等控制管理	①制定严格控制大树移植及随意更换行道树树种的制度或管控措施，并落实良好；②近2年(含申报年)，公园绿地、道路绿化建设或改、扩建中未曾发生大规模(群植10株以上)移植大树(胸径20cm以上的落叶乔木、胸径在15cm以上的常绿乔木以及高度超过6m的针叶树)、未经专家论证及社会公示认可而更换行道树树种等现象	
	22	公园规范化管理	①公园免费开放率100%；②公园设计符合《公园设计规范》等相关标准规范要求，公园功能完善，设施完好，安全运行；③公园配套服务设施经营管理符合《城市公园配套服务项目经营管理暂行办法》等要求，保障公园的公益属性	
	23	公园绿地应急避险功能完善建设	①在全面摸底评估的基础上，编制《绿地系统防灾避险规划》或在《绿地系统规划》中有专章；②承担防灾避险功能的公园绿地中水、电、通讯、标识等设施符合相关标准规范要求	加分项
	24	绿道建设管理	①绿道建设符合《绿道规划设计导则》等相关标准规范要求；②绿道及配套设施维护管理良好	
	25	古树名木及后备资源保护	①严禁移植古树名木，古树名木保护率100%；②完成树龄超过50年(含)以上古树名木后备资源普查、建档、挂牌并确定保护责任单位或责任人	
	26	节约型园林绿化建设	①园林绿化建设以植物造景为主，以栽植全冠苗木为主，采取有效措施严格控制大树移植、大广场、喷泉、水景、人工大水面、大草坪、大色块、假树假花、雕塑、灯具造景、过度亮化等；②合理选择应用乡土、适生植物，严格控制反季节种植等	

(续)

类型	序号	指标	考核要求	备注
三、建设管控(10)	27	立体绿化推广	因地制宜制定立体绿化推广的鼓励政策、技术措施和实施方案，且效果明显	加分项
	28	历史风貌保护	①制订县域内历史文化风貌保护规划及实施方案，并已获批准，实施效果良好； ②县域发展历史印迹清晰，老县城形态保存基本完好，县域历史文化街区、历史建筑得到有效保护； ③规划区内道路格局符合县城形态特征，尺度宜人，不盲目拓宽取直； ④不同历史发展阶段的代表性建筑保存完好，新建筑具有地域特色和民族文化特征，风格协调统一	考核范围为规划区
	29	风景名胜区、文化与自然遗产保护与管理	①依法设立风景名胜区管理机构，职能明确，并正常行使职能； ②国家级、省级风景名胜区或列入世界遗产名录的文化或自然遗产严格依据《风景名胜区条例》和相关法律法规与国际公约进行保护管理； ③具有经批准的《风景名胜区总体规划》等规划，风景名胜区建设项目依法办理选址审批手续	考核范围为规划区
四、生态环境(6)	30	生态保护与修复	①县域原有山水格局及自然生态系统得到较好保护，显山露水，确保其原貌性、完整性和功能完好性； ②水体岸线绿化遵循生态学原则，自然河流水系无裁弯取直、筑坝截流、违法取砂等现象，水体岸线自然化率≥80%； ③自然山体保护完好，无违法违规开山采石、取土以及随意推山取平等现象； ④按照县域卫生、安全、防灾、环保等要求建设防护绿地； ⑤依据规划推进环境整治和生态修复	考核范围为规划区
	31	生物多样性保护	①已完成不小于县域范围的生物物种资源普查； ②以生物物种普查为基础，在《绿地系统规划》中有生物多样性保护专篇； ③生物物种总量保持合理增长，重要物种及其栖息地得到有效保护	加分项
	32	乡土、适生植物资源保护与应用	①结合风景名胜区、植物专类园、综合公园、生产苗圃等建立乡土、适生植物种质资源库，并开展相应的引种驯化和快速繁殖试验研究； ②积极推广应用乡土及适生植物，在试验基础上推广应用自衍草花及宿根花卉等，丰富地被植物品种； ③本地木本植物指数≥0.70	
	33	湿地资源保护	①已完成规划区内的湿地资源普查； ②以湿地资源普查为基础，制定湿地资源保护规划及其实施方案； ③规划区内湿地资源保护管理责任明确，管理职能正常行使，资金保障到位	加分项；考核范围为规划区

(续)

类型	序号	指标	考核要求	备注
四、生态环境(6)	34	全年空气质量优良天数(d)	≥292	
	35	地表水Ⅳ类及以上水体比率(%)	≥60	
五、市政设施(8)	36	县容县貌	①建成区环境整洁有序，建(构)筑物、公共设施和广告设置等与周边环境相协调，无违章私搭乱建现象。居住小区和街道环卫保洁制度落实，无乱丢弃、乱张贴、乱排放等行为； ②商业店铺：灯箱、广告、招牌、霓虹灯、门楼装潢、店面装饰等设置符合建设管理要求，无违规出摊、占道经营现象； ③交通与停车管理：建成区交通安全管理有序，车辆停靠管理规范； ④公厕数量达标，设置合理，管理到位。设置密度≥3座/km²，设置间距应满足《环境卫生设施设置标准》相关要求	
	37	管网水检验项目合格率(%)	≥95	
	38	污水处理	①污水处理率≥85%； ②有污泥达标处理设施，污水处理污泥达标处置率≥60%； ③城区旱季无直接向水体排污现象，年降水量400mm(含)以上的新建城区采用雨污分流建设，老城区有雨污分流改造计划	①为否决项； ②③为加分项
	39	生活垃圾无害化处理率(%)	≥90	否决项
	40	公共供水用水普及率(%)	≥90	
	41	道路完好率(%)	≥95	
	42	市政基础设施安全运行	①县域供水、供气、供热、市容环卫、园林绿化、地下管网、道路桥梁等市政基础设施档案健全； ②运行管理制度完善，监管到位，县域安全运行得到保障	
	43	无障碍设施建设	建成区内主要道路、公园、公共建筑等公共场所设有无障碍设施，且使用及维护管理情况良好	
六、节能减排(3)	44	北方采暖地区住宅供热计量收费比例(%)	≥30	考核北方供暖地区
	45	绿色建筑和装配式建筑	①近2年(含申报年)新建建筑中绿色建筑所占比例≥30%； ②节能建筑比例：严寒寒冷地区≥40%，夏热冬冷地区≥35%，夏热冬暖地区≥30%； ③制定推广绿色建材和装配式建筑政策措施	
	46	林荫路推广率(%)	≥60	考核范围为建成区
综合否决项	47		对近2年内发生以下情况的县城，均实行一票否决： ①园林绿化及生态环境保护、市政设施安全运行等方面的重大事故； ②城乡规划、风景名胜区等方面的重大违法建设事件； ③被住房城乡建设部通报批评； ④被媒体曝光，造成重大负面影响	

四、国家园林城镇标准

类　型	序号	指　标	考核要求	备　注
一、综合管理(4)	1	园林绿化管理职能	①有具体部门或专职的园林绿化专业人员负责镇区范围园林绿化管理工作； ②依据国家和地方有关园林绿化、生态环境保护的法律、法规，有效行使园林绿化管理职能	
	2	园林绿化建设维护专项资金	①园林绿化建设养护管理及相关人员经费纳入镇政府财政预算； ②近2年(含申报年)园林绿化建设资金保障到位，且与本年度新建、改建及扩建园林绿化项目相适应； ③园林绿化养护资金与各类绿地总量相适应，且不低于当地园林绿化养护管理定额标准，并随物价指数和人工工资增长而合理增加	
	3	绿地系统规划编制	①在镇总体规划中有绿地系统规划专篇，充分体现节约型、生态型、功能完善型园林绿化理念； ②各类绿地布局合理，功能健全，与区域自然生态系统保护相协调，满足防灾避险要求	
	4	园林绿化制度建设	①严格落实当地建设管理、养护管理、生态保护、生物多样性保护、古树名木保护、义务植树等园林绿化规章、规范、制度； ②建立公共信息发布平台，能满足公众参与，并保障有效社会监督	
二、绿地建设与管控(10)	5	绿化覆盖率(％)	≥36	考核范围为建成区
	6	绿地率(％)	≥31	否决项；考核范围为建成区
	7	人均公园绿地面积(m²/人)	≥9.00	否决项；考核范围为建成区
	8	公园绿地建设与管理	①公园绿地布局合理均匀，至少有一个具备休闲、娱乐、健身、科普教育及防灾避险等综合功能的公园，并符合《公园设计规范》； ②以植物造景为主，推广应用乡土、适生植物；植物配置注重乔灌草(地被)合理搭配，突出地域风貌和历史文化特色； ③因地制宜规划建设应急避险场所并保障日常维护管理规范到位	
	9	道路绿化	①建成区内主要干道符合城镇道路绿化设计相关标准规范； ②至少有一条符合"因地制宜、适地适树"原则的达标林荫路； ③道路绿化普及率≥85％； ④道路绿地达标率≥80％	考核范围为建成区
	10	近2年(含申报年)附属绿地达标建设	①新建小区绿地率≥30％，改建小区绿地率≥25％； ②学校、医院等公共服务设施配套绿地建设达标	

(续)

类　型	序号	指　标	考核要求	备　注
二、绿地建设与管控(10)	11	河道、水体绿化普及率(%)	≥80	
	12	古树名木及后备资源保护	①严禁移植古树名木，古树名木保护率100%； ②完成镇区范围内、树龄超过50年(含)以上古树名木后备资源普查、建档、挂牌并确定保护责任单位或责任人	否决项
	13	绿地管控	①现有各类绿地均得到有效保护； ②制定严格控制改变规划绿地性质、占用规划绿地等管理措施并有效实施	
	14	节约型园林绿化建设	①积极推广应用乡土及适生植物； ②园林绿化建设以植物造景为主，以栽植全冠苗木为主，采取有效措施严格控制大树移植、大广场、喷泉、水景、人工大水面、大草坪、大色块、假树假花、雕塑、灯具造景、过度亮化等； ③因地制宜推广阳台、屋顶、墙体等立体绿化	
三、生态环境(2)	15	地表水Ⅳ类及以上水体比率(%)	≥50	
	16	湿地资源保护	已完成规划区内的湿地资源普查和湿地资源保护规划专题研究，并采取措施有效保护	加分项；考核范围为规划区
四、市政设施(7)	17	镇容镇貌	①镇区环境整洁有序，建(构)筑物、公共设施和广告设置等与周边环境相协调，无违章私搭乱建现象，居住小区和街道环卫保洁制度落实，无乱丢弃、乱张贴、乱排放等行为； ②商业店铺：灯箱、广告、招牌、霓虹灯、门楼装潢、门面装饰等设置符合建设管理要求，无违规出摊、占道经营现象； ③交通与停车管理：建成区交通安全管理有序，车辆停靠管理规范； ④公厕数量达标，设置合理，管理到位	
	18	城镇供水	①城镇公共供水普及率≥80%； ②城镇供水水质检测项目合格率≥95%	
	19	污水处理与排放	①镇区生活污水处理率≥70%； ②旱季无直接向江河湖泊排污现象，年降水量400mm以上的地区新镇区实施雨污分流，老镇区有雨污分流改造计划	加分项
	20	生活垃圾收集与处理	①镇区生活垃圾无害化处理率≥90%； ②镇区无100m³以上的非正规垃圾堆放点； ③鼓励实施垃圾减量、分类回收和资源化利用，积极开展有关宣传教育，并建立常态化宣传机制	①为否决项； ②③为加分项
	21	道路设施	①道路路面质量良好； ②道路设施完善，路面及照明设施完好，雨箅、井盖、盲道等设施建设维护完好	

(续)

类　型	序号	指　标	考核要求	备　注
四、市政设施(7)	22	节能减排	①公共设施(市政设施、公共服务设施、公共建筑)采用节能技术；新建建筑执行国家节能或绿色建筑标准，既有建筑有节能改造计划并实施； ②推广使用太阳能、地热、风能、生物质能等可再生能源； ③推广雨水收集利用、中水回用、污水再生利用； ④推广使用绿色建材和装配式建筑	加分项
	23	无障碍设施建设	镇区主要道路、公园、公共建筑等公共场所推行无障碍设施	
五、特色风貌(3)	24	生态保护与修复	①镇域内原有山水格局、河流水系、湿地资源等自然生态资源得到有效保护，受损弃置地生态与景观恢复良好； ②无改变自然地貌、开山采石、填埋水体、河湖岸线及水底过度硬化等情况； ③依据规划推进环境整治和生态修复，显山露水，保护自然生态	
	25	历史风貌保护	镇域内历史文化遗存、地域风貌资源得到妥善保护与管理	
	26	城镇建设特色	①城镇规模适宜，布局合理，特色鲜明； ②城镇风貌与其地域自然环境特色协调，体现地域文化特色，整体建筑风貌协调统一； ③城镇路网结构符合镇区空间形态特征，不盲目拓宽取直	
综合否决项	27		对近2年内发生以下情况的城镇，均实行一票否决： ①城镇园林绿化及生态环境保护、市政设施安全运行等方面的重大事故； ②城乡规划、风景名胜区等方面的重大违法建设事件； ③被住房和城乡建设部通报批评； ④被媒体曝光，造成重大负面影响	

五、相关指标解释

1. 园林绿化管理机构

指由城市(县、镇)人民政府设置的指导、管理本行政区域规划区范围内城市园林和城市绿化的行政主管部门。

2. 城市绿线管理

城市绿线是城市中各类绿地范围的管理控制界线。城市绿线管理是指城市按照《城市绿线管理办法》(建设部令第112号)和《城市绿线划定技术规范》(GB/T 51163—2016)要求划定并严格控制管理。

3. 城市园林绿化制度建设

指在城市政府及城市园林绿化、规划等主管部门颁布实施的与城市园林绿化规划、建设、管养相关的法规制度、标准规范。纳入考评的园林绿化制度主要包括绿线管理、绿地建设及养护管理、城市生态保护、生物多样性保护、古树名木保护、义务植树等方面的规章制度。

4. 城市数字化管理

指城市园林绿化、道路交通、污水处理、垃圾处理等城市基础设施(包含地面及地下设施)实施数字化管理的状况及效果，包括数字化管理体系建设、运行管理及效果评估等。

城市园林绿化专项数字化信息管理系统指建立城市园林绿化数字化信息库及监管平台等，利用遥感或其他动态信息对城市各类绿地进行实时监管。

5. 公众对城市园林绿化的满意率

本考核指标是针对市民群众对城市园林绿化规划、建设与管养的满意程度进行抽查评估。抽查方式为随机抽查，抽查比例不低于城市人口的千分之一。

计算方法：公众对城市园林绿化的满意度(%) = 城市园林绿化满意度总分(M)大于等于8分的公众人数(人)/城

市园林绿化满意度调查被抽查公众的总人数(人)×100%。

注：满意度总分为10分。

6. 建成区绿化覆盖率

(1)城市建成区是城市行政区内实际已成片开发建设、市政公用设施和配套公共设施基本具备的区域。城市建成区界线的划定应符合城市总体规划要求，不能突破城市规划建设用地的范围，且形态相对完整。

(2)绿化覆盖面积是指城市中乔木、灌木、草坪等所有植被的垂直投影面积，包括屋顶绿化植物的垂直投影面积以及零星树木的垂直投影面积，乔木树冠下的灌木和草本植物以及灌木树冠下的草本植物垂直投影面积均不能重复计算。

计算方法：建成区绿化覆盖率(%) = 建成区所有植被的垂直投影面积(km^2)/建成区面积(km^2)×100%

7. 建成区绿地率

计算方法：建成区绿地率(%) = 建成区各类城市绿地面积(km^2)/建成区面积(km^2)×100%

考核说明：允许将建成区内、建设用地外的部分"其他绿地"面积纳入建成区绿地率统计，但纳入统计的"其他绿地"面积不应超过建设用地内各类城市绿地总面积的20%；且纳入统计的"其他绿地"应与城市建设用地相毗邻。

8. 人均公园绿地面积

公园绿地指向公众开放，具有游憩、生态、景观、文教和应急避险等功能，有一定游憩和服务设施的绿地。公园绿地的统计方式应以现行的《城市绿地分类标准》为主要依据，不得超出该标准中各类公园绿地的范畴，不得将建设用地之外的绿地纳入公园绿地面积统计。

计算方法：城市人均公园绿地面积(m^2/人) = 公园绿地面积(m^2)/建成区内的城区人口数量(人)

考核说明：

(1)关于水面的统计，公园绿地中纳入到城市建设用地内的水面计入公园绿地统计，未纳入城市建设用地的水面一律不计入公园绿地统计。

(2)人口数量按照建成区内的城区人口计算。按照《全国城市建设统计年鉴》要求，从2006年起，城区人口包括公安部门的户籍人口和暂住人口。

9. 公园绿地服务半径覆盖率

计算方法：公园绿地服务半径覆盖率(%) = 公园绿地服务半径覆盖的居住用地面积(hm^2)/居住用地总面积(hm^2)×100%

考核说明：

(1)公园绿地按现行的《城市绿地分类标准》统计，其中社区公园包括居住区公园和小区游园。

(2)对设市城市，5000m^2(含)以上的公园绿地按照500m服务半径考核，2000(含)~5000m^2的公园绿地按照300m服务半径考核；历史文化街区采用1000m^2(含)以上的公园绿地按照300m服务半径考核；

对县城，1000~2000m^2(含)的公园绿地按照300m服务半径考核；2000m^2以上公园绿地按500m服务半径考核。

(3)公园绿地服务半径应以公园各边界起算。

10. 建成区绿化覆盖面积中乔、灌木所占比率

计算方法：建成区绿化覆盖面积中乔灌木所占比率(%) = 建成区乔灌木的垂直投影面积(hm^2)/建成区所有植被的垂直投影面积(hm^2)×100%

11. 城市各城区绿地率最低值

计算方法：城市各城区绿地率(%) = 城市各城区建成区内各类城市绿地面积(km^2)/城市各城区的建成区面积(km^2)×100%

考核说明：

(1)未设区城市应按建成区绿地率进行评价；

(2)历史文化街区可不计入各城区面积和各城区绿地面积统计范围。

12. 城市各城区人均公园绿地面积最低值

计算方法：城市各城区人均公园绿地面积(m^2/人) = 城市各城区建成区内公园绿地面积(m^2)/城市各城区的常住人口数量(人)

考核说明：

(1)未设区城市应按城市人均公园绿地面积评价；

(2)历史文化街区面积超过所在城区面积50%以上的城区可不纳入城市各城区人均公园绿地面积最低值评价。

13. 园林式居住区(单位)达标率(%)或年提升率(%)

计算方法：园林式居住区(单位)达标率(%) = 建成区内园林式居住区(单位)的数量(个)/建成区范围内居住区(单位)总数量(个)×100%

园林式居住区(单位)年提升率(%) = 建成区内每年新增园林式居住区(单位)的数量(个)/建成区范围内总居住区(单位)总数量(个)×100%

考核说明：园林式居住区(单位)的标准详见《园林式居住区(单位)标准》；园林式居住区(单位)考核管理办法各地结合当地实际情况研究制定。

园林式居住区(单位)标准

序号	指标	考核标准
1	组织管理	由相应的园林绿化主管部门负责对居住区(单位)园林绿化进行监督和指导
		居住区(单位)绿地日常养护管理规章、制度健全，管理职责明确，责任落实到人
		绿地日常管护和改造提升经费参照当地养护定额标准纳入预算，落实到位
		绿地规划、设计、建设、管养档案资料齐全，管理规范
		居民(单位职工)对居住区(单位)园林绿化的满意率≥85%
		积极开展园林绿化、垃圾减量及分类回收和资源化利用等生态环保宣传教育活动，至少每季度举办一次公益活动(讲座、发放宣传材料等)
2	规划建设	新建居住区绿地率≥30%，改建居住区绿地率≥25%，居住区集中绿地建设符合《城市居住区规划设计规范》；单位绿地率符合《城市绿化规划建设指标的规定》
		绿地布局、功能分区合理，与居住区(单位)地形及建筑协调，突出居住区(单位)特色
		园林建筑、小品、设施满足居民(单位职工)休憩、健身文化娱乐及科普宣传等功能需要，造型美观、尺度、体量、色调与环境协调，位置得当
		积极推广阳台、屋顶、墙体、棚架等立体绿化
		以植物造景为主，推广应用乡土及适生植物，乔、灌、花、草(地被)合理配置，层次分明、季相丰富
		推行生态绿化方式，严格控制硬质铺装、大树移植、植物亮化、模纹色块、假树假花等违背节约型、生态型园林绿化建设理念与要求的做法
3	管养维护	年度管养工作计划具体细致、责任分工明确，植物修剪、施肥、病虫害防治等养护及时到位。推广无公害农药及生物技术防治病虫害
		植物长势良好，无明显死株、残株、缺株等，无裸露土地
		爱绿护绿等环保宣传到位，主要植物标识设置完善，积极推广二维码标牌
		完成居住区(单位)内古树名木及树龄超过50年(含)以上的后备资源普查、建档、挂牌并确定保护责任人或责任单位，保护管理措施完善
		安全管理措施完善，安全防护设施及警示标志齐全、醒目
		无侵占、破坏绿地及毁坏树木花草、设施等违法违规行为。规划建成绿地保存率100%
4	配套设施	建(构)筑物、公共设施与周边环境相协调，无私搭乱建现象
		道路、广场平整无破损；停车设施完好，车辆停放有序，交通秩序良好，照明采用节能照明技术和灯具且使用正常
		排污、排水、垃圾收集清运符合有关法规和标准要求，环境整洁、美观、舒适

14. 城市道路绿地达标率

按照现行的《城市道路绿化规划与设计规范》要求，道路绿地率达到以下标准的纳入达标统计：

园林景观路：绿地率不得小于40%；

红线宽度大于50m的道路：绿地率不得小于30%；

红线宽度在40~50m的道路：绿地率不得小于25%；

红线宽度小于40m的道路：绿地率不得小于20%为达标。

计算方法：

城市道路绿地达标率(%)=绿地率达标的城市道路长度(km)/城市道路总长度(km)×100%

考核说明：

(1)道路绿地率是指道路红线范围内各种绿带宽度之和占总宽度的百分比。

(2)考虑到数据统计的难度和一些特殊情况，道路红线宽度小于12m的城市道路和历史传统街区，不纳入评价范围。

15. 城市防护绿地实施率

防护绿地是为了满足城市对卫生、隔离、安全要求而设置的，其功能是对自然灾害、城市公害等起到一定的防护或减弱作用，不宜兼作公园绿地使用。

城市防护绿地实施率是指依《城市绿地系统规划》在建

成区内已建成的防护绿地面积占建成区内防护绿地规划总面积的比例。

计算方法：城市防护绿地实施率(%) = 城市建成区内已建成的防护绿地面积(hm^2)/城市建成区内防护绿地规划总面积(hm^2) × 100%

16. 城市园林绿化建设综合评价值

指标解释：是对城市园林绿化建设水平、城市园林绿地养护管理水平、城市绿地功能实现水平、城市绿地景观水平及城市绿地人文特性(文化性、艺术性和地域特色性)进行综合评价。

该指标由实地考查专家组负责按抽样统计法现场考查、评估、打分、核算；最终结果以住房城乡建设部专家考查组的综合评价值为准。

计算方法：$E_{综合} = E_{综1} \times 0.2 + E_{综2} \times 0.2 + E_{综3} \times 0.2 + E_{综4} \times 0.2 + E_{综5} \times 0.2$

城市园林绿化建设综合评价值评价表

	评价内容		评价分值			代码	权重
			8.0~10.0分	6.0~7.9分	小于6.0分		
1	城市园林绿化建设水平	①城市绿地建设以植物造景为主，体现"因地制宜、生态优先"的基本原则。绿地营造考虑城市气候、地形、地貌、土壤等自然特点，充分保护和利用原有地形、植被等原生态要素和环境；②公园绿地设计符合《公园设计规范》及其他相关规范的要求，设计具有系统性、科学性和前瞻性；③绿地施工符合《园林绿化工程施工及验收规范》(CJJ 82—2012)要求，施工工艺应具备科学性、先进性、独特性、新颖性，主要节点的细部处理精致、流畅，工程施工技术资料应按照相关规范的要求做到规范、准确、及时、完备	好	一般	差	$E_{综1}$	0.2
2	城市园林绿地养护管理水平	①各类绿地维护管理制度健全，有完整的组织管理体系，养护管理人员专业、年龄及能力结构合理；②植物生长健壮，无明显病虫害，无死株、缺株；植物修剪适度，无明显枯枝、断枝、病枝，植物保存率为100%；③临时摆放的植物更换及时、草坪无空秃、绿地无黄土裸露现象；④公园绿地的附属设施、建筑、小品、园路、标牌标识等布局合理，维护保养完好	好	一般	差	$E_{综2}$	0.2
3	城市绿地功能实现水平	①满足城市居民日常休闲健身等需求；公园绿地出入口位置、外部道路交通条件方便市民使用；公园绿地内部道路组织以及公厕、售卖、停车场等公共服务设施设置的数量、规模和位置符合《公园设计规范》要求；②满足科普教育、防灾避险以及地方历史文化遗产、遗存、遗迹等的保护与展示需求；③道路绿地满足对城市街区识别、交通隔离、遮阴防尘降噪等需求；④防护绿地植物种类选择、配置方式、种植宽度等满足相应的防护要求	好	一般	差	$E_{综3}$	0.2

(续)

评价内容		评价分值			代码	权重
		8.0~10.0分	6.0~7.9分	小于6.0分		
4	城市绿地景观水平	①因地制宜，植物材料选择以适应生境、成活并健康生长为基本原则；乔灌草（地被）合理配置、层次丰富；重视植物群落的配置，突出季相变化，体现适地适树和生物多样性；生态效益与景观效果兼顾； ②绿地设计对于自然和人文景观的塑造表达准确、完整、真实，特色鲜明，景观效果符合园林美学的要求； ③城市绿地系统具有鲜明的地域特色，对城市风光带的保护和完善成效显著，形成具有地方特色的独特植物景观； ④城市出入口和重要的街头绿地节点景观特色明显，城市主干道绿化基本体现"一路一景"的园林设计特色	好	一般	差	$E_{综4}$	0.2
5	城市绿地人文特性	①公园绿地设计风格、植物配置符合当时当地的历史文化独特性，注重历史文化、艺术景观的结合；雕塑小品、亭廊等园林构筑物应体现历史文化特性； ②绿地建设能有效保护了历史文化遗址、遗迹和其他具有文化或历史纪念意义的资源；能体现当地历史传统、文化艺术特征、经济发展水平及地域风貌特色等； ③博物馆、陈列馆等展示馆舍应布局合理、功能适用，与周边环境协调； ④利用各类绿地积极举办各种与地方文化内涵相关的文化活动，并体现教育性、娱乐性、普及性、针对性	好	一般	差	$E_{综3}$	0.2

17. 公园建设管理规范化

公园的规划设计、施工建设、维修管养及运行管理符合《公园设计规范》以及国家和地方现行的公园管理条例等法规规章。

其中：

(1)根据《城市绿地分类标准》，历史名园是体现一定历史时期代表性的造园艺术，需要特别保护的园林。

(2)根据《国家重点公园评价标准》，国家重点公园是指具有重要影响和较高价值，且在全国有典型性、示范性或代表性的公园。

18. 公园免费开放率

计算方法：公园免费开放率(%) = 城市建成区内免费开放的公园数量(个)/城市建成区内公园总数量(个)×100%

考核说明：

(1)公园指具有良好的园林环境、较完善的设施，具有游憩、生态、景观、文教和应急避险等功能并向公众开放的场所。

(2)历史名园、动物园等特殊公园不列入考核范围。

19. 绿道

指以自然要素为依托和构成基础，串联城乡游憩、休闲等绿色开敞空间，以游憩、健身为主，兼具市民绿色出行和生物迁徙等功能的廊道。

20. 古树名木和后备资源保护

(1)根据《城市古树名木保护管理办法》，古树是指树龄在100年以上(含)的树木，名木是指国内外稀有的以及具有历史价值和纪念意义及重要科研价值的树木。

(2)古树后备资源是指城市绿地中树龄50(含)~99年的乔灌木(包括木本花卉)。

21. 城市生态评估

指坚持以城市生态系统为对象，以恢复、完善和提升城市生态系统服务功能为目标，对城市规划区范围内的山体、河流、湿地、绿地、林地等生态空间开展摸底普查，分析城市面临的主要生态问题及生态退化主要原因，分级分类梳理，并据此识别城市生态安全格局，确定城市生态修复的重点区域，列出实施城市生态修复的项目清单及其优先等级。

基本路径：现状调查→问题梳理和分析→生态安全格局识别→分类分级确定实施生态修复任务的优先次序和空间区域→确定生态修复项目和四至坐标。

22. 城市生态修复

指合理保护城市自然资源的前提下，采取自然恢复、人工修复的方法，优化城市绿地系统等生态空间布局，修复城市中被破坏且不能自我恢复的山体、水体、植被等，修复和再利用城市废弃地，实现城市生态系统净化环境、调节气候与水文、维护生物多样性等功能，促进人与自然和谐共生的城市建设方式。

23. 综合物种指数

（1）综合物种指数

物种多样性是生物多样性的重要组成部分，用于衡量一个地区生态保护、生态建设与恢复水平。本指标选择代表性的动植物（鸟类、鱼类和植物）作为衡量城市物种多样性的标准。综合物种指数为单项物种指数的平均值。

计算方法：

$$H = \frac{1}{n}\sum_{i=1}^{n} P_i \qquad P_i = \frac{N_{bi}}{N_i}$$

式中：H 为综合物种指数；P_i 为单项物种指数；N_{bi} 为城市建成区内该类物种数；N_i 为市域范围内该类物种总数。本指标选择代表性的动植物（鸟类、鱼类和植物）作为衡量城市物种多样性的标准。$n = 3$，$i = 1, 2, 3$，分别代表鸟类、鱼类和植物。鸟类、鱼类均以自然环境中生存的种类计算，人工饲养者不计。

（2）本地木本植物指数

本地木本植物应包括：

① 在本地自然生长的野生木本植物种及其衍生品种；

② 归化种（非本地原生，但已逸生）及其衍生品种；

③ 驯化种（非本地原生，但在本地正常生长，并且完成其生活史的植物种类）及其衍生品种，不包括标本园、种质资源圃、科研引种试验的木本植物种类。

计算方法：本地木本植物指数 = 本地木本植物物种数（种）/木本植物物种总数（种）

考核说明：纳入本地木本植物种类统计的每种本地植物应符合在建成区每种种植数量不应小于50株的群体要求。

24. 破损山体生态修复率

指城市规划区内的破损山体经生态修复到至少覆绿的面积占城市规划区内破损山体总面积的比例。

计算方法：破损山体生态修复率（%）= 城市规划区内已修复的的破损山体面积/城市规划区内破损山体总面积×100%

25. 废弃地生态修复率

指经修复达到相关标准要求并可再利用的废弃地面积占城市规划区内废弃地总面积的比例。

计算方法：废弃地生态修复率（%）= 经修复达到相关标准要求并可再利用的废弃地面积/城市规划区内废弃地总面积×100%

26. 水体岸线自然化率

计算方法：水体岸线自然化率（%）= 符合自然岸线要求的水体岸线长度（km）/水体岸线总长度（km）×100%

考核说明：

（1）纳入统计的水体，应包括《城市总体规划》中被列入 E 水域的水体。

（2）纳入自然岸线统计的水体应同时满足以下两个条件：

①在满足防洪、排涝等水工（水利）功能基础上，岸体构筑形式和所用材料均符合生态学和自然美学要求，岸线形态接近自然形态；

②滨水绿地的构建本着尊重自然地势、地形、生境等原则，充分保护和利用滨水区域原有野生和半野生生境。

（3）岸线长度为河道两侧岸线的总长度。

（4）具有地方传统特色的水巷、码头和历史名胜公园的岸线可不计入统计范围。

27. 地表水Ⅳ类及以上水体比率

计算方法：地表水Ⅳ类及以上水体比率（%）= 地表水体中达到和优于Ⅳ类标准的监测断面数量/地表水体监测断面总量×100%

考核说明：水质评价按照《地表水环境质量标准》规定执行。

28. 全年空气质量优良天数

根据《环境空气质量指数（AQI）技术规定（试行）》（HJ 633—2012）规定，空气污染指数划分为 0~50、51~100、101~150、151~200、201~300 和大于 300 六个等级，与之相对应的空气质量指数分别为一级、二级、三级、四级、五级、六级，共6个级别。空气质量指数达到一级或二级为良。全年空气质量优良天数指《环境空气质量指数（AQI）技术规定（试行）》评价，每年达到空气质量指数二级以上的总天数。

29. 城市热岛效应强度

指因城市环境造成城市市区气温明显高于外围郊区同期气温的现象。

计算方法：城市热岛效应强度（℃）= 建成区气温的平均值（℃）- 建成区周边区域气温的平均值（℃）

考核说明：城市建成区与建成区周边区域（郊区、农村）气温的平均值应采用在6~8月间的气温平均值。

30. 环境噪声达标区覆盖率

指在城市的建成区内，已建成的环境噪声达标区面积占建成区总面积的百分比。依照《声环境质量标准》，按区域的使用功能特点和环境质量要求对声环境功能区进行分类，考核不同声环境功能区环境噪声质量达到《声环境质量标准》要求的面积比例。

计算公式：环境噪声达标区覆盖率(%) = 已建成的环境噪声达标区面积(km^2)/建成区总面积(km^2) × 100%

31. 城市容貌评价值

计算公式：

$$E_{容} = E_{容1} \times 0.3 + E_{容2} \times 0.3 + E_{容3} \times 0.2 + E_{容4} \times 0.2$$

式中：$E_{容}$ 为城市容貌评价值；$E_{容1}$ 为公共场所评价分值；$E_{容2}$ 为广告设施与标识评价分值；$E_{容3}$ 为公共设施评价分值；$E_{容4}$ 为城市照明评价分值。

考核说明：城市容貌中的公共场所、广告设施与标识、公共设施和环境照明等对城市园林绿化的整体效果也有较大影响。本项内容依据现行国家标准《城市容貌标准》的要求进行评价，具体评价如下表所示：

城市容貌评价值评价表

	评价内容		评价取分标准					评价分值	权重
			9.0~10.0分	8.0~8.9分	7.0~7.9分	6.0~6.9分	小于6.0分		
1	公共场所	依据现行国家标准《城市容貌标准》GB 50449 的有关规定	好	较好	一般	较差	差	$E_{容1}$	0.30
2	广告设施与标识		好	较好	一般	较差	差	$E_{容2}$	0.30
3	公共设施		好	较好	一般	较差	差	$E_{容3}$	0.20
4	城市照明		好	较好	一般	较差	差	$E_{容4}$	0.20

32. 城市管网水检验项目合格率

根据《城市供水水质标准》管网水检验项目合格率为浑浊度、色度、臭和味、余氯、细菌总数、总大肠菌群、COD_{Mn} 7项指标的合格率。

计算方法：城市管网水检验项目合格率(%) = 城市管网水检验合格的项目数量(项)/城市管网水检验的项目数量(项) × 100%

33. 城市污水处理率

计算方法：城市污水处理率(%) = 经过污水处理设施处理并达到排放标准的污水量(万t)/城市污水排放总量(万t) × 100%

考核说明：

(1)城市污水排放总量为城市生活污水和工业污水排放之和。

(2)经处理后达到《城镇污水处理厂污染物排放标准》和《污水综合排放标准》要求的出厂水均为达标排放。

34. 城市污水处理厂污泥处置达标率

指统计周期内，城镇污水处理厂污泥处置达到相应污泥泥质标准的处置量，占同期污泥产生量的百分比。其中，污泥泥质按照国家现行的城镇污水处理厂污泥处置泥质，包括土地改良用、园林绿化用、林地用、农用、制砖用、混合填埋用、焚烧用等标准执行。

计算方法：污泥处置达标率(%) = 处置达标的污泥量(t)/污水处理厂污泥产生总量(t) × 100%

35. 城市垃圾处理

(1)城市生活垃圾无害化处理率是指城市建成区生活垃圾无害化处理量占生活垃圾产生量(以清运量代替)的百分比。

(2)生活垃圾回收利用率指考核区域内生活垃圾回收利用量占生活垃圾产生总量(清运量 + 废品回收量)的百分比。

36. 城市道路

(1)城市道路完好率指城市建成区内路面完好的道路面积与城市道路总面积的比率。道路路面完好是指路面没有破损，具有良好的稳定性和足够的强度，并满足平整、抗滑和排水等要求。

(2)路网密度指建成区内每平方千米内市政道路总长度。

计算方法：路网密度 = 区域内市政道路总长度(km)/区域总面积(km^2)

(3)道路面积率指建成区内市政道路面积占建成区总面积的比例。

计算方法：道路面积率(%) = 建成区内市政道路总面积(km^2)/建成区总面积(km^2) × 100%

37. 城市地下管线和综合管廊建设管理

(1)城市地下综合管廊是指建于城市地下用于容纳两类及以上城市工程管线的构筑物及附属设施，可分为干线综合管廊、支线综合管廊、缆线管廊。

组织编制地下综合管廊建设规划，规划期限原则上应与城市总体规划相一致。结合地下空间开发利用、各类地下管线、道路交通等专项建设规划，合理确定地下综合管廊建设布局、管线种类、断面形式、平面位置、竖向控制等，明确建设规模和时序，综合考虑城市发展远景，预留和控制有关地下空间。建立建设项目储备制度，明确五年项目滚动规划和年度建设计划，积极、稳妥、有序推进地下综合管廊建设。

(2)地下管线综合管理信息系统是指在计算机软件、硬件、数据库和网络的支持下，利用地理信息系统技术实现对综合地下管线数据进行输入、编辑、存储、统计、分析、维护更新和输出的计算机管理信息系统。

38. 城市再生水利用率

指城市污水再生利用的总量与污水处理总量的比率。

考核说明：污水经再生处理后用做景观用水、生态补水等也纳入再生水利用统计。

39. 住宅供热计量收费比例

指建成区内实施供热计量收费的住宅建筑面积占集中供热住宅总建筑面积的比例。

计算方法：供热计量收费比例＝实施供热计量收费的住宅建筑面积(m^2)/集中供热住宅总建筑面积(m^2)×100%

40. 林荫路推广率

指城市建成区内达到林荫路标准的步行道、自行车道长度占步行道、自行车道总长度的百分比。林荫路指绿化覆盖率达到90%以上的人行道、自行车道。

计算方法：林荫路推广率(%)＝建成区内达到林荫路标准的步行道、自行车道长度(km)/建成区内步行道、自行车道总长度(km)×100%

41. 绿色建筑和装配式建筑

(1)新建建筑中绿色建筑比例，指新建绿色建筑面积占建成区内新建建筑总建筑面积的比例。

计算方法：新建建筑中绿色建筑比例(%)＝新建绿色建筑面积/建成区新建建筑总面积×100%

(2)节能建筑比例指建成区内符合节能设计标准的建筑面积占建成区内总建筑面积的比例。

计算方法：节能建筑比例(%)＝建成区内符合节能设计标准的建筑面积(m^2)/建成区内建筑总面积(m^2)×100%

(3)装配式建筑是指用预制部品、部件在工地装配而成的建筑，主要包括装配式混凝土建筑、钢架构建筑和现代木结构建筑。

(4)绿色建材指在全生命期内减少对自然资源消耗和生态环境影响，具有"节能、减排、安全、便利和可循环"特征的建材产品。

42. 住房保障率

住房保障率指累计实施住房保障户数占累计已申请登记应保障户数的比重。住房保障包括货币保障和住房实物保障。住房实物保障包括廉租住房、经济适用住房、公共租赁住房、限价商品住房。

计算方法：住房保障率(%)＝已保障户数(户)/已申请登记应保障户数(户)×100%

43. 保障性安居工程目标任务完成率

指城市年度新开工(筹集)保障性安居工程量占目标任务量的百分比。连续两年目标任务完成率≥100%。

计算方法：保障性安居工程目标任务完成率(%)＝实际新开工(筹集)保障性安居工程量(户)/计划新开工(筹集)各类保障性安居工程(户)×100%

44. 万人拥有综合公园指数

计算方法：

$$万人拥有综合公园指数 = \frac{综合公园总数(个)}{建成区内的人口数量(万人)}$$

(1)纳入统计的综合公园应符合《城市绿地分类标准》；

(2)人口数量统计符合《中国城市建设统计年鉴》要求；

(3)按照现行的《公园设计规范》：综合公园应设置游览、休闲、健身、儿童游戏、运动、科普等配套设施。全园面积不应小于5hm^2。

45. 城市新建、改建居住区绿地达标率

计算方法：城市新建、改建居住区绿地达标率(%)＝绿地达标的城市新建、改建居住区面积(hm^2)/城市新建、改建居住区总面积(hm^2)×100%

考核说明：

(1)绿地率达到《城市居住区规划设计规范》要求的新建、改建居住区，视为达标。

(2)新建、改建居住区为2002年(含)以后建成或改造的居住区或小区。

46. 城市道路绿化普及率

计算方法：城市道路绿化普及率(%)＝城市建成区内道路两旁种植有行道树的道路长度(km)/城市建成区内道路总长度(km)×100%

考核说明：

(1)道路红线外有行道树但道路红线内没有行道树的，一律不纳入统计；

(2)历史文化街区内的道路可不计入统计范围。

47. 城市照明

指在城市规划区内城市道路、隧道、广场、公园、公共绿地、名胜古迹以及其他建(构)筑物的功能照明或者景观照明(详见2010年颁布的住房和城乡建设部第4号令《城市照明管理规定》)。

48. 城市照明功率密度(LPD)

指建筑的房间或场所，单位面积的照明安装功率(含镇流器，变压器的功耗)。

49. 城市照明功率密度(LPD)达标率

指城市照明功率密度达标的项目数占城市照明项目总数的比例。

计算方法：城市照明功率密度(LPD)达标率(%) = 城市照明功率密度(LPD)达标项目数/城市照明项目总数×100%

50. 河道绿化普及率

计算方法：河道绿化普及率(%) = 单侧绿地宽度大于或等于12m的河道滨河绿带长度(km)/河道岸线总长度(km)×100%

考核说明：

(1) 纳入统计的河道包括城市建成区范围内和(或)与之毗邻、在《城市总体规划》中被列入 E 水域的河道。

(2) 滨河绿带长度为河道堤岸两侧绿带的总长度，河道岸线长度为河道两侧岸线的总长度。

(3) 宽度小于12m的河道和具有地方传统特色的水巷可不纳入统计范围。

(4) 因自然因素造成河道两侧地形坡度大于33%的河道可不纳入统计范围。

参考文献

北京市园林局,2005. 北京园林优秀设计集锦[M]. 北京:中国建筑工业出版社.
陈圣泓,2008. 工业遗址公园[J]. 中国园林(2):1-8.
陈一新,2006. 中央商务区(CBD)城市规划设计与实践[M]. 北京:中国建筑工业出版社.
程清文,2010. 新时期上海绿化发展与规划的现实思考[J]. 中国园林(10):6-8.
崔江涛,2009. 浅议城市绿化对大气温度的改善作用[J]. 黑龙江农业科学(6).
崔宝山,等,1999. 湿地恢复研究综述[J]. 地球科学进展,14(4):358-364.
冯义龙,等,2008. 重庆市区绿地园林植物群落降温增湿效应研究[J]. 安徽农业科学,36(7):2736-2739.
弗朗西斯科·阿森西奥·切沃,2002. 城市街道与广场[M]. 南京:江苏科学技术出版社.
高原荣重,1983. 环境绿地Ⅱ——城市绿地规划[M]. 杨增志,等译. 北京:中国建筑工业出版社.
国家技术监管局,中华人民共和国建设部,城市居住区规划设计规范 CB 50180—1993(2002版)[S]. 中国建筑工业出版社,2002.
国家级森林公园总体规划规范 LY/T 2005—2012.
何建平,等,2011. 建设大众化多功能型森林公园的探讨——以千岛湖国家森林公园为例[J]. 华东森林经理,25(4):62-65.
贾建中,2001. 城市绿地规划设计[M]. 北京:中国林业出版社.
凯文·林奇,2001. 城市意象[M]. 北京:华夏出版社.
康博文,等,2005. 城市不同绿地类型降温增湿效应的研究[J]. 西北林学院学报,20(2):54-56.
孔祥峰,2009. 城市绿地系统规划与设计[M]. 北京:化学工业出版社.
孔祥锋,张岚岚,卫超,2009. 城市绿地系统规划[M]. 北京:化学工业出版社.
兰思仁,2004. 国家森林公园理论与实践[M]. 北京:中国林业出版社.
李敏,2008. 城市绿地系统规划[M]. 北京:中国建筑工业出版社.
李树华,2010. 防灾避险型城市绿地规划设计[M]. 北京:中国建筑工业出版社.
李柏青,等,2009. 中国森林公园的发展方向[J]. 生态学报,29(5):2749-2756.
李信仕,等,2011. 基于港深郊野公园建设比较的城市郊野公园规划研究[J]. 城市发展研究,18(12):32-36.
郦芷若,朱建宁,2001. 西方园林[M]. 郑州:河南科学技术出版社.
梁永基,王莲清,2001. 道路广场园林绿地设计[M]. 北京:中国林业出版社.
梁永基,王莲清,2000. 居住区园林绿地设计[M]. 北京:中国林业出版社.
刘娇妹,等,2008. 北京公园绿地夏季温湿效应[J]. 生态学杂志,27(11):1972-1978.
刘颂,刘滨谊,温全平,2010. 城市绿地系统规划[M]. 北京:中国建筑工业出版社.
刘扬,2010. 城市公园规划设计[M]. 北京:化学工业出版社.
刘晓惠,李常华,2009. 郊野公园发展的模式与策略选择[J]. 中国园林(3):79-82.
鲁敏,李英杰,2002. 部分园林植物对大气污染物吸收净化能力的研究[J]. 山东建筑工程学院学报,17(2):45-49.
骆林川,2009. 城市湿地公园建设的研究[D]. 大连:大连理工大学.
马长春,王林和,1995. 谈城市绿地的功能与设计[J]. 内蒙古林学院学报:自然科学版,17(1):51-57.
马建武,2007. 园林绿地规划[M]. 北京:中国建筑工业出版社.
莫建彬,等,2007. 上海地区常见园林植物蒸腾降温增湿能力的研究[J]. 安徽农业科学,35(30):9506-9507,9510.
《千岛湖国家森林公园总体规划(2018—2027)》.

容曼，蓬杰蒂，2011. 生态网络与绿道[M]. 余青，等译. 北京：中国建筑工业出版社.
孙瑶，等，2015. 深圳、香港郊野公园开发策略比较研究[J]. 风景园林(7)：118-124.
邵海荣，等，2005. 北京地区空气负离子浓度时空变化特征的研究[J]. 北京林业大学学报，27(3)：36-39.
沈关龙，2002. 校园绿地的功能和特点[J]. 南通职业大学学报，16(3)：102-104.
沈玉麟，1989. 外国城市建设史[M]. 北京：中国建筑工业出版社.
唐罗忠，等，2009. 不同类型绿地对南京热岛效应的缓解作用[J]. 生态环境学报，18(1)：23-28.
王浩，汪辉，王胜永，等，2008. 城市湿地公园规划[M]. 南京：东南大学出版社.
王先杰，2008. 城市园林绿地规划[M]. 北京：气象出版社.
王向荣，任京燕，2008. 从工业废弃地到绿色公园——景观设计与工业废弃地的更新[J]. 中国园林(3)：11-18.
吴菲，等，2007. 城市绿地面积与温湿效益之间关系的研究[J]. 中国园林(6)：71-74.
吴淑琴，2006. 北京城市园林绿地系统规划20年[J]. 北京规划建设(9)：62-66.
吴志强，李德华，2010. 城市规划原理[M]. 4版. 北京：中国建筑工业出版社.
许浩，2003. 国外城市绿地系统规划[M]. 北京：中国建筑工业出版社.
于学仁，2001. 实用草坪手册[M]. 北京：中国农业科技出版社.
俞孔坚，2000. 高科技园区景观设计——从硅谷到中关村[M]. 北京：中国建筑工业出版社.
姚恩民，田国行，2016. 国内外郊野公园规划案例比较及展望[J]. 城市观察(1)：125-134.
张怀振，姜卫兵，2005. 环城绿带在欧洲的发展与应用[J]. 城市发展研究，12(6)：34-38.
张京祥，2005. 西方城市规划思想史纲[M]. 南京：东南大学出版社.
张浪，2007. 特大型城市绿地系统布局结构及其构建研究——以上海为例[D]. 南京：南京林业大学.
张明丽，等，2008. 上海市植物群落降温增湿效果的研究[J]. 北京林业大学学报，30(2)：40-43.
张艳，赵民，2011. 中国高新区的发展与演变[J]. 理想空间(45)：6-9.
张婷，车生泉，2009. 郊野公园的研究与建设[J]. 上海交通大学学报，27(3)：259-266.
张永泽，等，2001. 自然湿地生态恢复研究综述[J]. 生态学报，21(2)：309-314.
赵敏燕，等，2016. 中国森林公园的发展与管理[J]. 林业科学，52(1)：118-127.
赵锋，徐波，郭竹梅，2007. 关于北京城市绿地系统规划的研究与实践[J]. 中国园林(6)：75-77.
赵世伟，张佐双，2001. 园林植物景观设计与营造[M]. 北京：中国城市出版社.
朱江，2010. 中国郊野公园规划研究——以香港、深圳、北京、上海四城市的郊野公园为例[D]. 北京：中国城市规划设计研究院.
针之谷钟吉，2004. 西方造园变迁史：从伊甸园到天然公园[M]. 邹洪灿，译. 北京：中国建筑工业出版社.
中国勘察设计协会园林设计分会，2005. 风景园林设计资料集——风景规划[M]. 北京：中国建筑工业出版社.
中国城市规划设计研究院，2005. 深圳新园林[M]. 北京：中国林业出版社.
中国城市规划学会，2003. 城市环境绿化与广场规划[M]. 北京：中国建筑工业出版社.
中国勘察设计协会园林设计分会，2006. 风景园林设计资料集——园林绿地总体设计[M]. 北京：中国建筑工业出版社.
中华人民共和国建设部，2002. 城市绿地系统规划编制纲要(试行) 建城[2002]240号. [出版地不详]：[出版者不详].
中华人民共和国建设部令第112号. 2002. 城市绿线管理办法[S]. [出版地不详]：[出版者不详].
种云霄，等，2003. 大型水生植物在水污染治理中的应用研究进展[J]. 环境污染治理技术与设备，4(2)：38-40.
朱春阳，等，2011. 城市带状绿地宽度与温湿效益的关系[J]. 生态学报，31(2)：383-394.

彩 图

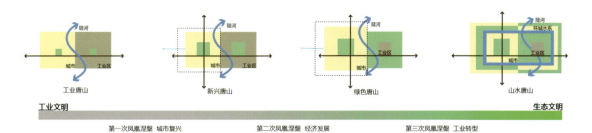

一心两廊、三环四楔、多园多带

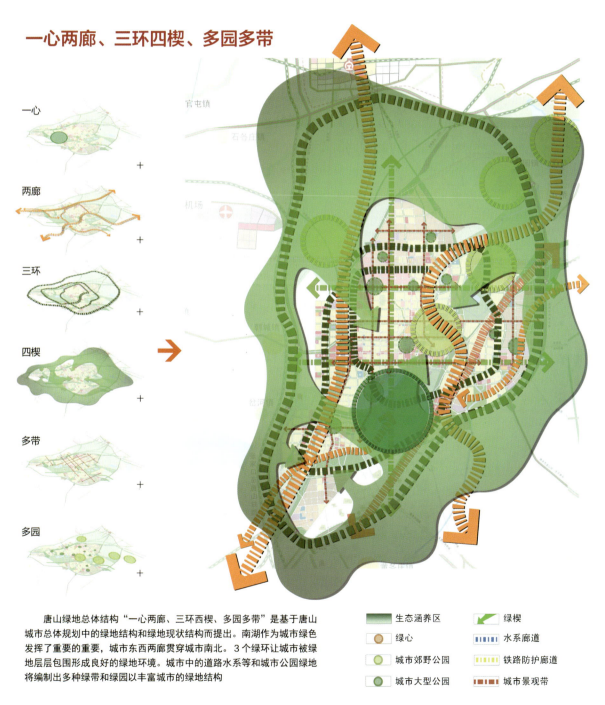

唐山绿地总体结构"一心两廊、三环西楔、多园多带"是基于唐山城市总体规划中的绿地结构和绿地现状结构而提出。南湖作为城市绿色发挥了重要的重要，城市东西两廊贯穿城市南北。3个绿环让城市被绿地层层包围形成良好的绿地环境。城市中的道路水系等和城市公园绿地将编制出多种绿带和绿园以丰富城市的绿地结构

彩图 1　城市绿地系统规划布局图

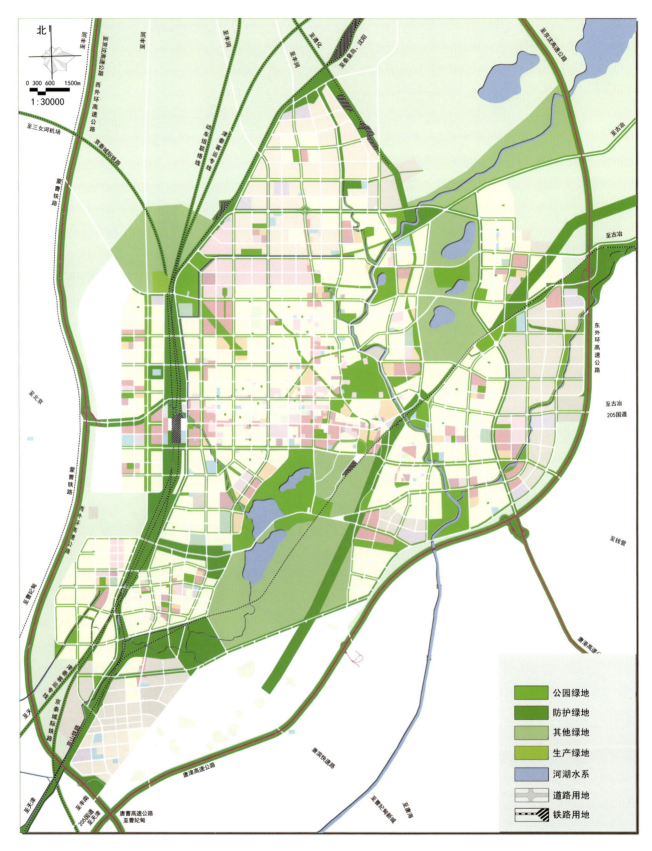

彩图 2　城市绿地系统总体规划图

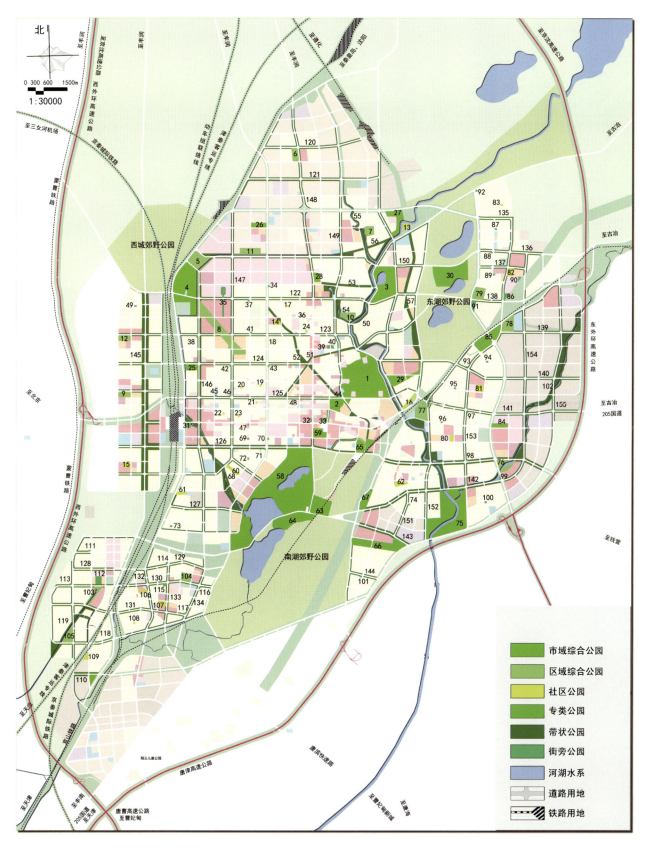

彩图3 公园绿地规划图

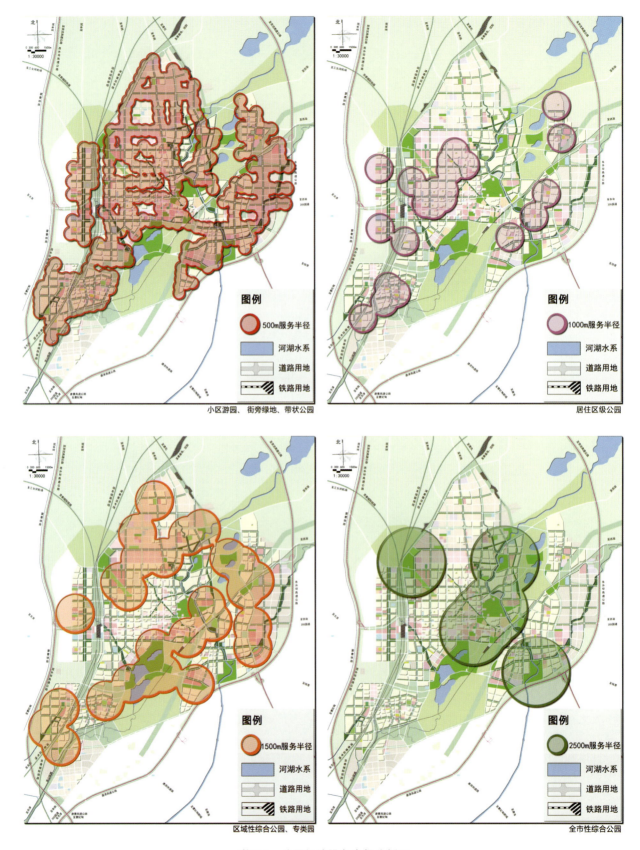

彩图4　公园绿地服务半径分析图

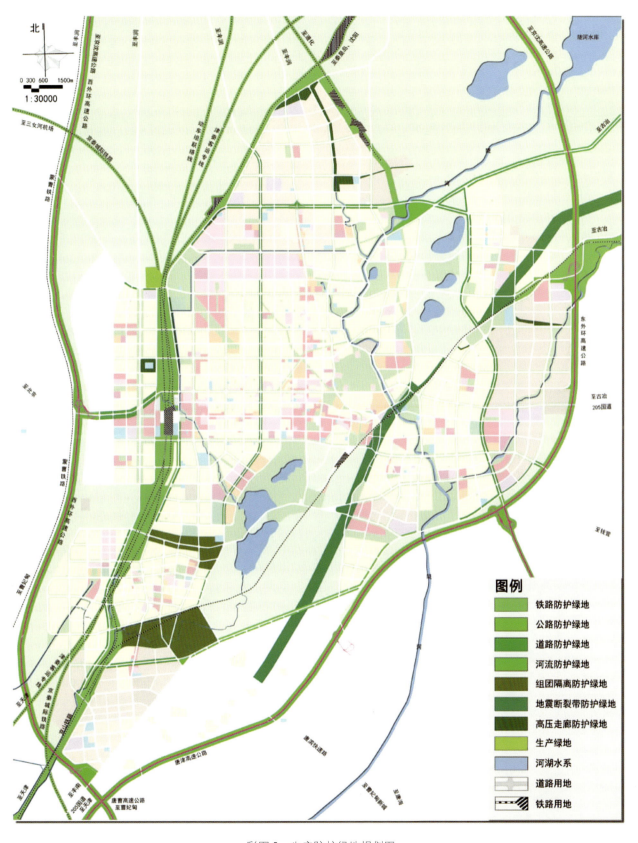

彩图 5　生产防护绿地规划图

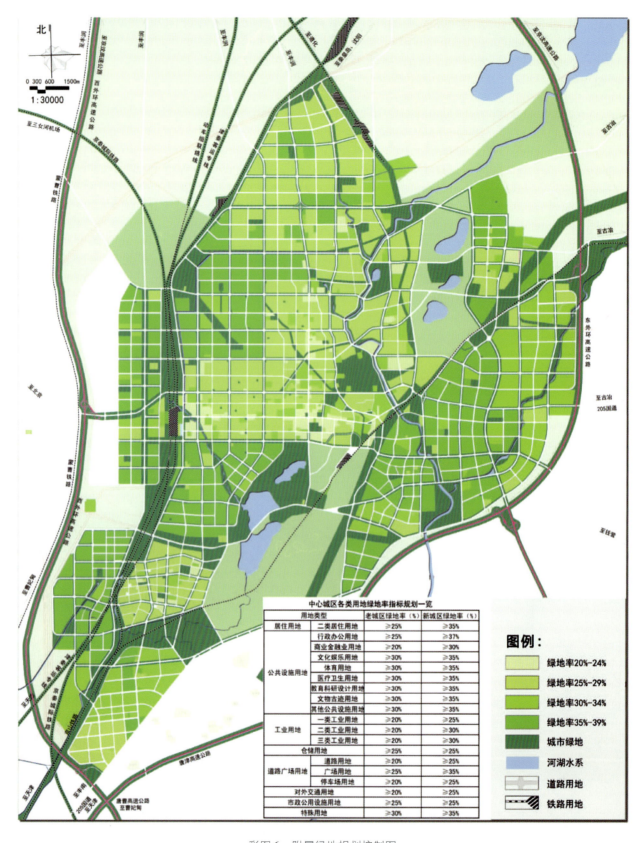

彩图6 附属绿地规划控制图

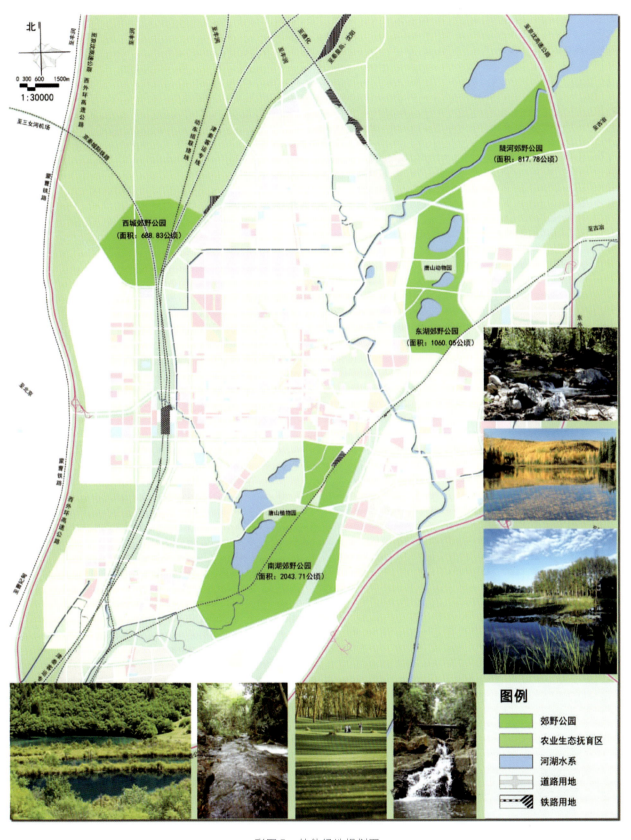

彩图7 其他绿地规划图

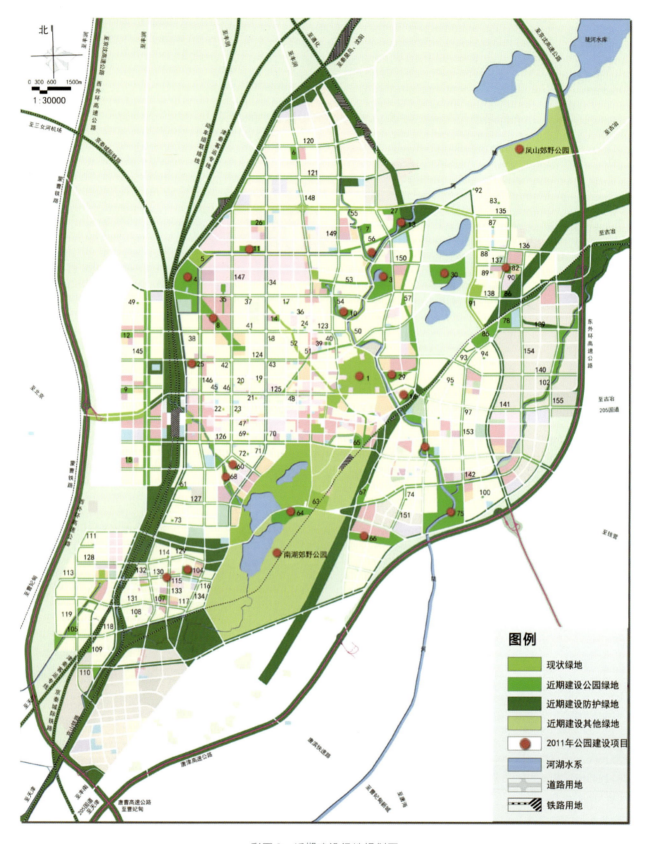

彩图 8　近期建设绿地规划图